中国干旱、强降水、高温和低温区域性极端事件

任福民　龚志强　王艳姣　邹旭恺　李忆平　著

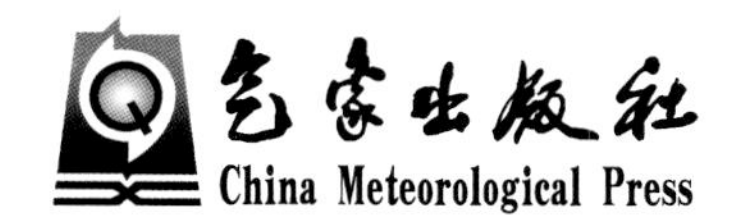

内容简介

区域性极端天气气候事件研究是近10年极端天气气候事件研究领域一个新兴的方向，其基础是如何识别区域性极端天气气候事件。研究团队发展了一种基于"糖葫芦串"模型的区域性极端天气气候事件客观识别方法(OITREE)，并基于该模型开展了针对四种中国区域性极端天气气候事件(气象干旱、强降水、高温、低温)的观测研究，并利用CMIP5模式尝试性开展了模拟与预估研究，取得了较为系统性的研究成果。本书正是这些新成果的总结。

该书重点突出、内容新颖、可读性强，可作为科研和大专院校大气科学教学的参考读物，也可作为气象相关领域业务科技人员的参考用书。

图书在版编目(CIP)数据

中国干旱、强降水、高温和低温区域性极端事件/任福民等著.
—北京:气象出版社，2014.12
ISBN 978-7-5029-5807-7

Ⅰ.①中… Ⅱ.①任… Ⅲ.①气象灾害-研究-中国
Ⅳ.①P429

中国版本图书馆CIP数据核字(2014)第301352号

出版发行：气象出版社
地　　址：北京市海淀区中关村南大街46号　　邮政编码：100081
总 编 室：010-68407112　　发 行 部：010-68409198
网　　址：http://www.qxcbs.com　　E-mail：qxcbs@cma.gov.cn
责任编辑：李太宇　　终　　审：王祥国
封面设计：博雅思企划　　责任技编：吴庭芳
印　　刷：北京地大天成印务有限公司
开　　本：787 mm×1092 mm　1/16　　印　　张：17.25
字　　数：450千字
版　　次：2015年1月第1版　　印　　次：2015年1月第1次印刷
定　　价：120.00元

序

干旱、暴雨、高温、低温等极端天气气候事件一直备受各界关注。关于极端天气气候事件的研究，国际科学界在过去30余年取得了迅猛的发展，成果主要集中在：(1)全球变暖与极端天气气候事件的关联；(2)对主要的极端天气气候事件的特征和形成过程进行了大量研究；(3)根据观测和模式对极端天气气候事件的归因进行研究；(4)研究了极端天气气候事件的规律、灾害和风险问题。这些成果促进了中国在该领域的研究进展。

至今，中国极端天气气候事件的研究成果多集中在针对单点的极端天气气候事件方面。然而，极端天气气候事件更常见的是表现为具有一定影响范围和持续时间的区域性极端天气气候事件。区域性极端天气气候事件研究是近10年在极端天气气候事件研究领域兴起的一个新的方向。以任福民为首的研究团队在该领域发展了一种基于“糖葫芦串”模型的区域性极端天气气候事件客观识别方法(OITREE)，并将该方法应用于四种中国区域性极端天气气候事件(气象干旱、强降水、高温、低温)的研究，不仅在观测研究方面取得了系统性成果，而且在CMIP5模式模拟与预估方面也做了有益的尝试。

该书重点突出、内容新颖。全书的文字可读、通顺，图表精美，值得研究人员或业务工作者阅读。

丁一汇

于北京

2014年9月

前　言

极端天气气候事件(以下简称“极端事件”)研究一直是近30年科学界一个热门而重要的领域。其中,区域性极端事件研究是近10年该领域的一个新的方向。本研究团队在该领域发展了一种基于“糖葫芦串”模型的区域性极端事件客观识别方法(OITREE),并将该方法首先应用于四种中国区域性极端事件(气象干旱、强降水、高温、低温)的研究,取得了系列性研究成果。本书的目的是回顾区域性极端事件的研究进展,并重点将本研究团队在这个方向的新成果加以总结。

全书共分7章。第1章由任福民主笔,对极端天气气候事件研究做了简要回顾并重点回顾了区域性极端事件研究进展;第2章由任福民主笔,详细介绍了基于“糖葫芦串”模型的区域性极端事件客观识别方法(OITREE);其余5章为OITREE方法的应用研究成果。第3章由李忆平和任福民主笔,对中国区域性气象干旱事件做了总结;第4章由邹旭恺主笔,介绍了中国区域性强降水事件;第5章由王艳姣主笔,对中国区域性高温事件做了总结;第6章由龚志强主笔,介绍了中国区域性低温事件;第7章由任福民主笔,对中国区域性极端事件的模拟和预估研究做了简要小结。

本书内容主要是在国家自然科学基金面上项目“近60年中国区域性气象干旱事件的变化”(41175075)、中国气象局气候变化专项“近50年我国干旱频发地区的区域性气象干旱事件的检测与变化”(CCSF201333)、全球变化重大科学研究计划(2010CB950501)和国家科技支撑计划(2007BAC29B04)共同支持下的研究成果总结。在本书出版之际,作者还要向在本书成果研究、撰写和出版过程中给予热情关心和鼓励、提供大力支持和帮助的张智北教授、吴国雄院士、丁一汇院士、吴立广博士、Blair Trewin博士、陈德亮教授、李维京研究员、董文杰教授、翟盘茂研究员、肖子牛研究员、马柱国研究员、罗勇教授、赵宗慈教授、张祖强博士、宋连春研究员、张强研究员、刘雅章教授、Francis W. Zwiers教授、Omar Baddour博士、Manola Brunet教授、何金海教授、Dushmanta Pattanaik博士、刘长征博士和李太宇编审致以诚挚的谢意!

鉴于认识水平有限,书中不足或错误之处在所难免,热切盼望有关专家和读者不吝赐教。

作者
2014年深秋于北京

目 录

第1章　绪　论

1.1　引　言

近年来，全球范围极端天气气候事件（以下简称“极端事件”）频发，给社会经济带来严重影响。2003年夏季欧洲热浪、2005年登陆美国的卡特里那飓风、2008年年初中国南方冰冻雨雪灾害、2009/2010年中国西南大旱以及2010年6—8月席卷全球的多种事件并存——北半球高温热浪与南半球低温、肆虐南亚和中国的暴雨洪水及其次生滑坡泥石流灾害，引起了全球各界的极大关注。

极端事件是天气气候的状态严重偏离其平均态，在统计意义上属于不易发生的小概率事件。对于某一特定范围（单点或某一区域）和时间尺度（日、月或年等）的某种天气气候现象，当表征它的指标满足统计上的极端性标准——该指标值高于（或低于）其分布的上限（或下限）末端附近的某一阈值时，称之为极端天气气候事件（WMO，2010）。

如果从研究角度追溯科学界对极端事件关注的进程，大致可以集中在近30年的历史，其成果也主要集中在气候变化方面。20世纪80年代初，美国气象学家Karl等（1984）首先关注极端温度及日较差的研究。由于资料所限，接下来的几年主要围绕北美地区的相关问题进行研究（Karl *et al.*，1986；Plantico *et al.*，1990）。逐步加强的国际合作与交流使得科学界可以更广泛开展这一领域的观测研究（Karl *et al.*，1991；Karl *et al.*，1993）。

20世纪80年代以来，有两个事件有力地推动了极端事件的研究。一是1988年IPCC的成立及1990年IPCC第一次气候变化评估报告的发表；二是1993年WCRP科学委员会在热带海洋和全球大气计划（TOGA）成果的基础上提出了气候变率和可预报性研究（CLIVAR）计划。

随着研究的深入，各种极端事件的指数如雨后春笋般涌现。1997年6月3—6日，由CLIVAR、GCOS和WMO共同资助在美国北卡州阿什维尔市举办“气候极值的指数与指标研讨会”。为了进一步协调、规范、发展和推广这些指数，2003年成立了CCl/CLIVAR气候变化检测、监测和指数专家组——ETCCDMI；2005年，海洋学与海洋气象学联合技术委员会（JCOMM）加入支持后更名为CCl/CLIVAR/JCOMM气候变化检测和指数专家组（ETCCDI）。ETCCDI的成立不仅推动了极端事件的观测研究，而且加快了极端事件模拟与预估方面的研究步伐。

相对于极端事件的观测研究、模拟与预估，极端事件的气候预测问题受到关注的时间明显偏晚。与极端事件的中短期天气预报（Gallus *et al.*，1999；Sobash *et al.*，2011）相比，极端事件气候预测问题被关注的程度以及所达到的水平都还较低。在中国，该领域的研究始于最近几年，如刘绿柳等(2008)应用月动力预测模式、动力预测与统计降尺度相结合、物理统计相似三种不同的方法预测未来1—40天的旬、月极端高温发生概率及高温日数。

1.2　极端天气气候事件研究回顾

1.2.1　常用研究方法

(1)极端事件及其重现期

根据所关注的极端事件，选择合适的要素或指数。假设该要素或指数的概率密度函数(PDF) $f(x)$ 如图1.1所示，则容易得到定义该极端事件的两个阈值 x_N 和 x_M。当 $f(x) \leqslant x_N$ 或 $f(x) \geqslant x_M$ 时称之为极端事件，其概率 $F(x_N) = P(X \leqslant x_N) = \int_{-\infty}^{x_N} f(x)\mathrm{d}x$ 通常很小(如1%、5%等)。故极端事件也可简单理解为“小概率事件”。

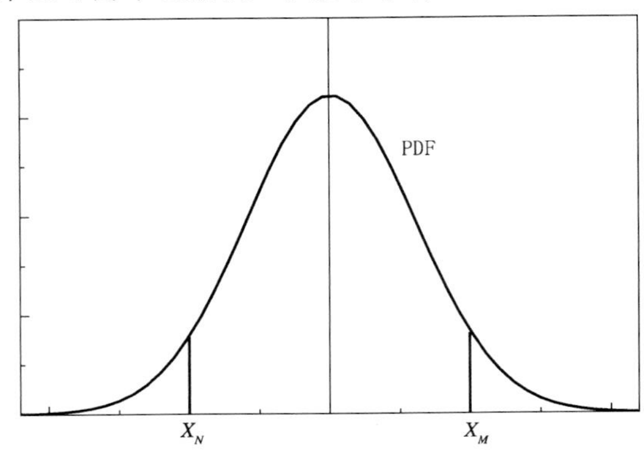

图1.1　概率密度函数(PDF)示意图

表征极端事件的另一个重要概念是重现期。极端事件重现期(T)是小概率 $F(x_N)$ 的倒数，即 $T = \frac{1}{F(x_N)}$。它实质上是“小概率事件”的另一种表述方式。

(2)经典极值分布

概率分布函数 $F(X) = P(X \leqslant x)$ 的选用十分关键。假设 X 为一随机变量(如某地日最高气温或日降水量)，令 $x_1, x_2, x_3, \cdots, x_m$ 为 X 的一组随机样本，假定按升序排列为 $x_1^* < x_2^* < x_3^* < \cdots < x_m^*$。容易理解，最大值 x_m^* 和最小值 x_1^* 分别满足

$$x_m^* = \max(x_1, x_2, x_3, \cdots, x_m) \tag{1.1}$$

$$x_1^* = \min(x_1, x_2, x_3, \cdots, x_m) \tag{1.2}$$

针对抽样序列 x_m^* 和 x_1^*，如何得到其相应的概率分布函数 $F_m(x)$ 和 $F_1(x)$ 呢?

当抽样序列 x_m^* 和 x_1^* 的样本序列长度 $n \to \infty$ 时，极值 x_m^* 和 x_1^* 通常有三种典型分布(丁裕国等，2009)：

Gumbel分布：

$$F(x) = P\left(\frac{X-\theta}{\beta} < x\right) = \exp\left[-\exp\left(-\frac{x-\theta}{\beta}\right)\right] \qquad -\infty < x < \infty \tag{1.3}$$

柯西型分布：

$$F(x)=P\left(\frac{X-\theta}{\beta}<x\right)=\exp\left[-\left(\frac{x-\theta}{\beta}\right)^{-\alpha}\right]\qquad 0<x<\infty,\alpha>0 \tag{1.4}$$

Weibull 分布：

$$F(x)=P\left(\frac{X-\theta}{\beta}<x\right)=\exp\left[-\left(-\frac{x-\theta}{\beta}\right)^{\alpha}\right]\qquad x\leqslant 0 \tag{1.5}$$

其中，参数 θ 为门限值，β 为尺度参数。

(3)两类典型抽样

针对前述抽样，给出两类典型抽样及其广义极值分布。

第一类为年极值抽样，亦称 BM(Block Maxima)抽样或 AM(Annual Maxima)抽样，即每年抽取一个极值。此类抽样中前面三种分布型(1.3)～(1.5)可有一个通式：

$$F(x)=\exp\left\{-\left[1-k\frac{x-\theta}{\beta}\right]^{-\frac{1}{k}}\right\} \tag{1.6}$$

其中，k 为线型参数。

第二类为超门限峰值抽样，亦称 POT(Peaks over Threshold)抽样，即将超过某一阈值的所有样本入选抽样序列。此类抽样的概率分布函数符合广义帕雷托分布(Generalized Pareto Distribution, GPD)：

$$F(x)=1-\left[1-k\frac{x-\theta}{\beta}\right]^{-\frac{1}{k}}\qquad k\neq 0,\theta\leqslant x\leqslant\frac{\beta}{k} \tag{1.7}$$

1.2.2　极端温度和极端降水

(1)极端温度

继前面提到有关极端温度的研究之后，Horton(1995)和 Easterling 等(1997)对全球分析后进一步指出，日最高(低)温度的不同变化趋势使得平均温度上升，并导致了温度日较差减小。

此后，出现了大量针对全球不同区域极端温度变化的研究。这些研究从不同区域和多种角度对区域性极端温度的变化给出了更为精细的变化特征和区域性差异。在中国较早的研究有翟盘茂等(1997)、任福民等(1998) 、Zhai 等(1999)和严中伟等(2000)，这些研究进一步证实了中国区域极端温度变化中存在的不对称变化特征；后来的一些研究(谢庄等，2007；杨萍等，2010a；李庆祥等，2011)进一步加深了对极端温度季节特征和阈值确定的认识。1961 年以来澳大利亚的极端暖昼和极端暖夜增多，而极端冷昼和极端冷夜减少(Plummer *et al.*，1999)。在北欧和中欧，20 世纪与极端温度的不对称变化相关联，日较差和霜冻日数均呈明显的下降趋势(Heino *et al.*，1999)。

由于在极端事件或气候极端值上缺乏统一的定义，加之缺乏覆盖面广足够长序列的资料，这期间的研究主要是区域性或局限于某一国家内的。在 ETCCDI 的框架下，Frich 等(2002)率先分析了全球极端事件在最近 50 年的变化；Alexander 等(2006)则利用统一的指标和更丰富的资料进一步分析指出全球范围极端温度变化中存在的不对称变化特征。

(2)极端降水

对极端降水的关注相对极端温度来得晚。Iwashima 等(1993)首先关注了日本极端降水的研究，指出日本大雨日数表现出明显增多。Karl 等(1998)指出 1910 年以来，美国日极端降水事件明显增多。Suppiah 等(1998)分析了澳大利亚的极端降水事件，指出无论对于夏半年还是冬半年，大雨日数均表现为上升趋势。Tarhule 等(1998)对尼日利亚极端降水的分析表明，撒哈拉地区近期降水的变化主要是由于 8—9 月高强度雨日的减少引起的。Kunkel 等(1999a)分析了北美短期(1～7 d)极端降水事件，表明存在明显的年代际变化。Mason 等(1999)分析指出，南非约 70%范围的降水极端事件强度在 1931—1960 年和 1961—1990 年均表现出显著增强的趋势。Roy 等(2004)指出，印度 1910—2000 年极端降水事件频数总体上呈上升趋势，其中最大上升趋势出现在印度西北部至南部，而恒河平原东部则表现为下降趋势。Goswami 等(2006)对印度季风降水的分析表明，1951—2000 年日极端降水事件的频数和量级显著上升。1961—1995 年，英国日降水量的强度分布发生了明显改变(Osborn *et al.*，2000)，平均而言，冬季强度变得更强而夏季强度减弱。

Zhai 等(1999)分析表明，中国年降水量、1 和 3 d 最大降水量以及不同级别的强降水总量没有发现明显的极端化倾向，但中国降水极值变化反映出明显的区域性特点；另一些专家从不同季节和区域分布的角度分析了中国各种类型极端降水事件的变化特征(刘小宁等，1999；翟盘茂等，2007；宁亮等，2008；杨金虎等，2008；闵屾等 2008；杨金虎等，2008a；陈海山等，2009；崔方等，2009；陈波等，2010；王志福等，2009)；另外，大城市极端强降水事件(王萃萃等，2009)和不同强度降水事件(王小玲等，2008)的变化问题也受到了关注。

针对全球的研究，Frich 等(2002)指出 1946—1999 年全球极端降水显著的增多趋势主要表现在湿期的总量和暴雨日数上。Alexander 等(2006)分析指出，全球降水普遍表现为显著增多的趋势，在整个 20 世纪总体表现为变湿的趋势，但这些变化在空间上的一致性较温度要弱。

1.2.3 干旱

干旱是一种常见而复杂的现象，它可分为气象干旱、农业干旱、水文干旱和社会经济干旱(American Meteorological Society, 1997)。干旱的观测研究成果丰硕，但主要集中在近十余年，特别是气象干旱方面。从干旱指数应用的角度，可对这些研究大致分为如下几类：

在帕默尔干旱指数(PDSI)应用研究方面，Dai 等(1998)分析了 1900—1995 年全球干旱变化，发现在许多陆地重旱和过湿事件存在明显的多年至年代变化。20 世纪美国干旱表现出很强的变率，其中 30 和 50 年代的干旱事件几乎决定了所有长期趋势(Karl *et al.*，1996；Kunkel *et al.*，1999b)。匈牙利的干旱呈现增多趋势，而湿期减少(Szinell *et al.*，1998)；Zou 等(2005)研究显示，尽管对中国而言干旱面积不存在明显的升降趋势，但华北地区干旱面积显著增大；李新周等(2006)分析表明，中国北方干旱化具有显著的年际、年代际特征；Brázdil 等(2009)分析指出，1881—2006 年捷克干旱事件的持续时间趋于更长且严重程度趋于加重。

利用标准降水指数(SPI)，Bonaccorso 等(2003)指出，西西里岛 1926—1996 年表现出干旱化的趋势；Wang 等(2003)分析了中国北方不同级别干旱的变化，指出 1950—2000 年中国北方主要农业区不同级别干旱均表现出范围扩大的趋势；Sergio(2006)指出伊比利亚半岛干旱的空间分布存在很强的复杂性，而且干旱分类中也存在较大的不确定性；Khan 等(2008)分析指出，澳大利亚墨累达令盆地历史上曾出现过比 2000—2006 年持续干旱更严重的情况；Kasei 等(2010)研究了西非沃尔特河流域 1961—2005 年干旱的强度、面积以及频率的演变特征。

采用降水量或降水距平百分率，廉毅等(2005)分析指出，1961—2000 年中国东部气候过渡带主要表现为气候干旱化特征；黄荣辉等(2006)指出，从 1976 年迄今华北地区发生持续干旱。

表 1.1 27 个 CCI/CLIVAR/JCOMM 气候变化检测和指数专家组(ETCCDI)推荐指数

序号	简称	名称 全称	定义
1	*FD*	霜冻日数 Number of frost days	日最低气温 $TN<0$℃的日数
2	*SU*	夏季日数 Number of summer days	日最高气温 $TX>25$℃的日数
3	*ID*	冰封日数 Number of icing days	日最高气温 $TX<0$℃的日数
4	*TR*	热夜日数 Number of tropical nights	日最低气温 $TN>20$℃的日数
5	*GSL*	生长期 Growing season length	一年中从至少连续 6 d 日平均温度 $TG>5$℃ 起算至第一个连续 6 d(7 月以后，南半球为 1 月以后)日平均温度 $TG<5$℃的日数
6	TX_x	月最高温度极大值 Monthly maximum value of daily maximum temperature	每月中日最高气温的最大值
7	TN_x	月最低温度极大值 Monthly maximum value of daily minimum temperature	每月中日最低气温的最大值
8	TX_n	月最高温度极小值 Monthly minimum value of daily maximum temperature	每月中日最高气温的最小值
9	TN_n	月最低温度极小值 Monthly minimum value of daily minimum temperature	每月中日最低气温的最小值
10	$TN10_p$	冷夜日数 Percentage of days when $TN<10^{th}$ percentile	日最低气温小于 10%分位值的日数
11	$TX10_p$	冷昼日数 Percentage of days when $TX<10^{th}$ percentile	日最高气温小于 10%分位值的日数
12	$TN90_p$	暖夜日数 Percentage of days when $TN>90^{th}$ percentile	日最低气温大于 90%分位值的日数
13	$TX90_p$	暖昼日数 Percentage of days when $TX>90^{th}$ percentile	日最高气温大于 90%分位值的日数
14	*WSDI*	异常暖昼持续指数 Warm spell duration index	每年至少连续 6 d 日最高气温大于 90%分位值的累计日数
15	*CSDI*	异常冷昼持续指数 Cold spell duration index	每年至少连续 6 d 日最高气温大于 10%分位值的累计日数

续表

序号	简称	名称 全称	定义
16	*DTR*	日较差 Daily temperature range	日最高气温与日最低气温之差的月平均值
17	R_x1day	1 d最大降水量 Monthly maximum 1-day precipitation	每月最大日降水量
18	R_x5day	5 d最大降水量 Monthly maximum consecutive 5－day precipitation	每月连续5 d最大降水量
19	*SDII*	降水强度 Simple pricipitation intensity index	湿日(日降水量≥1.0 mm)降水总量与湿日日数之比
20	$R_{10\ mm}$	中雨日数 Annual count of days when PRCP≥10 mm	日降水量大于等于10 mm的日数
21	$R_{20\ mm}$	大雨日数 Annual count of days when PRCP≥20 mm	日降水量大于等于10 mm的日数
22	R_{nnmm}	日降水大于某一特定强度的日数 Annual count of days when PRCP≥ nn mm	日降水量大于等于 nn mm的日数
23	*CDD*	持续干期 Maximum length of dry spell	日降水量小于1 mm的最大持续日数
24	*CWD*	持续湿期 Maximum length of wet spell	日降水量大于等于1 mm的最大持续日数
25	$R95_pTOT$	强降水总量 Annual total *PRCP* when *RR*>95p	日降水量大于95%分位值的年累积降水量
26	$R99_pTOT$	特强降水总量 Annual total *PRCP* when *RR*>99p	日降水量大于99%分位值的年累积降水量
27	*PRCPTOT*	湿日降水总量 Annual total precipitation in wet days	日降水量大于1 mm的年累积降水量

表1.2 常用气象干旱指数表

序号	缩写	名称 全称	定义
1	*Pa*	降水量距平百分率 Precipitation anomaly percentage	降水量距平百分率是表征某时段降水量较常年值偏多或偏少的指标
2	*Rsr*	土壤相对湿度 Relative soil moisture	土壤绝对湿度值占田间持水量的百分率
3	*AI*	干燥度指数 Aridity index	干燥度指数是表征一个地区干湿程度的指数，亦称湿润指数

续表

序号	缩写	名称 全称	定义
4	*PDSI*	帕尔默干旱指数 The Palmer Drought Severity Index	帕默尔干旱指数是表征在一段时间内，某地区实际水分供应持续地少于气候适宜水分供应的水分亏缺指数
5	*SPI*	标准化降水指数 Standardized Precipitation Index	标准化降水指数是表征某时段内降水量出现概率大小的指数
6	*CI*	综合气象干旱指数 Composite index	利用近期月、季等多尺度的标准化降水指数，以及改进的湿润指数进行综合而成的综合性指数

在干湿指标应用研究方面，马柱国等(2005)分析表明中国北方近100年干湿指标的变化趋势与降水的变化趋势并不完全一致，在有些地区甚至出现相反的趋势。马柱国等(2007)对全球的分析表明，20世纪下半叶全球干湿变化趋势具有明显的区域差异，非洲大陆、欧亚大陆、澳洲大陆和南美大陆近52年主要以干旱化趋势为主，尤以非洲大陆和欧亚大陆最为剧烈。Qian等(2003)分析显示，中国东部干湿变化在20世纪的最后20年主要表现为北方干旱而南方湿润的状态。

在其他指标的应用研究方面，Shiau等(2001)指出描述干旱特征的更好方法是探索干旱事件的持续时间和严重程度的联合指标；基于同时考虑强度和空间分布，Tran等(2002)提出了空间干燥度指数，并分析了保加利亚的干旱变化，发现干旱可以发生在任何季节并影响到该国的任何地区。邹旭恺等(2008)分析指出，近50年干旱化存在较大的区域性差异，其中东北和华北地区干旱化趋势尤为显著；Woodhouse等(1998)对美国过去2000年的分析发现，美国中部20世纪30年代的大干旱1—2个世纪才会发生一次。

1.2.4 极端事件的指数

在极端温度和极端降水的指数研究方面，Folland等(1999)针对1997年在美国举行的“气候极值的指数与指标研讨会”中涉及的温度指标做了总结，给出了一系列重要指数。随后(1994年)，年总降水量和年总降雪量的变化问题开始被重视，进而1日或多日强降水以及不同级别的强降水事件也逐步受到关注。

为了表征极端气候事件的综合表现，Karl等(1996)针对美国问题提出了气候极端指数(Climate Extremes Index，CEI)，即定义了一个由传统的气候极端指标组合而成的新指数。由于在全球大多数地区气象资料样本长度短，限制了很多统计量对于极端性的代表性，于是科学家们于1999年引入新的定义，即利用超过(或低于)排序序列的某一百分位的多个数值来表征极端性；百分位极值概念的提出，有效解决了因资料不足所带来的极端性的代表问题，同时也给出了极端性判别的季节性指标。

21世纪初，ETCCDI总结了极端天气气候指数研究结果，选择了27个核心指数作为推荐指标(表1.1)。这些指数集中在气温极值(序号1—16)和降水极值(序号17—27)这两类要素上。ETCCDI还建立了一个专门的网站 http://cccma.seos.uvic.ca/etccdi/index.shtml，这有力地促进了这些指数在很短的时间内在研究和业务应用领域在全球得到广泛使用。翟盘茂等(2012)对这些指数进行了分类介绍，主要划分为极值统计量、绝对阈值、相对阈值及其他等几类指数。

就干旱指数的研究,可以追溯到较极端温度和极端降水更早的年代。在气象干旱方面,最简单的干旱指数就是不同时间尺度的降水量距平百分率;另一个指标是土壤相对湿度;Penman(1948)提出了干燥度指数;Palmer(1965)提出帕尔默干旱指数(*PDSI*);McKee 等(1993)发展了单一依赖降水量的标准化降水指数(*SPI*);在业务应用中中国国家气候中心提出了综合气象干旱指数 CI(张强等,2006)。表 1.2 给出了上述六种常用的气象干旱指数。如果从指数算法中是否仅包含降水一个要素的角度看,这些气象干旱指数可以划分为两类:多因素指数和单因素指数。多因素气象干旱指数包括帕默尔指数、干燥度指数和气象综合干旱指数等。单因素气象干旱指数包括降水距平百分率指数和标准化降水指数等。

干旱指数在研究和业务应用需求的推动下不断得到发展,尤其在单因素指数方面。Byun 等(1999)提出了有效降水的概念,认为可以利用日降水量随时间衰减的累积函数来表征前期降水对于当前旱涝的影响。Lu(2009)提出用逐日加权平均降水量(WAP)来表征当前的旱涝状况,WAP 实际上就是一种有效降水指数,它能在逐日尺度上反映一个地区的干湿状况;但由于它保留了降水量的概念,其自身存在区域性和季节性差异的先天不足,即不同气候区域和不同季节之间无法使用统一的标准来比较旱涝程度,这使得它的应用受到极大制约。基于 WAP 指数,赵海燕等(2011)发展了一个更适合在中国西南地区实时干旱监测业务的指数;赵一磊等(2012)则发展了一种改进的 WAP 指数,该指数去除了区域性和季节性差异,并表现出了良好的性能。基于标准化降水指数(SPI),Vicente-Serrano 等(2009)发展了标准化降水蒸散指数(Standardized Precipitation Evapotranspiration Index, SPEI),该指数通过引入潜在蒸散发项,包含多种时间尺度特征并能够反映温度异常对干旱的贡献,即从单因素指数发展为多因素指数。

1.3 区域性极端事件研究进展

进一步分析表 1.1 和表 1.2 的指数和指标,不难发现,这些指数和指标都只是针对单一台站(单点)的极值问题。众所周知,极端天气气候事件,如 2003 年夏季欧洲热浪和 2009/2010 年中国西南大旱通常都是区域性现象,即具有一定影响范围和持续时间的区域性极端事件。

在过去约十年内,区域性极端事件的研究这一领域正受到越来越多的关注。概括来说,这些研究大致可划分为三个阶段:极端性的时空规律分析、时间序列过程性事件的识别和区域性极端事件的识别。

1.3.1 极端性的时空规律分析

在这一阶段,研究主要是针对台站(单点)极值的时空规律分析来进行。重点是分析极值的时空相关特征,方法上主要借助于相关分析和经验正交函数(EOF)等分析工具。

Oladipo(1986)利用 1975—1978 年生长季(4—9 月)400 多个站逐月降水资料和相关性分析技术研究了北美内陆平原干旱的空间分布型并得到四种差异明显的干旱型。Dai 等(1998)采用区域平均的帕尔默干旱指数(PDSI)分析了 1900—1995 年全球多个地区的干旱与多雨期的变化,得到一些关于年际和年代际变化的明确结论;之后,Dai 等(2004)利用延长的,更丰富的资料做了更深入的研究，进一步印证了前面的发现。

黄丹青等(2009)利用阈值统计方法分析单站高温和低温事件的累积频率，给出了中国东部地区极端高温和极端低温事件的区域性特征。闵屾等(2008)利用中国542个台站1960—2003年逐日降水资料，分析了中国极端降水事件的区域性和持续性特征。封国林等(2009)分析了1957—2004年中国194个台站日最高气温资料中出现极值的自相关特征，指出高温极值在时间演变上存在明显的长期持续性特征(自相关或长程相关性)。龚志强等(2009)采用NCEP/NCAR 1948—2005年再分析日平均温度资料研究了温度极端事件的区域性特征。杨萍等(2010)采用空间点过程理论分析了极端事件的区域群发性问题。

1.3.2　时间序列过程性事件的识别

这类研究已经注意到极端事件是过程性的，具有起止时间和持续时间。研究工作主要是针对单点或区域平均时间序列中的过程(或事件)识别来进行，内容涉及不同时间尺度(月、年或日等)的时间序列，并给出了时间序列中不同过程(或事件)的判别标准。

Biondi等(2002)开发了一个数学模型用于模拟时间序列的过程(事件)，Biondi等(2005)对该模型进行了改进，随后又进一步更新模型(Biondi *et al.*，2008)用于研究时间序列中的事件，将量值高于或低于某一参考值(阈值)的完整而连续的过程定义为事件。如图1.2所示，这样的事件可以由持续时间、累积强度(幅度)和峰值三个变量来进行定量描述。

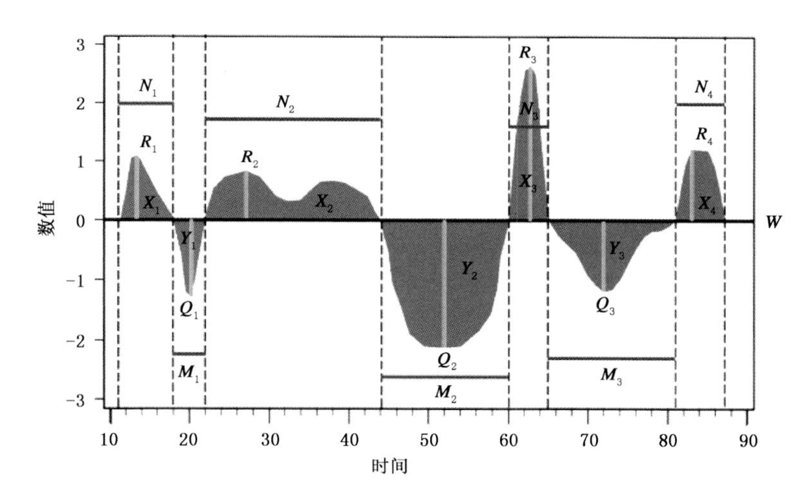

图1.2　时间序列过程(事件)演变图(Biondi *et al.*，2008)
(图中显示了七个事件的持续时间(N_i和M_i，虚线间距红色线段)、大小幅度X_i和Y_i，蓝色阴影区)和峰值(R_i和Q_i，黄色垂线)以及不随时间变化的参考值w(水平实线))

厄尔尼诺和拉尼娜事件的判别就是时间序列过程性事件判别的典型事例。许多研究(王绍武，1985；臧恒范等，1991；王世平，1991；Wolter *et al.*，1993；Trenberth，1997；李晓燕等，2007；Trenberth *et al.*，2001；Hanley *et al.*，2003；Cane，2005；Ashok *et al.*，2007；Kao *et al.*，2009；Yu *et al.*，2011)都关注了厄尔尼诺和拉尼娜事件的判别。譬如，根据逐月NINO 3指数逐月时间序列及厄尔尼诺事件的判别标准(NINO 3≥0.5℃至少持续6个月)，则容易得到有资料以来的所有厄尔尼诺事件，每次厄尔尼诺事件均包含持续时间、累积强度和峰值强度等特征量。

1.3.3 区域性极端事件的识别

这类研究已经意识到极端事件同时具有区域性和过程性特征，即是具有一定影响范围和持续时间的区域性事件。研究工作针对不同区域性事件的区域性和过程性提出了不同的判别方法和标准。

Dracup 等(1980)研究了干旱事件的定义，指出干旱事件应该包含持续时间、幅度(平均水分亏缺)和严重程度(累积水分亏缺)等特征量。Tang 等(2006)基于逐日资料对 1951—2004 年夏季(4—8 月)中国的持续性暴雨事件做了分析，并提出了从强度、范围和持续时间三个角度定义持续性强降水事件的标准。Andreadis 等(2005)基于月尺度土壤湿度资料研究了 20 世纪美国的区域性干旱事件，并提出了同时从空间和时间两个角度定义区域性干旱事件的标准；Sheffield 等(2009)沿用 Andreadis 等(2005)的方法，研究了 1950—2000 年全球各大洲的区域性干旱事件。Chen 等(2013)基于台站逐日降水资料，兼顾持续性和日降水的极端性，分析了 1951—2010 中国持续性极端降水事件。

北京大学研究小组在区域性极端事件研究方面做了较全面的工作。Qian 等(2011)研究了 1960—2009 年中国区域性干旱事件，Ding 等(2011)分析了 1960—2008 年中国区域性高温事件的时空变化特征，Zhang 等(2011)识别了近几十年中国区域性低温事件。这些研究工作在区域性极端事件的判别方法及指标上具有如下相同的技术步骤：(1)根据时间序列过程识别方法得到所有单站的过程性事件；(2)给出邻站定义；(3)定义区域性事件：若在同一时间段内有相邻 5 站同时发生同一类型的过程性事件，则定义为一次区域性事件；(4)区域性事件的综合强度指数(CSI)：$CSI = F_1 + F_2 + F_3$，其中 F_1、F_2 和 F_3 分别是事件持续时间、影响范围和极值强度的标准化指数。

针对区域性极端事件，国家气候中心研究小组开展了一系列研究。任福民等(2010)和 Ren 等(2012)提出了一种区域性极端事件客观识别法(OITREE)。该方法提出"糖葫芦串"模型，并借助该模型的思路，将逐日异常带合理地"串"成一串从而构成一个完整的区域性事件(见第 2 章图 2.1)；OITREE 包括五个技术步骤：单点(站)逐日指数选定、逐日自然异常带分离、事件的时间连续性识别、区域性事件指标体系和区域性事件的极端性判别。OITREE 是一种可应用于识别多种区域性极端事件的通用方法，可以根据所关心的问题通过选择合适的单站指数以及设定不同的参数来实现对不同区域性极端事件的识别。目前该方法已经在中国区域性气象干旱事件、强降水事件、高温事件和低温事件等方面得到应用(Ren *et al.*，2012；龚志强等，2012；王晓娟等，2012；胡浩林等，2013；Wang *et al.*，2014；Li *et al.*，2014；任福民等，2014；李韵婕等，2014；曹经福等，2014；安莉娟等，2014)。

参考文献

安莉娟，任福民，李韵婕等. 2014. 近 50 年华北区域性气象干旱事件的特征分析. 气象，**40**(9)：1097-1105.

白莹莹，高阳华，张焱等. 2010. 气候变化对重庆高温和旱涝灾害的影响. 气象，**36**(9)：47-54.

曹经福，任福民，江志红等. 2014. 基于 CanESM2 对中国区域性强降水事件的模拟和预估. 气候变化研究进展，待发表.

陈海山，范苏丹，张新华. 2009. 中国近 50 a 极端降水事件变化特征的季节性差异. 大气科学学报，**32**(6)：744-

751.

陈波，史瑞琴，陈正洪. 2010. 近45年华中地区不同级别强降水的变化趋势. 应用气象学报，**21**(1):47-54.

陈兴芳，赵振国. 2000. 中国汛期降水预测研究及应用. 北京：气象出版社.

崔方，郭品文，吴建秋. 2009. 近50年中国极端降水事件的观测研究. 安徽农业科学，**37**(27):13170-13172.

丁裕国，江志红. 2009. 极端气候研究方法导论—诊断及模拟与预测. 北京：气象出版社.

董蕙青，涂方旭，李雄. 2000. 广西高温天气的气候特征及短期气候预测. 广西气象，**21**(增刊):50-54.

封国林，王启光，侯威等. 2009. 气象领域极端事件的长程相关性. 物理学报，**58**(4):2853-2861.

侯威，张存杰，高歌. 2012. 基于气候系统内在层次性的气象干旱指数研究. 气象，**38**(6):701-711.

龚志强，王晓娟，支蓉等. 2009. 中国近58年温度极端事件的区域特征及其与气候突变的联系. 物理学报，**58**(6):4342-4353.

龚志强，任福民，封国林等. 2012. 区域性极端低温事件的识别及其时空变化特征研究. 应用气象学报，**23**(2):195-204.

胡浩林，任福民，王澄海等. 2013:1961—2005年中国区域性低温事件的观测、再分析与模拟的比较研究. 气候变化研究进展，**9**(1):21-28.

黄荣辉，蔡榕硕，陈际龙等. 2006. 我国旱涝气候灾害的年代际变化及其与东亚气候系统变化的关系. 大气科学，**30**(5):730-743.

黄丹青，钱永甫. 2009. 极端温度事件区域性的分析方法及其结果. 南京大学学报(自然科学版)，**45**(6):715-723.

柯宗建，王永光，贾小龙等. 2010. 中国区域秋季旱涝特征预测. 高原气象，**29**(5):1345-1350.

李聪，肖子牛，张晓玲. 2012. 近60年中国不同区域降水的气候变化特征. 气象，**38**(4):419-424.

李崇银，黄荣辉，丑纪范等. 2009. 我国重大高影响天气气候灾害及对策研究. 北京：气象出版社.

李庆祥，黄嘉佑. 2011. 对我国极端高温事件阈值的探讨. 应用气象学报，**22**(2):138-143.

李维京，张培群，李清泉等. 2005. 动力气候模式预测系统业务化及其应用. 应用气象学报，**16**(增刊):1-11.

李维京. 2012. 现代气候业务. 北京：气象出版社.

李晓燕，翟盘茂. 2000. ENSO事件指数与指标研究. 气象学报，**58**(1):102-109.

李新周，马柱国，刘晓东. 2006. 中国北方干旱化年代际特征与大气环流的关系. 大气科学，**30**(2):277-284.

李韵婕，任福民，李忆平等. 2014:1960—2010年中国西南地区区域性气象干旱事件的特征分析. 气象学报，待发表.

刘绿柳，孙林海，廖要明等. 2008. 国家级极端高温短期气候预测系统的研制及应用. 气象，**34**(10):102-107.

刘绿柳，孙林海，廖要明等. 2011. 基于DERF的SD方法预测月降水和极端降水日数. 应用气象学报，**22**(1):77-85.

廉毅，沈柏竹，高枞亭等. 2005. 中国气候过渡带干旱化发展趋势与东亚夏季风、极涡活动相关研究. 气象学报，**63**(5):740-749.

刘小宁. 1999. 我国暴雨极端事件的气候变化特征. 灾害学，**14**(1):54-59.

马柱国. 2005. 我国北方干湿演变规律及其与区域增暖的可能联系. 地球物理学报，**48**(5):1011-1018.

马柱国，符淙斌. 2007. 20世纪下半叶全球干旱化的事实及其与大尺度背景的联系. 中国科学(D辑)，**37**(2):222-233.

闵屾，钱永甫. 2008. 中国极端降水事件的区域性和持续性研究. 水科学进展，**19**(6):763-771.

宁亮，钱永甫. 2008. 中国年和季各等级日降水量的变化趋势分析. 高原气象，**27**(5):1010-1020.

任福民，翟盘茂. 1998. 1951—1990年中国极端气温变化分析. 大气科学，**22**(2):217-227.

任福民，崔冬林，王艳姣等. 2010. 客观识别区域持续性极端事件的探索研究//中国气象局气候研究开放实验室2009年度学术年会论文. 52-54.

任福民，高辉，刘绿柳等. 2014. 极端事件研究进展及其监测与预测业务应用. 气象，**40**(7):860-874.

王萃萃，翟盘茂. 2009. 中国大城市极端强降水事件变化的初步分析. 气候与环境研究，**14**(5)：553-560.

王绍武. 1985. 1860—1979 年间的厄尔尼诺事件. 科学通报，**30**：927-931.

王世平. 1991. 厄尔尼诺事件的判据、分类和特征. 海洋学报，**13**(5)：612-620.

王小玲，翟盘茂. 2008. 1957—2004 年中国不同强度级别降水的变化趋势特征. 热带气象学报，**24**(5)：459-466.

王晓娟，龚志强，任福民等. 2012. 1960—2009 年中国冬季区域性极端低温事件的时空特征. 气候变化研究进展，**8**(1)：1-15.

王志福，钱永甫. 2009. 中国极端降水事件的频数和强度特征. 水科学进展，**20**(1)：1-9.

谢庄，苏德斌，虞海燕等. 2007. 北京地区热度日和冷度日的变化特征. 应用气象学报，**18**(2)：232-236.

严中伟，杨赤. 2000. 登近几十年中国极端气候变化格局. 气候与环境研究，**5**(3)：267-272.

杨金虎，江志红，王鹏祥等. 2008. 西北地区东部夏季极端降水量非均匀性特征. 应用气象学报，**19**(1)：11-15.

杨金虎，江志红，王鹏祥等. 2008. 中国年极端降水事件的时空分布特征. 气候与环境研究，**13**(1)：75-83.

杨萍，刘伟东，王启光等. 2010. 近 40 年我国极端温度变化趋势和季节特征. 应用气象学报，**21**(1)：29-36.

杨萍，封国林，刘伟东等. 2010. 空间点过程理论在极端气候事件中的应用研究. 应用气象学报，**21**(3)：352-359.

杨小利. 2007. 西北地区气象干旱监测指数的研究和应用. 气象，**33**(8)：90-96.

臧恒范，王绍武. 1991. 1854—1987 年期间的厄尔尼诺与反厄尔尼诺事件. 海洋学报，**13**(1)：26-34.

翟盘茂，任福民. 1997. 中国近四十年最高最低温度变化. 气象学报，**55**(4)：418-429.

翟盘茂，王萃萃，李威. 2007. 极端降水事件变化的观测研究. 气候变化研究进展，**3**(3)：144-148.

翟盘茂. 2011. 全球变暖背景下的气候服务. 气象，**37**(3)：257-262.

翟盘茂，刘静. 2012. 气候变暖背景下的极端天气气候事件与防灾减灾. 中国工程科学 ，**14**(9)：55-65.

张尚印，王守荣，张永山等. 2004. 我国东部主要城市夏季高温气候特征及预测. 热带气象学报，**24**(6)：750-760.

张尚印，张德宽，徐祥德等. 2005. 长江中下游夏季高温灾害机理及预测. 南京气象学院学报，**28**(6)：840-846.

张德宽，杨贤为，邹旭恺. 2006. 均生函数—最优子集回归在高温极值预测中的应用. 气象，**29**(4)：44-47.

张强，邹旭恺，肖风劲等. 2006. 气象干旱等级. GB/T204812－2006，中华人民共和国国家标准. 北京：中国标准出版社，1-17.

赵海燕，高歌，张培群等. 2011. 综合气象干旱指数修正及在西南地区的适用性. 应用气象学报，**22**(6)：698-704.

赵振国. 1999. 中国夏季旱涝及环境场. 北京：气象出版社.

赵一磊，任福民，李栋梁. 2013. 一个基于有效降水干旱指数的改进研究. 气象，**39**(5)：600-607.

郑祚芳，王在文，高华. 2013. 北京地区夏季极端降水变化特征及城市化的影响. 气象，**39**(12)：1635-1641.

周后福，王兴荣，翟武全等. 2005. 基于混合回归模型的夏季高温日数预测. 气象科学，**25**(5)：505-512.

邹旭恺，张强. 2008. 近半个世纪我国干旱变化的初步研究. 应用气象学报，**19**(6)：679-687.

邹旭恺，张强，王有民等. 2005. 干旱指标研究进展及中美两国国家级干旱监测. 气象，**31**(7)：6-9.

Alexander L V, Zhang X, Peterson T C, *et al*. 2006. Global observed changes in daily climate extremes of temperature and precipitation. *J. Geophy. Res. Atmos.*, 111：D05109. doi：10. 1029/2005JD006290.

American Meteorological Society. 1997. Meteorological drought-policy statement. *Bull. Amer. Meteor. Soc.*, **78**：847-849.

Andreadis K M, Clark E A, Wood A, *et al*. 2005. Twentieth-century drought in the Conterminous United States. *J. Hydrometeor*, **6**：985-1001.

Ashok K, Behera S K, Rao S A, *et al*. 2007. El Nino Modoki and its possible teleconnection. *J. Geophys. Res.*, **112**：C11007, doi：10. 1029/2006JC003798.

Barnston A G, Mason S J. 2011. Evaluation of IRI's seasonal climate forecasts for the extreme 15% tails.

Wea. Forecasting,**26**: 545-554.

Becker, Emily J, Huug van den Dool, *et al*. 2013. Short-term climate extremes: prediction skill and predictability. *J. Climate*,**26**: 512-531.

Biondi F, Kozubowski T J, Panorska A K. 2002. Stochastic modeling of regime shifts. *Climate Res.*, **23**: 23-30.

Biondi F, Kozubowski T J, Panorska A K. 2005. A new model for quantifying climate episodes. *Int. J. Climatol*,**25**:1253-1264.

Biondi F, Kozubowski T J, Panorska A K, *et al*. 2008. A new stochastic model of episode peak and duration for eco-hydro-climatic applications. *Ecological Modelling*, **211**: 383-395.

Brázdil R, Trnka M, Dobrovolny P, *et al*. 2009. Variability of droughts in the Czech Republic, 1881—2006. *Theor. Appl. Climatol*, **97**: 297-315,doi:10.1007/s00704-008-0065-x.

Bonaccorso B, Bordi I, Cancelliere A, *et al*. 2003. Spatial Variability of Drought: An Analysis of the SPI in Sicily. *Water Resour. Management*,**17**: 273-296.

Byun H,Wilhite Donald A. 1999. Objective quantification of drought severity and duration. *J. Climate*, **12**: 2747-2756.

Cane M A. 2005. The evolution of El Nino, past and future. *Earth Planetary Sci. Lett.*, **230**: 227-240.

Chen Y, Zhai P M. 2013. Persistent extreme precipitation events in China during 1951—2010. *Clim. Res.*, **57**:143.

Dai A, Trenberth K E, Karl T R. 1998. Global variations in droughts and wet spells: 1900—1995. *Geophys. Res. Lett.*,**25**: 3367-3370.

Dai A,Trenberth K E,Qian T. 2004. A global data set of Palmer Drought Severity Index for 1870—2002: Relationship with soil moisture and effects of surface warming. *J. Hydrometeor*,**5**: 1117-1130.

Ding T, Qian W. 2011. Geographical Patterns and Temporal Variations of Regional Dry and Wet Heatwave Events in China during 1960—2008. *Adv. Atmos. Sci.*, **28**(2):322-337.

Dracup J A, Lee K S, Paulson Jr E G. 1980. On the definition of droughts. *Water Resour Res*,**16**(2): 297-302,doi:10.1029/ WR016i002p00297.

Easterling D R, Horton B, Jones P D, *et al*. 1997. Maximum and minimum temperature trends for the globe. *Science*, **277**:364-367.

Frich P, Alexander L V, Della-Marta P, *et al*. 2002. Observed coherent changes in climatic extremes during the second half of the twentieth century. *Climate Res.*, **19**:193-212.

Folland C K, Miller C, Bader D, *et al*. 1999. Workshop on indicator and indicator for climate extremes-Breakout Group C: Temperature Indices for climate extreme. *Climatic Change*, **42**:31-43.

Gallus, William A. 1999. Eta simulations of three extreme precipitation events: sensitivity to resolution and convective parameterization. *Wea. Forecasting*, **14**:405-526.

Goswami B N, Venugopal V, Sengupta D, *et al*. 2006. Increasing trend of extreme rain events over India in a warming environment. *Science*, **314**(5804):1442-1445,doi: 10.1126/science.1132027.

Groisman P Y, Easterling D R. 1994. Variability and trends of total precipitation and snowfall over the United States and Canada. *J. Climate*,**7**:184-205.

Hanley D E, Bourassa M A, *et al*. 2003. A quantitative evaluation of ENSO indices. *J. Climate*, **16**(8): 1249-1258.

Heino R, Brazdil R, Forland R, *et al*. 1999. Progress in the study of climate extremes in Northern and Central Europe. *Climatic Change*, **42**: 151-181.

Horton B. 1995. Geographical distribution of changes in maximum and minimum temperatures. *Atmos. Res.*,

37:101-117.

IPCC. 2012. The IPCC Special Report on Managing the Risks of Extreme Events and Disasters to Advance Climate Change Adaptation (SREX) ICDM, 2012: workshop on Dynamics and Predictability of High-Impact Weather and Climate Events. 6—9 August, 2012, Kunming.

Iwashima T, Yamamoto R. 1993. A statistical analysis of the extreme events: Long-term trend of heavy daily precipitation. *J. Meteor. Soc. Japan*, **71**: 637-640.

Jones P D, Horton E B, Folland C K, *et al*. 1999. The use of indices to identify changes in climatic extremes. *Climatic Change*, **42**:131-149.

Kao H Y, Yu J Y. 2009. Contrasting Eastern-Pacific and Central-Pacific Types of ENSO. *J. Clim.*, **22**: 615-632.

Karl T R, Kukla G, Gavin J. 1984. Decreasing diurnal temperature range in the United States and Canada from 1941—1980. *J. Climate. Appl. Meteor*, **23**:1489-1504.

Karl T R, Kukla G, Gavin J. 1986. Relationship between temperature range and precipitation trends in the the United States and Canada from 1941—1980. *J. Climate. Appl. Meteor.*, **25**: 1878-1886.

Karl T R, Kukla G, Razuvayev V N, *et al*. 1991. Global warming: Evidence for asymmetric diurnal temperature change. *Geophys. Res. Lett.*, **18**:2253-2256.

Karl T R, Jones P D, Knight R W, *et al*. 1993. A new perspective on recent global warming: asymmetric trends of daily maximum and minimum temperature. *Bull. Am. Meteor. Soc.*, **74**(6):1007-1023.

Karl T, Knight R W, Easterling D R, *et al*. 1996. Indices of climate change for the United States. *Bull. Amer. Meteor. Soc.*, **77**:279-291.

Karl T R, Knight R W. 1998. Secular trends of precipitation amount, frequency, and intensity in the USA. *Bull. Amer. Meteor. Soc.*, **79**:231-241.

Kasei R, Bernd Diekkruger, Constanze Leemhuis. 2010. Drought frequency in the Volta Basin of West Africa. *Sustain Sci*, **5**: 89-97, doi: 10.1007/ s11625—009—0101—5.

Khan S, Gabriel H F, Rana T. 2008. Standard precipitation index to track drought and assess impact of rainfall on watertables in irrigation areas. *Irrig. Drainage Syst.*, **22**:159-177, doi:10.1007/s10795-008-9049-3.

Kunkel K E, Andsager K, Easterling D R. 1999a. Long-term trends in extreme precipitation events over the Conterminous United States and Canada. *J. Climate*, **12**: 2515-2527, doi: 10.1175/1520-0442.

Kunkel K E, Pielke R A Jr, Changnon S A. 1999b. Temporal fluctuations in weather and climate extremes that cause economic and human health impacts: A review. *Bull. Amer. Meteor. Soc.*, **80**:1077-1098.

Li Y, Ren F, Li Y, *et al*. 2014. A Study on the Characteristics of the Southwest China regional meteorological drought events. *Acta Meteor. Sinica*, to be published.

Lu Er. 2009. Determining the start, duration, and strength of flood and drought with daily precipitation: Rationale. *Geophy. Res. Lett.*, **36**:L12707, doi: 10.1029/2009GL038817.

Mason S J, Waylen P R, Mimmack G M, *et al*. 1999. Changes in extreme rainfall events in South Africa. *Climate Change*, **41**: 249-257.

McKee T B, Doesken N J, Kleist J, *et al*. 1993. The relationship of drought frequency and duration to time scales// Eighth Conference on Applied Climatology, 17-22 January 1993, Anaheim, California.

Oladipo E O. 1986. Spatial patterns of drought in the Interior Plains of North America. *J. Clim*, **6**: 495-513.

Osborn T J, Hulme M, Jones P D, *et al*. 2000. Observed trends in the daily intensity of United Kingdom precipitation. *International J. Climatology*, **20**: 347-364.

Palmer W C. 1965 . Meteorological drought. Research Paper No. 45. U. S. Weather Bureau.

Penman H L. 1948. Natural evaporation from open water, bare soil, and grass. *Proceedings Royal Soc. London*

(Series A),**193**: 120-146.

Plantico M S, Karl T R, Kukla G,*et al*. 1990. Is recent climate change across the United States related to rising levels of anthropogenic greenhouse gas?. *J. Geophys. Res.* , **95**: 16617-16637.

Plummer N, James Salinger M, Nicholls N, *et al*. 1999. Changes in climate extremes over the Australian region and New Zealand during the twentieth century. *Climatic Change* ,**42**: 183-202.

Qian W H, Hu Q, Zhu Y F,*et al*. 2003. Centennial-scale dry-wet variations in east Asia. *Clim. Dyn.* , **21**: 77-89,doi: 10.1007/s00382—003—0319—3.

Qian Weihong, Shan X, Zhu Y. 2011. Ranking Regional Drought Events in China for 1960—2009. *Adv. Atmos. Sci.* ,**28**(2): 310-321.

Ren F, Cui D, Gong Z, *et al*. 2012. An Objective Identification Technique for Regional Extreme Events. *J. Climate*, **25**: 7015-7027.

Roy S S, Balling R C. 2004. Trends in extreme daily precipitation indices in India. *Int. J. Climatol.* , **24**: 457-466.

Sheffield J, Andreadis K M, Wood E F, *et al*. 2009. Global and continental drought in the second half of the Twentieth Century: Severity-area-duration analysis and temporal variability of large-scale Events. *J. Climate*,**22**(8): 1962-1981.

Shiau J T, Shen H W. 2001. Recurrence analysis of hydrologic droughts of differing severity. *J. Water. Resour. Plan. Manage. ASCE*,**127**(1):30-40.

Sobash R A, Kain J S, Bright D R,*et al*. 2011. Probabilistic forecast guidance for severe thunderstorms based on the identification of extreme phenomena in convection-allowing model forecasts. *Wea. Forecasting*,**26**: 714-728.

Suppiah R, Hennessy K. 1998. Trends in seasonal rainfall, heavy rain-days, and number of dry days in Australia 1910—1990. *Int. J. Climatol.* ,**10**:1141-1164.

Szinell C, Bussay A, Szentimrey T. 1998. Drought tendencies in Hungary. *Int. J. Climatol.* ,**18**:1479-1492.

Tang Y, Gan J, Zhao L, *et al*. 2006. On the climatology of persistent heavy rainfall events in China. *Adv. Atmos. Sci.* ,**23**(5): 678-692.

Tarhule A, Woo M. 1998. Changes in rainfall characteristics in northern Nigeria. *Int. J. Climatol.* , **18**: 1261-1272.

Tran L, Gregory Knight C, Victoria Wesner. 2002. Drought in Bulgaria and atmospheric synoptic conditions over Europe. *Geo. J.* , **57**: 149-157.

Trenberth K E. The Definition of El Nino. 1997. *Bull. Amer. Meteor. Soc.* , **78**(12): 2771-2777.

Trenberth K E, Stepaniak D P. 2001. Indices of El Nino evolution. *J. Clim*,**14**: 1697-1701.

Vicente-Serrano Sergio M. 2006. Differences in spatial patterns of drought on different time scales:An analysis of the Iberian Peninsula. *Water Resour. Management*,**20**: 37-60,doi:10.1007/s11269-006-2974-8.

Vicente-Serrano S M, Beguería S, López-Moreno J I. 2009. A multiscalar drought index sensitive to global warming: The standardized precipitation evapotranspiration index. *J. Climate*,**23**: 1696-1718.

Wang Y, Ren F, Zhang X. 2014. Spatial and temporal variations of regional high temperature events in China. *International J. Climatology*, **34**: 3054-3065.

Wang Z W, Zhai P M, Zhang H T. 2003. Variation of drought over northern China during 1950—2000. *J. Geogr. Sci.* , **13**:480-487,doi: 10.1007/BF02837887.

WMO. 2010. Report of the Meeting of the Management Group of the Commission for Climatology. Geneva,18-21 May 2010.

Wheeler M, Hendon H H. 2004. An all-season real-time multivariate MJO index: Development of an index for monitoring and prediction. *Mon. Wea. Rev.*, **132**:1917-1932.

Wolter K, Timlin M S. 1993. Monitoring ENSO in COADS with a seasonally adjusted principal component index//Proc of the 17th Climate Diagnostics Workshop. Norman, OK, NOAA/NMC/CAC, NSSL, Oklahoma Clim. Survey, CIMMS and the School of Meteor, Univ of Oklahoma, 52-57.

Woodhouse C, Overpeck J, *et al*. 1998. 2000 years of drought variability in the Central United States. *Bull. Amer. Meteor. Soc.*, **79**: 2693-2714.

Yu J Y, Kao H Y, Lee T, *et al*. 2011. Subsurface ocean temperature indices for Central-Pacific and Eastern-Pacific types of El Niño and La Niña events. *Theor. Appl. Climatol.*, **103**: 337-344.

Zhai P M, Sun A, Ren F, *et al*. 1999. Changes of climate extremes in China. *Climatic Change*, **42**:203-218.

Zhang Z, Qian W. 2011. Identifying regional low temperature events in China. *Adv. Atmos. Sci.*, **28**(2): 38-351.

Zou X, Zhai P, Zhang Q. 2005. Variations in droughts over China: 1951-2003. *Geophys. Res. Lett.*, 32: L04707, doi:10.1029/2004GL021853.

第2章 区域性极端事件客观识别方法

从第1章对极端事件研究的回顾中可以看到，针对区域性极端事件的研究正在成为极端事件研究中一个新的快速发展的领域。很自然的一个问题是——如何对待区域性极端事件？其实，近些年一些研究工作已经或多或少触及了这一领域，如Dai等(1998)基于月一年时间尺度的区域平均累积指数的区域性干旱研究；如Shiau等(2001)、张强(2006)、王志南等(2007)、闵屾等(2008)和黄丹青等(2009)分别在干旱、极端降水和极端温度三个方面分析了极端事件的区域性和持续性问题，但在方法上仍然是基于单一站点的持续性异常分析和站点之间的相关性分析，而并非直接针对区域性极端事件个体的研究。这当中很重要的一个问题可能是由于缺乏极端事件的识别技术所致。

可见，区域性极端事件研究的基础或关键问题是需要发展极端事件的识别技术，是否有办法以及用什么办法来识别极端事件就成为推进这一领域研究所必须解决的科学问题。极端事件种类繁多，如常见的干旱、暴雨、高温和低温事件，乃至暴雪、沙尘暴等事件，能否找到这些事件过程所表现出来的共性的结构特点，进而研究统一的方法来识别它们？

针对这一关键问题，本研究组瞄准区域性极端事件客观识别方法进行研究。经过多年的努力，发展了基于“糖葫芦串”模型的区域性极端事件客观识别法(An Objective Identification Technique for Regional Extreme Events，OITREE)(Ren *et al.*，2012)。

2.1 研究思路

通过分析发现，不同种类极端事件所表现出来的共性的结构特点是，它们都具有较大的影响范围和较长的持续时间。因此，对极端事件的识别首先是如何识别具有一定影响范围和持续时间的区域性事件，即普通的区域性事件。

可见，区域性事件演变过程具有两个结构特点：一是该区域性事件总会表现为一定的持续时间(日数)；二是在持续期内逐日气候要素异常(如温度距平)图上，该区域性事件总会占据一个特定的区域，即表现为一定的影响范围。当我们将整个演变过程当作一个整体来看时，发现该演变过程与我们所熟悉的“糖葫芦串”有惊人的相似之处！图2.1a是“糖葫芦串”模型，图2.1b是某一区域性事件的演变过程(该过程为2009/2010年西南干旱事件)——由逐日影响范围“串”到一起的“逐日影响范围串”，在此，每个“糖葫芦”相当于逐日影响范围，将持续期间的每一个“糖葫芦”“串”到一起就构成了一个完整的区域性事件。

通过上面的分析不难发现，若要识别出区域性事件，需要解决两个关键技术。关键技术一是如何进行逐日自然异常带分离？通过关键技术一可以得到每天(多个)不同的自然异常带；关键技术二是如何进行事件的时间连续性识别？通过关键技术二可以将不同的逐日自然异常

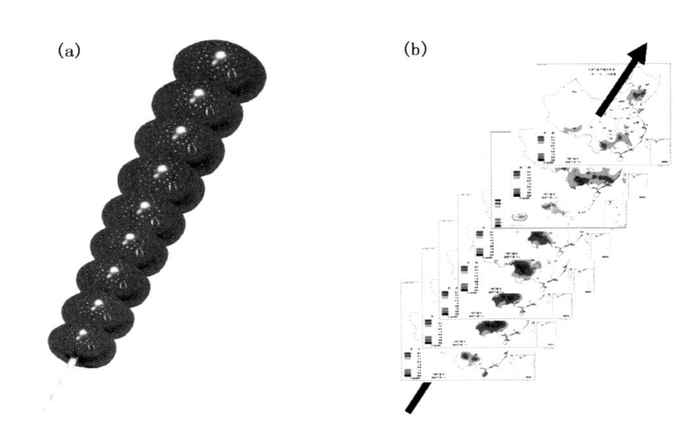

图 2.1　区域性事件演变过程示意图
（a.“糖葫芦串”模型，b. 逐日影响范围串；该过程为 2009/2010 年西南干旱事件）

带合理地“串”成一串。

在完成区域性事件识别以后，还需要建立专门针对区域性事件的指标体系，以实现对区域性事件的评价，进而可以合理地识别出极端的区域性事件（简称区域性极端事件）。

在此，有必要对本研究所涉及的区域性事件给出一个明确的定义。区域性事件是指具有一定影响范围和确定的持续时间的天气气候事件，即一个逐日影响范围的串。容易理解不同的区域性事件的强度、影响范围和持续时间可以有很大的差异。对于一个如中国这样大的地区，如果从整个区域的角度看，只有那些具有较大强度、影响范围或持续时间数值的区域性事件适合于冠以“中国区域性事件”，而其他那些具有较小强度、影响范围或持续时间数值的区域性事件相对全中国而言则可视为弱事件。然而，一些相对于全国来说是弱事件的区域性事件对于较小的地区而言则可能是显著的，如一个中国的弱事件仍然可能对某个省而言是显著的区域性事件。

2.2　客观识别方法(OITREE)介绍

根据上述研究思路，在热带气旋降水分离方法的自然雨带分离技术（任福民等，2001；Ren *et al.*，2007）基础上，发展和建立了区域性极端事件客观识别方法的总体流程（图 2.2）。基于单点（台站）逐日资料指数，该客观识别法包括五个技术步骤：(1)单点（站）逐日指数选定，(2)逐日自然异常带分离，(3)事件的时间连续性识别，(4)区域性事件指标体系，(5)区域性事件的极端性判别。对于某一类所关注的区域性事件，步骤 1 是选择一个合适的单站逐日指数，这个指数可以是某一现有的气候要素（如日降水量、日最高温度）也可以是一个专门的指数（如干旱指数(CI)或专门提出的新指数）。在步骤 2 中，首先给出单站异常的定义，并针对所关注期间内每一天的异常分布的空间结构，分析得出逐日自然异常带。在步骤 3 中，通过比较相邻日期之间不同自然异常带的空间分布，可对事件的时间连续性进行判别，进而得到一个完整的区域性事件。通过以上三个步骤，所关注期内的区域性事件可以全部被识别出来。接下来的步骤

4 则是根据区域性事件的特点建立专门的区域性事件指标体系，该体系主要包括 5 个单一指数和 1 个综合指数。最后，在步骤 5 中，根据综合指数的分布特征，区域性极端事件可以定义为那些具有大数值综合指数即超过某一阈值的区域性事件。

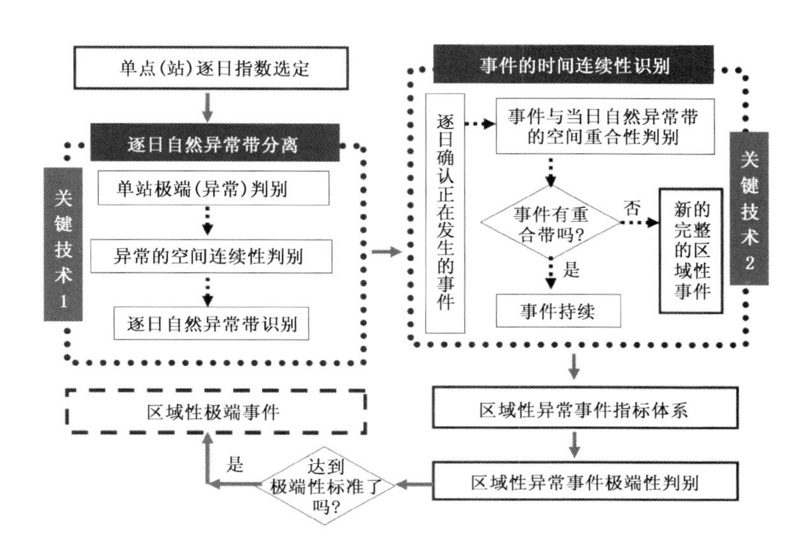

图 2.2　区域性极端事件客观识别方法总体流程

步骤 2 和 3 是该方法的两个关键技术。逐日自然异常带分离是从异常分布的结构分析入手，将每日的异常分布场分离成不同的自然异常带，这又可分为单站极端(异常)判别、异常的空间连续性判别和逐日自然异常带获取三个步骤。事件的时间连续性识别是从相邻日期不同自然异常带的空间分布出发，分析它们的空间重合进而判别出事件连续性的过程；该过程分为逐日确认正在发生的事件、事件与当日自然异常带的空间重合判别以及事件的持续性识别 3 个步骤。

以下对五个技术步骤作详细介绍。

2.2.1　单点(站)日指数选定

针对所关注的某种区域性事件，首先需要选定合适的针对单一台站的指数。通常可从常用的气候要素或指数中选择其一，如针对区域性干旱事件，可选择日综合气象干旱指数(CI)或帕尔默干旱指数(PDSI)；针对区域性高温热浪事件，可选择日最高气温。此外，针对一些特殊的区域性事件如冰冻事件、沙尘暴事件或大雪事件，可根据需要选择其他指数或研究新的单站指数。

2.2.2　逐日自然异常带分离

图 2.3a 给出了逐日自然异常带分离的技术流程。首先针对所选定的单站指数(T)，确定相应的异常判别阈值(T_t)，如 90%(或 10%)百分位或其他数值。通常，为保证在事件的时间连续性判别过程中有充分的连续性，异常判别阈值的选取可以适当宽松，不宜要求过高的极端性。

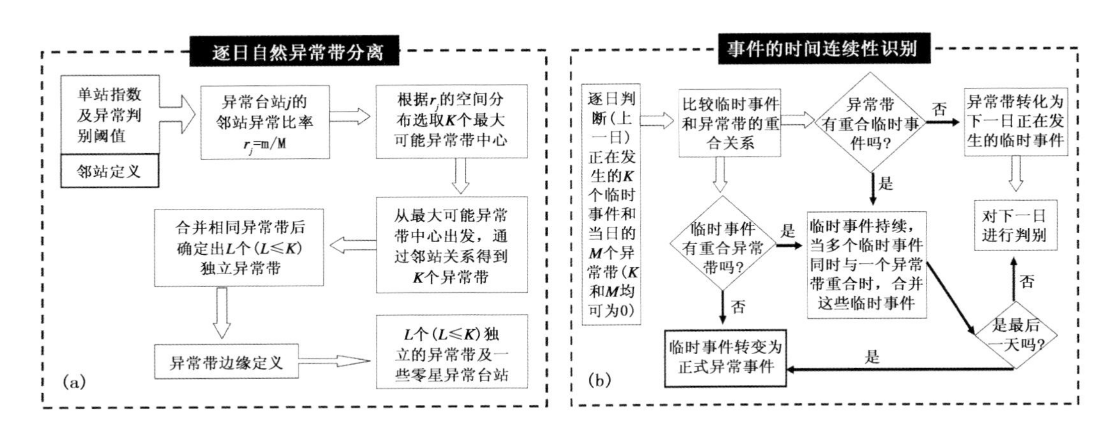

图 2.3　两个关键技术之技术流程

（a. 关键技术一："逐日自然异常带分离"，b. 关键技术二："事件的时间连续性识别"）

对于台站 j，当某日 T_j 超过（视情况大于或小于）阈值 T_{tj} 时，表示该站当日出现异常。图 2.4 中所有格点即为当日 N 个台站所有的异常分布。

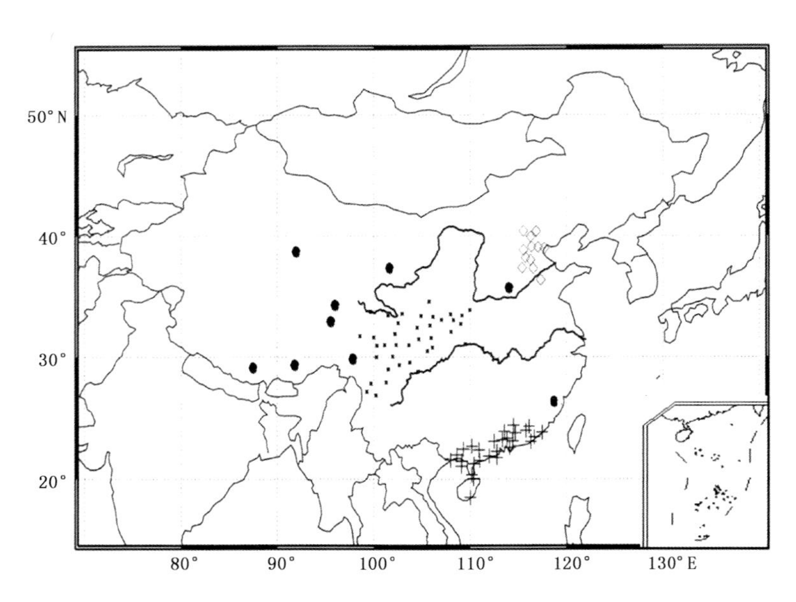

图 2.4　当日自然异常带识别结果事例

（三个相互独立的异常带分别由"◇"，"■" 和 "+"表征，多个离散的异常性站点由"●"表征）

当日自然异常带分离详细的分析过程如下：

首先，对每个台站 j（$j=1,2,\cdots,N$），定义与其距离小于固定距离（如 200 km）的台站为它的邻站。该固定距离的确定需要注意确保每个台站都拥有至少一个邻站。在此基础上，可进行下列工作。

2.2.2.1　计算邻站异常率

对于异常台站 j，其邻站异常率为

$$r(j)=m/M \quad j=1,\cdots n \tag{2.1}$$

其中，M 和 m 分别是邻站总数和出现异常的邻站数。可知 $r(j)$ 的变化范围为 0.0～1.0。对于非异常台站 j，$r(j)$ 取值为 0。

2.2.2.2　选取最大潜在异常带中心

对于异常台站 j，当 $r(j)$ 不小于某一临界值 R_0 时，它就可能隶属于某一个确定的异常带。

于是，这部分包括下列三个步骤：第一步，将 $r(j)$ 从大到小按降序排列；第二步，选择 $r(j)$ 最大的台站为第一个最大潜在异常带中心（以后简称异常带中心）；第三步，检查另外 $n-1$ 个台站，任一台站将被选定为异常带中心，它必须满足：

$$r(j)>R_0 \tag{2.2}$$

和

$$d>d_c \tag{2.3}$$

其中，d 是台站 j 与已入选的任一异常带中心距离的最小值，d_c 为一距离常数（如 300 km）。为利于识别出全部独立异常带，R_0 取值不宜太大（一般取 0.3～0.5）。假定通过上述方法寻找到 K 个异常带中心。

2.2.2.3　定义异常带的主要特征

对 K 个入选异常带中心的台站依次进行以下步骤。

步骤1：当且仅当该台站未隶属于任何已定义异常带时，它隶属于一个新的异常带 l。否则，对下一个异常带中心做同样处理。

步骤2：如果台站 j 隶属于异常带 l，则对于它的任何一个未隶属于任何已定义异常带的邻站 j_0，当它满足 $r(j_0)\geqslant R_0$ 时，该邻站隶属于异常带 l。

步骤3：对新入选异常带 l 的台站，重复步骤2，直至找不到任何满足条件的邻站时，回到步骤1。

通过上述方法假定可以分离出 L（$L\leqslant K$）个相互独立的异常带。

2.2.2.4　粗定义异常带边缘

定义异常带边缘仅限于对所有未隶属于任何已定义异常带的异常台站进行。对每一个这样的台站：

步骤1：统计出其邻站隶属于 L 个不同异常带的站数 $N_c(1)$、$N_c(2)$、…、$N_c(L)$。

步骤2：定义 I_{max} 为使 $N_c(I)$ 取得最大值的 I 值。当且仅当 $N_c(I_{max})>0$ 时，该台站属于异常带 I_{max}。否则它是一个真正的离散的异常台站。

2.2.2.5　细定义异常带边缘

在粗定义 L 个异常带边缘的基础上，过程"2.2.2.4节"可重复一次或多次，从而使得异常带边缘更趋合理。

至此，L 个相互独立的异常带（如图2.4中由3个成片的不同符号表示）和一些离散的异常性站点（图2.4中由圆点表示）就成功地分离开来。

2.2.3 事件的时间连续性识别

从前面的分析知道，一个异常事件可以理解为一个“日异常带串”：即包含起止日期和事件期的逐日异常带信息。图2.3给出了事件的时间连续性识别的思路流程。以下逐一分析各步骤的技术路线。

2.2.3.1 逐日判断正在发生的临时事件和当日的异常带

从分析时段内的首日开始，该分析需要依次每日进行。当遇到第一天出现一个或多个异常带时，这些异常带即被视为下一天正在发生的临时事件，逐日重复该分析。

针对任何一天，需要对正在发生的临时事件和当日的异常带给出定义。正在发生的临时事件是指上一日发生的事件，之所以称之为“临时事件”，是由于其结束日期暂时为上一日。极端情况下，当临时事件个数 K 为0，则所有当日的异常带则分别自动变为下一日的临时事件；当异常带个数 M 为0时，则所有正在发生的临时事件就自动转为了正式事件；当 K 和 M 同时为0时，则直接对下一日进行判断。

2.2.3.2 临时事件与异常带的重合关系判别

根据某一临时事件上一日影响范围与当日异常带范围的空间分布，判定它们的重合关系。若临时事件影响范围与异常带范围存在相同的部分（站点），则表明具有重合关系，否则为非重合关系。

2.2.3.3 临时事件的时间连续性判别

根据临时事件与异常带的重合关系判别结果，当某一临时事件与一个（或多个异常带）存在重合关系时，则该临时事件持续，且当日的影响范围为这些与其有重合关系的异常带之并集；当某一临时事件无任何与其有重合关系的异常带，则该临时事件结束，并转为正式事件。

当多个临时事件同时与一个异常带重合时，则将这些临时事件合并为一个新的临时事件且该事件持续。当某一异常带没有任何与其有重合关系的临时事件时，该异常带转化为下一日正在发生的临时事件。

2.2.3.4 最后一日的特殊处理

当上述分析进行到研究时段的最后一日时，在进行完时间连续性判别后，所有临时事件全部转变为正式异常事件，分析结束。

值得注意的是，对于某些区域性事件（如区域性强降水事件），在整个事件过程中出现短时间（如1～2 d）的中断是允许的。在这种情况下，对于一个正在发生的临时事件，其结束日期是它具有影响范围的最后日期。

2.2.4 区域性事件的指标体系

区域性事件指标体系如表2.1所示，是根据区域性事件的特点专门提出的，该指标体系分为三个级别：一级指标是针对事件过程的，二级指标为针对某日的，三级指标则是针对单站的过程极值。具体内容包括：

表 2.1　区域性事件指标体系

指标名称		一级指标 （对事件）	二级指标 （对某日 k）	三级指标 （对某站 j）
单一指数	极端强度 （I_1）	$I_1 = \max\limits_{k=1,K}(I_{1k})$	$I_{1k} = \max\limits_{i=1,J_k}(T_{ki})$	$I_1\|_j = \max\limits_{k=1,K}(T_{kj})$
	累积强度 （I_2）	$I_2 = \sum\limits_{k=1}^{K} I_{2k}$	$I_{2k} = \sum\limits_{i=1}^{J_k}(T_{ki} - T_{ki}\|_c)$	$I_2\|_j = \sum\limits_{k=1}^{K}(T_{kj} - T_{kj}\|_c)$
	累积面积 （A_s）	$A_s = \sum\limits_{k=1}^{K} A_k$	$A_k = Area(S_k)$	
	最大面积 （A_m）	$A_m = Area(\bigcup\limits_{k=1}^{K} S_k)$		
	持续时间 （D）	$D = K$		
综合指数 （综合强度） （Z）		$Z = F(I_1, I_2, A_s, A_m, D)$ 方案：I_1、I_2、A_s、A_m 和 D 各自进行标准化后，再加权求和	$Z_k = f(I_{1k}, I_{2k}, A_k)$ 方案：系数和标准化参数借用一级指标 Z 中相应的数值 I_{1k}、I_{2k} 和 A_k 各自进行标准化后，再加权求和	
空间位置		1. 台站极端强度（$I_1\|_j$）和台站累积强度（$I_2\|_j$）分布 2. 最大面积分布及其几何中心以及加权（$I_1\|_j$）或（$I_2\|_j$）重心	逐日影响范围及其几何中心	

注：该指标体系分为三个级别：一级指标是针对事件过程的，二级指标是针对某日的，三级指标则是针对单站的过程极值。K 是持续天数；J（表中未给出）和 J_k 分别是整个事件的影响台站站数和第 k 天的影响台站站数；对于事件过程中第 k 天的 J_k 个受影响站点，其中 S_k 是 J_k 个台站的分布，$Area(S_k)$ 表示 S_k 的面积，T_{ki} 和 $T_{ki}|_c$ 分别代表了当天台站 i 的单站指数之数值及其阈值；对于整个事件过程所涉及的 J 个站点，T_{kj} 和 $T_{kj}|_c$ 则分别代表了台站 j 在第 k 天的单站指数之数值及其阈值。

2.2.4.1　单一指数

为了表征区域性事件的强度等特征，首先选定了一些能够从某一方面反映事件特征的单一指数。一共确定了五个单一指数：极端强度（I_1）、累积强度（I_2）、累积面积（A_s）、最大影响面积（A_m）和持续时间（D）。

针对事件过程的五个单一指数的公式如下：

$$D = K \tag{2.4}$$

其中，K 是区域性事件的持续天数。

$$A_s = \sum_{k=1}^{K} A_k = \sum_{k=1}^{K} Area(S_k) \tag{2.5}$$

$$A_m = Area(\bigcup_{k=1}^{K} S_k) \tag{2.6}$$

其中，S_k 是第 k 天 J_k 个受影响台站的分布，$Area(S_k)$表示 S_k 的面积。

$$I_1 = \max_{k=1,K}(\max_{i=1,J_k}(T_{ki})) \tag{2.7}$$

$$I_2 = \sum_{k=1}^{K}\sum_{i=1}^{J_k}(T_{ki} - T_{ki}|_c) \tag{2.8}$$

其中，J_k 是第 k 天的影响台站数，T_{ki}是当天台站 i 的指数数值，而$T_{ki}|_c$ 为 T_{ki}用于定义异常判别之阈值。

针对某日(第 k 天)的三个单一指数——日极值(I_{1k})、累积强度(I_{2k})和日影响面积(A_k)的公式如下：

$$I_{1k} = \max_{i=1,J_k}(T_{ki}) \tag{2.9}$$

$$I_{2k} = \sum_{i=1}^{J_k}(T_{ki} - T_{ki}|_c) \tag{2.10}$$

其中，A_k 为直接根据当日影响范围内的站点通过网格化后计算得到相应的面积。

针对单站的过程极值，设计了两个指数——单站极端强度($I_1|_j$) 和单站累积强度($I_2|_j$)。公式如下：

$$I_1|_j = \max_{k=1,K}(T_{kj}) \tag{2.11}$$

$$I_2|_j = \sum_{k=1}^{K}(T_{kj} - T_{kj}|_c) \tag{2.12}$$

其中，T_{kj}和$T_{kj}|_c$ 分别代表相对于整个事件过程所涉及的 J 个站点而言第 j 个台站在第 k 天的单站指数及其异常判别阈值。

2.2.4.2 综合指数

在单一指数基础上，设计了综合指数(亦称综合强度)。该指数可分为两级指标：

一级指标为事件过程综合强度，它是五个单一指数之函数 $Z=F(I_1, I_2, A_s, A_m, D)$。经过求和、连乘、标准化加权求和以及标准化连乘四个方案的反复比较，标准化加权求和最终被确定为最佳方案：即 I_1，I_2，A_s，A_m 和 D 各自先进行标准化后，再加权求和。其公式如下：

$$Z = F(I_1, I_2, A_s, A_m, D) = e_1 I_1^{\%} + e_2 I_2^{\%} + e_3 A_s^{\%} + e_4 A_m^{\%} + e_5 D^{\%} \tag{2.13}$$

其中，$I_1^{\%}$，$I_2^{\%}$，$A_s^{\%}$，$A_m^{\%}$ 和 $D^{\%}$ 分别为标准化后的 I_1，I_2，A_s，A_m 和 D，而 e_1，e_2，e_3，e_4 和 e_5 分别为它们的系数。毫无疑问，综合指数需要建立在研究兴趣和目标基础之上，因此如何获得这五个加权系数是非常重要的。作者建议在此尽量使用客观的方法，如考虑具体的研究对象与每个单一指数的相关。为了获得这样一个综合指数，使得事件的强度越大时其值越大，这五个加权系数的选取就需要特别慎重，即需要使得它们满足五个积——$e_1 I_1^{\%}$，$e_2 I^{\%}$，$e_3 A_s^{\%}$，$e_4 A_m^{\%}$，和 $e_5 D\%$——均具有相同的特性：积的值越大，事件的强度越大。

二级指标是逐日综合强度，其公式为：

$$Z_k = f(I_{1k}, I_{2k}, A_k) = e_1 I_{1k}^{\%} + e_2 I_{2k}^{\%} + e_3 A_k^{\%} \tag{2.14}$$

其方案参照一级指标选择标准化加权求和，其系数和标准化参数建议借用一级指标中前 3 个指数相应之值。

2.2.4.3 事件空间位置

空间位置是表征区域性事件不可或缺的重要参数。通常分为两类——区域分布和中心点位置。

区域分布包括事件最大影响范围的区域分布、针对事件最大影响范围内的台站极端强度($I_1|_j$)和台站累积强度($I_2|_j$)分布。

此外,有时以一个点即中心点来表征区域性事件也是十分必要的。对于中心点位置的定义包括事件最大影响范围的几何中心以及加权($I_1|_j$ 或 $I_2|_j$)重心。

2.2.5 区域性事件的极端性判别

在完成前面"2.1"—"2.4"之后,需要针对所关注区域的所有大大小小的天气气候事件,确定出极端事件。通常可以有两个步骤:

第一步,确定某一地区的区域性事件。由于 OITREE 方法能够识别发生在所关注地区的所有事件,其中可能包括那些持续时间仅为 1 d 或仅覆盖范围相对于整个所关注地区而言很小的事件,因此如果只将那些相对较强的事件定义为整个所关注地区的区域性事件就显得十分必要和重要。做这件事情的方法建议为:根据所关注区域的大小(如国家或省市)和事件过程五个单一指数和综合强度(Z)中之某个指数的分布,将超过一定阈值的事件确定为"区域性"事件,从而避免将影响范围较小或强度小的事件也划入"区域性"事件;而那些未被入选的事件可称之为"弱事件"。值得注意的是,这些"弱事件"是相对于所关注的特定区域范围(如中国)而言的,如果所关注的区域发生了变化(如变为中国的某个省),则原来的"弱事件"完全可能变为区域性事件。

第二步,确定区域性极端事件。根据入选的区域性事件综合强度(Z)的分布,先确定出 3 个阈值使其满足将入选的区域性事件由强至弱按比例分成 4 个等级:极端(10%)、重度(20%)、中等(40%)和轻度(30%)。即强度最强的 10%确定为区域性极端事件。

2.3 方法效果检验

以下用两个例子给出 OITREE 方法的效果检验。

利用 OITREE 方法对 1961—2012 年中国区域性强降水事件做研究,得出排名前 3 位的中国区域性极端强降水事件:排名第一的事件是 1998 年 6 月 13—27 日发生在长江中下游及其以南地区持续长达 15 d 的事件;排名第二的事件是 1994 年 6 月 12—20 日发生在华南和华中南部的事件;排名第三的事件是 1999 年 6 月 24 日—7 月 2 日发生在长江中下游的事件。丁一汇 (2008)指出与上述三次极端区域性强降水事件相关的时段和区域均发生了极端的洪水并导致了严重的经济损失和人员死亡。

图 2.5 详细给出了排名第一的中国区域性极端强降水事件的结果。图 2.5a 是发生在 1998 年 6 月 13—27 日该事件的影响范围分布,而图 2.5b—p 为这期间该事件的逐日影响范围分布。容易看出,该事件的逐日影响范围的演变过程,以及整个事件影响到了长江中下游及其以南地区,结果十分合理。

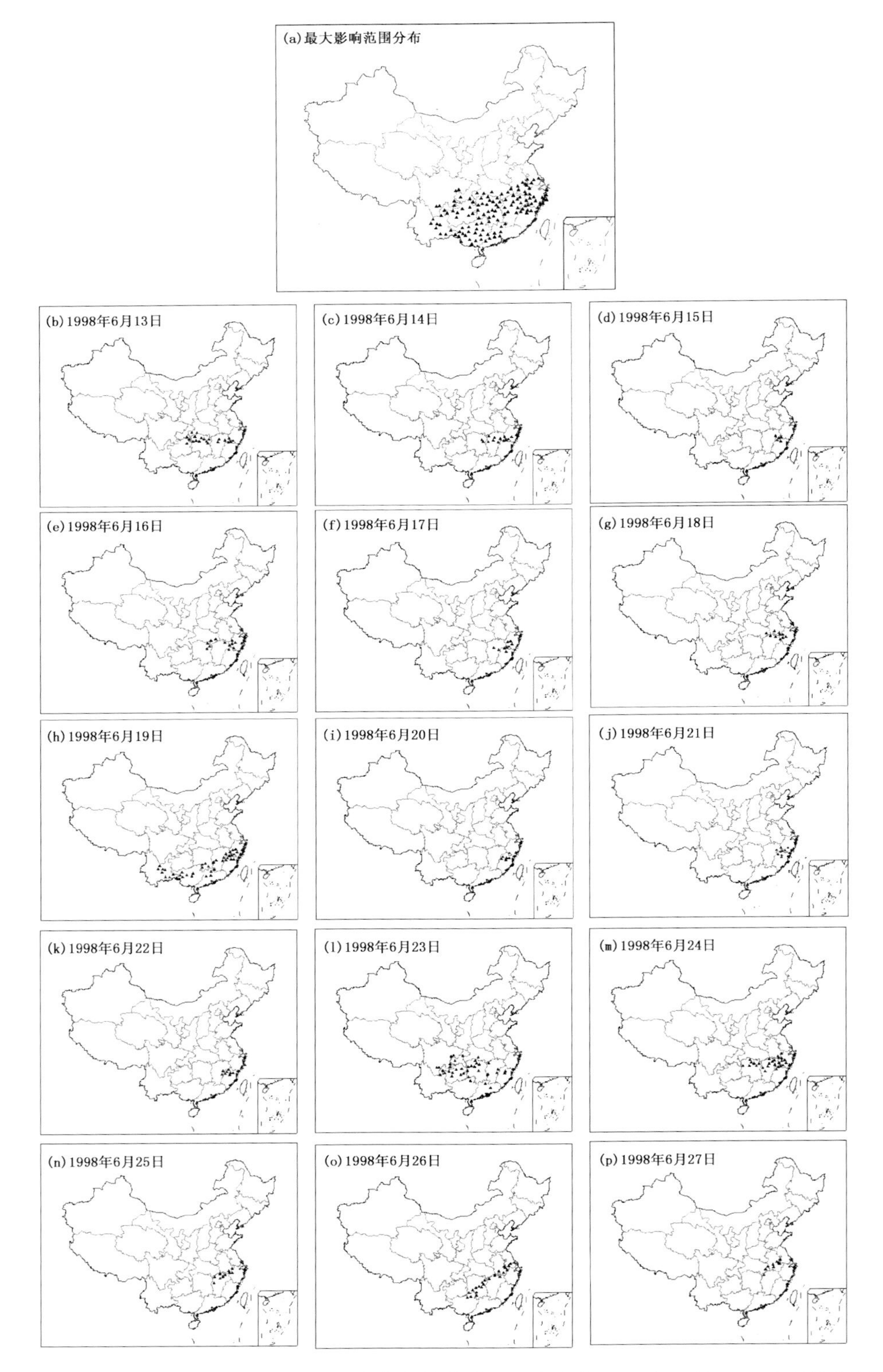

图 2.5 排名第一的中国区域性极端强降水事件结果 (a) 发生在 1998 年 6 月 13—27 日该事件的最大影响范围分布;(b)—(p) 1998 年 6 月 13—27 日该事件的逐日影响范围分布

安莉娟等(2014)利用 OITREE 方法研究了 1961—2010 年华北地区区域性气象干旱事件,识别得到的华北地区 100 次区域性气象干旱事件,综合指数排在前三位的事件分别为:(1)1998 年 9 月—1999 年 5 月华北大旱,持续长达 223 d,涉及华北大部分地区,历经秋冬春季,形成三季连旱;(2)1968 年 2—10 月干旱事件,持续了 226 d,波及华北大部分地区;(3)1965 年 5—11 月干旱事件,共持续了 181 d,华北大部分地区受到影响,其中华北西北部最为严重。

图 2.6 给出排名第一的 1998/1999 年华北地区区域性干旱事件结果。该事件从 1998 年 9 月 23 日持续到 1999 年 5 月 3 日,华北地区受影响面积达 103.89 万 km^2,大部分地区受到严重影响,干旱中心位于山西省南部(图 2.6a)。从干旱的演变过程来看(图 2.6b—c),日综合强度和影响面积呈现一致的变化趋势:干旱事件过程开始于 1998 年 9 月下旬,发展至 10 月干旱强度出现减弱,11 月中旬干旱强度又加强,至 12 月初达到了第一次峰值,之后强度又慢慢减弱,至 1999 年 1 月又开始逐渐缓慢加强,3 月上旬达到第二次峰值,4 月至 5 月初旱情逐渐缓解直至消失。与国家气候中心监测实况对比显示,上述结果与实况吻合。

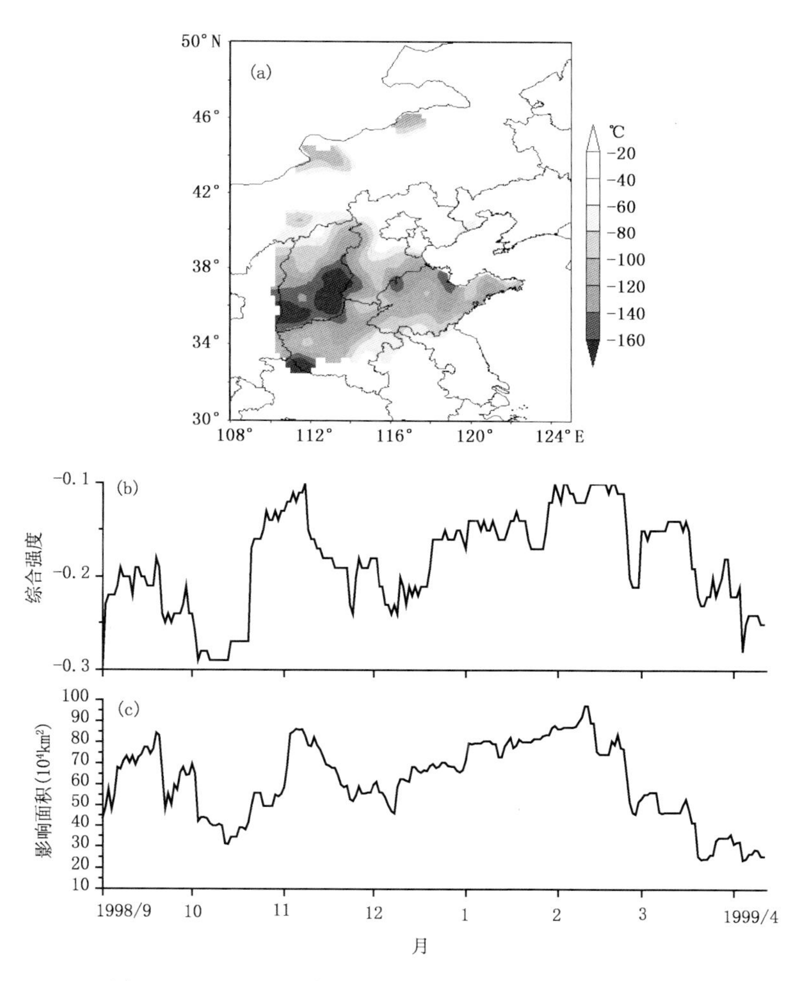

图 2.6 1998/1999 年华北区域性气象干旱事件识别结果

(a. 过程累积强度分布,b. 综合强度,c. 影响面积)

此外，针对OITREE识别得到的综合指数排名前15位的干旱事件(含10次极端事件和5次重度事件)与文献记载情况做了对比，表2.2给出了对比结果。不难发现，10次极端干旱事件在相关文献[中国气象灾害大典(综合卷)(丁一汇，2008)、干旱(张强等，2009)、全国气候影响评价(国家气候中心，2001—2002)和中国气象干旱图集(1956—2009年)(中国气象局，2010)]中全部都有记载，干旱所发生时段也吻合。可见，OITREE方法对华北地区区域性气象干旱事件表现出较强的识别能力。

表2.2　OITREE识别得到的排名前15位的华北地区区域性极端干旱事件与文献记载情况对照表

事件排名	起止时间(年/月/日)	文献记录情况		
		文献1	文献2	其他文献
1	1998/09/23—1999/05/03	1998/1999年秋冬春北方冬麦区旱灾:河北中南部降水量较常年同期显著偏少	1999年北方严重干旱:1998年12月—1999年5月北方冬麦区降水偏少5—9成	
2	1968/02/23—1968/10/05	1968年春夏黄淮海地区大旱灾	未记载	
3	1965/05/11—1965/11/07	1965年5—10月华北大旱灾和高温	未记载	
4	2000/03/03—2000/08/28	2000年春夏北方大旱灾:2—7月降水较常年同期显著偏少	2000年北方春夏干旱:华北大部分地区降水严重偏少	
5	2001/03/12—2001/07/26	不在记载时段内	2001年北方及长江流域春夏干旱:华北受灾严重	2001年3—7月华北严重干旱(文献3)
6	1972/04/09—1972/09/01	1972年全国特大旱灾:华北3—10月降水显著偏少	1972年全国特大干旱:华北3—8月降水偏少5成以上	
7	1997/06/09—1997/09/24	1997年夏秋北方大旱灾:华北大部分地区尤其是西部干旱严重	1997年北方夏季干旱:山西运城3—9月无有效降水	
8	1962/03/13—1962/07/18	1962年春夏华北和西北东部大旱灾	未记载	
9	2002/07/10—2002/12/08	不在记载时段内	未记载	2002年华北出现严重的夏秋连旱(文献3)
10	1995/11/22—1996/03/28	1996年春北方旱灾:华北大部分地区1—5月降水量明显偏少	未记载	
11	1988/09/19—1989/01/05	1988年10—12月，淮河流域及其以南地区严重秋冬旱(未提及华北干旱)	未记载	1988年秋至冬季，华北严重干旱、冬季华北及其以南地区干旱严重(文献4)

续表

事件排名	起止时间（年/月/日）	文献记录情况		
		文献1	文献2	其他文献
12	1978/04/08—1978/07/24	1978年春夏全国特大旱灾：华北南部重旱		
13	1984/01/13—1984/05/11	1984年春季京冀鲁辽旱灾：华北大部分地区干旱严重		
14	1977/01/26—1977/04/25	1977年冬春北方冬麦区大旱灾：华北大部分地区降水显著偏少		
15	1988/01/29—1988/05/23	1988年春北方冬麦区旱灾：河北、山东旱情严重		

注：文献1、文献2、文献3和文献4分别指中国气象灾害大典（综合卷）（丁一汇，2008）、干旱（张强等，2009）、全国气候影响评价（国家气候中心，2001—2002）和中国气象干旱图集（1956—2009年）（中国气象局，2010）。其中，文献1记载了1951—2000年中国重大干旱灾害事件；文献2记载了1470—2006年中国重大历史干旱灾例；文献3作为补充，只参考了2001—2002年的年报；而文献4作为补充，只参考了1988年秋季和1988/1989年冬季的干旱图。

2.4　小　结

通过以上分析和讨论，小结如下。

（1）初步发展了一种区域性极端事件客观识别方法。该客观识别法由五个部分组成：单点（站）逐日指数选定、逐日自然异常带分离、事件的时间连续性识别、区域性事件指标体系和区域性事件的极端性判别。其中，逐日自然异常带分离和事件的时间连续性识别是该方法的两个关键技术；区域性事件指标体系是针对区域性事件的特点专门提出的，包括五个单一指数：极端强度、累积强度、累积面积、最大影响面积和持续时间，以及一个综合指数。

（2）该方法对于区域性极端事件表现出了较强的识别能力。该方法能够客观而自动地识别出区域性事件在持续期间的逐日影响范围，并能将这些逐日影响范围合理地“串”成一串从而构成一个完整的区域性事件。

关于OITREE方法有一些问题值得进一步强调和讨论。首先，尽管本研究使用的是台站资料，该方法同样能够使用其他格式的资料。如果有可用的具有较高质量的格点化资料，无疑将更加适合于使用该方法。无论使用什么资料，重要的是要在整个研究时段内保持资料的网格密度的一致性，以尽量保证结果的均一性，特别是对于台站资料而言这一点尤为重要。其次，尽管OITREE方法是针对逐日资料分析时提出来的，该方法同样可以应用于其他时间尺度如逐周、逐月或逐季的资料。第三，OITREE方法主要是客观方法，但对于一些参数如何获得合适的取值还需要做一些额外的分析工作，如邻站定义之距离阈值、综合指数公式中的五个单一指数的权重系数、区域性事件分级的阈值等。第四，虽然五个单一指数能够刻画区域性事件的不同特征，然而其中部分指数如累积强度（I_2）和累积面积（A_s）相对于其他指数并不是完全独立的。第五，单站日指数是研究工作的基础，对于整个研究来说是非常重要的。为了得到理想的结果，这个基础指数的选定需要十分慎重。最后，与现有的一些区域性事件识别方法如Andreadis等(2005)、Tang等(2006)、Qian等(2011)、Ding等(2011)和Chen等(2013)相比，OITREE方法有四个独特的特点：一是在理论上它是基于糖葫芦串模型；二是它是一种几乎可以应用于识别所有区域性极端事件的通用方法；三是该方法的客观性更强且具有详细的介绍；四是该方法更易于应用到气候业务中，如关于中国区域性极端事件监测的专门网页(http://cmdp.ncc.cma.gov.cn/cn/monitoring.htm#basic)已投入业务应用。

区域性极端事件研究正在成为极端天气气候事件研究的前沿领域。世界气象组织(WMO)气候委员会(CCl)也高度关注该领域的发展动向，于2010年新成立了一个“极端天气气候事件定义工作组”(Task Team on Definition of Extreme Weather and Climate Events)(WMO，2010)[①]。

参考文献

丁一汇. 2008. 中国气象灾害大典(综合卷). 北京：气象出版社.

黄丹青，钱永甫. 2009. 极端温度事件区域性的分析方法及其结果. 南京大学学报(自然科学版)，**45**(6)：715-723.

闵屾，钱永甫. 2008. 中国极端降水事件的区域性和持续性研究. 水科学进展，**19**(6)：763-771.

任福民，Gleason B，Easterling D. 2001. 一种识别热带气旋降水的数值方法. 热带气象学报，**17**(3)：308-313.

任福民，崔冬林，王艳姣等. 2010. 客观识别区域持续性极端事件的探索研究//中国气象局气候研究开放实验室2009年度学术年会论文. 52-54.

王志南，朱筱英，柳达平等. 2007. 基于干旱自然过程的干旱指数研究和应用. 南京气象学院学报，**30**(1)，134-139.

张强，潘学标，马柱国等. 2009. 干旱. 北京：气象出版社.

张强，邹旭恺，肖风劲等. 2006. 气象干旱等级. GB/ T204812－2006，中华人民共和国国家标准. 北京：中国标准出版社，1-17.

中国气象局. 2010. 中国气象干旱图集(1956—2009年). 北京：气象出版社.

Alexander L V，Tapper N，Zhang X，*et al*. 2009. Climate extremes：progress and future directions. *Int. J. Climatol*. **29**：317-319.

Andreadis K M，Clark E A，Wood A W，*et al*. 2005. Twentieth-Century Drought in the Conterminous United States. *J. Hydrometeor*，**6**：985-1001.

Biondi F，Kozubowski T J，Panorska A K. 2005. A new model for quantifying climate episodes. *Int. J. Climatol*. **25**：1253-1264.

Biondi F，Kozubowski T J，Panorska A K，*et al*. 2008. A new stochastic model of episode peak and duration for eco-hydro-climatic applications. *Ecological Modelling*，**211**：383-395.

Chen Y，Zhai P M. 2013. Persistent extreme precipitation events in China during 1951-2010. *Clim. Res.*，**57**：143.

Dai A，Trenberth K E，Karl T R. 1998. Global variations in droughts and wet spells：1900－1995. *Geophys. Res. Lett.*，**25**：3367-3370.

Ding T，Qian W. 2011. Geographical Patterns and Temporal Variations of Regional Dry and Wet Heatwave Events in China during 1960－2008. *Adv. Atmos. Sci.*，**28**(2)：322-337.

① 部分由于发展了区域性极端事件客观识别方法(OITREE)的原因，2010年任福民博士被任命为该工作组组长

Easterling D R, Meehl G A, Parmesan C, *et al*. 2000. Climate extremes: Observations, modeling, and impacts. *Science*, **289**: 2068-2074.

Gong Z, Wang X, Zhi R, *et al*. 2009. Regional characteristics of temperature changes in China during the past 58 years and its probable correlation with abrupt temperature change. *Acta Physica Sinica*, **58**(6): 4342-4353.

Groisman P Y, Knight R W, Easterling D R, *et al*. 2005. Trends in precipitation intensity in the climate record. *J. Climate*, **18**: 1326-1350.

Horton B. 1995. Geographical distribution of changes in maximum and minimum temperatures. *Atmos. Res.*, **37**: 101-117.

Iwashima T, Yamamoto R. 1993. A statistical analysis of the extreme events: Long-term trend of heavy daily precipitation. *J. Meteor. Soc. Japan*, **71**: 637-640.

Jones P D, Horton E B, Folland C K, *et al*. 1999. The use of indices to identify changes in climatic extremes. *Climatic Change*, **42**: 131-149.

Karl T R, Kukla G, Gavin J. 1984. Decreasing diurnal temperature range in the United States and Canada from 1941—1980. *J. Climate Appl. Meteor.*, **23**: 1489-1504.

Karl T R, Kukla G, Gavin J. 1986. Relationship between temperature range and precipitation trends in the United States and Canada from 1941—1980. *J. Climate Appl. Meteor.*, **25**: 1878-1886.

Karl T R, Kukla G, Razuvayev V N, *et al*. 1991. Global warming: Evidence for asymmetric diurnal temperature change. *Geophys. Res. Lett.*, **18**: 2253-2256.

Nicholls N. 1995. Long-term climate monitoring and extreme events. *Climate Change*, **31**: 231-245.

Qian Weihong, Shan X, Zhu Y. 2011. Ranking regional drought events in China for 1960—2009. *Adv. Atmos. Sci.*, **28**(2): 310-321.

Palmer W C. 1965. Meteorological drought. Research Paper No. 45[R]. U. S. Weather Bureau.

Penman H L. 1948. Natural evaporation from open water, bare soil, and grass. *Proceedings Royal Soc. London*. Series A, **193**: 120-146.

Peterson T C, Manton M J. 2008. Monitoring changes in climate extremes: a tale of international collaboration. *Bulletin of the American Meteorological Society*, **89**: 1266-1271, DOI: 10.1175/2008BAMS2501.1.

Ren F, Wang Y, Wang X, *et al*. 2007. Estimating Tropical Cyclone Precipitation from Station Observations. *Adv. Atmos. Sci.*, **24**(4): 700-711.

Ren F, Cui D, Gong Z, *et al*. 2012. An objective identification technique for regional extreme events. *J. Climate*. **25**: 7015-7027.

Sheffield J, Wood E F. 2007. Characteristics of global and regional drought, 1950—2000: Analysis of soil moisture data from off-line simulation of the terrestrial hydrologic cycle. *J. Geophys. Res.*, **112**: D17115, doi: 10.1029/2006JD008288.

Sheffield J, Andreadis K M, Wood E F, *et al*. 2009. Global and continental drought in the second half of the twentieth century: severity-area-duration analysis and temporal variability of large-scale events. *J. Climate*, **22**(8): 1962-1981.

Shiau J T, Shen H W. 2001. Recurrence analysis of hydrologic droughts of differing severity. *J. Water Resour. Plan Manage ASCE*, **127**(1): 30-40.

Tang Y, Gan J, Zhao L, *et al*. 2006. On the climatology of persistent heavy rainfall events in China. *Adv. Atmos. Sci.*, **23**(5): 678-692.

WCRP. 2010. WCRP-UNESCO (GEWEX/CLIVAR/IHP) Workshop on metrics and methodologies of estimation of extreme climate events. Paris, 27-29 Sep. 2010.

WMO. 2010. Report of the Meeting of the Management Group of the Commission for Climatology. Geneva, 18-21 May 2010.

Zhai P M, Sun A, Ren F, *et al*. 1999. Changes of climate extremes in China. *Climatic Change*, **42**:203-218.

Zwiers F W, Kharin V V. 1998. Changes in the extremes of the climate simulated by CCC GCM2 under CO_2 doubling. *J. Climate*, **11**:2200-2222.

第 3 章　中国区域性气象干旱事件

干旱是中国最常见的气象灾害之一，具有持续时间长，影响范围广的特点，它的频繁发生和长期持续给国民经济特别是农业生产带来巨大的经济损失，每年因干旱造成的粮食减产约占气象灾害粮食总损失的 50%以上。在全球变暖背景下，区域性极端事件的强度不断增大，百年或几十年一遇的极端干旱事件频繁出现(陈洪滨等，2007)。IPCC 第五次评估报告指出，未来全球气候变暖对气候系统变化的影响仍将持续。在未来变暖背景下，全球降水将呈现"干者愈干、湿者愈湿"的趋势（秦大河等，2014）。因此，干旱问题的研究对国民经济的发展具有重要的意义。

目前，对干旱的研究主要集中在三个方面：干旱指数、干旱客观事实研究（即观测研究）和成因诊断。很多学者从降水、气温和蒸发等方面对气象干旱指标做了大量的研究工作，提出了很多衡量气象干旱的指标，目前常用的干旱指标有：降水距平百分率、气象干旱综合指数(CI)、标准化降水指数(SPI)、Z 指数、相对湿润度指数(M_i)等（王越等，2007；李伟光等，2009；车少静等，2010；朱业玉等，2006；姚玉璧等，2007；卫捷等，2003；张永等，2007；白永清等，2010；王劲松等，2007；刘庚山等，2004；张强等，2006；邹旭凯等，2005）；张强等(2006)发展了综合气象干旱指数(CI)，该指数以标准化降水指数和湿润度指数为基础，不仅考虑了降水和蒸散对当前干旱的累积效应，且所需资料为常规气象观测数据，易于获得，因此近些年来作为国家标准在推广使用(邹旭凯等，2005)，并在中国各省气象部门干旱实时监测评估中得到了广泛应用，取得了较好的效果(邹旭恺等，2008；江远安等，2010；李树岩等，2009)。

值得注意的是，在干旱指数研究方面，过去主要集中在单站指标上，即以某个点的特殊情况代替区域旱情发生全貌，或者是通过统计单站固定时段（年、季、月）干旱指数的等级来确定某站这一时段是否发生了干旱；众所周知，干旱事件属于区域性极端事件，不但具有一定的持续时间，还具有一定的影响范围。因此，如何把干旱事件作为一个时间和空间的整体来进行识别和刻画，是研究干旱事件的基础。近年来，这一问题受到了越来越多的关注：王志南等(2007)提出了"干旱自然过程"的概念，认为干旱现象是一种起止期不尽相同的随机过程；Andreadis 等(2005)和 Sheffield 等(2007，2009)基于月时间尺度土壤湿度资料分析了严重的区域性干旱事件。Qian 等(2011)基于单站干旱指数，用主客观相结合的方法识别了区域性干旱事件。

近期，任福民等(2012)提出了一种客观识别方法"区域性极端事件客观识别方法"(Objective Identification Technique for Regional Extreme Events，OITREE)，该方法对极端事件普遍具有的特定影响范围和持续时间具有较强的识别能力，能够用于对区域性气象干旱事件的识别。本章以综合气象干旱指数(CI)为基础，将"区域性极端事件客观识别方法(OITREE)"应用于中国区域性气象干旱事件的识别，并对近 50 多年来中国区域性气象干旱的时空变化特征进行了系统分析。

3.1 区域性干旱事件客观识别方法参数确定

结合中国气象干旱发生特点，通过确定一组合适的参数，将区域性极端事件客观识别法(OITREE)应用于中国区域性气象干旱事件的识别，得到区域性气象干旱事件客观识别方法。该方法的主要计算步骤如下：(1)单站逐日干旱指数的选定，(2)逐日干旱带分离，(3)干旱事件的时间连续性识别，(4)区域性气象干旱事件指标体系的建立，(5)区域性气象干旱事件的极端性判别。

按照上述步骤，基于1961—2012年中国区域723个站点的干旱指数数据，对中国区域性气象干旱事件进行了识别。按照尽可能真实地反映实际干旱过程的原则，经过多次试验比较，并结合干旱实况和历史记录，确定各参数值如表3.1所示：

表3.1 OITREE方法识别中国区域性气象干旱事件的参数赋值表

参数名称	符号	含义	取值
单站日指数	CI	针对所关注的区域性事件，选择合适的气候要素或单站指数	综合气象干旱指数
单站日指数阈值	CI_0	当 $CI \leqslant CI_0$ 时，表示出现了单站异常性	-1.2
单站日指数之方向码	Idirec	“1”：原始指数的数值越大其表示的异常性越强；“−1”：原始指数的数值越小其表示的异常性越强；	-1
邻站定义之距离阈值	d_0	对于某一给定站点，所有与之相距在 d_0 范围内的站点被定义为其邻站	250 km
邻站异常率之阈值	R_0	一个异常站点当且仅当其邻站异常率不小于 M_0 时，它可以被定义为最大潜在异常带中心	0.3
异常带站点数之阈值	M_0	当一个异常带所包含的站点数不小于 M_0 时，它才可以被定义为正式的异常带	20
事件过程中允许出现的中断期最大长度	M_gap	当一个中断期的长度不大于 $M\text{-}gap$ 时，才允许它在事件过程中出现	取值为0，即不允许间断
异常带重合率之阈值	C_0	判断异常带与临时事件重合的控制参数，当且仅当异常带站数重合率 $\geqslant C_0$ 时，认为该异常带与临时事件重合	0.1
综合指数函数中的五个系数	e_1，e_2，e_3，e_4 和 e_5	事件综合指数公式中的五个权重系数	−0.05，−0.30，0.28，0.14，0.22
定义区域性事件的指数及相应之阈值	某一指数 Id 及其阈值 Id_0	一个事件可以被定义为区域性事件的阈值，当且仅当 Id 超过 Id_0	综合指数 Z，0.25
区域性事件分级之阈值	Z_1，Z_2，Z_3	此3个阈值满足将区域性事件由强至弱按比例分为4个等级：极端(10%，$Z \geqslant Z_1$)、重度(20%，$Z_1 > Z \geqslant Z_2$)、中等(40%，$Z_2 > Z \geqslant Z_3$)和轻度(30%，$Z < Z_3$)	4.19，1.76，0.63

在方法第一步中，单站日指数选取综合气象干旱指数(CI)，这是基于 CI 的特点：在全国范围具有广泛的适用性和良好的监测效果。

第二步涉及四个参数：(1)单站日指数阈值(CI_0)设为－1.2，即：当单站 CI 的数值达到中旱及其以上干旱等级时，则认为该站点出现异常干旱。此阈值的设定是基于以下考虑：取－1.2(中旱临界值)为阈值，使得异常带的识别结果中既包括了一定强度的干旱带、又剔除了大量弱小干旱带，可保证在下一步事件的时间连续性判别过程中有充分的连续性；(2)邻站定义之距离阈值(d_0)取值为250 km，这是基于多次试验结果得到的(图3.1a)：考虑到当 d_0 过小时无法保证每个台站拥有适当数量的邻站，容易使得一个干旱带被识别成几个零散的小干旱带；而 d_0 过大时又会导致相近的几个干旱带被误并为一个干旱带，因此，将 d_0 数值取为一个适中的数值(250 km)，有利于逐日干旱带的准确识别；(3)邻站异常率阈值(R_0)取值为0.3：从多次试验结果来看(图3.1b)，当 R_0 的取值在0～0.5时，识别出的干旱事件总数变化很小(除了 R_0 为0.5时识别结果突然剧增)，因此，取数值适中的0.3为宜；(4)异常带站点数之阈值(M_0)定为20个：M_0 的取值大小对干旱事件识别结果的影响与 d_0 类似，由图3.1c可见，当 M_0 从10个增大到50个时，区域性气象干旱事件总数随之减少；当 M_0 的数值过大时，会遗漏站点稀疏区域中的干旱带。因此，为了使逐日干旱带与实况相符，考虑到全国范围内站点分布的不均，选取 M_0 的数值为20。

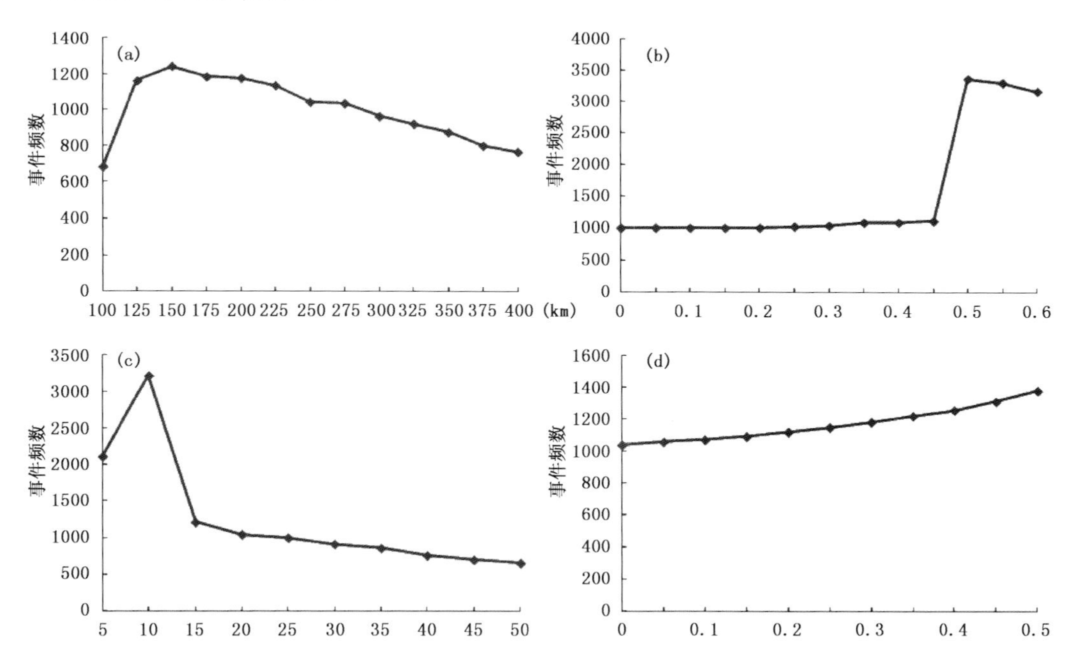

图3.1　参数取值与区域性气象干旱事件频数的关系

(a.邻站定义之距离阈值(单位：km)，b.邻站异常率之阈值，c.异常带站点数之阈值，d.异常带重合率之阈值)

第三步需要确定两个参数：(1)事件过程中允许出现的中断期最大长度(M_{-gap})取值为0，即事件过程中每日干旱带不允许间断；(2)异常带重合率之阈值(C_0)设为0.1：从 C_0 的取值变化与区域性气象干旱事件频数的关系(图3.1d)可看出：干旱事件识别数量随 C_0 取值的增大而增多；C_0 取值太小容易将时间上连续但区域相邻的干旱事件合并为一个大的事件，而取值过大会导致识别出的事件持续时间比实际短；通过反复试验和对比，确定 C_0 取值 0.1 较为合理。

第四步需要确定两个参数：(1)单站日指数之方向码(Idirec)取值为－1，因为 CI 指数的数值与干旱强度呈反相关，数值越小表示旱情越严重；(2)综合指数函数中的五个权重系数：此权重系数的确定使用客观方法，具体做法如下：首先将所有事件对应的五个单一指数的绝对值分别按降序排列，对各指数序列分别求取前百分之十的数值和占该序列总数值之和的比重；然后将 5 个单一指数对应之比重值归一化，再分别乘以该单一指数的方向码（"1"或"－1"），即得到 5 个权重系数分别为－0.05、－0.30、0.28、0.14 和 0.22。

第五步需要确定两个参数：(1)选取综合指数 Z_0 和 0.25 作为定义区域性事件的指数及相应之阈值：初步识别出所有事件（共 1072 个）后，统计它们的综合指数数值在不同区间出现的频次（图 3.2）可知：当 $Z<0.25$ 时，事件的出现频次高，而当 $Z\geqslant 0.25$ 时，事件的出现频次较低。鉴于实际干旱事件都是达到一定强度、发生次数并不是太大的灾害事件，因此，将 0.25 作为定义区域性干旱事件的指数阈值，即定义 $Z\geqslant 0.25$ 的事件为区域性气象干旱事件。据此可得，1961—2012 年全国共发生 165 次区域性气象干旱事件。(2)区域性事件分级之阈值：按照 Z 由强到弱将所有区域性气象干旱事件划分为四个强度等级，得到 17 次极端事件（约 10%），33 次重度事件（约 20%），66 次中等气象事件（约 40%）和 49 次轻度事件（约 30%），事件分级阈值分别为 4.19、1.76 和 0.63。

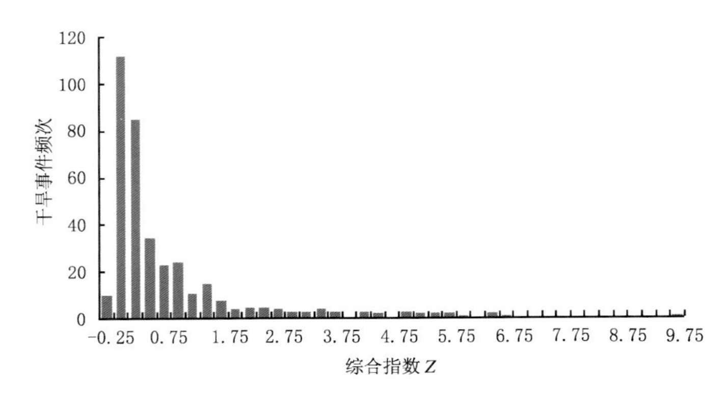

图 3.2 1961—2012 年所有干旱事件的综合指数-频次分布

3.2 区域性气象干旱事件变化特征

3.2.1 时间演变

(1)持续时间

经过上述区域性极端事件客观识别法(OITREE)参数的确定及五个步骤的计算，1961—2012 年中国区域内共识别出 165 个区域性气象干旱事件。统计这些事件的持续时间（图 3.3）表明：大多数干旱事件的持续时间为 20～60 d，尤其以 40～50 d 最多；其次为 60～140 d；持续 140 d 以上的干旱事件最少。值得注意的是，干旱事件最长可持续 237 d，约占一年的三分之二时段。此外，干旱事件的持续时间随着其强度等级的不同而具有各自的特点（图 3.4）：极端干旱事件一般最短也要持续110 d以上，最长可达240 d，160～170 d的最多，有5次；重度干旱事件的持续时间在50～160 d，以70～130 d最常见；中度干旱事件长度基本都在20～100 d（除了一个事件超过100 d），持续40～60 d的干旱事件占所有中度干旱事件总数的一半以上；轻度干旱事件的持续时间较短，只有10～60 d，其分布也比较集中，除了个别事件以外，基本都集中在20～50 d。总的来说，随着事件的强度等级的升高，其持续时间也越来越向较长的时间段集中。

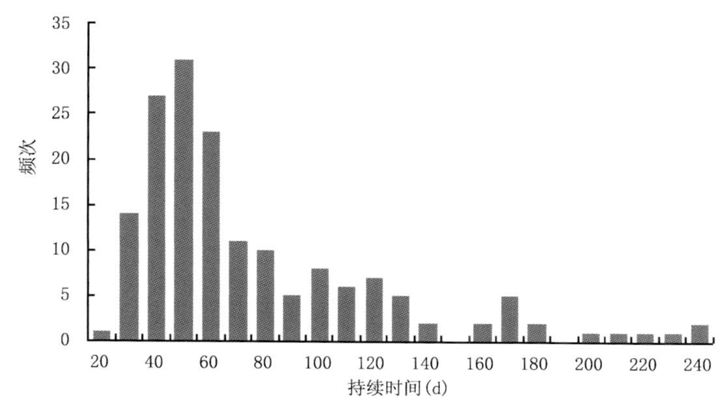

图3.3 1961—2012年中国区域性气象干旱事件持续时间-频次分布

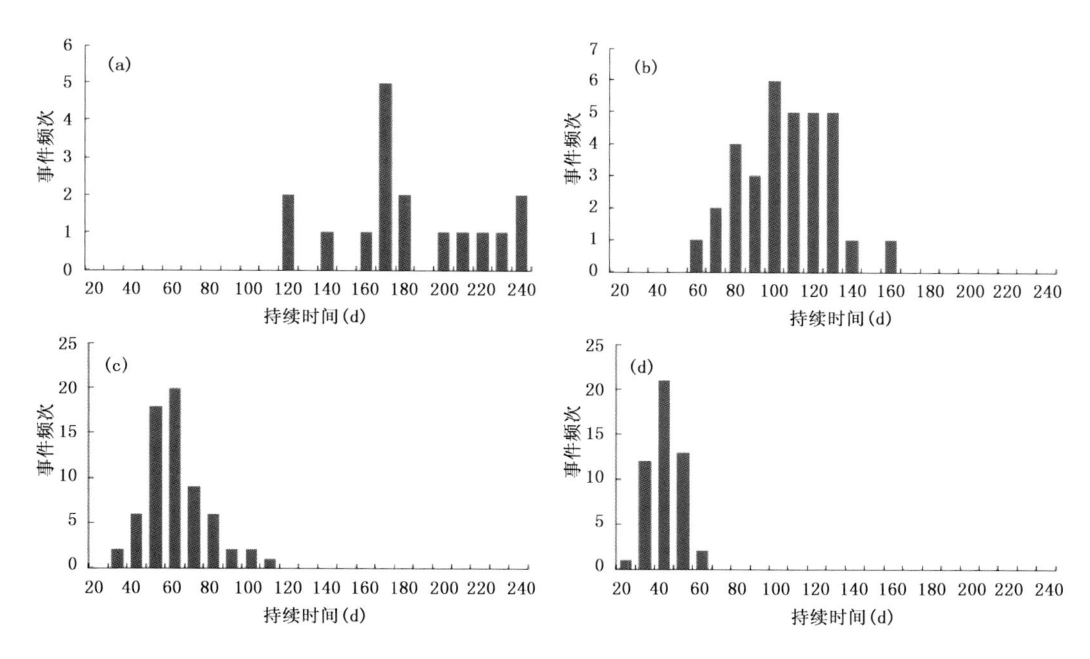

图3.4 1961—2012年中国不同等级区域性气象干旱事件持续时间-频次分布

（a.极端，b.重度，c.中度，d.轻度）

（2）年际、年代际变化

图3.5给出了近52年中国区域性气象干旱事件的年频次，可以看出，1961—2012年，中国每年都会有区域持续性气象干旱事件发生（平均3.3次/a），年发生频次最大值为8，出现在1981年，最小值为1次（1961、1970、1973、1975和2000年）；事件的年发生频率总体呈上升趋

势(但相关系数未通过显著性检验),并伴随较清楚的年代际变化;20 世纪 60 和 90 年代明显偏少,20 世纪 80 年代和 21 世纪初偏多(图 3.6a);值得注意的是,综合指数的年代际变化与此基本相反,20 世纪 60 和 90 年代偏强,80 年代偏弱(图 3.6b)。由此可见,事件在某段时间发生的频次多并不代表这段时期事件综合强度的累积值就大,这主要是因为年累积综合强度的大小不仅与区域性干旱事件年发生频次有关,还与区域性干旱事件年持续日数、强度和影响面积等有关。

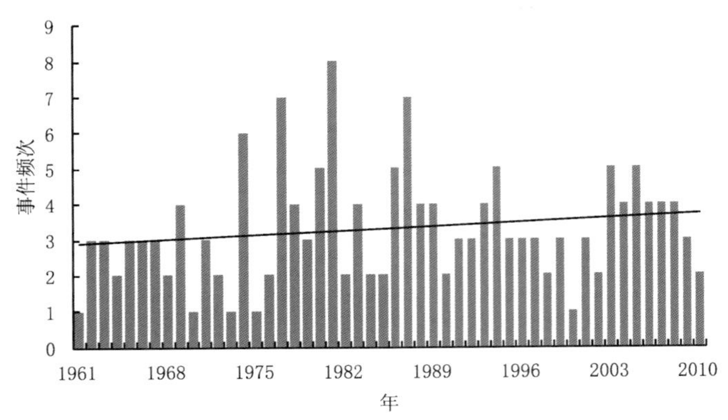

图 3.5 1961—2012 年中国区域性气象干旱事件年频次演变(直线为线性趋势)

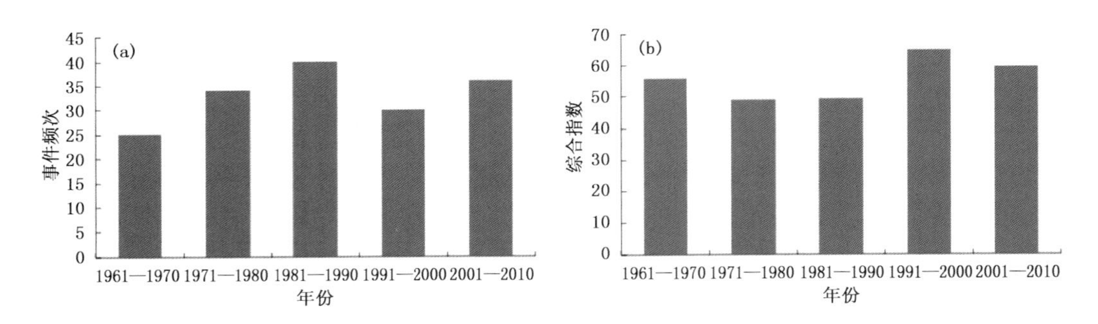

图 3.6 中国区域性气象干旱事件的年代际变化

(a. 频次,b. 综合指数)

对 1961—2012 年中国区域性气象干旱事件各指数年累积值的分析表明:各指数都呈现增大趋势,但增大趋势都不显著(相关系数没有通过 0.05 的显著性水平检验)(表 3.2)。综合指数平均值为 5.6/a,其中 1962 年达到近 52 a 的最大值(11.3),基本为多年平均值的两倍;其次为 2001 和 1998 年,分别为 10.1 和 10.0;最小值出现在 1964 年,只有 0.9;次小值出现在 1970 年,为 1.2(图 3.7a);将其余五个单一指标的年际变化与综合指数相比,可明显看出,持续时间、累积面积和累积强度这三个指标的年变化形态与综合指数基本一致,综合指数比较大的年份,这三个指数强度也较大,其中,由于累积强度涉及 *CI* 的数值,因此其年累积值的变化方向与其余两个指数及综合指数相反,数值越小其强度越大;累积面积和累积强度最大的前三位为 2001 年(51557.5×10^4 km^2、-26470.2)、1962 年(48940.5×10^4 km^2、-24586.7)和 1998 年(46611.7×10^4 km^2、-21883.2),这与综合强度最强的 3 a 完全对应;持续时间最长的年份略有不同,为 1962、1986 和 2007 年,虽然 2001 和 1998 年的持续时间没有达到最长的前三位,但也分别排在总体靠前的第 10 和 20 位(图 3.7b、d、f)。其余两个单一指标(极端强度和最大面积)的年际变化形态与综合指数的一致性没有以上三个指标那么高,这可能与综合指标计算时对这两个指标的权重系数取值较小有关(图 3.7c、e)。

表 3.2　1961—2012 年中国区域性气象干旱事件各指数年累积值的线性趋势

指数名称	综合指数	持续时间(d)	最大面积(10^4 km^2)	累积面积(10^4 km^2)	极端强度	累积强度
线性趋势	0.02	0.56	5.14	117.80	−0.06	−30.85
趋势系数(r)	0.12	0.10	0.20	0.16	−0.16	−0.08

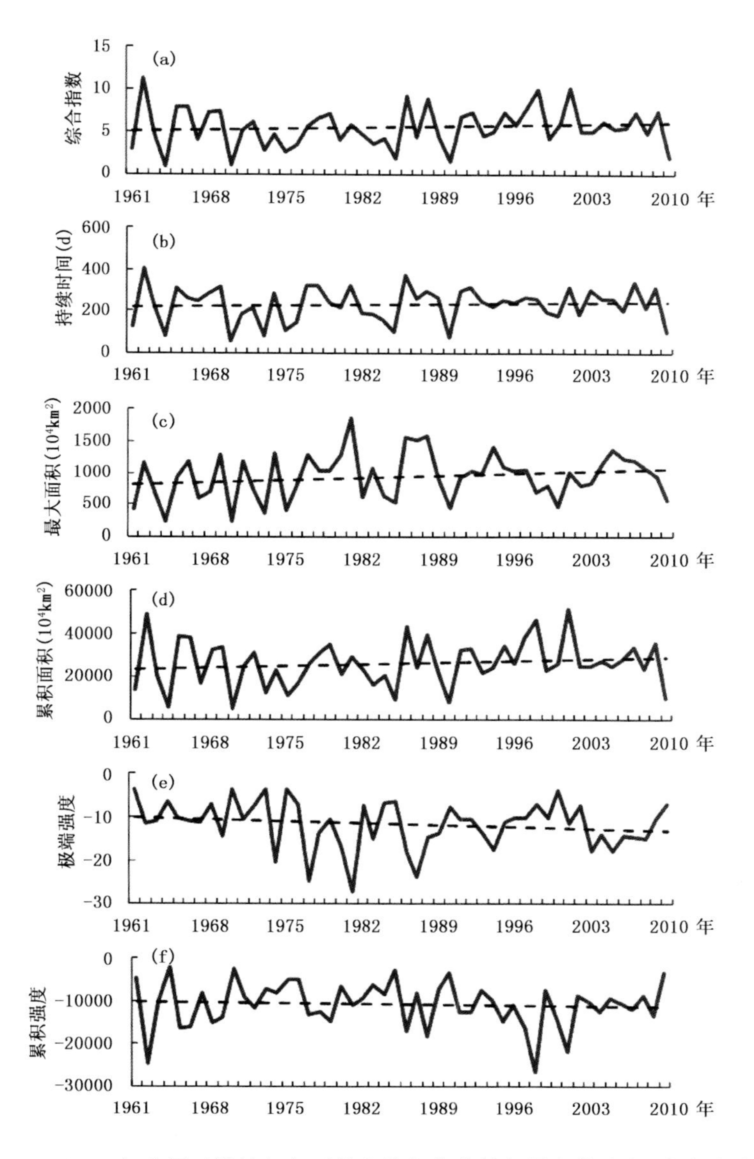

图 3.7　1961—2012 年中国区域性气象干旱事件各指数的年累积值演变(直线为线性趋势)
(a. 综合指数,b. 持续时间,c. 最大面积,d. 累计面积,e. 极端强度,f. 累积强度)

3.2.2 季节变化

图 3.8 给出了所有干旱事件开始和结束时间的统计分布，可以看出区域性气象干旱事件主要开始于每年的 4 月和 7 月，平均每月均有 20 次左右；每年 1—4 月和 7 月干旱事件开始的频次较多，其中，4 月干旱开始的频次最高；6 月和 12 月开始的干旱事件频次最少，分别为 7 次和 8 次。从事件的结束时间来看，干旱最常在 5 月结束(20 次)，而在 3 月结束的干旱事件最少，只有 8 次。总的来说，春季前期(3、4 月)干旱事件开始的频次较高，而多结束于春末夏初(5、6 月)。

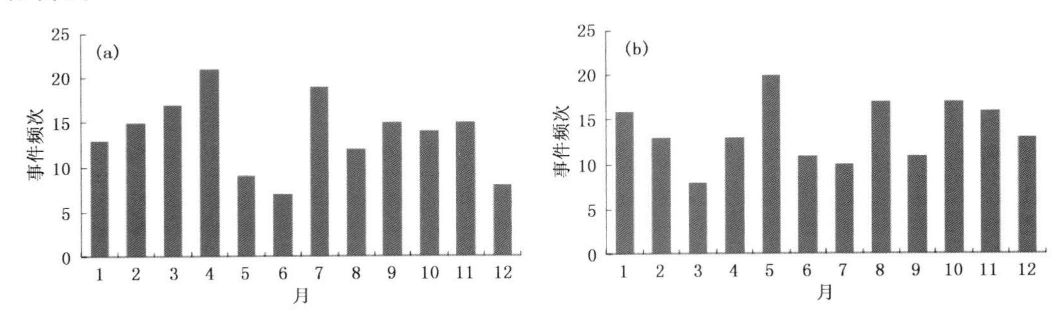

图 3.8 1961—2012 年中国区域性气象干旱事件开始和结束时间的频次分布
(a. 开始月份，b. 结束月份)

3.2.3 区域变化

中国区域性气象干旱事件的总体特征呈现出明显的区域性特点，所有事件累积强度的区域分布(图 3.9a)显示：中国北方大部分地区是干旱较强地区，干旱强度中心为华北地区，累积强度大多小于－1500；西南地区为干旱次强中心区域，累积强度在－1000 左右。事件累积频次的区域分布(图 3.9c)显示：干旱事件在华北及西北地区东部出现的频次最高，近 52 年约有 80 次以上的干旱事件发生，其中河北与河南交界地区 100 次左右；在 100°E 以东的区域，大部分地区干旱事件的累计频次都在 40 次以上，说明气象干旱在中国是一个发生频率高、影响范围广的灾害性事件；可见，无论是从事件发生的频次还是强度来看，华北地区都是干旱最严重的区域。另外，极端强度的分布(图 3.9b)并没有明显的区域性特征，大部分区域的极端强度都在－3.3 以下，最强约－4.2，即：极端强度与发生频次的多少和强度的大小并没有直接关系。

3.3 极端区域性气象干旱事件

根据前面的分析结果，1961—2012 年中国共发生 17 次极端区域性气象干旱事件(表 3.3)。分析这些事件发生的特点可知，极端干旱事件最易发生在华北地区，其次为西北地区东部、内蒙古西部地区。排名第四的西南地区干旱事件虽然十分严重，但西南地区发生极端干旱事件的频率在近 52 年只有两次，与华北和西北地区东部相比受极端干旱侵袭的次数并不多。

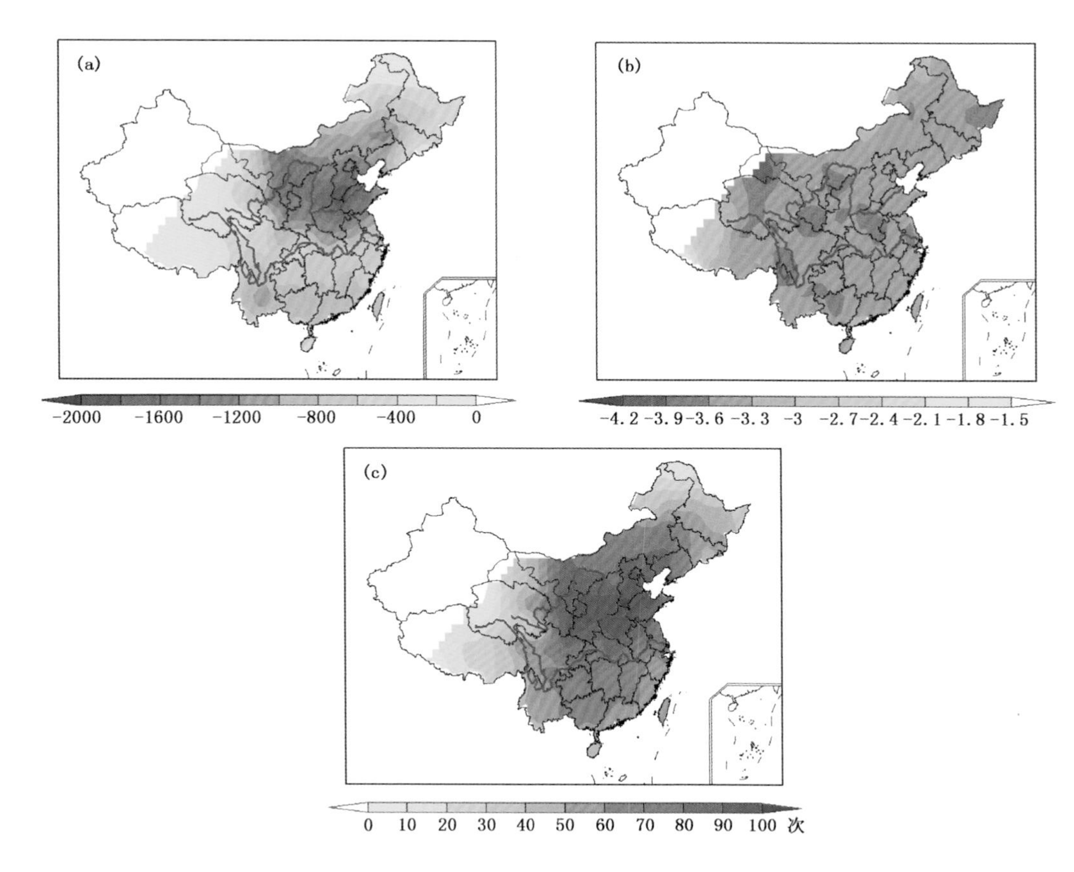

图3.9 1961—2012年中国区域性气象干旱事件统计量的区域分布

(a.累积强度,b.极端强度,c.累积频次)

表3.3 1961—2012年中国区域性极端气象干旱事件表

序号	开始日期	结束日期	持续日数(d)	发生地域	强度级别	综合强度
1	1998年9月24日	1999年5月10日	229	华北、西北地区东部	极端	9.5
2	2001年3月13日	2001年8月20日	161	内蒙古西部、华北、黄淮及江淮地区	极端	6.6
3	1965年3月13日	1965年10月31日	233	内蒙古及华北、东北的部分地区	极端	6.4
4	2009年8月25日	2010年4月18日	237	西南地区	极端	6.4
5	2000年3月7日	2000年8月30日	177	内蒙古西部、华北、黄淮及江淮地区	极端	6.0
6	1968年2月25日	1968年9月7日	196	内蒙古西部、华北及黄淮地区	极端	5.6
7	1992年6月4日	1993年1月4日	215	江南、华南地区	极端	5.6
8	1997年4月7日	1997年9月23日	170	西北地区东部、华北及东北地区	极端	5.4
9	1978年4月8日	1978年10月26日	202	黄淮、江淮及华北地区	极端	5.3
10	1972年4月9日	1972年9月15日	160	华北地区	极端	5.1
11	1995年2月12日	1995年7月24日	163	西北地区东部及内蒙古西部地区	极端	5.0

续表

序号	开始日期	结束日期	持续日数(d)	发生地域	强度级别	综合强度
12	1991年7月13日	1991年12月23日	164	内蒙古西部及西北地区中北部	极端	4.9
13	1962年11月27日	1963年5月6日	161	西南地区南部	极端	4.8
14	1962年3月3日	1962年7月18日	138	内蒙古西部及西北地区东部	极端	4.8
15	1979年10月8日	1980年2月2日	118	江南中西部地区	极端	4.4
16	1988年10月9日	1989年1月26日	110	华北、黄淮及江南地区	极端	4.3
17	1982年3月28日	1982年8月31日	157	西北地区东部及东北北部地区	极端	4.2

- **气象干旱事件1**

1998年9月24日—1999年5月10日，中国华北及西北地区东部遭受了大范围、长时间的秋冬春三季连旱，事件综合指数为9.5。这次干旱事件发生过程中最大影响面积为542.5万km^2，影响范围涉及甘肃、宁夏、陕西、山西、山东、河北和河南，共历时229 d。

从事件的累积强度和极端强度的分布(图3.10)可见：此次干旱事件受影响最大的省份是陕西、山西、河南以及甘肃东南部；干旱持续期间四个日指标随时间的变化(图3.11)表明：此次干旱过程有三个明显的阶段性变化，并且三个变化周期的干旱强度依次递增。累积强度、影响面积和综合强度均在第三个周期的中段(1999年3月初)达到整个过程的极值。

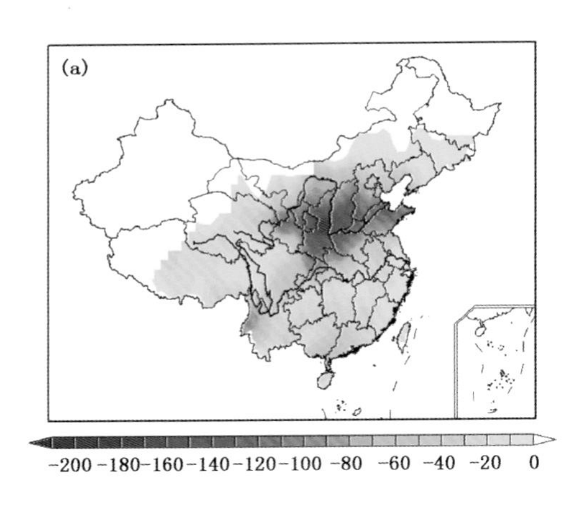

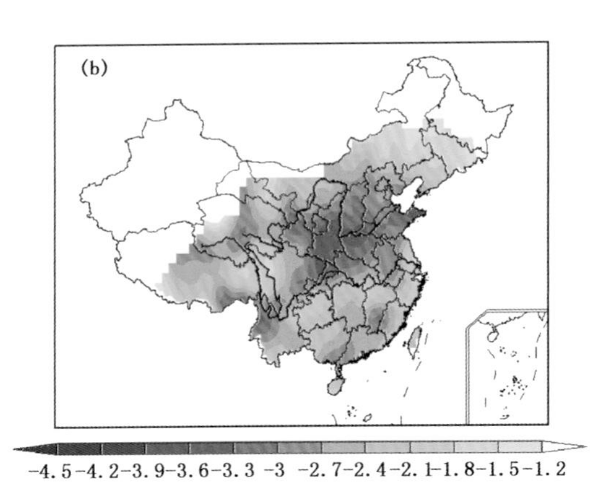

图3.10　1998年9月24日—1999年5月10日中国区域性气象干旱事件统计量的区域分布
(a.累积强度，b.极端强度)

- **气象干旱事件2**

2001年3月13日—2001年8月20日，我国内蒙古西部、华北、黄淮及江淮地区遭受了春夏连旱，事件综合指数为6.6。这次干旱事件发生过程中最大影响面积为472.6万km^2，影响范围涉及甘肃、青海、内蒙古、宁夏、陕西、山西、山东、河南、河北、四川、安徽、江苏、湖北、辽宁、吉林和黑龙江等多个省份，共历时161 d。

从事件的累积强度和极端强度的分布(图3.12)可见：此次干旱事件受影响最大的省份是内蒙古、河南、山东和辽宁；干旱持续期间四个日指标随时间的变化(图3.13)表明：2001年6月10日前后累积强度和影响面积达到了过程极值，而综合强度最大值出现在7月中旬前后。

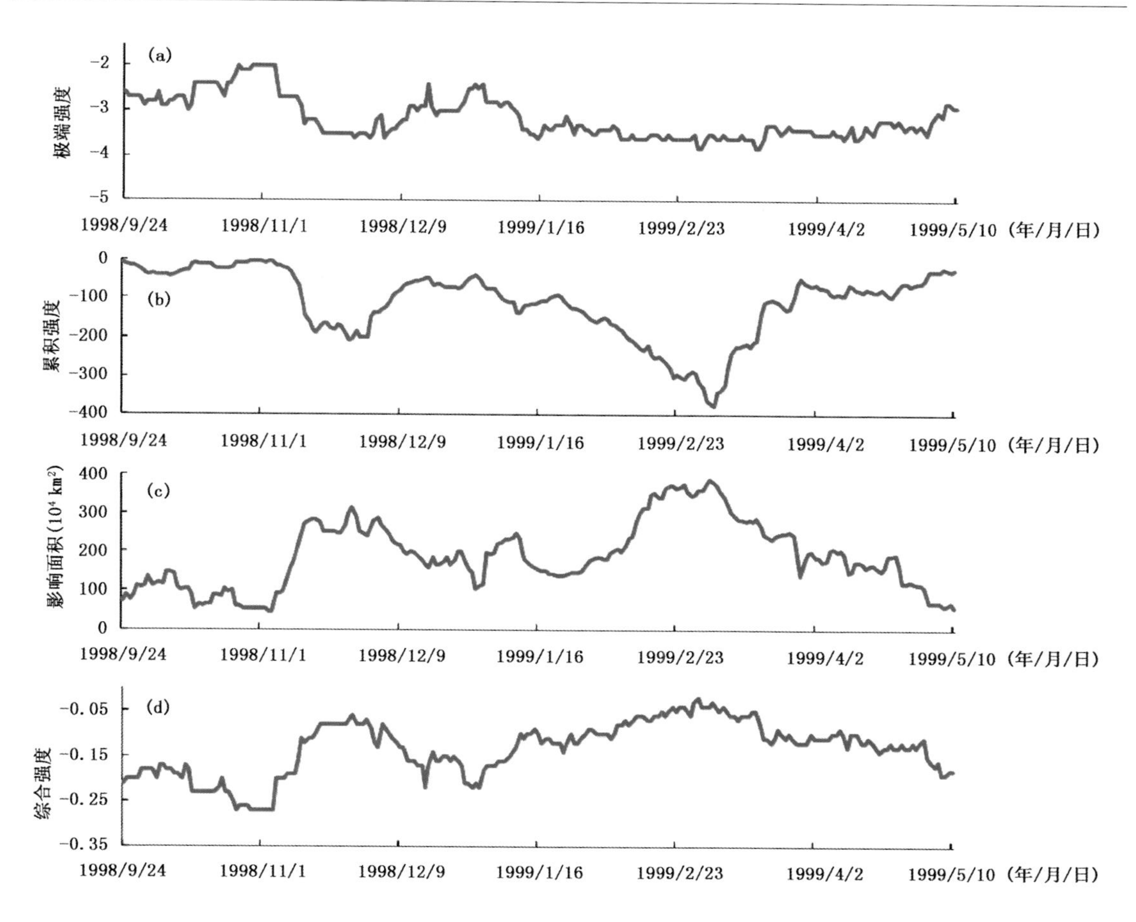

图 3.11　1998 年 9 月 24 日—1999 年 5 月 10 日中国区域性气象干旱事件的日指数演变
(a. 极端强度，b. 累积强度，c. 影响面积，d. 综合强度)

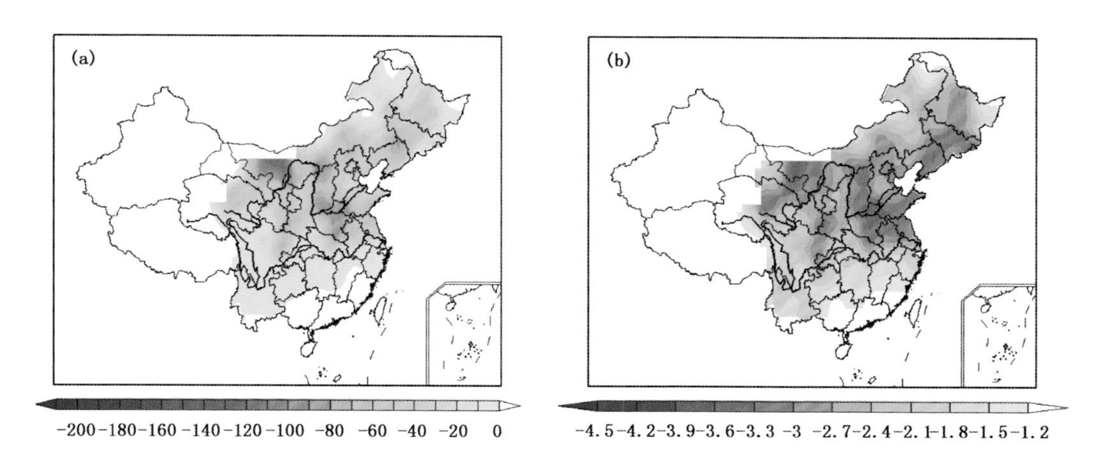

图 3.12　2001 年 3 月 13 日—2001 年 8 月 20 日中国区域性气象干旱事件统计量的区域分布
(a. 累积强度，b. 极端强度)

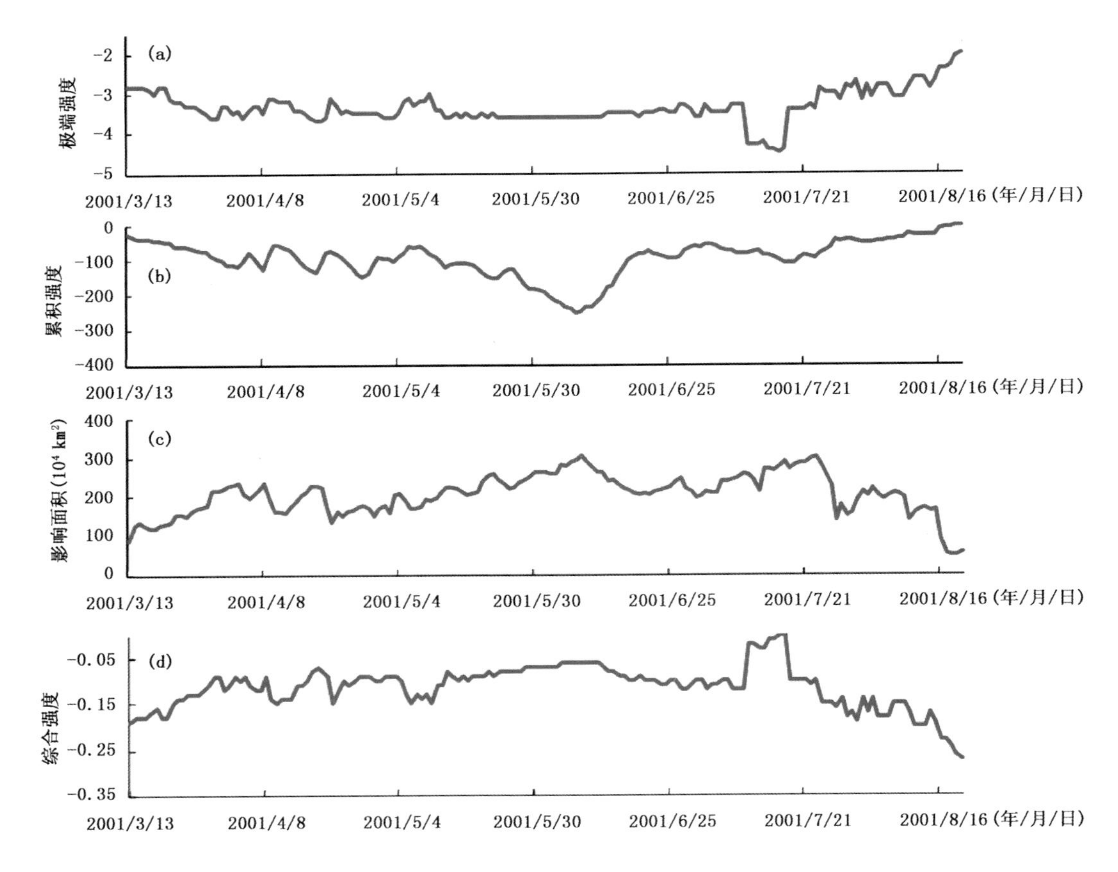

图 3.13 2001 年 3 月 13 日—2001 年 8 月 20 日中国区域性气象干旱事件的日指数演变

(a. 极端强度,b. 累积强度,c. 影响面积,d. 综合强度)

- **气象干旱事件 3**

1965 年 3 月 13 日—1965 年 10 月 31 日,中国内蒙古及华北、东北的部分地区遭受了长时间的春夏秋三季连旱,事件综合指数为 6.4。这次干旱事件发生过程中最大影响面积为 423.5 万 km^2,影响范围涉及内蒙古、山西、山东、河北、河南及东北三省,共历时 233 d。

从事件的累积强度和极端强度分布(图 3.14)可见:此次干旱事件受影响最大的省份是内蒙古、东北三省及山西省。干旱持续期间四个日指标随时间的变化(图 3.15)表明:此次干旱过程有两个明显的阶段性变化,第一阶段的干旱强度明显强于第二个阶段。1965 年 7 月上旬,干旱强度达到过程最弱强度,而一个月以后,干旱急剧发展,在 1965 年 6 月 20 日前后干旱强度达到过程最大。

- **气象干旱事件 4**

2009 年 8 月 25 日—2010 年 4 月 18 日,中国西南地区遭受了大范围、长时间的秋冬春三季连旱,事件综合指数为 6.4。这次干旱事件发生过程中,最大影响面积为 576.8 万 km^2,共历时 237 d,是近 52 年中持续时间最长的干旱事件。

从事件的累积强度和极端强度的分布(图 3.16)可见:此次干旱事件受影响最大的省份是云南、贵州及广西;干旱持续期间四个日指标随时间的变化(图 3.17)表明:此次干旱过程有两

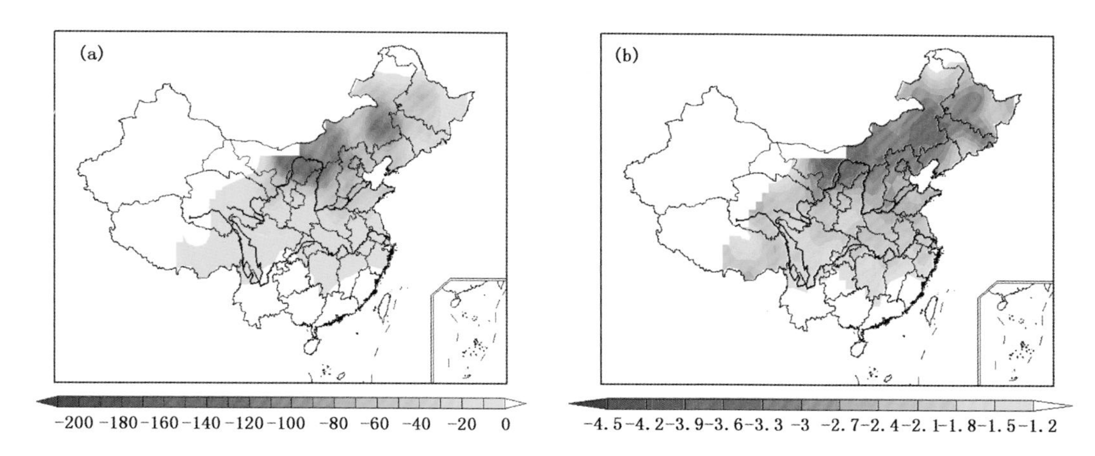

图3.14　1965年3月13日—1965年10月31日中国区域性气象干旱事件统计量的区域分布

(a. 累积强度,b. 极端强度)

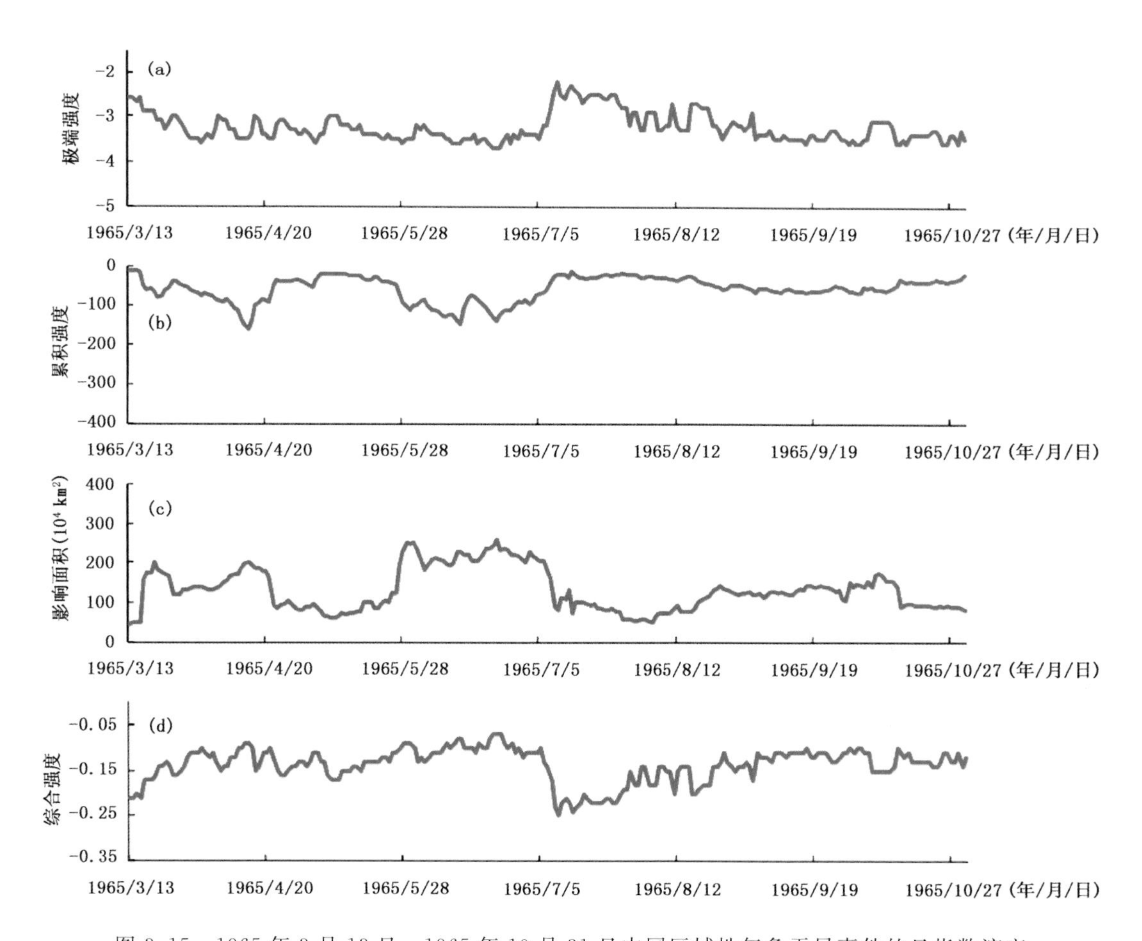

图3.15　1965年3月13日—1965年10月31日中国区域性气象干旱事件的日指数演变

(a. 极端强度,b. 累积强度,c. 影响面积,d. 综合强度)

个明显的阶段性变化，累积强度和影响面积极值出现在第一个周期的2009年10月下旬，而综合强度的数值在两个周期的变化范围完全类似。

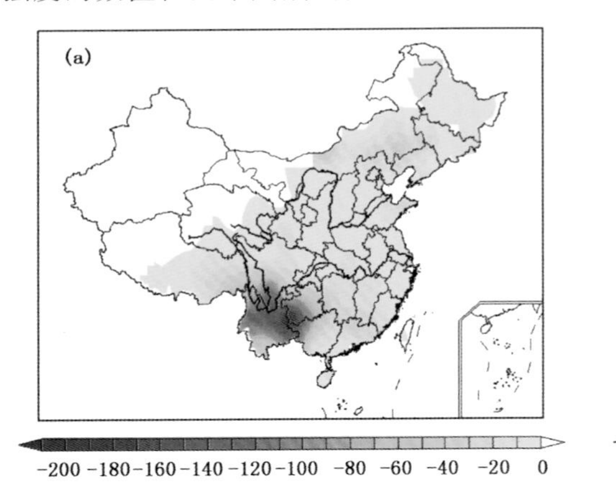

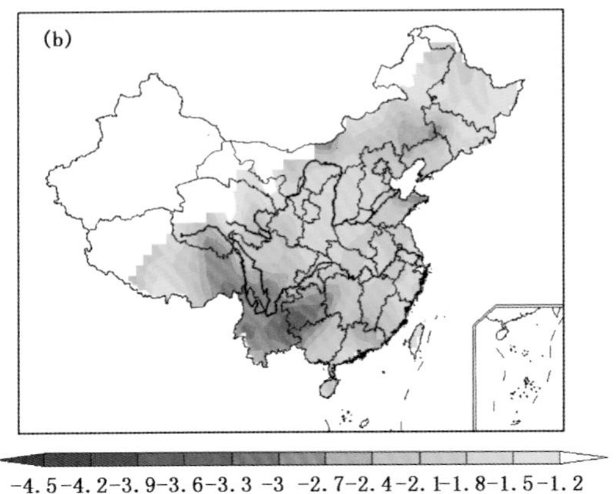

图3.16 2009年8月25日—2010年4月18日中国区域性气象干旱事件统计量的区域分布
(a.累积强度，b.极端强度)

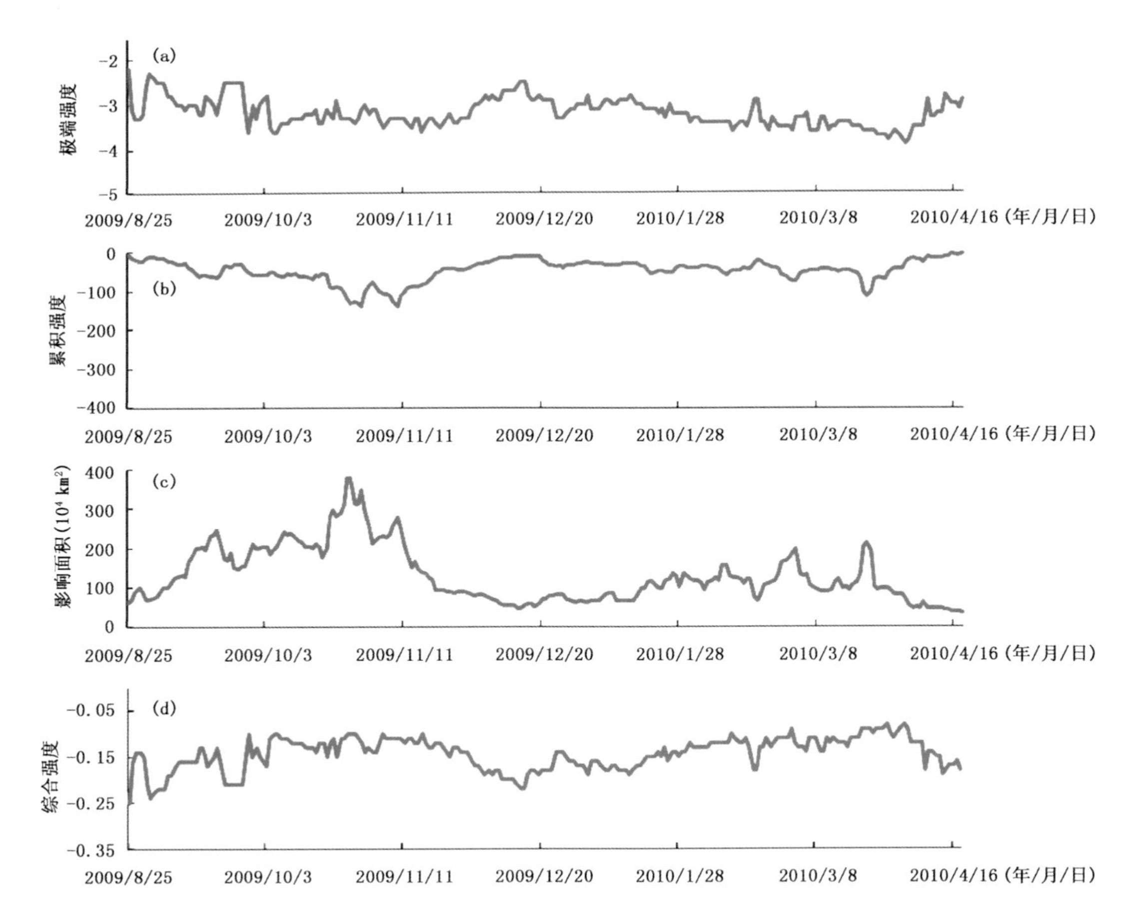

图3.17 2009年8月25日—2010年4月18日中国区域性气象干旱事件的日指数演变
(a.极端强度，b.累积强度，c.影响面积，d.综合强度)

- **气象干旱事件5**

2000年3月7日—2000年8月30日，中国内蒙古西部、华北、黄淮及江淮地区遭受了大范围、长时间的春夏连旱，事件综合指数为6.0。这次干旱事件发生过程中最大影响面积为457.5万km^2，总共历时177 d。

从事件的累积强度和极端强度的分布（图3.18）可见：此次干旱事件受影响最大的区域是长江以北、西北东部以东的地区；干旱持续期间四个日指标随时间的变化（图3.19）表明：此次干旱过程阶段性变化并不明显，干旱强度最强出现在2000年5月上旬。

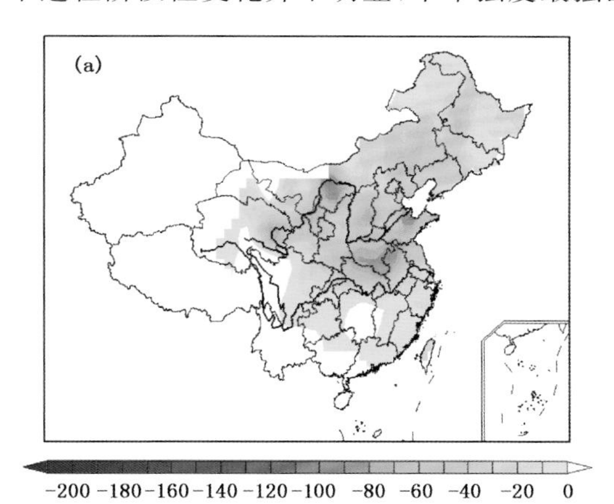

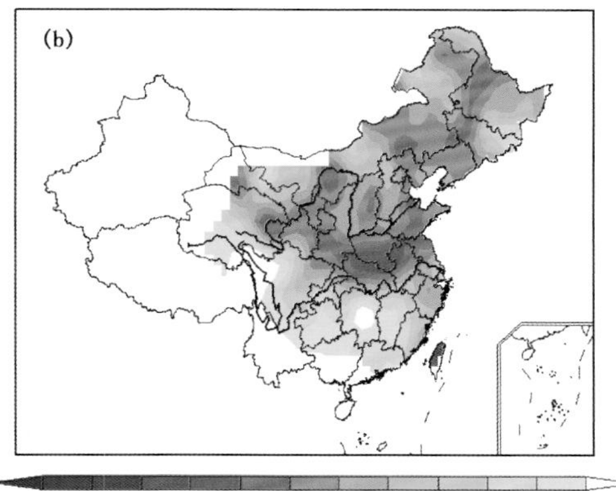

图3.18 2000年3月7日—2000年8月30日中国区域性气象干旱事件统计量的区域分布
（a.累积强度，b.极端强度）

- **气象干旱事件6**

1968年2月25日—1968年9月7日，中国内蒙古西部、华北及黄淮地区遭受了大范围、长时间的春夏连旱，事件综合指数为5.6。这次干旱事件发生过程中最大影响面积为399.4万km^2，共历时196 d。

从事件的累积强度和极端强度的分布（图3.20）可见：此次干旱事件受影响最大的省份是河北、河南、山西及内蒙古；干旱持续期间四个日指标随时间的变化（图3.21）表明：此次干旱过程中干旱强度变化较平缓，干旱基本维持在一个稳定的范围内。

- **气象干旱事件7**

1992年6月4日—1993年1月4日，中国江南、华南地区遭受了大范围、长时间的夏秋冬连旱，事件综合指数为5.6。这次干旱事件发生过程中最大影响面积为533.54万km^2，共历时215 d。

从事件的累积强度和极端强度的分布（图3.22）可见：此次干旱事件受影响最大的省份是江西、湖南及广西；干旱持续期间四个日指标随时间的变化（图3.23）表明：此次干旱过程强度最强出现在1992年11月上旬。

- **气象干旱事件8**

1997年4月7日—1997年9月23日，中国西北地区东部、华北及东北地区遭受了大范围、长时间的春夏连旱，事件综合指数为5.4。这次干旱事件发生过程中最大影响面积为477.3万km^2，总共历时170 d。

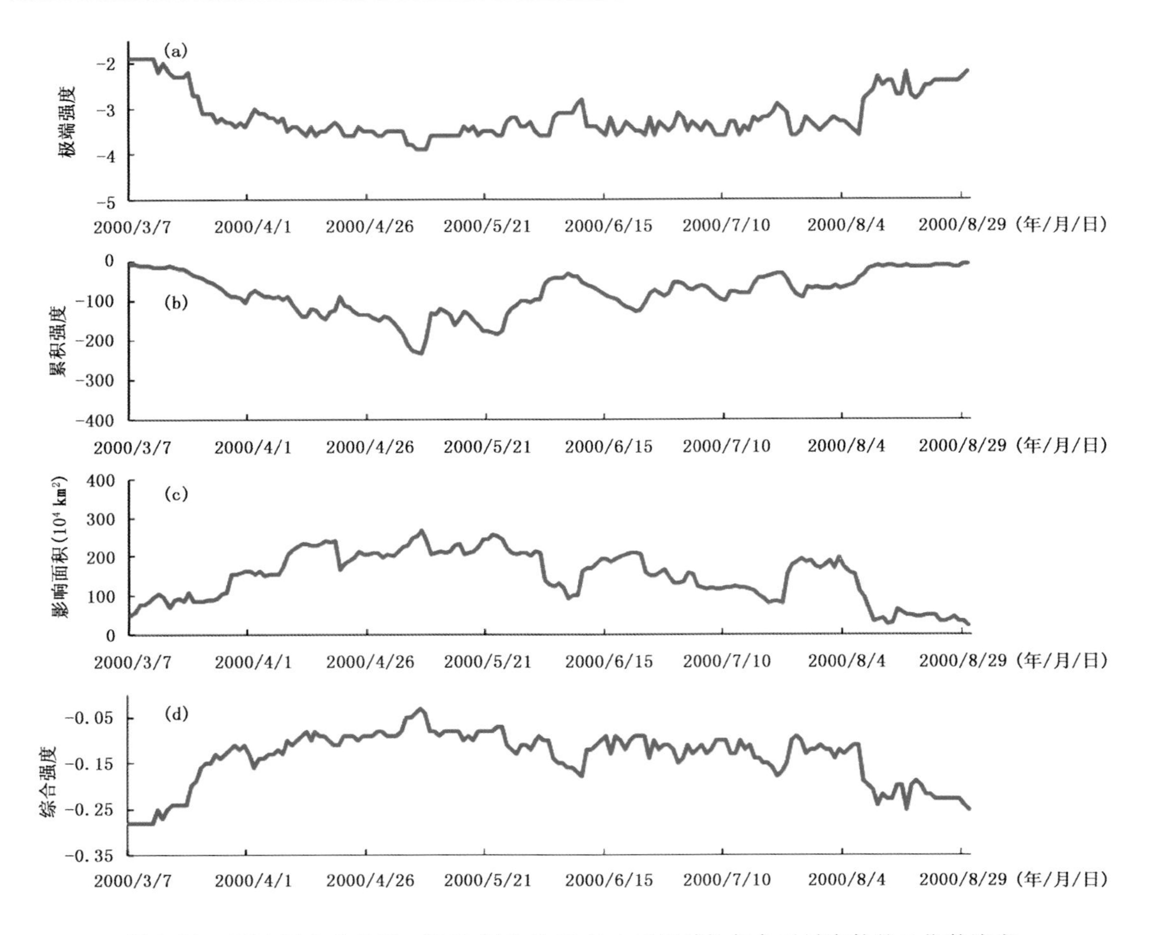

图 3.19　2000 年 3 月 7 日—2000 年 8 月 30 日中国区域性气象干旱事件的日指数演变

(a. 极端强度，b. 累积强度，c. 影响面积，d. 综合强度)

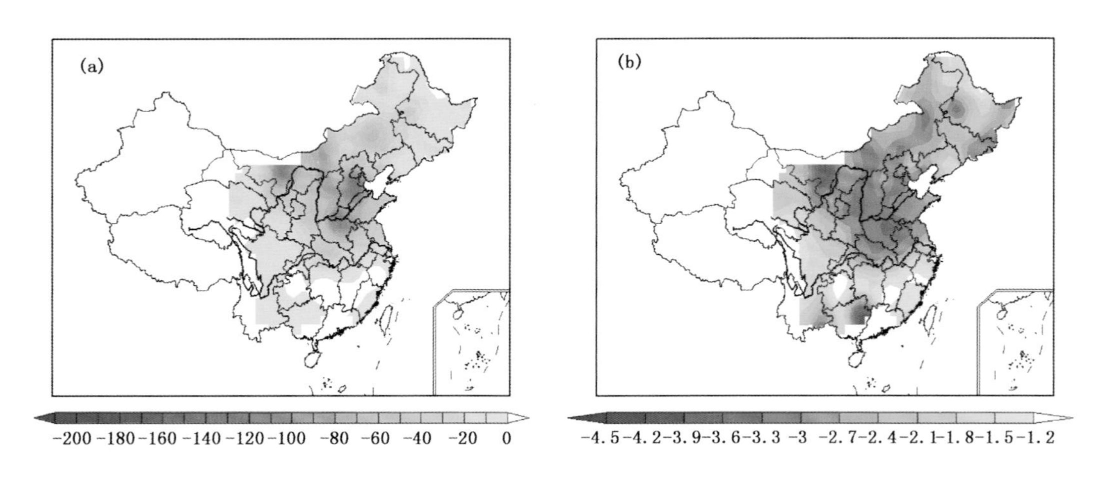

图 3.20　1968 年 2 月 25 日—1968 年 9 月 7 日中国区域性气象干旱事件统计量的区域分布

(a. 累积强度，b. 极端强度)

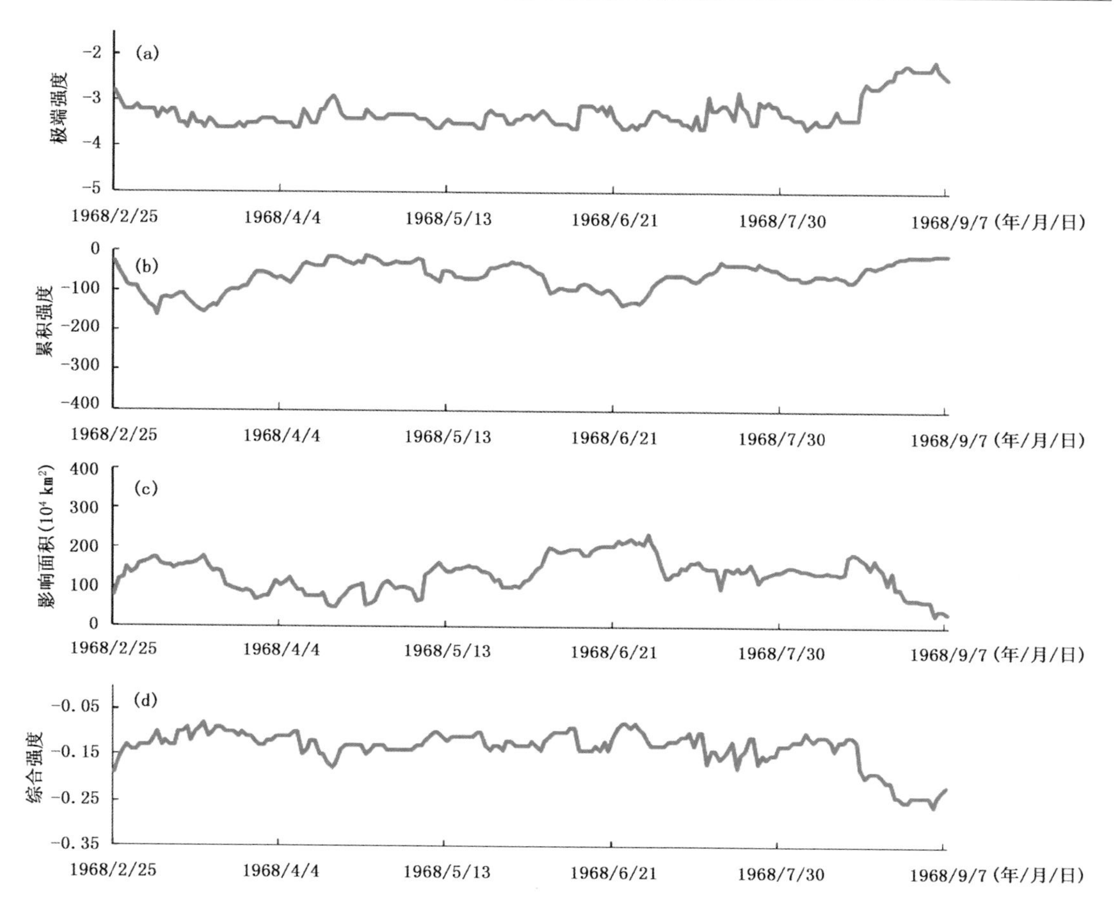

图 3.21 1968 年 2 月 25 日—1968 年 9 月 7 日中国区域性气象干旱事件的日指数演变

(a. 极端强度，b. 累积强度，c. 影响面积，d. 综合强度)

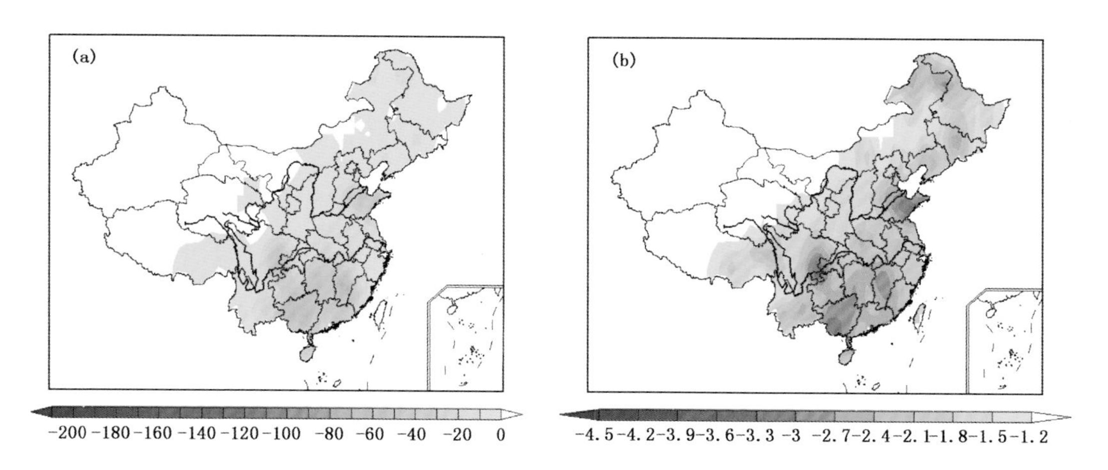

图 3.22 1992 年 6 月 4 日—1993 年 1 月 4 日中国区域性气象干旱事件统计量的区域分布

(a. 累积强度，b. 极端强度)

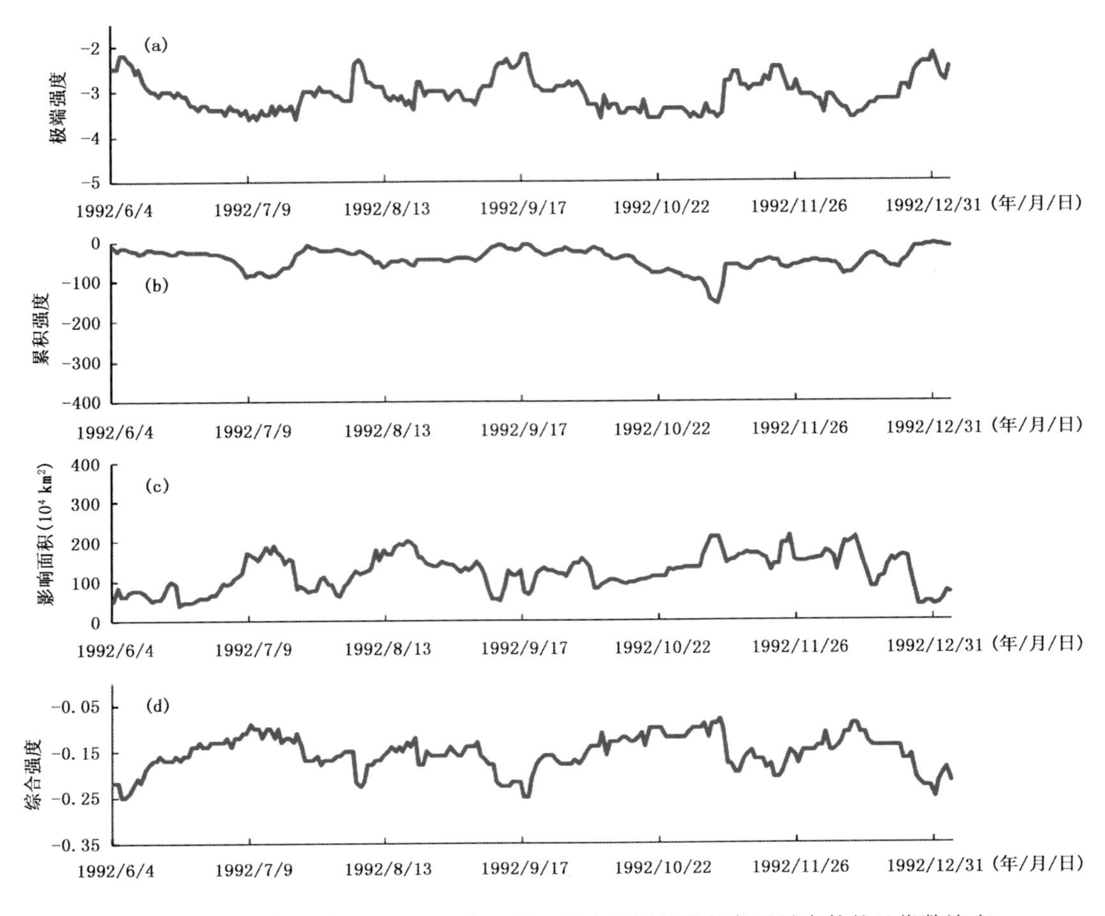

图 3.23　1992 年 6 月 4 日—1993 年 1 月 4 日中国区域性气象干旱事件的日指数演变

(a. 极端强度，b. 累积强度，c. 影响面积，d. 综合强度)

从事件的累积强度和极端强度的分布(图 3.24)可见：此次干旱事件受影响最大的省份是陕西和山西；干旱持续期间四个日指标随时间的变化(图 3.25)表明：此次干旱过程有三个明显的阶段性变化，第一个周期过后(1997 年 5 月下旬以后)，干旱强度经历了两次大幅度的周期变化。

- **气象干旱事件 9**

1978 年 4 月 8 日—1978 年 10 月 26 日，中国黄淮、江淮及华北地区遭受了大范围、长时间的春夏秋连旱，事件综合指数为 5.3。这次干旱事件发生过程中最大影响面积为 515.8 万 km^2，总共历时 202 d。

从事件的累积强度和极端强度的分布(图 3.26)可见：此次干旱事件受影响最大的省份是安徽和江苏；干旱持续期间四个日指标随时间的变化(图 3.27)表明：此次干旱过程的前三分之一时段强度较强、起伏较大，此后旱情稳定，强度也有所减弱。

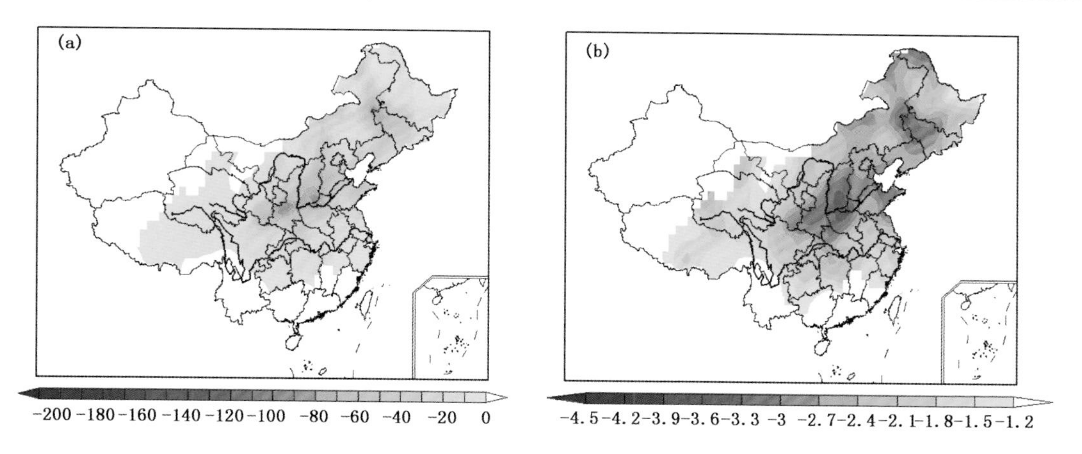

图 3.24　1997 年 4 月 7 日—1997 年 9 月 23 日中国区域性气象干旱事件统计量的区域分布
（a. 累积强度，b. 极端强度）

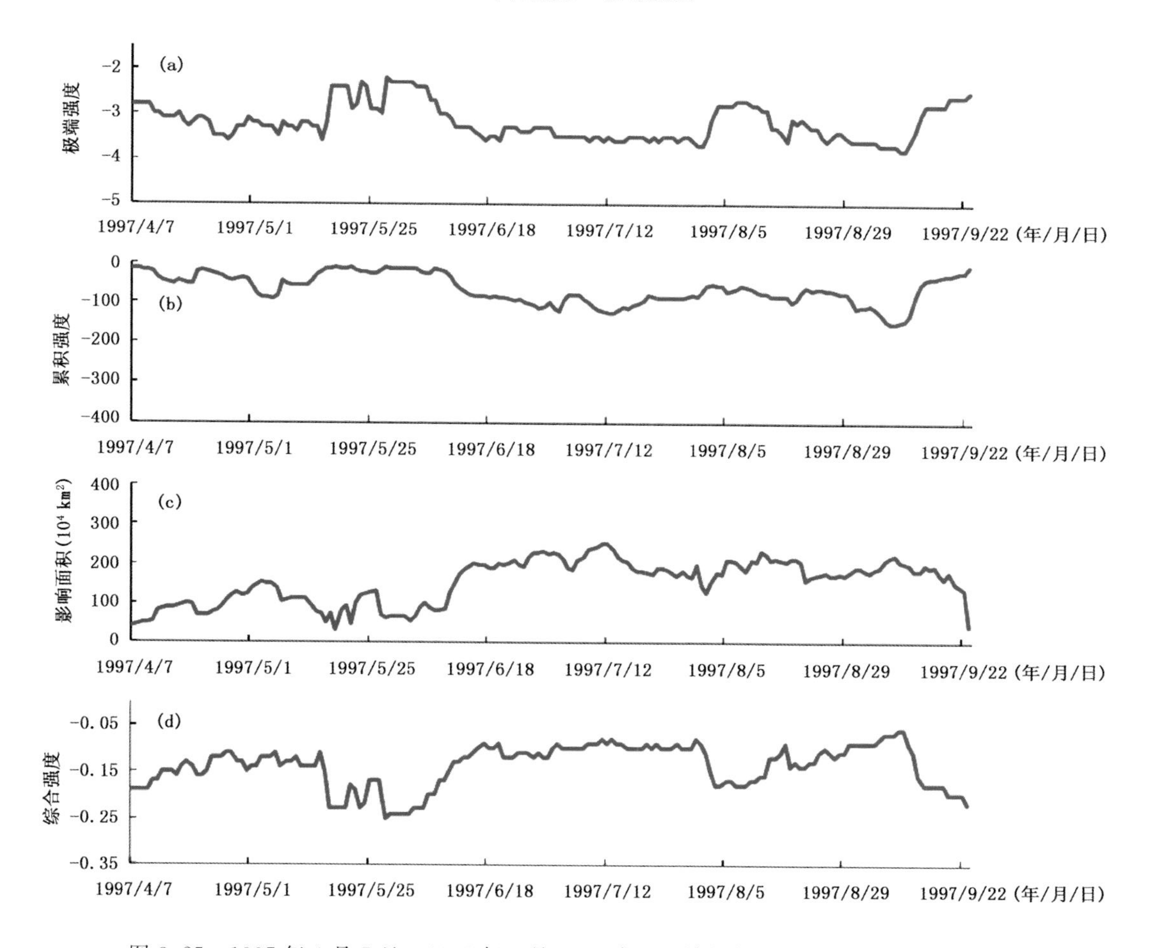

图 3.25　1997 年 4 月 7 日—1997 年 9 月 23 日中国区域性气象干旱事件的日指数演变
（a. 极端强度，b. 累积强度，c. 影响面积，d. 综合强度）

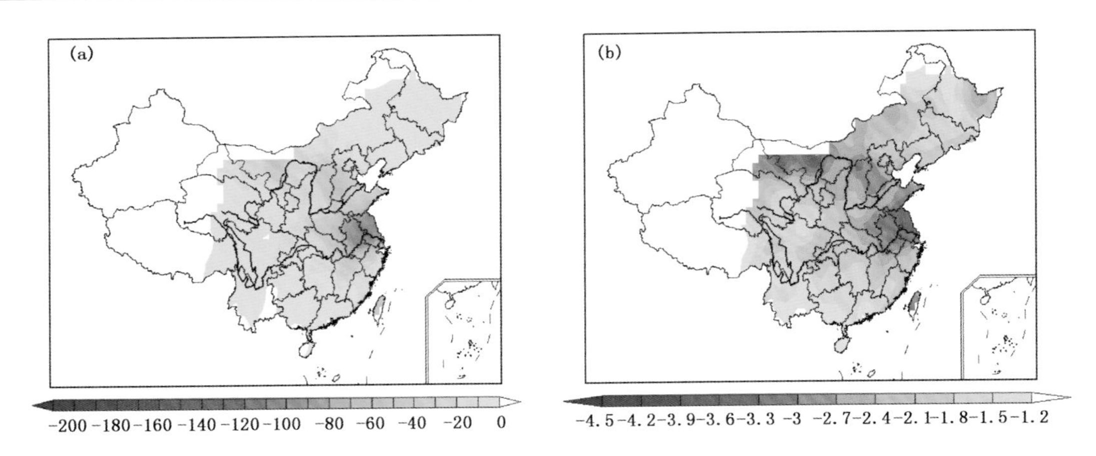

图 3.26 1978 年 4 月 8 日—1978 年 10 月 26 日中国区域性气象干旱事件统计量的区域分布

（a. 累积强度，b. 极端强度）

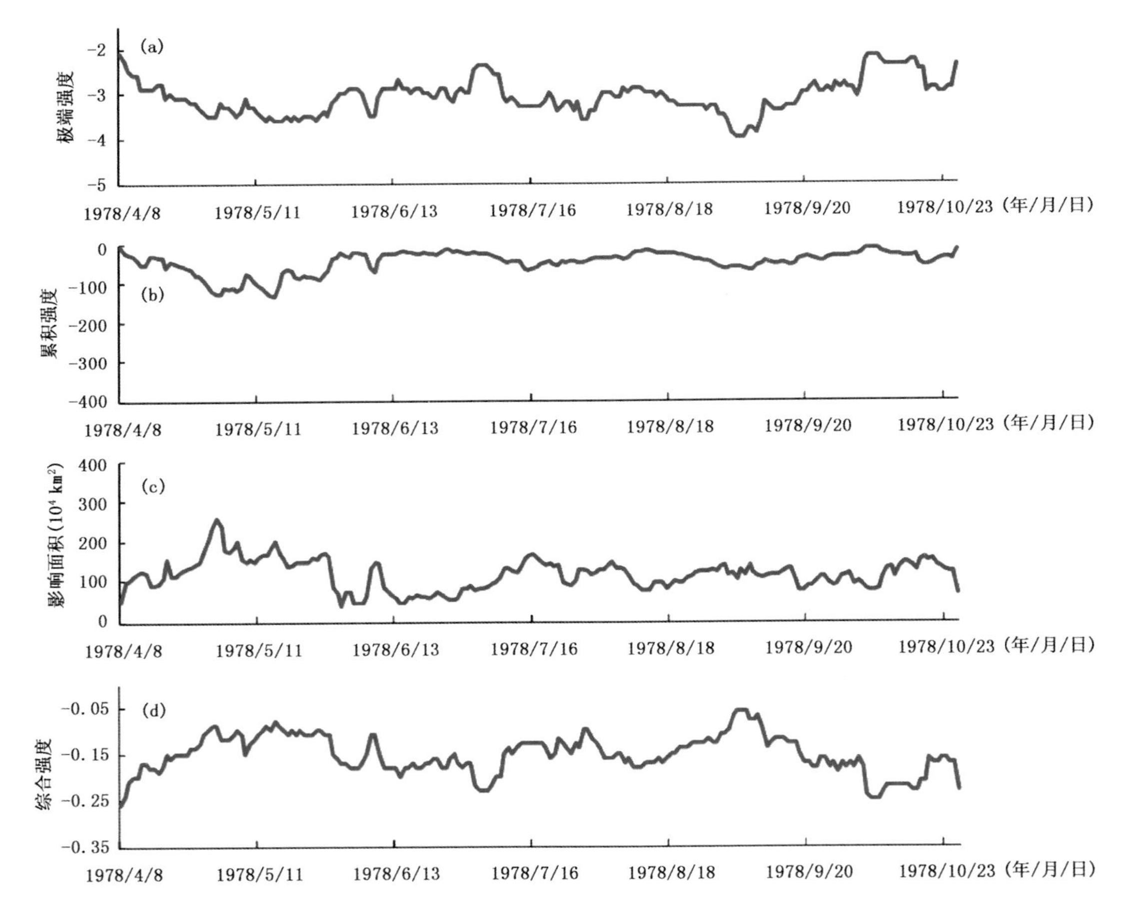

图 3.27 1978 年 4 月 8 日—1978 年 10 月 26 日中国区域性气象干旱事件的日指数演变

（a. 极端强度，b. 累积强度，c. 影响面积，d. 综合强度）

• **气象干旱事件10**

1972年4月9日—1972年9月15日，中国华北地区遭受了春夏连旱，事件综合指数为5.1。这次干旱事件发生过程中最大影响面积为545.2万 km^2，共历时160 d。

从事件的累积强度和极端强度的分布(图3.28)可见：此次干旱事件受影响最大的省份是河北及山西；干旱持续期间四个日指标随时间的变化(图3.29)表明：此次干旱过程中除了影响面积在1972年7月20日以后突然增大以外，极端强度、累积强度和综合强度都比较稳定。

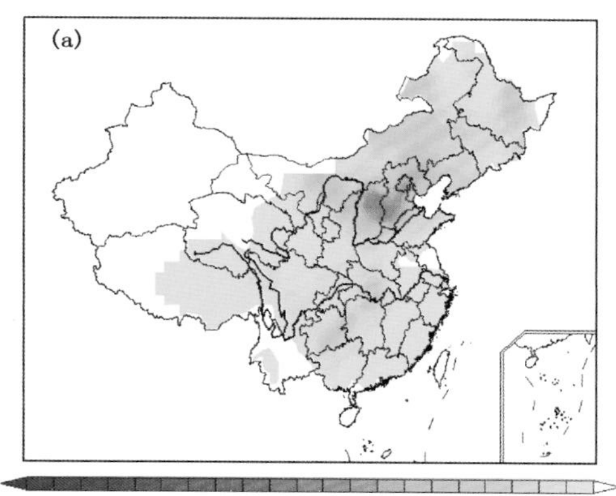

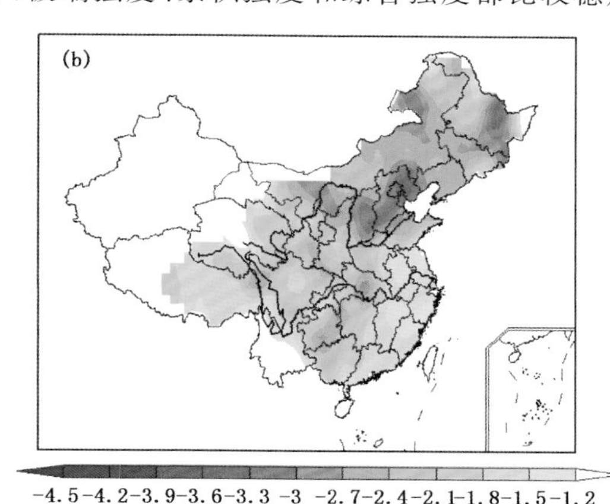

图3.28　1972年4月9日—1972年9月15日中国区域性气象干旱事件统计量的区域分布
(a.累积强度，b.极端强度)

• **气象干旱事件11**

1995年2月12日—1995年7月24日，中国西北地区东部及内蒙古西部地区遭受了大范围、长时间的春夏连旱，事件综合指数为5.0。这次干旱事件发生过程中最大影响面积为522.1万 km^2，共历时163 d。

从事件的累积强度和极端强度的分布(图3.30)可见：此次干旱事件受影响最大的省份是甘肃、内蒙古、宁夏以及陕西；干旱持续期间四个日指标随时间的变化(图3.31)表明：此次干旱过程是一个发展并衰弱的典型个例，在1995年6月初干旱强度达到极值。

• **气象干旱事件12**

1991年7月13日—1991年12月23日，中国内蒙古西部及西北地区中北部遭受了大范围、长时间的夏秋连旱，事件综合指数为4.9。这次干旱事件发生过程中最大影响面积为474.4万 km^2，共历时164 d。

从事件的累积强度和极端强度的分布(图3.32)可见：此次干旱事件受影响最大的省份是内蒙古和甘肃；干旱持续期间四个日指标随时间的变化(图3.33)表明：此次干旱过程前期发展缓慢，在后期的1991年11月下旬旱情最严重。

• **气象干旱事件13**

1962年11月27日—1963年5月6日，中国西南地区南部遭受了冬春连旱，事件综合指数为4.8。这次干旱事件发生过程中最大影响面积为555.1万 km^2，共历时161 d。

从事件的累积强度和极端强度的分布(图3.34)可见：此次干旱事件受影响最大的省份是云南；干旱持续期间四个日指标随时间的变化(图3.35)表明：此次干旱过程强度变化波动较大，1963年2月开始，旱情强度达到极值，此后波动衰减，直到旱情解除。

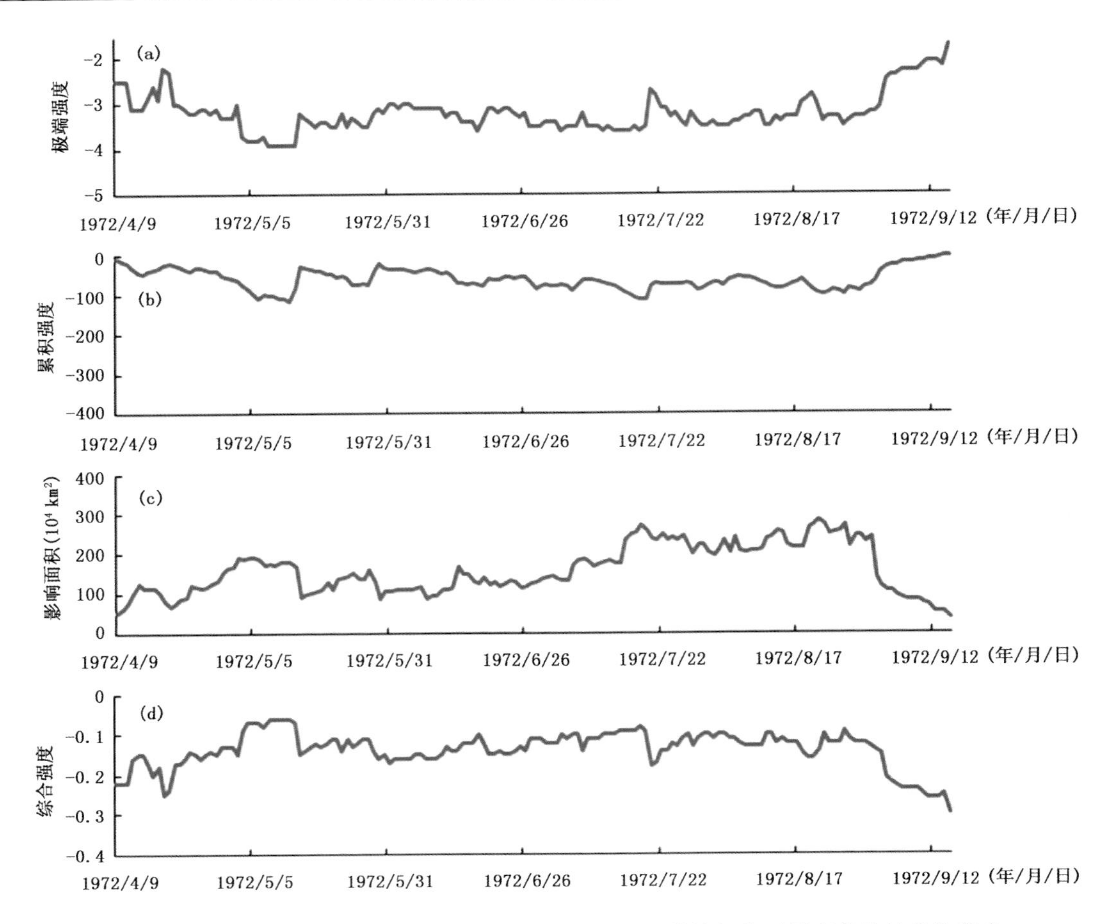

图 3.29　1972 年 4 月 9 日—1972 年 9 月 15 日中国区域性气象干旱事件的日指数演变
（a. 极端强度，b. 累积强度，c. 影响面积，d. 综合强度）

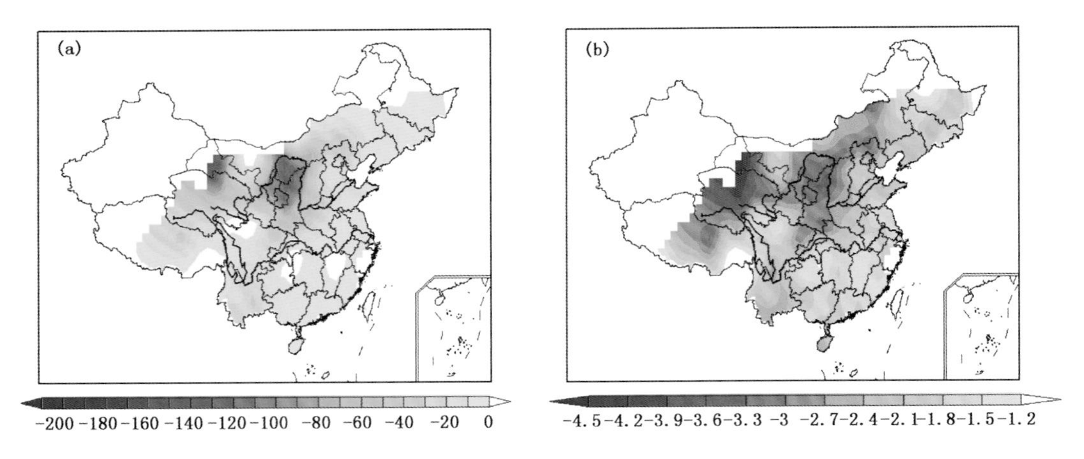

图 3.30　1995 年 2 月 12 日—1995 年 7 月 24 日中国区域性气象干旱事件统计量的区域分布
（a. 累积强度，b. 极端强度）

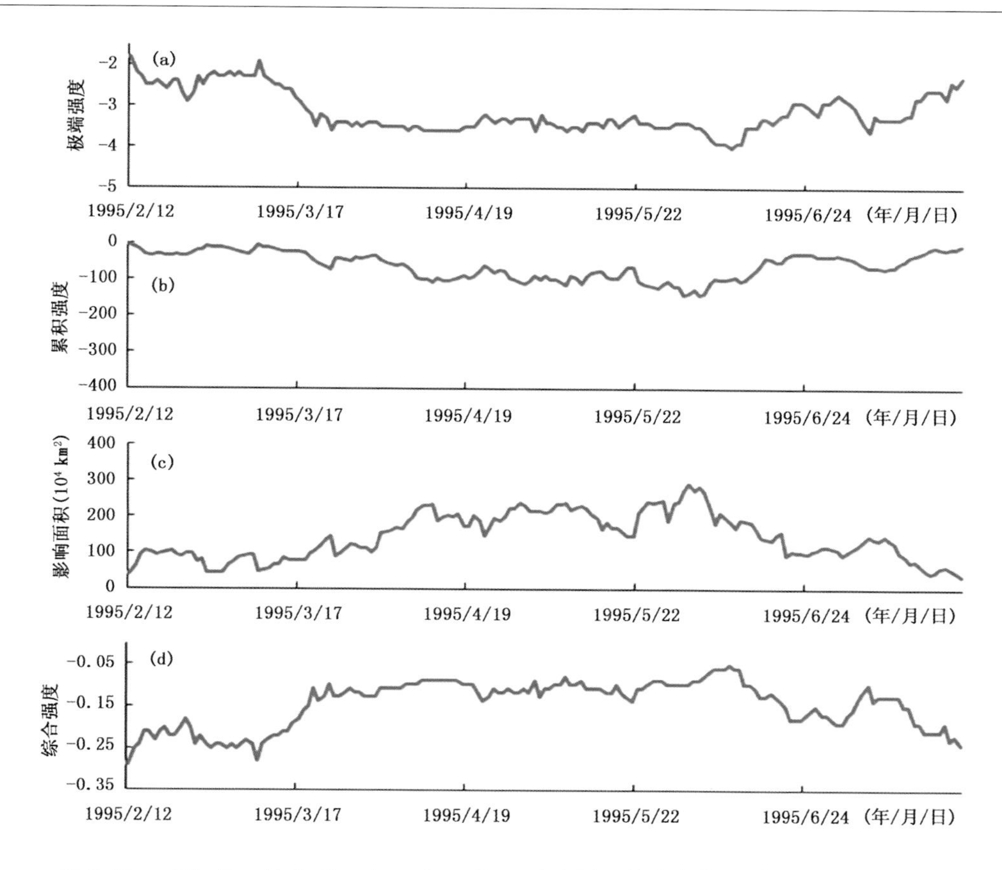

图3.31 1995年2月12日—1995年7月24日中国区域性气象干旱事件的日指数演变
(a.极端强度,b.累积强度,c.影响面积,d.综合强度)

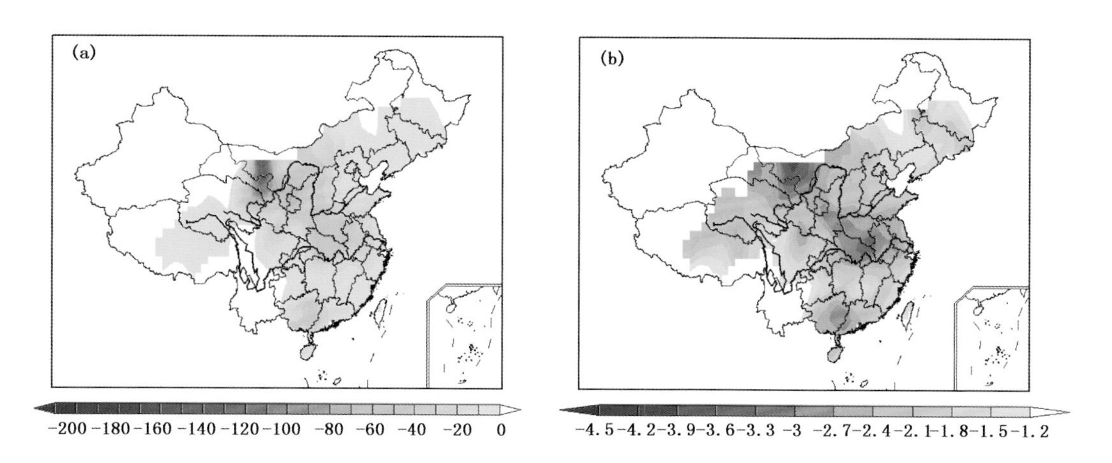

图3.32 1991年7月13日—1991年12月23日中国区域性气象干旱事件统计量的区域分布
(a.累积强度,b.极端强度)

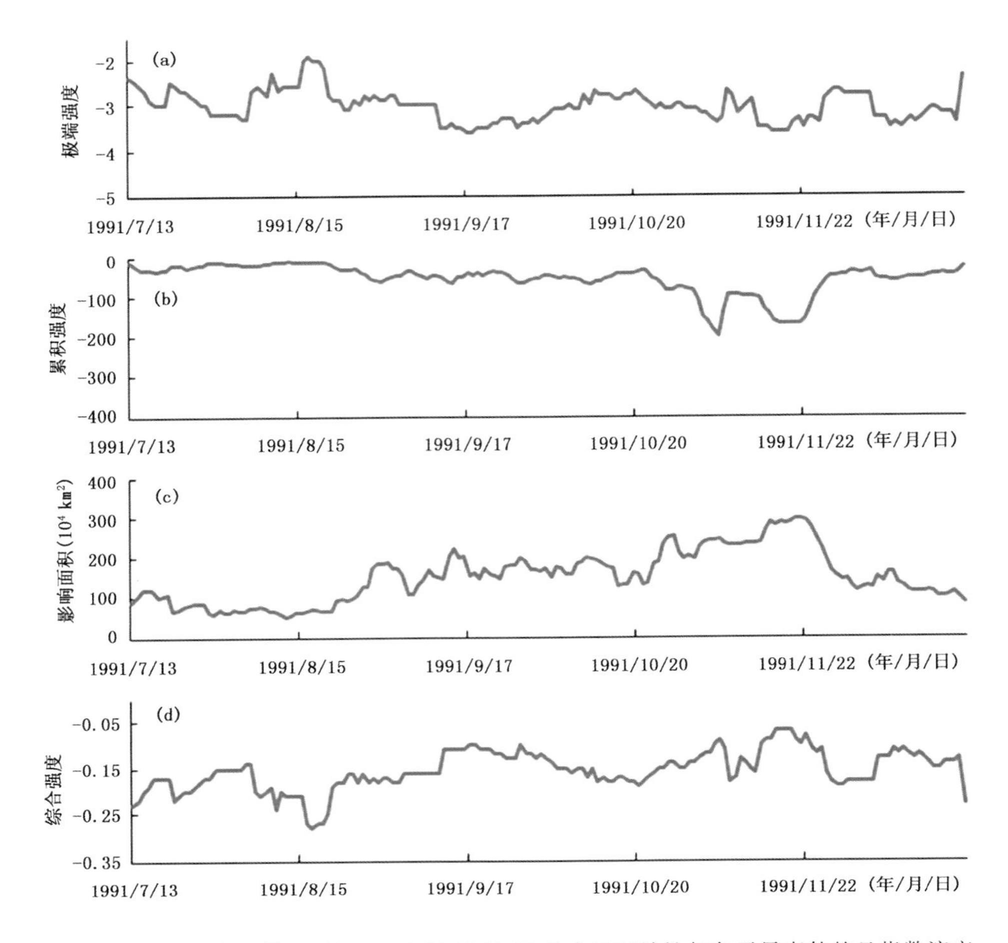

图 3.33　1991 年 7 月 13 日—1991 年 12 月 23 日中国区域性气象干旱事件的日指数演变

（a. 极端强度，b. 累积强度，c. 影响面积，d. 综合强度）

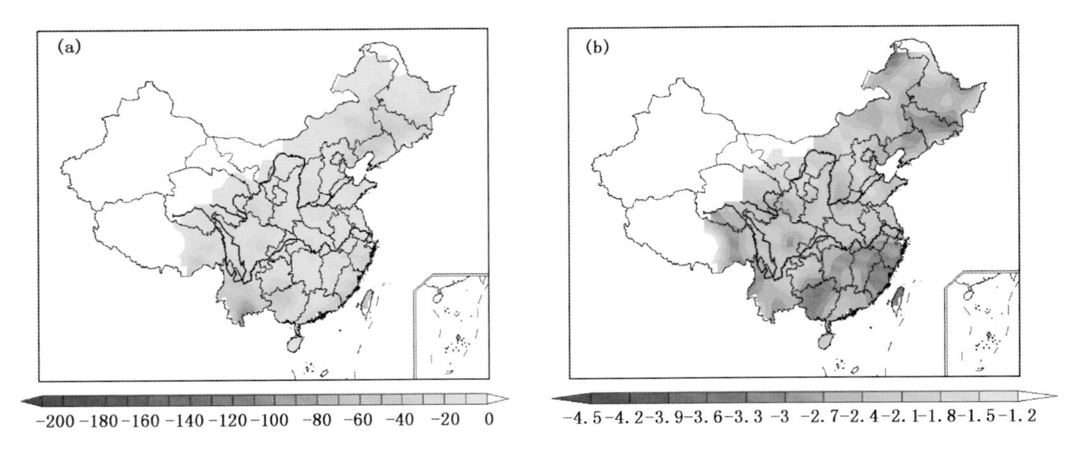

图 3.34　1962 年 11 月 27 日—1963 年 5 月 6 日中国区域性气象干旱事件统计量的区域分布

（a. 累积强度，b. 极端强度）

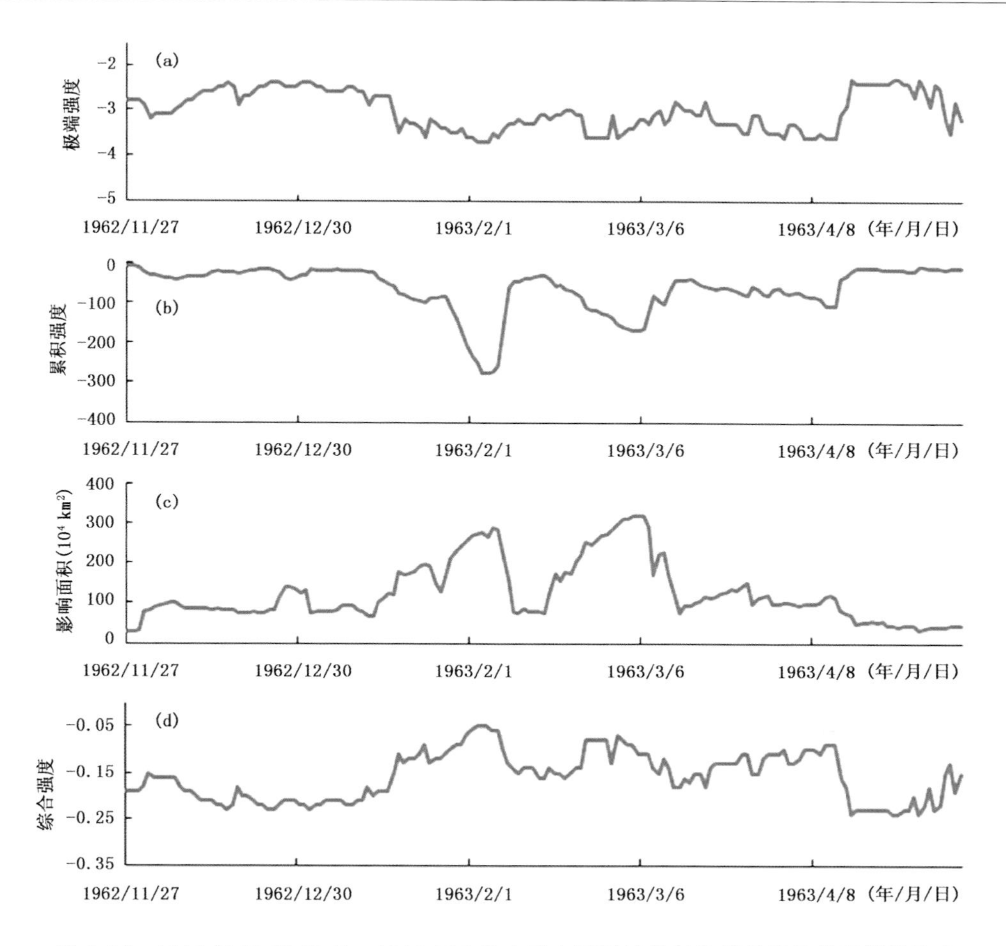

图 3.35　1962 年 11 月 27 日—1963 年 5 月 6 日中国区域性气象干旱事件的日指数演变
(a. 极端强度，b. 累积强度，c. 影响面积，d. 综合强度)

- **气象干旱事件 14**

1962 年 3 月 3 日—1962 年 7 月 18 日，中国内蒙古西部及西北地区东部遭受了大范围、长时间的春夏连旱，事件综合指数为 4.8。这次干旱事件发生过程中最大影响面积为 445.4 万 km^2，共历时 138 d。

从事件的累积强度和极端强度的分布(图 3.36)可见：此次干旱事件受影响最大的省份是内蒙古、甘肃及陕西；干旱持续期间四个日指标随时间的变化(图 3.37)表明：此次干旱过程强度变化平缓，旱情最严重出现在 1962 年 4 月上旬。

- **气象干旱事件 15**

1979 年 10 月 8 日—1980 年 2 月 2 日，中国江南中西部地区遭受了秋冬连旱，事件综合指数为 4.4。这次干旱事件发生过程中最大影响面积为 482.4 万 km^2，总共历时 118 d。

从事件的累积强度和极端强度的分布(图 3.38)可见：此次干旱事件受影响最大的省份是江西和湖南；干旱持续期间四个日指标随时间的变化(图 3.39)表明：此次干旱过程在 1979 年 11 月初强度达到最大后，旱情逐渐减弱，直到事件结束。

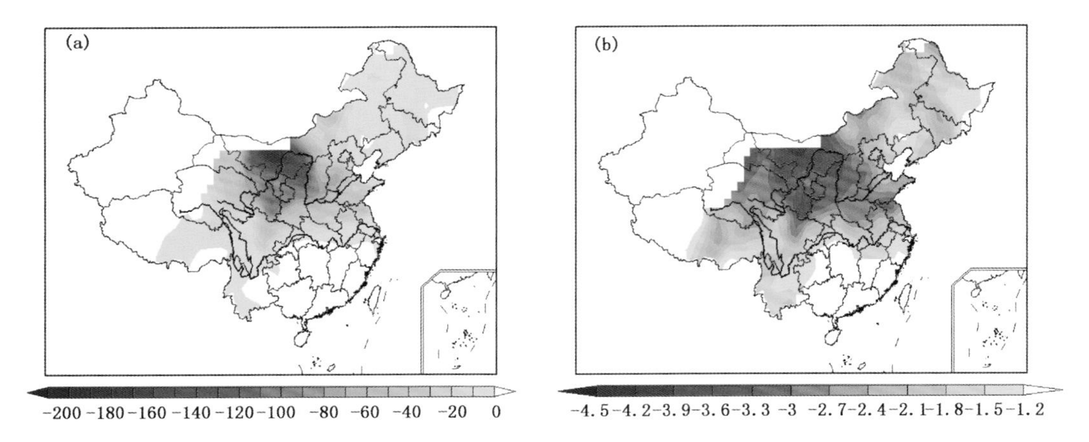

图 3.36　1962 年 3 月 3 日—1962 年 7 月 18 日中国区域性气象干旱事件统计量的区域分布
（a. 累积强度，b. 极端强度）

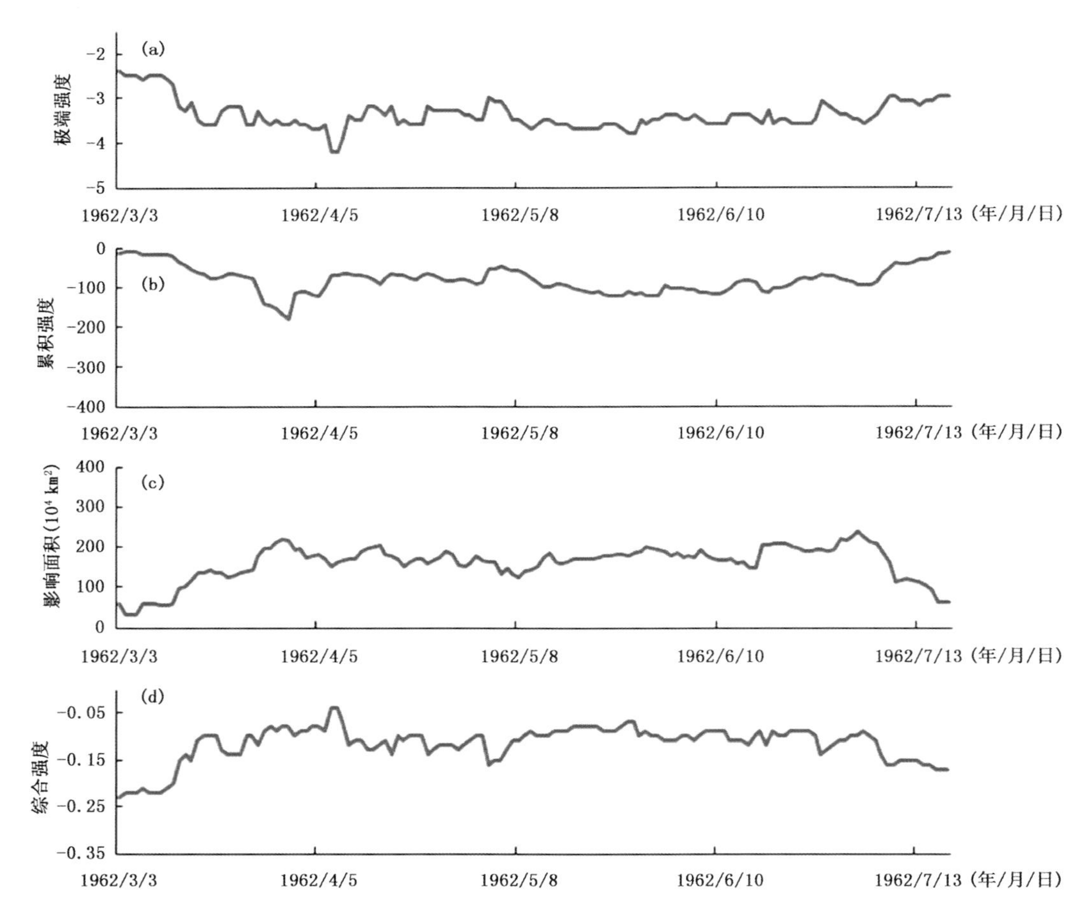

图 3.37　1962 年 3 月 3 日—1962 年 7 月 18 日中国区域性气象干旱事件的日指数演变
（a. 极端强度，b. 累积强度，c. 影响面积，d. 综合强度）

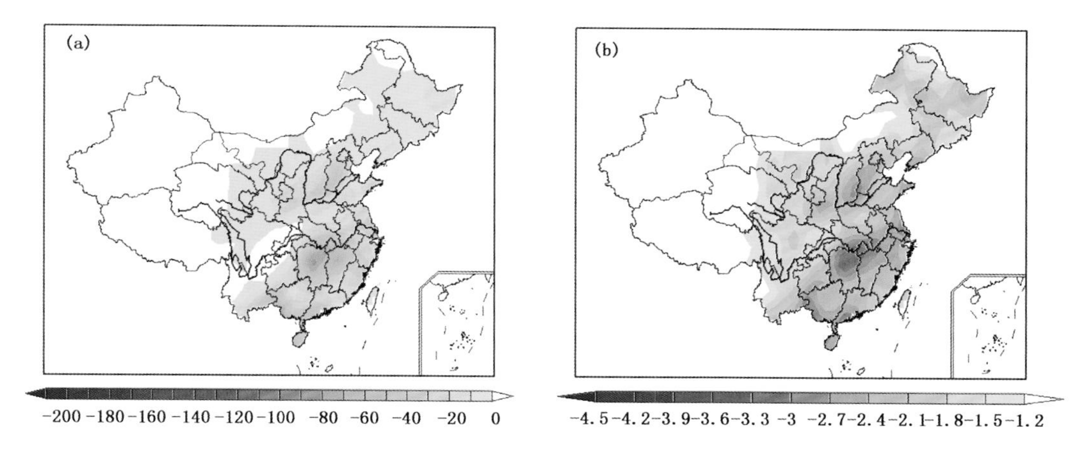

图3.38　1979年10月8日—1980年2月2日中国区域性气象干旱事件统计量的区域分布
（a.累积强度，b.极端强度）

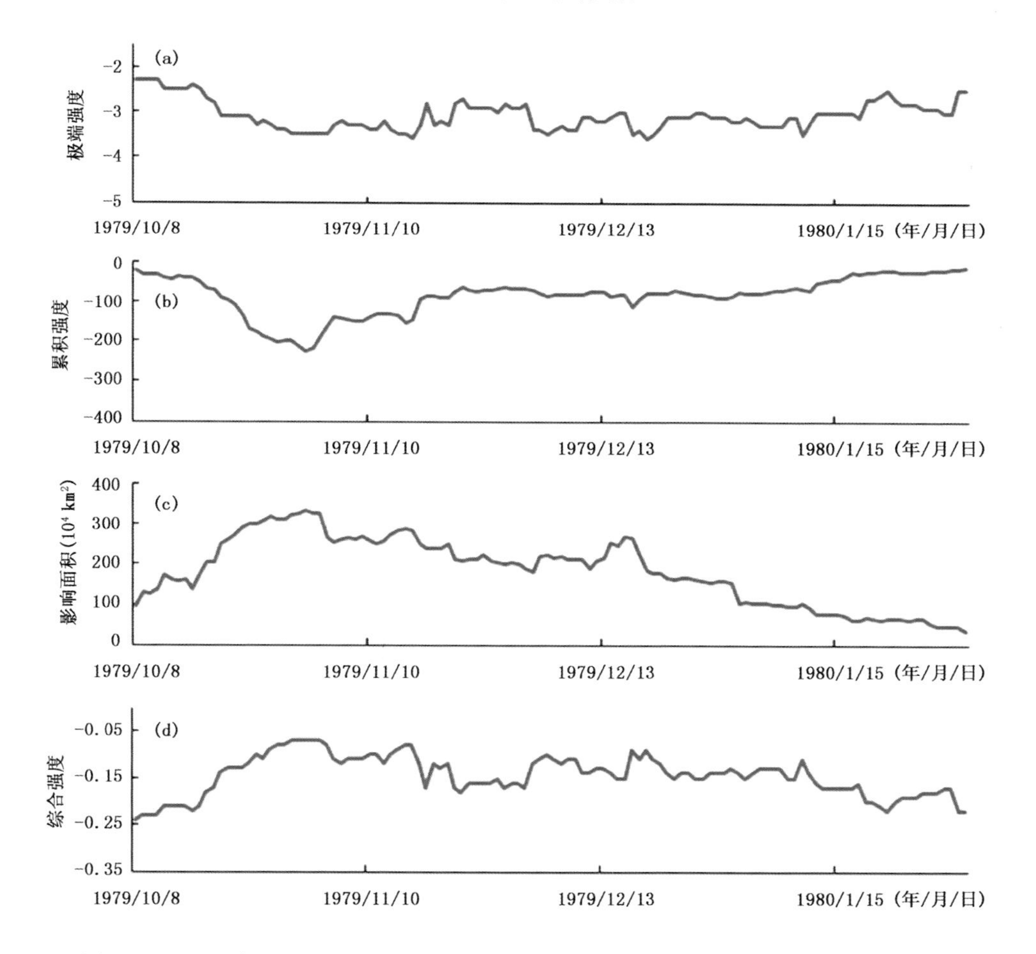

图3.39　1979年10月8日—1980年2月2日中国区域性气象干旱事件的日指数演变
（a.极端强度，b.累积强度，c.影响面积，d.综合强度）

- **气象干旱事件 16**

1988 年 10 月 9 日—1989 年 1 月 26 日，中国华北、黄淮及江南地区遭受了秋冬连旱，事件综合指数为 4.3。这次干旱事件发生过程中最大影响面积为 505.5 万 km²，共历时 110 d。

从事件的累积强度和极端强度的分布（图 3.40）可见：此次干旱事件受影响最大的省份是山东、河北和山西；干旱持续期间四个日指标随时间的变化（图 3.41）表明：此次干旱过程是一个逐渐发展然后逐渐衰弱的典型过程，在 1988 年 12 月中旬旱情最严重。

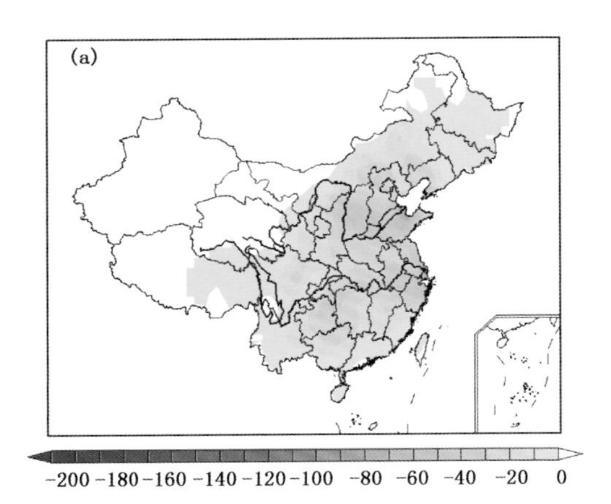

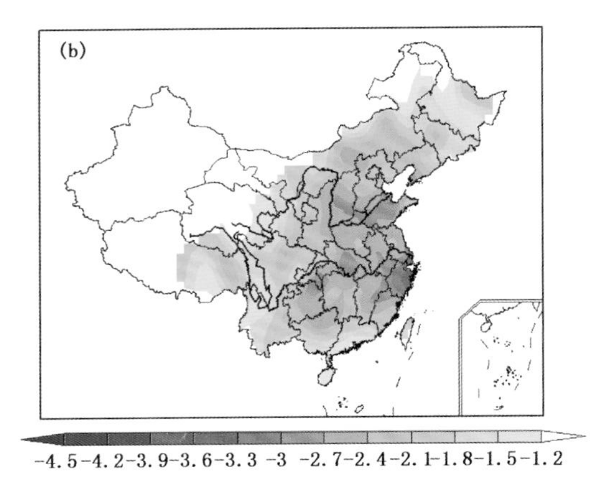

图 3.40 1988 年 10 月 9 日—1989 年 1 月 26 日中国区域性气象干旱事件统计量的区域分布
（a. 累积强度，b. 极端强度）

- **气象干旱事件 17**

1982 年 3 月 28 日—8 月 31 日，中国西北地区东部及东北北部地区遭受春夏连旱，事件综合指数为 4.2。这次干旱事件发生过程中最大影响面积为 433.32 万 km²，共历时 157 d。

从事件的累积强度和极端强度的分布（图 3.42）可见：此次干旱事件受影响最大的省份是甘肃、宁夏和黑龙江；干旱持续期间四个日指标随时间的变化（图 3.43）表明：此次干旱过程强度波动较多，在 1982 年 7 月 20 日前后旱情达到顶点，此后一个月旱情迅速缓解。

3.4 重度区域性气象干旱事件

1961—2012 年中国区域共发生 33 次重度区域性气象干旱事件（表 3.4），各事件的累积强度和极端强度分布见图 3.44—图 3.76。

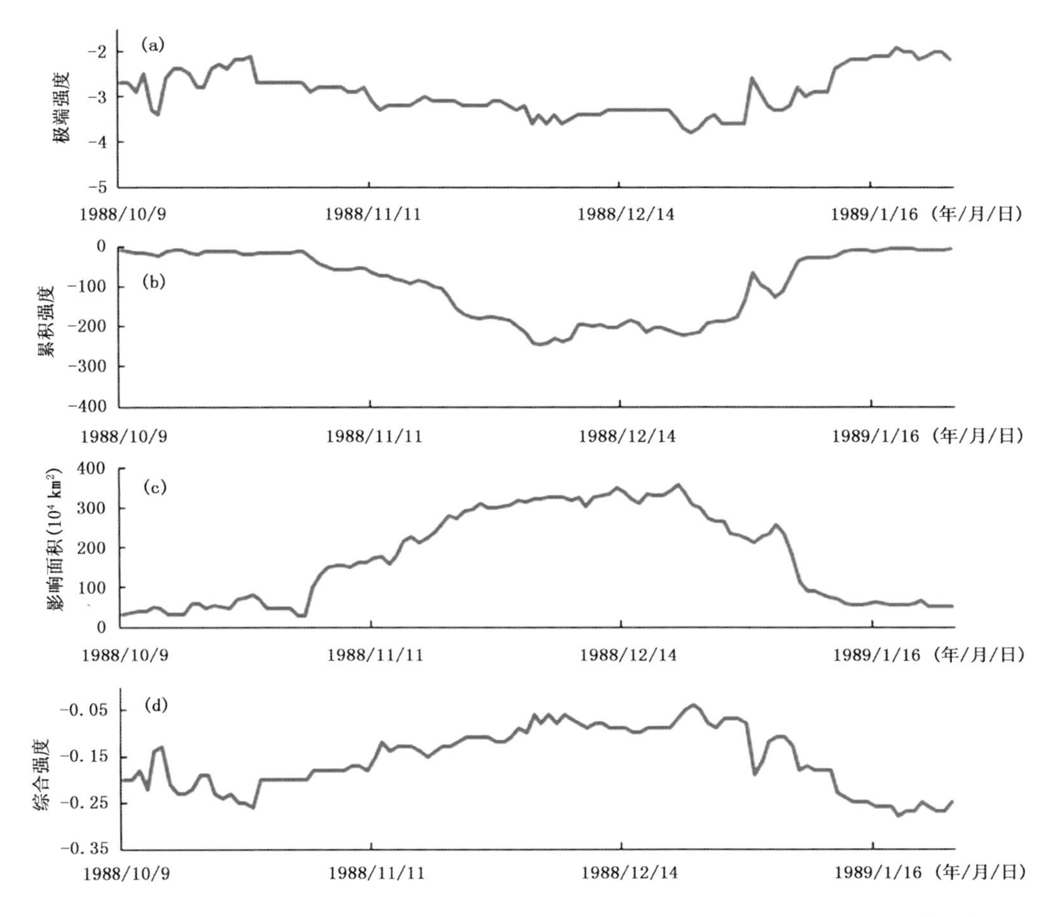

图 3.41　1988 年 10 月 9 日—1989 年 1 月 26 日中国区域性气象干旱事件的日指数演变

(a. 极端强度，b. 累积强度，c. 影响面积，d. 综合强度)

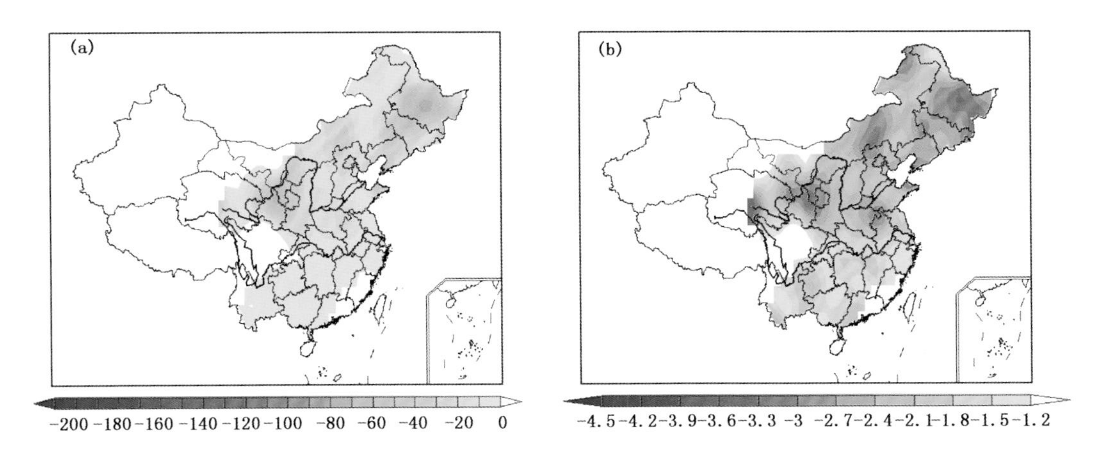

图 3.42　1982 年 3 月 28 日—1982 年 8 月 31 日中国区域性气象干旱事件统计量的区域分布

(a. 累积强度，b. 极端强度)

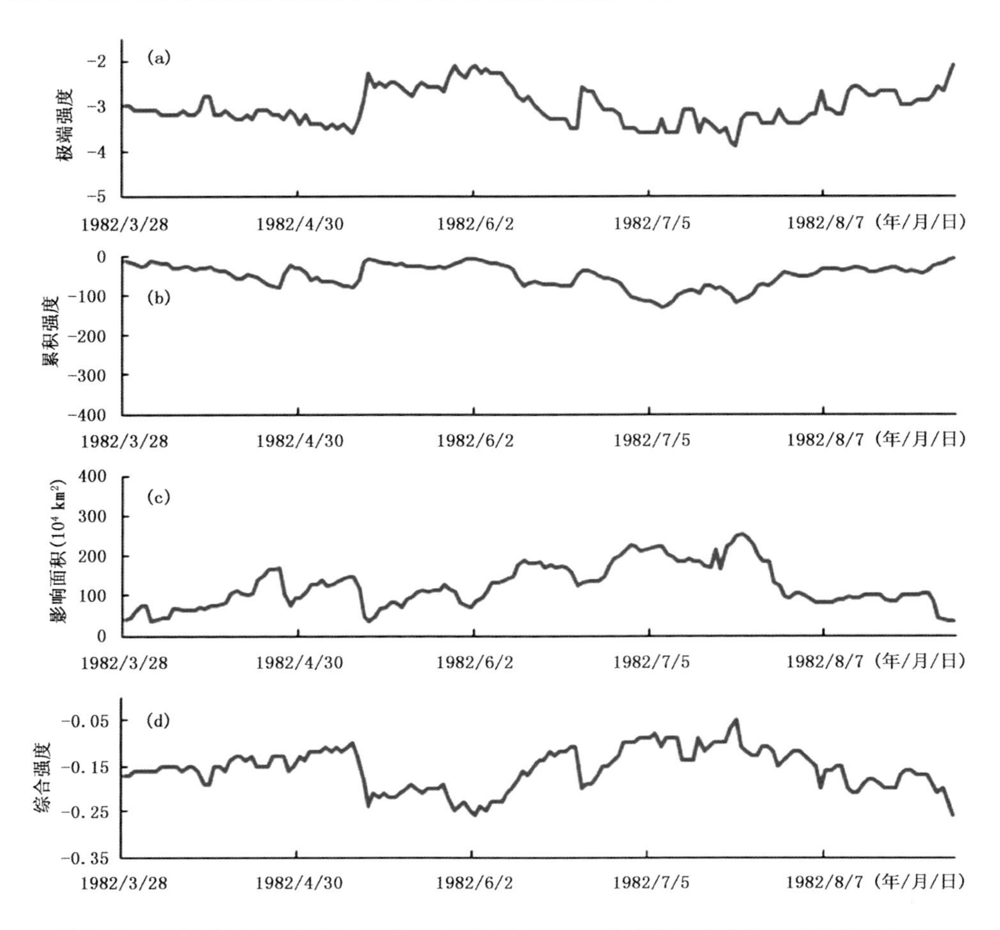

图 3.43 1982 年 3 月 28 日—1982 年 8 月 31 日中国区域性气象干旱事件的日指数演变

(a. 极端强度，b. 累积强度，c. 影响面积，d. 综合强度)

表 3.4 1961—2012 年中国区域性重度气象干旱事件表

序号	起始日期	结束日期	持续日数(d)	发生地域	综合强度
1	1996 年 1 月 21 日	1996 年 6 月 23 日	155	华北东部及黄淮东北部地区	4.1
2	1966 年 3 月 13 日	1966 年 7 月 21 日	131	西北地区中部	4.0
3	1984 年 1 月 15 日	1984 年 5 月 11 日	118	华北南部及黄淮北部	3.7
4	2002 年 7 月 10 日	2002 年 11 月 9 日	123	黄淮东部地区	3.7
5	1966 年 7 月 29 日	1966 年 11 月 13 日	108	黄淮及江淮地区	3.6
6	1963 年 4 月 1 日	1963 年 7 月 30 日	121	西南地区南部及华南地区	3.4
7	1986 年 7 月 11 日	1986 年 11 月 6 日	119	西北地区东部、华北及华南江南的东部地区	3.3
8	1969 年 2 月 7 日	1969 年 6 月 3 日	117	西南地区	3.3

续表

序号	起始日期	结束日期	持续日数(d)	发生地域	综合强度
9	1986年4月9日	1986年6月26日	79	内蒙古及黄淮地区	3.3
10	2008年12月2日	2009年3月13日	102	华北、黄淮、西南及华南地区	3.2
11	1999年7月10日	1999年11月14日	128	江淮、黄淮、华北、东北及内蒙古中东部地区	3.1
12	2001年8月26日	2001年12月12日	109	江汉、江淮、黄淮及东北北部地区	3.1
13	1961年3月31日	1961年8月5日	128	华北、内蒙古中东部及东北北部	3.0
14	1973年11月2日	1974年1月25日	85	黄淮及江淮地区	2.9
15	2007年10月9日	2008年1月26日	110	西南地区南部、华南及江南地区	2.9
16	1971年3月5日	1971年5月23日	80	西南地区西北部、东北北部及华南、江南东部地区	2.7
17	2005年10月29日	2006年2月17日	112	内蒙古中部、华北及西南地区西部	2.7
18	1975年3月6日	1975年6月22日	109	东北地区西南部及华北地区	2.7
19	2004年2月14日	2004年5月28日	105	内蒙古及西北地区东部	2.6
20	1981年4月23日	1981年7月22日	91	内蒙古中西部、华北、江淮及黄淮地区	2.4
21	2006年9月26日	2006年11月25日	61	华北及黄淮地区	2.4
22	1969年11月23日	1970年2月22日	92	黄淮地区	2.3
23	2007年4月14日	2007年7月17日	95	西北地区东部	2.3
24	1967年7月27日	1967年11月30日	127	江南东部及西北部地区	2.3
25	1977年2月6日	1977年4月25日	79	黄淮地区	2.2
26	2003年9月11日	2003年12月13日	94	西南地区南部、华南及江南地区	2.1
27	1997年9月22日	1997年11月24日	64	西北地区东部及中北部、内蒙古中西部、华北及黄淮地区	2.0
28	1979年4月14日	1979年6月22日	70	内蒙古西部、西北地区中东部及西南地区	2.0
29	1995年11月4日	1996年1月14日	72	江淮、黄淮及华南地区东部	2.0
30	2004年10月8日	2004年11月30日	54	华南地区	1.9
31	1988年6月3日	1988年8月22日	81	江汉及黄淮地区	1.9
32	1976年5月25日	1976年8月31日	99	华北地区	1.9
33	1989年8月5日	1989年11月11日	99	黄淮地区	1.8

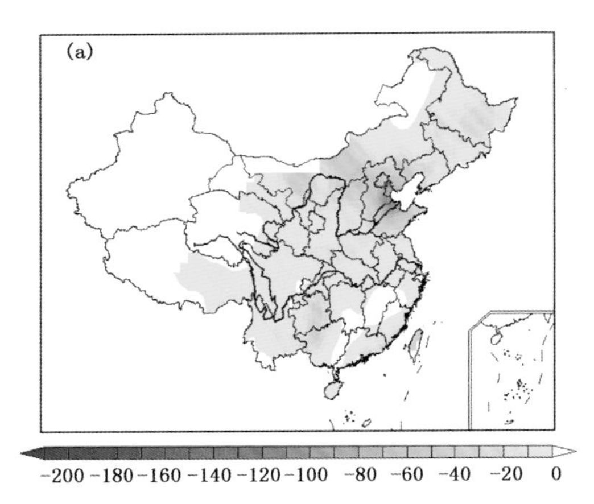

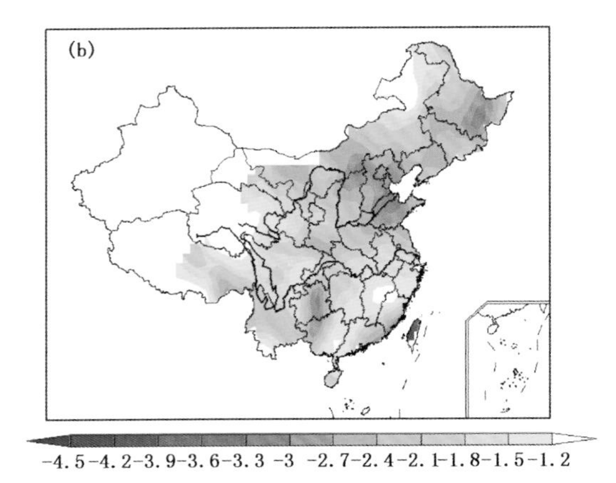

图 3.44 1996 年 1 月 21 日—1996 年 6 月 23 日的区域性重度气象干旱事件统计量的区域分布

（a. 累积强度，b. 极端强度）

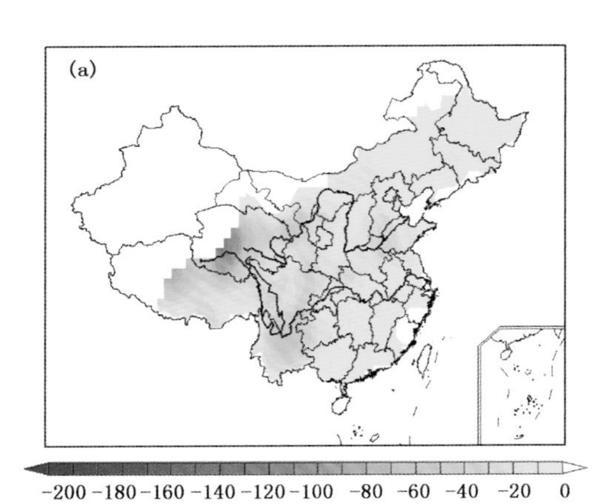

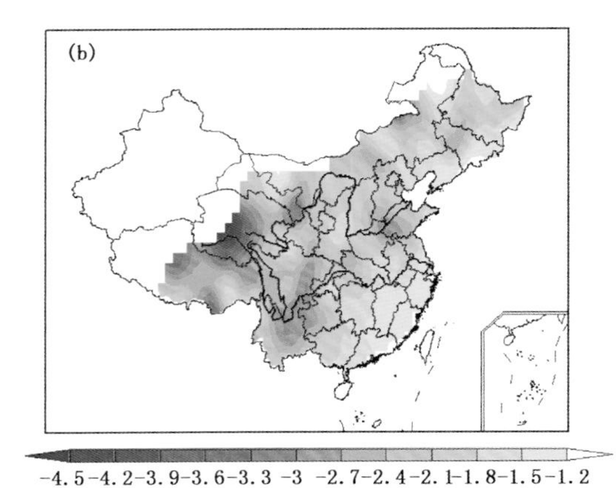

图 3.45 1966 年 3 月 13 日—1966 年 7 月 21 日的区域性重度气象干旱事件统计量的区域分布

（a. 累积强度，b. 极端强度）

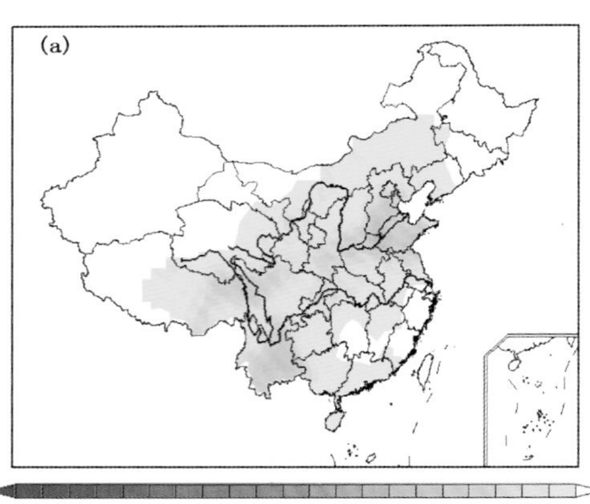

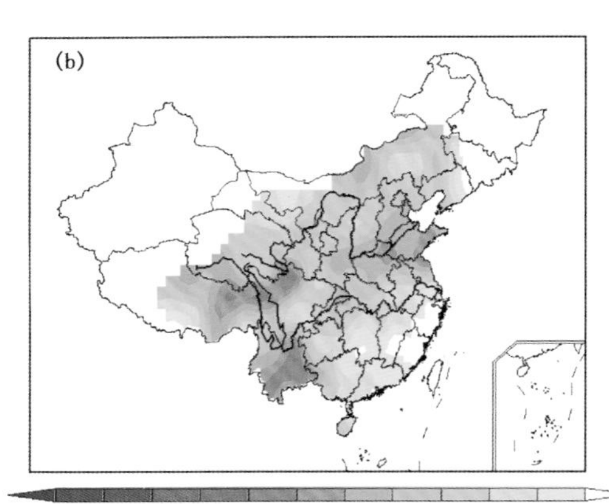

图 3.46 1984 年 1 月 15 日—1984 年 5 月 11 日的区域性重度气象干旱事件统计量的区域分布

（a. 累积强度，b. 极端强度）

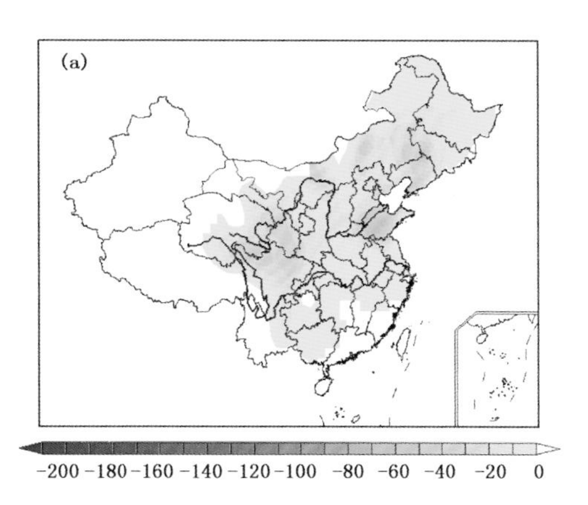

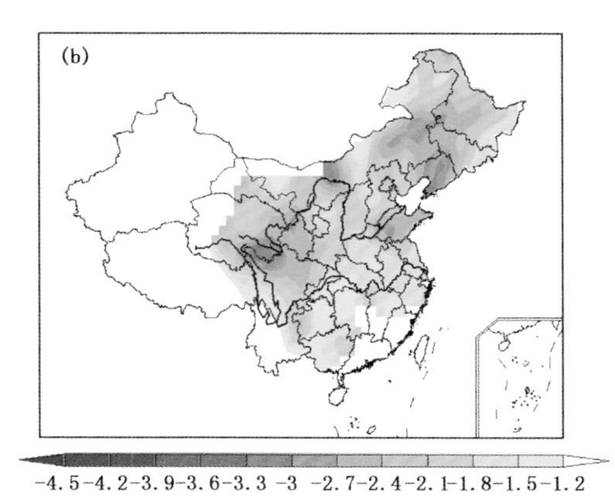

图3.47 2002年7月10日—2002年11月9日的区域性重度气象干旱事件统计量的区域分布
（a.累积强度，b.极端强度）

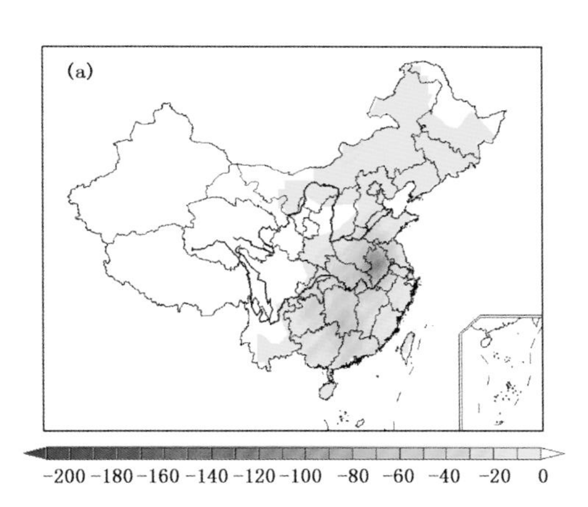

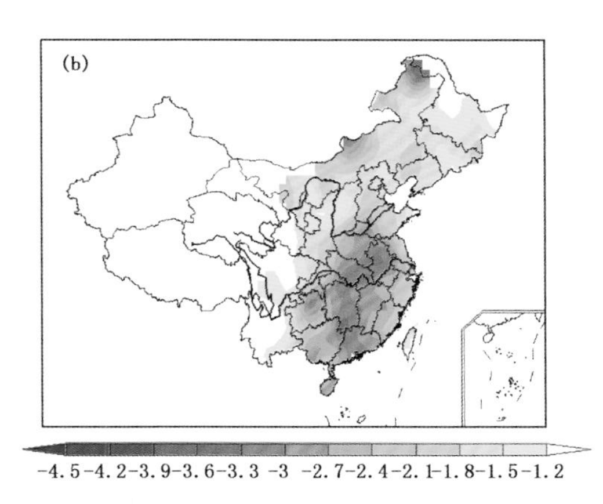

图3.48 1966年7月29日—1966年11月13日的区域性重度气象干旱事件统计量的区域分布
（a.累积强度，b.极端强度）

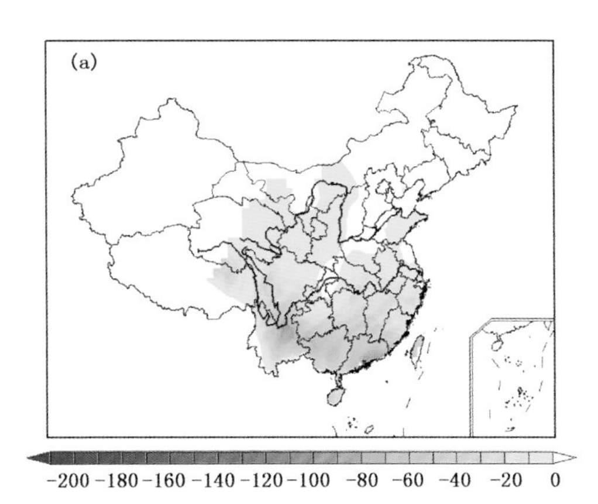

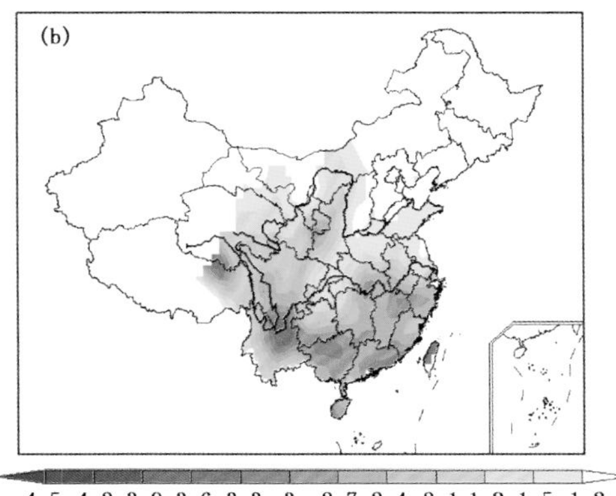

图3.49 1963年4月1日—1963年7月30日的区域性重度气象干旱事件统计量的区域分布
（a.累积强度，b.极端强度）

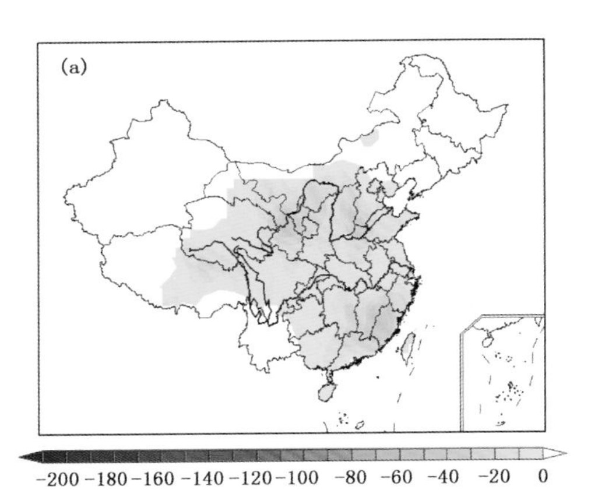

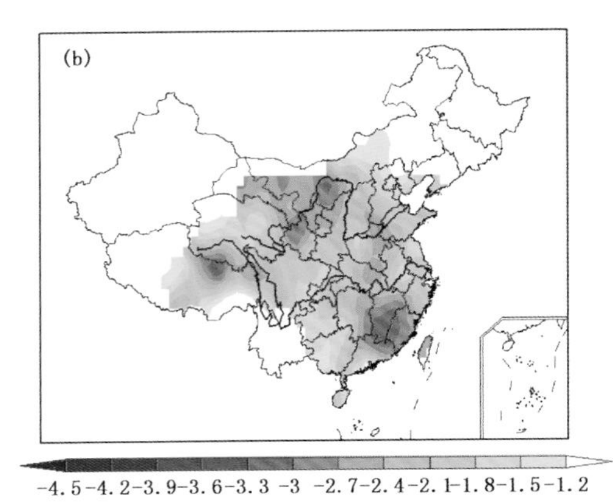

图 3.50 1986 年 7 月 11 日—1986 年 11 月 6 日的区域性重度气象干旱事件统计量的区域分布

（a. 累积强度，b. 极端强度）

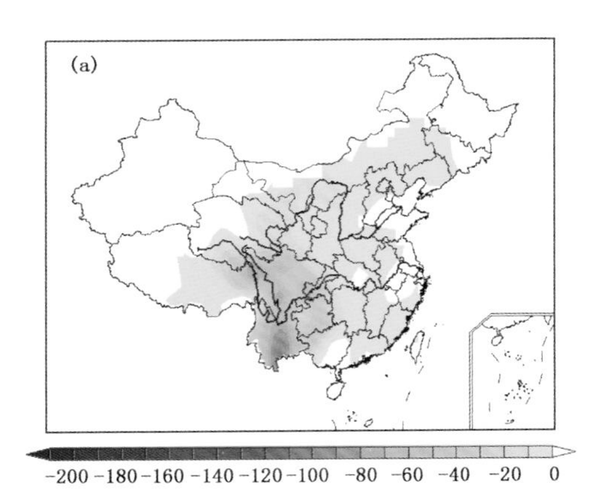

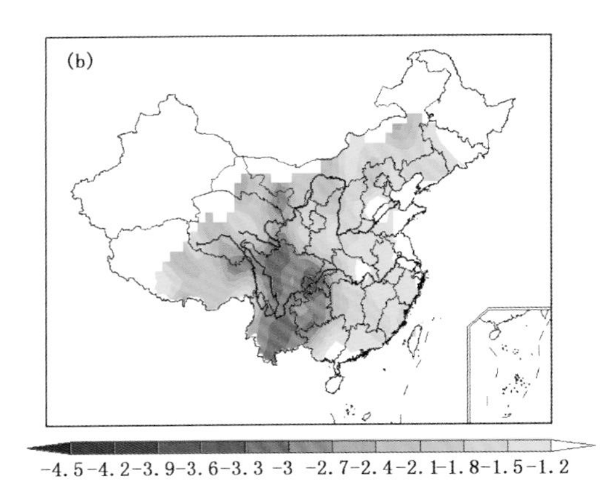

图 3.51 1969 年 2 月 7 日—1969 年 6 月 3 日的区域性重度气象干旱事件统计量的区域分布

（a. 累积强度，b. 极端强度）

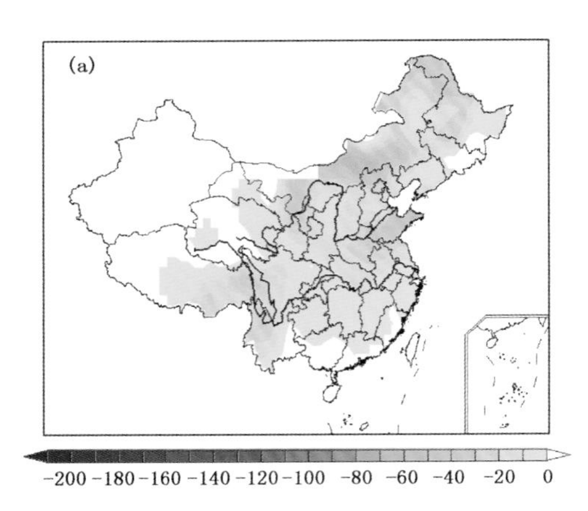

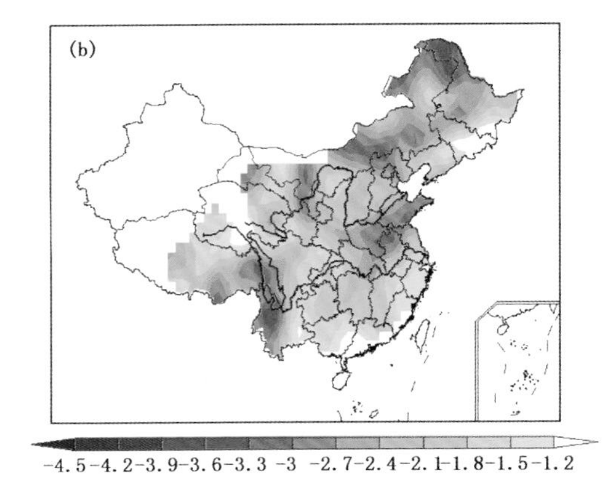

图 3.52 1986 年 4 月 9 日—1986 年 6 月 26 日的区域性重度气象干旱事件统计量的区域分布

（a. 累积强度，b. 极端强度）

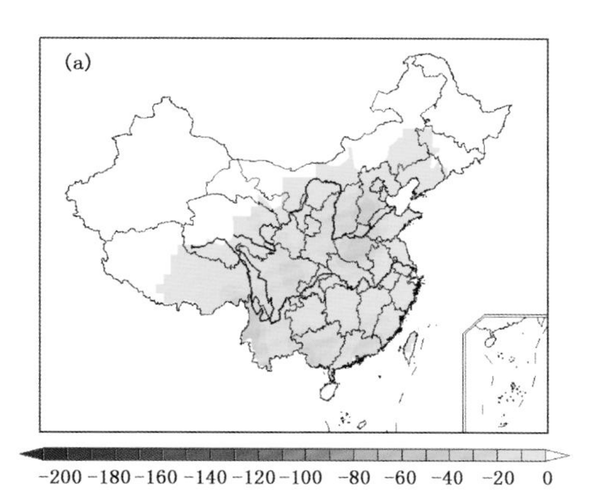

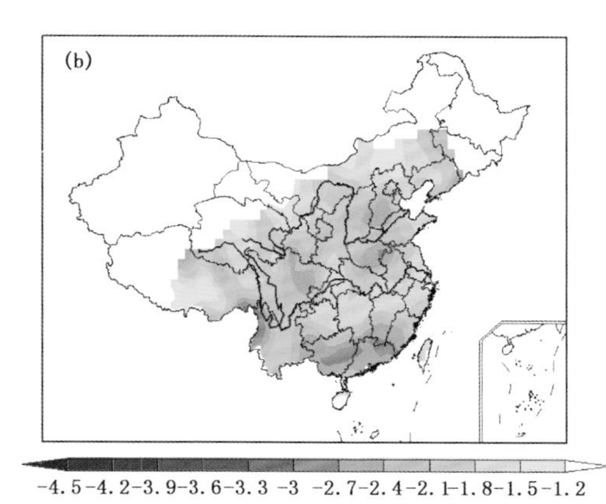

图 3.53　2008 年 12 月 2 日—2009 年 3 月 13 日的区域性重度气象干旱事件统计量的区域分布
（a. 累积强度，b. 极端强度）

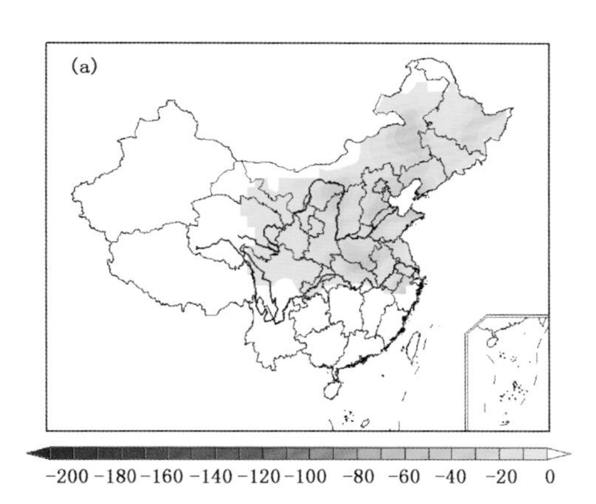

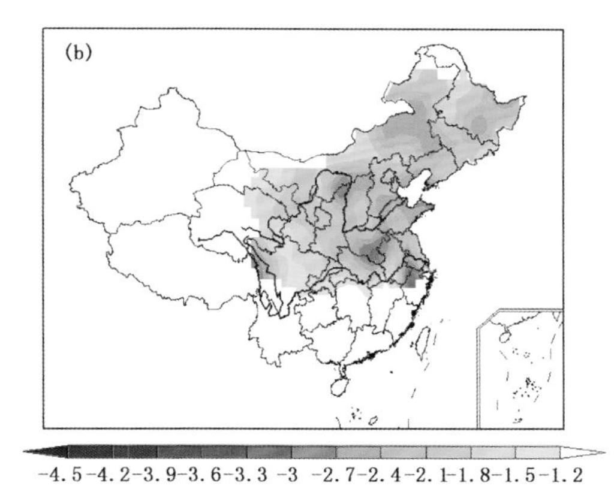

图 3.54　1999 年 7 月 10 日—1999 年 11 月 14 日的区域性重度气象干旱事件统计量的区域分布
（a. 累积强度，b. 极端强度）

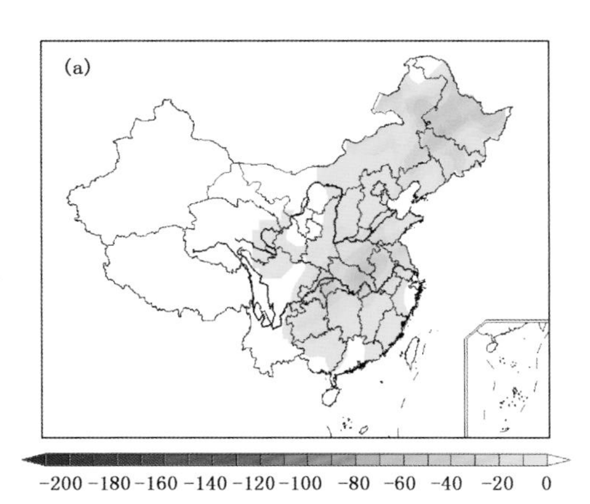

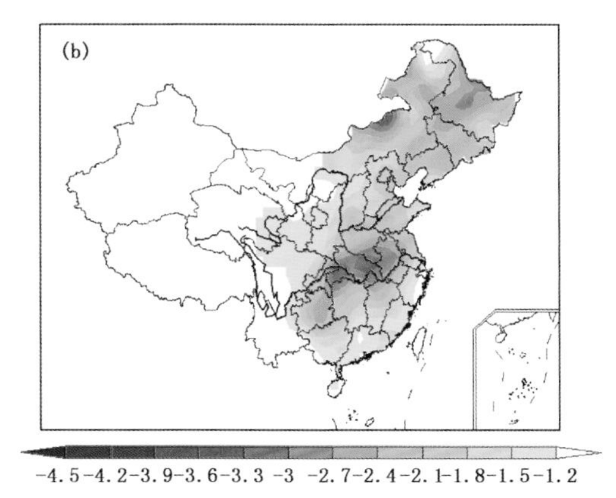

图 3.55　2001 年 8 月 26 日—2001 年 12 月 12 日的区域性重度气象干旱事件统计量的区域分布
（a. 累积强度，b. 极端强度）

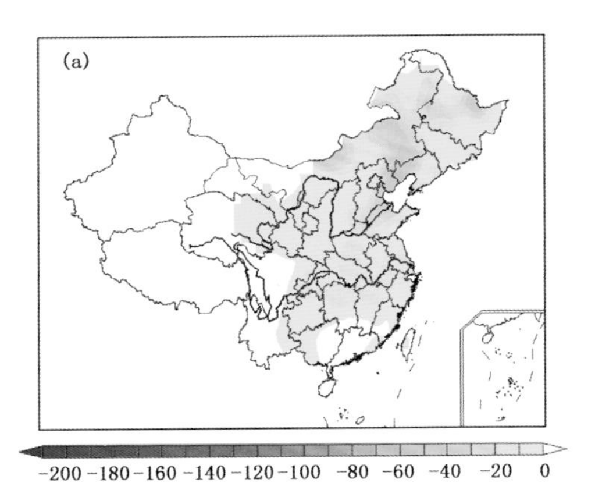

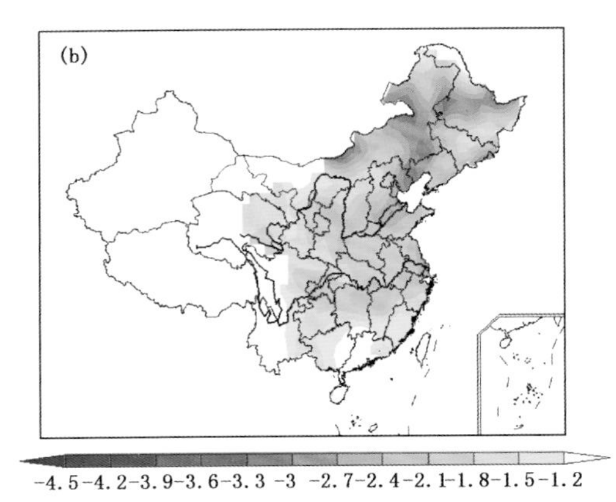

图 3.56 1961 年 3 月 31 日—1961 年 8 月 5 日的区域性重度气象干旱事件统计量的区域分布
（a. 累积强度，b. 极端强度）

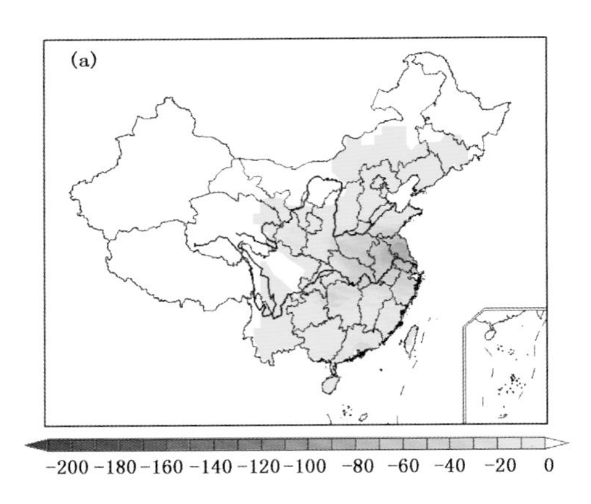

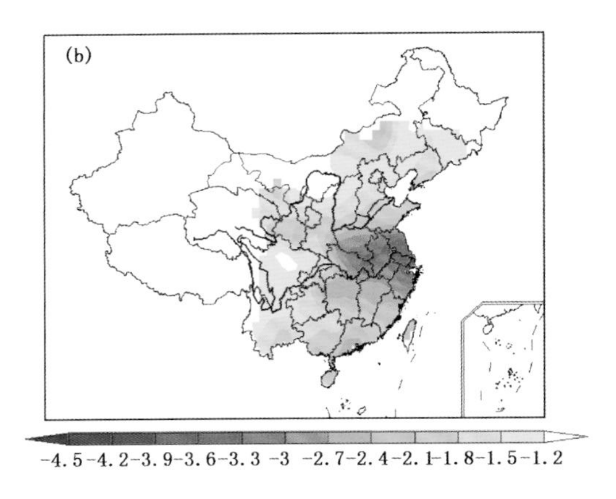

图 3.57 1973 年 11 月 2 日—1974 年 1 月 25 日的区域性重度气象干旱事件统计量的区域分布
（a. 累积强度，b. 极端强度）

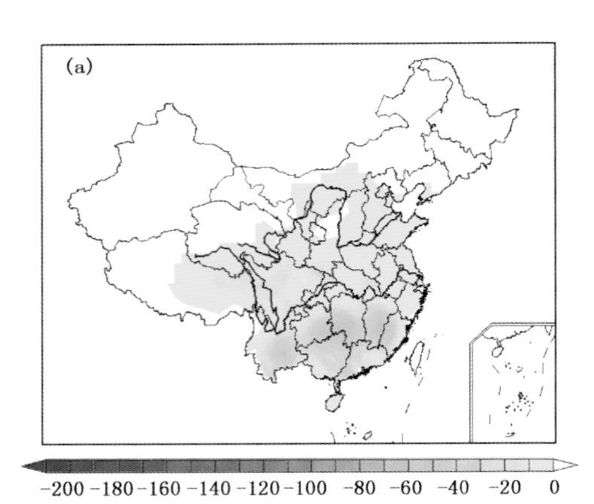

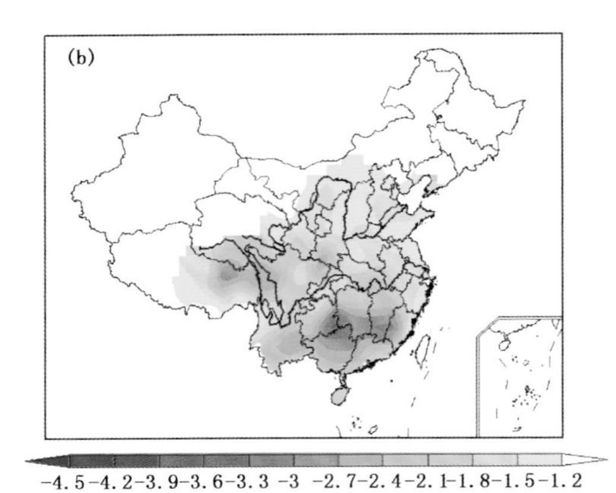

图 3.58 2007 年 10 月 9 日—2008 年 1 月 26 日的区域性重度气象干旱事件统计量的区域分布
（a. 累积强度，b. 极端强度）

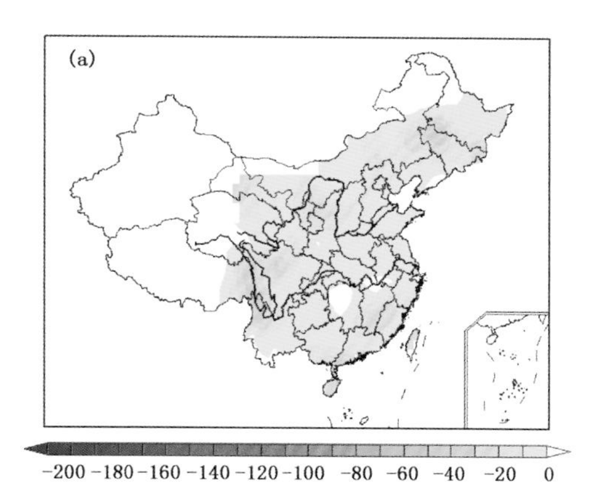

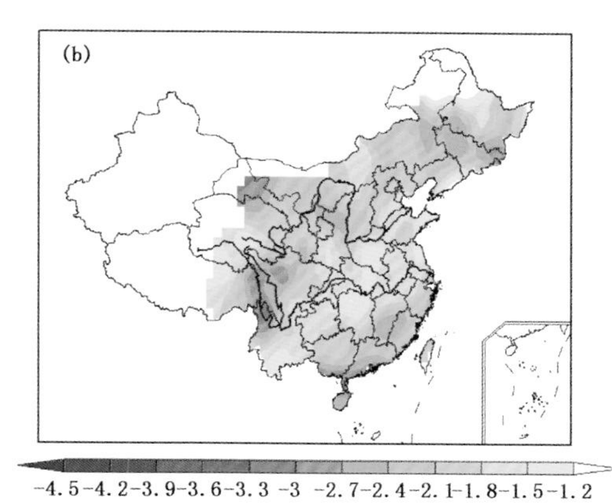

图 3.59　1971 年 3 月 5 日—1971 年 5 月 23 日的区域性重度气象干旱事件统计量的区域分布
（a. 累积强度，b. 极端强度）

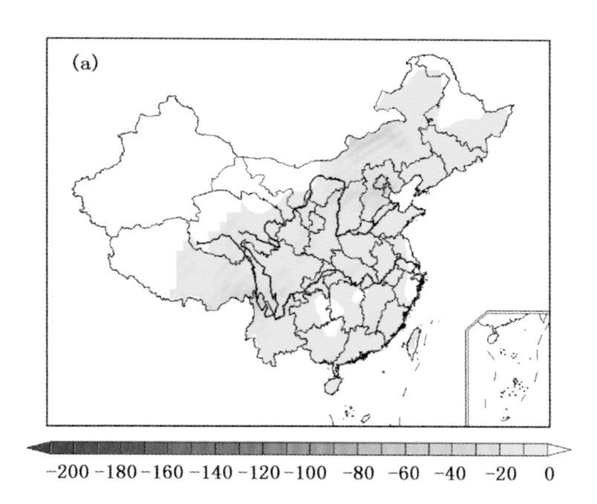

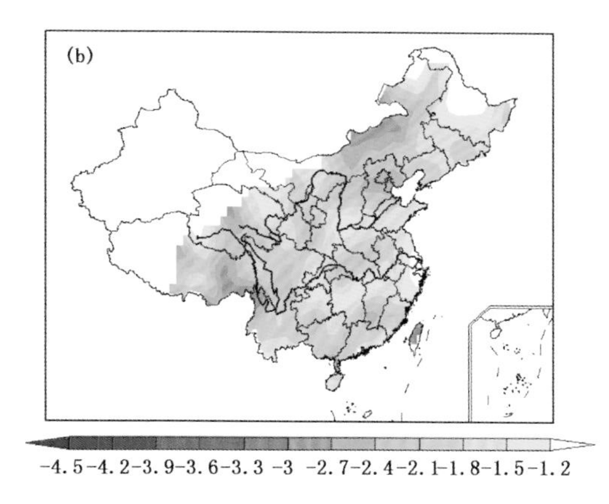

图 3.60　2005 年 10 月 29 日—2006 年 2 月 17 日的区域性重度气象干旱事件统计量的区域分布
（a. 累积强度，b. 极端强度）

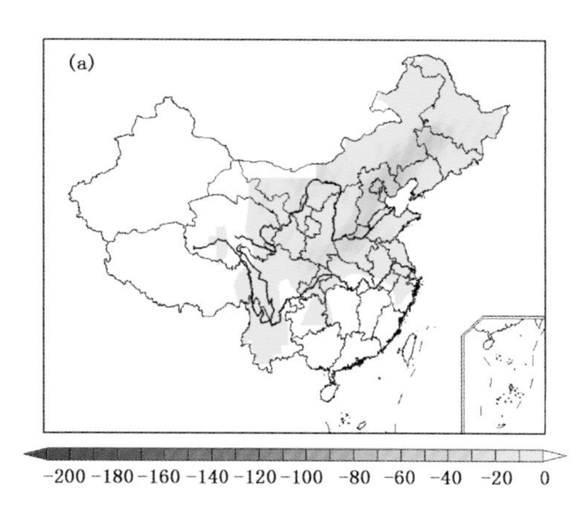

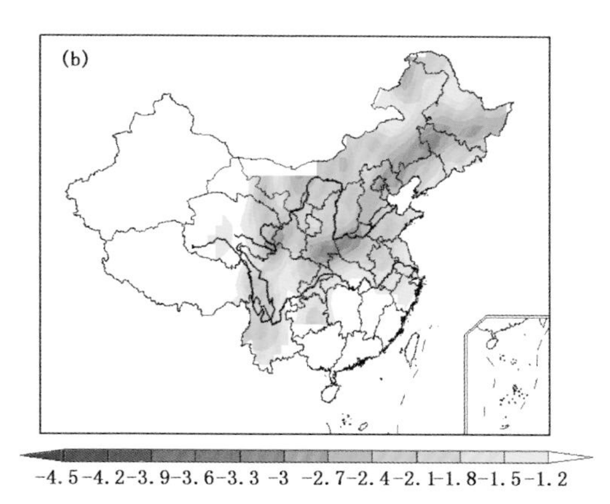

图 3.61　1975 年 3 月 6 日—1975 年 6 月 22 日的区域性重度气象干旱事件统计量的区域分布
（a. 累积强度，b. 极端强度）

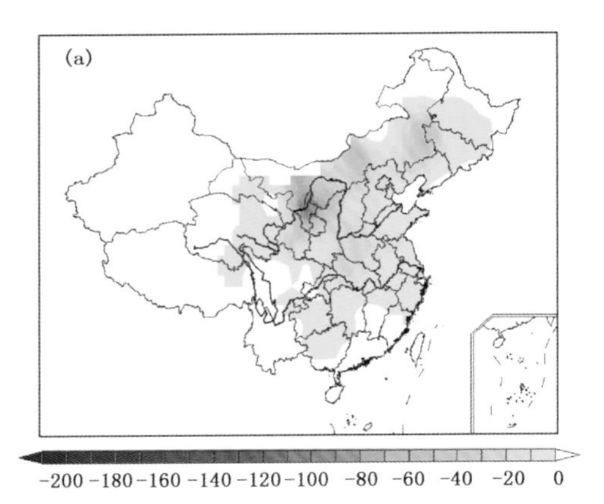

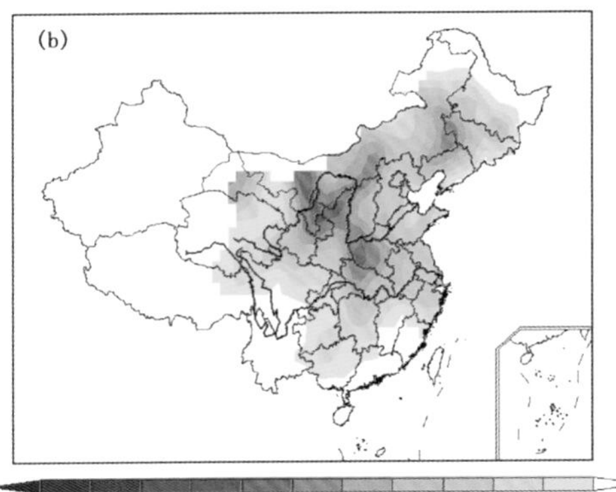

图 3.62 2004 年 2 月 14 日—2004 年 5 月 28 日的区域性重度气象干旱事件统计量的区域分布
(a. 累积强度,b. 极端强度)

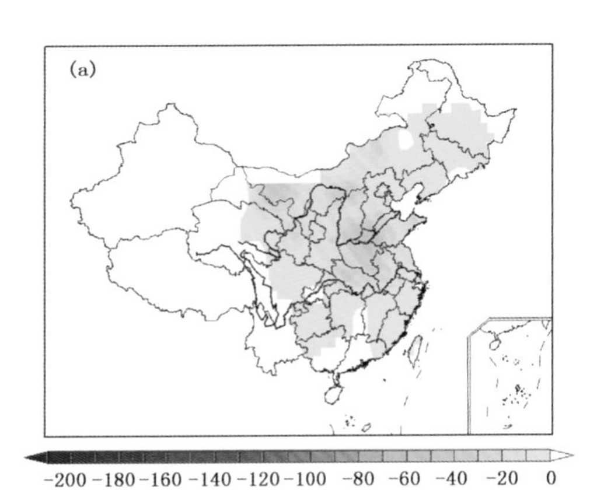

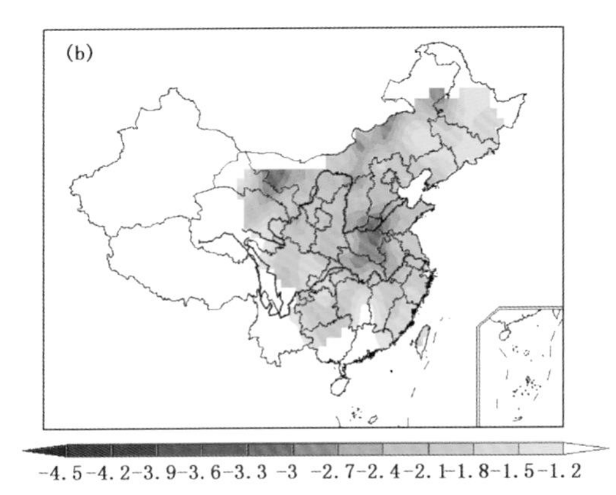

图 3.63 1981 年 4 月 23 日—1981 年 7 月 22 日的区域性重度气象干旱事件统计量的区域分布
(a. 累积强度,b. 极端强度)

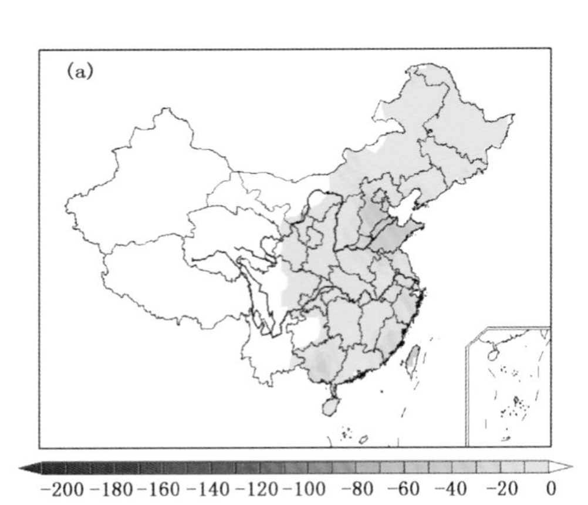

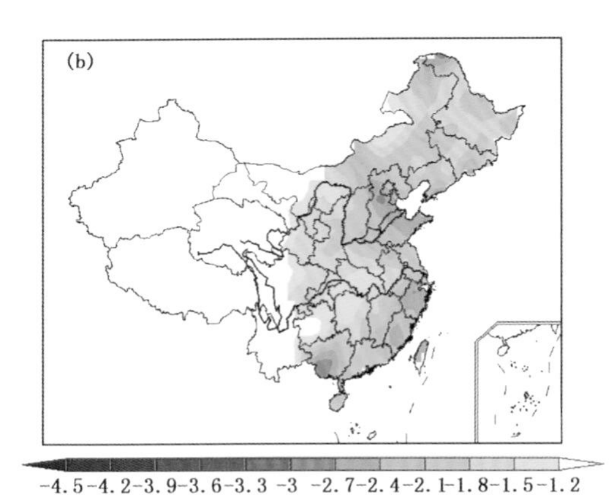

图 3.64 2006 年 9 月 26 日—2006 年 11 月 25 日的区域性重度气象干旱事件统计量的区域分布
(a. 累积强度,b. 极端强度)

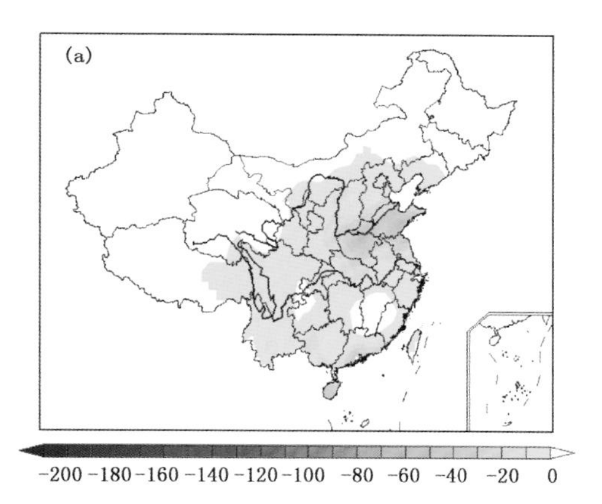

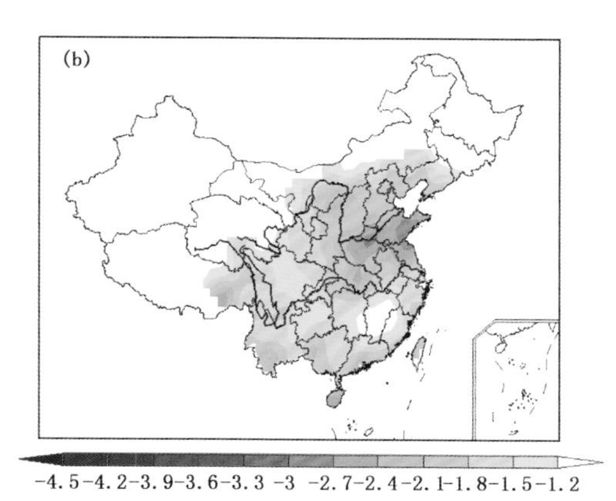

图 3.65　1969 年 11 月 23 日—1970 年 2 月 22 日的区域性重度气象干旱事件统计量的区域分布
(a.累积强度,b.极端强度)

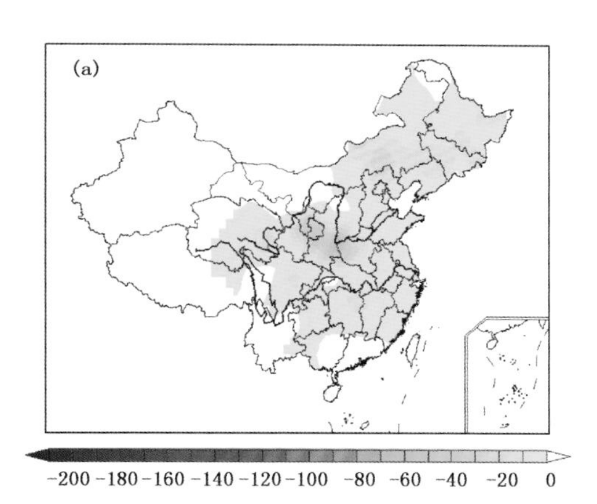

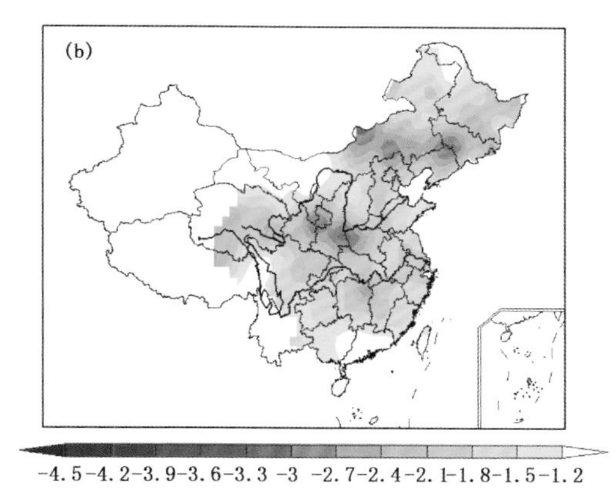

图 3.66　2007 年 4 月 14 日—2007 年 7 月 17 日的区域性重度气象干旱事件统计量的区域分布
(a.累积强度,b.极端强度)

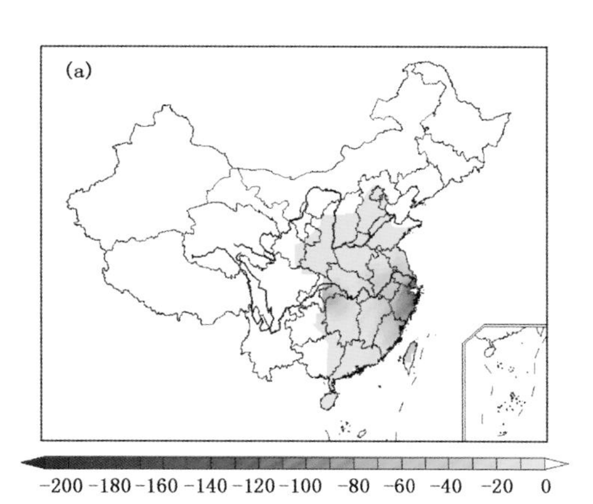

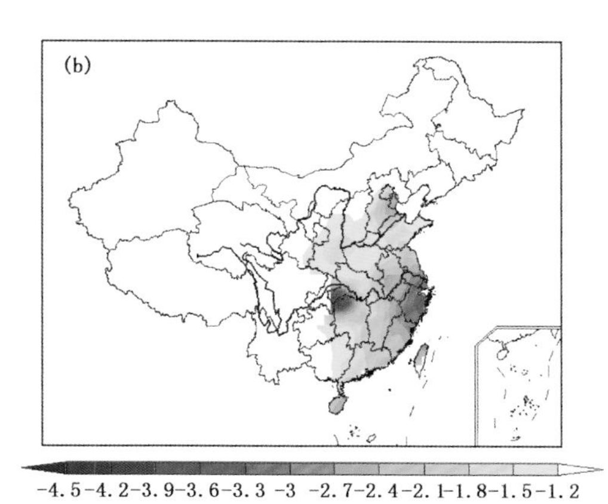

图 3.67　1967 年 7 月 27 日—1967 年 11 月 30 日的区域性重度气象干旱事件统计量的区域分布
(a.累积强度,b.极端强度)

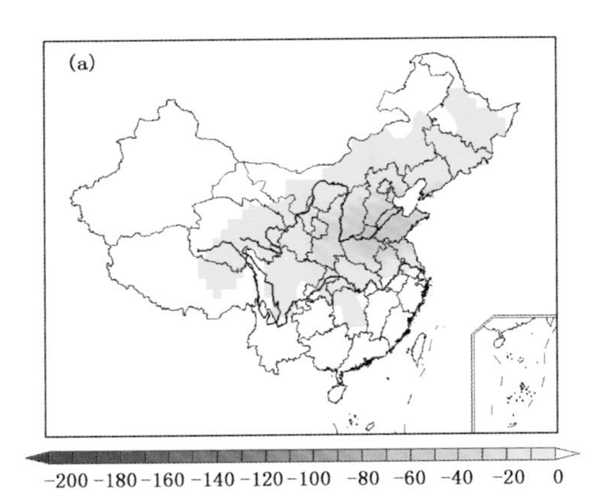

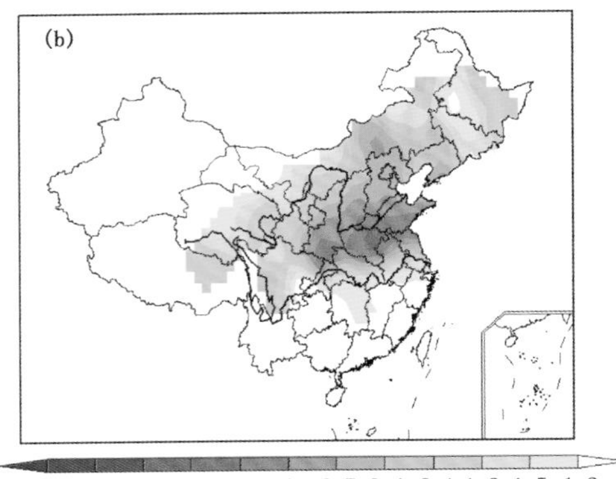

图 3.68 1977 年 2 月 6 日—1977 年 4 月 25 日的区域性重度气象干旱事件统计量的区域分布

（a. 累积强度，b. 极端强度）

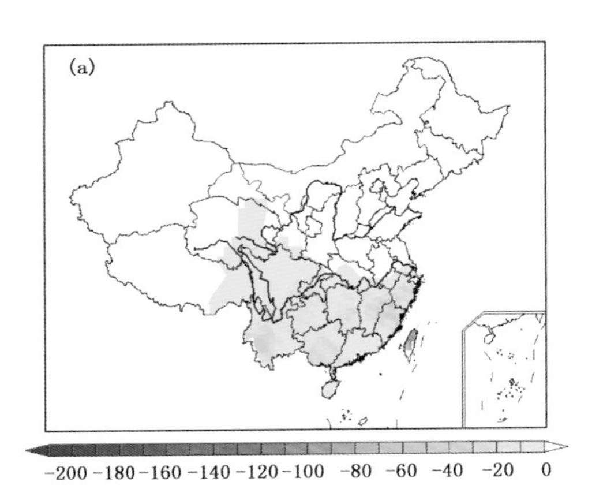

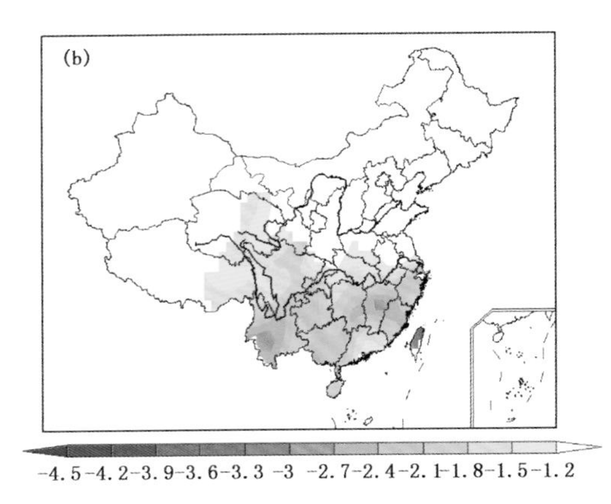

图 3.69 2003 年 9 月 11 日—2003 年 12 月 13 日的区域性重度气象干旱事件统计量的区域分布

（a. 累积强度，b. 极端强度）

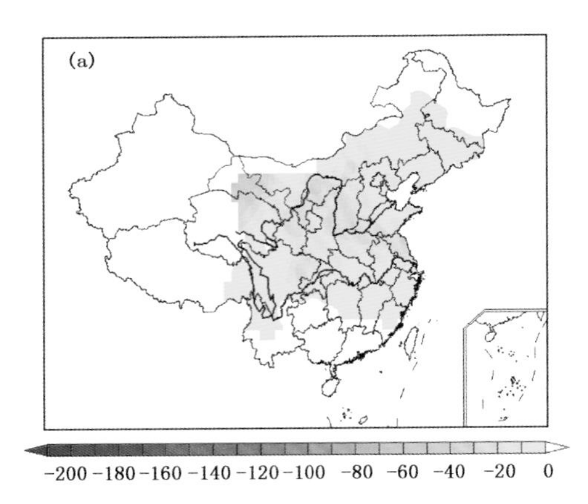

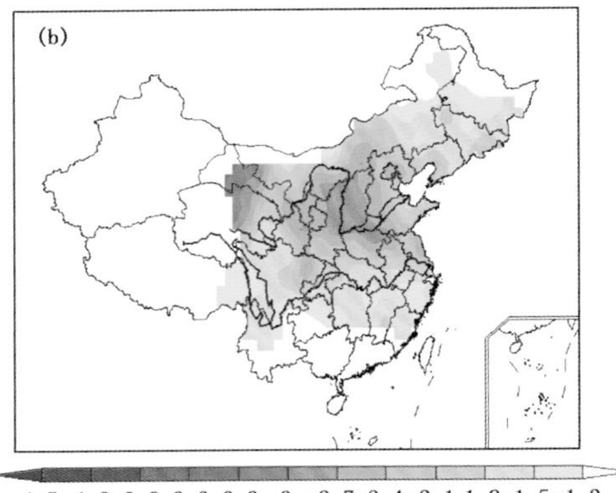

图 3.70 1997 年 9 月 22 日—1997 年 11 月 24 日的区域性重度气象干旱事件统计量的区域分布

（a. 累积强度，b. 极端强度）

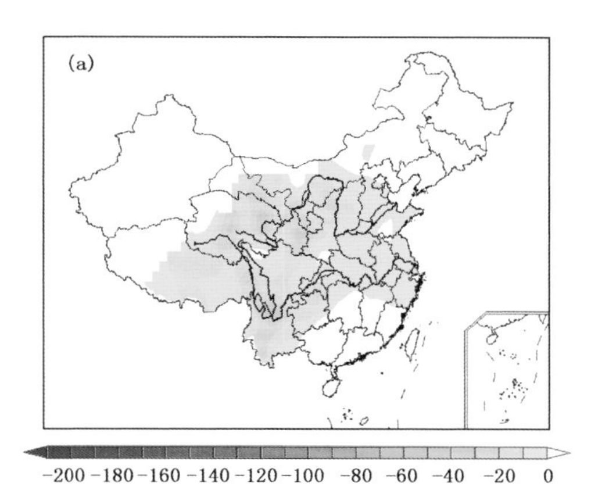

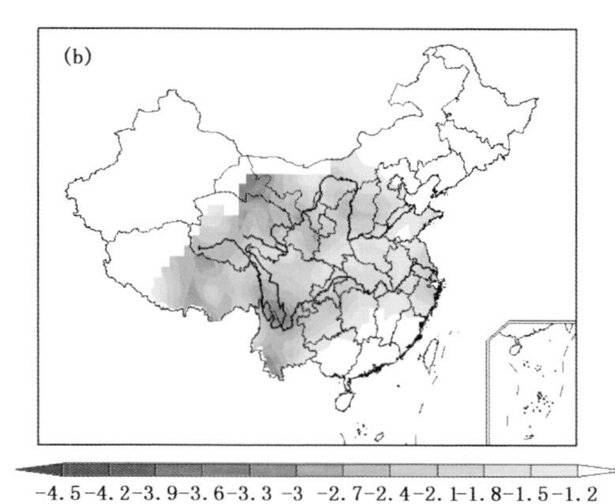

图 3.71　1979 年 4 月 14 日—1979 年 6 月 22 日的区域性重度气象干旱事件统计量的区域分布
（a. 累积强度，b. 极端强度）

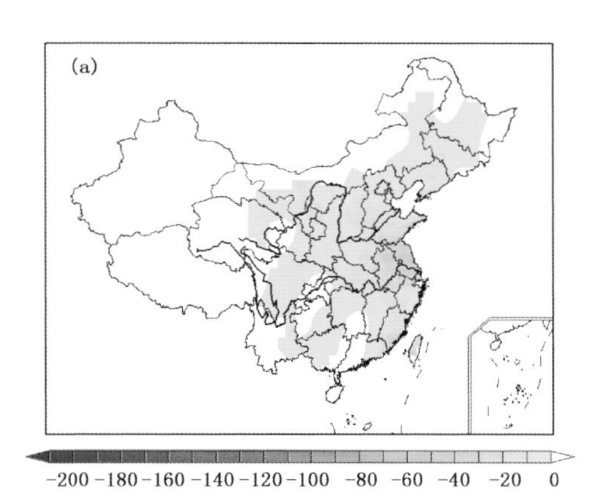

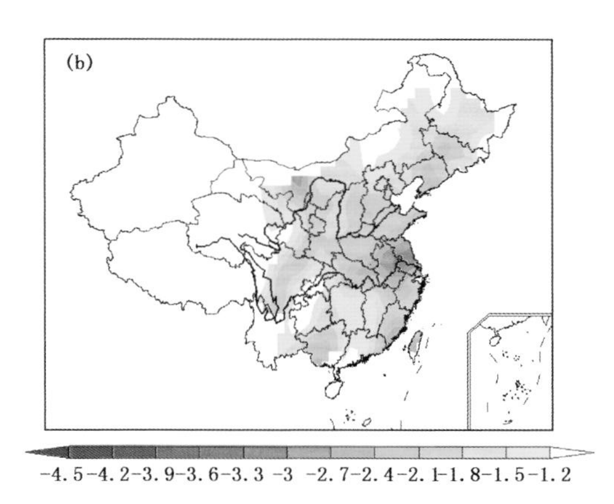

图 3.72　1995 年 11 月 4 日—1996 年 1 月 14 日的区域性重度气象干旱事件统计量的区域分布
（a. 累积强度，b. 极端强度）

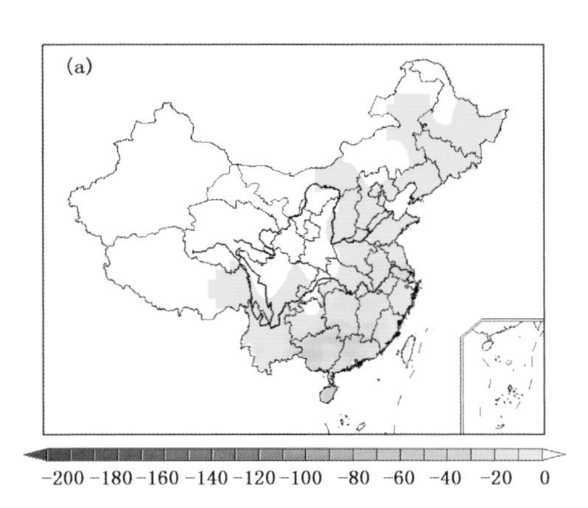

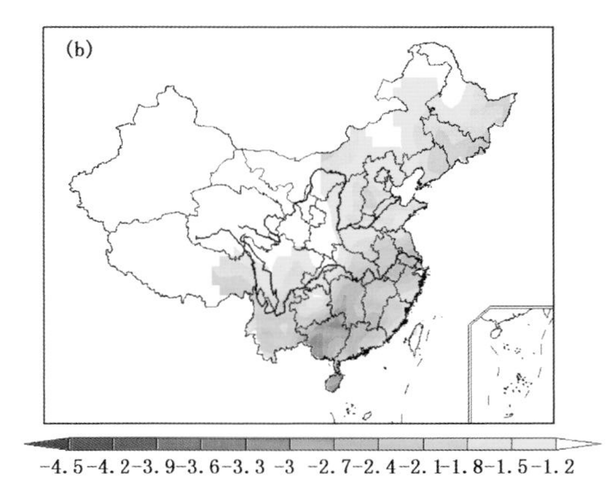

图 3.73　2004 年 10 月 8 日—2004 年 11 月 30 日的区域性重度气象干旱事件统计量的区域分布
（a. 累积强度，b. 极端强度）

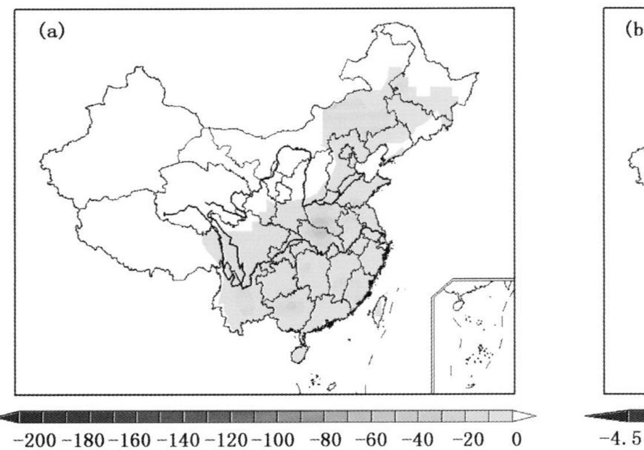

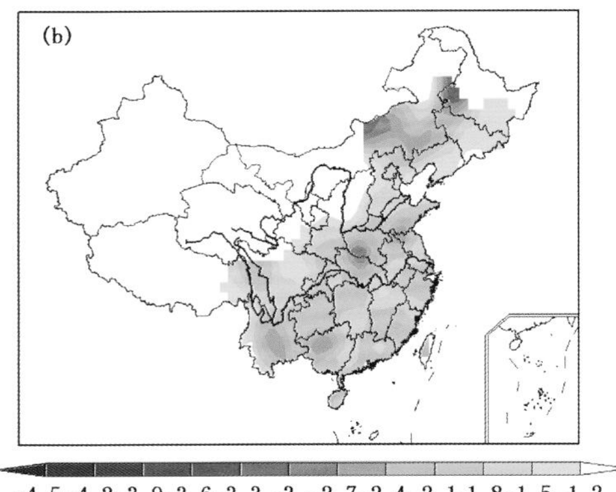

图 3.74 1988 年 6 月 3 日—1988 年 8 月 22 日的区域性重度气象干旱事件统计量的区域分布
（a. 累积强度，b. 极端强度）

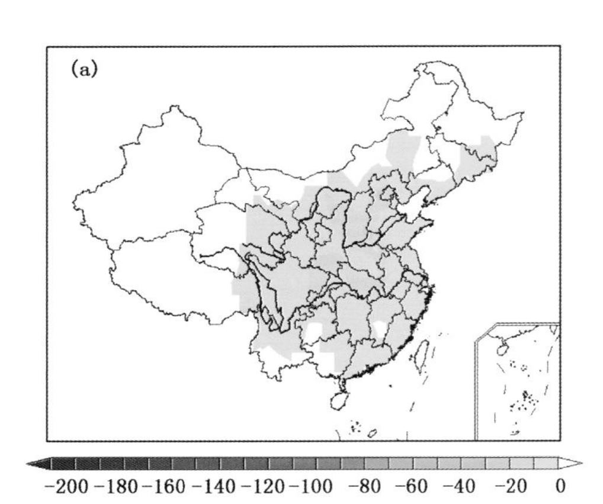

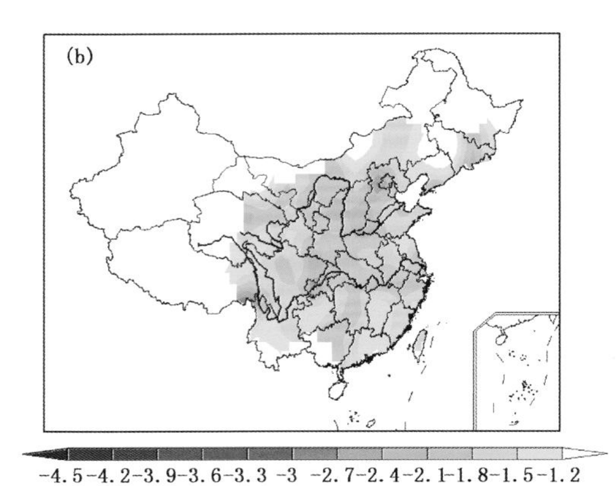

图 3.75 1976 年 5 月 25 日—1976 年 8 月 31 日的区域性重度气象干旱事件统计量的区域分布
（a. 累积强度，b. 极端强度）

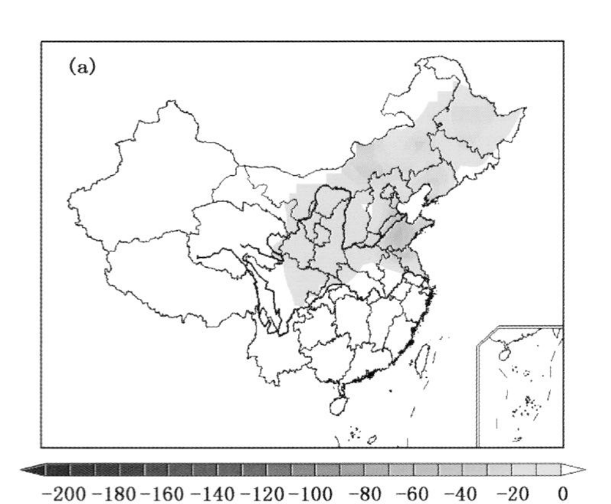

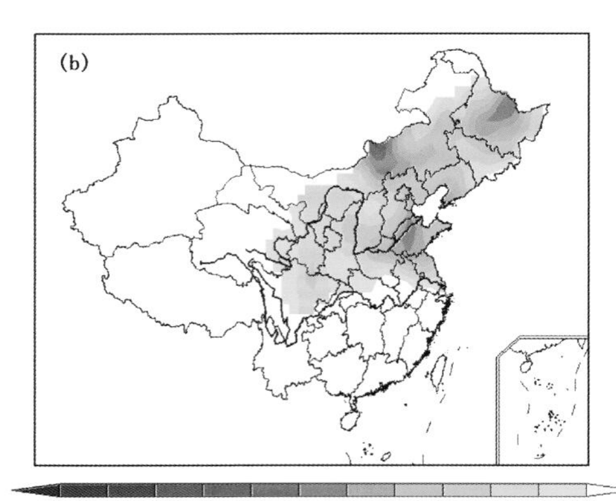

图 3.76 1989 年 8 月 5 日—1989 年 11 月 11 日的区域性重度气象干旱事件统计量的区域分布
（a. 累积强度，b. 极端强度）

3.5 华北地区区域性气象干旱事件

安莉娟等(2014)利用区域性极端事件客观识别法(OITREE),对1961—2010年华北地区区域性气象干旱事件进行了识别,结果得到100次事件,其中:极端事件10次、重度事件20次、中度事件40次、轻度事件30次。下面详细介绍这些事件的时空分布特征。

3.5.1 时间变化特征

图3.77为华北地区区域性气象干旱事件的持续时间-最大影响面积分级分布。可以看出,事件级别与持续时间的关系十分密切,持续时间越长,事件强度越强;轻度、中度、重度和极端干旱事件的平均持续时间分别为24、50、94和160 d;从持续时间跨度看,轻度、中度、重度和极端干旱事件分别为17~48 d、24~87 d、59~120 d和108~226 d,超过128 d的干旱事件全部为极端级别。从事件级别与最大影响面积的关系看,轻度、中度、重度和极端干旱事件的平均最大影响面积分别为81万、90万、99万和105万km^2,尽管表现出最大影响面积越大,事件强度越强,但它们之间的关系相对不够紧密,这从最大影响面积跨度可以看出,轻度、中度、重度和极端干旱事件分别为62.4万~96.2万km^2、66.0万~105.8万km^2、62.9万~106.5万km^2和100.8万~106.7万km^2。从图3.77所示华北地区的总面积,可知所有极端干旱事件都影响到了几乎整个华北地区。

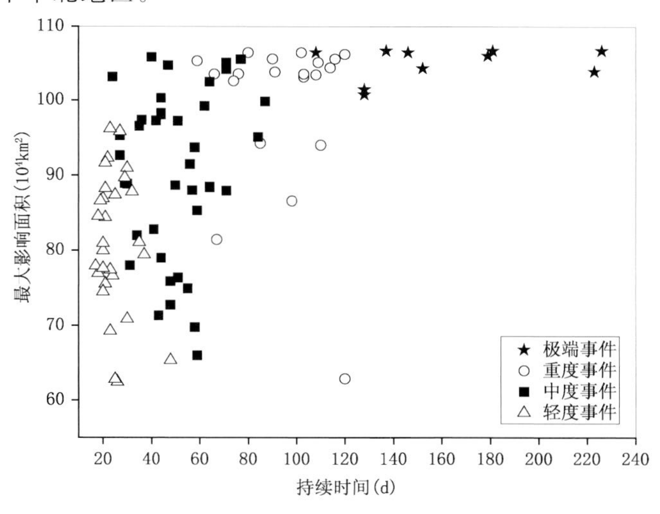

图3.77 1961—2010年华北地区区域性气象干旱事件持续时间-最大影响面积分级分布

图3.78给出华北地区区域气象干旱事件出现频次的逐月分布。统计时,当某次干旱事件在某月内持续时间不少于7 d,则计当月发生一次干旱事件。可见,华北地区气象干旱事件具有较明显的季节特征,频次在季节上有两个高发时段,第一个时段为3—7月,各月均在25次以上,峰值出现在4月,50 a中有31 a的4月出现干旱;第二个时段为10—11月,各月均在20次以上,峰值出现在10月,50 a中有23 a的10月出现干旱;华北地区冬季干旱频次较少,尤其是1月频次最少,50 a中仅有13 a的1月出现干旱。

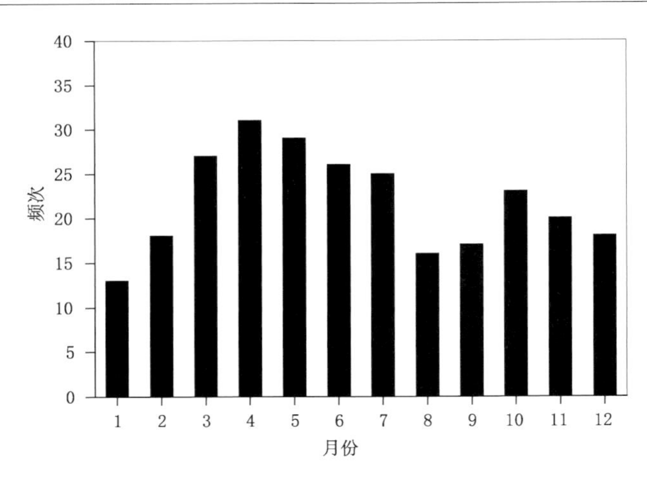

图 3.78 1961—2010 年华北地区区域性气象干旱事件出现频次逐月分布

图 3.79 给出华北地区区域性干旱事件频次、累积综合强度的历年变化，其中频次为以事件开始时间进行的统计。可见，近 50 a 干旱事件频次总体呈上升趋势(图 3.79a)，上升速率为 0.12 次/(10 a)；发生频次最多的年份为 1989(5 次)和 1986 年(5 次)，有四年并列第二：1981(4 次)、1995(4 次)、1997(4 次)和 2005 年(4 次)，而 1964、1967 和 2003 年未发生区域性气象干旱事件。图 3.79b 显示，近 50 a 累积综合强度总体呈弱的上升趋势，上升速率为 0.07/(10 a)；累积综合强度排名前三位的年份分别为 1998(7.28)、1965(6.92)和 1968 年(6.92)。值得注意的是，发生频次排名靠前的年份与累积综合强度排名靠前的年份完全不同，这是因为强度强的干旱事件持续时间一般较长，一年内不可能出现多次，而强度较弱的事件持续时间较短，在一年里可以发生多次。进一步比较了重度(含)以上气象干旱事件和所有干旱事件频次的年代际变化，结果(图 3.80)显示，华北区域性气象干旱事件频次 20 世纪 60 年代为最少(14 次)，然后逐年代迅速增多，至 20 世纪 80 年代频次达到峰值(28 次)，之后表现为逐年代缓慢下降；重

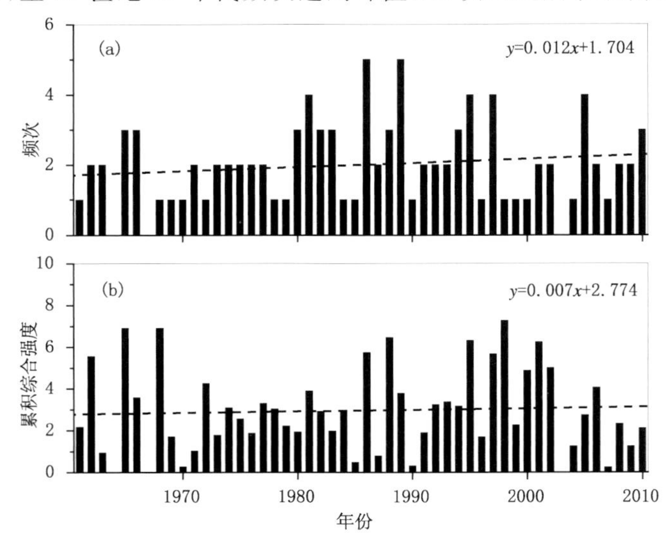

图 3.79 1961—2010 年华北地区区域性气象干旱事件的演变，虚线为线性趋势线
(a. 频次(以事件开始时间进行统计)，b. 累积综合强度)

度（含）以上气象干旱事件在 20 世纪 90 年代发生最频繁（频次为 8 次），而在其他年代频次少变（5～6 次）。

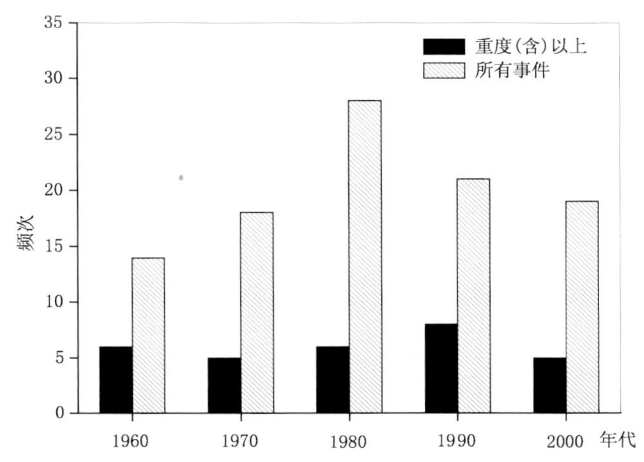

图 3.80　1961—2010 年华北地区区域性气象干旱事件频次的年代际分布

针对过去 50 a 华北区域性干旱事件增多增强的发展趋势，分析了华北干旱与降水量和气温的关系。从图 3.81a 可以看出，过去 50 a 华北地区平均年降水量呈明显的下降趋势，每十年减少 15.4 mm；图 3.81b 显示，年平均气温显著上升（通过了 0.001 的显著性水平检验），升温速率为 0.3℃/(10 a)。进一步的分析发现，近 50 a 干旱事件频次和累积综合强度序列与降水量序列的相关系数分别为－0.5 和－0.57，频次序列和累积综合强度序列都通过了 0.001 显著性水平检验；而两者与平均气温序列的相关系数分别为 0.1 和 0.23。干旱事件的频次、累积强度与降水的相关较强，说明了干旱频次、强度在年际关系上主要取决于降水的多少；进而不难理解，过去 50 a 华北地区区域性气象干旱事件增多增强趋势的主要原因可能是降水量减少所致，同时气温显著升高也起到了明显的推动作用。

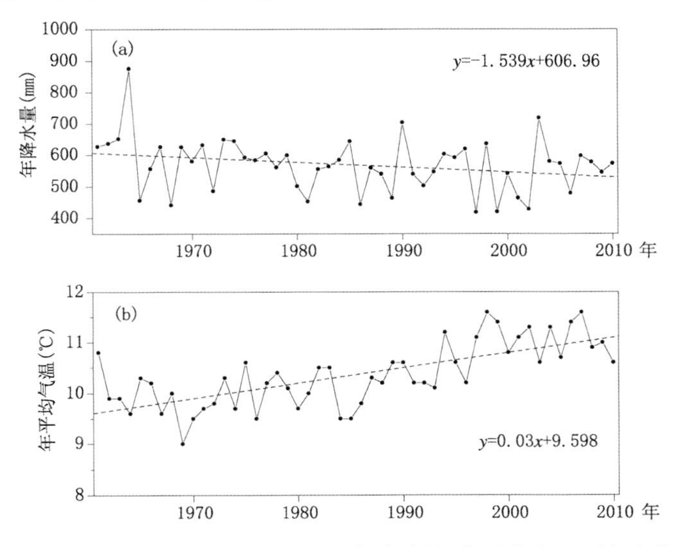

图 3.81　1961—2010 年华北地区年降水量、年平均气温历年变化

（a. 年降水量，b. 年平均气温；虚线为线性趋势线）

3.5.2　地域分布特征

图 3.82 为近 50 a 华北地区区域性气象干旱事件累积频次和累积强度的地域分布。图 3.82a 显示，过去 50 a 华北地区干旱事件频次一般都在 60 次以上，高频区主要在华北中南部大部地区，频次中心出现在河北东南部，中心值超过 90 次；累积强度的地域分布（图 3.82b）显示大值区出现在华北中南部，其中河北、河南和山东三省交界地区为累积强度大值中心。综合频次和累积强度来看，华北中南部为干旱多发地区，而河北、河南和山东三省交界地区为中心。

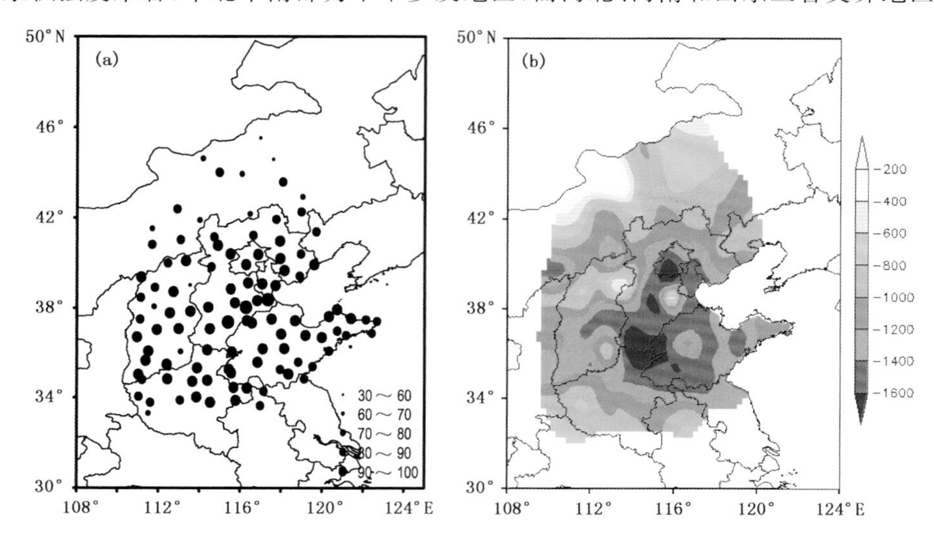

图 3.82　1961—2010 年华北地区区域性气象干旱事件统计量的地域分布
（a. 累积频次，b. 累积强度）

表 3.5　重度和极端事件中六种类型事件的频次分布

类型	全境型	东部型	南部型	西部型	中部型	零散型
极端事件	5	0	2	2	1	0
重度事件	5	4	2	2	3	4
合计	10	4	4	4	4	4

重度以上的干旱事件共有 30 次，其中，极端干旱事件为 10 次，重度干旱事件 20 次。将上述重度以上干旱事件按过程累积强度的地域分布进行分类，大致可分为全境型、东部型、南部型、西部型、中部型和零散型六种分布类型。图 3.83 给出了华北区域性重度以上干旱事件典型个例累积强度类型分布，图 3.83a—f 分别是全境型、东部型、南部型、西部型、中部型和零散型六种类型分布：干旱覆盖整个华北境内为全境型；干旱中心主要发生在山东和河北一带为东部型；干旱中心主要发生在河南和山东为南部型；干旱中心主要发生在山西省境内为西部型；干旱中心主要发生在山西和河北境内为中部型；零散型主要指中心分布较散，没有集中成片的重旱区域的类型。表 3.5 给出重度以上干旱事件中六种类型的频次分布。可以看出，全境型事件频次最多，占事件总数的三分之一（10 次），其中极端事件占二分之一（5 次/10 次）；其他五种分布类型的频次均为 4 次，而极端事件中未出现东部型和零散型事件。

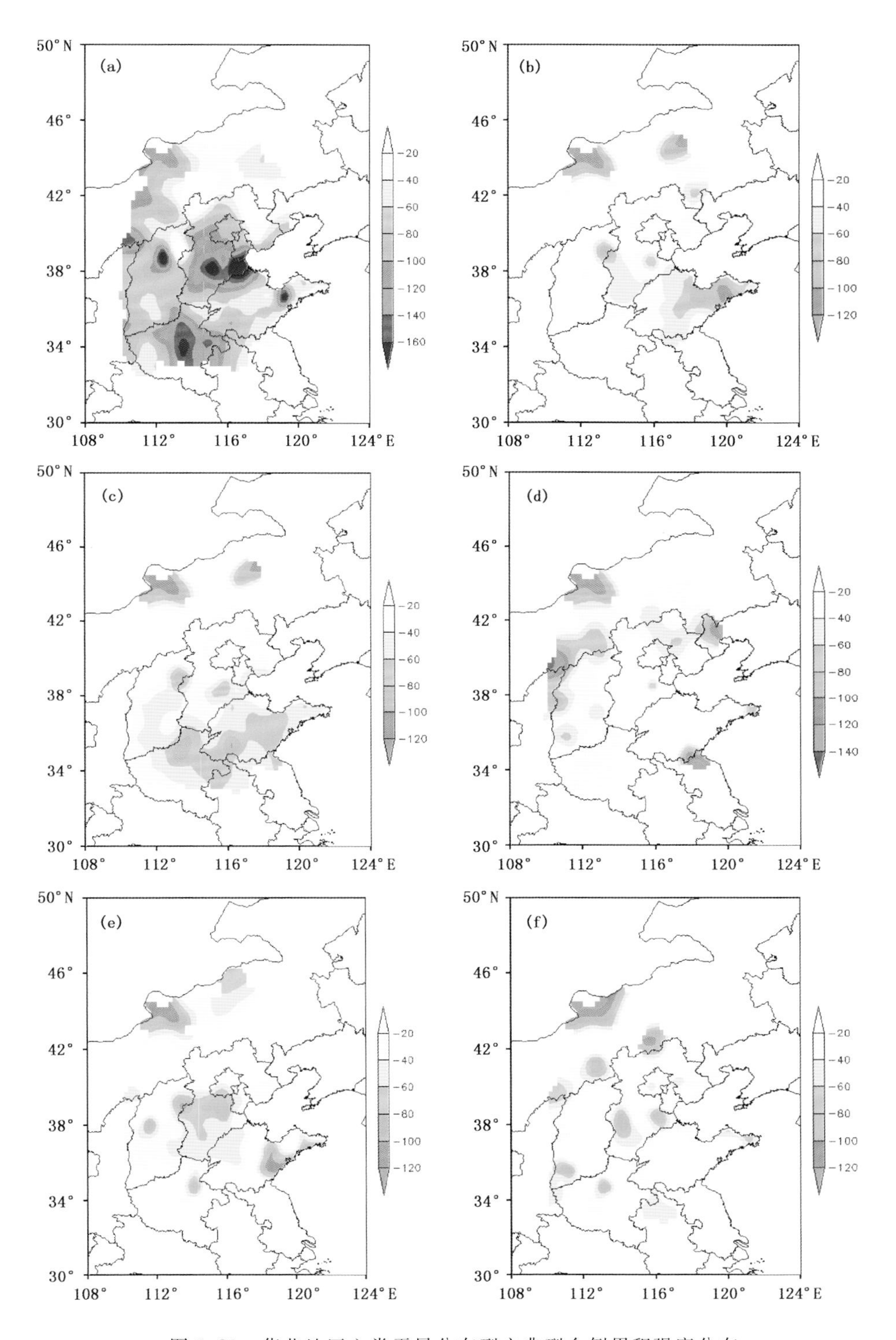

图3.83　华北地区六类干旱分布型之典型个例累积强度分布

(a.1968年2月23日—10月5日，b.1988年1月29日—5月23日，c.1977年1月26日—4月25日，d.1995年3月11日—6月9日，e.1974年4月21日—7月31日，f.1999年7月17日—9月30日)

3.6 西南地区区域性气象干旱事件

李韵婕等(2014)利用区域性极端事件客观识别法(OITREE),对1960—2010年西南地区区域性气象干旱事件进行了识别,共得到87次事件,其中9次达到极端强度,而2009年9月—2010年4月发生的特大干旱是中国西南地区近50 a最严重的区域性气象干旱事件。下面详细介绍这些事件的时空分布特征。

3.6.1 时间变化特征

1960—2010年西南地区发生了87次区域性气象干旱事件。从这些干旱事件持续时间和最大影响面积的频次分布(图3.84)可见,事件的持续时间一般集中在10～80 d,峰值为30～40 d;超过80 d的事件较少发生,仅有3次干旱事件的持续时间超过200 d,最长达到231 d,这3次事件综合强度排名分别为第1、第2和第4;事件的最大影响面积为(30～130)×10^4 km^2,频次较高的集中在(70～100)×10^4 km^2。

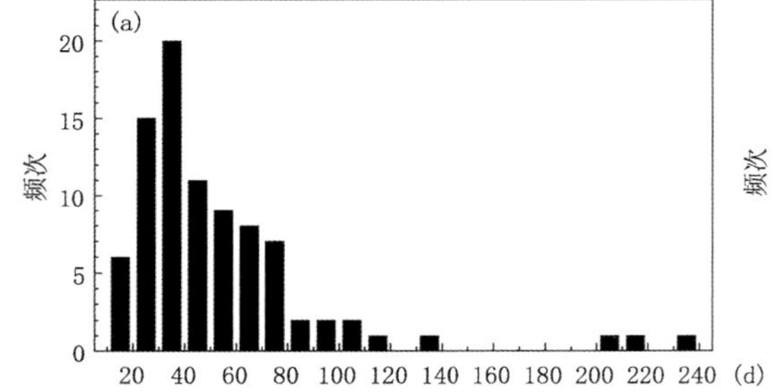

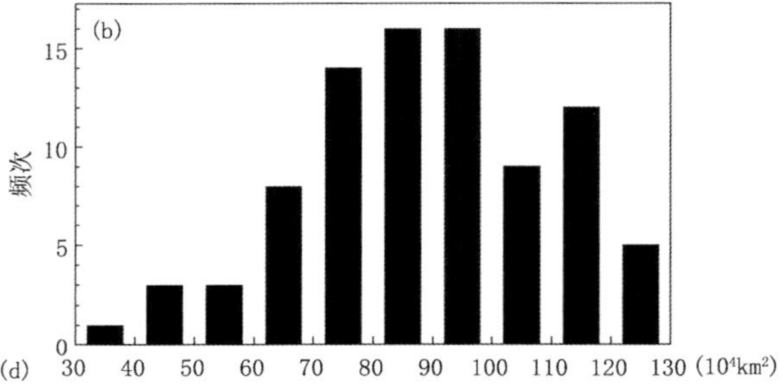

图3.84 1960—2010年西南地区区域性气象干旱事件频次分布
(a.持续时间,b.最大影响面积)

分析西南地区区域性气象干旱事件的开始和结束时间后发现(图略),干旱多数开始于深秋至初春,夏季则较少;另外,由于干旱持续时间主要以30～40 d为主,相应干旱事件的结束时间主要集中在上半年,其中,于西南地区雨季相继开始之后的6月结束的频次最高。从各月发生干旱的频次(图3.85)来看,干旱主要集中在冬半年(11月—次年4月),而夏半年(5—10月)则较少出现干旱,尤其7—8月最少,这说明西南地区干旱具有明显的季节性:冬半年为旱季,夏半年为非旱季。

1960—2010年西南地区区域性干旱事件频次、累积综合强度和累积最大影响面积的演变(图3.86)显示,干旱频次在1960—2010年呈显著上升趋势(图3.86a,通过0.05显著性水平检验),平均10 a增多0.19次,发生频次最多的三年依次为1994(5次)、1992(4次)和1988年(4次),而未发生区域性干旱事件的两年(1965、1967年)全部集中在20世纪60年代;值得注意的是,1963年和2010年的统计量虽然为0,但实际上存在干旱,原因在于对应的干旱事件均为跨年度的事件,即开始于上一年而未被计入。累积综合强度和累积最大影响面积在过去50年均呈上升趋势,但未通过0.05显著性水平检验;累积综合强度排名前三年依次为2009、1978和1962年,而累积最大影响面积排名前三年依次为1994、1988和1992年。值得注意的

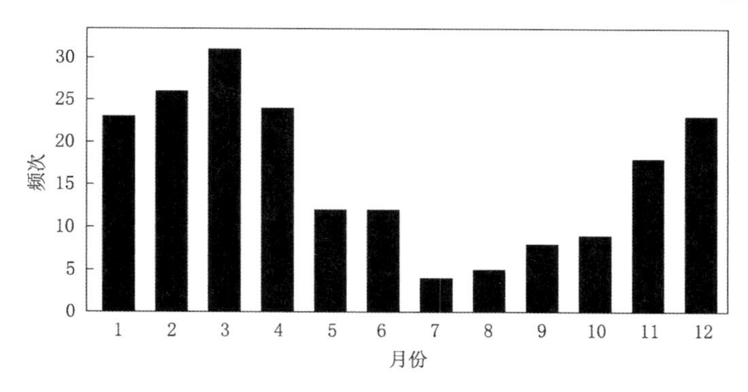

图 3.85　1960—2010 年西南地区区域性气象事件频次的季节变化

是，干旱频次排名前三的年份与累积最大影响面积的相同，但与累积综合强度排名前三年的年份完全不一致，这是由于特别严重的干旱一般持续时间很长，一年内难以发生多次（如 2009 年），而程度较轻的干旱一年中则可能多次发生（如 1994 年）。

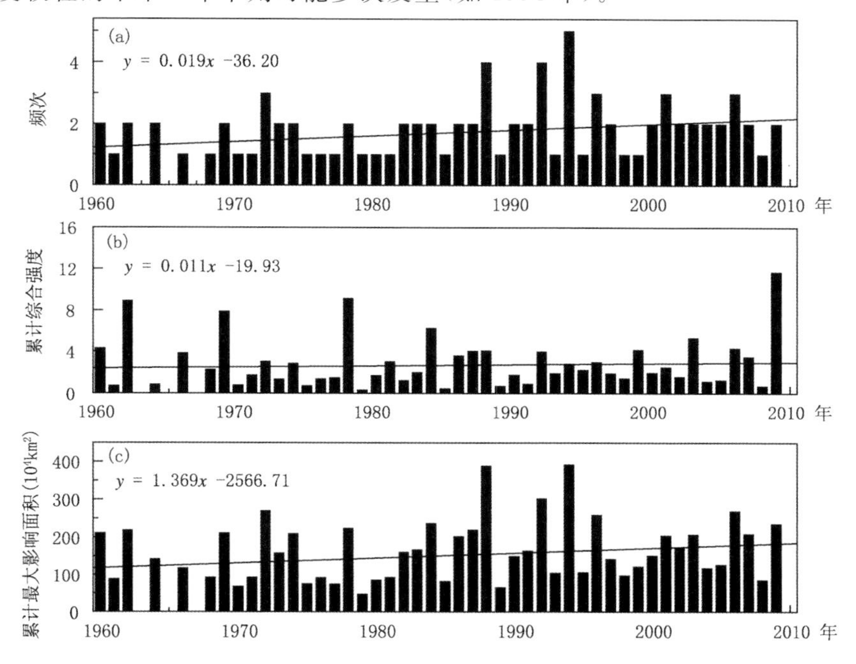

图 3.86　1960—2010 年西南地区区域性气象干旱事件的演变

（a. 频次，b. 累积综合强度，c. 累积最大影响面积）

就近 50 a 西南地区区域性干旱事件增多、增强的成因分析发现，1960—2010 年西南地区降水量呈显著下降趋势（下降速度 12.63 mm/(10 a)），而气温呈持续上升趋势（上升速度 0.15℃/(10 a)）（图 3.87）。进一步统计分析显示，近 50 年降水量序列（图 3.87）与干旱事件频次和累积综合强度序列（图 3.86）的相关系数分别为－0.44 和－0.53，均通过了 0.01 显著性水平检验；而平均气温序列（图 3.87）与干旱事件频次和累积综合强度的相关系数分别为 0.19 和 0.25。这初步说明过去 50 年西南地区区域性干旱事件增多、增强的主要原因可能是降水量显著减少所致，而气温上升也起到了推波助澜的作用。进一步分析累积综合强度的年代际变化特征（图略）发现，21 世纪以来干旱综合强度明显强于其他年代。而由图 3.87 可知，

2000 年以后西南地区平均降水量较其他年代明显偏少，而气温较其他年代偏高，这可能是 21 世纪以来干旱比其他年代更严重的原因。

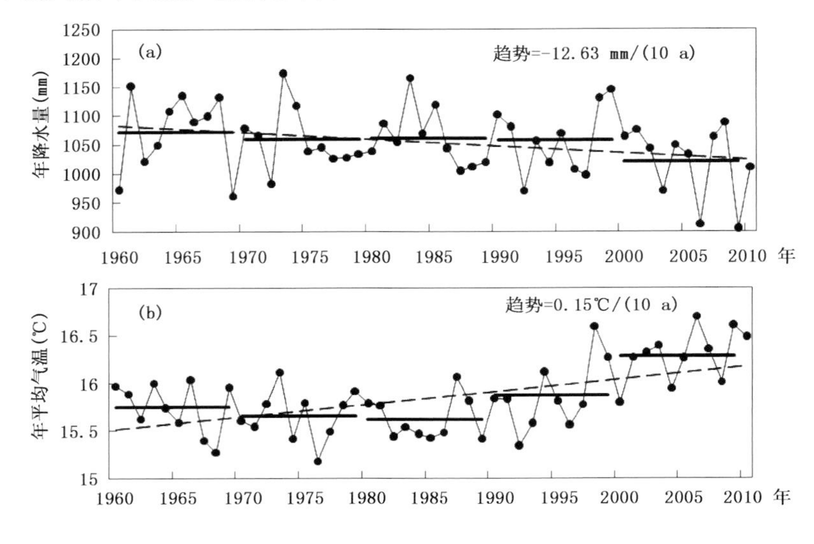

图 3.87　西南地区年降水量(a)及年平均气温(b)变化

(虚线为线性趋势，粗线段为年代均值)

在上述分析中已知西南地区区域性干旱具有明显的季节性：11 月—次年 4 月为西南地区的旱季。为了进一步讨论干旱与降水和气温的关系，对干旱事件的年累积综合强度分别与不同时段西南地区平均降水量和气温进行相关分析(表 3.6)。可见，年累积综合强度与各时段的降水量都呈负相关，其中与全年总降水量、旱季总降水量、旱季前两月及旱季(9 月—次年 4 月)降水量的相关系数都超过了 0.001 显著性水平，其中，与 9 月—次年 4 月降水量的关系最好，相关系数为－0.68。年累积综合强度序列与全年平均气温、旱季平均气温、9 月—次年 4 月平均气温和非旱季平均气温的相关系数分别为 0.25、0.26、0.24、0.15，表明具有较强的关系，但均未达到 0.05 的显著性水平。相关分析的结果初步说明西南地区区域性干旱与 9 月—次年 4 月的降水量关系最为密切。

表 3.6　西南地区区域性气象干旱事件年累积综合强度与不同时段西南地区平均降水量和气温的相关系数

	全年	旱季 (11 月—次年 4 月)	旱季前两月及旱季 (9 月—次年 4 月)	非旱季 (5—10 月)
降水量	－0.53	－0.51	－0.68	－0.28
平均气温	0.25	0.26	0.24	0.15

3.6.2　地域分布特征

1960—2010 年西南地区区域性气象干旱事件累积频次和累积强度的地域分布(图 3.88)显示：西南地区干旱累积频次普遍都超过 20 次，大值区集中在云南大部分地区和四川南部，中心值超过 70 次，出现在川滇交界地区(图 3.88a)；云南东部、北部和四川南部为干旱的强度中心区，西南南部干旱程度较严重，而西南东部、北部一带干旱程度相对较轻，西南干旱呈现出南重北轻、西重东轻的特征(图 3.88b)。可见,无论是从累积频次还是累积强度来看,云南和四川南部都是西南干旱的中心地区。

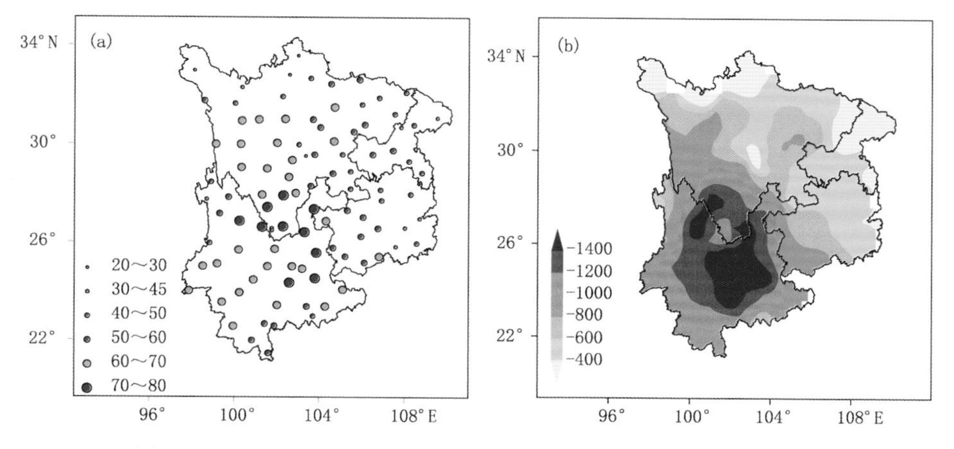

图 3.88　1960—2010 年西南地区区域性气象干旱事件的地域分布
(a. 累积频次,b. 累积强度)

图 3.89 为 1960—2010 年西南地区区域性气象干旱事件频次线性趋势的地域分布。可见,干旱事件频次在西南全境都呈增多趋势,其中以云南大部分地区、贵州西南部和东北部以及川西的南部增多最明显,速率约为 0.2 次/(10 a)。

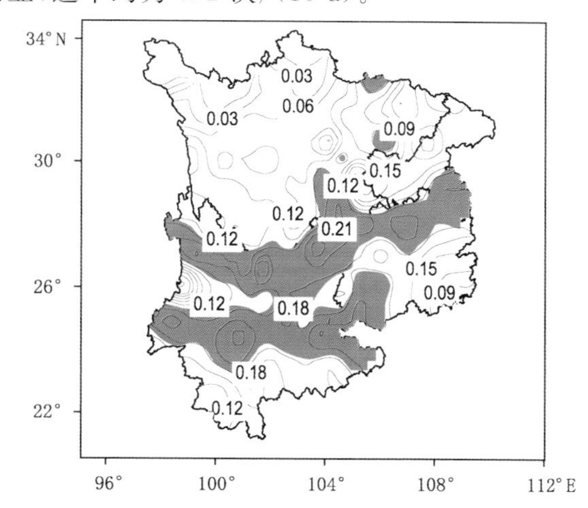

图 3.89　1960—2010 年西南地区区域性气象干旱事件频次线性趋势(单位:$(10\ a)^{-1}$)的地域分布
(阴影区域通过 0.05 显著性水平检验)

将 9 次极端干旱和 17 次重度干旱共 26 次事件按过程累积强度的地域分布进行分类,大致可分为东部型、南部型、西部型、北部型和全境型等 5 种分布类型。图 3.90 给出了西南地区 5 类干旱分布型的典型个例累积强度分布:东部型干旱中心主要发生在贵州和重庆(图 3.90a);南部型干旱中心主要发生在云南(图 3.90b);西部型干旱中心主要发生在川西和云南西北部(图 3.90c);北部型干旱中心主要发生在四川和重庆(图 3.90d);全境型干旱覆盖西南全境,强度分布也相对均匀(图 3.90e)。图 3.91 给出重度和极端事件中五类事件的频次分布。不难看出,发生频次最多的是南部型事件,26 次事件中有一半(13 次)为南部型事件,而极端事件就占三分之二(6 次/9 次);发生频次排名第 2 的是全境型事件,26 次事件中有 8 次为全境型事件,其中极端事件占三分之一(3 次/9 次);东部型、西部型和北部型三类事件发生频次相对较少,仅分别为 1、2 和 2 次,且均没有达到极端强度的事件。分类结果初步表明,云南是西南区域中严重干旱发生最多的地区。

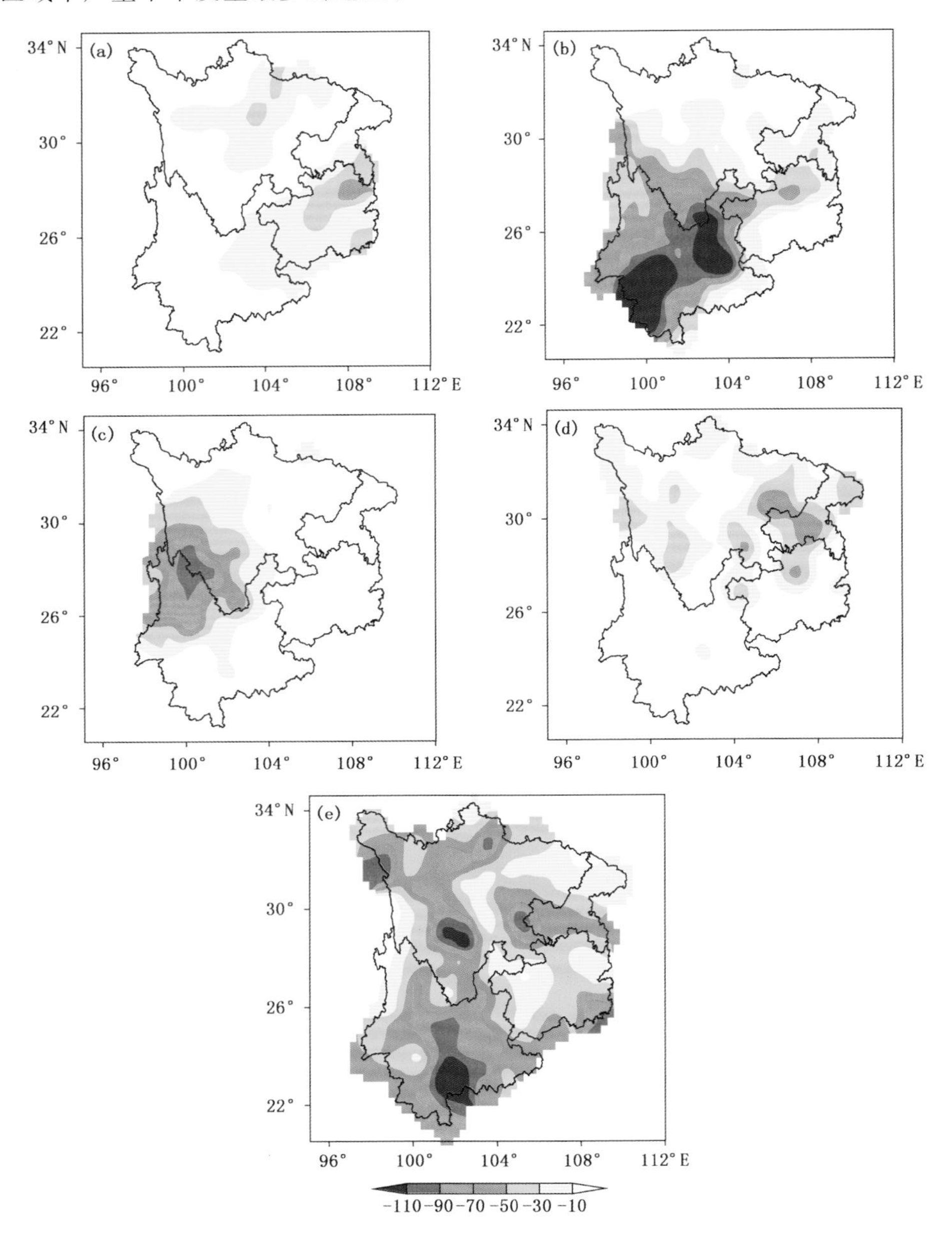

图 3.90　西南地区五类干旱分布型典型个例累积强度分布

(a. 1988 年 11 月 19 日—1989 年 2 月 12 日,东部型,b. 1978 年 12 月 03 日—1979 年 6 月 25 日,南部型,c. 1981 年 10 月 11 日—1982 年 2 月 02 日,西部型,d. 2006 年 07 月 11 日—9 月 17 日,北部型,e. 1969 年 1 月 23 日—6 月 05 日,全境型)

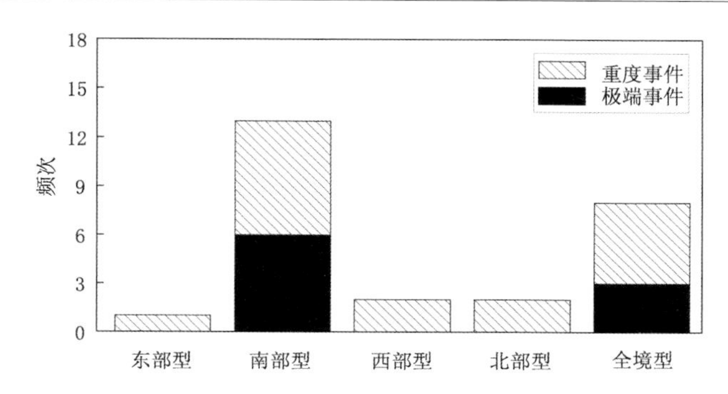

图3.91 重度和极端事件中五类事件的频次分布

3.7 小 结

以上通过对1961—2012年中国区域性气象干旱事件的系统分析和研究，主要得出以下结论：

(1)为了识别中国区域性气象干旱事件，将区域性极端事件客观识别法（OITREE）应用到中国区域性气象干旱事件的识别，最后确定出适用于区域性气象干旱事件的一组参数，结果表明该方法对中国区域性气象干旱事件的识别效果较好。

(2)1961—2012年中国区域内共识别出165个区域性气象干旱事件，其持续时间主要集中在20～60 d；其次为60～140 d；持续140 d以上的干旱事件最少。具体来看，不同强度等级的干旱事件持续时间不尽相同：极端干旱事件一般以160～170 d最多，重度干旱事件的持续时间以70～130 d最常见，中度干旱事件中持续40～60 d的事件占了总数的一半以上，轻度干旱事件的持续时间最短，基本都集中在20～50 d。总的来说，随着事件强度等级的升高，其持续时间也越来越向较长的时间段集中。

(3)近52年中国年平均发生区域持续性气象干旱事件3.3次，年发生频次最大值为8次，出现在1981年，最小值为1次(1961、1970、1973、1975和2000年)；干旱事件的年发生频率总体呈不显著的上升趋势，并伴随较清楚的年代际变化：20世纪60和90年代明显偏少，80年代和21世纪初偏多。各指数年累积值都显示出弱的上升趋势，持续时间、累积面积和累积强度这三个指标的年变化形态与综合指数基本一致。

(4)区域性气象干旱事件最常开始于春季的4月和夏季的7月，6月和12月开始的干旱事件最少；从事件的结束时间来看，干旱最常在5月结束，而在3月结束的干旱事件最少。总的来说，春季前期(3、4月)发生的干旱事件比较多，而春末夏初(5、6月)是干旱缓解的常见时段。

(5)中国区域性气象干旱事件呈现出明显的区域性特点，累积强度的区域分布显示：干旱强度最大的区域为华北地区，其次为西北地区东部，再次为西南和内蒙古东部地区；事件累积频次的区域分布显示：干旱事件在华北及西北地区东部出现的频次最高。无论是从事件发生的频次还是强度来看，华北地区都是干旱最严重的区域。

(6)1961—2010年华北地区共发生了100次区域性气象干旱事件，其中：极端事件10次、重度事件20次、中等事件40次，轻度事件30次。其持续时间一般在17～120 d，最大影响面积集中在70×10^4 km^2～105×10^4 km^2。事件综合强度与持续时间关系更为密切，持续时间越长干旱事件综合强度越强。干旱事件具有较明显的季节特征，3—7月和10—11月是事件的两个高发时段。华北地区区域性气象干旱事件的地域分布特征显示华北中南部为干旱多发区。重度及以上的气象干旱事件按干旱区域可分为全境型、东部型、南部型、西部型、中部型和零散型六种分布类型。近50年华北地区区域性干旱事件频次、累积综合强度总体呈上升趋势。

(7)1960—2010年西南地区共发生了87次区域性气象干旱事件，其中有9次为极端强度。西南地区区域性气象干旱事件的持续时间一般为10～80 d，最大影响面积集中在$(70\sim100)\times10^4$ km^2；11月—次年4月为西南地区的旱季，5—10月为非旱季。西南地区属于干旱多发区域，云南和四川南部为西南干旱发生的高频高强中心区域。重度及以上的干旱事件可分为东部型、南部型、西部型、北部型和全境型五种分布类型。1960—2010年，西南地区区域性气象干旱事件频次显著增多，强度有所增强。

干旱在中国是一个发生频率高、影响范围广的灾害性事件。在各类干旱事件发生的整个过程链中，气象干旱是其他种类干旱发生的先兆，用区域性极端事件客观识别法(OITREE)研究中国气象干旱事件，有助于准确、全面掌握干旱的发生规律，提高防灾减灾能力，同时为农业、水文、社会经济干旱的研究提供更坚实的基础。

参考文献

安莉娟，任福民，李韵婕等. 2014. 近50年华北区域性气象干旱事件的特征分析. 气象，**40**(9)：1097-1105.

白永清，智协飞，祁海霞等. 2010. 基于多尺度SPI的中国南方大旱监测. 气象科学，**30**(3)：292-300.

车少静，李春强，申双和等. 2010. 基于SPI的近41年(1965—2005)河北省旱涝时空特征分析. 中国农业气象，**31**(1)：137-143.

陈洪滨，范学花. 2007. 2006年极端天气和气候事件及其他相关事件的概要回顾. 气候与环境研究，**12**(1)：100-112.

江远安，赵逸舟，陈颖等. 2010. 干旱指数CI的确定及其在新疆的应用. 沙漠与绿洲气象，**4**(2)：18-20.

李树岩，刘荣花，师丽魁等. 2009. 基于CI指数的河南省近40a干旱特征分析. 干旱气象，**27**(2)：97-102.

李伟光，陈汇林，朱乃海等. 2009. 标准化降水指标在海南岛干旱监测中的应用分析. 中国生态农业学报，**17**(1)：178-182.

李韵婕，任福民，李忆平等. 2014. 1960—2010年中国西南地区区域性气象干旱事件的特征分析. 气象学报，**72**(2)：266-276.

刘庚山，郭安红，安顺清等. 2004. 帕尔默干旱指标及其应用研究进展. 自然灾害学报，**13**(4)：21-27.

秦大河，Stocker Thomas. 2014. IPCC第五次评估报告第一工作组报告的亮点结论. 气候变化研究进展，**10**(1)：1-6.

王劲松，郭江勇，倾继祖等. 2007. 一种K干旱指数在西北地区春旱分析中的应用. 自然资源学报，**22**(5)：709-717.

王越，江志红，张强等. 2007. 基于Palmer湿润指数的旱涝指标研究. 南京气象学院学报，**30**(3)：383-389.

王志南，朱筱英，柳达平. 2007. 基于干旱自然过程的干旱指数研究和应用. 南京气象学院学报，**30**(1)：134-139.

卫捷，陶诗言，张庆云等. 2003. Palmer干旱指数在华北干旱分析中的应用. 地理学报，**58**(增刊)：91-99.

姚玉璧，董安祥，王毅荣等. 2007. 基于帕默尔干旱指数的中国春季区域干旱特征比较研究. 干旱区地理,**30**(1):22-29.

张强,邹旭恺,肖风劲等. 2006. 气象干旱等级. GB/T20481-2006,中华人民共和国国家标准. 北京:中国标准出版社,1-17.

张永,陈发虎,勾晓华等. 2007. 中国西北地区季节间干湿变化的时空分布:基于 PDSI 数据. 地理学报,**62**(11):1142-1152.

朱业玉,王记芳,武鹏等. 2006. 降水 Z 指数在河南旱涝监测中的应用. 气象与环境科学,(4): 20-22.

邹旭凯,张强,王有民等. 2005. 干旱指标研究进展及中美两国国家级干旱监测. 气象,**31**(7):6-9.

邹旭恺,张强. 2008. 近半个世纪我国干旱变化的初步研究. 应用气象学报,**19**(6):679-687.

Andreadis K M,Clark E A,Wood A W, *et al*. 2005. Twentieth-Century drought in the conterminous United States. *J. Hydrometeor*,**6**:985-1001.

Qian Weihong, Shan X, Zhu Y. 2011. Ranking regional drought events in China for 1960—2009. *Adv. Atmos. Sci.*, **28**(2):310-321.

Ren F,Cui D,Gong Z, *et al*. 2012. An Objective Identification Technique for Regional Extreme Events. *J. Climate*,**25**(20): 7015-7027.

Sheffield J, Wood E F. 2007. Characteristics of global and regional drought, 1950—2000: Analysis of soil moisture data from off-line simulation of the terrestrial hydrologic cycle. *J. Geophys. Res.*, **112**: D17115.

Sheffield J,Andreadis K M,Wood E F,*et al*. 2009. Global and Continental Drought in the Second Half of the Twentieth Century: Severity-Area-Duration Analysis and Temporal Variability of Large-Scale Events. *J. Climate*, **22**(8):1962-1981.

第4章　中国区域性强降水事件

由于对人类社会的巨大影响，极端强降水事件的变化特征一直是科学家们关注和研究的重点领域（例如 Karl *et al.*，1998；Suppiah *et al.*，1998；Plummer *et al.*，1999；Easterling *et al.*，2000；Roy *et al.*，2004；Groisman *et al.*，2005；Zhai *et al.*，2005；Alexander *et al.*，2006；Trenberth *et al.*，2007；Peterson and Manton，2008；Zhang *et al.*，2011，Zwiers *et al.*，2011）。近十多年来，关于极端强降水事件的主要研究结论是最近几十年包括中国在内的许多大陆地区强降水事件有增多趋势（Trenberth *et al.*，2007）。以往大多数的研究均是基于单点（站）完成的，但是许多带来严重洪涝的强降水事件，例如2010年巴基斯坦的夏季洪水和1998年中国长江流域大洪水，都是一种区域性的现象，即影响了一定范围的、持续一定时间的事件。近些年来，一些研究开始关注区域性极端强降水事件。Tang等（2006）将站点资料格点化，定义了持续性强降水事件，分析了1951—2004年中国持续性强降水事件的变化特征。钱维宏等（2011）和Chen等（2013）基于单站的极端事件分析方法和单个事件的空间连续性，定义了中国的区域持续性极端降水事件。Ren等（2012）发展了区域性极端事件客观识别法（OITREE），可以利用逐日观测记录识别中国区域性极端强降水事件。这种方法考虑了区域性事件的空间连续性和时间持续性，定义了评估区域性事件的指标体系，效果良好且易于应用。

4.1　区域性强降水事件客观识别方法参数确定

将区域性极端事件客观识别法（OITREE，Ren *et al.*，2012）应用于识别中国区域性强降水事件，得到区域性强降水事件客观识别方法。该方法的主要计算步骤包括：(1)单站逐日指数的选定，(2)逐日极端强降水带分离，(3)极端强降水事件的时间连续性识别，(4)区域性极端强降水事件指标体系的建立，(5)区域性极端强降水事件的极端性判别。方法中需要确定的主要参数包括极端强降水阈值、邻站距离、两强降水带中心最小距离、邻站强降水比率、强降水带最少台站数等。按照OITREE方法，利用1961—2012年700多个观测站逐日降水量观测资料，进行了逐日强降水带分离、事件时间连续性识别和区域性强降水事件监测评估指标体系的建立和判别。在各相关参数的选择上，按照尽可能识别出范围广、持续时间长、影响大的事件，选取事件数目争取做到既不遗漏强事件又不过于繁多导致不能凸出重点事件等原则来确立。当邻站距离在150～250 km时，事件频数可超过250，最多不超过350个；当最小台站数在8个以内，事件数可保持在230个以上；当邻站异常比率为0.20～0.35，事件频数保持在220～470个；当异常带的重合率≤0.1时，事件数可在230个以上（图4.1）。最终实验确定了各参数如表4.1。

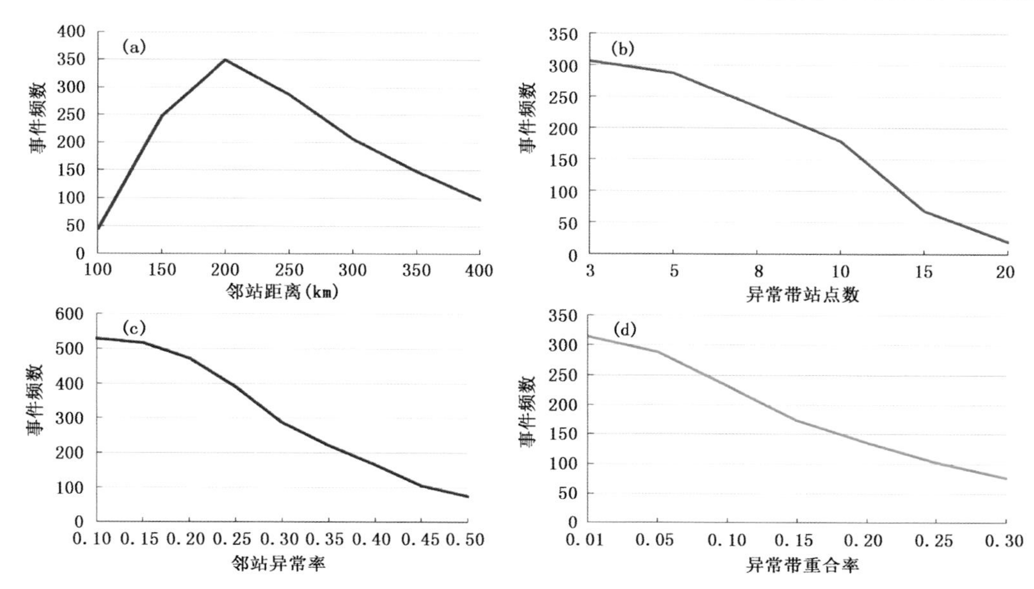

图 4.1　不同参数取值范围内区域性强降水事件频数之变化

(a. 邻站定义之距离阈值，b. 异常带站点数之阈值，c. 邻站异常率之阈值，d. 异常带重合率之阈值)

表 4.1　OITREE 方法应用于识别中国区域性强降水事件的参数赋值表

参数名称	符号	含　义	取值
单站日指数	p	针对所关注的区域性事件，选择合适的气候要素或单站指数	日降水量
单站异常性判别之阈值	p_0	当时，表示出现了单站异常性	日降水量第 95 分位高值
单站日指数之方向码	Idirec	当时，p 值越大表示异常性越强	1
邻站定义之距离阈值	d_0	对于某一给定站点，所有与之相距在 d_0 范围内的站点被定义为其邻站	230 km
邻站异常率之阈值	R_0	一个异常性站点当且仅当其邻站异常率不小于 R_0 时，它可以被定义为最大潜在异常带中心	0.2
异常带台站数之阈值	M_0	当一个异常带所包含的站点数不小于 M_0 时，它才可以被定义为正式的异常带	5
事件间中断期之阈值	M_gap	当一个中断期的长度不大于 M_gap 时，才允许它在事件过程中出现	取值为 0，即不允许间断
异常带重合率之阈值	C_0	判断异常带与临时事件重合的控制参数，当且仅当异常带站数重合率 $\geqslant C_0$ 时，认为该异常带与临时事件重合	0.1
综合指数之五个系数	e_1,e_2,e_3,e_4 和 e_5	事件综合指数公式中的五个权重系数	0.18，0.24，0.21，0.18 和 0.19
定义区域性事件的指数及相应之阈值	某一指数 Z 及其阈值 Z_0	一个事件可以被定义为区域性事件的阈值，且仅当 $Z\geqslant Z_0$ 事件才被定义为区域性强降水事件	Z_0，0.25
区域性事件之等级划分阈值	Z_1,Z_2,Z_3	将事件由强至弱按比例分成 4 个等级：极端（10%，$Z\geqslant Z_1$）、重度（20%，$Z_1>Z\geqslant Z_2$）、中度（40%，$Z_2>Z\geqslant Z_3$）和轻度（30%，$Z<Z_3$）	2.17，1.09，0.50

4.2 区域性强降水事件变化特征

4.2.1 时间演变

利用区域性事件客观识别方法，1961—2012年，中国范围总共检测到1394个区域性强降水事件。为了避免将影响范围较小或强度小的事件划入"中国区域性"事件，分析了根据这些事件的频次分布特征。1394个强降水事件的综合指数范围在−0.97～7.50，综合指数<0.25的强降水事件数目较多(图4.2)，这些事件大多强度较小、持续时间较短、影响范围较小。按照上文提到的识别出有一定强度和影响范围的事件、不遗漏大事件且事件数目不过于繁多导致不能凸出重点事件的原则(Ren *et al.*，2012)，剔除掉上述1394个事件中的1021个弱事件(综合指数<0.25)，挑选出373次事件作为中国区域性强降水事件。在这些事件中，按照不同比例挑选出极端强降水事件37次(占总事件数的10%)，重度强降水事件75次(占总事件数的20%)，中度强降水事件149次(占总事件数的40%)，轻度强降水事件112次(占总事件数的30%)。1961年以来，中国区域强降水事件频次呈增多趋势，并伴随明显的年代际变化，20世纪70和80年代事件较少，21世纪初以来事件频次最多(图4.3)。频次最多的前三年出现

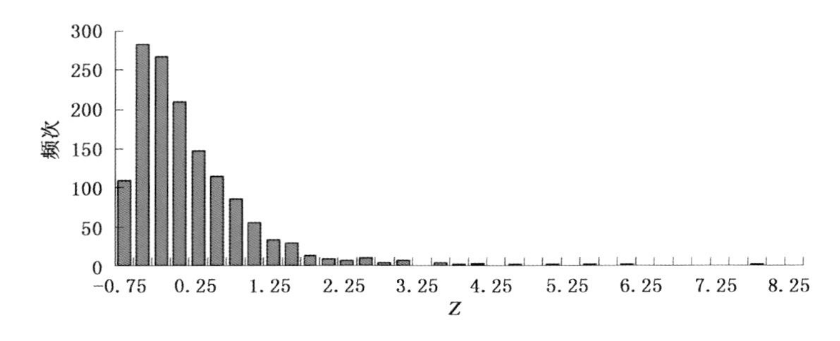

图4.2 1961—2012年中国范围所识别的所有区域性强降水事件-综合指数频次分布

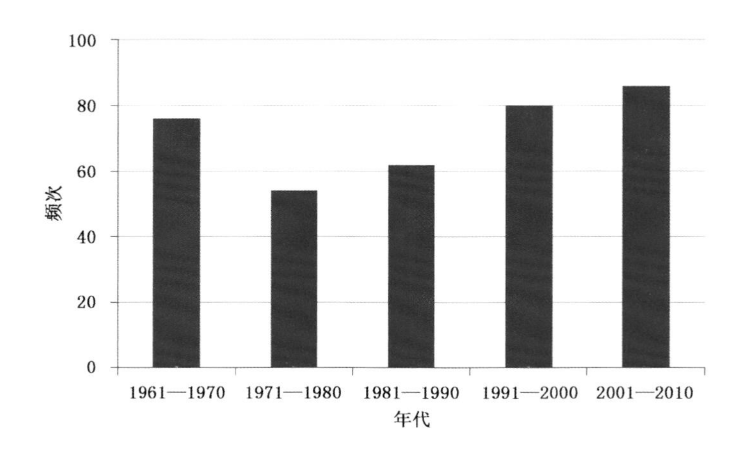

图4.3 不同年代中国区域性强降水事件频次变化

是 2008 年(14 次)、1964 年(13 次)以及 1995 年(12 次)和 2010 年(12 次);频次最少年为 1987 年(3 次)和 1978 年(3 次)。近 52 年来,中国区域性强降水事件呈增多趋势,其频次上升率为 0.48 次/(10 a),但没有通过 0.05 的显著性检验。不同等级区域性强降水事件的频次均不存在显著变化的趋势,但在 20 世纪 90 年代中后期,达到严重和极端等级的区域性强降水事件明显偏多(图 4.4)。另外,最近几年区域强降水事件发生也较频繁。

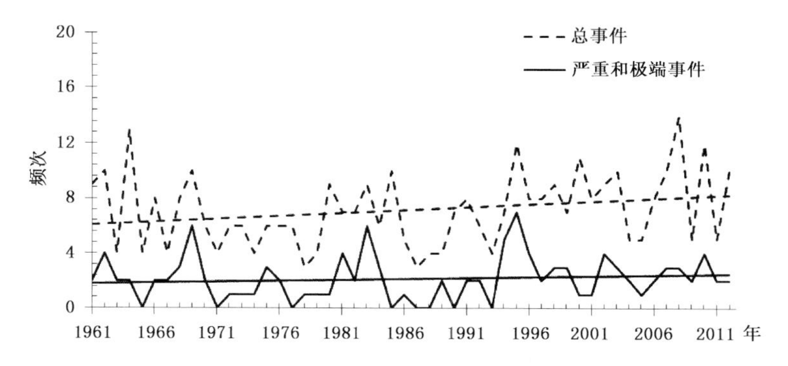

图 4.4　1961—2012 年中国区域性强降水事件年频次变化

(虚线:事件总频次;实线:达到严重和极端等级事件频次)

图 4.5 为 1961—2012 年中国区域性强降水事件各指数累积值的历年变化。综合指数(Z)存在 5.4%/(10 a)的增大趋势,其年代际变化与事件频次相似,在 20 世纪 90 年代中后期

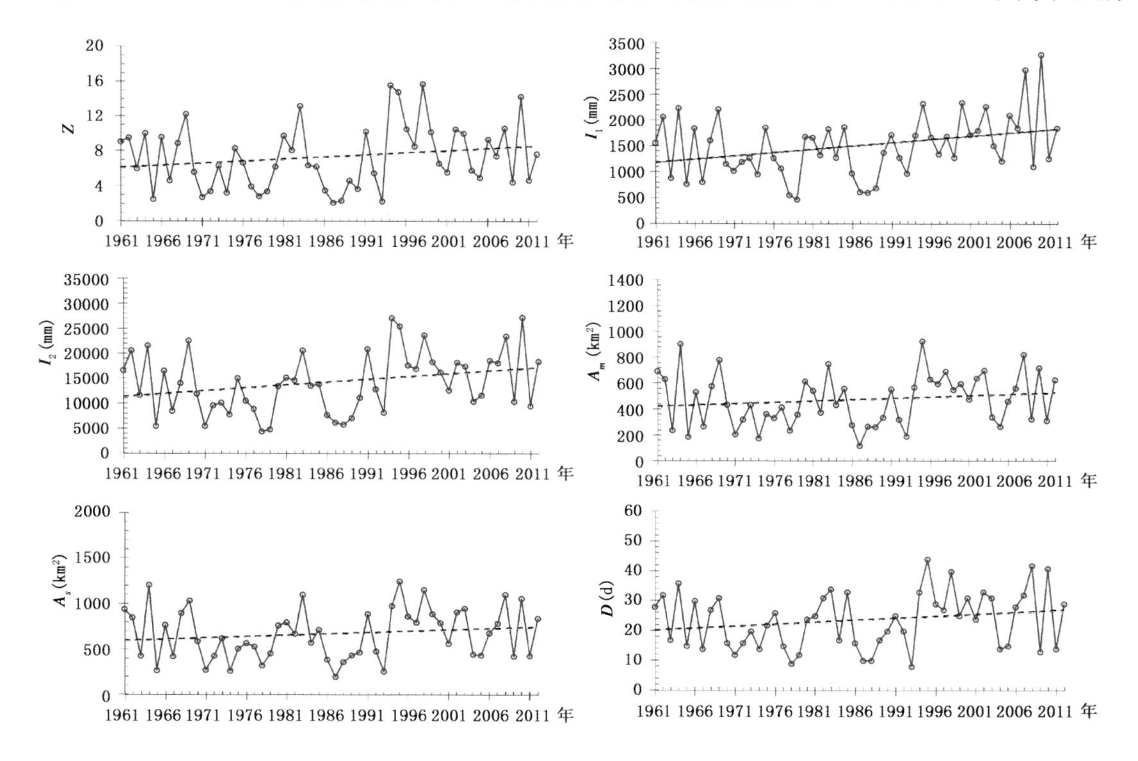

图 4.5　1961—2012 年中国区域性强降水事件综合指数(Z)、极端强度(I_1)、累积强度(I_2)、最大面积(A_m)、累积面积(A_s)和持续时间(D)年累积值历年变化(虚线:线性趋势)

和最近几年表现出明显的高值期。各单一指数都表现出增大趋势，趋势值在 5.9%/(10 a)～8.7%/(10 a)，但只有极端强度指数的增加趋势通过了 0.05% 的显著性检验(表 4.2)。各指数的年代际变化特征与综合指数相似，在 20 世纪 90 年代中后期至 21 世纪初都呈现出明显的增多，表明这一时段区域性强降水事件频繁发生，强度大、影响范围广。

表 4.2 中国区域性强降水事件综合指数、持续时间、累积面积、最大面积、累积强度和极端强度趋势值(%/10 年，下划线表示通过 5%显著性检验)

指数名称	综合指数 (Z)	极端强度 (I_1)	累积强度 (I_2)	最大面积 (A_m)	累积面积 (A_s)	持续时间 (d)
趋势值	5.4	<u>8.2</u>	8.7	6.9	5.9	6.5

4.2.2 季节变化

从 1961—2012 年平均的区域性强降水事件以及达到严重和极端程度的事件频数的年内变化看，区域性强降水事件在 3—10 月均可能发生，达到严重和极端等级的区域性强降水事件出现在 4—10 月，夏季(6—8 月)为区域性强降水事件的频发期(图 4.6)，夏季发生的区域性强降水事件与严重和极端等级的区域性强降水事件分别占全年事件总数的 79% 和 88%，其中 7 月的区域性强降水事件发生最为频繁，6 月的严重和极端事件最多。春季(3—5 月)和秋季(9—11 月)区域性强降水事件的发生次数分别占全年事件总数的 10% 和 11%，冬季(12 月至次年 2 月)没有监测到区域性强降水事件。

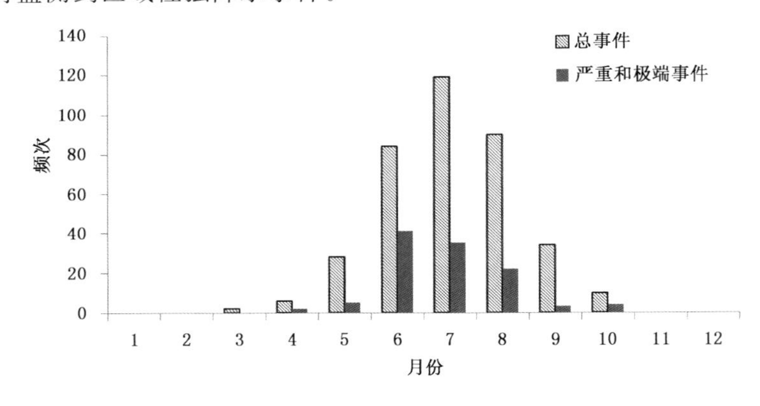

图 4.6 中国区域性强降水事件总频数以及严重和极端事件频数逐月变化(1961—2012 年)

4.2.3 区域变化

从单站强降水事件出现频数的分布(图 4.7)看，中国 100°E 以东的大部分地区都有区域性强降水事件发生，其中长江中下游、华南北部及贵州东部等地都是区域性强降水事件的频发地区，这些地区 1961—2012 年强降水事件总频数有 50～80 次；华北西南部、黄淮南部、西北地区东南部、西南地区东部及广东大部分地区、广西西部等地的区域性强降水事件发生频数为 30～50 次；华北大部分地区、东北大部分地区及宁夏、甘肃中部、四川中部、云南等地的区域性强降水事件发生频数少于 30 次。区域性强降水事件单站累积强度的空间分布表明，长江中下游地区和华南南部的部分地区为累积强度的高值区，累积强度在 3000 mm 以上(图 4.8)。

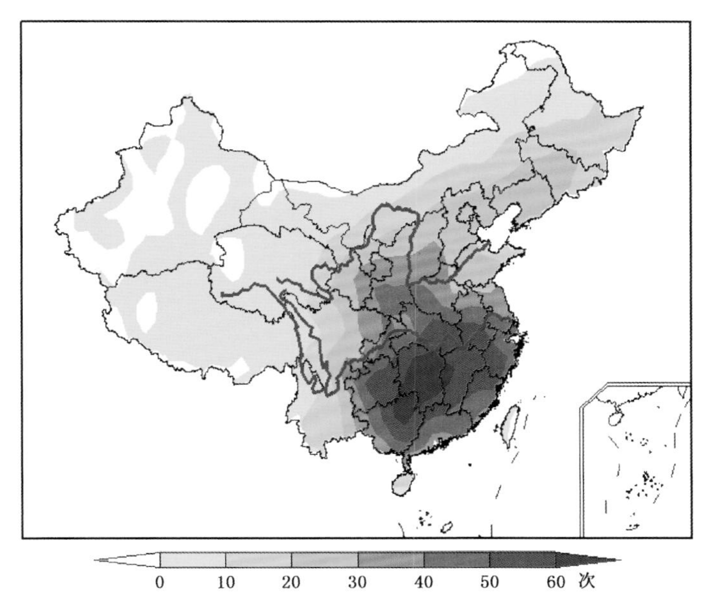

图 4.7　中国区域性强降水事件频数空间分布(1961—2012 年)

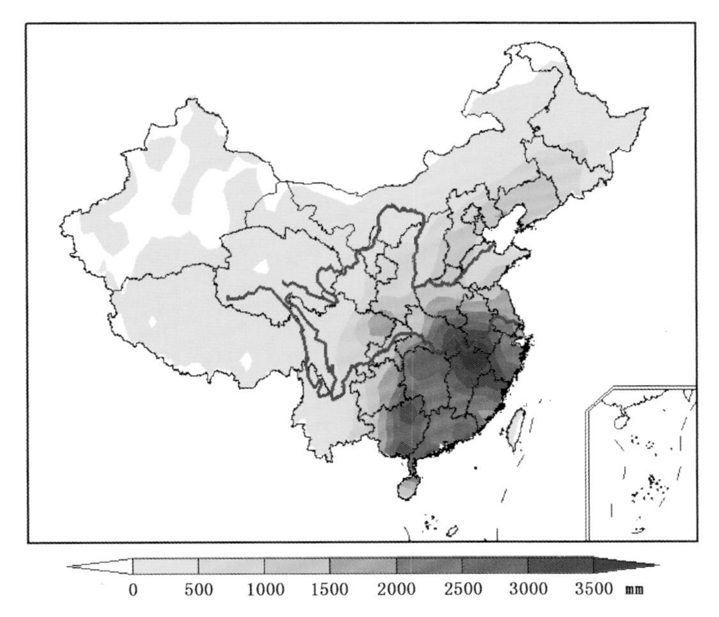

图 4.8　中国区域性强降水事件累积强度 I_2 空间分布(1961—2012 年)

4.3　极端区域性强降水事件

从前面的分析可知,373 个中国区域性强降水事件中有 37 个极端区域性强降水事件。表 4.3 为这 37 个极端区域性强降水事件发生时间和地点等的详细信息,其中 1998 年发生在江南、华南地区的强降水事件排名第一。排名前10位的极端区域性强降水事件中，排名前8位的事件都集中或包含有江南地区，说明江南地区是中国区域性强降水事件发生强度最大的地区；排名第1、2、3、6、7和8位的6个事件包含有华南地区，但其强度较之江南地区弱；另外，地处西南地区东部的贵州、云南、四川东部和重庆等地也是极端强降水事件的多发地区。

表4.3 1961—2012年极端区域性强降水事件表

排名	开始日期（年.月.日）	结束日期（年.月.日）	持续日数（d）	发生地域	综合强度
1	1998.6.13	1998.6.27	15	长江中下游、华南	7.50
2	1994.6.12	1994.6.21	10	江南、华南等地	5.78
3	2010.6.17	2010.6.26	10	江南、华南及贵州等地	5.35
4	1999.6.24	1999.7.1	8	长江中下游沿江及贵州等地	4.87
5	1991.7.1	1991.7.7	7	江淮、长江中下游沿江及贵州等地	4.32
6	1982.6.13	1982/6/21	9	长江中下游、华南北部及贵州等地	4.27
7	1981.6.26	1981.7.1	6	长江中下游、华南及西南东部	3.98
8	1997.8.18	1997.8.22	5	我国中东部沿海地区	3.93
9	1966.6.27	1966.7.4	8	长江中下游、华南和西南东部	3.81
10	1963.8.2	1963.8.9	8	华北、黄淮西部	3.73
11	1995.6.20	1995.6.26	7	长江中下游、西南东部	3.44
12	1996.8.1	1996.8.5	5	华北、黄淮西部、江南中部、华南东部等地	3.42
13	1998.7.21	1998.7.26	6	长江中下游沿江、西南东部及广西等地	3.32
14	2005.6.18	2005.6.23	6	江南中部和南部、华南	3.29
15	1983.7.28	1983.8.2	6	西南地区东部、华北南部及河南等地	2.98
16	2006.7.14	2006.7.18	5	江南南部、华南、西南东南部	2.90
17	1961.6.9	1961.6.13	5	江南、华南西部及贵州、云南等地	2.83
18	1969.7.14	1969.7.17	4	长江中下游沿江、西南东部就黄淮中东部等地	2.82
19	1975.7.29	1975.8.1	4	华北大部、东北中部和南部	2.79
20	2002.6.28	2002.7.2	5	江南、华南西部及贵州、云南等地	2.77
21	1973.6.30	1973.7.3	4	西南东部、西北东南部、黄淮西部、华北大部等地	2.76
22	2006.6.4	2006.6.9	6	江南、华南及贵州等地	2.74
23	1975.8.13	1975.8.19	7	黄淮东部、江淮、江南中部等地	2.72
24	1996.7.14	1996.7.18	5	黄淮东部、江淮、江南北部和西部、西南东部及广西等地	2.64
25	1994.7.12	1994.7.14	3	东北中部、华北大部、黄淮西部、江淮西部、江南中部	2.60
26	1970.7.12	1970.7.15	4	江淮南部、江南北部、西南东部及广西等地	2.46

续表

排名	开始日期（年.月.日）	结束日期（年.月.日）	持续日数（d）	发生地域	综合强度
27	1976.7.6	1976.7.12	7	江南南部、华南北部和西部及贵州、云南等地	2.41
28	1983.7.4	1983.7.9	6	江淮南部、江汉、江南北部等地	2.40
29	2002.7.22	2002.7.27	6	江淮大部、江南中部和西部及贵州等地	2.40
30	1968.7.13	1968.7.16	4	黄淮南部、江淮、西南东部等地	2.39
31	1992.7.4	1992.7.8	5	江南大部、华南等地	2.39
32	1994.7.17	1994.7.23	7	江南西部、华南西部等地	2.37
33	1962.7.24	1962.7.27	4	东北中部、华北东部及山东等地	2.34
34	2003.6.23	2003.6.26	4	长江中下游沿江、西南东部等地	2.28
35	1976.8.20	1976.8.25	6	西北东部、华北中南部、黄淮北部等地	2.27
36	1967.6.19	1967.6.22	4	江南、西南东部等地	2.22
37	2003.8.28	2003.9.1	5	西北东南部、黄淮大部及四川东部、重庆等地	2.18

事件 1　1998 年 6 月中下旬长江中下游、华南强降水

1998 年 6 月 13—27 日，中国江南和华南等地出现大范围强降水天气，事件综合指数为 7.5，自 1961 年以来排名第一。这次事件影响了长江中下游、华南北部、西南地区东部等地的大范围地区，江南中部和东部及福建北部等地累积强度均超过 100 mm，江南中部和福建西北部超过 150 mm(图 4.9a)。上述大部分地区事件极端强度均在 50 mm 以上，江南大部分地区超过 100 mm(图 4.9b)。该事件持续了 15 d，是 1961—2012 年持续时间最长的区域性强降水事件。这次事件最早在江南北部出现强降水天气，随后江南大部分地区、华南及云南、贵州等地陆续出现持续性强降水，降水范围广、强度大。从事件过程中各指标的逐日变化上看，极端强度持续较高，6 月 13 日最大；累积强度在过程开始(6 月 13 日)、中期(6 月 19 日)和结束前(6 月 25 日)出现了三个峰值，其中 6 月 13 日最大；影响面积过程前期较小，后期增大，最大值出现在 6 月 23 日(图 4.10)。

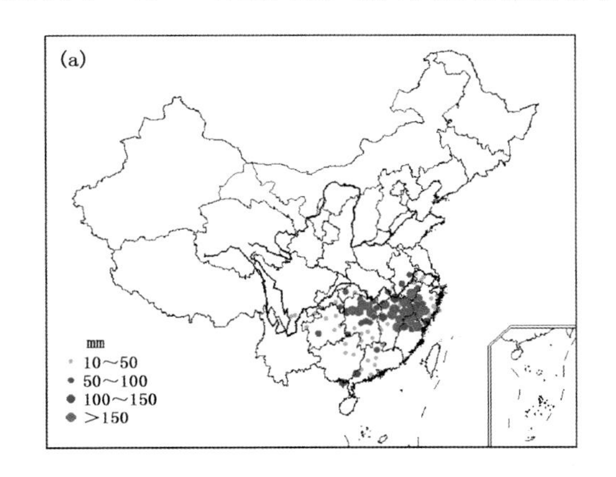

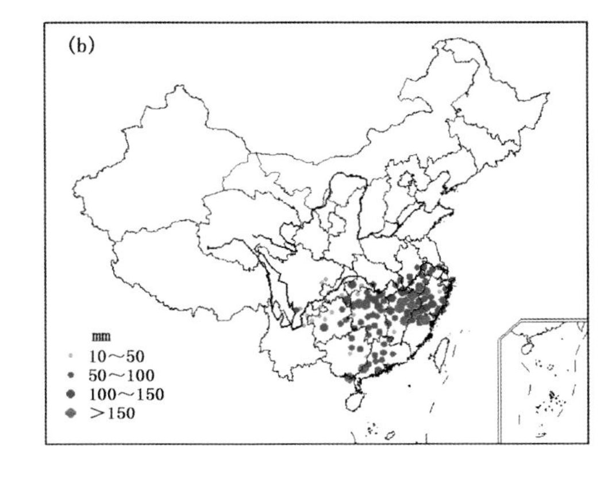

图 4.9　1998 年 6 月 13—27 日极端区域性强降水事件累积强度(a)和极端强度(b)分布(单位：mm)

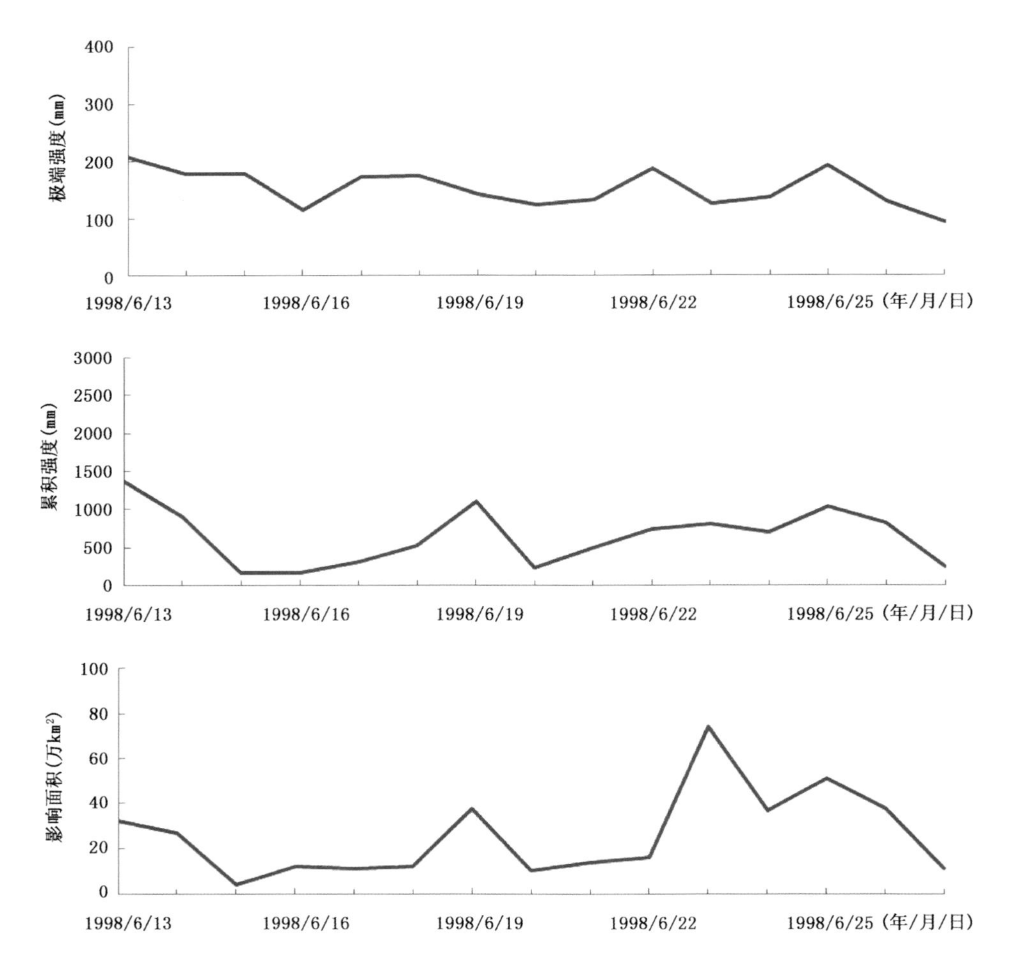

图 4.10 1998 年 6 月 13—27 日极端区域性强降水事件各指数逐日变化

事件 2 1994 年 6 月中旬江南、华南强降水

1994 年 6 月 12—21 日，江南、华南及贵州等地出现大范围强降水事件，事件综合指数为 5.78，自 1961 年以来排名第二。这次事件影响了湖南、江西、浙江、福建、广东、广西和贵州等地(图 4.11)。事件累积强度，江南中部、华南北部普遍在 100 mm 以上，其中江西中东部、广西中北部超过 150 mm(图 4.11a)。事件极端强度，江南大部分地区、华南北部普遍有 50 mm 以上，其中江西中东部、浙江西南部、福建西北部、广西中北部超过 100 mm，特别是广西中北部局部超过 150 mm(图 4.11b)。该次事件持续了 10 d。从各指标的逐日变化上看，事件极端强度在 6 月 13 日达到最大；累积强度和影响面积在过程中期 6 月 17 日最大，随后迅速减小(图 4.12)。

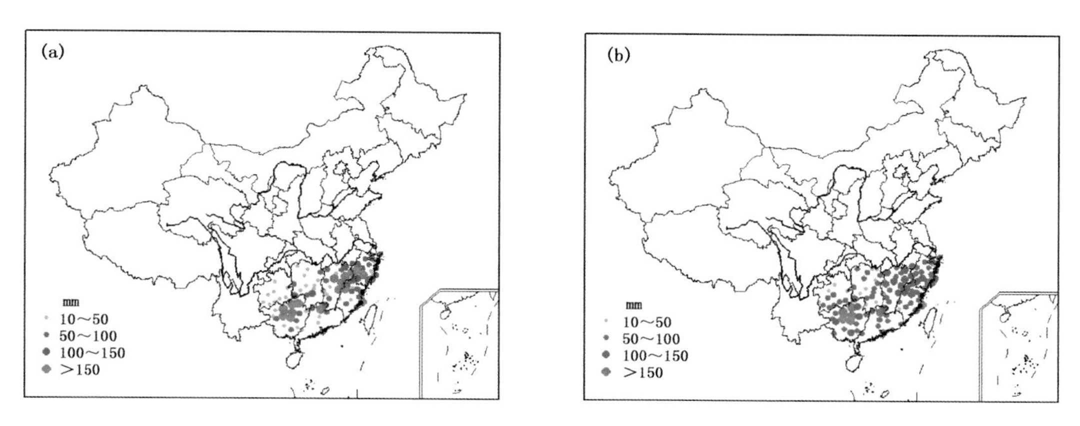

图 4.11　1994 年 6 月 12—21 日极端区域性强降水事件累积强度(a)和极端强度(b)分布(单位:mm)

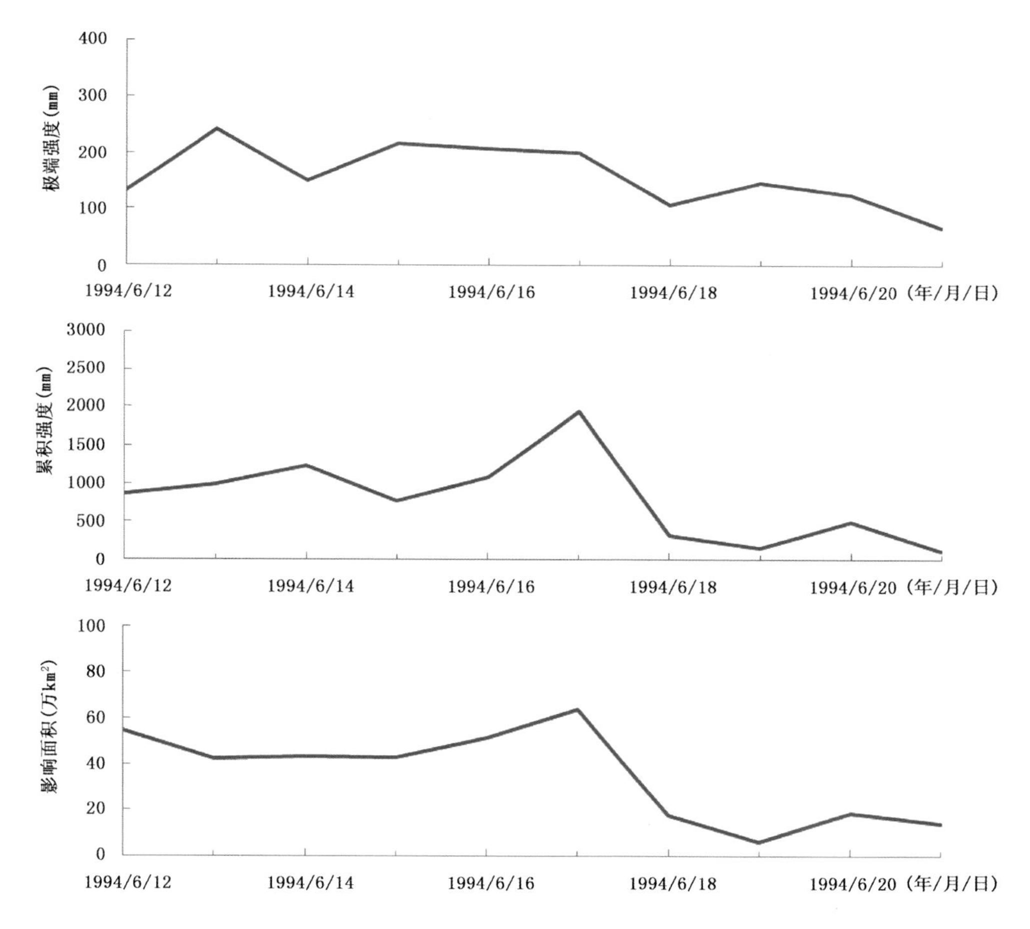

图 4.12　1994 年 6 月 12—21 日极端区域性强降水事件各指数逐日变化

事件 3　2010 年 6 月中下旬江南、华南及贵州等地强降水

2010 年 6 月 17—26 日,江南、华南及贵州等地出现大范围强降水事件(图 4.13),事件综合指数为 5.35,自 1961 年以来排名第三。这次事件的累积强度,江南大部分地区普遍在 100 mm

以上，其中江西中东部、福建西北部超过 150 mm(图 4.13a)。事件极端强度，江南大部分地区、华南大部分地区普遍有 50 mm 以上，其中江西中部、福建西北部超过 100 mm(图 4.13b)。该次事件持续了 10 d。从各指标的逐日变化上看，事件极端强度在事件末期(6 月 26 日)达到最大；累积强度和影响面积在过程前期和后期有两个峰值，分别出现在 6 月 20 日和 6 月 25 日附近(图 4.14)。

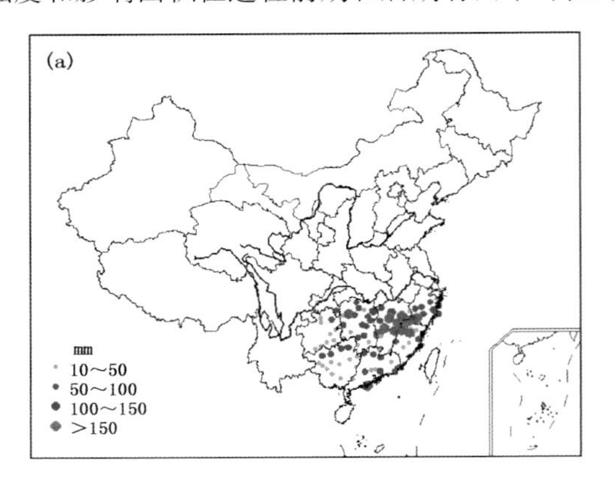

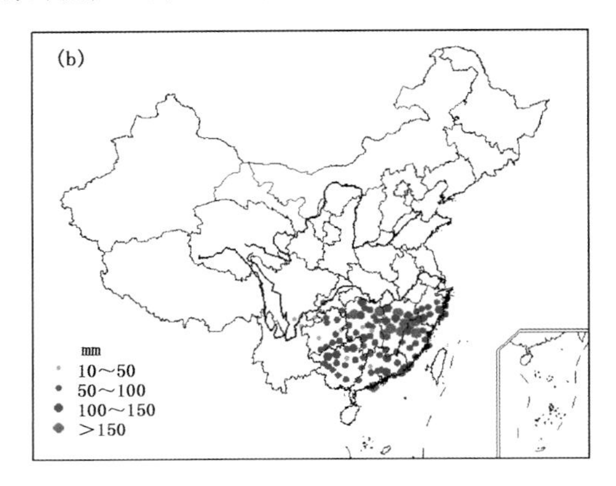

图 4.13　2010 年 6 月 17—26 日极端区域性强降水事件累积强度(a)和极端强度(b)分布(单位：mm)

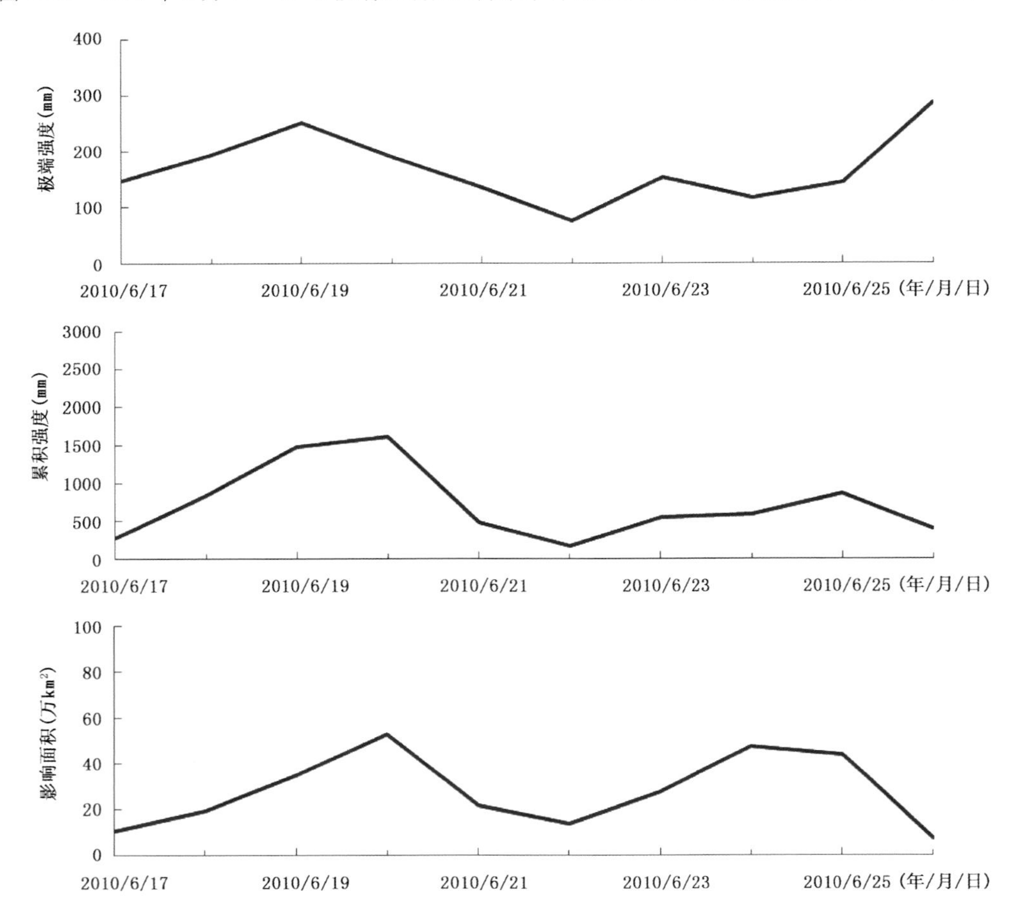

图 4.14　2010 年 6 月 17—26 日极端区域性强降水事件各指数逐日变化

事件4　长江中下游沿江及贵州等地强降水

1999年6月24日至7月1日，长江中下游沿江的江苏中部和南部、安徽中部和南部、湖北中部和南部、浙江北部、江西北部、湖南北部以及贵州、重庆中南部等地出现大范围强降水事件，事件综合指数为4.87，自1961年以来排名第四。事件累积强度，江苏南部、安徽南部、浙江北部、江西北部普遍在100 mm以上，其中安徽、江西和浙江三省交界处超过150 mm(图4.15a)。事件极端强度，长江中下游沿江地区普遍有50 mm以上，其中江苏东南部、安徽西南部、湖北东南部、浙江北部超过100 mm(图4.15b)。此次事件持续了8 d。从各指标的逐日变化上看，事件极端强度在过程中期(6月27日)达到最大；累积强度和影响面积在过程中后期较大(图4.16)。

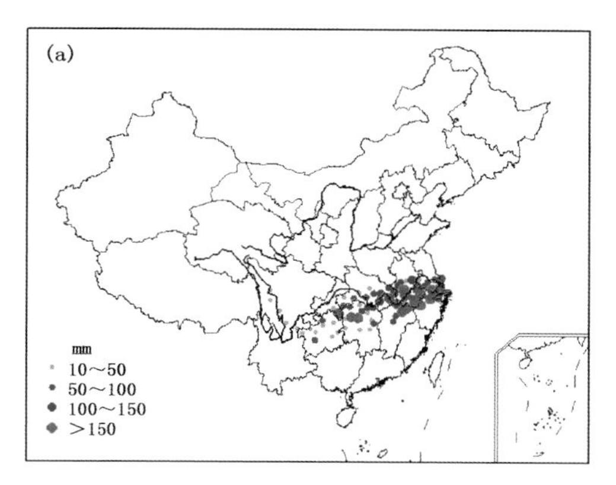

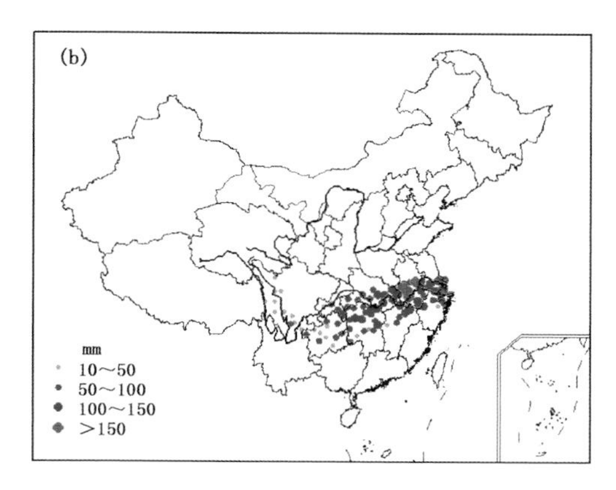

图4.15　1999年6月24日—7月1日极端区域性强降水事件累积强度(a)和极端强度(b)分布(单位：mm)

事件5　江淮、长江中下游沿江及贵州等地强降水

1991年7月1—7日，江淮、长江中下游沿江及贵州等地。江淮大部分地区、长江中下游沿江及贵州大部分地区、重庆东南部等地出现大范围强降水事件，事件综合指数为4.32，自1961年以来排名第五。事件累积强度，江苏中南部、安徽中部和南部普遍在100 mm以上，其中江苏中东部、安徽南部超过150 mm(图4.17a)。事件极端强度，江淮、长江中下游沿江、贵州东北部等地普遍有50 mm以上，其中江苏南部、安徽大部分地区、贵州东北部超过100 mm(图4.17b)。此次事件持续了7 d。从各指标的逐日变化上看，事件极端强度在过程后期(7月7日)达到最大；累积强度和影响面积也在过程中后期(7月6日)最大(图4.18)。

事件6　长江中下游、华南北部及贵州等地强降水

1982年6月13—21日，长江中下游、华南北部及贵州等地出现大范围强降水事件，事件综合指数为4.27，自1961年以来排名第六。事件累积强度，江西中东部、福建西北部在100 mm以上(图4.19a)。事件极端强度，安徽南部、湖北南部、浙江西南部、江西中北部、湖南中北部、福建北部等地普遍有50 mm以上，其中浙江西北南部、福建西北部超过100 mm(图4.19b)。此次事件持续了9 d。从各指标的逐日变化上看，事件极端强度在过程后期6月20日达到最大；累积强度和影响面积有两个峰值，分别出现在过程前期6月15日和过程后期6月21日(图4.20)。

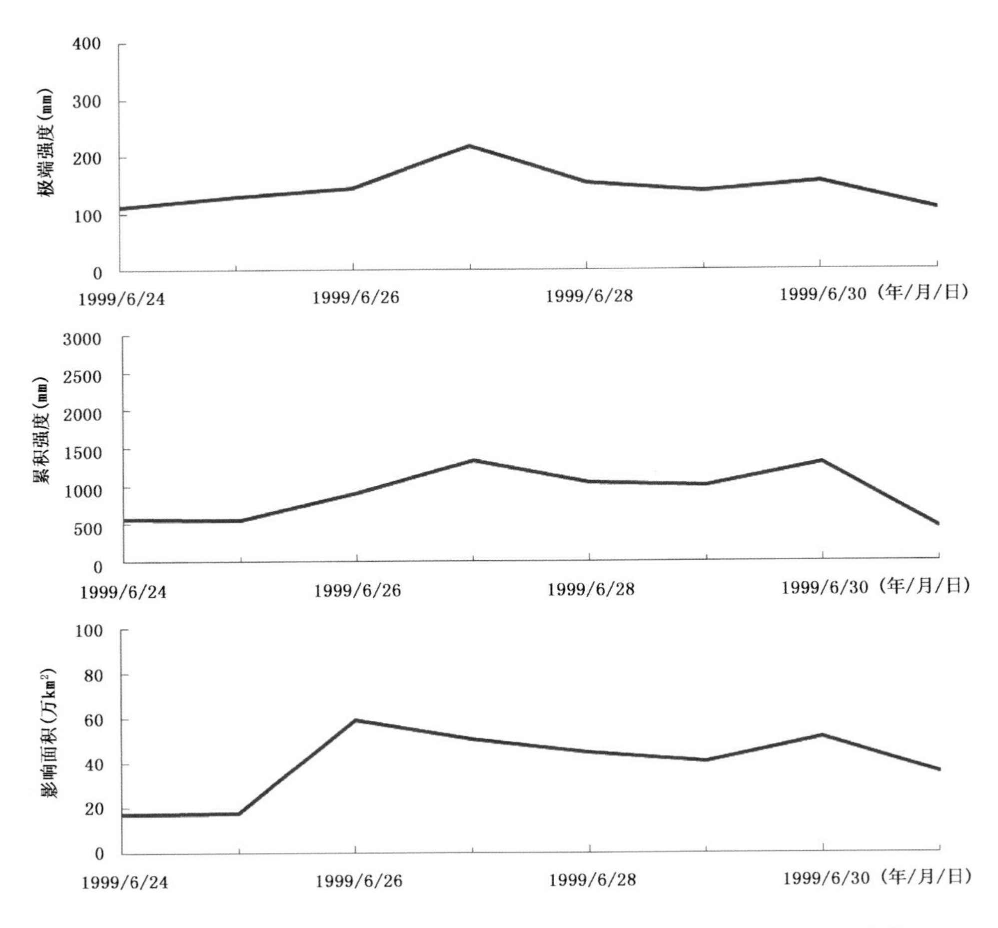

图 4.16 1999 年 6 月 24 日—7 月 1 日极端区域性强降水事件各指数逐日变化

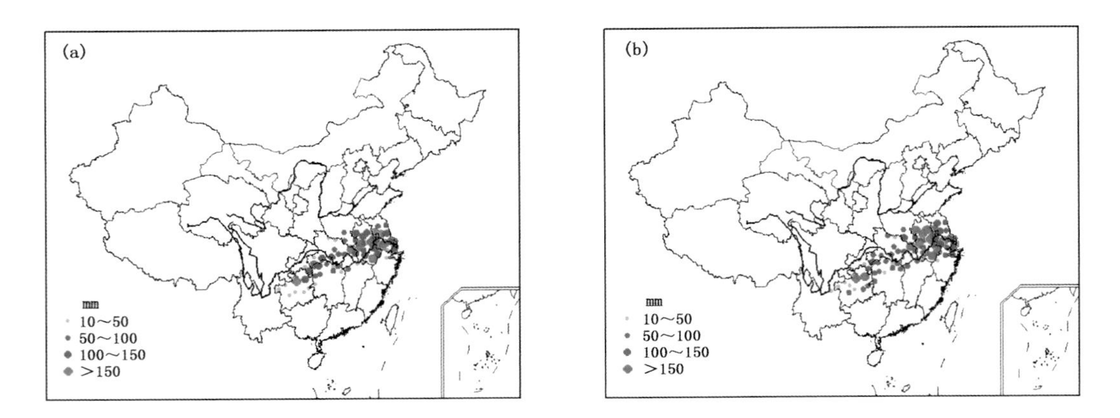

图 4.17 1991 年 7 月 1—17 日极端区域性强降水事件累积强度(a)和极端强度(b)分布(单位:mm)

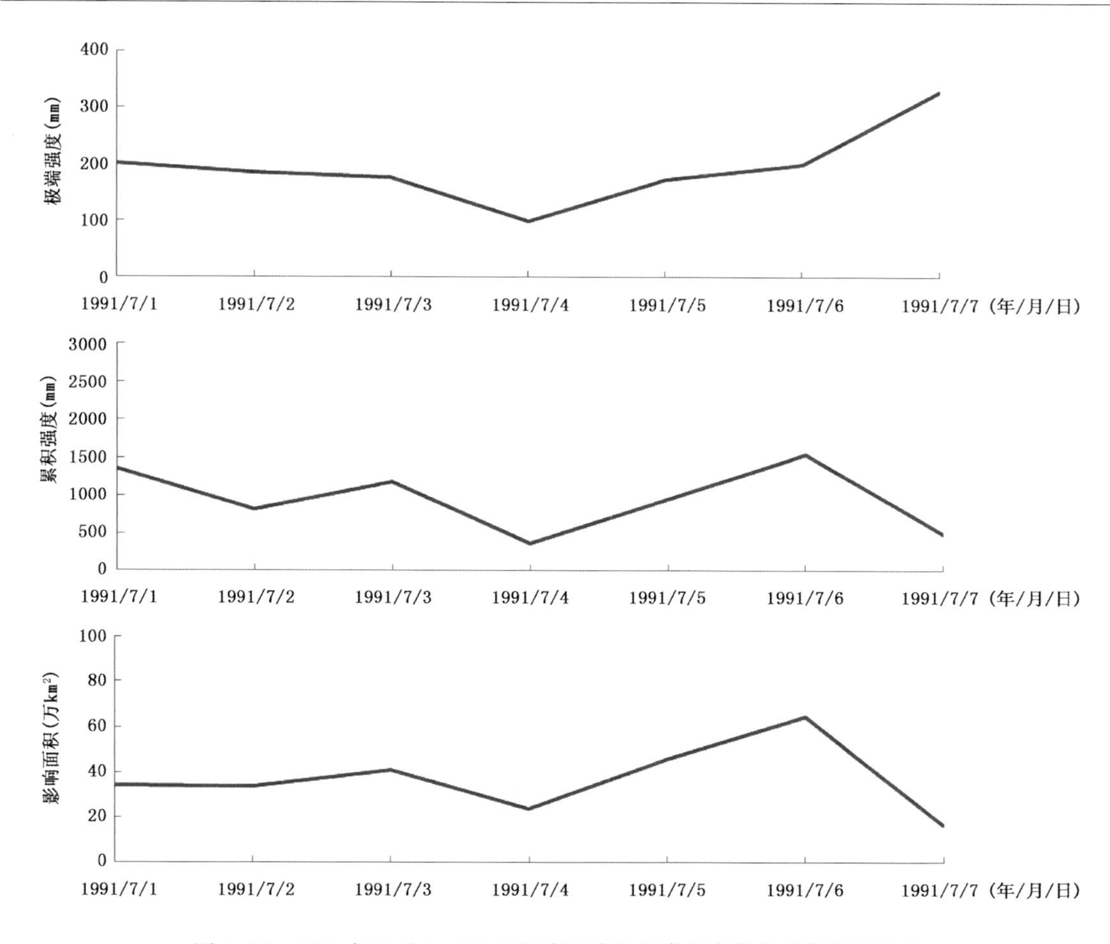

图 4.18　1991 年 7 月 1—17 日极端区域性强降水事件各指数逐日变化

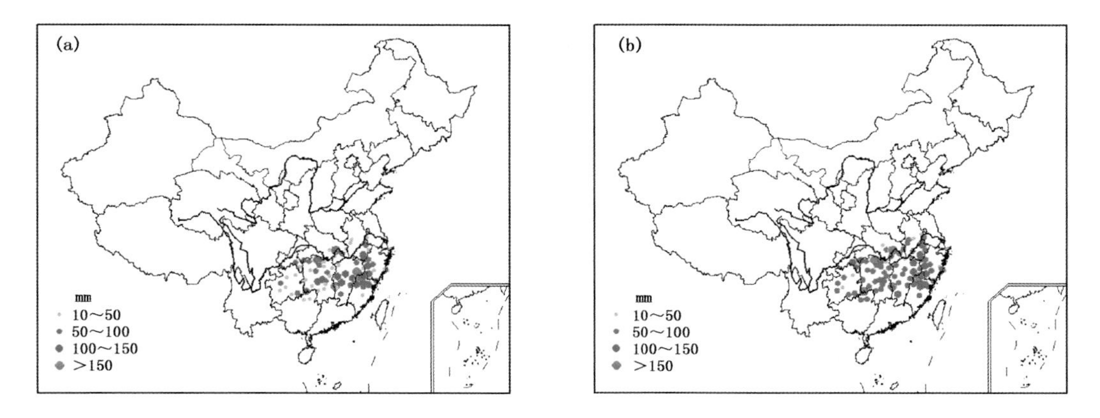

图 4.19　1982 年 6 月 13—21 日极端区域性强降水事件累积强度(a)和极端强度(b)分布(单位:mm)

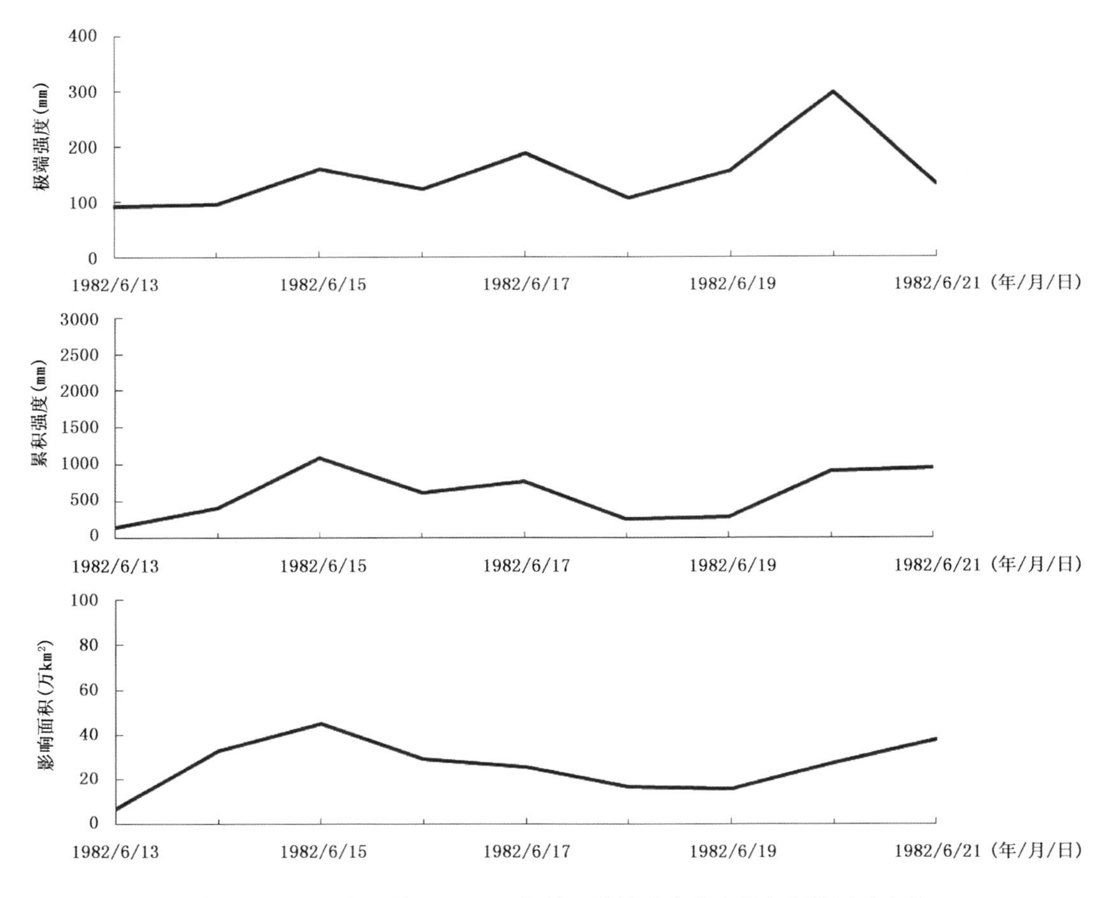

图 4.20　1982 年 6 月 13—21 日极端区域性强降水事件各指数逐日变化

事件 7　长江中下游、华南及西南东部强降水

1981 年 6 月 26 日—7 月 1 日，长江中下游、华南西部及西南地区东部等地出现大范围强降水事件，事件综合指数为 3.98，自 1961 年以来排名第七。事件累积强度，安徽南部、湖北东南部、江西西北部、广东南部、广西东部都在 50 mm 以上，其中广东南部超过 100 mm(图 4.21a)。事件极端强度，江苏南部、安徽南部、湖北南部、江西西北部、湖南大部分地区、广东中南部、广西东部等地普遍都在 50 mm 以上，其中安徽南部、广西东北部超过 100 mm(图 4.21b)。此次事件持续了 6 d。从各指标的逐日变化上看，事件极端强度在过程后期(7 月 1 日)最大；累积强度和影响面积在过程前期(6 月 27 日)最大，之后逐渐减小(图 4.22)。

事件 8　中国中东部沿海地区强降水

1997 年 8 月 18—22 日，中国中东部沿海地区出现大范围强降水事件，事件综合指数为 3.93，自 1961 年以来排名第八。事件累积强度，吉林中部、辽宁中部和南部、山东东部、江苏东南部、浙江东部等地都在 50 mm 以上，其中山东半岛超过 100 mm(图 4.23a)。事件极端强度，黑龙江南部、吉林中西部、辽宁大部分地区、山东大部分地区、江苏大部分地区、浙江东部等地普遍都在 50 mm 以上，其中辽宁北部和南部、山东东部超过 100 mm(图 4.23b)。此次事件持续了 5 d。从各指标的逐日变化上看，事件极端强度在 8 月 19 日最大；累积强度在过程中期(8 月 20 日)最大，影响面积在 8 月 21 日最大(图 4.24)。

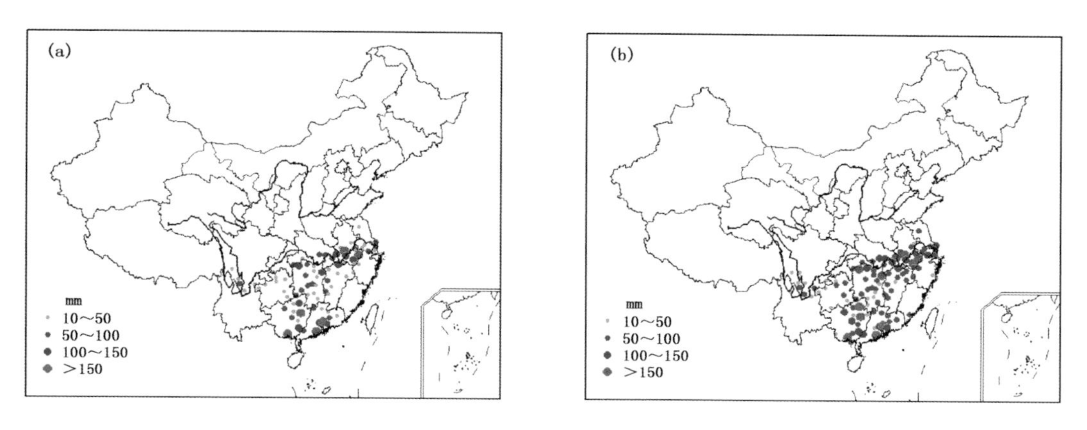

图 4.21　1981 年 6 月 26 日—7 月 1 日极端区域性强降水事件累积强度(a)和极端强度(b)分布(单位:mm)

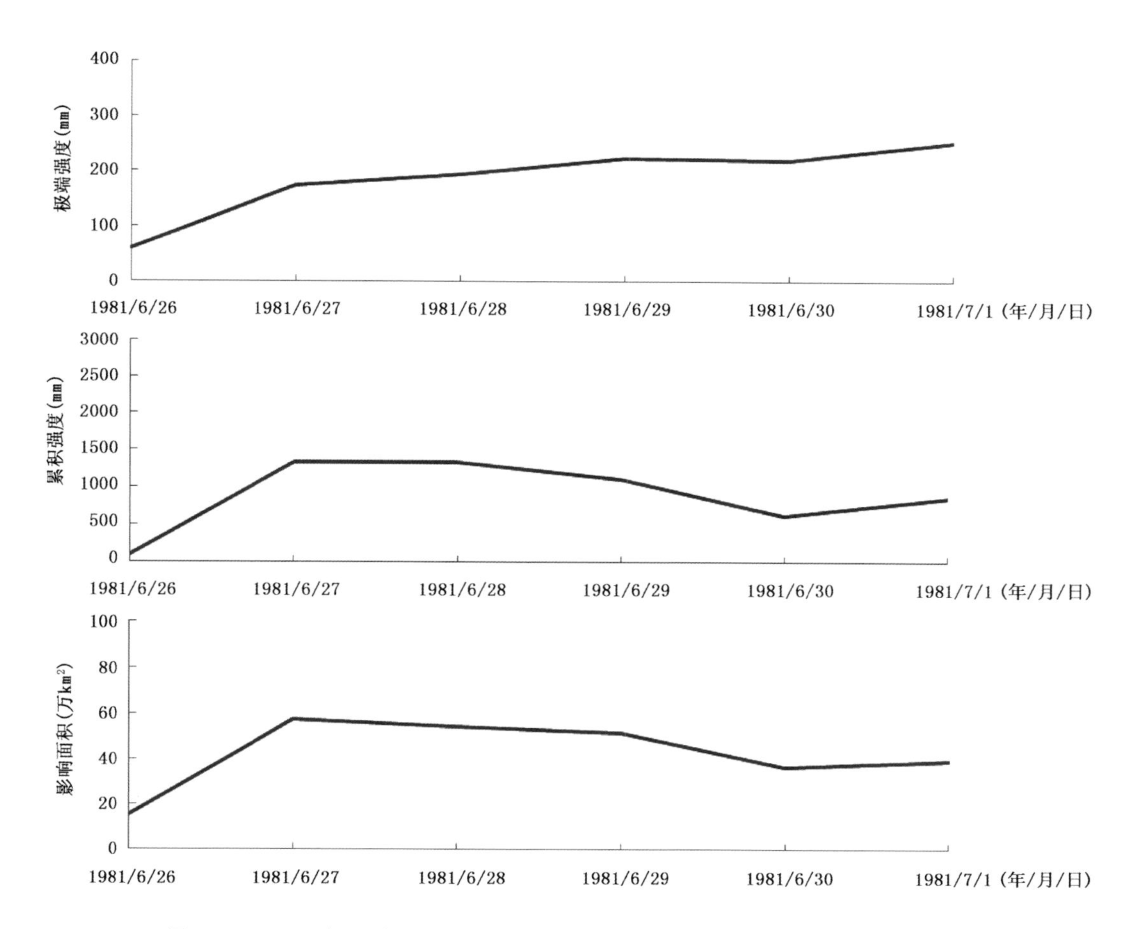

图 4.22　1981 年 6 月 26 日—7 月 1 日极端区域性强降水事件各指数逐日变化

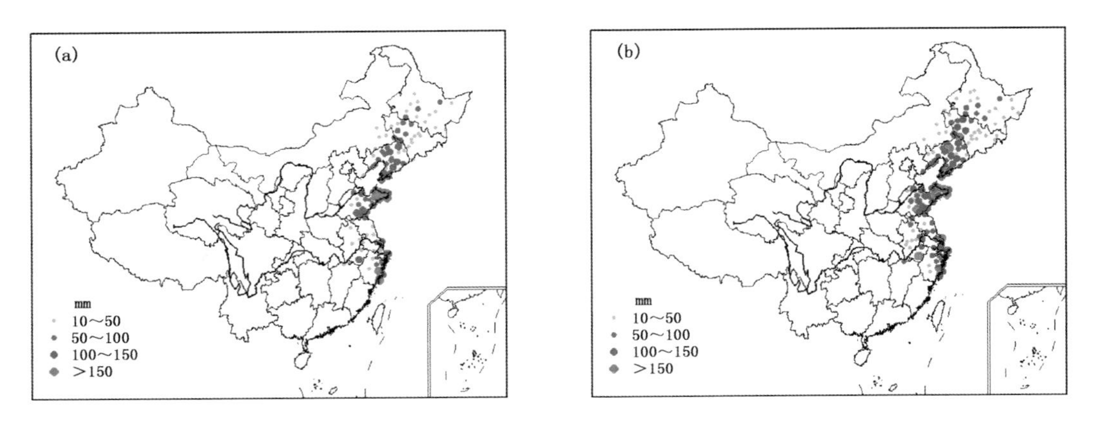

图 4.23　1997 年 8 月 18—22 日极端区域性强降水事件累积强度(a)和极端强度(b)分布(单位:mm)

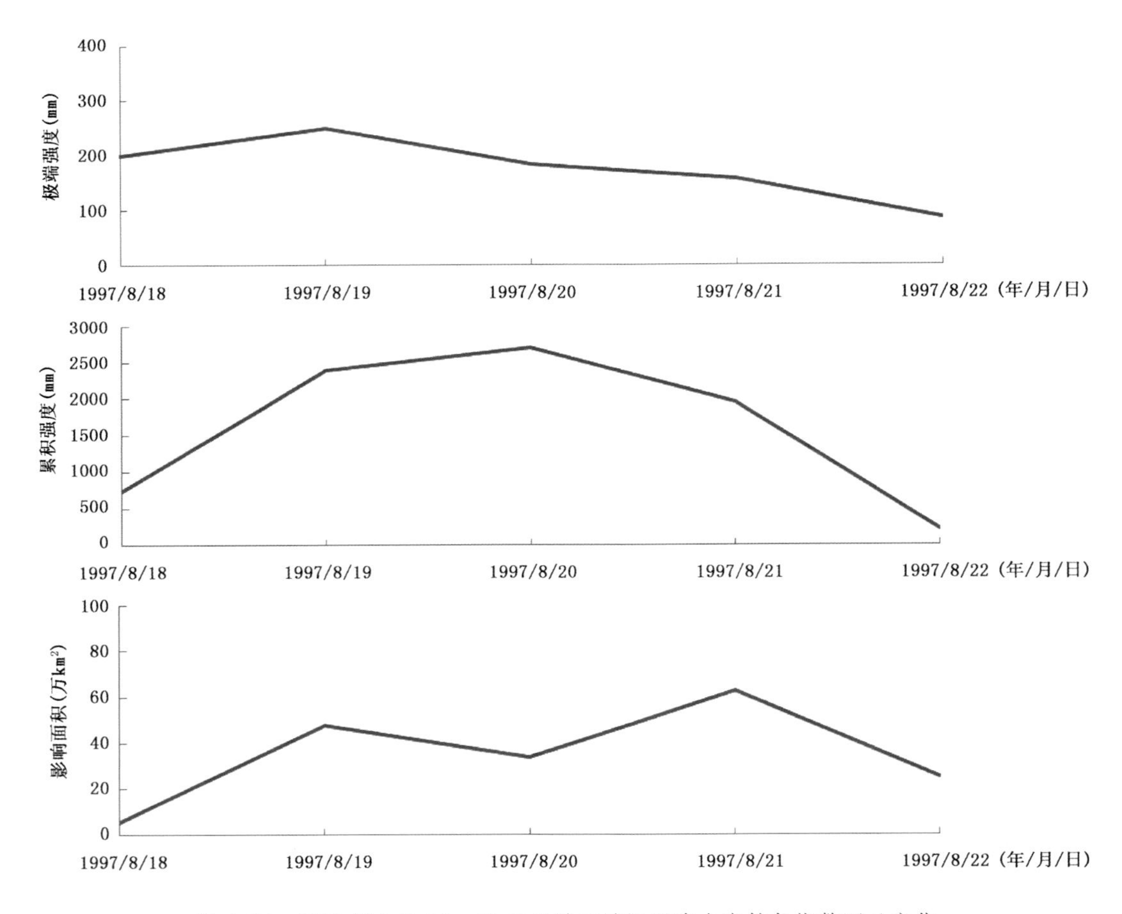

图 4.24　1997 年 8 月 18—22 日极端区域性强降水事件各指数逐日变化

事件 9　长江中下游、华南和西南东部强降水

1966 年 6 月 27 日—7 月 4 日,长江中下游、华南西部及贵州、云南东部等地出现大范围强降水事件,事件综合指数为 3.81,自 1961 年以来排名第九。事件累积强度,湖南北部、江西中西部等地都在 50 mm 以上(图 4.25a)。事件极端强度,安徽南部、湖北南部、江西北部、湖南北部、广西中部和西北部等地都在 50 mm 以上，其中湖南北部超过 100 mm(图 4.25b)。此次事件持续了 8 d。从各指标的逐日变化上看，事件极端强度除过程最后一日外，均维持在 100 mm 以上，其中 6 月 29 日最大；累积强度和影响面积有两个峰值，分别出现在 6 月 29 日和 7 月 3 日(图 4.26)。

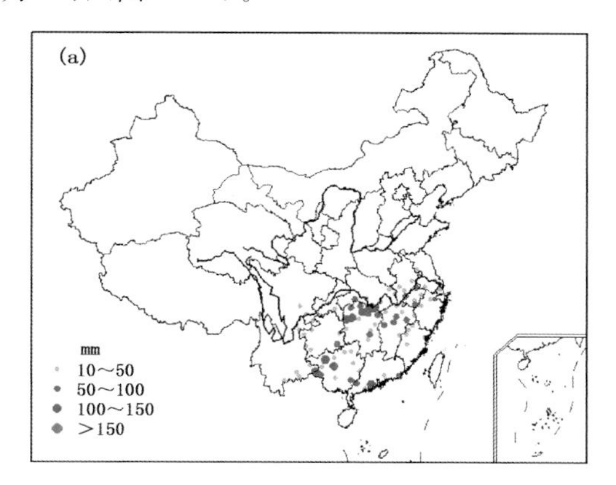

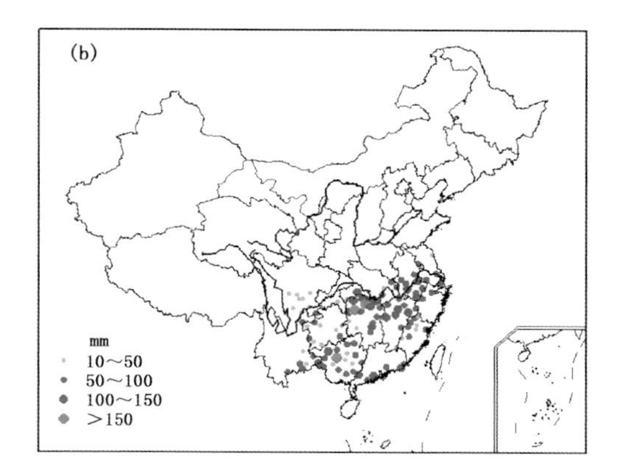

图 4.25　1966 年 6 月 27 日—7 月 4 日极端区域性强降水事件累积强度(a)和极端强度(b)分布(单位：mm)

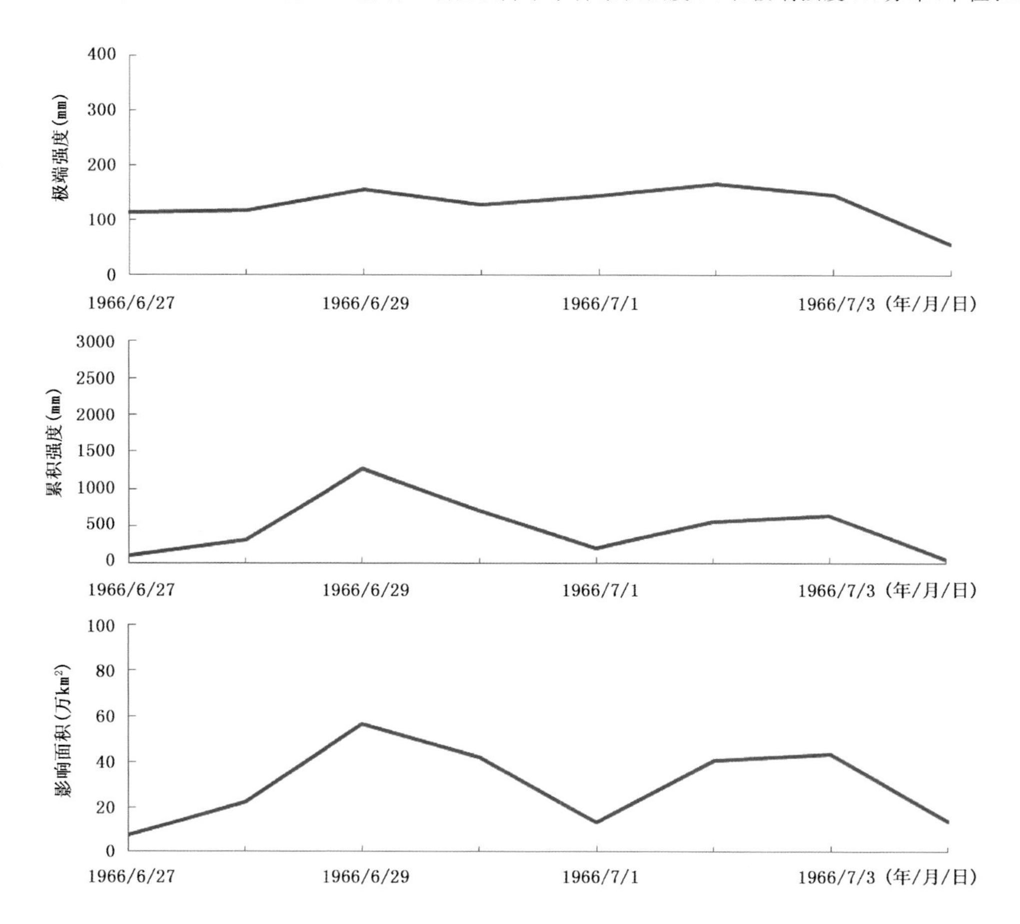

图 4.26　1966 年 6 月 27 日—7 月 4 日极端区域性强降水事件各指数逐日变化

事件 10 华北、黄淮西部强降水

1963 年 8 月 2—9 日，华北大部分地区、黄淮中部和西部等地出现大范围强降水事件，事件综合指数为 3.73，自 1961 年以来排名第十。事件累计强度，河北中部和南部、山西东部、河南中部和北部等地都在 50 mm 以上，其中河北西南部、陕西东部、河南北部超过 150 mm（图 4.27a）。事件极端强度，河北中部和南部、山西东部、河南中部和北部等地都在 50 mm 以上，其中河北南部、河南北部超过 100 mm（图 4.27b）。此次事件持续了 8 d。从各指标的逐日变化上看，事件极端强度 8 月 4 日最大；累积强度和影响面积变化较平缓，在过程后期（8 月 8 日）出现最大值（图 4.28）。

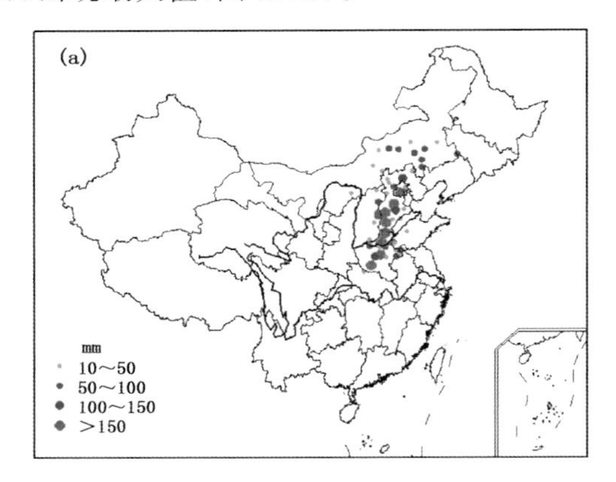

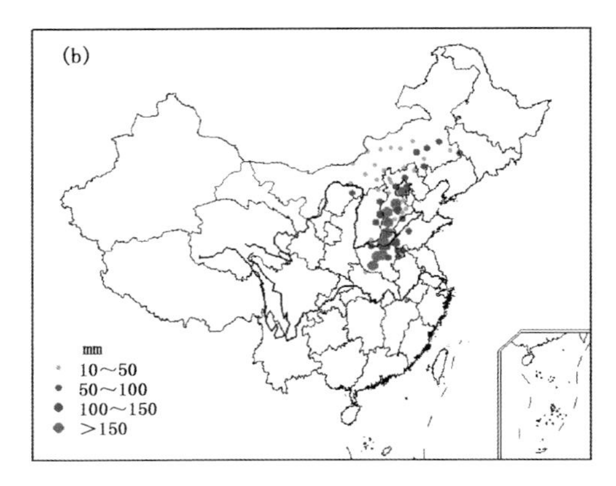

图 4.27 1963 年 8 月 2—9 日极端区域性强降水事件累积强度（a）和极端强度（b）分布（单位：mm）

事件 11 长江中下游、西南东部强降水

1995 年 6 月 20—26 日，长江中下游及贵州、重庆、云南东部等地出现大范围强降水事件，事件综合指数为 3.44，自 1961 年以来排名第十一。事件累积强度，江苏南部、安徽南部、湖北东部、江西北部等地都在 50 mm 以上，其中江西西北部超过 100 mm（图 4.29a）。事件极端强度，江苏南部、安徽中部和南部、湖北东部、江西北部、贵州中北部等地都在 50 mm 以上，其中江西西北部超过 100 mm（图 4.29b）。此次事件持续了 7 d。

事件 12 华北、黄淮西部、江南中部、华南东部等地强降水

1996 年 8 月 1—5 日，华北大部分地区、黄淮西部、江南中部、华南东部等地出现大范围强降水事件，事件综合指数为 3.42，自 1961 年以来排名第十二。事件累积强度，河北西南部、山西东部、河南北部、湖南东南部、福建东部等地都在 50 mm 以上，其中河北西南部等地超过 100 mm（图 4.31a）。事件极端强度，河北中部和南部、山西东部、河南北部、湖南东部、江西南部、福建大部分地区等都在 50 mm 以上，其中河北西南部、山西东部超过 100 mm（图 4.31b）。此次事件持续了 5 d。

事件 13 长江中下游沿江、西南东部及广西等地强降水

1998 年 7 月 21—26 日，长江中下游沿江、西南东部及广西等地出现大范围强降水事件，事件综合指数为 3.32，自 1961 年以来排名第十三。事件累积强度，湖北南部、湖南西北部等地都在 50 mm 以上，其中湖北东南部和湖南西北部超过 100 mm（图 4.33a）。事件极端强度，湖北南部、湖南北部、贵州东部、广西大部分地区等都在 50 mm 以上，其中湖北东南部、湖南西北部、贵州东北部超过 100 mm（图 4.33b）。此次事件持续了 6 d。

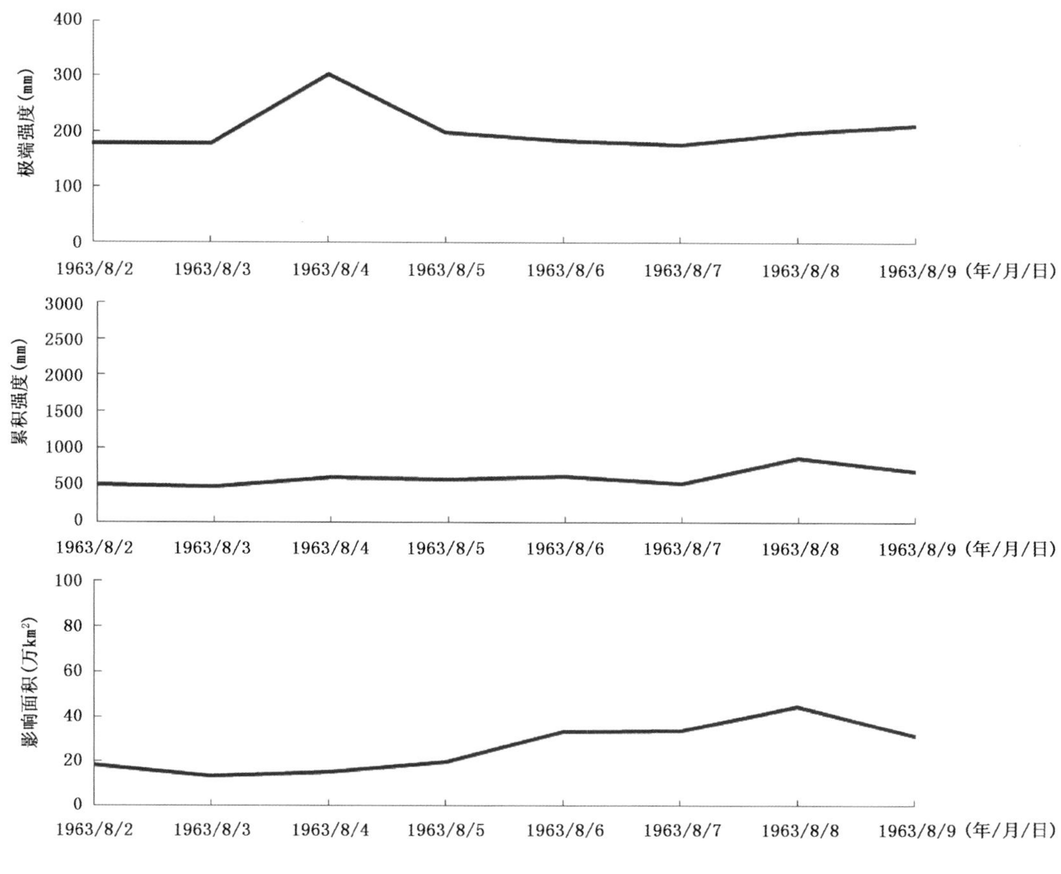

图4.28　1963年8月2—9日极端区域性强降水事件各指数逐日变化

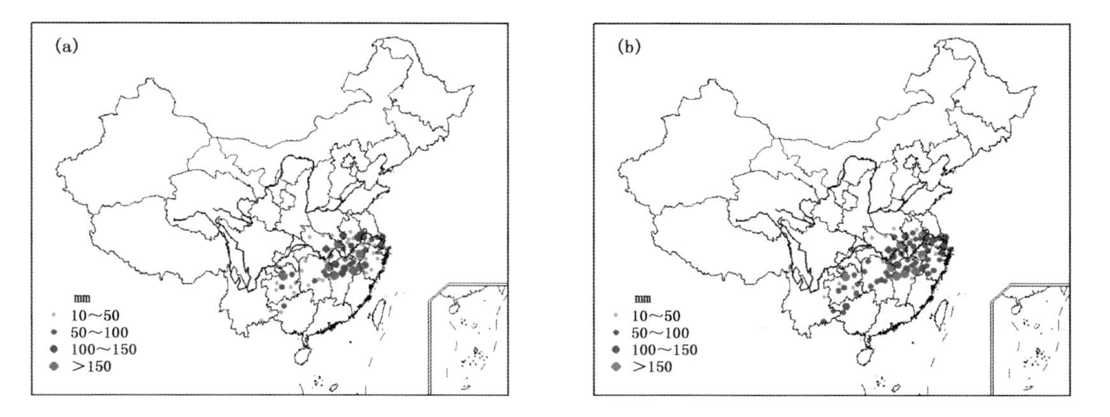

图4.29　1995年6月20—26日极端区域性强降水事件累积强度(a)和极端强度(b)分布(单位:mm)

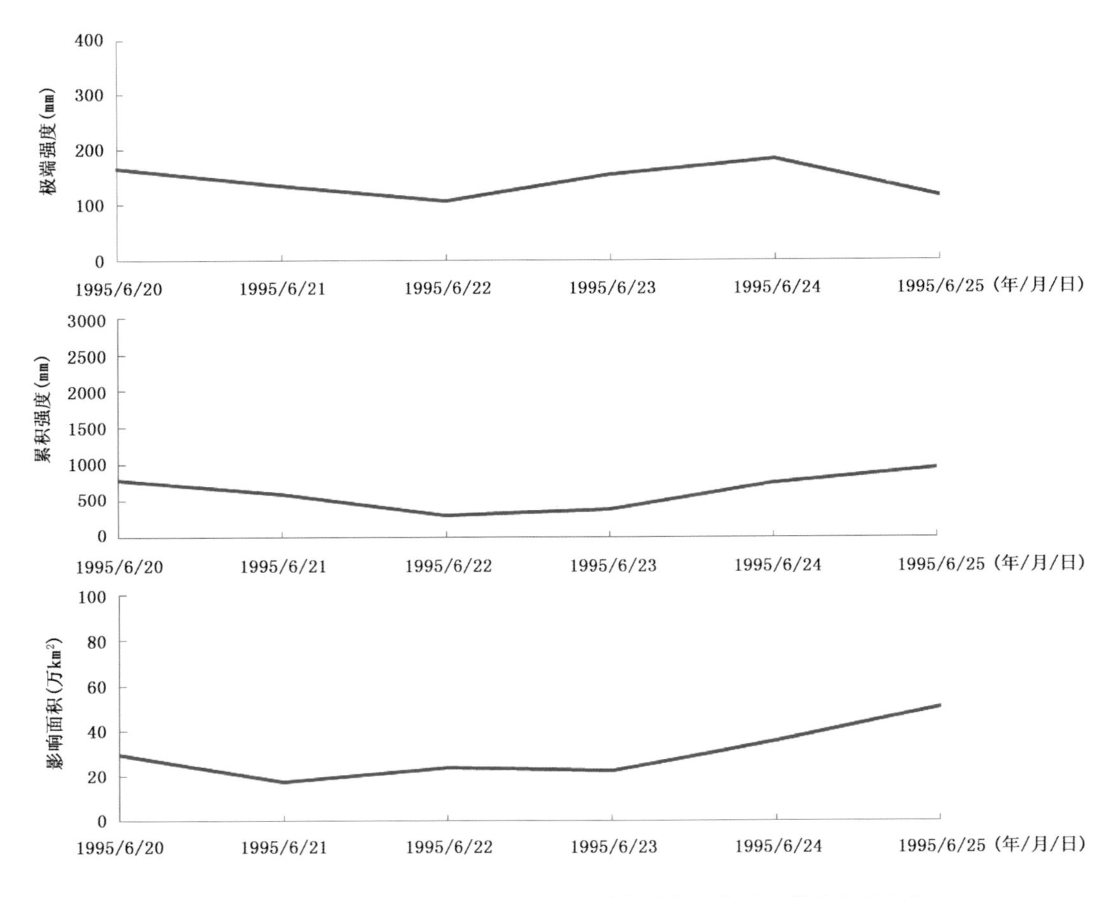

图 4.30 1995 年 6 月 20—26 日极端区域性强降水事件各指数逐日变化

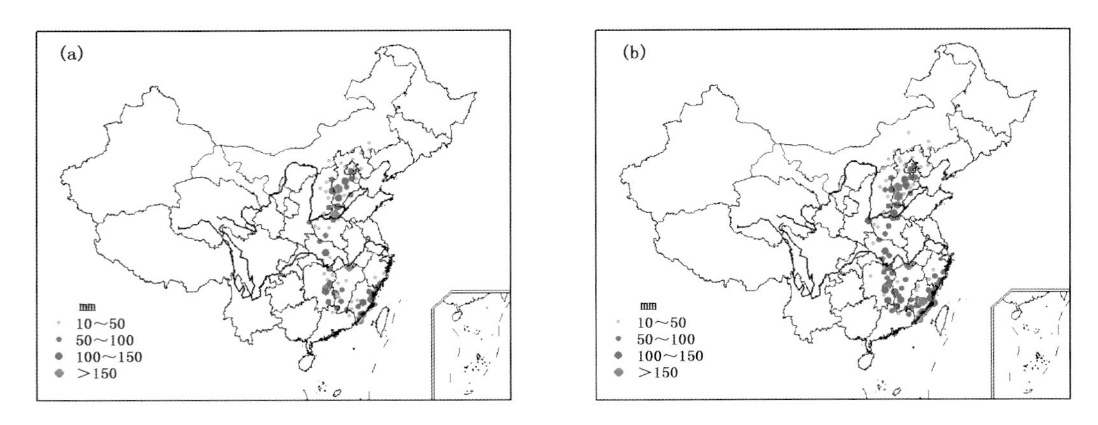

图 4.31 1996 年 8 月 1—5 日极端区域性强降水事件累积强度(a)和极端强度(b)分布(单位:mm)

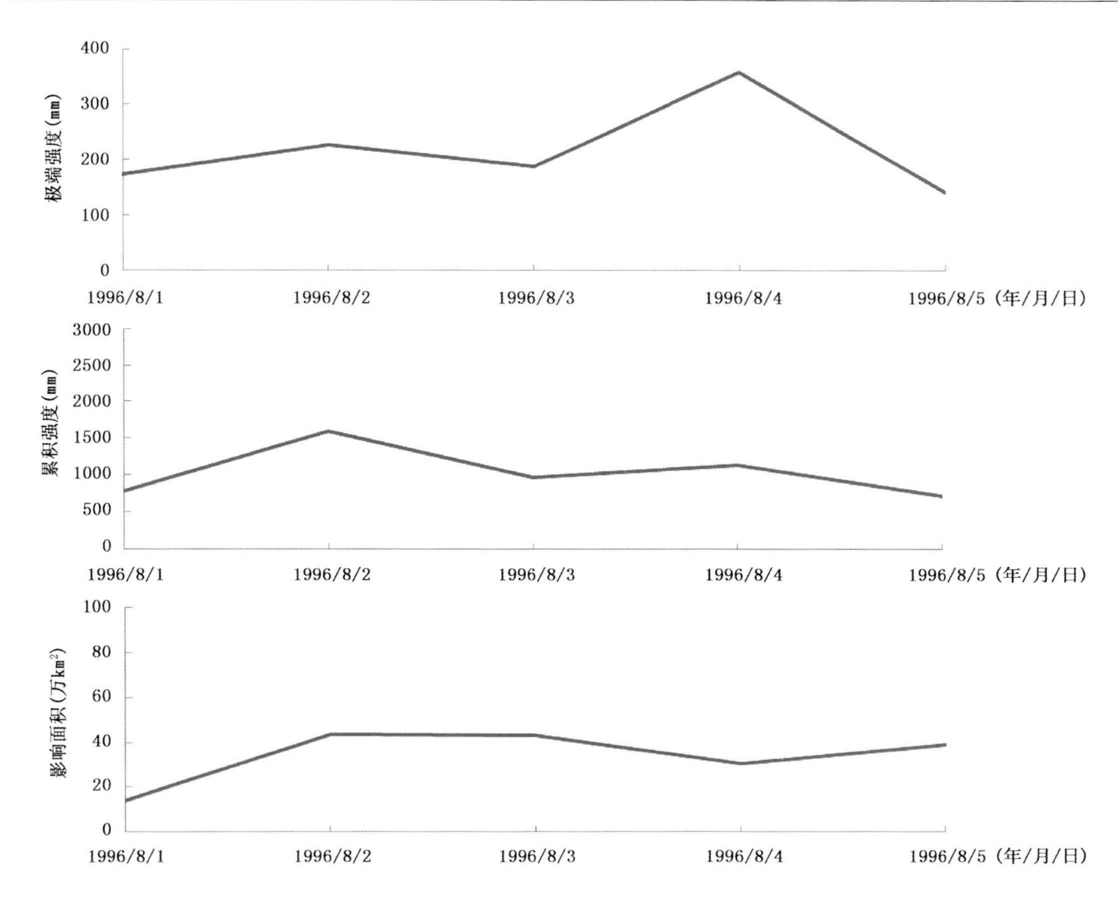

图4.32 1996年8月1—5日极端区域性强降水事件各指数逐日变化

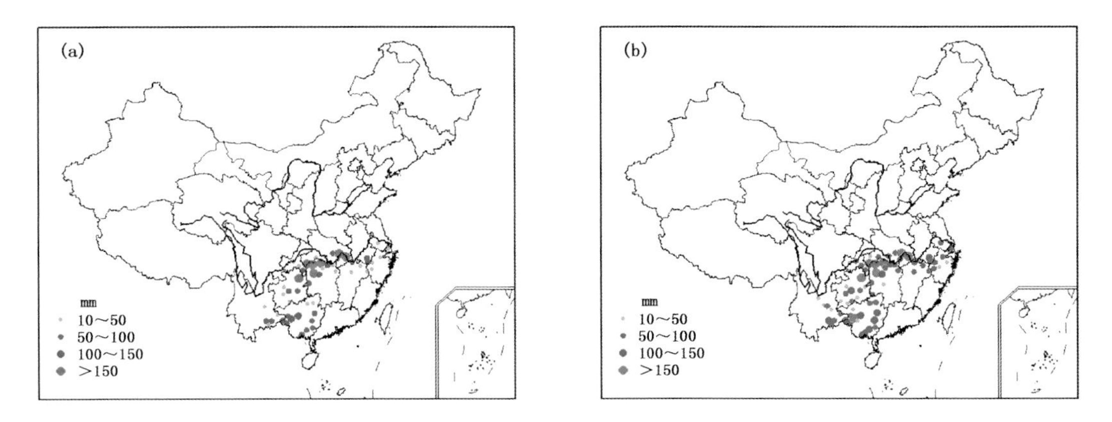

图4.33 1998年7月21—26日极端区域性强降水事件累积强度(a)和极端强度(b)分布(单位:mm)

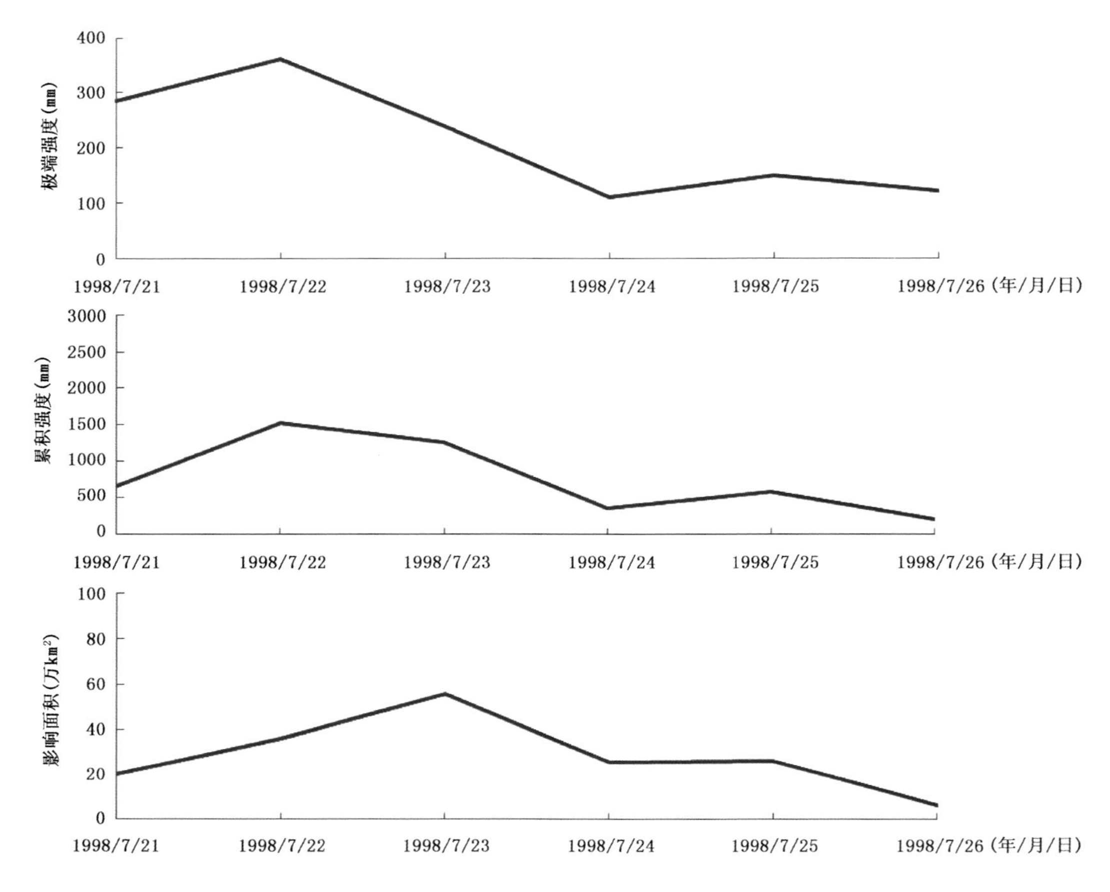

图 4.34 1998 年 7 月 21—26 日极端区域性强降水事件各指数逐日变化

事件 14 江南中部和南部、华南强降水

2005 年 6 月 18—23 日，江南中部和南部、华南中部和东部等地出现大范围强降水事件，事件综合指数为 3.29，自 1961 年以来排名第十四。事件累积强度，江西中部、福建北部、广东中东部、广西东北部等地均在 50 mm 以上，其中江西中东部、福建西北部超过 100 mm（图 4.35a）。事件极端强度，江西中部、福建北部、广东大部分地区、广西东北部等地在 50 mm 以上，其中江西中东部、福建西北部、广东中部、广西东北部超过 100 mm（图 4.35b）。此次事件持续了 6 d。

事件 15 西南地区东部、西北地区东南部和华北南部等地强降水

1983 年 7 月 28 日—8 月 2 日，西南地区东部、西北地区东南部和华北南部等地出现大范围强降水事件，事件综合指数为 2.98，自 1961 年以来排名第十五。事件累积强度，江西中部、福建北部、广东中东部、广西东北部等地有 50 mm 以上，其中江西中东部、福建西北部超过 100 mm（图 4.35a）。事件极端强度，江西中部、福建北部、广东大部分地区、广西东北部等地在 50 mm 以上，其中江西中东部、福建西北部、广东中部、广西东北部超过 100 mm（图 4.35b）。此次事件持续了 6 d。

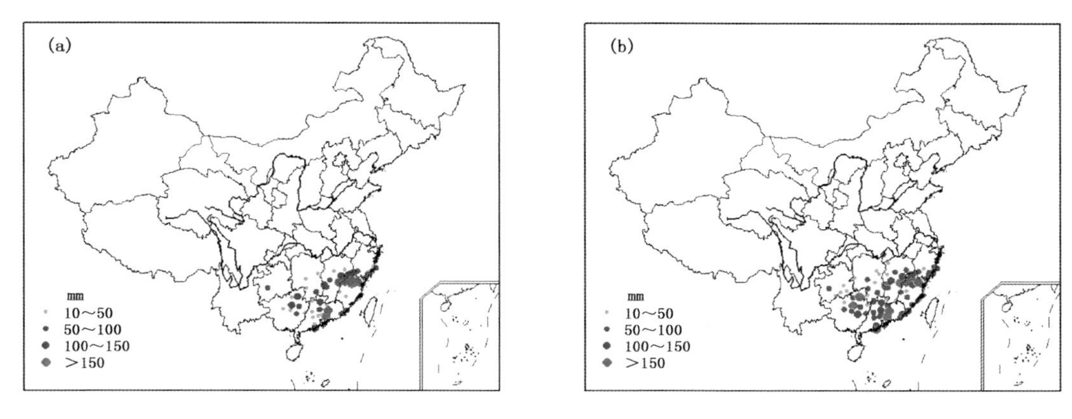

图4.35 2005年6月18—23日极端区域性强降水事件累积强度(a)和极端强度(b)分布(单位:mm)

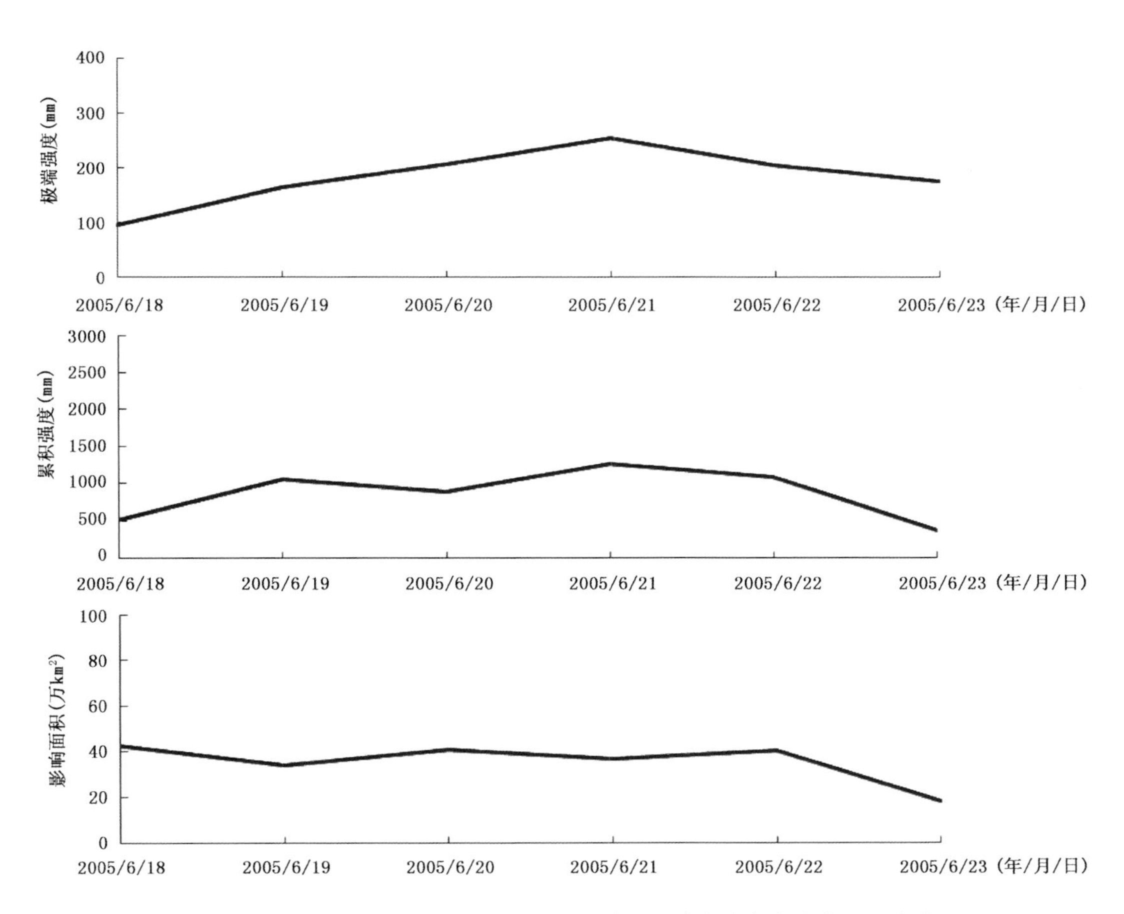

图4.36 2005年6月18—23日极端区域性强降水事件各指数逐日变化

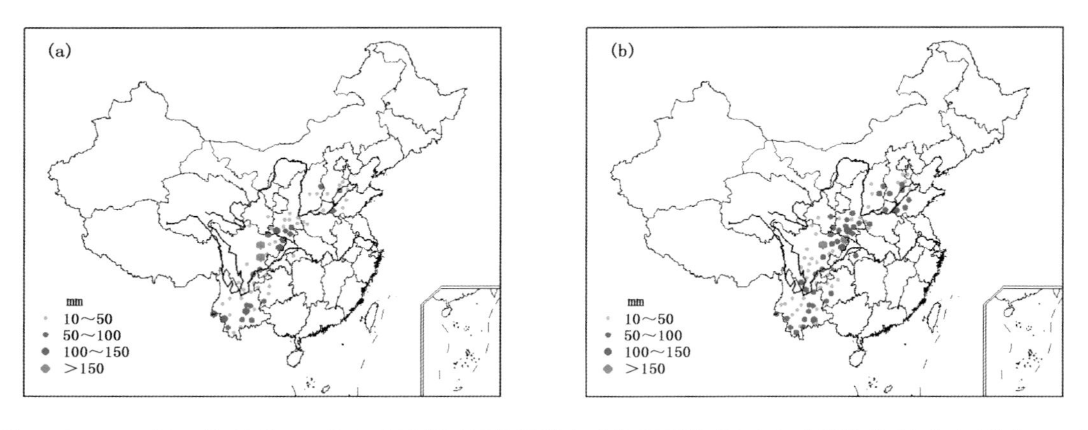

图 4.37 1983 年 7 月 28 日—8 月 2 日极端区域性强降水事件累积强度(a)和极端强度(b)分布(单位:mm)

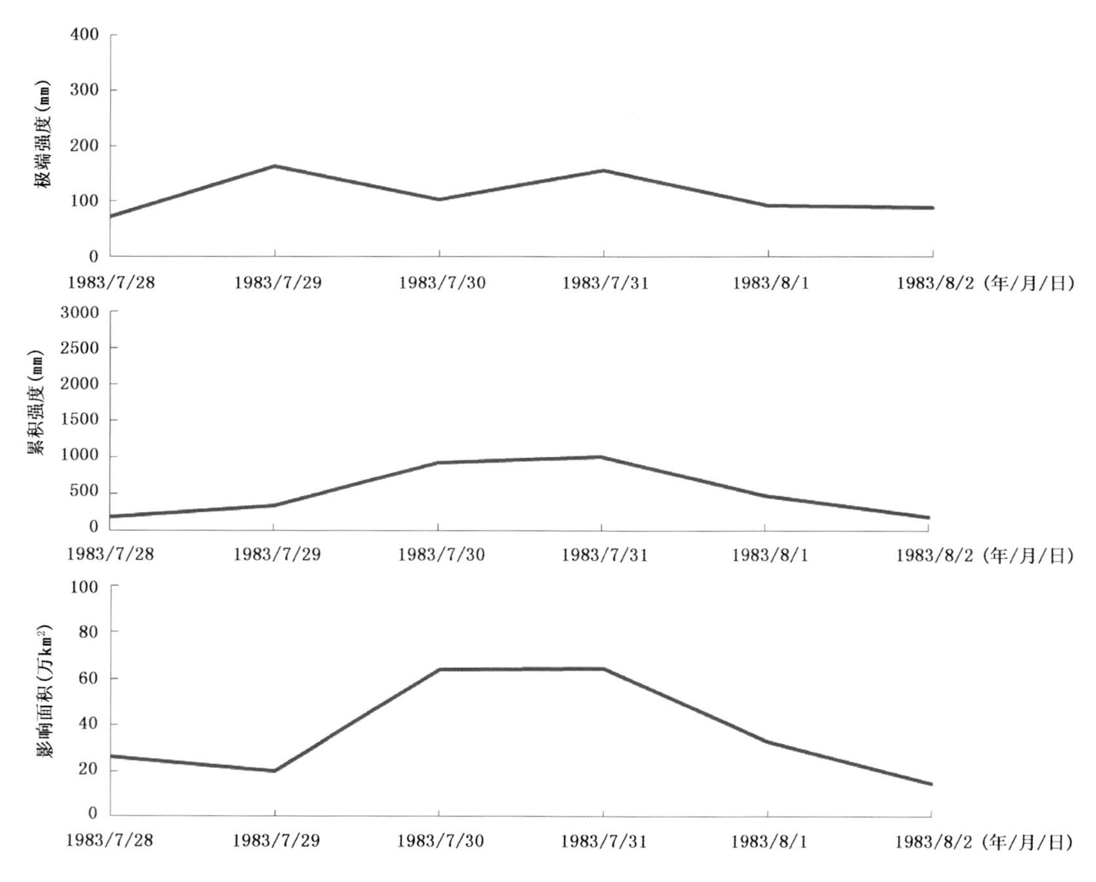

图 4.38 1983 年 7 月 28 日—8 月 2 日极端区域性强降水事件各指数逐日变化

事件 16 江南南部、华南、西南东南部强降水

2006 年 7 月 14—18 日,江南南部、华南及贵州南部、云南南部等地出现大范围强降水事件,事件综合指数为 2.90,自 1961 年以来排名第十六。事件累积强度,江西南部、湖南南部、福建东部、广东北部和东部、广西东南部等地都在 50 mm 以上,其中湖南南部、广西北部和中

东部超过 100 mm(图 4.39a)。事件极端强度，江西南部、湖南南部、福建东部、广东大部、广西中部和南部等地都在 50 mm 以上，其中福建东部、广东东部和广西南部超过 100 mm(图 4.39b)。此次事件持续了 5 d。

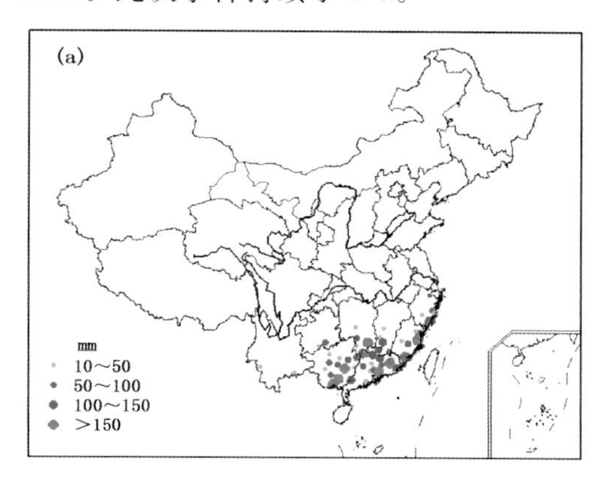

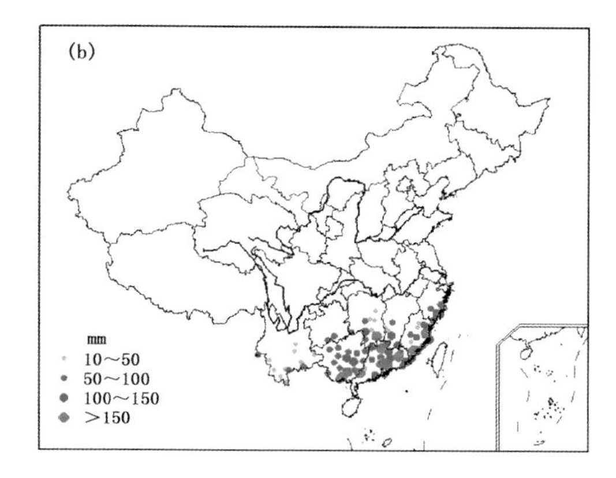

图 4.39　2006 年 7 月 14—18 日极端区域性强降水事件累积强度(a)和极端强度(b)分布(单位：mm)

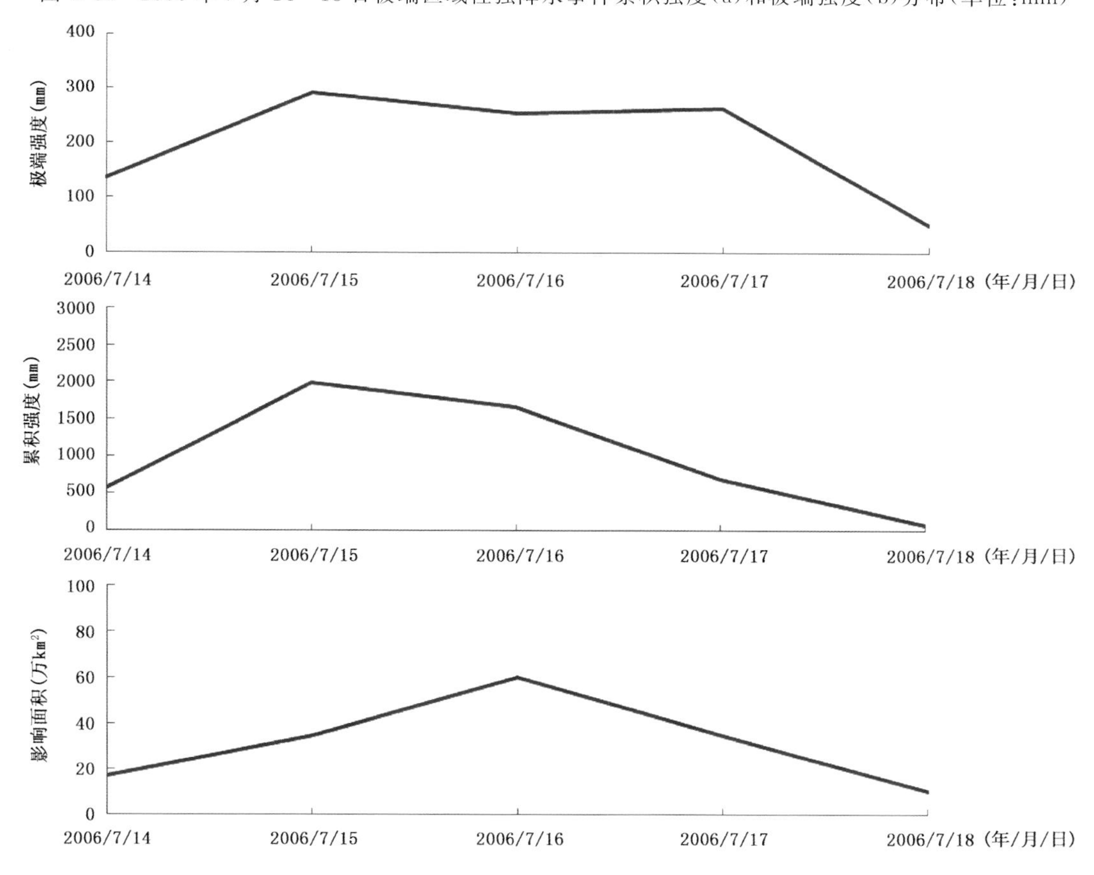

图 4.40　2006 年 7 月 14—18 日极端区域性强降水事件各指数逐日变化

事件 17　江南、华南西部及贵州、云南等地强降水

1961 年 6 月 9—13 日，江南大部分地区、华南北部及贵州东部、云南东南部等地出现大范

围强降水事件，事件综合指数为 2.83，自 1961 年以来排名第十七。事件累积强度，浙江西南部、江西东部等地有 50 mm 以上(图 4.41a)。事件极端强度，浙江西部、江西中部和北部、湖南中部和南部、广西东北部等地都在 50 mm 以上，其中江西东北部和东部局部超过 100 mm(图 4.41b)。此次事件持续了 5 d。

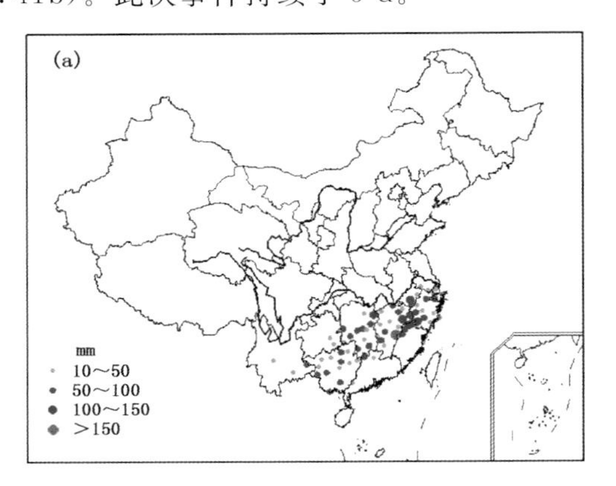

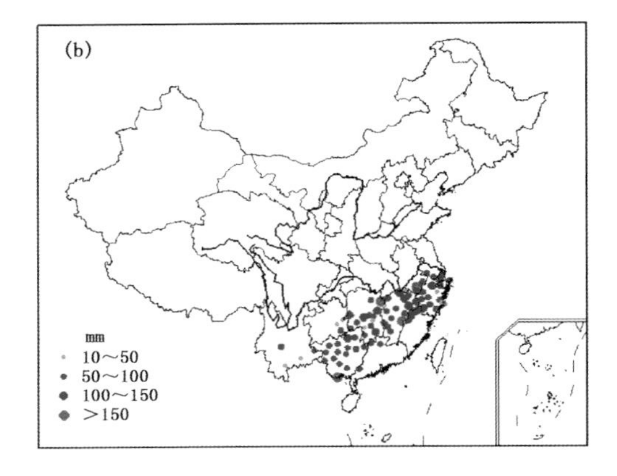

图 4.41 1961 年 6 月 9—13 日极端区域性强降水事件累积强度(a)和极端强度(b)分布(单位：mm)

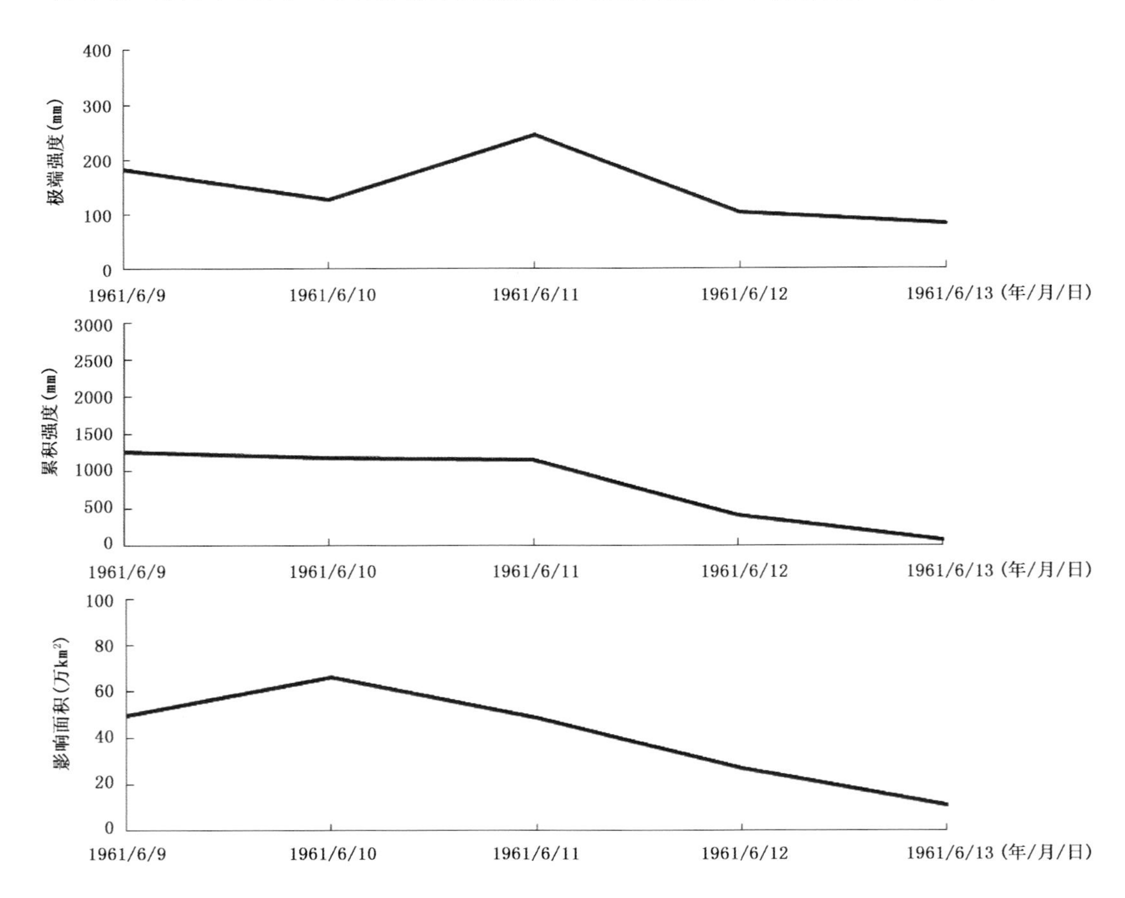

图 4.42 1961 年 6 月 9—13 日极端区域性强降水事件各指数逐日变化

事件 18　长江中下游沿江、西南东部及黄淮中东部等地强降水

1969 年 7 月 14—17 日，长江中下游沿江、西南地区东部及黄淮中东部等地出现大范围强降水事件，事件综合指数为 2.82，自 1961 年以来排名第十八。事件累积强度，安徽中南部、湖北东部、江西西北部等地都在 50 mm 以上，其中安徽中西部、湖北东北部等地超过 100 mm（图 4.43a）。事件极端强度，江苏中部、安徽中部、湖北东部、湖南北部、江西西北部等地都在 50 mm 以上，其中安徽中南部、湖北东部、江西西北部等地超过 100 mm（图 4.43b）。此次事件持续了 4 d。

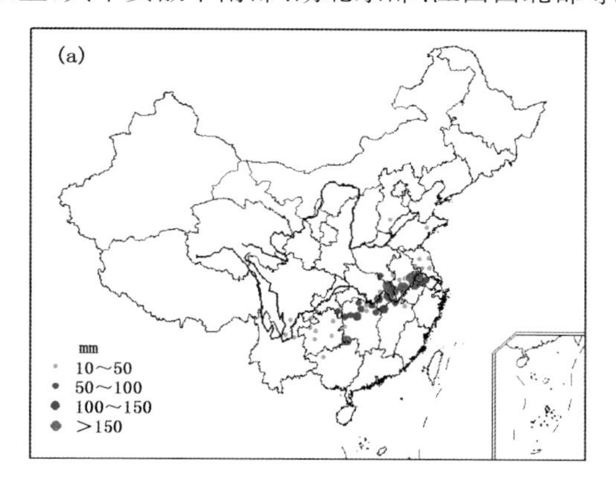

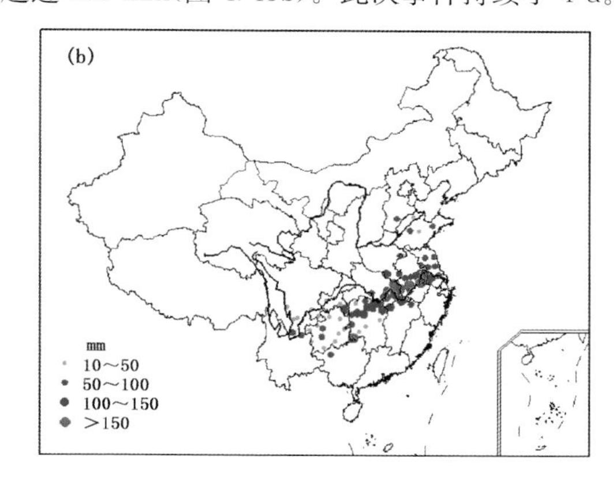

图 4.43　1969 年 7 月 14—17 日极端区域性强降水事件累积强度(a)和极端强度(b)分布(单位:mm)

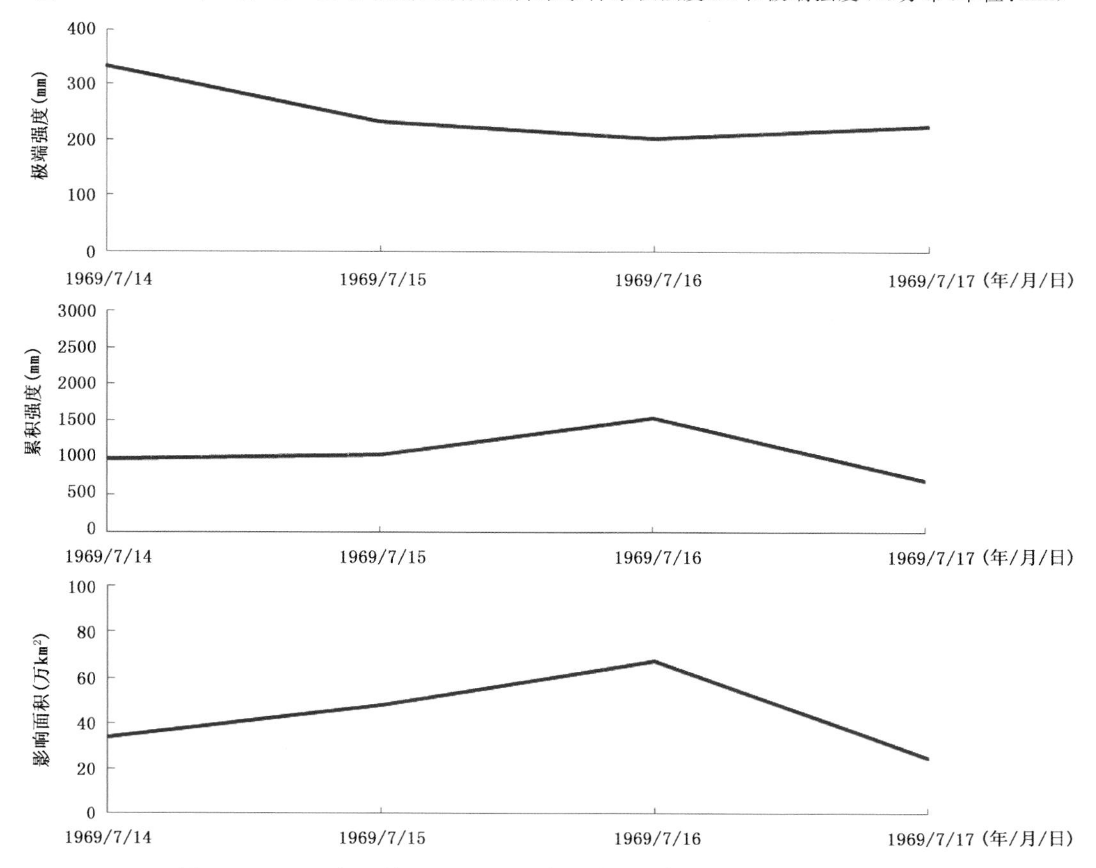

图 4.44　1969 年 7 月 14—17 日极端区域性强降水事件各指数逐日变化

事件 19　华北大部分地区、东北中部和南部强降水

1975 年 7 月 29 日—8 月 1 日，华北大部分地区、东北中部和南部出现大范围强降水事件，事件综合指数为 2.79，自 1961 年以来排名第十九。事件累积强度，辽宁大部分地区、河北东部等地都在 50 mm 以上，其中辽宁南部、河北东部局部超过 100 mm(图 4.45a)。事件极端强度，吉林南部、辽宁、河北东部等地都在 50 mm 以上，其中辽宁南部、河北东部等地超过 100 mm，局部超过 150 mm(图 4.45b)。此次事件持续了 4 d。

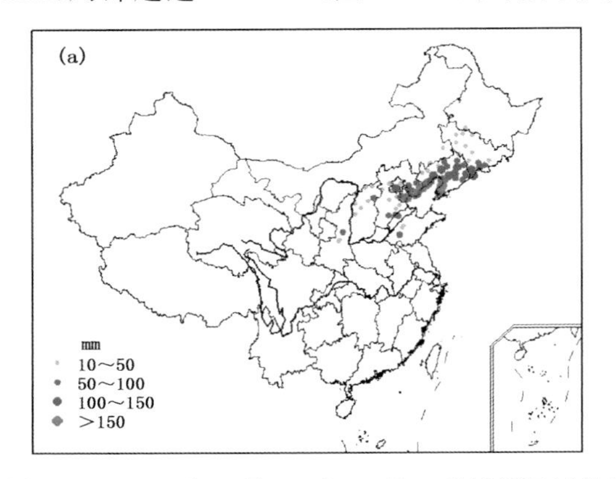

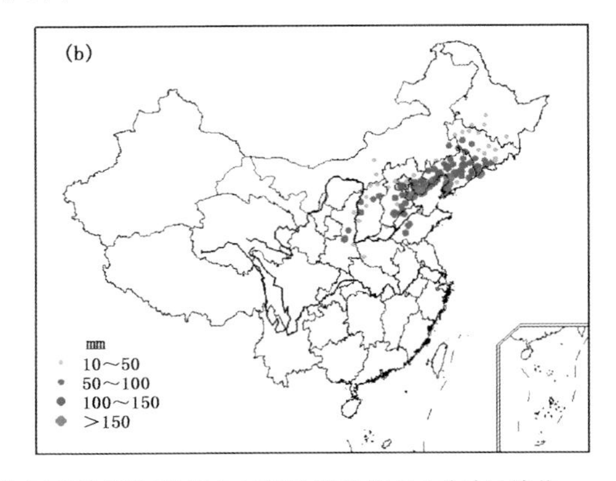

图 4.45　1975 年 7 月 29 日—8 月 1 日极端区域性强降水事件累积强度(a)和极端强度(b)分布(单位：mm)

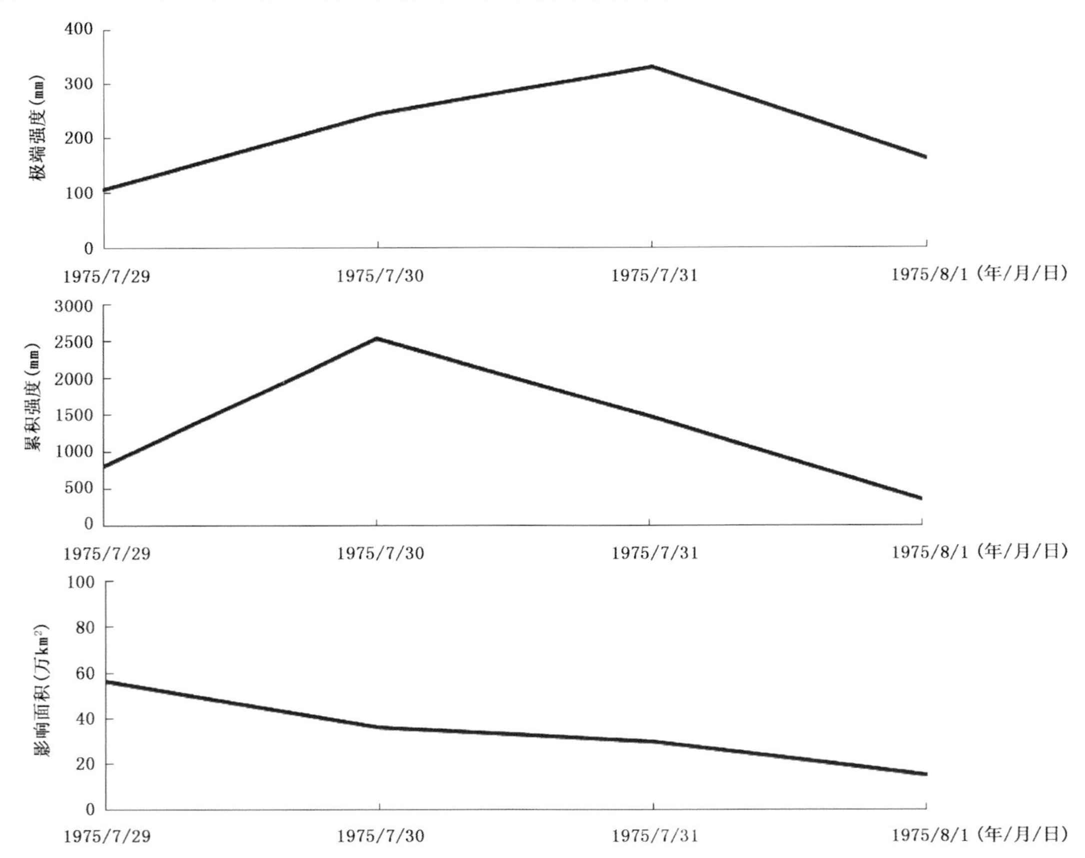

图 4.46　1975 年 7 月 29 日—8 月 1 日极端区域性强降水事件各指数逐日变化

事件20　江南、华南西部及贵州、云南等地强降水

2002年6月28日—7月2日，江南、华南西部及贵州、云南北部等地出现大范围强降水事件，事件综合指数为2.79，自1961年以来排名第二十。事件累积强度，浙江西部、江西西部、湖南南部、广西东部等地均在50 mm以上，其中广西东部局部超过100 mm(图4.47a)。事件极端强度，浙江中部、江西中部、湖南大部分地区、广东西部、广西东部等地均在50 mm以上，其中湖南西南部、广东东部局地超过100 mm(图4.47b)。此次事件持续了5 d。

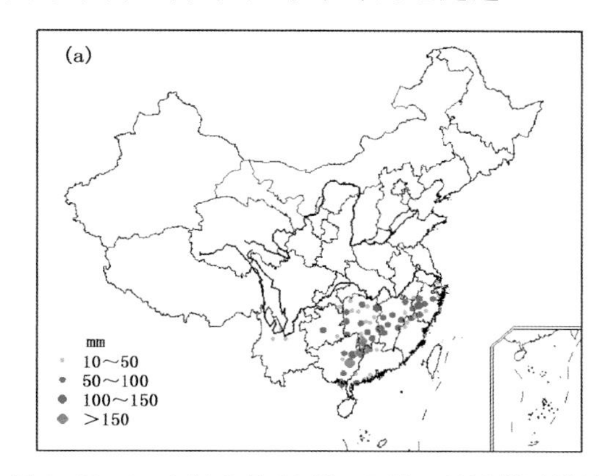

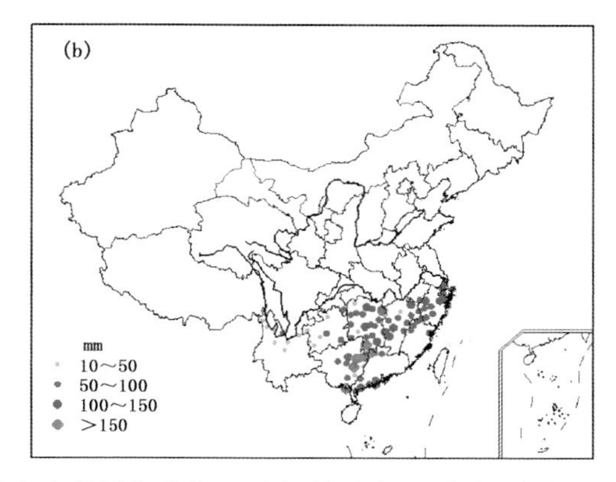

图4.47　2002年6月28日—7月2日极端区域性强降水事件累积强度(a)和极端强度(b)分布(单位:mm)

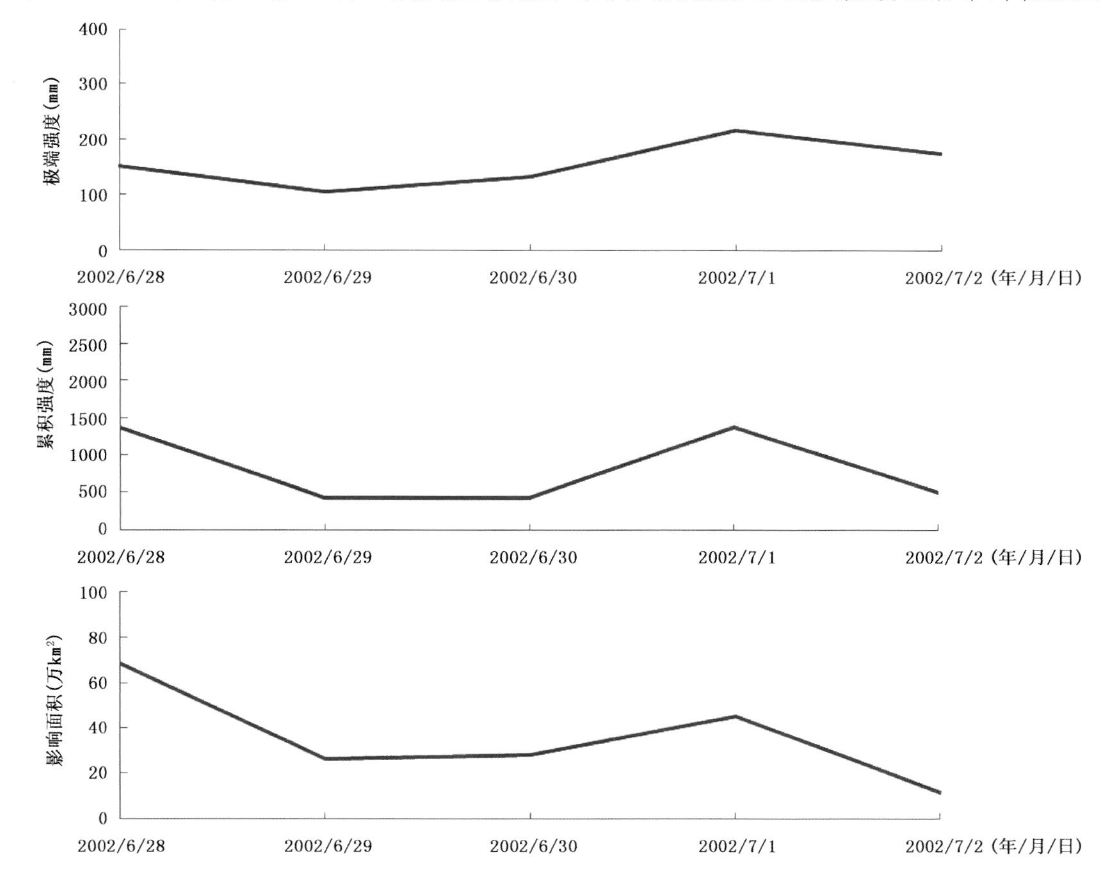

图4.48　2002年6月28日—7月2日极端区域性强降水事件各指数逐日变化

事件 21　西南东部、西北东南部、黄淮西部、华北大部分地区等强降水

1973 年 6 月 30 日—7 月 3 日，西南地区东部、西北地区东南部、华北大部分地区等出现大范围强降水事件，事件综合指数为 2.76，自 1961 年以来排名第二十一。事件累积强度，四川东部、贵州西部、重庆西部、陕西东南部、湖北中北部、河南西部、河北等地普遍在 50～100 mm（图 4.49a）。事件极端强度，四川东部、重庆西南部、贵州北部、河南西部、河北中部和南部等地都在 50～100 mm（图 4.47b）。此次事件持续了 4 d。

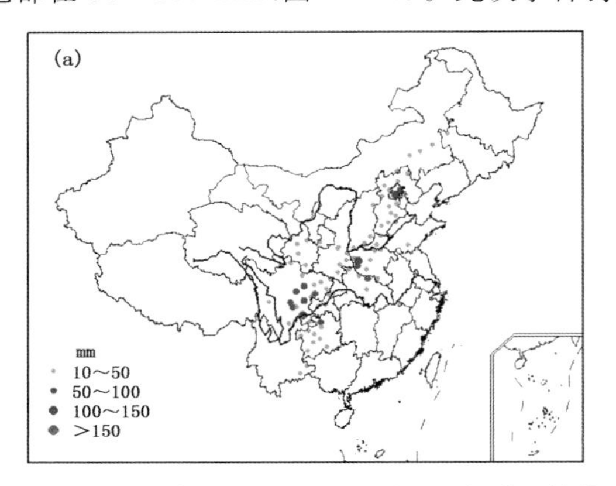

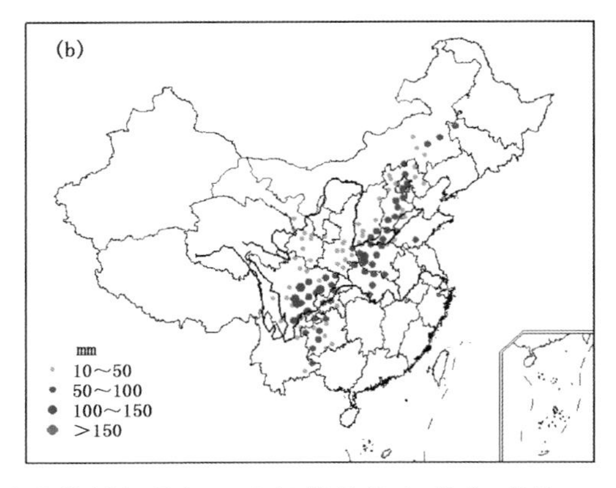

图 4.49　1973 年 6 月 30 日—7 月 3 日极端区域性强降水事件累积强度(a)和极端强度(b)分布(单位：mm)

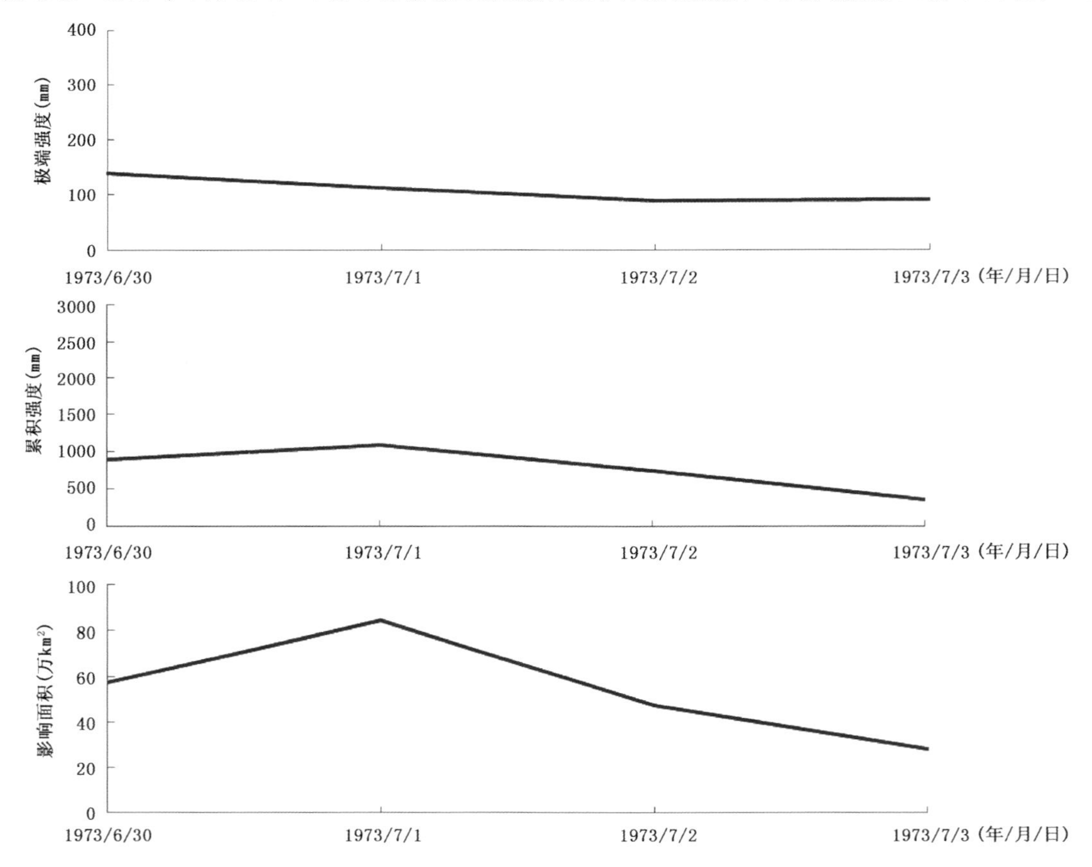

图 4.50　1973 年 6 月 30 日—7 月 3 日极端区域性强降水事件各指数逐日变化

事件22 江南、华南及贵州等地强降水

2006年6月4—9日，江南大部分地区、华南大部分地区及贵州中部和东部等地出现大范围强降水事件，事件综合指数为2.74，自1961年以来排名第二十二。事件累积强度，浙江南部、江西东部、福建中部和北部等地普遍在50 mm以上，其中福建北部超过100 mm(图4.51a)。事件极端强度，浙江南部、江西中部和东部、福建大部分地区、广东大部分地区等地均在50 mm以上，其中福建北部超过100 mm(图4.51b)。此次事件持续了6 d。

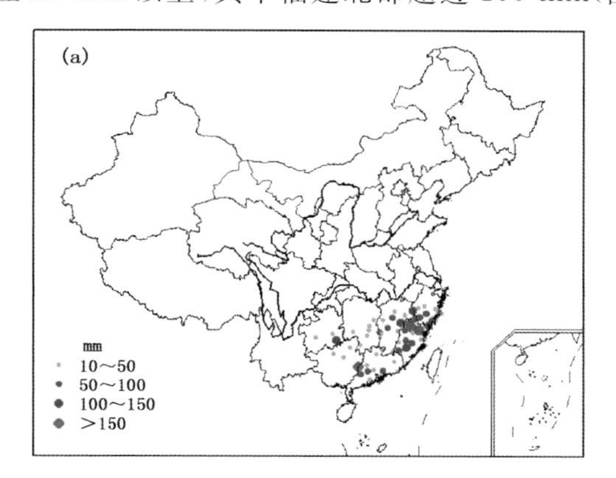

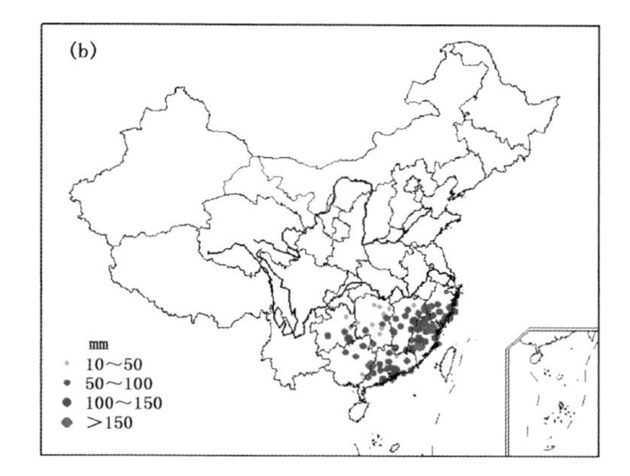

图4.51 2006年6月4—9日极端区域性强降水事件累积强度(a)和极端强度(b)分布(单位:mm)

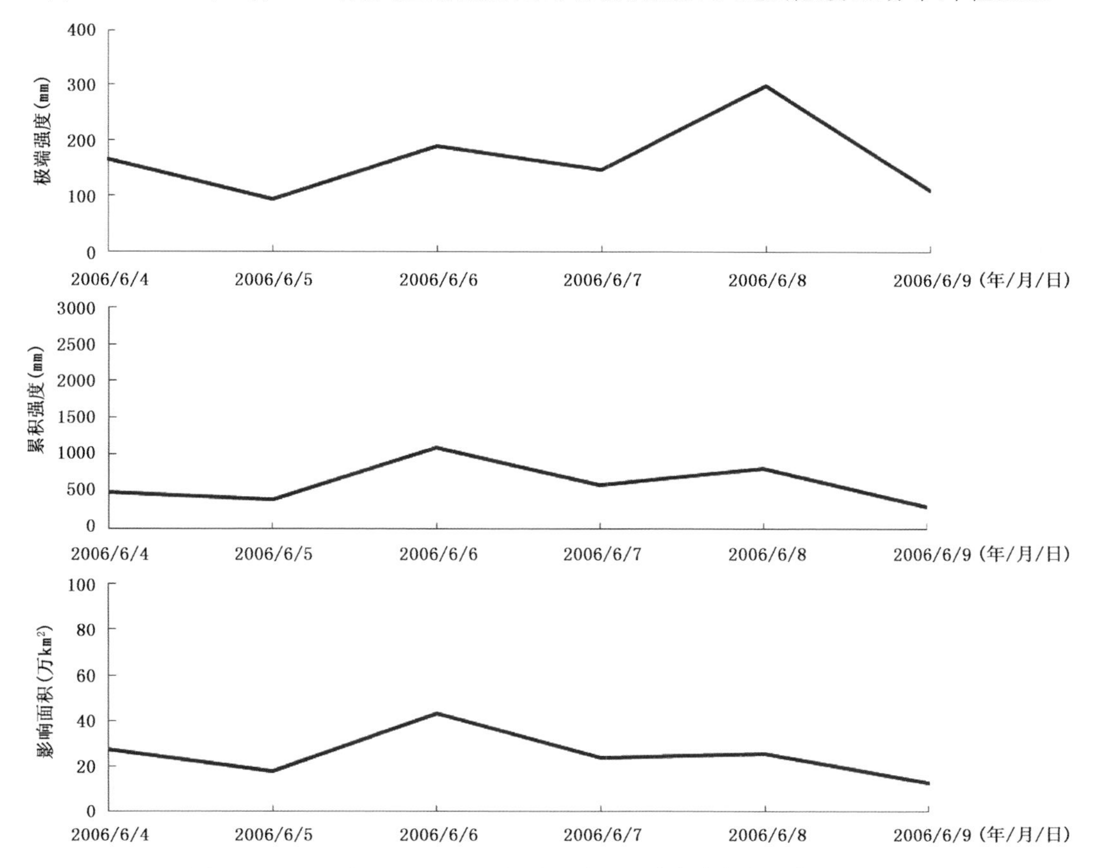

图4.52 2006年6月4—9日极端区域性强降水事件各指数逐日变化

事件 23 黄淮东部、江淮、江南中部等地强降水

1975 年 8 月 13—19 日，黄淮东部、江淮大部分地区、江南中部等地出现大范围强降水事件，事件综合指数为 2.72，自 1961 年以来排名第二十三。事件累积强度，山东半岛东南部、安徽中北部、湖北东部、江西北部等地普遍在 50 mm 以上，其中湖北东部、江西北部超过 100 mm，局地超过 150 mm（图 4.53a）。事件极端强度，山东东部、江苏北部、安徽大部分地区、湖北东部、江西北部等地均在 50 mm 以上，其中湖北东部、江西北部超过 100 mm，局地超过 150 mm（图 4.53b）。此次事件持续了 7 d。

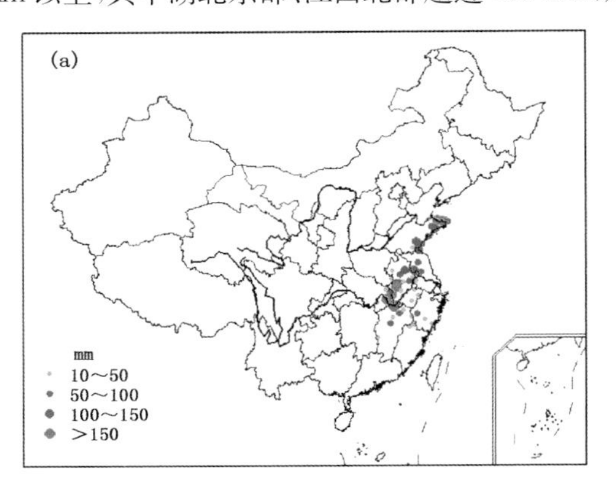

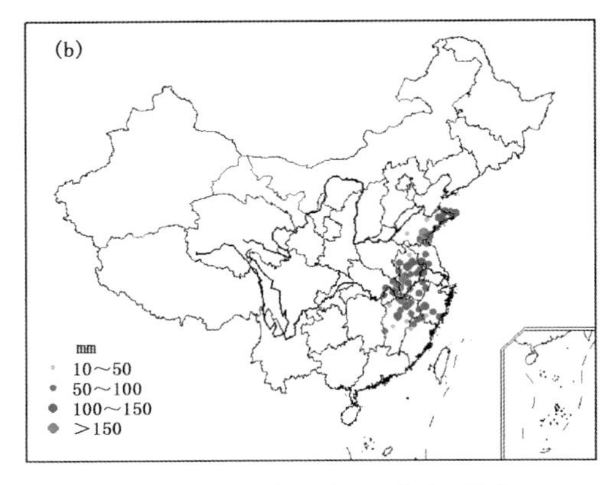

图 4.53 1975 年 8 月 13—19 日极端区域性强降水事件累积强度(a)和极端强度(b)分布(单位：mm)

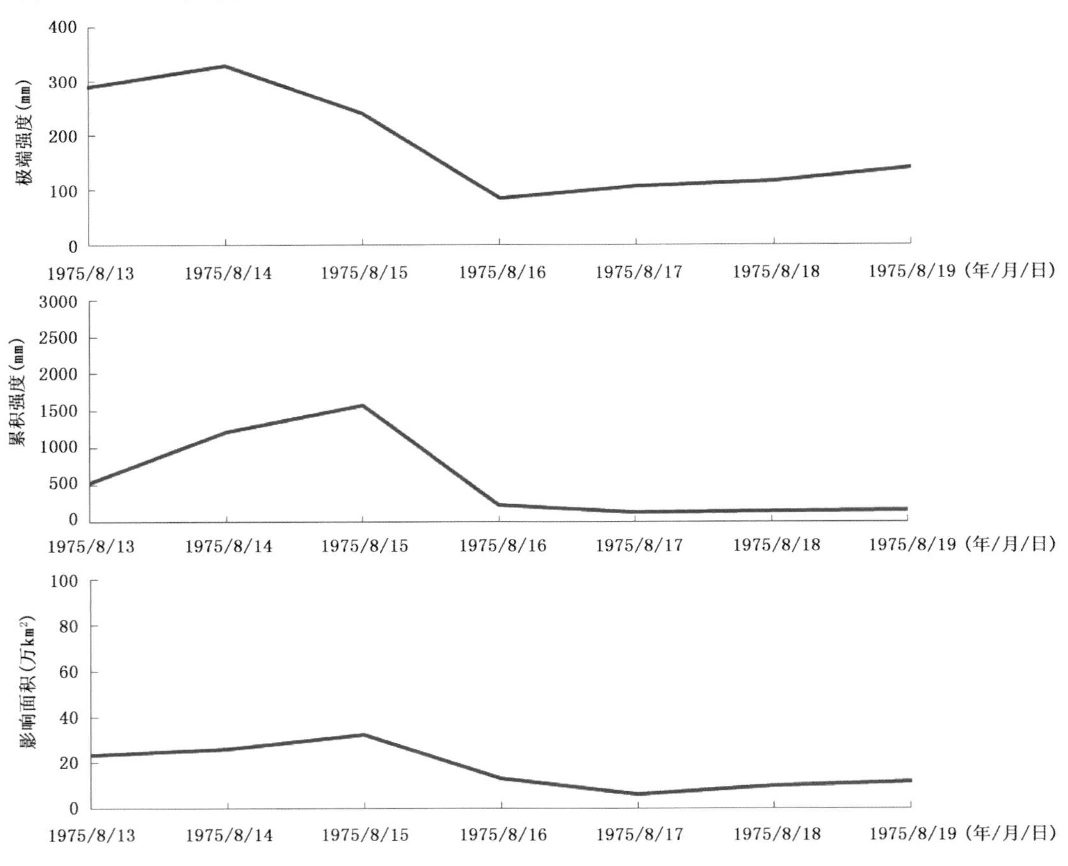

图 4.54 1975 年 8 月 13—19 日极端区域性强降水事件各指数逐日变化

事件24　黄淮东部、江淮、江南北部和西部、西南东部及广西等地强降水

1996年7月14—18日，黄淮东部、江淮、江南北部和西部、西南东部及广西等地出现大范围强降水事件，事件综合指数为2.64，自1961年以来排名第二十四。事件累积强度，安徽西南部、湖北东部、湖南北部、贵州东部等地普遍都在50 mm以上，其中湖南西部超过100 mm（图4.55a）。事件极端强度，安徽南部、湖北东部、湖南北部、贵州东部、广西北部等地都在50 mm以上，其中安徽西南部、湖北东部局部、湖南西部局部超过100 mm（图4.55b）。此次事件持续了5 d。

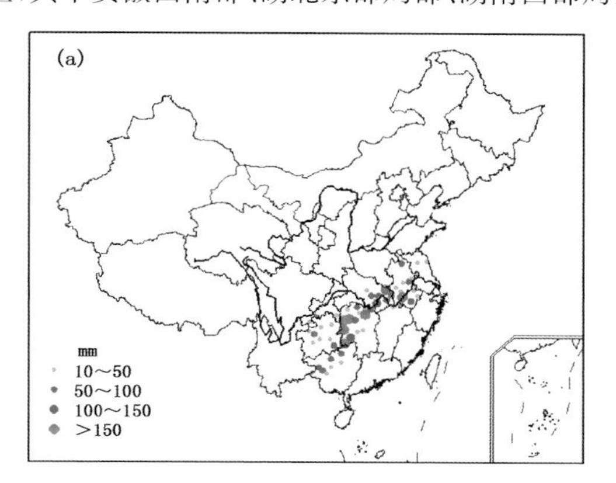

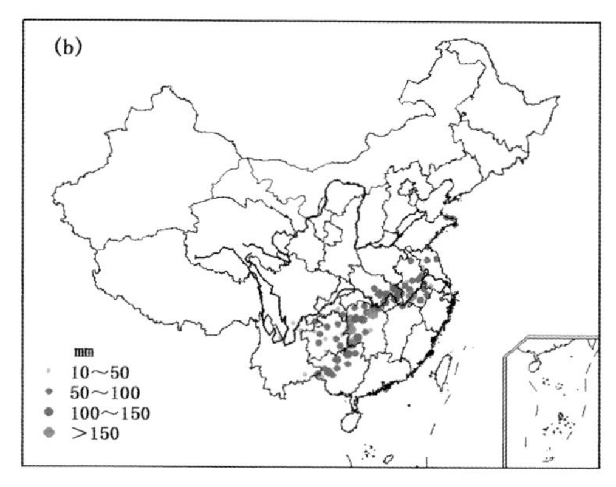

图4.55　1996年7月14—18日极端区域性强降水事件累积强度(a)和极端强度(b)分布(单位:mm)

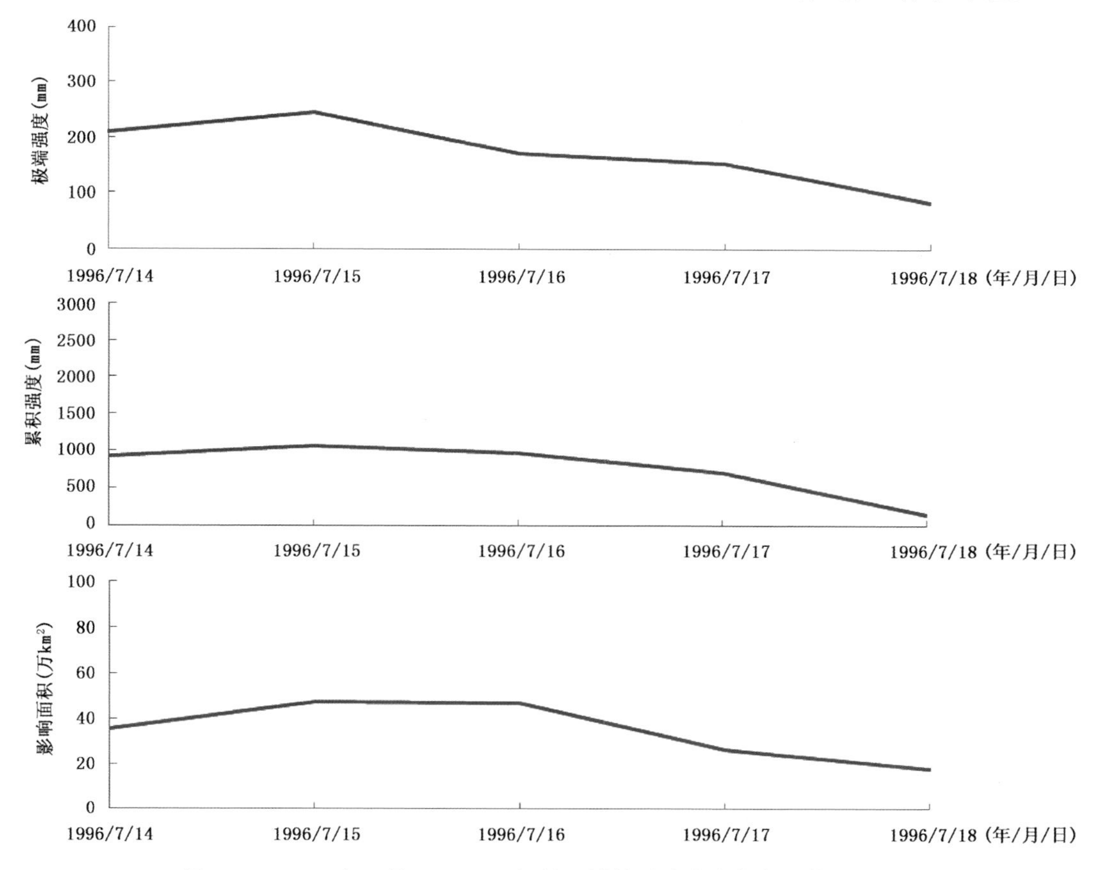

图4.56　1996年7月14—18日极端区域性强降水事件各指数逐日变化

事件25　东北中部、华北大部分地区、黄淮西部、江淮西部、江南中部强降水

1994年7月12—14日，东北中部、华北大部、黄淮西部、江淮西部、江南中部等地出现大范围强降水事件，事件综合指数为2.60，自1961年以来排名第二十五。事件累积强度，黑龙江南部、吉林中西部、辽宁西部、河北中部、河南北部等地普遍在50 mm以上，其中辽宁西部局地超过100 mm(图4.57a)。事件极端强度，黑龙江南部、吉林中西部、辽宁西部、河北中部、河南北部、江西西部等地均在50 mm以上，其中辽宁西部、河南北部局部超过100 mm(图4.57b)。此次事件持续了3 d。

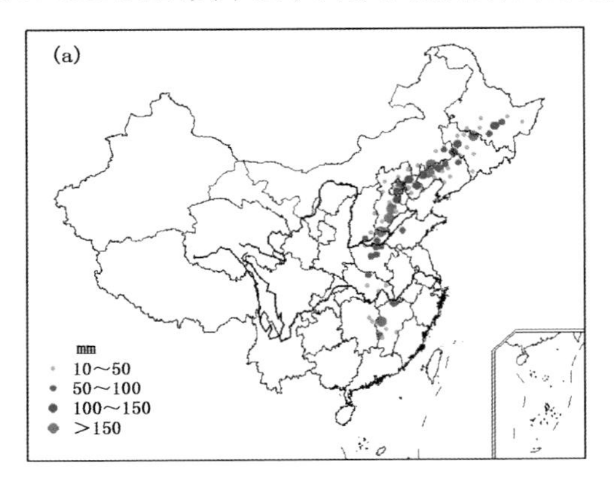

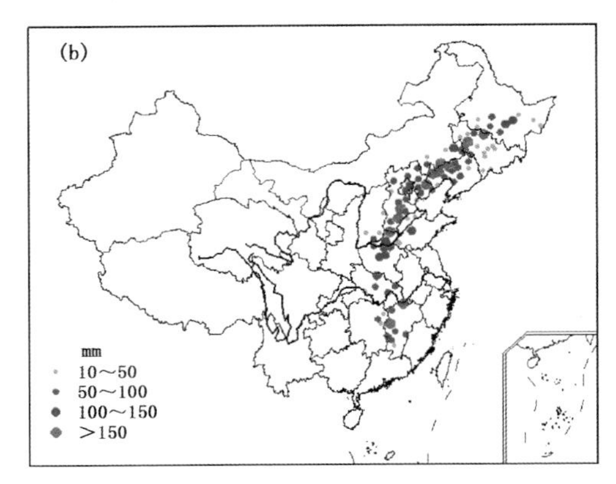

图4.57　1994年7月12—14日极端区域性强降水事件累积强度(a)和极端强度(b)分布(单位:mm)

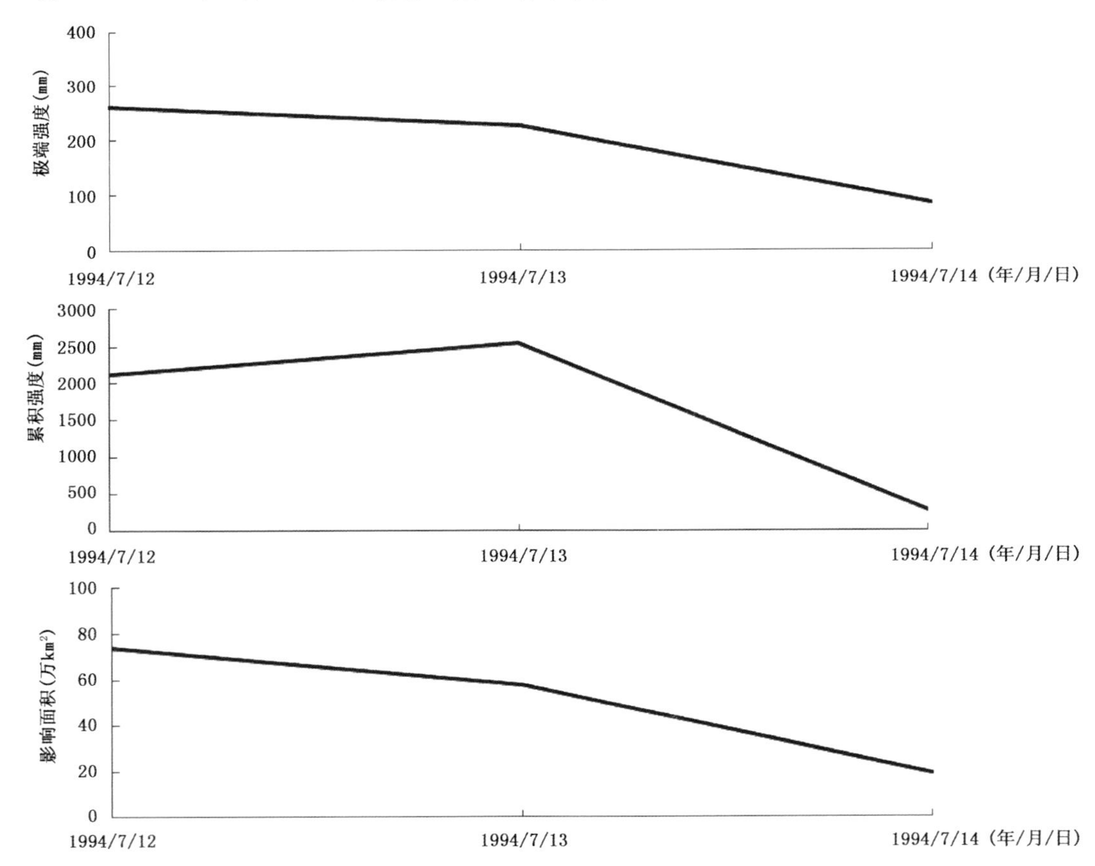

图4.58　1994年7月12—14日极端区域性强降水事件各指数逐日变化

事件 26　江淮南部、江南北部、西南东部及广西等地强降水

1970 年 7 月 12—15 日，江淮南部、江南北部、西南东部及广西等地出现大范围强降水事件，事件综合指数为 2.46，自 1961 年以来排名第二十六。事件累积强度，江苏南部、安徽南部、湖北东南部、江西北部、贵州东南部、广西北部等地普遍在 50 mm 以上，其中贵州局地超过 100 mm(图 4.59a)。事件极端强度，江苏南部、安徽南部、湖北东南部、江西北部、湖南中北部、贵州东南部、广西北部等地均在 50 mm 以上，其中贵州东南部局部超过 100 mm(图 4.59b)。此次事件持续了 4 d。

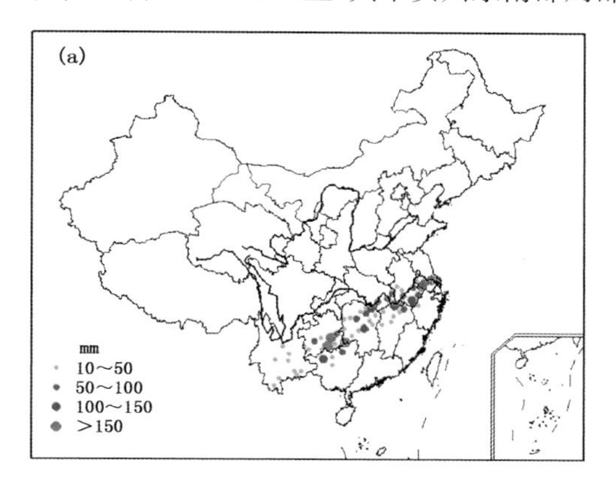

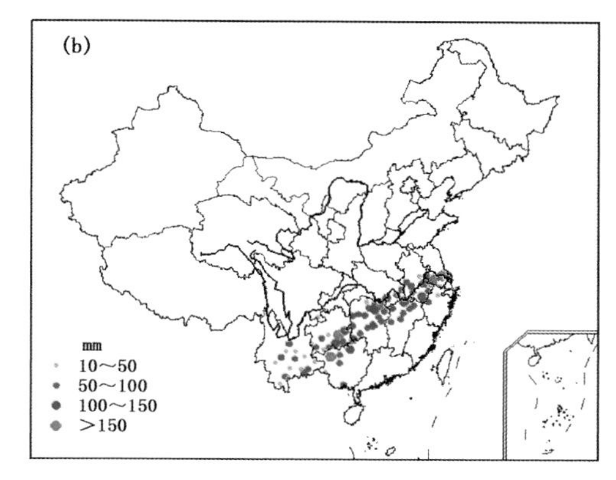

图 4.59　1970 年 7 月 12—15 日极端区域性强降水事件累积强度(a)和极端强度(b)分布(单位：mm)

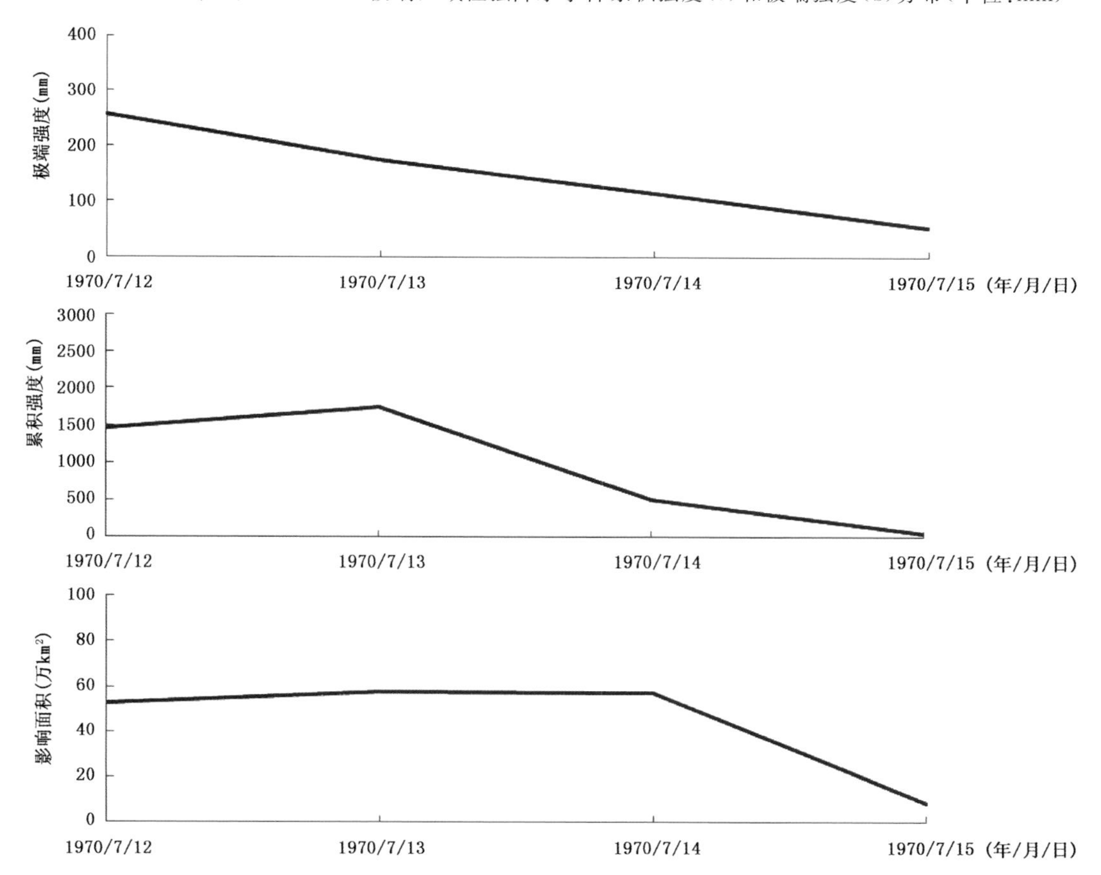

图 4.60　1970 年 7 月 12—15 日极端区域性强降水事件各指数逐日变化

事件 27 江南南部、华南北部和西部及贵州、云南等地强降水

1976 年 7 月 6—12 日，江南南部、华南北部和西部及贵州、云南等地出现大范围强降水事件，事件综合指数为 2.41，自 1961 年以来排名第二十七。事件累积强度，江西中南部、湖南南部、广西东北部等地普遍在 50 mm 以上，其中湖南西南部、广西东北部超过 100 mm（图 4.61a）。事件极端强度，江西中部、湖南南部、广西北部等地均在 50 mm 以上，其中江西中西部和广西东北部局地超过 100 mm（图 4.61b）。此次事件持续了 7 d。

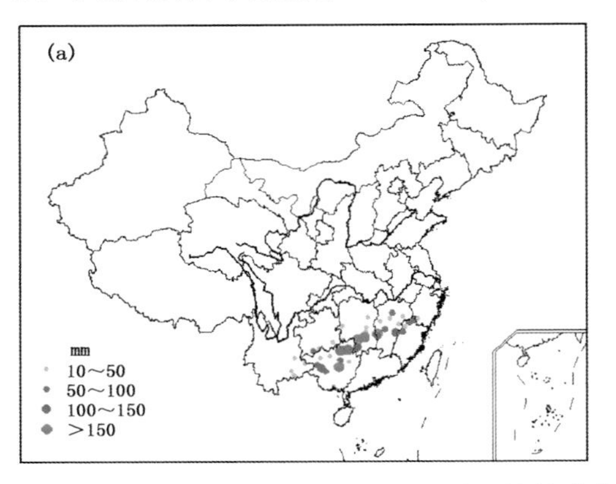

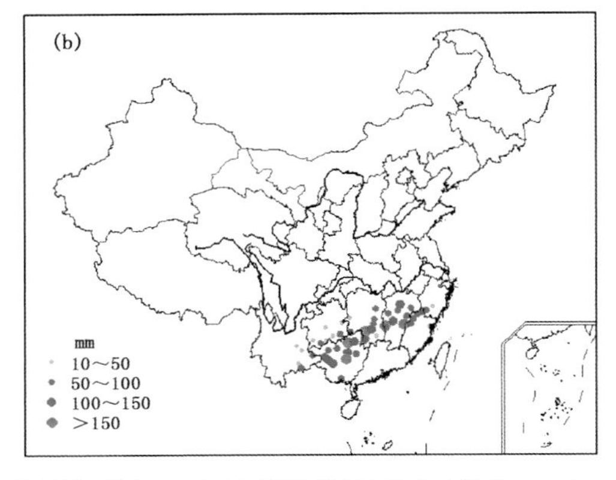

图 4.61 1976 年 7 月 6—12 日极端区域性强降水事件累积强度(a)和极端强度(b)分布(单位:mm)

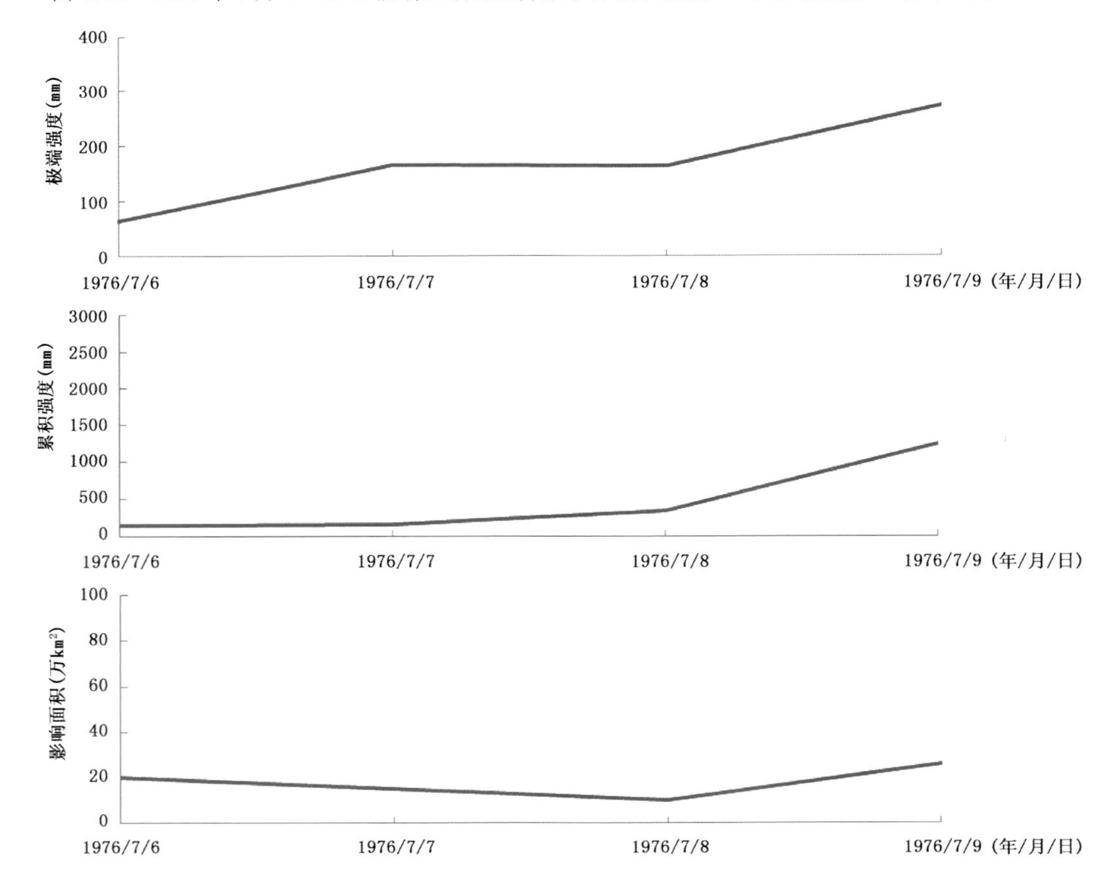

图 4.62 1976 年 7 月 6—12 日极端区域性强降水事件各指数逐日变化

事件 28　江淮南部、江汉、江南北部等地强降水

1983 年 7 月 4—9 日，江淮南部、江汉、江南北部等地出现大范围强降水事件，事件综合指数为 2.4，自 1961 年以来排名第二十八。事件累积强度，安徽南部、湖北东部和南部、江西西北部、湖南北部等地普遍在 50～100 mm，局地超过 100 mm(图 4.63a)。事件极端强度，安徽南部、浙江西北部、湖北中部和南部、江西西北部、湖南北部等地均在 50 mm 以上，其中安徽中南部、湖北中部和南部的局地超过 100 mm(图 4.63b)。此次事件持续了 6 d。

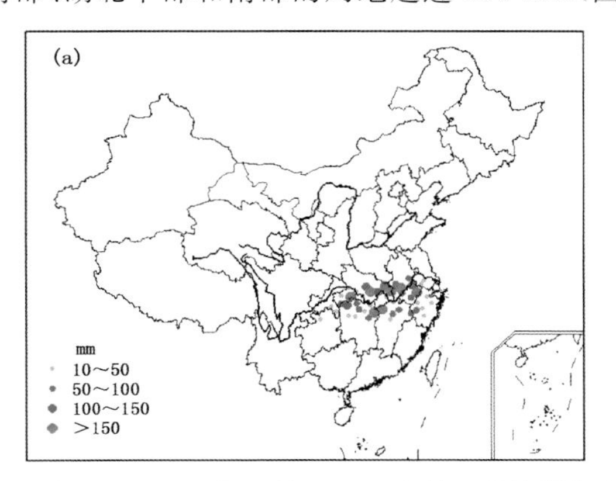

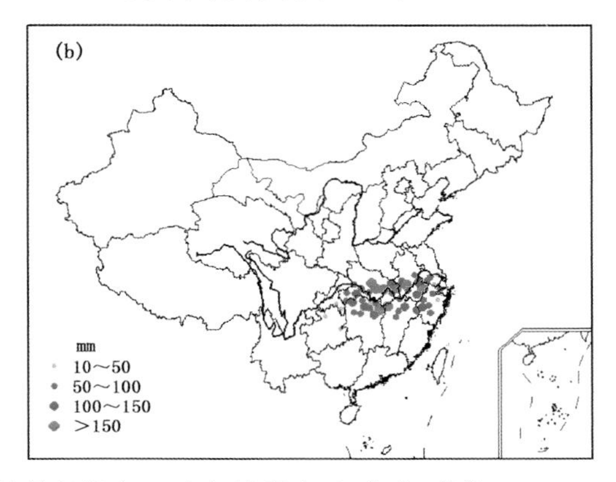

图 4.63　1983 年 7 月 4—9 日极端区域性强降水事件累积强度(a)和极端强度(b)分布(单位：mm)

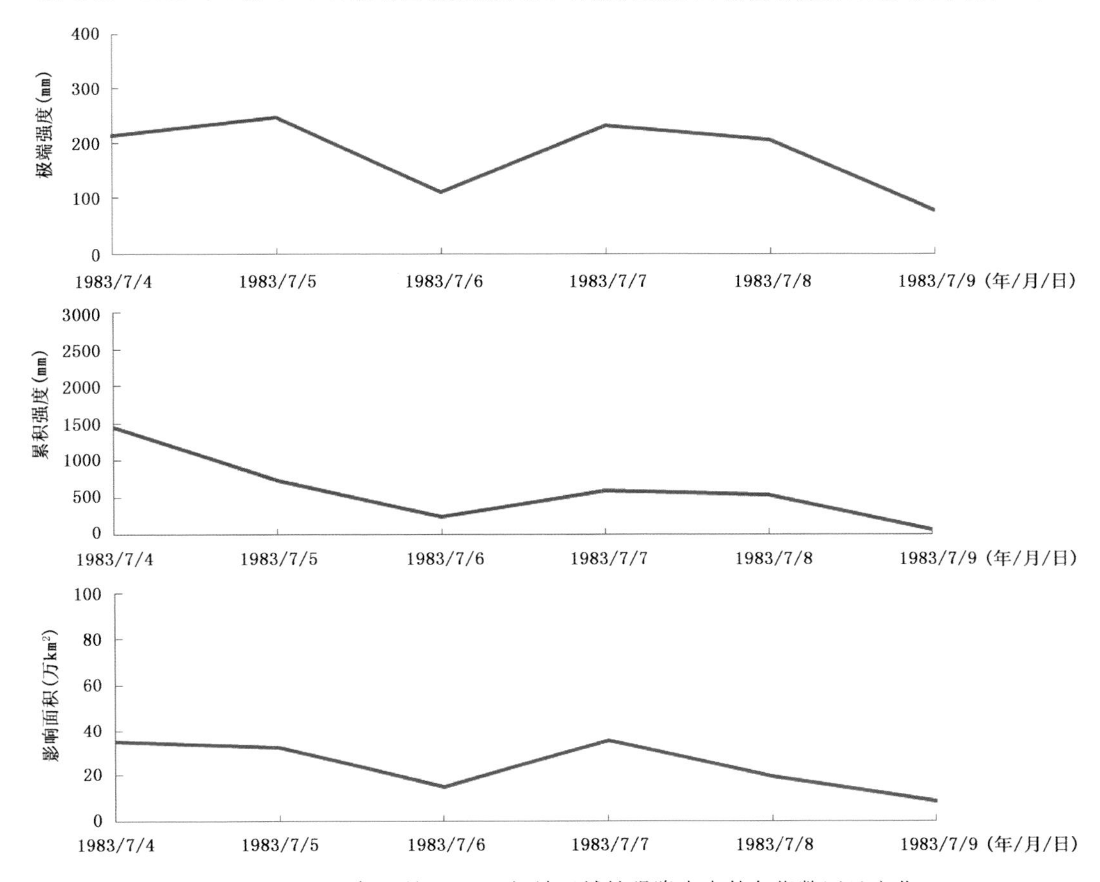

图 4.64　1983 年 7 月 4—9 日极端区域性强降水事件各指数逐日变化

事件 29 江淮大部分地区、江南中部和西部及贵州等地强降水

2002 年 7 月 22—27 日，江淮大部分地区、江南中部和西部及贵州等地出现大范围强降水事件，事件综合指数为 2.4，自 1961 年以来排名第二十九。事件累积强度，湖北中东部、湖南北部等地均在50～100 mm(图 4.65a)。事件极端强度，江苏北部、安徽北部、河南东南部、湖北中东部、湖南北部等地均在 50 mm 以上，其中湖北南部局地超过 100 mm(图 4.65b)。此次事件持续了 6 d。

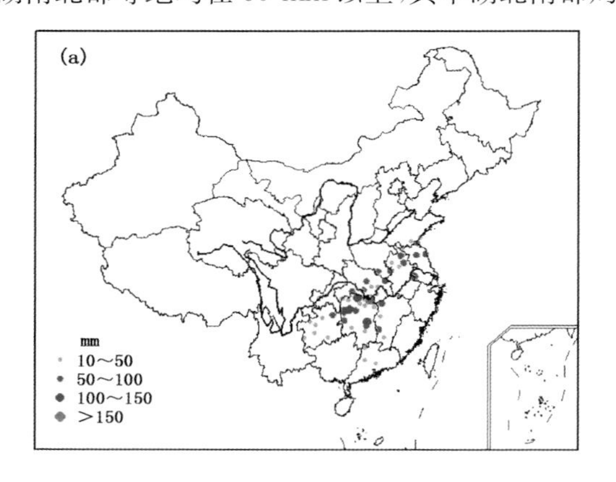

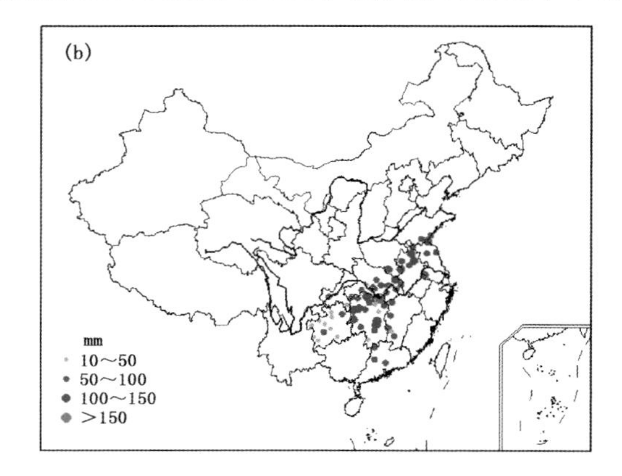

图 4.65 2002 年 7 月 22—27 日极端区域性强降水事件累积强度(a)和极端强度(b)分布(单位：mm)

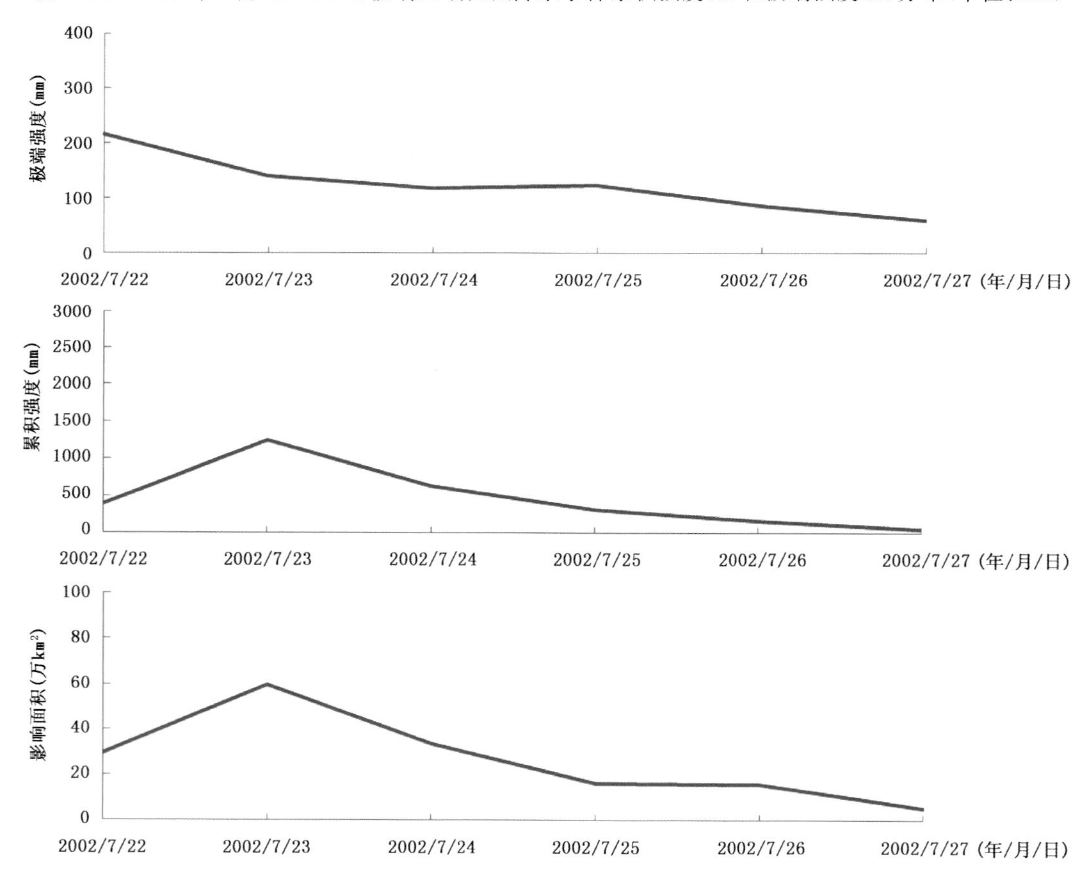

图 4.66 2002 年 7 月 22—27 日极端区域性强降水事件各指数逐日变化

事件 30　黄淮南部、江淮、西南东部等地强降水

1968 年 7 月 13—16 日，黄淮南部、江淮、西南东部等地出现大范围强降水事件，事件综合指数为 2.39，自 1961 年以来排名第三十。事件累积强度，河南、安徽和湖北交界处以及贵州南部局地均在 50～150 mm(图 4.67a)。事件极端强度，河南南部、安徽西北部、湖北北部、贵州南部等地均在 50～100 mm(图 4.67b)。此次事件持续了 4 d。

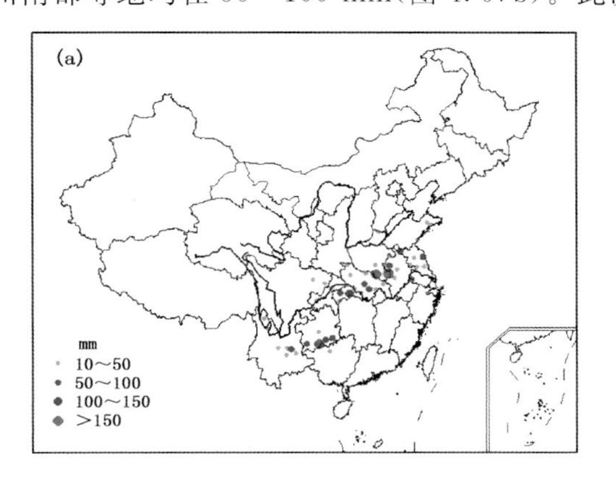

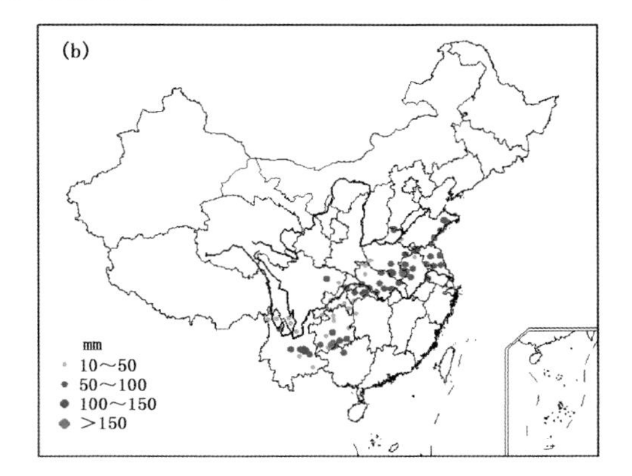

图 4.67　1968 年 7 月 13—16 日极端区域性强降水事件累积强度(a)和极端强度(b)分布(单位:mm)

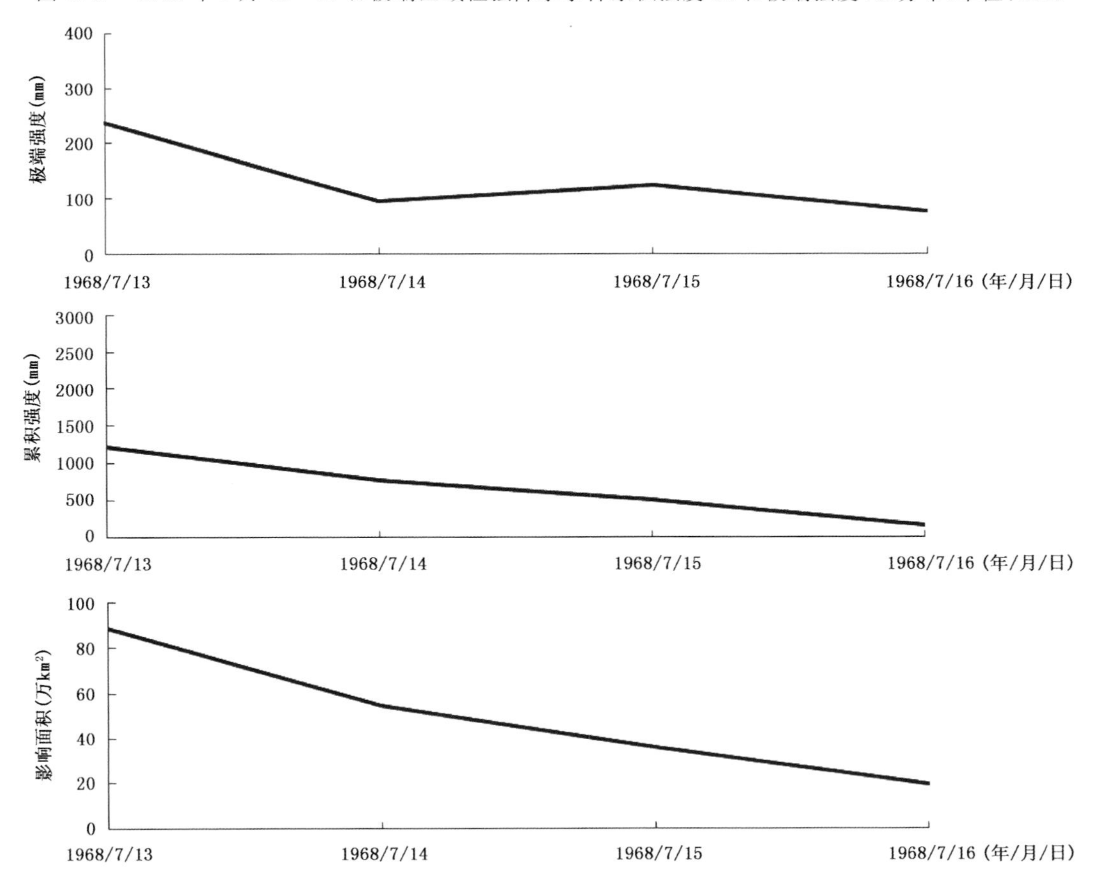

图 4.68　1968 年 7 月 13—16 日极端区域性强降水事件各指数逐日变化

事件 31　江南大部分地区、华南等地强降水

1992 年 7 月 4—8 日，江南大部分地区、华南等地出现大范围强降水事件，事件综合指数为 2.39，自 1961 年以来排名第三十一。事件累积强度，浙江南部、江西东部、福建北部等地均在 50 mm 以上，其中福建东北部超过 100 mm（图 4.69a）。事件极端强度，浙江南部、江西大部分地区、福建、广东东北部、广西东北部等地均在 50 mm 以上，其中福建东北部超过 100 mm（图 4.69b）。此次事件持续了 5 d。

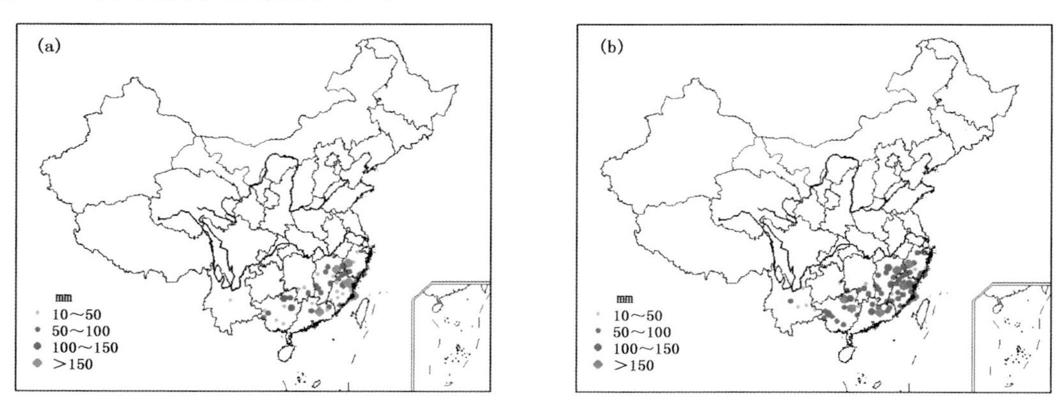

图 4.69　1992 年 7 月 4—8 日极端区域性强降水事件累积强度(a)和极端强度(b)分布(单位：mm)

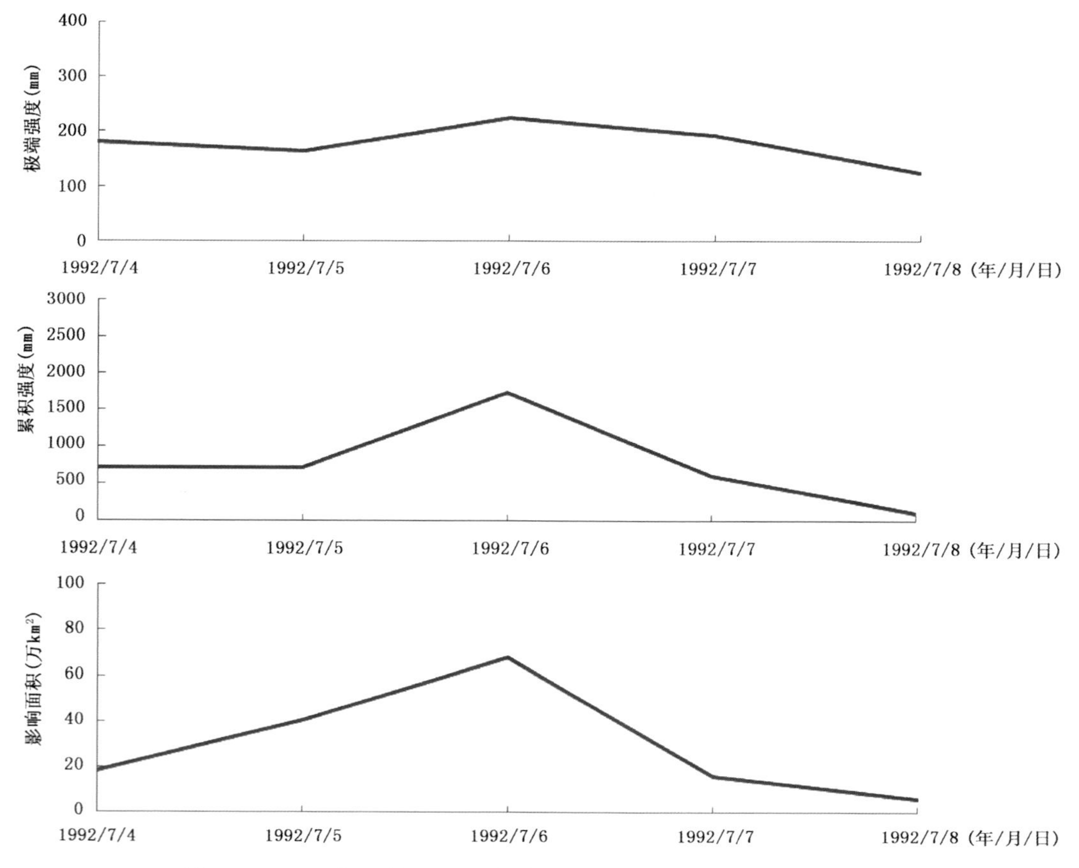

图 4.70　1992 年 7 月 4—8 日极端区域性强降水事件各指数逐日变化

事件 32　江南西部、华南西部等地强降水

1994 年 7 月 17—23 日，江南西部、华南西部等地出现大范围强降水事件，事件综合指数为 2.39，自 1961 年以来排名第三十二。事件累积强度，广西东部和南部、广东南部等地均在 50 mm 以上，其中广西东部和南部超过 100 mm，局地在 150 mm 以上（图 4.71a）。事件极端强度，湖南西南部、广东中部和西部、广西大部地区均在 50 mm 以上，其中广西东部和南部的局部地区超过 100 mm（图 4.71b）。此次事件持续了 7 d。

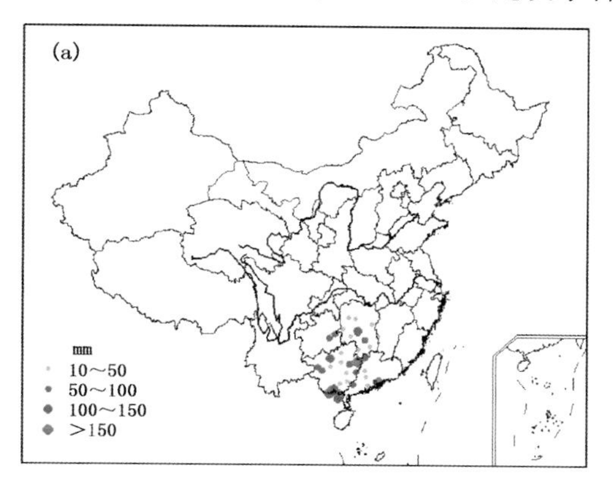

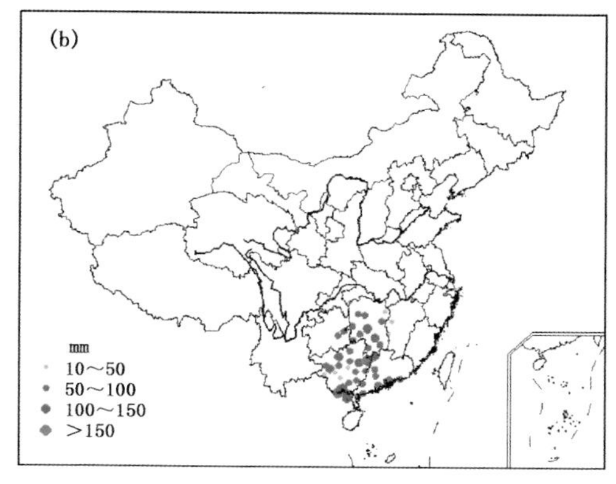

图 4.71　1994 年 7 月 17—23 日极端区域性强降水事件累积强度(a)和极端强度(b)分布(单位：mm)

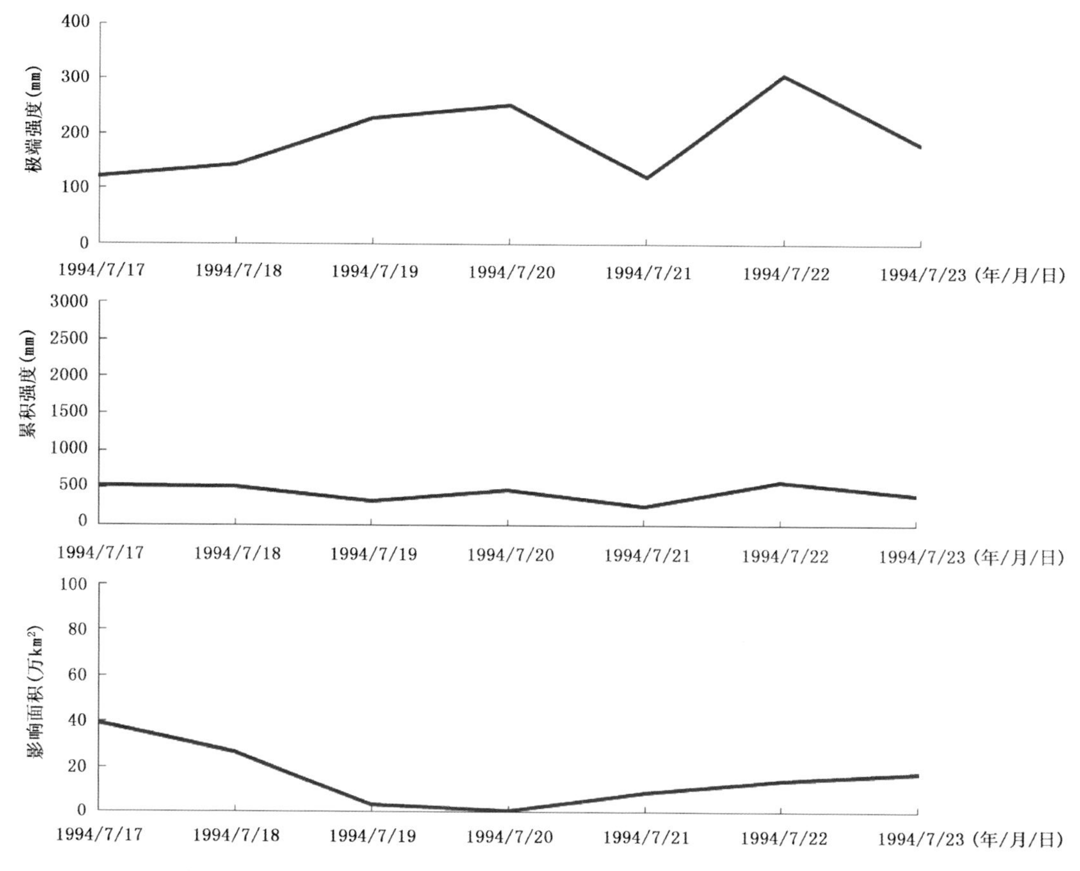

图 4.72　1994 年 7 月 17—23 日极端区域性强降水事件各指数逐日变化

事件 33　东北中部、华北东部及山东等地强降水

1962 年 7 月 24—27 日，东北中部、华北东部及山东等地出现大范围强降水事件，事件综合指数为 2.34，自 1961 年以来排名第三十三。事件累积强度，辽宁西南部、河北东部等地均在 50 mm 以上，其中辽宁西南部和河北东北部局地超过 100 mm（图 4.73a）。事件极端强度，辽宁西部、河北东部、山东北部均在 50 mm 以上，其中辽宁西南部、河北东北部均超过 100 mm（图 4.73b）。此次事件持续了 4 d。

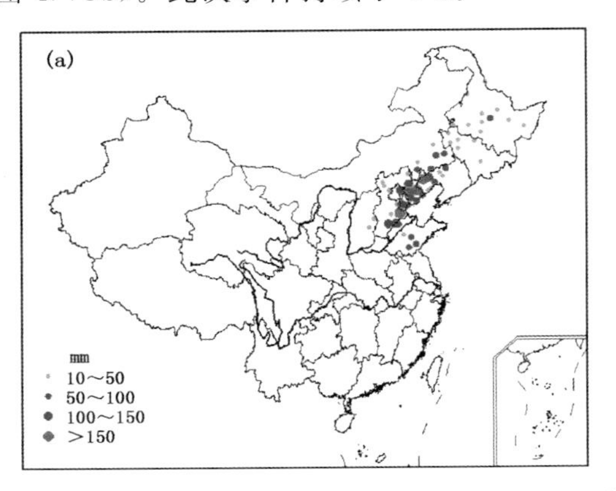

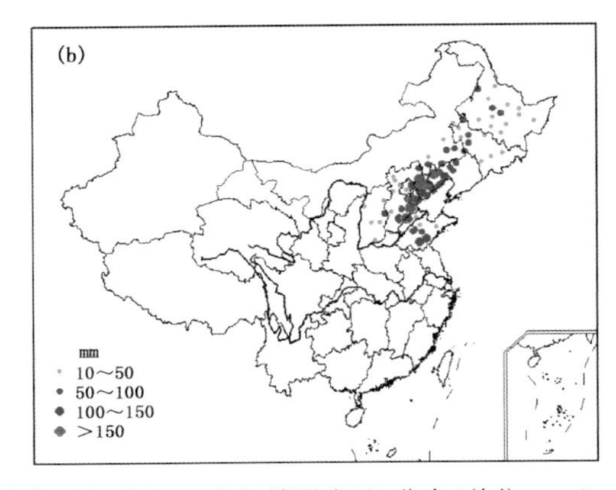

图 4.73　1962 年 7 月 24—27 日极端区域性强降水事件累积强度(a)和极端强度(b)分布(单位：mm)

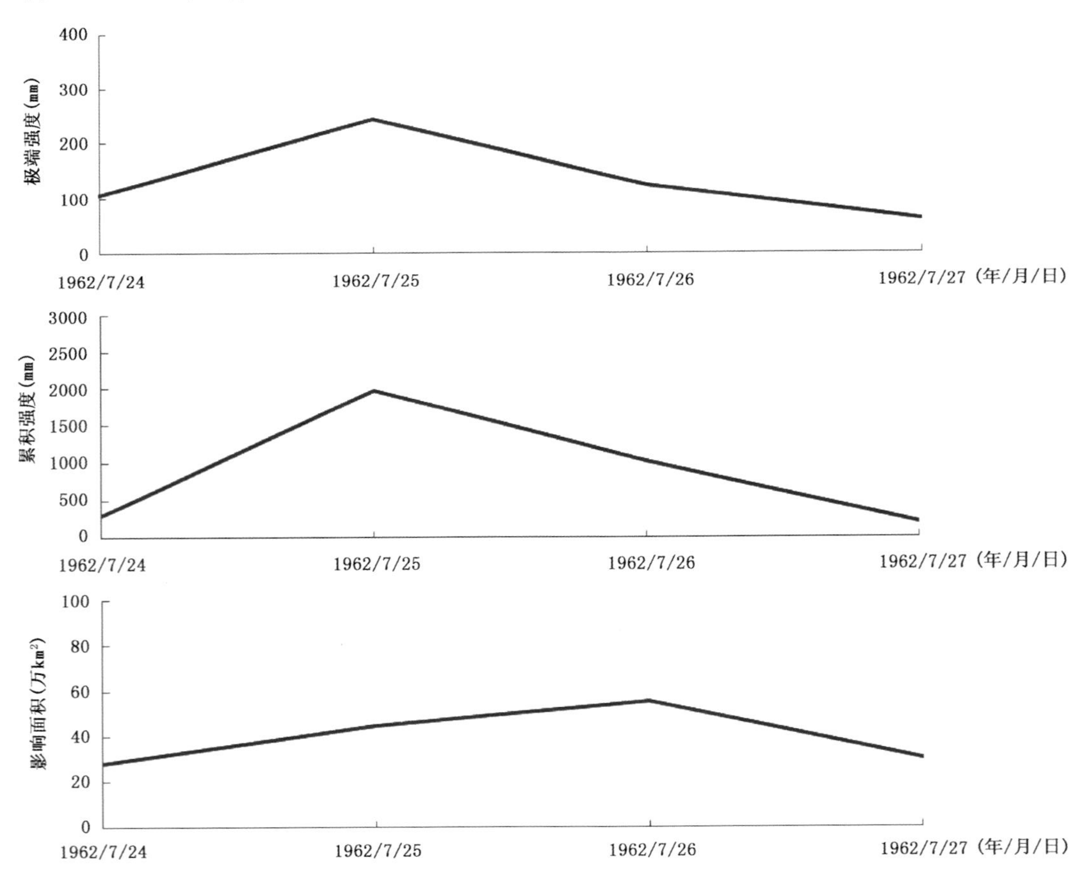

图 4.74　1962 年 7 月 24—27 日极端区域性强降水事件各指数逐日变化

事件 34　长江中下游沿江、西南东部等地强降水

2003 年 6 月 23—26 日，长江中下游沿江、西南东部等地出现大范围强降水事件，事件综合指数为 2.28，自 1961 年以来排名第三十四。事件累积强度，湖北东南部、江西北部、浙江西南部、福建西北部等地均在 50 mm 以上，其中江西北部超过 100 mm(图 4.75a)。事件极端强度，湖北东部、安徽南部、浙江西南部、江西北部、湖南北部、贵州东北部、重庆南部等地均在 50 mm 以上，其中浙江西南部、江西北部、福建西北部超过 100 mm(图 4.73b)。此次事件持续了 4 d。

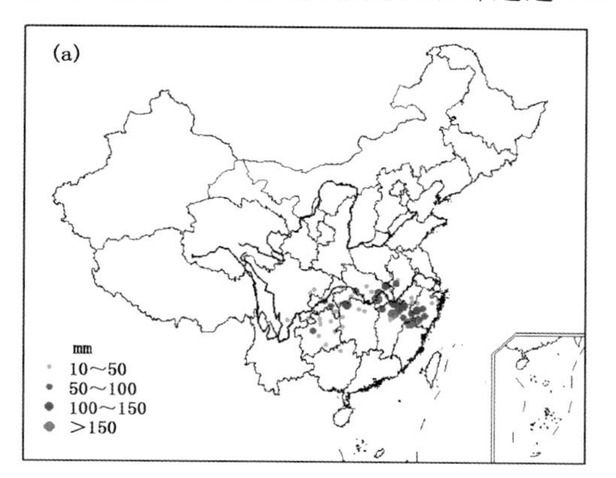

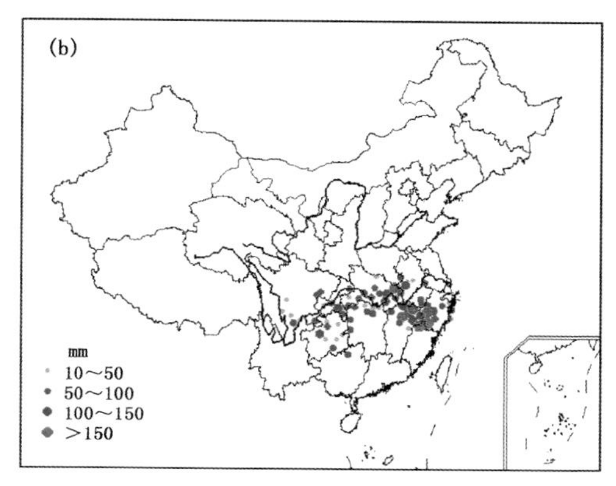

图 4.75　2003 年 6 月 23—26 日极端区域性强降水事件累积强度(a)和极端强度(b)分布(单位:mm)

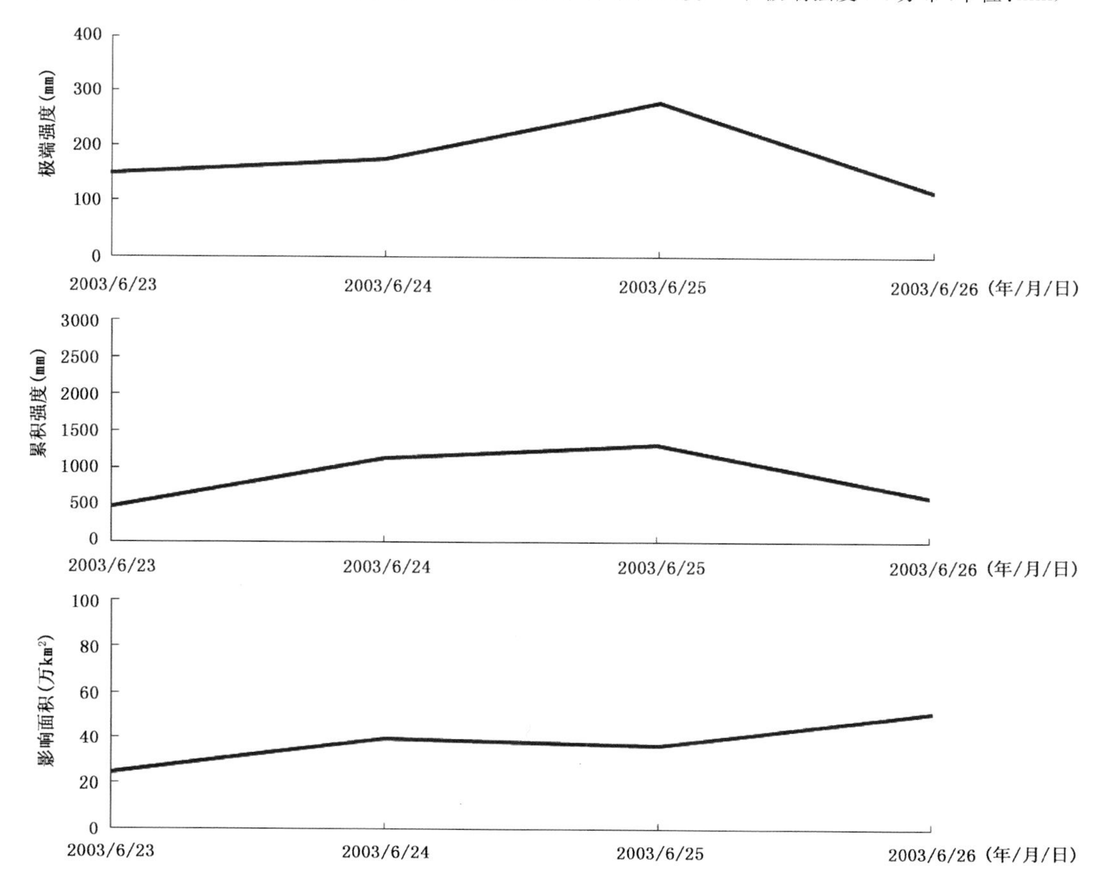

图 4.76　2003 年 6 月 23—26 日极端区域性强降水事件各指数逐日变化

事件35　西北东部、华北中南部、黄淮北部等地强降水

1976年8月20—25日，西北东部、华北中南部、黄淮北部等地出现大范围强降水事件，事件综合指数为2.27，自1961年以来排名第三十五。事件累积强度，甘肃东南部、陕西大部分地区、山西、河北西部等地一般在50～100 mm(图4.77a)。事件极端强度，甘肃东部、四川北部、陕西、山西、河北大部、山东北部等地均在50 mm以上，局部50～100 mm(图4.77b)。此次事件持续了6 d。

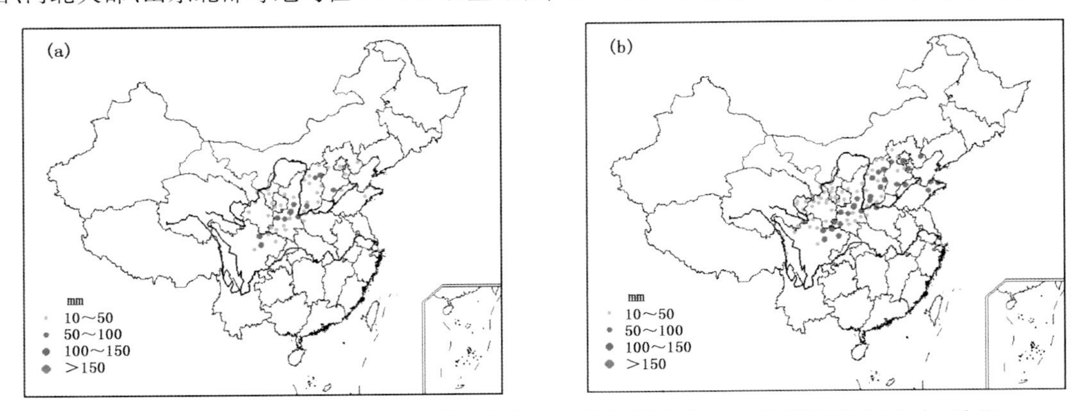

图4.77　1976年8月20—25日极端区域性强降水事件累积强度(a)和极端强度(b)分布(单位:mm)

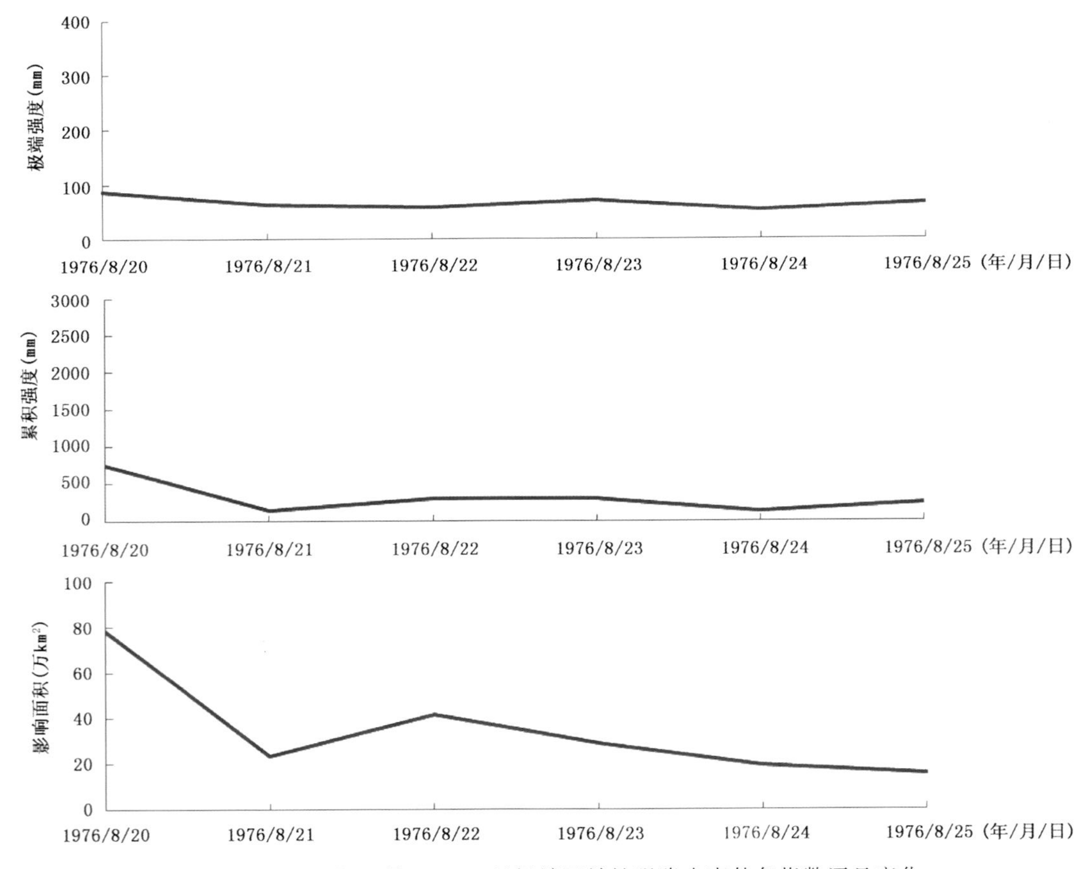

图4.78　1976年8月20—25日极端区域性强降水事件各指数逐日变化

事件 36　江南、西南东部等地强降水

1967 年 6 月 19—22 日，江南、西南东部等地出现大范围强降水事件，事件综合指数为 2.22，自 1961 年以来排名第三十六。事件累积强度，江西中部和北部、福建西北部、贵州中东部等地均在 50 mm 以上，其中江西中东部超过 100 mm（图 4.79a）。事件极端强度，安徽南部、浙江西南部、江西中部和北部、湖南中部、贵州中部和东部等地均在 50 mm 以上，其中江西中东部超过 100 mm（图 4.79b）。此次事件持续 4 d。

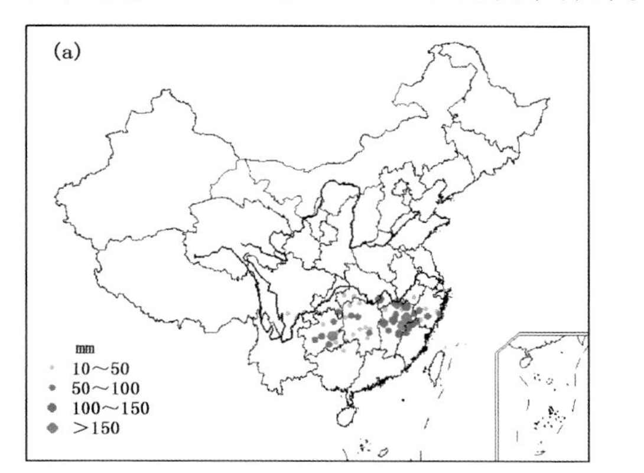

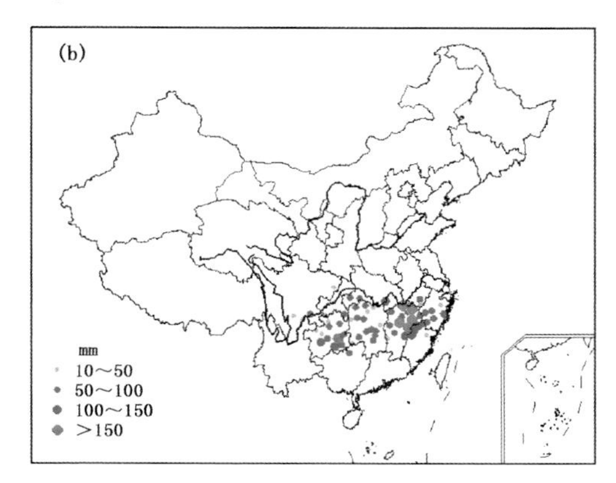

图 4.79　1967 年 6 月 19—22 日极端区域性强降水事件累积强度(a)和极端强度(b)分布(单位：mm)

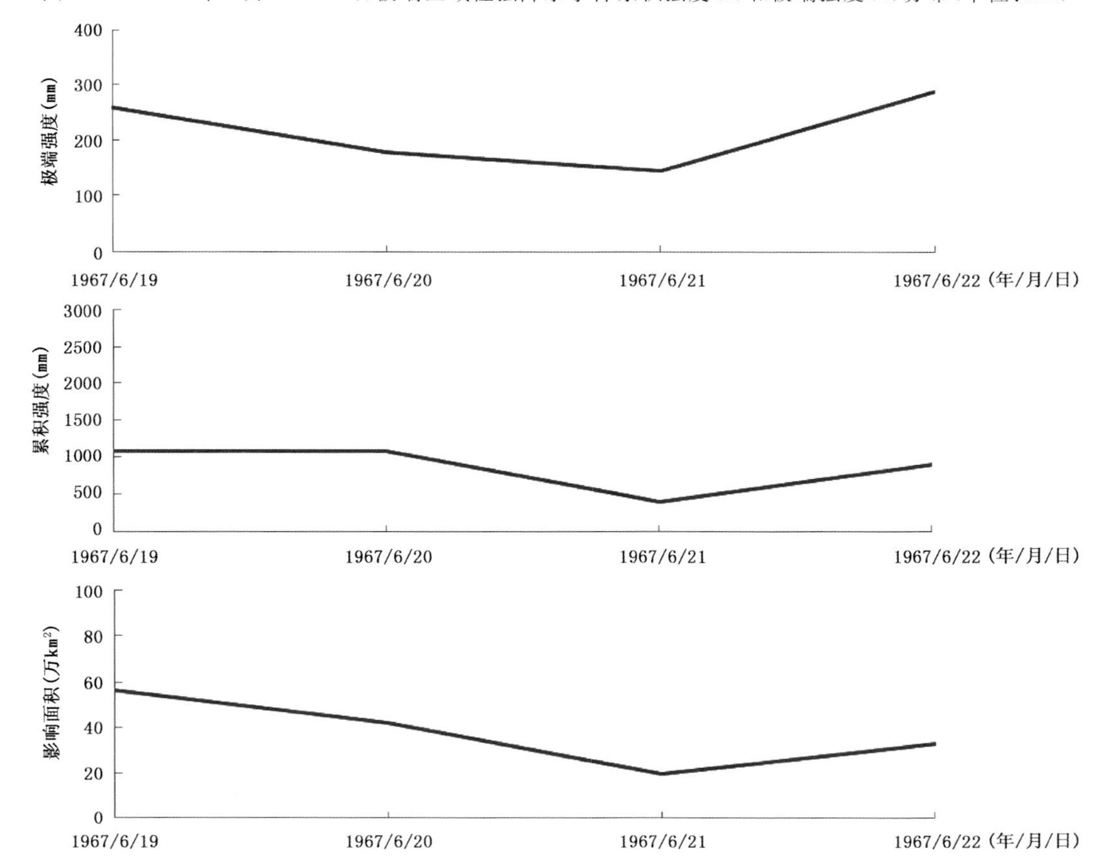

图 4.80　1967 年 6 月 19—22 日极端区域性强降水事件各指数逐日变化

事件37　西北东南部、黄淮大部分地区及四川东部、重庆等地强降水

2003年8月28—9月1日，西北东南部、黄淮大部分地区及四川东部、重庆等地出现大范围强降水事件，事件综合指数为2.18，自1961年以来排名第三十七。事件累积强度，甘肃东南部、陕西中部和南部、山西南部、河南、安徽北部、四川东部、重庆西部等地均在50～100 mm，局地超过100 mm(图4.81a)。事件极端强度，河南中部、安徽北部、陕西南部、四川东北部等地超过50 mm(图4.81b)。此次事件持续了5 d。

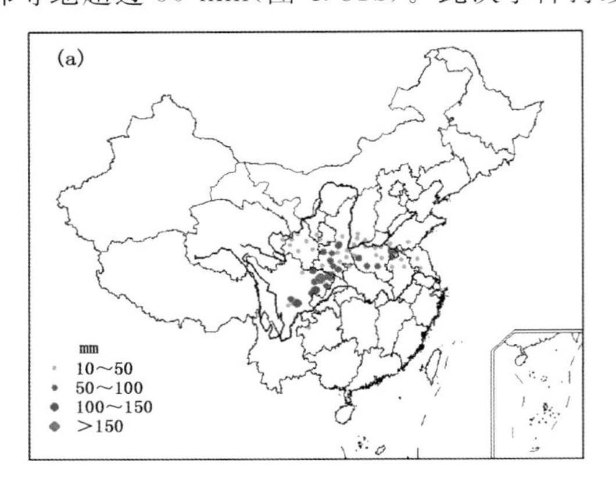

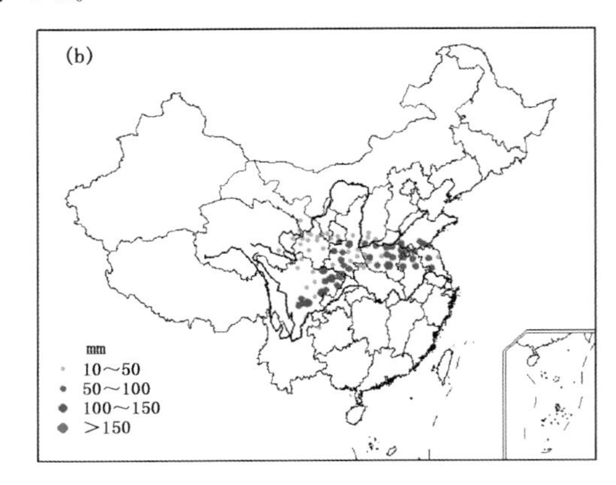

图4.81　2003年8月28日—9月1日极端区域性强降水事件累积强度(a)和极端强度(b)分布(单位:mm)

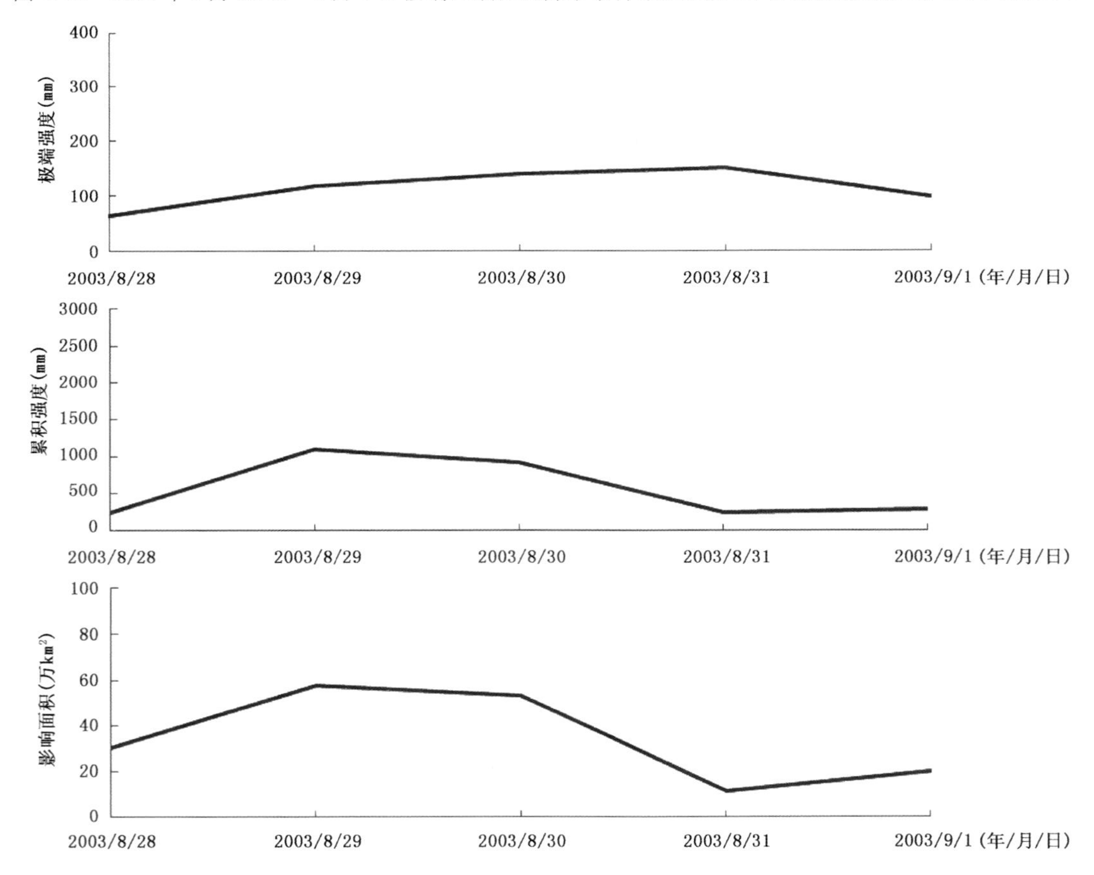

图4.82　2003年8月28日—9月1日极端区域性强降水事件各指数逐日变化

4.4　重度区域性强降水事件

1961—2012 年中国区域共发生 75 次重度区域性强降水事件(表 4.4)；各事件的累积强度和极端强度分布见图 4.83—图 4.157。

表 4.4　1961—2012 年重度区域性强降水事件表

排名	开始日期（年.月.日）	结束日期（年.月.日）	持续日数(d)	发生地域	综合强度
38	1968.6.15	1968.6.19	5	江南中部和南部、华南北部等地	2.15
39	1994.6.8	1994.6.11	4	长江中下游、华南	2.08
40	2004.7.10	2004.7.12	3	黄淮西部、江汉、西南东部、华南西部等地	2.08
41	1981.8.15	1981.8.19	5	西北地区东部、华北西部及四川中东部等地	2.04
42	1968.8.1	1968.8.5	5	西北地区东部及四川中部等地	2.02
43	1989.6.28	1989.7.4	7	江南大部分地区及华南北部等地	1.98
44	1997.7.7	1997.7.12	6	江南大部分地区、华南西部和北部等地	1.98
45	2012.8.7	2012.8.11	5	长江中下游	1.94
46	1979.6.30	1979.7.4	5	西北地区东部、华北西部和南部等地	1.91
47	1991.7.8	1991.7.11	4	江淮大部分地区及湖南北部、贵州等地	1.91
48	1964.6.12	1964.6.16	5	华南大部分地区	1.87
49	2009.7.1	2009.7.4	4	江南大部分地区、华南西部和东部等地	1.84
50	2010.7.16	2010.7.20	5	四川东部、云南西部及陕西南部、河南南部等地	1.84
51	1978.5.15	1978.5.18	4	华南中西部、西南地区东南部及江南南部等地	1.75
52	1983.10.4	1983.10.7	4	长江中下游、黄淮西部及陕西南部等地	1.71
53	2011.9.29	2011.10.2	4	广西、海南、贵州等地	1.69
54	2004.7.18	2004.7.20	3	广西、贵州、湖南北部、湖北东部等地	1.68
55	1995.7.31	1995.8.5	6	华南中部和南部等地	1.64
56	1970.6.26	1970.6.29	4	江南中南部及广西、福建北部等地	1.59
57	1984.8.9	1984.8.11	3	华北东部、东部中部和南部等地	1.59
58	2010.8.21	2010.8.22	2	西北东部、华北大部分地区、东北南部及四川等地	1.59
59	1969.7.29	1969.8.1	4	华南中部和西部、西南东地区东南部等地	1.58
60	1967.8.3	1967.8.7	5	广西、广东西部等地	1.56
61	1994.8.4	1994.8.7	4	江南西部、华南大部分地区等地	1.56
62	2008.6.12	2008.6.14	3	华南、江南中部和南部等地	1.56
63	1966.6.20	1966.6.24	5	华南大部分地区	1.54
64	1982.7.30	1982.8.3	5	华北中西部及河南北部、陕西中北部等地	1.52
65	1972.6.15	1972.6.18	4	华南、江南南部等地	1.49
66	1984.8.31	1984.9.2	3	长江中下游大部分地区及广东东部等地	1.49

续表

排名	开始日期（年.月.日）	结束日期（年.月.日）	持续日数（d）	发生地域	综合强度
67	2007.9.18	2007.9.20	3	浙江、江苏、安徽、山东东部及辽宁东部、吉林东部等地	1.49
68	1962.6.27	1962.6.29	3	江南大部分地区、华南大部分地区及贵州等地	1.47
69	1986.6.21	1986.6.23	3	长江中下游及贵州、广西北部等地	1.46
70	1996.7.8	1996.7.10	3	华北中部和西部、西南东部及河南、湖北、陕西等地	1.44
71	1969.6.23	1969.6.26	4	江南北部等地	1.43
72	1969.8.21	1969.8.24	4	华北东部、东北西部和北部等地	1.43
73	1999.4.24	1999.4.26	3	江南中部和西部及广西、贵州等地	1.43
74	2009.6.29	2009.6.30	2	长江沿江大部分地区地区及云南东部、贵州西部等地	1.41
75	1983.6.16	1983.6.19	4	广东中部和东部、福建南部等地	1.40
76	1962.5.25	1962.5.28	4	江南大部分地区及福建北部、贵州东部等地	1.38
77	1995.5.31	1995.6.3	4	江南北部及贵州、四川东部、重庆等地	1.38
78	1989.7.8	1989.7.11	4	四川东部、重庆、陕西南部、湖北西部、河南等地	1.36
79	2008.7.22	2008.7.24	3	黄淮南部、江淮及西南地区东部等地	1.36
80	1975.8.5	1975.8.8	4	华北南部、黄淮西部及湖北、湖南等地	1.35
81	1983.8.15	1983.8.18	4	西北东部及四川中部和北部等地	1.35
82	2001.8.29	2001.9.1	4	华南中部和南部及江西、湖南东部等地	1.34
83	2010.10.4	2010.10.7	4	海南、广东西南部等地	1.34
84	2011.6.14	2011.6.15	2	长江中下游及广西北部等地	1.33
85	2002.6.14	2002.6.16	3	江南大部、华南北部等地	1.32
86	1983.6.20	1983.6.22	3	江南大部分地区及广西、贵州南部等地	1.31
87	2007.6.7	2007.6.10	4	华南大部分地区、江南南部及贵州东部等地	1.31
88	1981.7.23	1981.7.25	3	华南中部和西部及湖南等地	1.30
89	1996.6.29	1996.7.2	4	长江中下游沿江及山东南部等地	1.29
90	1969.8.11	1969.8.12	2	华北东部、黄淮北部、东北大部分地区等地	1.28
91	1995.6.30	1995.7.2	3	江南北部及贵州、云南东部等地	1.28
92	2000.6.9	2000.6.12	4	华南、江南南部等地	1.28
93	1998.7.13	1998.7.15	3	华北北部、东北中南部及内蒙古中东部等地	1.27
94	2007.6.16	2007.6.19	4	甘肃东部、宁夏、四川北部、陕西南部、湖北等地	1.23
95	2012.7.30	2012.8.2	4	华北大部分地区、辽宁西部等地	1.23
96	1999.5.24	1999.5.26	3	江南南部、华南中部和北部等地	1.22
97	1961.4.19	1961.4.21	3	江南南部、华南等地	1.21
98	1962.9.5	1962.9.7	3	浙江、江苏、福建东北部等地	1.21
99	1969.7.11	1969.7.12	2	长江沿江大部分地区	1.20
100	1995.8.10	1995.8.13	4	青海东部、甘肃中部、四川中部等地	1.19

续表

排名	开始日期（年.月.日）	结束日期（年.月.日）	持续日数（d）	发生地域	综合强度
101	1964.6.24	1964.6.26	3	长江沿江大部分地区	1.18
102	1974.8.11	1974.8.14	4	山东、江苏北部、安徽等地	1.18
103	1995.8.5	1995.8.7	3	西北东部、华北大部分地区、东北南部等地	1.15
104	2003.6.10	2003.6.11	2	广西、广东、湖南等地	1.15
105	1981.7.3	1981.7.5	3	华北大部、东北大部分地区等	1.14
106	1963.7.19	1963.7.21	3	东北大部分地区	1.13
107	1980.7.30	1980.8.2	4	湖北、湖南北部、重庆、四川东部等地	1.13
108	1984.5.30	1984.6.1	3	江南大部分地区、华南大部分地区等地	1.12
109	1995.10.3	1995.10.5	3	江南西部和北部及广东西部、广西东部等地	1.11
110	2002.6.8	2002.6.9	2	西北东部、河北中部和西部等地	1.11
111	1992.6.15	1992.6.17	3	江南大部分地区、华南西部和东部等地	1.10
112	2008.10.31	2008.11.2	3	西南地区东部、江南西部及广西等地	1.10

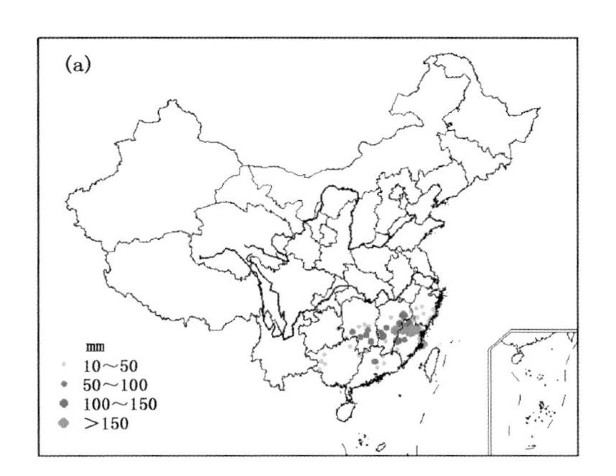

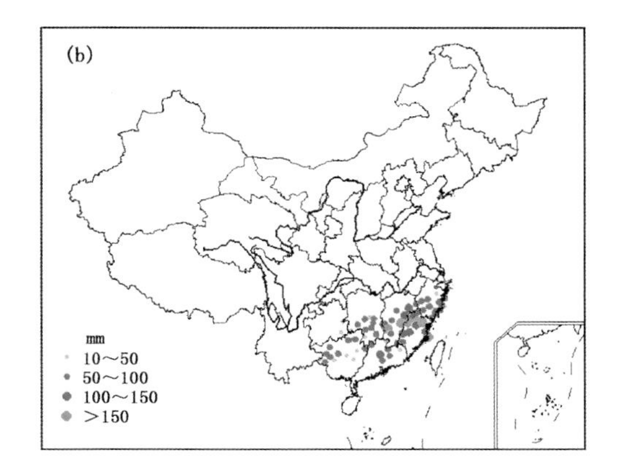

图 4.83　1968 年 6 月 15—19 日重度区域性强降水事件累积强度(a)和极端强度(b)分布(单位:mm)

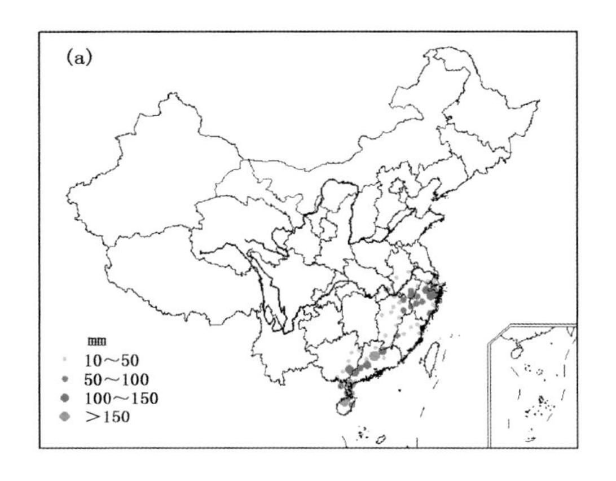

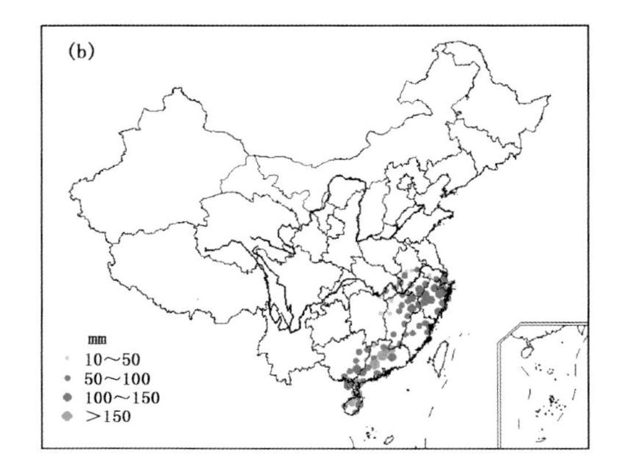

图 4.84　1994 年 6 月 8—11 日重度区域性强降水事件累积强度(a)和极端强度(b)分布(单位:mm)

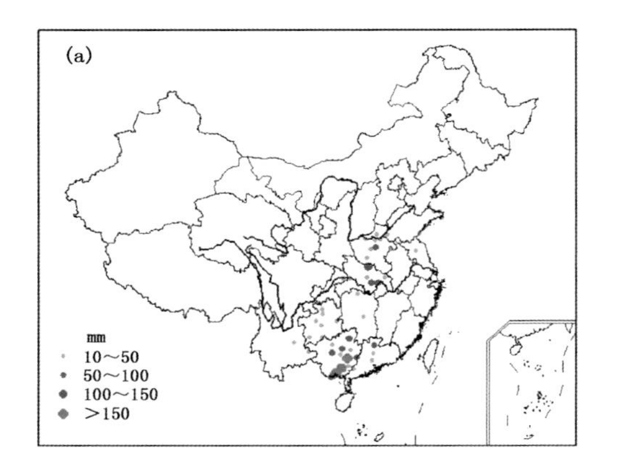

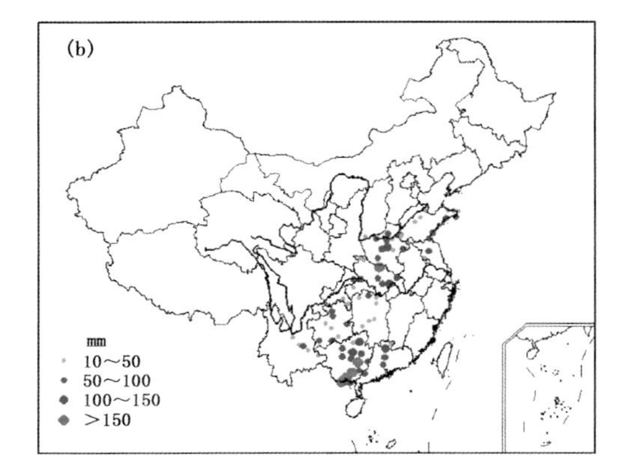

图 4.85　2004 年 7 月 10—12 日重度区域性强降水事件累积强度(a)和极端强度(b)分布(单位:mm)

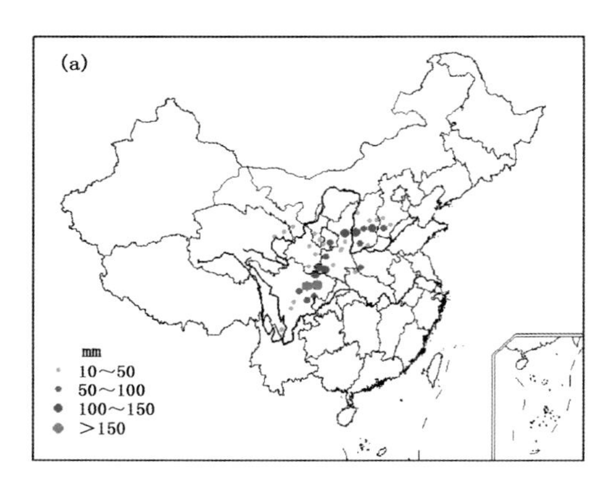

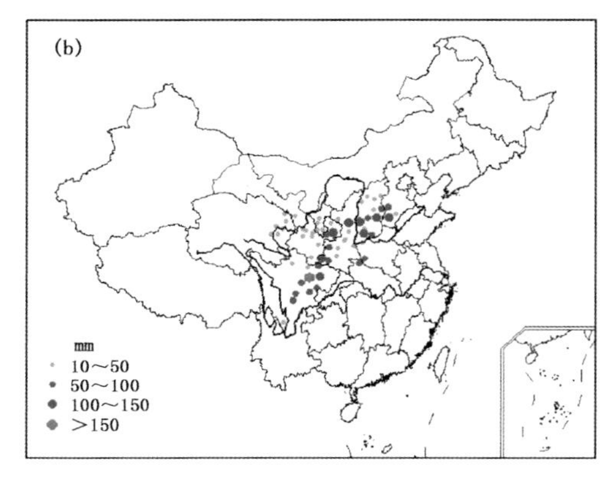

图 4.86　1981 年 8 月 15—19 日重度区域性强降水事件累积强度(a)和极端强度(b)分布(单位:mm)

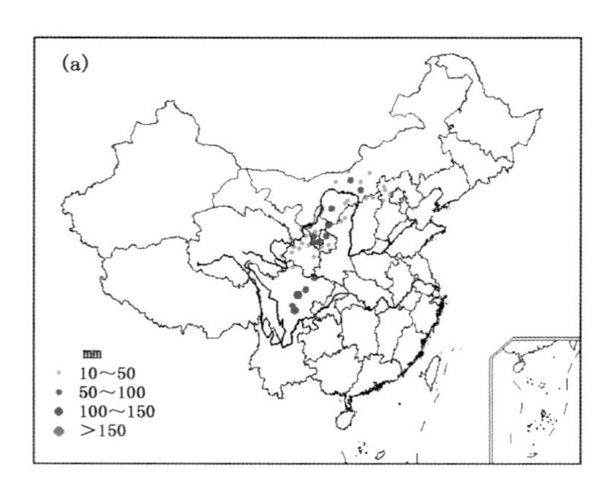

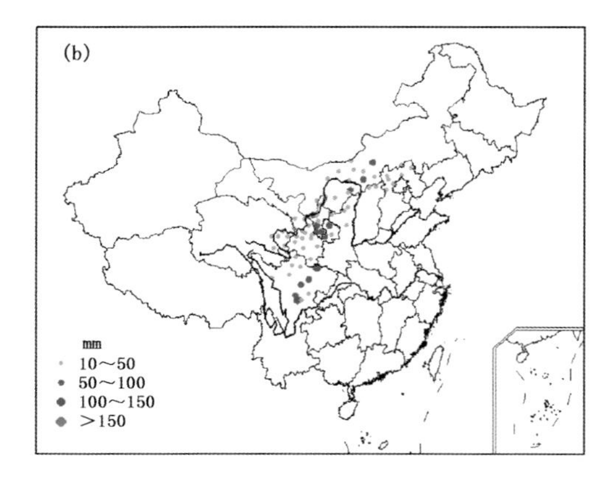

图 4.87　1968 年 8 月 1—5 日重度区域性强降水事件累积强度(a)和极端强度(b)分布(单位:mm)

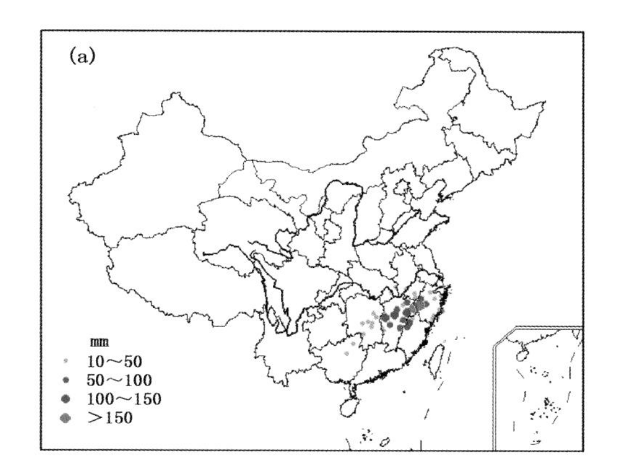

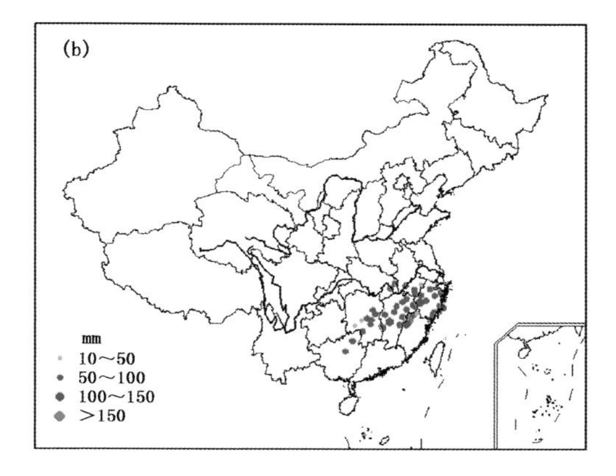

图 4.88　1989 年 6 月 28 日—7 月 4 日重度区域性强降水事件累积强度(a)和极端强度(b)分布(单位:mm)

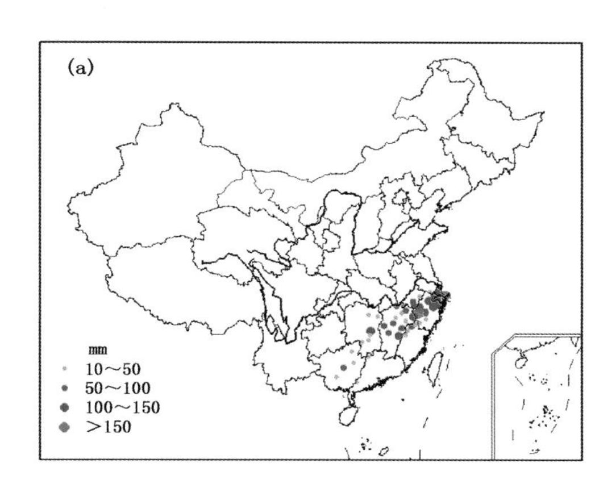

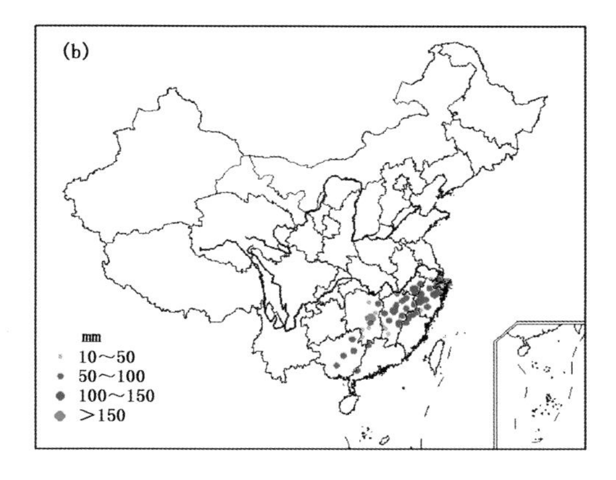

图 4.89　1997 年 7 月 7—12 日重度区域性强降水事件累积强度(a)和极端强度(b)分布(单位:mm)

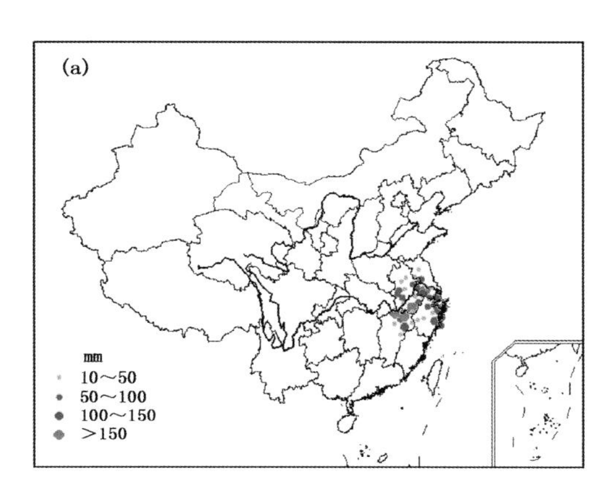

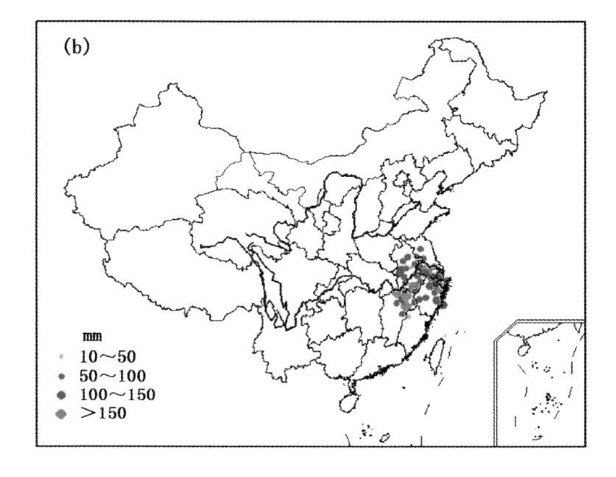

图 4.90　2012 年 8 月 7—11 日重度区域性强降水事件累积强度(a)和极端强度(b)分布(单位:mm)

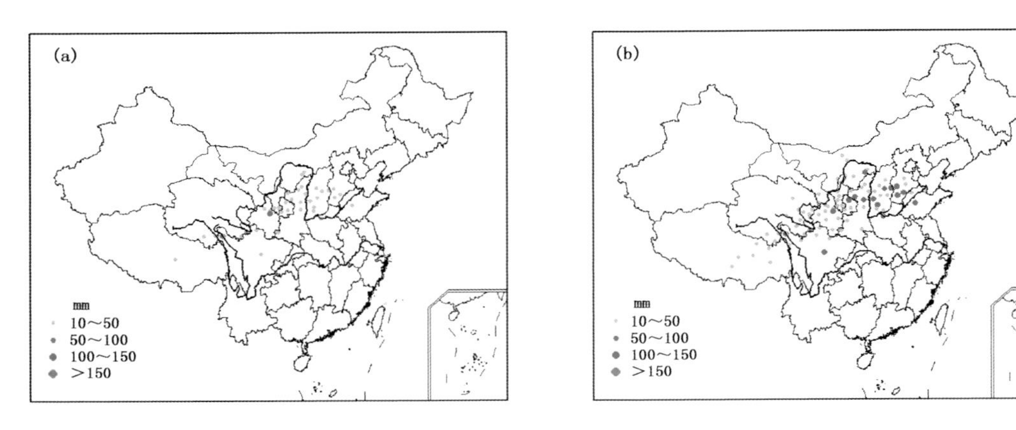

图 4.91　1979 年 6 月 30 日—7 月 4 日重度区域性强降水事件累积强度(a)和极端强度(b)分布(单位:mm)

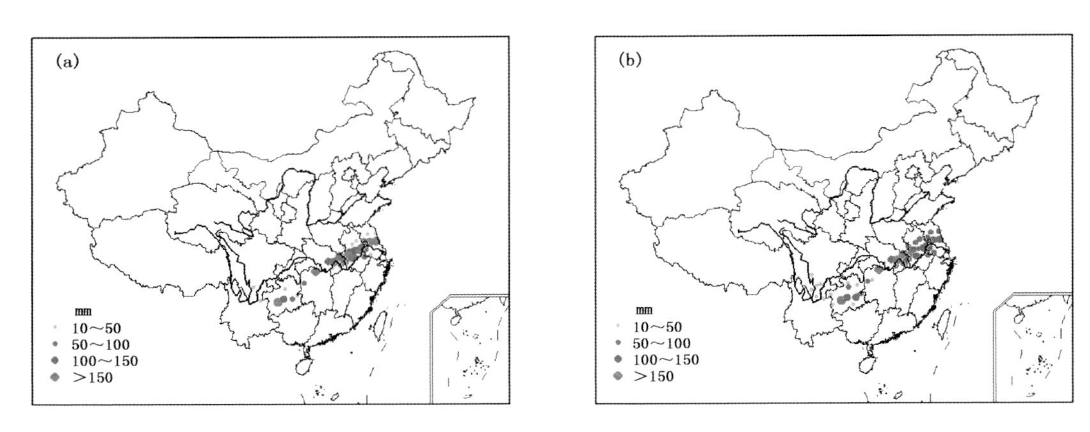

图 4.92　1991 年 7 月 8—11 日重度区域性强降水事件累积强度(a)和极端强度(b)分布(单位:mm)

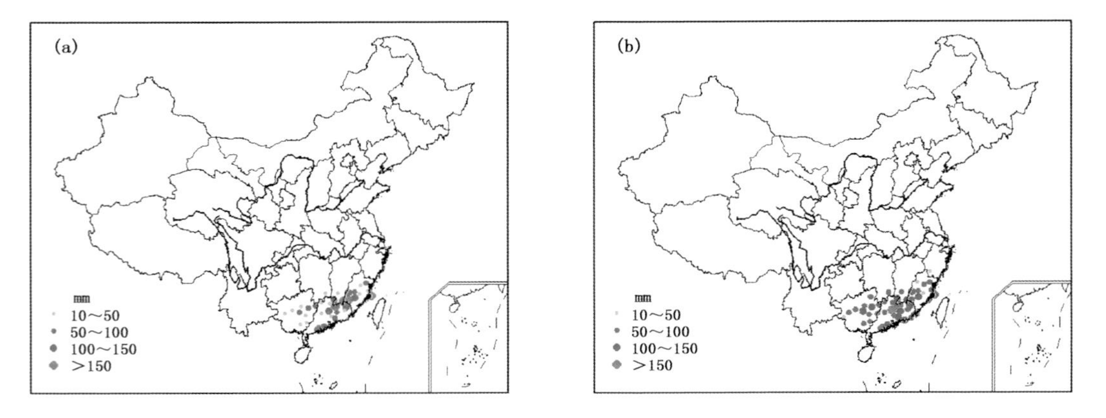

图 4.93　1964 年 6 月 12—16 日重度区域性强降水事件累积强度(a)和极端强度(b)分布(单位:mm)

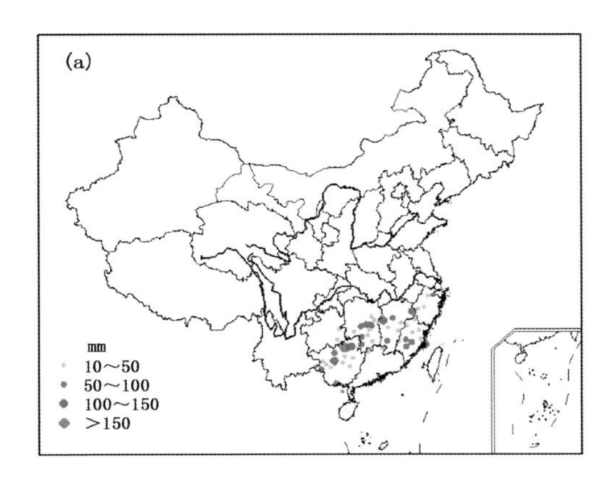

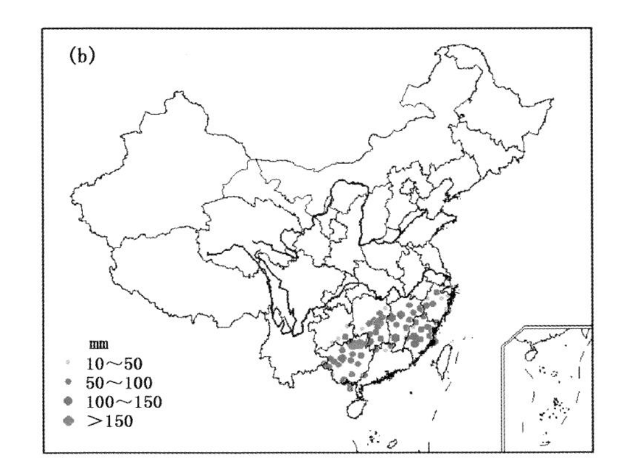

图4.94　2009年7月1—4日重度区域性强降水事件累积强度(a)和极端强度(b)分布(单位:mm)

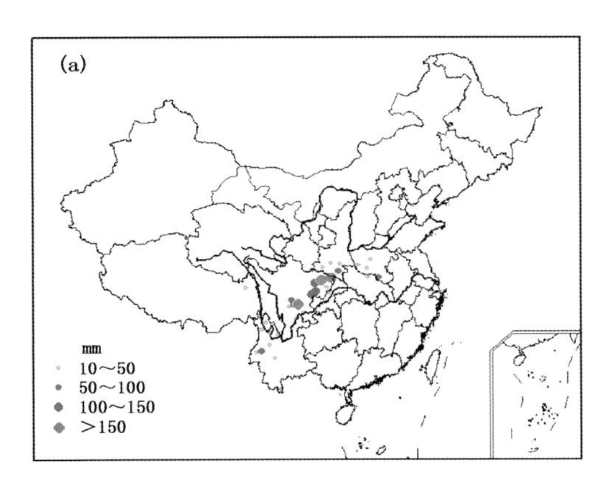

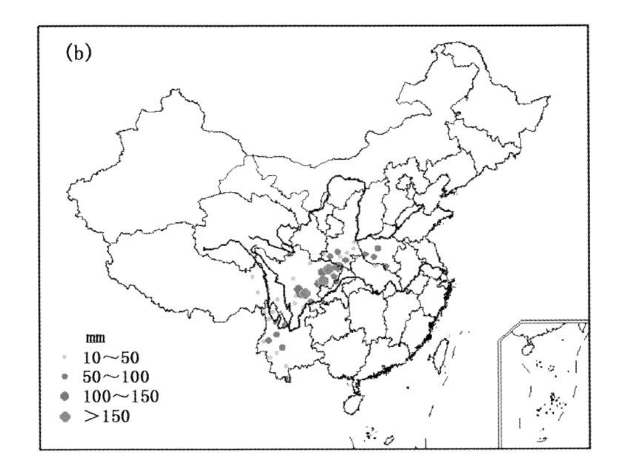

图4.95　2010年7月16—20日重度区域性强降水事件累积强度(a)和极端强度(b)分布(单位:mm)

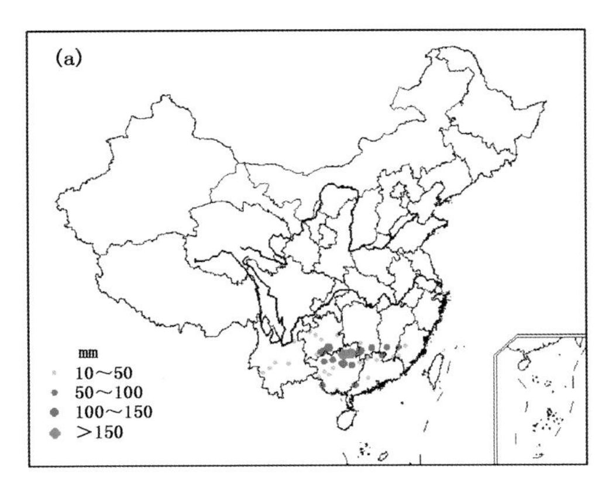

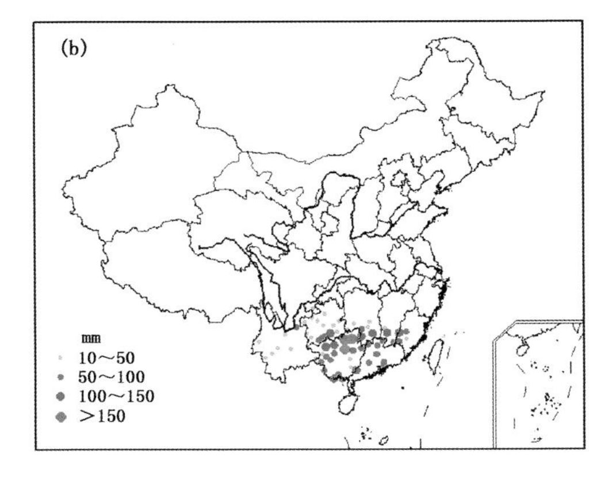

图4.96　1978年5月15—18日重度区域性强降水事件累积强度(a)和极端强度(b)分布(单位:mm)

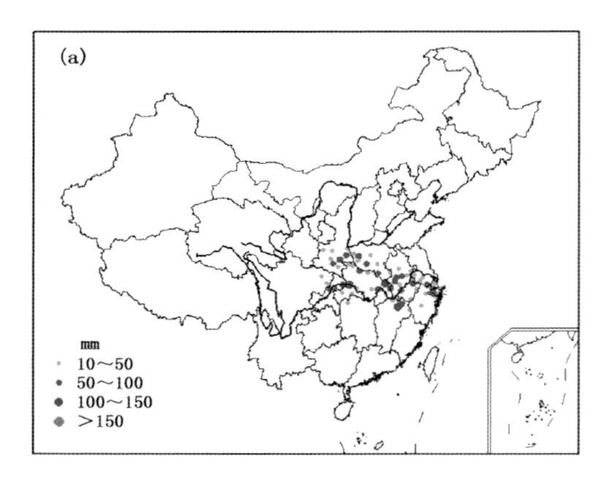

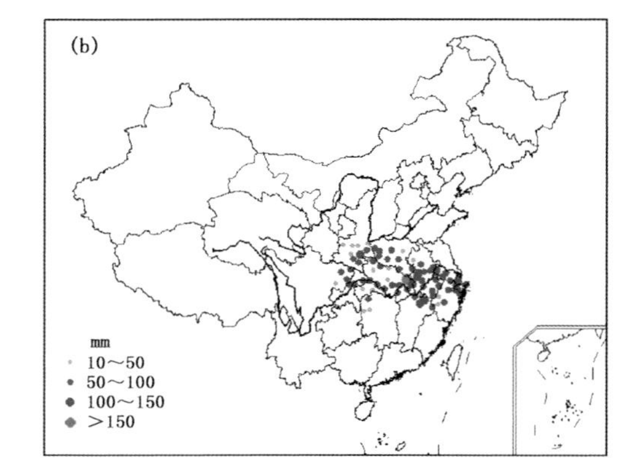

图 4.97　1983 年 10 月 4—7 日重度区域性强降水事件累积强度(a)和极端强度(b)分布(单位:mm)

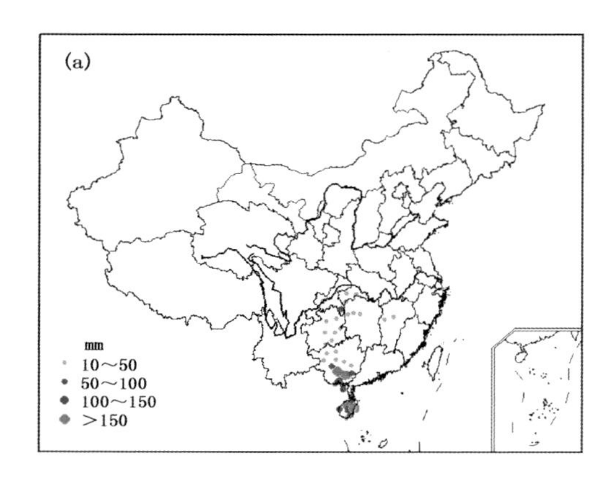

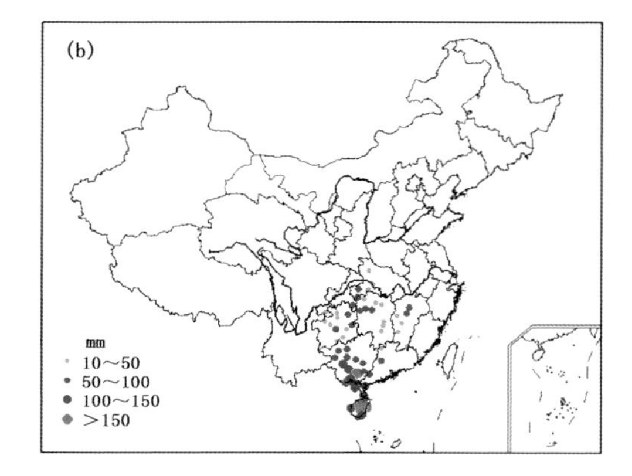

图 4.98　2011 年 9 月 29 日—10 月 2 日重度区域性强降水事件累积强度(a)和极端强度(b)分布(单位:mm)

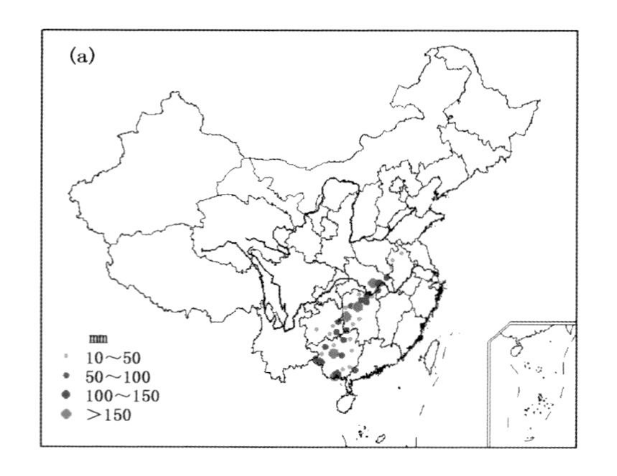

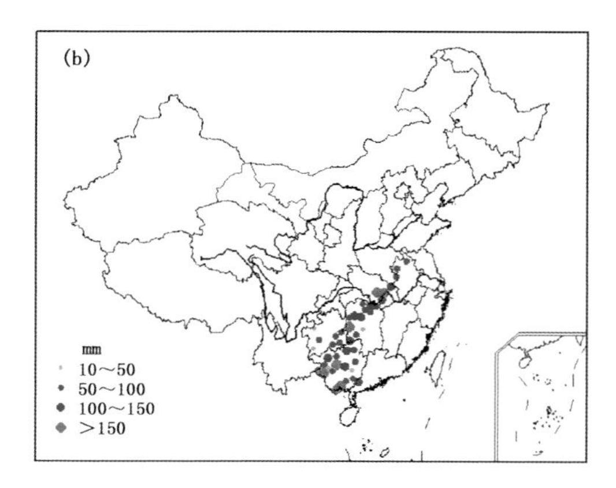

图 4.99　2004 年 7 月 18—20 日重度区域性强降水事件累积强度(a)和极端强度(b)分布(单位:mm)

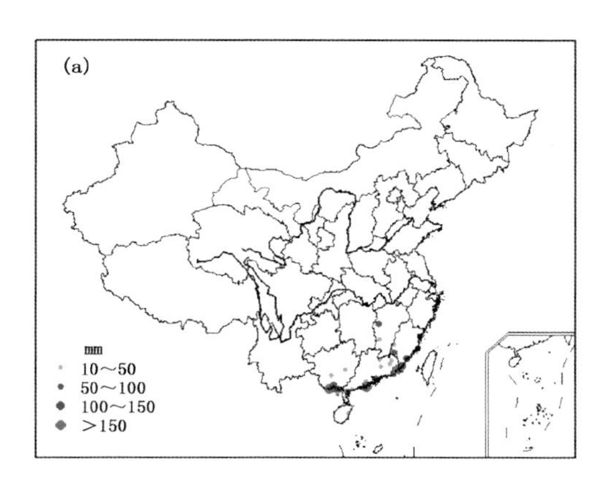

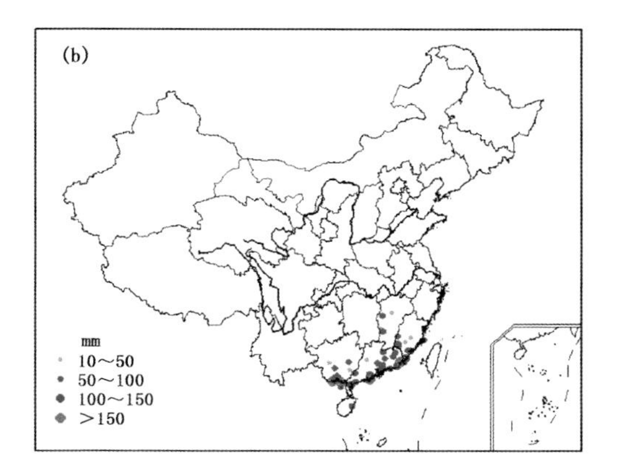

图4.100 1995年7月31日—8月5日重度区域性强降水事件累积强度(a)和极端强度(b)分布(单位:mm)

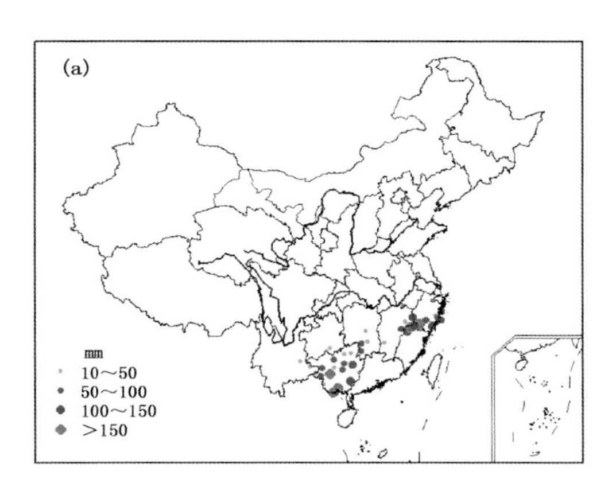

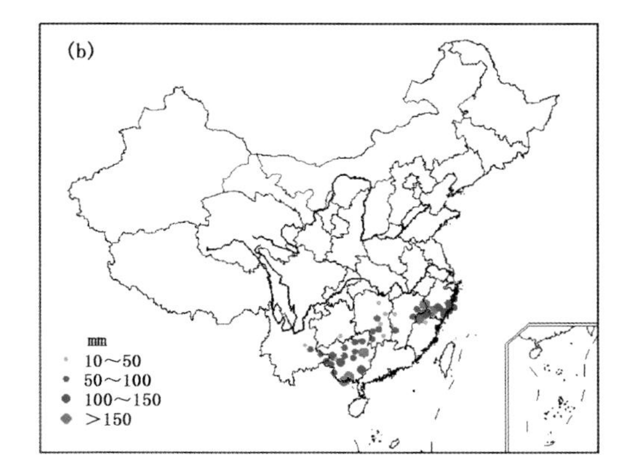

图4.101 1970年6月26—29日重度区域性强降水事件累积强度(a)和极端强度(b)分布(单位:mm)

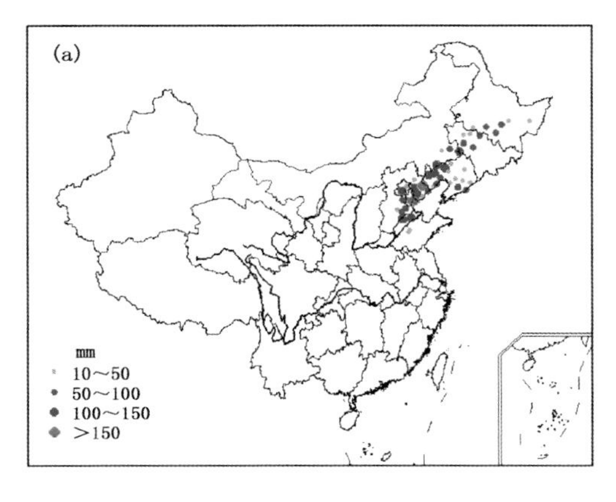

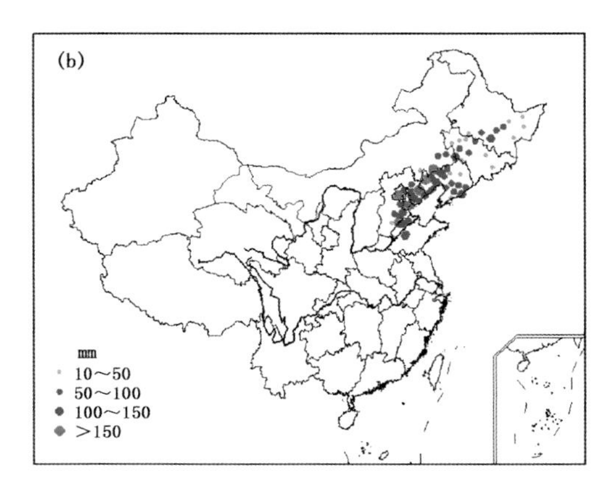

图4.102 1984年8月9—11日重度区域性强降水事件累积强度(a)和极端强度(b)分布(单位:mm)

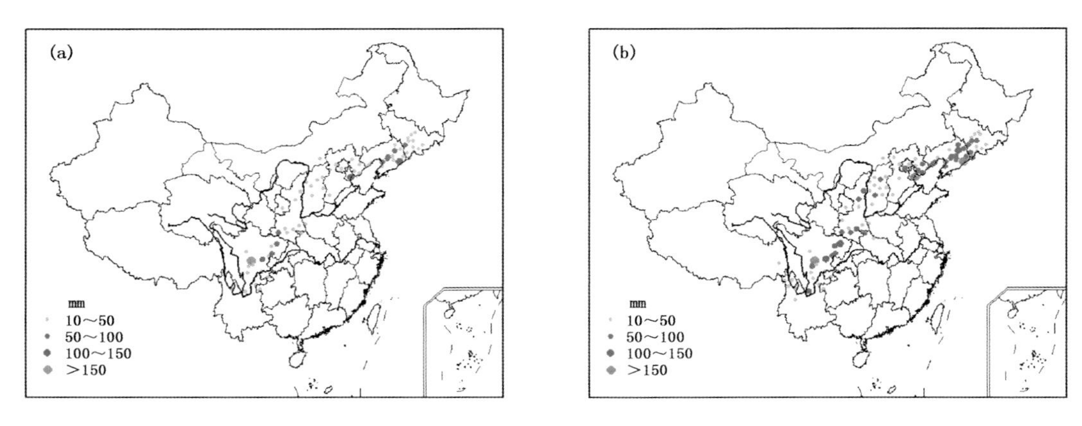

图 4.103　2010 年 8 月 21—22 日重度区域性强降水事件累积强度(a)和极端强度(b)分布(单位:mm)

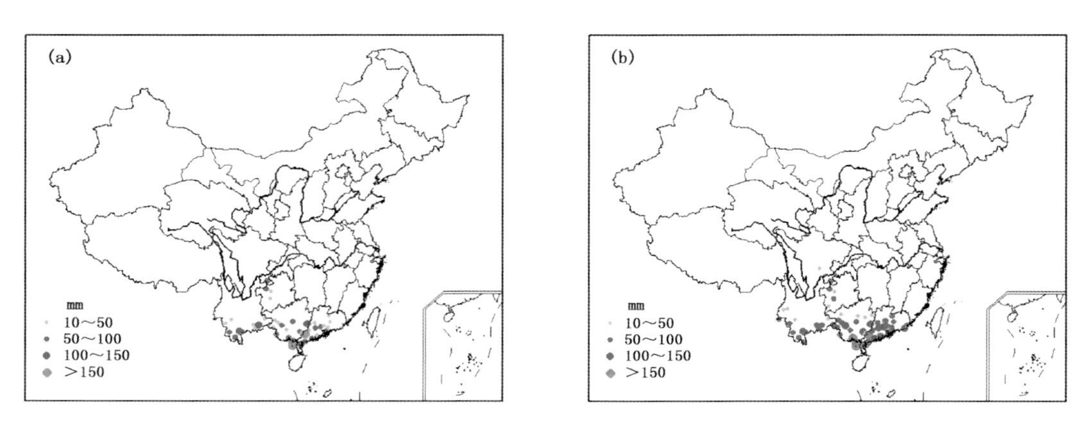

图 4.104　1969 年 7 月 29 日—8 月 1 日重度区域性强降水事件累积强度(a)和极端强度(b)分布(单位:mm)

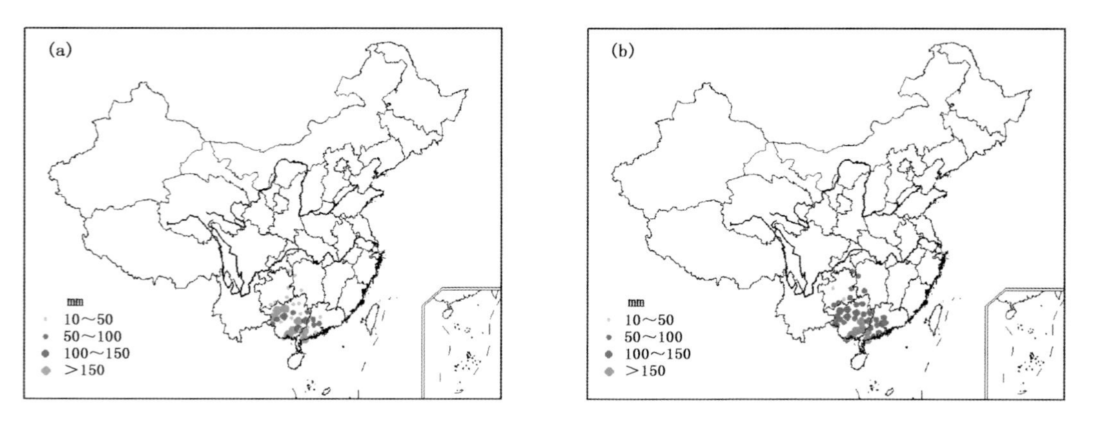

图 4.105　1967 年 8 月 3—7 日重度区域性强降水事件累积强度(a)和极端强度(b)分布(单位:mm)

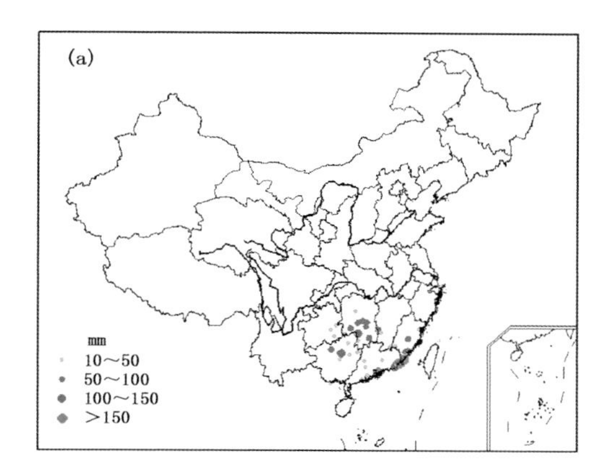

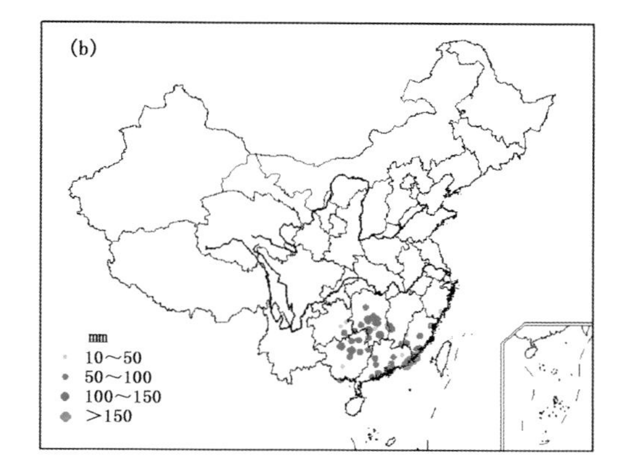

图4.106　1994年8月4—7日重度区域性强降水事件累积强度(a)和极端强度(b)分布(单位:mm)

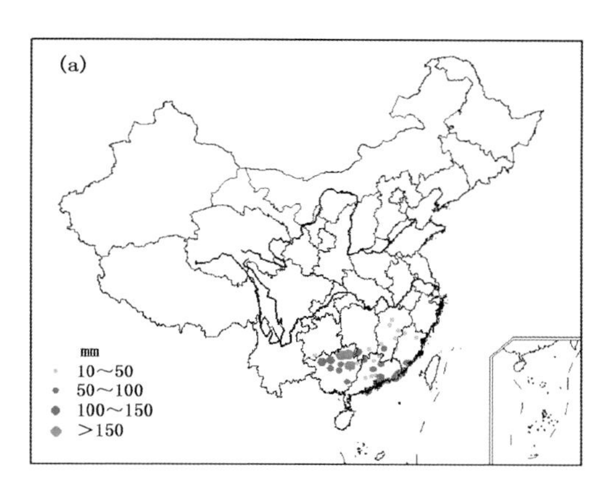

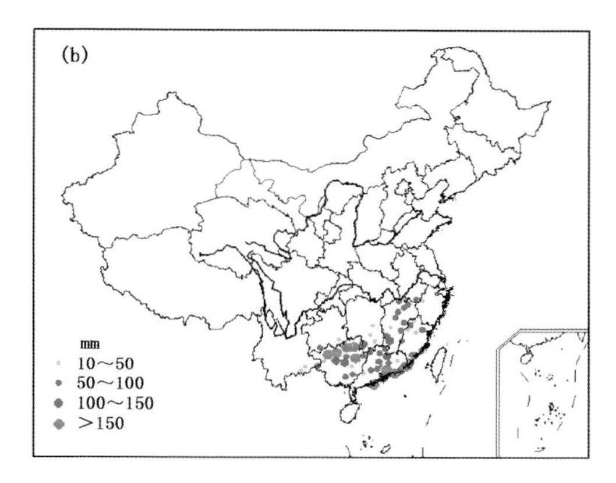

图4.107　2008年6月12—14日重度区域性强降水事件累积强度(a)和极端强度(b)分布(单位:mm)

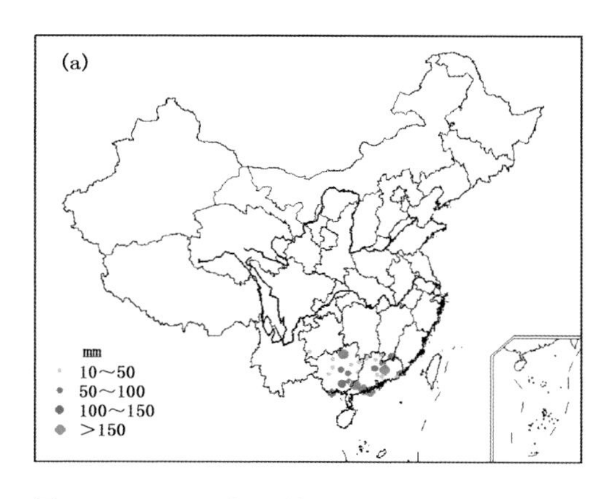

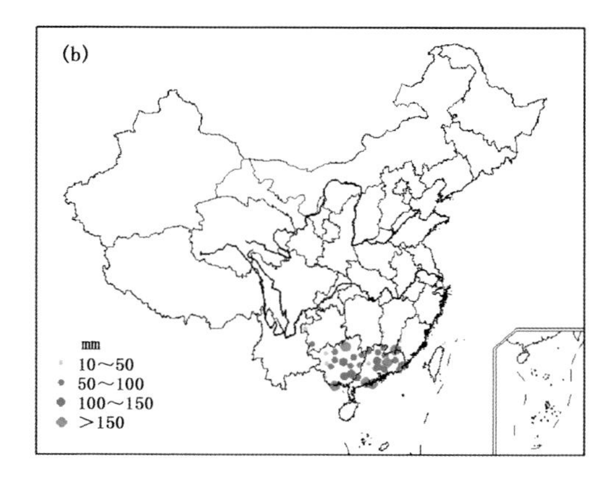

图4.108　1966年6月20—24日重度区域性强降水事件累积强度(a)和极端强度(b)分布(单位:mm)

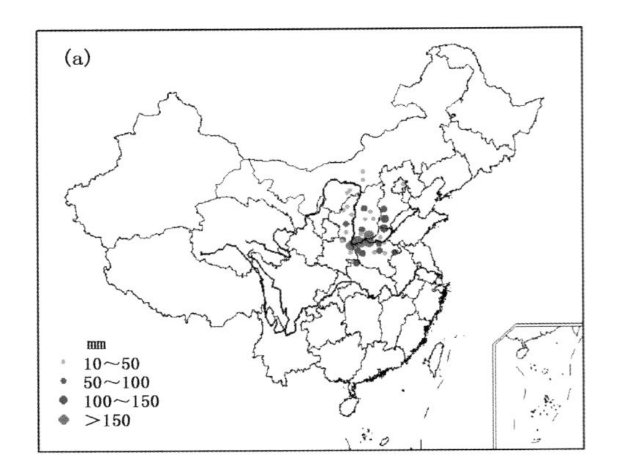

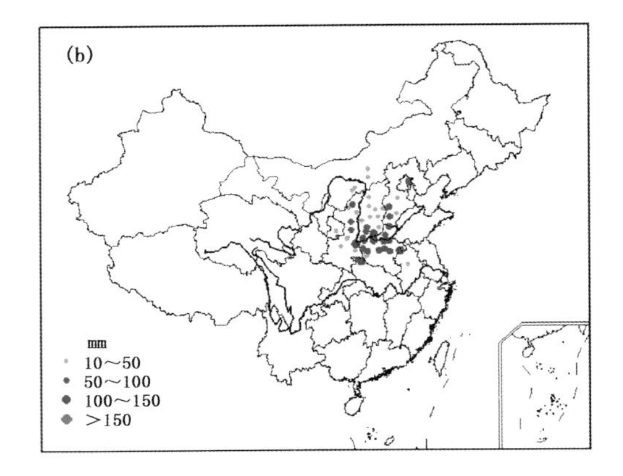

图 4.109　1982 年 7 月 30 日—8 月 3 日重度区域性强降水事件累积强度(a)和极端强度(b)分布(单位:mm)

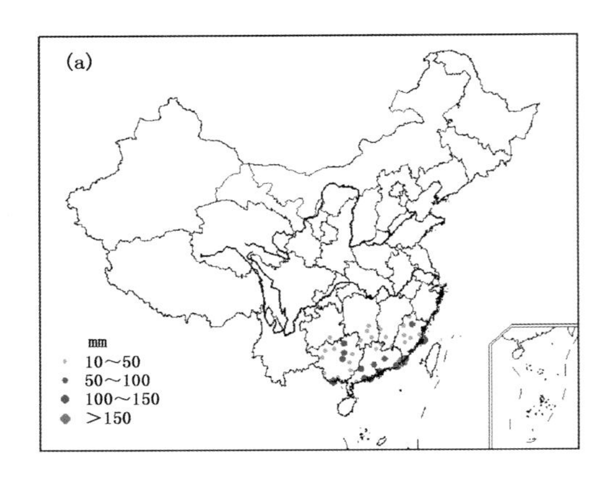

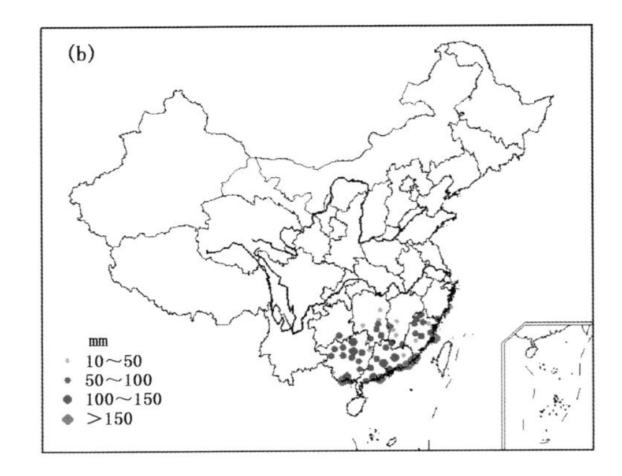

图 4.110　1972 年 6 月 15—18 日重度区域性强降水事件累积强度(a)和极端强度(b)分布(单位:mm)

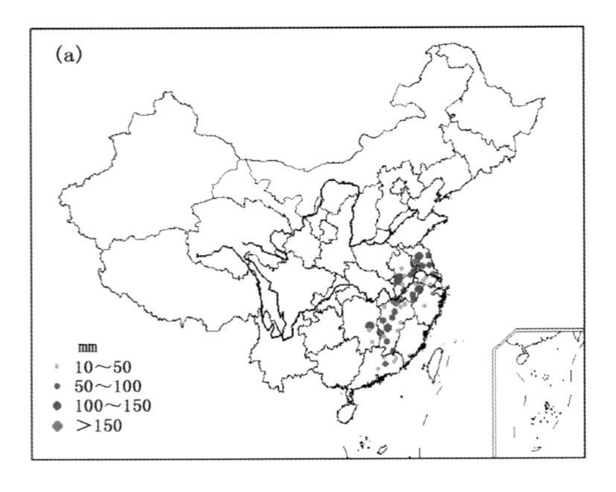

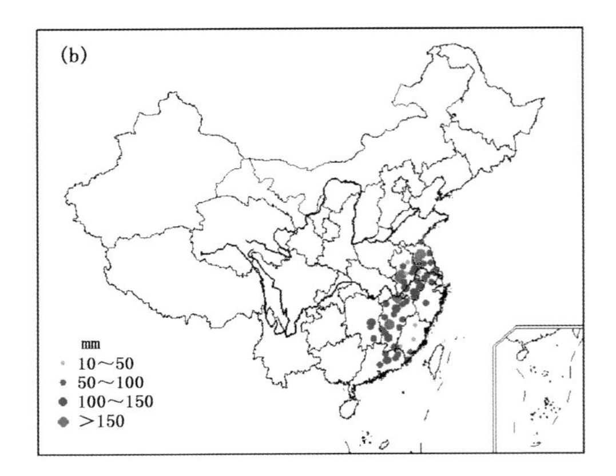

图 4.111　1984 年 8 月 31 日—9 月 2 日重度区域性强降水事件累积强度(a)和极端强度(b)分布(单位:mm)

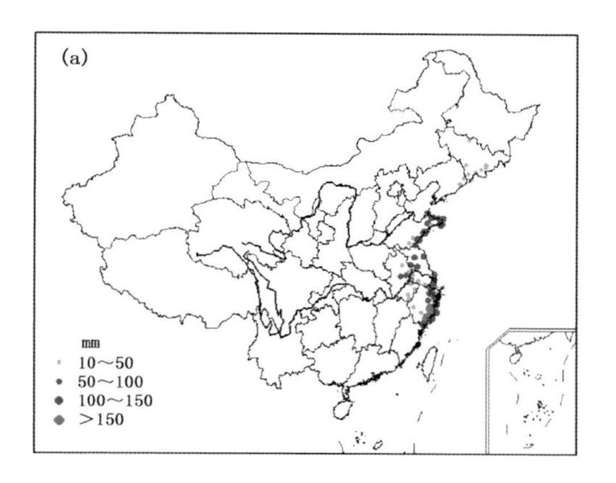

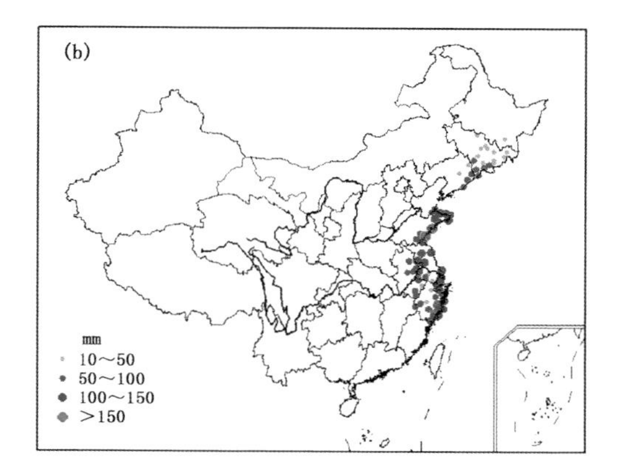

图 4.112　2007 年 9 月 18—20 日重度区域性强降水事件累积强度(a)和极端强度(b)分布(单位:mm)

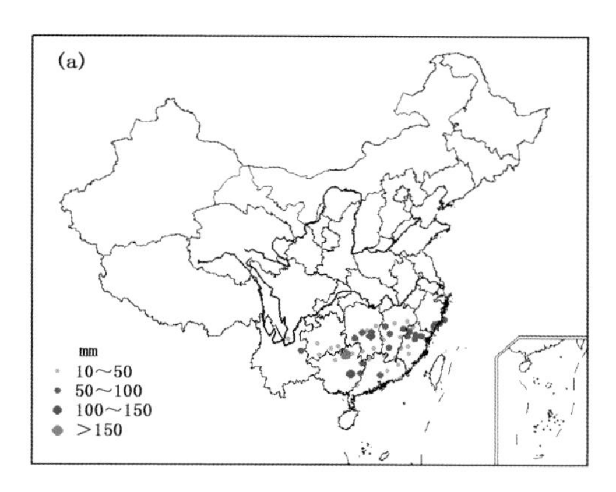

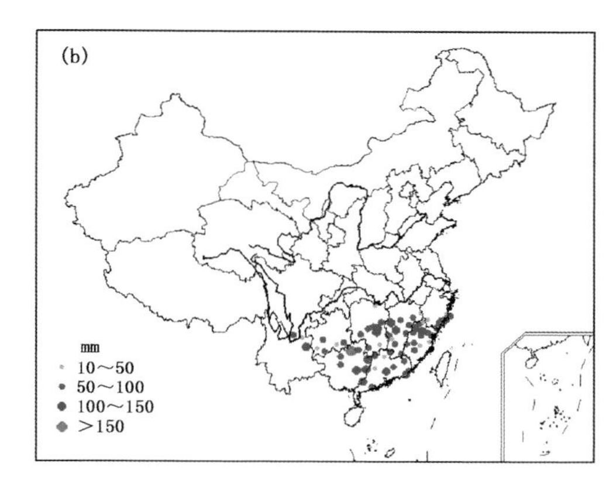

图 4.113　1962 年 6 月 27—29 日重度区域性强降水事件累积强度(a)和极端强度(b)分布(单位:mm)

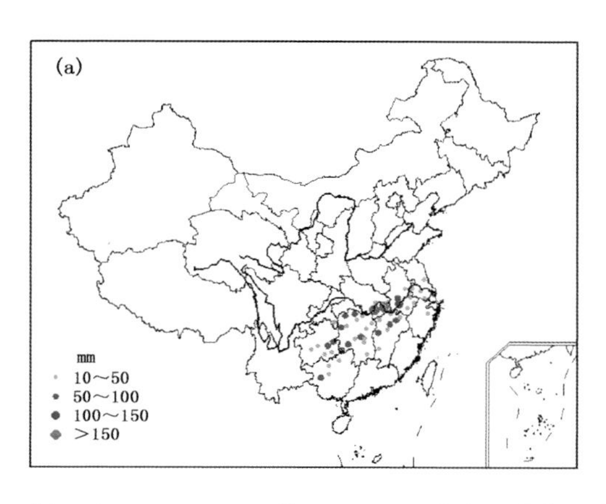

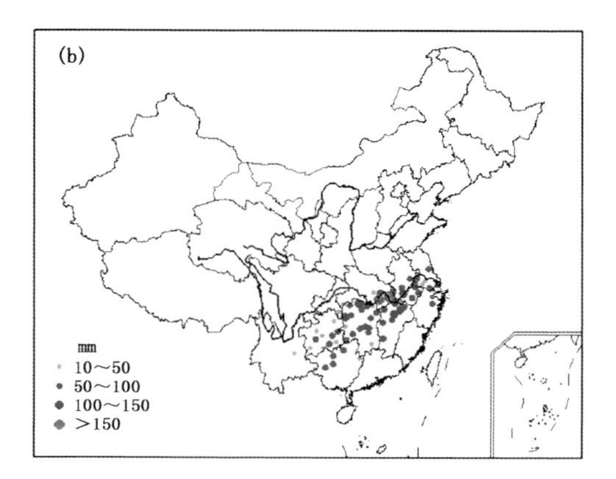

图 4.114　1986 年 6 月 21—23 日重度区域性强降水事件累积强度(a)和极端强度(b)分布(单位:mm)

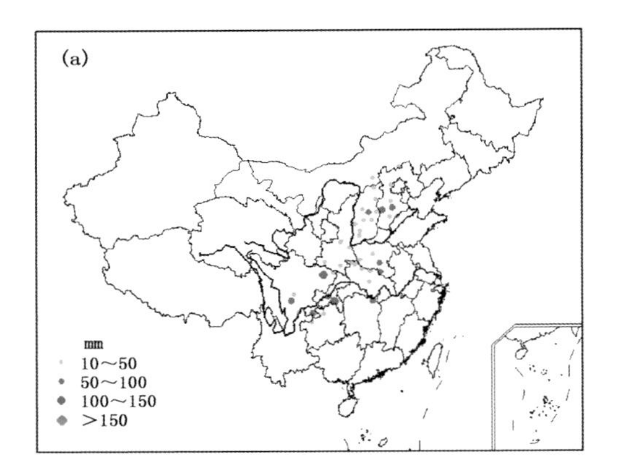

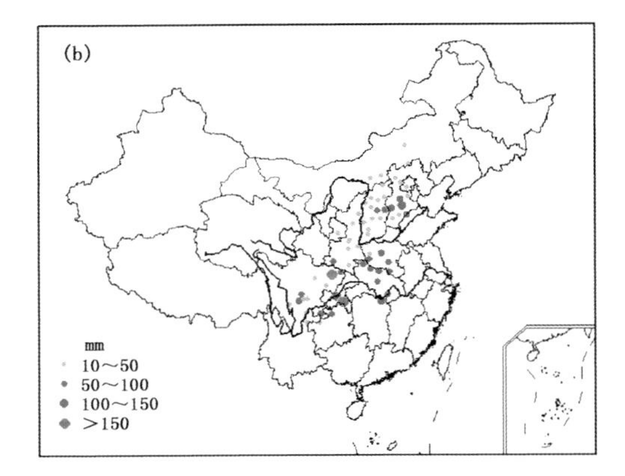

图 4.115 1996 年 7 月 8—10 日重度区域性强降水事件累积强度(a)和极端强度(b)分布(单位:mm)

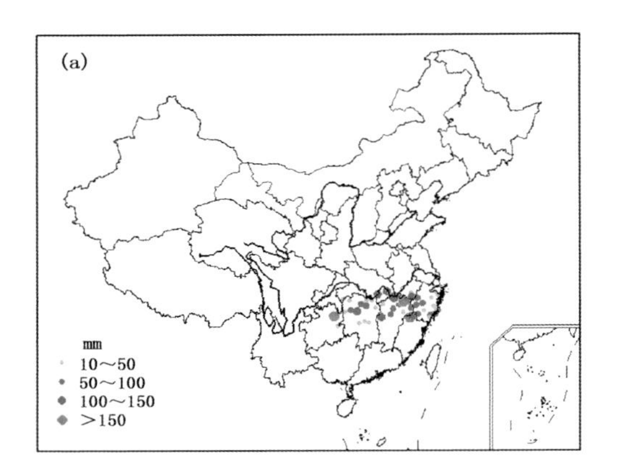

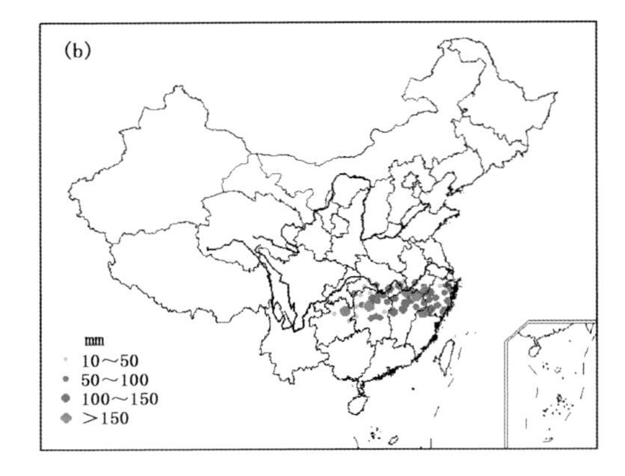

图 4.116 1969 年 6 月 23—26 日重度区域性强降水事件累积强度(a)和极端强度(b)分布(单位:mm)

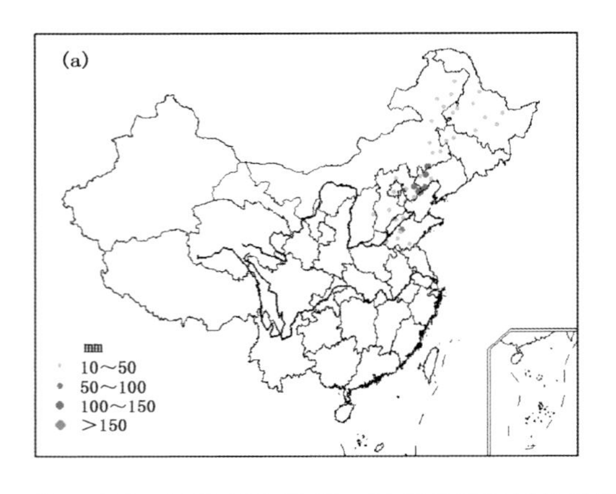

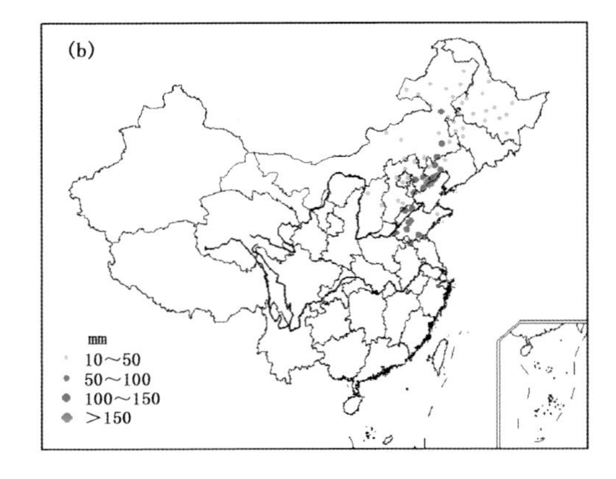

图 4.117 1969 年 8 月 21—24 日重度区域性强降水事件累积强度(a)和极端强度(b)分布(单位:mm)

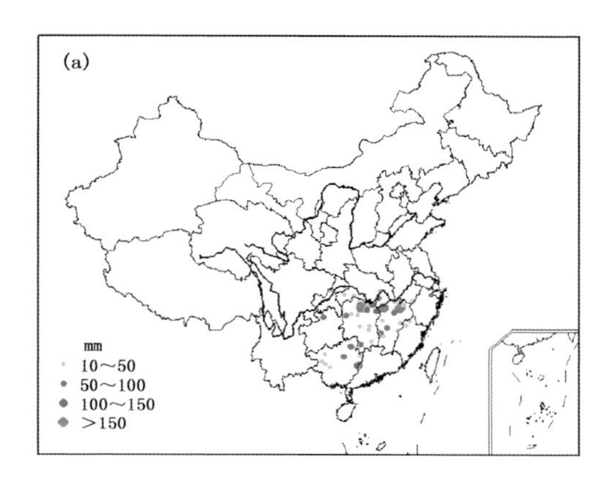

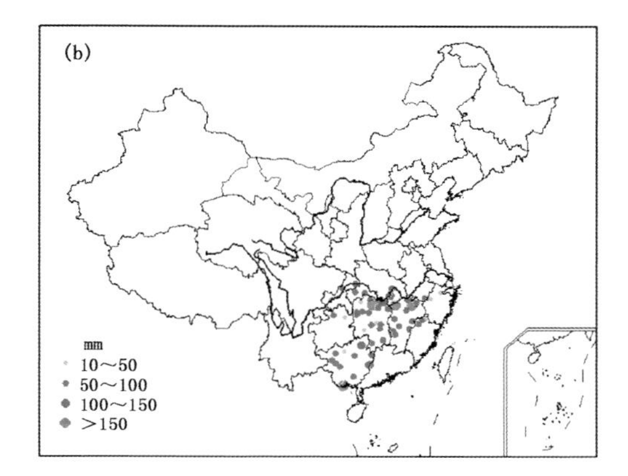

图 4.118　1999 年 4 月 24—26 日重度区域性强降水事件累积强度(a)和极端强度(b)分布(单位:mm)

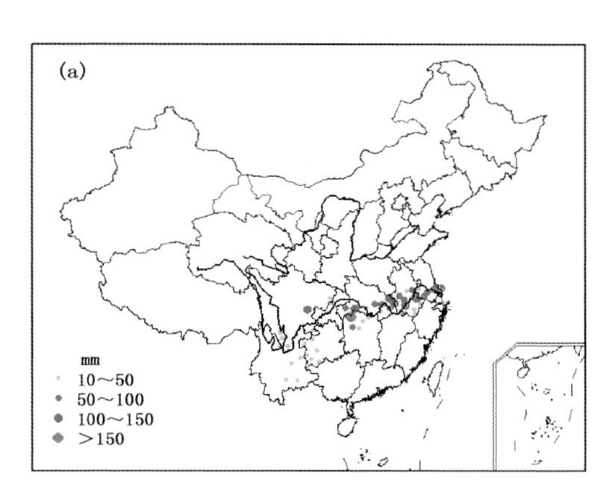

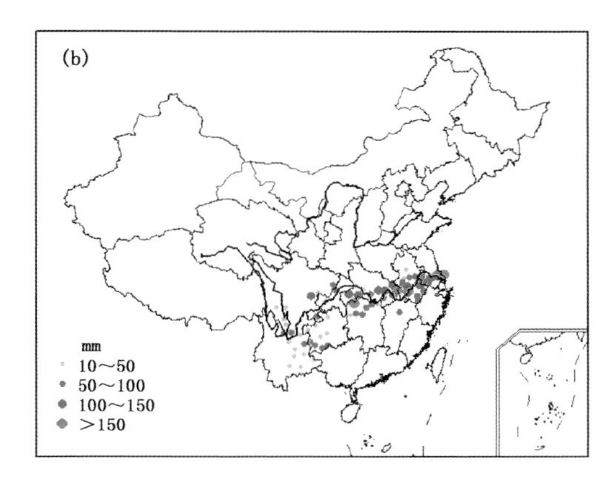

图 4.119　2009 年 6 月 29—30 日重度区域性强降水事件累积强度(a)和极端强度(b)分布(单位:mm)

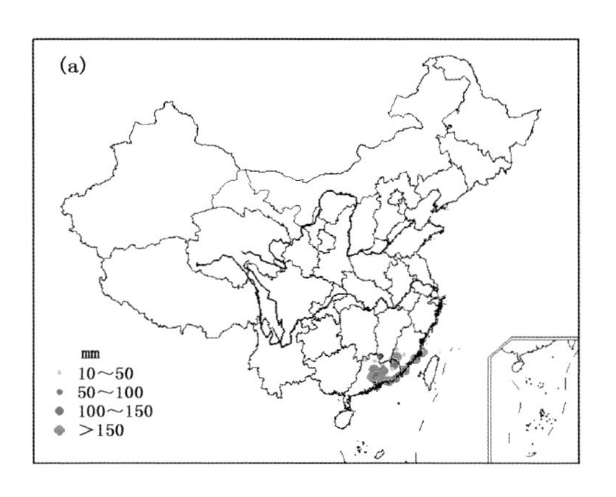

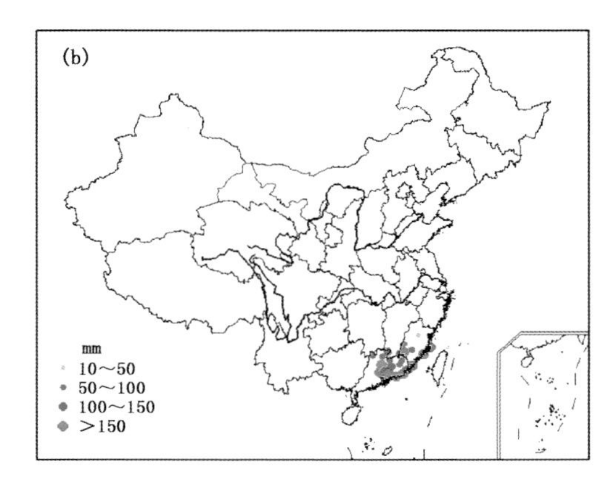

图 4.120　1983 年 6 月 16—19 日重度区域性强降水事件累积强度(a)和极端强度(b)分布(单位:mm)

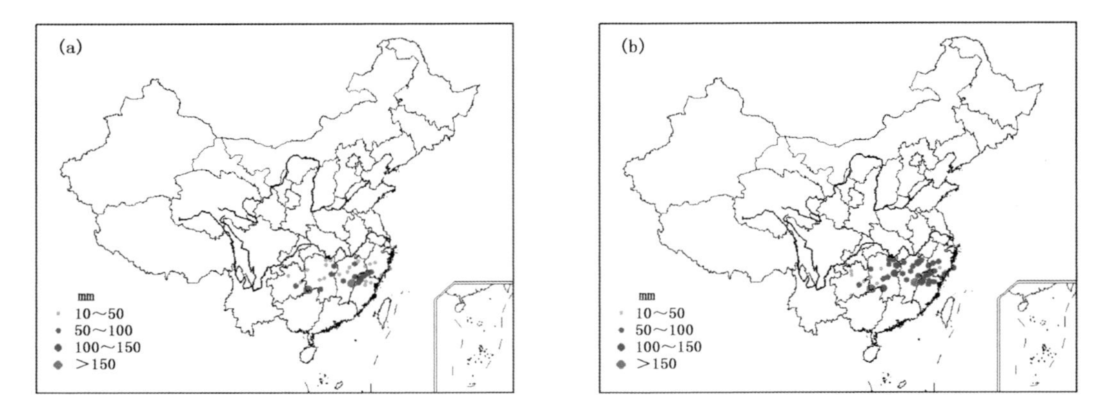

图 4.121 1962 年 5 月 25—28 日重度区域性强降水事件累积强度(a)和极端强度(b)分布(单位:mm)

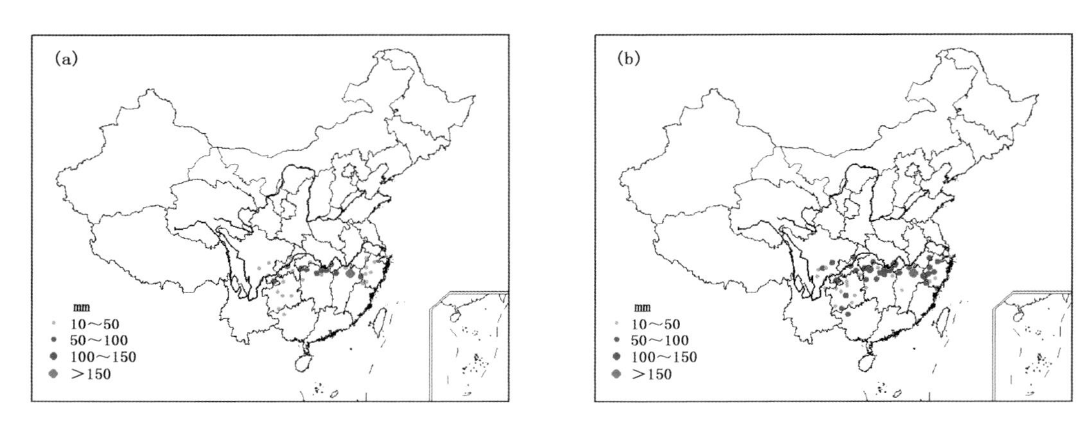

图 4.122 1995 年 5 月 31 日—6 月 3 日重度区域性强降水事件累积强度(a)和极端强度(b)分布(单位:mm)

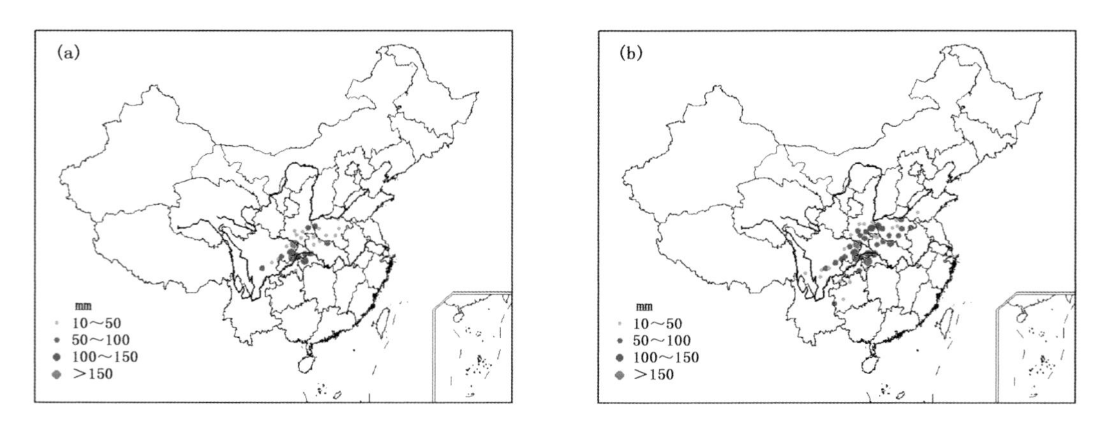

图 4.123 1989 年 7 月 8—11 日重度区域性强降水事件累积强度(a)和极端强度(b)分布(单位:mm)

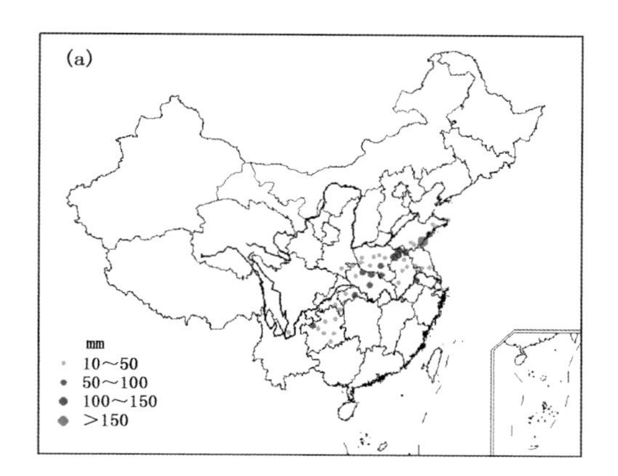

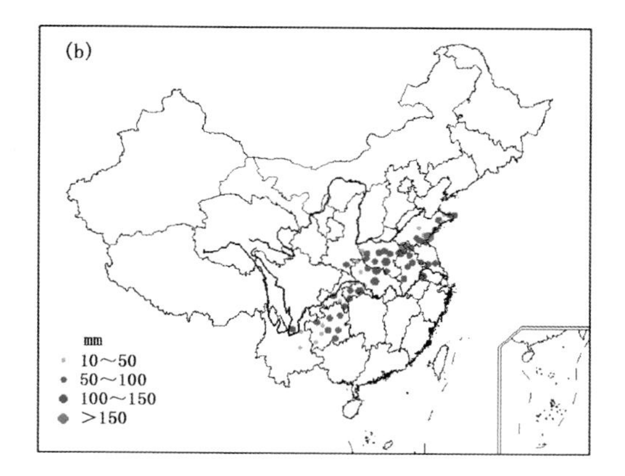

图 4.124　2008 年 7 月 22—24 日重度区域性强降水事件累积强度(a)和极端强度(b)分布(单位:mm)

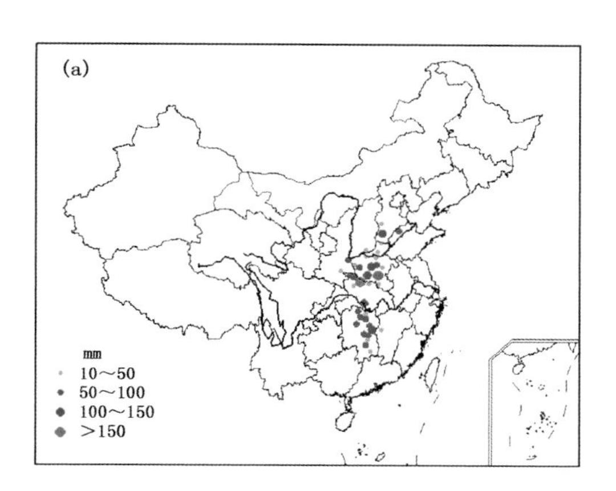

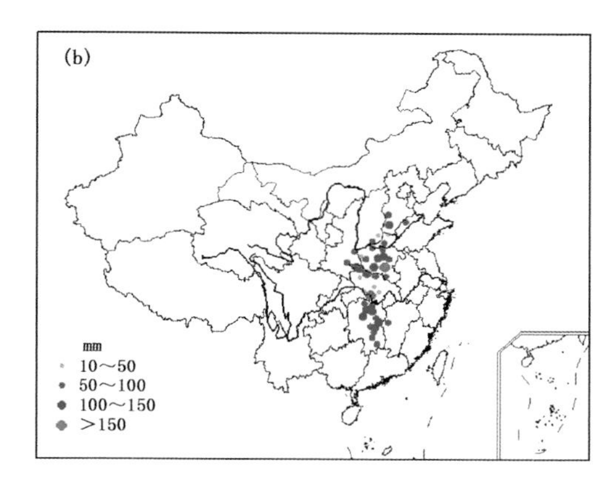

图 4.125　1975 年 8 月 5—8 日重度区域性强降水事件累积强度(a)和极端强度(b)分布(单位:mm)

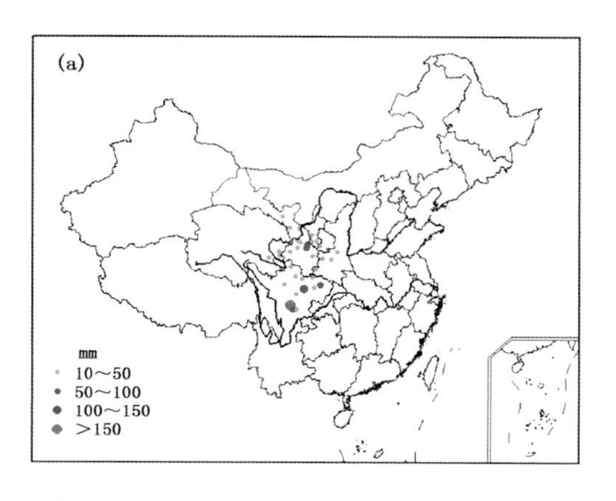

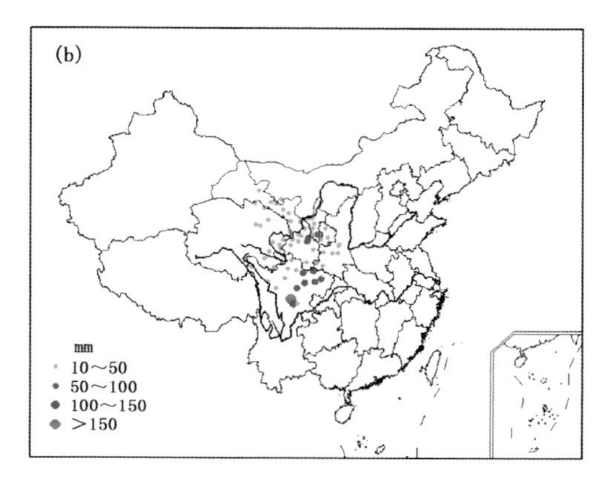

图 4.126　1983 年 8 月 15—18 日重度区域性强降水事件累积强度(a)和极端强度(b)分布(单位:mm)

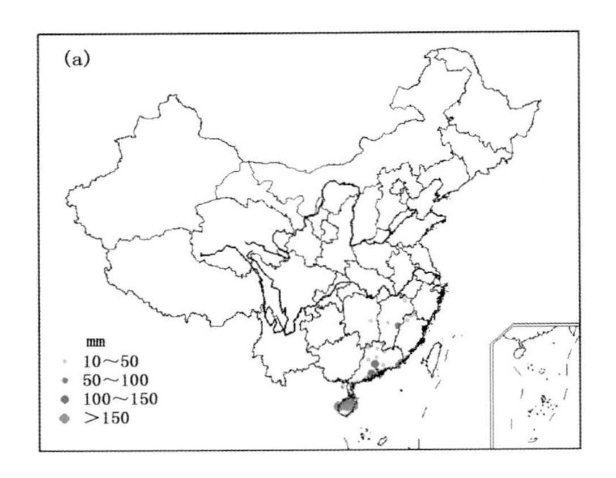

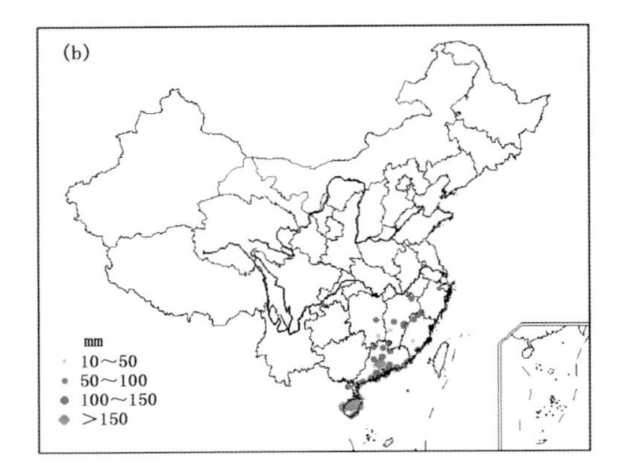

图 4.127　2001 年 8 月 29 日—9 月 1 日重度区域性强降水事件累积强度(a)和极端强度(b)分布(单位:mm)

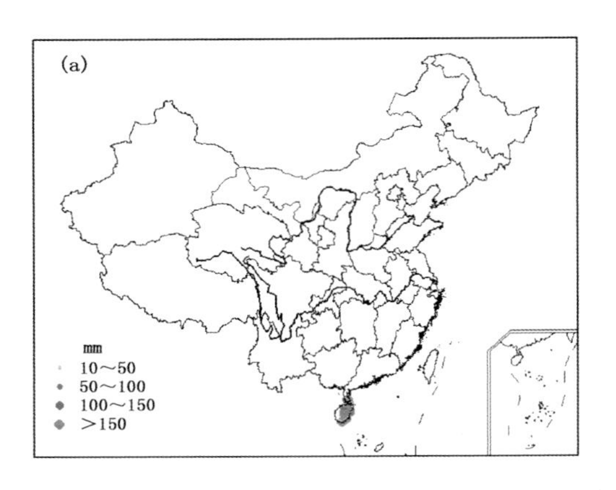

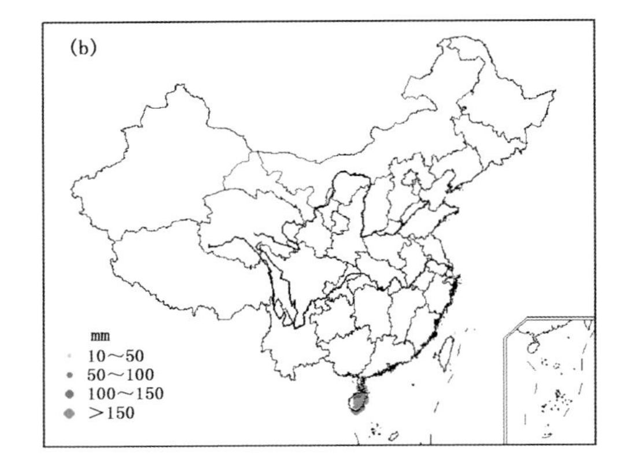

图 4.128　2010 年 10 月 4—7 日重度区域性强降水事件累积强度(a)和极端强度(b)分布(单位:mm)

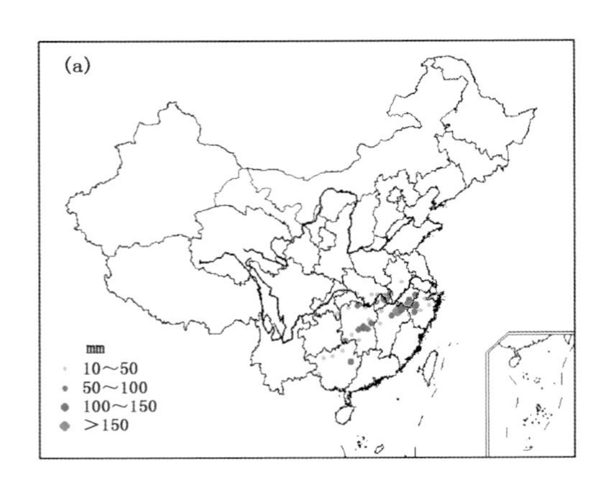

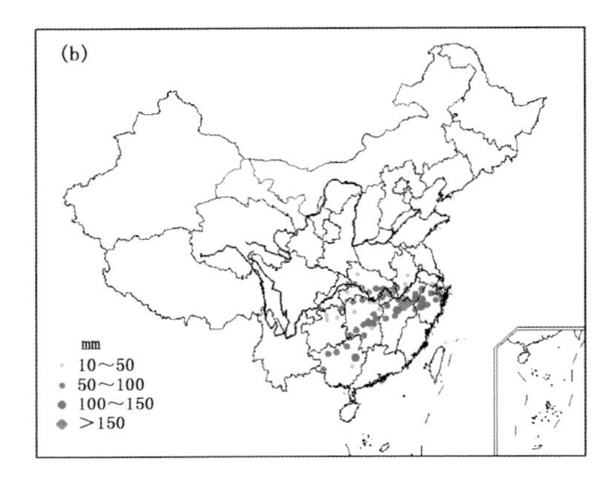

图 4.129　2011 年 6 月 14—15 日重度区域性强降水事件累积强度(a)和极端强度(b)分布(单位:mm)

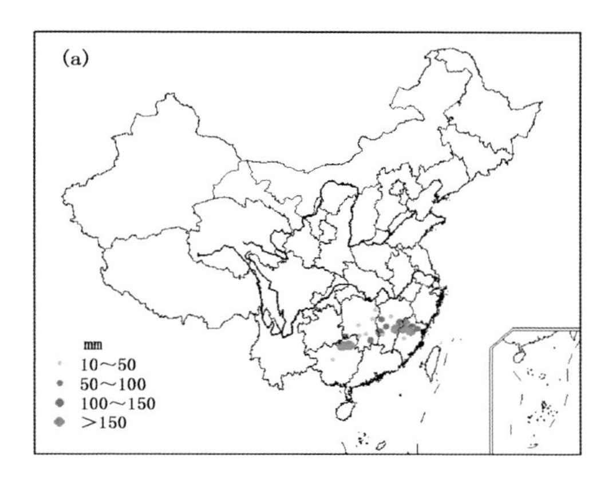

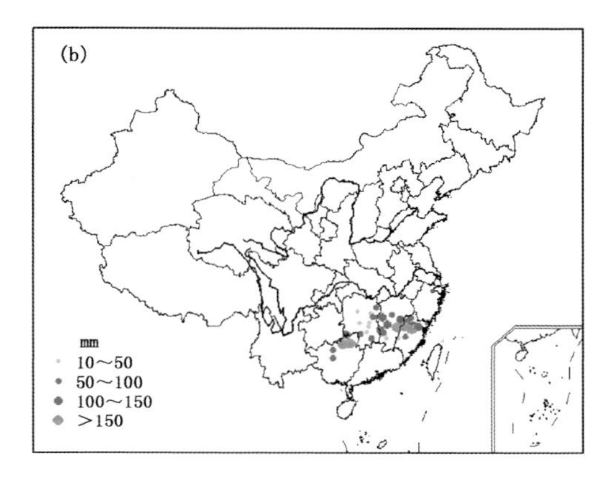

图 4.130　2002 年 6 月 14—16 日重度区域性强降水事件累积强度(a)和极端强度(b)分布(单位:mm)

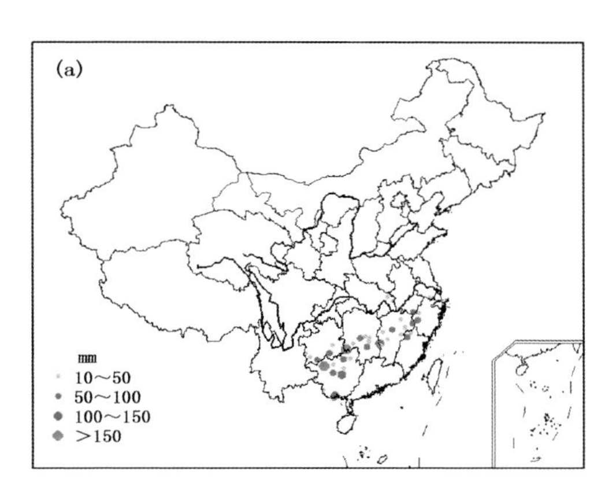

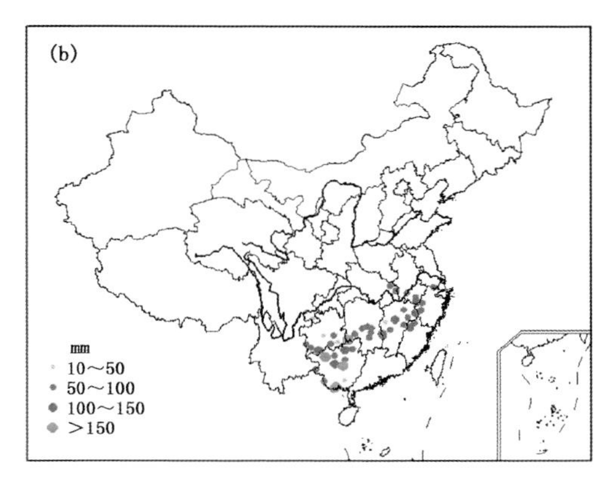

图 4.131　1983 年 6 月 20—22 日重度区域性强降水事件累积强度(a)和极端强度(b)分布(单位:mm)

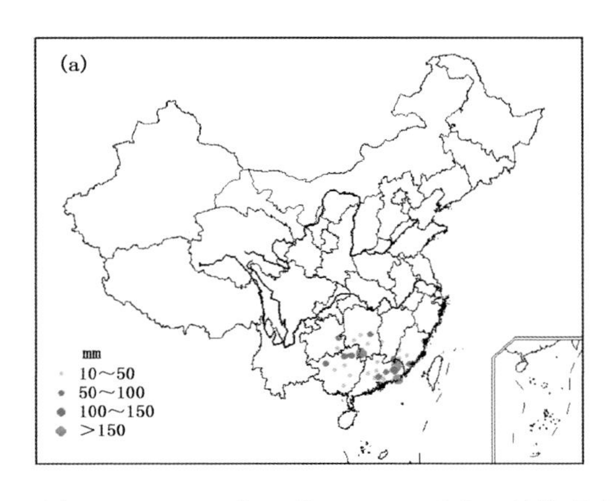

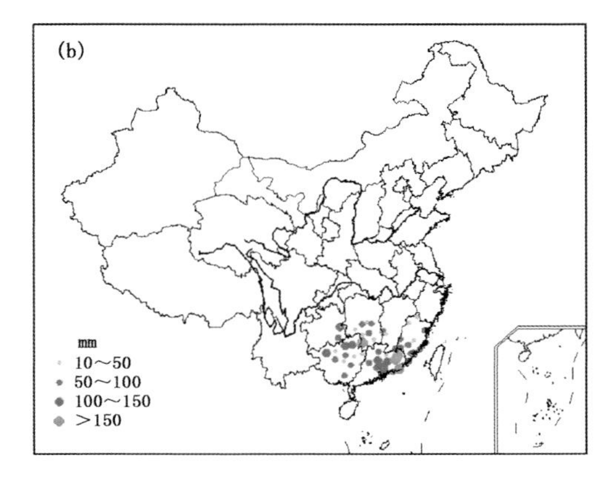

图 4.132　2007 年 6 月 7—10 日重度区域性强降水事件累积强度(a)和极端强度(b)分布(单位:mm)

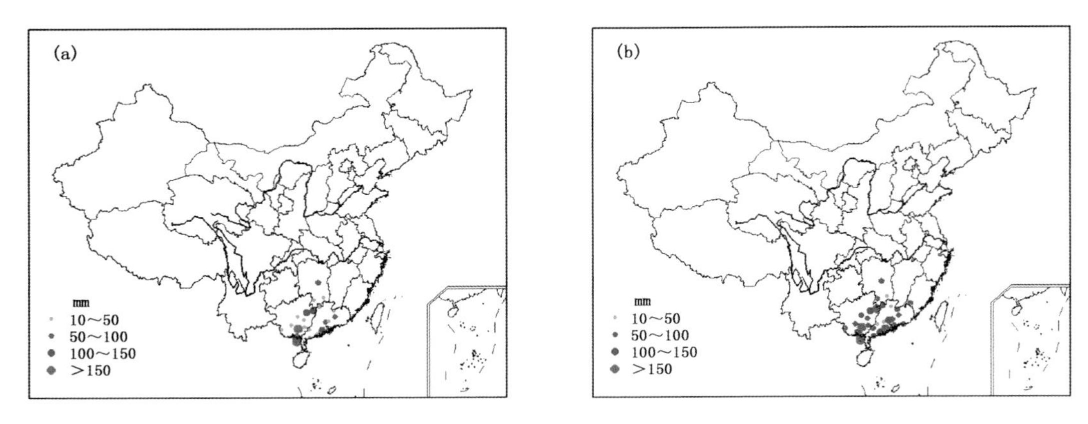

图 4.133 1981 年 7 月 23—25 日重度区域性强降水事件累积强度(a)和极端强度(b)分布(单位:mm)

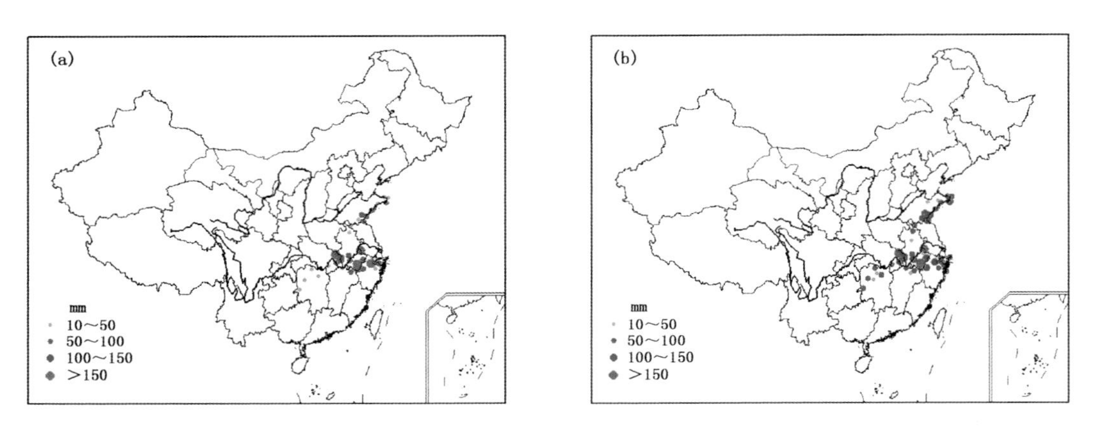

图 4.134 1996 年 6 月 29 日—7 月 2 日重度区域性强降水事件累积强度(a)和极端强度(b)分布(单位:mm)

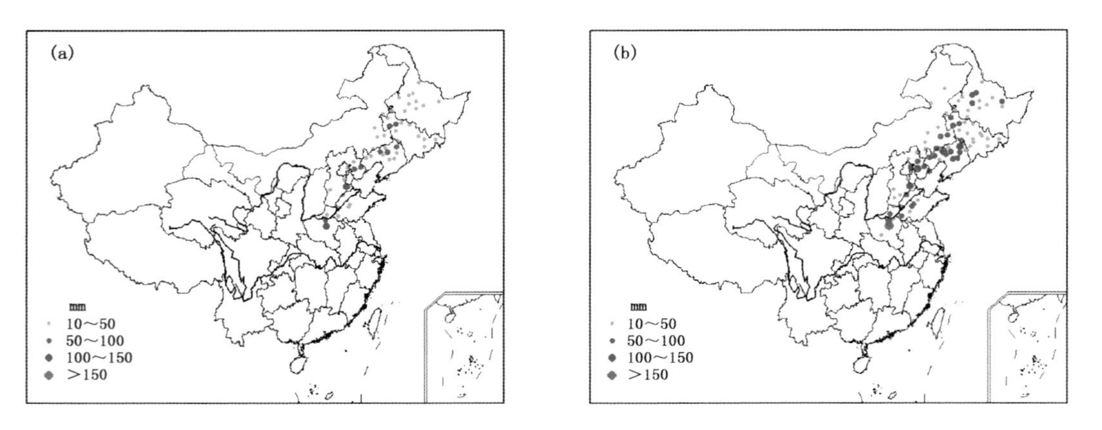

图 4.135 1969 年 8 月 11—12 日重度区域性强降水事件累积强度(a)和极端强度(b)分布(单位:mm)

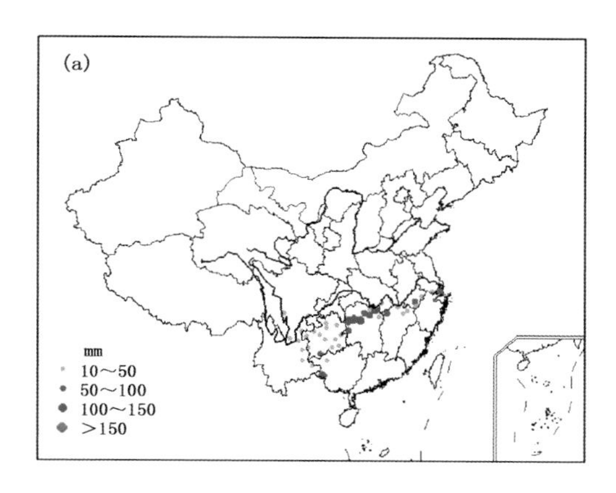

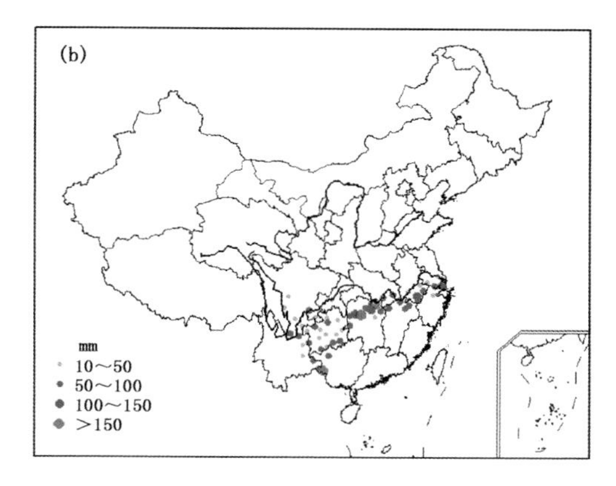

图 4.136　1995 年 6 月 30 日—7 月 2 日重度区域性强降水事件累积强度(a)和极端强度(b)分布(单位:mm)

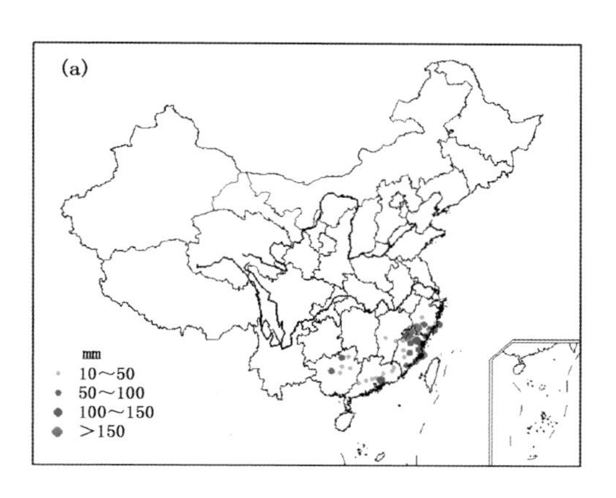

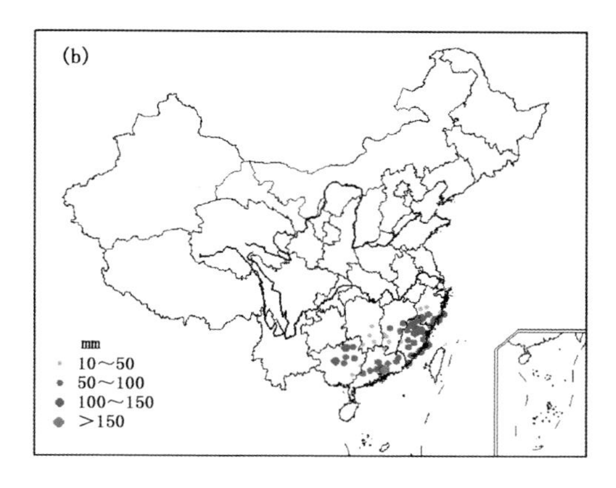

图 4.137　2000 年 6 月 9—12 日重度区域性强降水事件累积强度(a)和极端强度(b)分布(单位:mm)

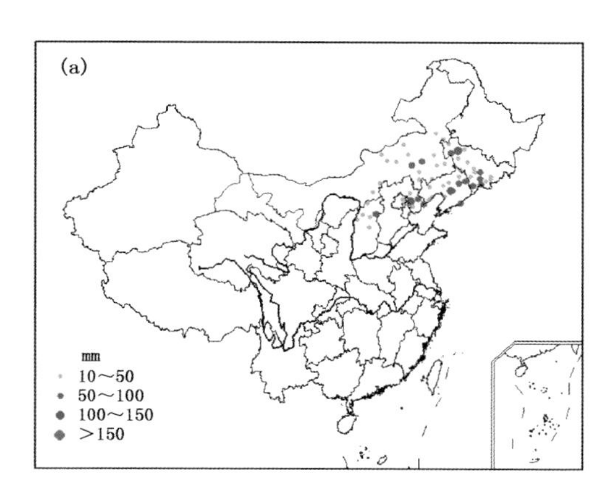

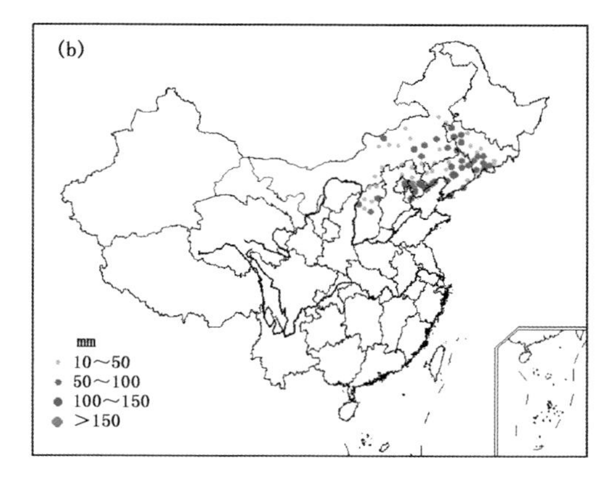

图 4.138　1998 年 7 月 13—15 日重度区域性强降水事件累积强度(a)和极端强度(b)分布(单位:mm)

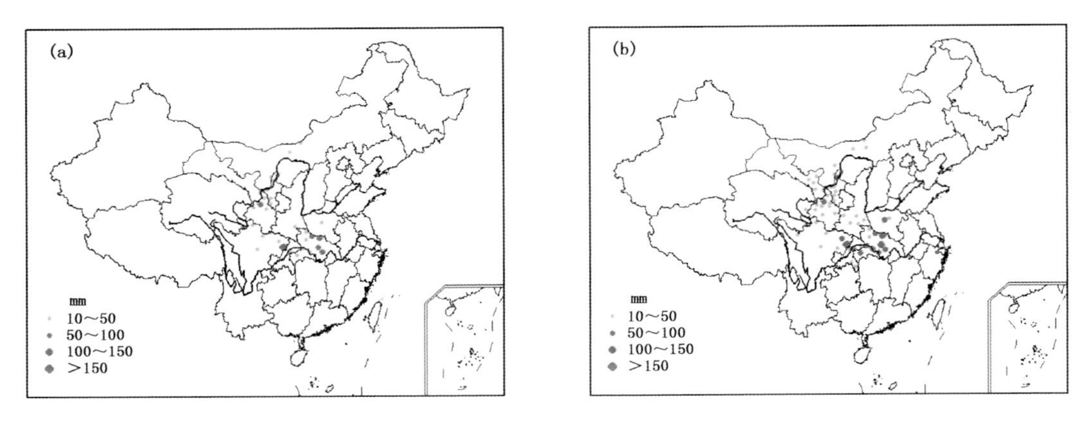

图 4.139　2007 年 6 月 16—19 日重度区域性强降水事件累积强度(a)和极端强度(b)分布(单位:mm)

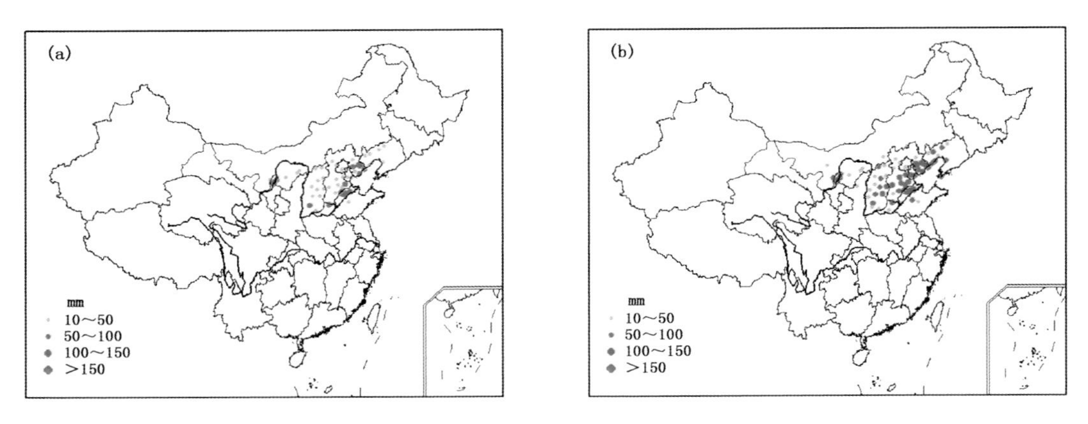

图 4.140　2012 年 7 月 30 日—8 月 2 日重度区域性强降水事件累积强度(a)和极端强度(b)分布(单位:mm)

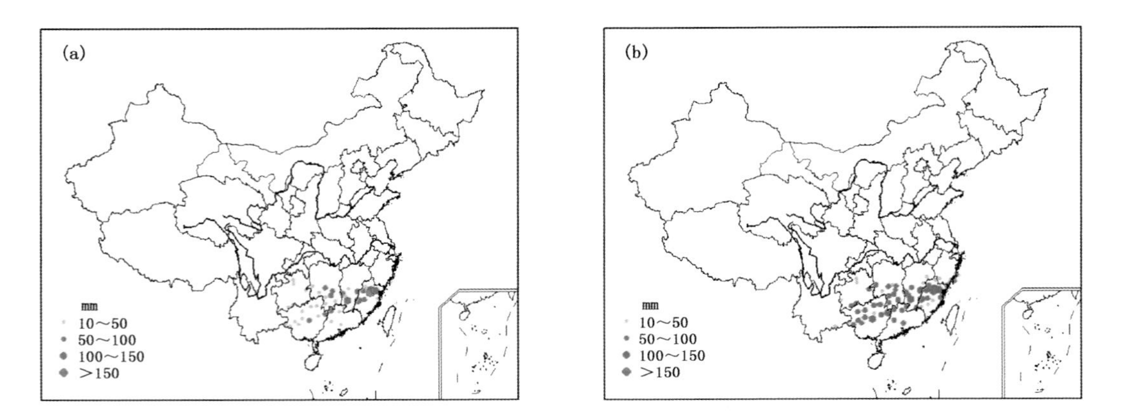

图 4.141　1999 年 5 月 24—26 日重度区域性强降水事件累积强度(a)和极端强度(b)分布(单位:mm)

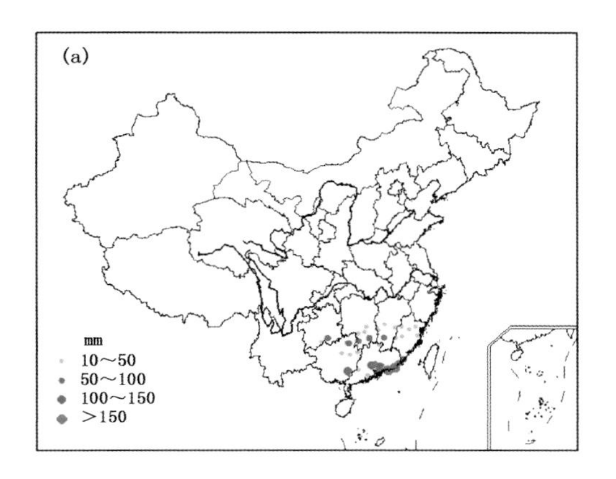

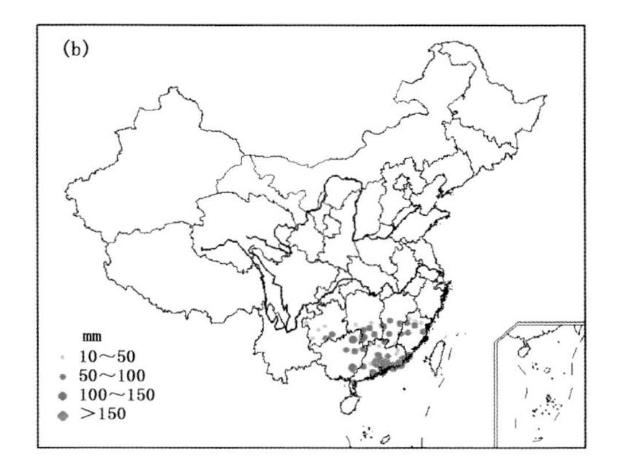

图4.142　1961年4月19—21日重度区域性强降水事件累积强度(a)和极端强度(b)分布(单位:mm)

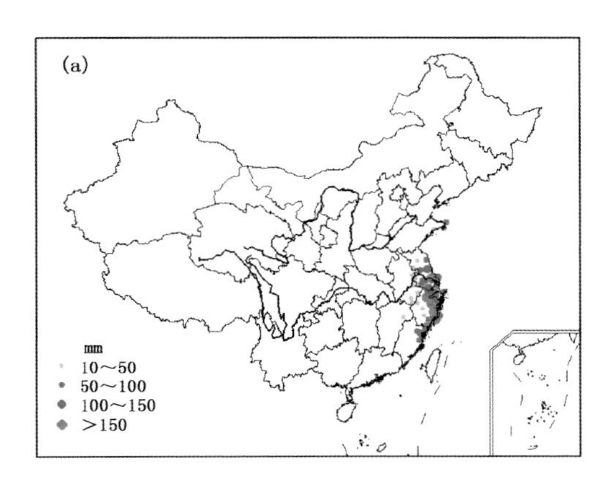

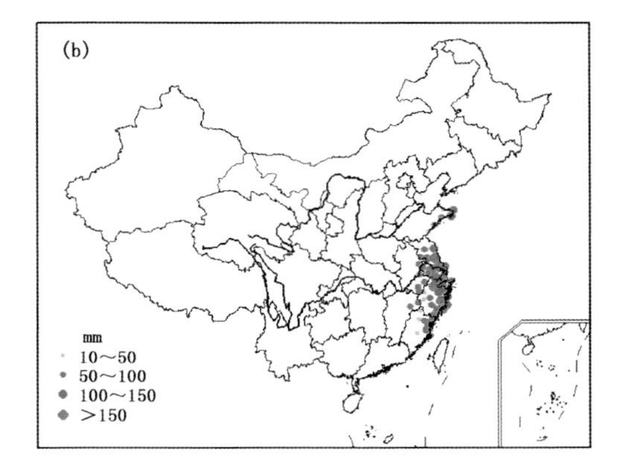

图4.143　1962年9月5—7日重度区域性强降水事件累积强度(a)和极端强度(b)分布(单位:mm)

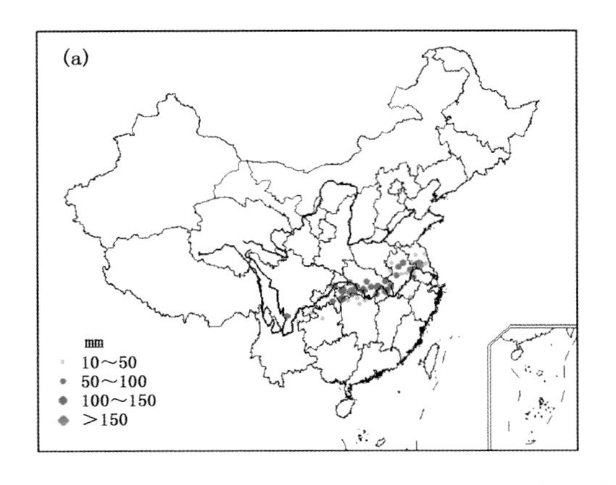

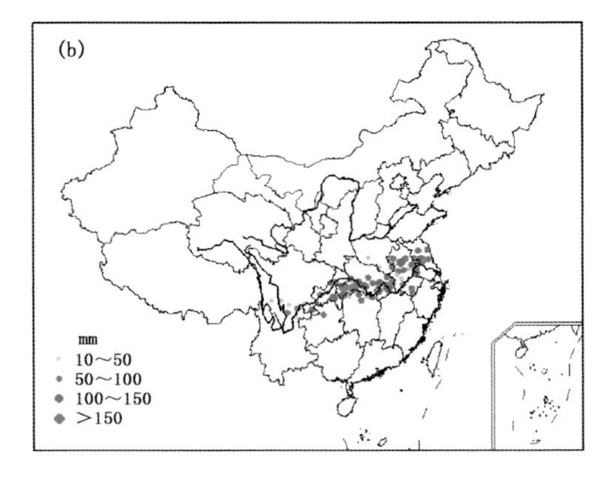

图4.144　1969年7月11—12日重度区域性强降水事件累积强度(a)和极端强度(b)分布(单位:mm)

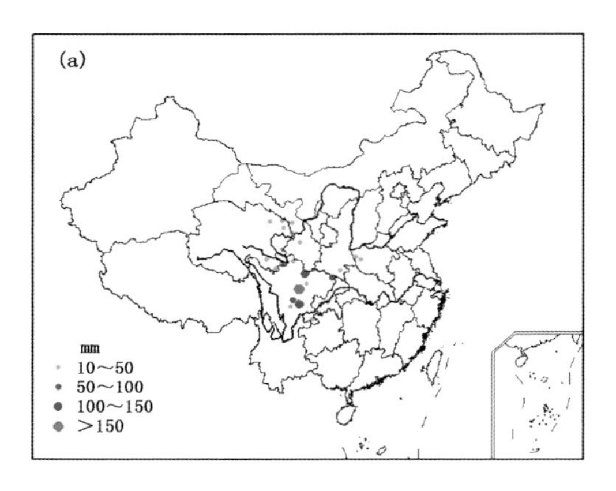

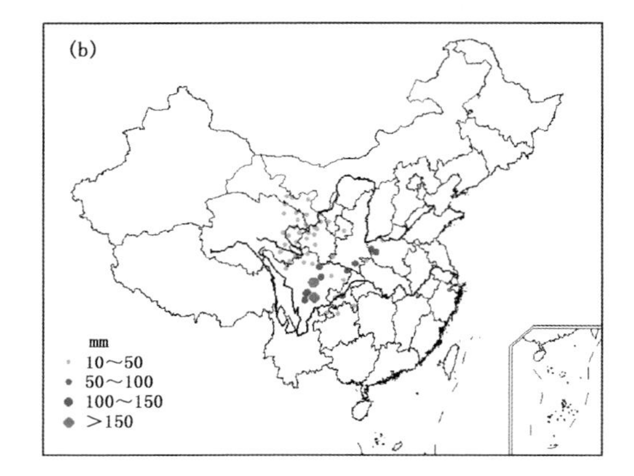

图 4.145 1995 年 8 月 10—13 日重度区域性强降水事件累积强度(a)和极端强度(b)分布(单位:mm)

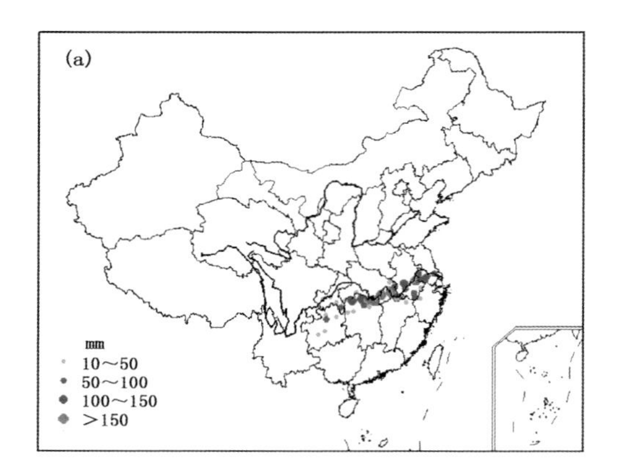

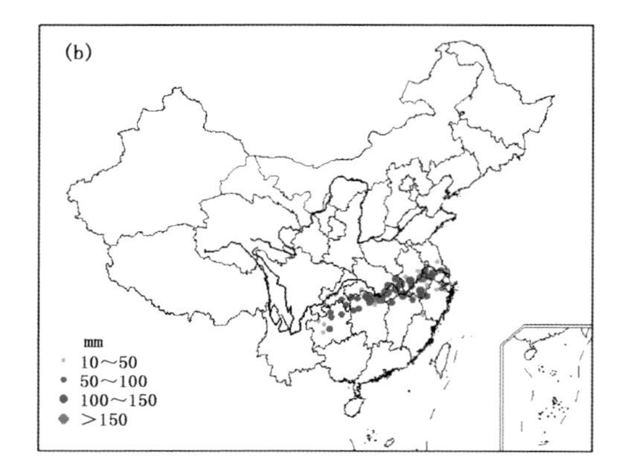

图 4.146 1964 年 6 月 24—26 日重度区域性强降水事件累积强度(a)和极端强度(b)分布(单位:mm)

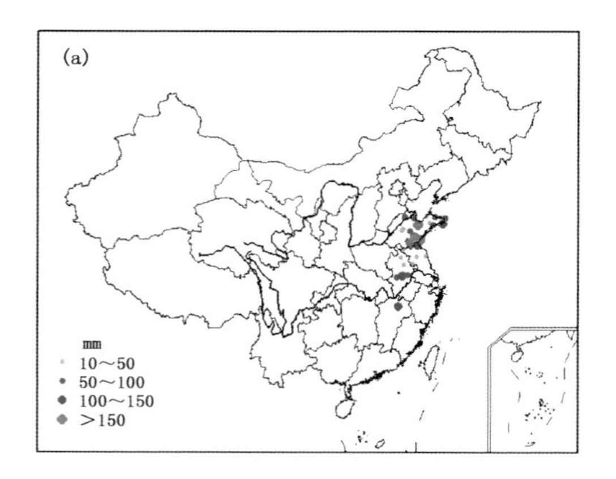

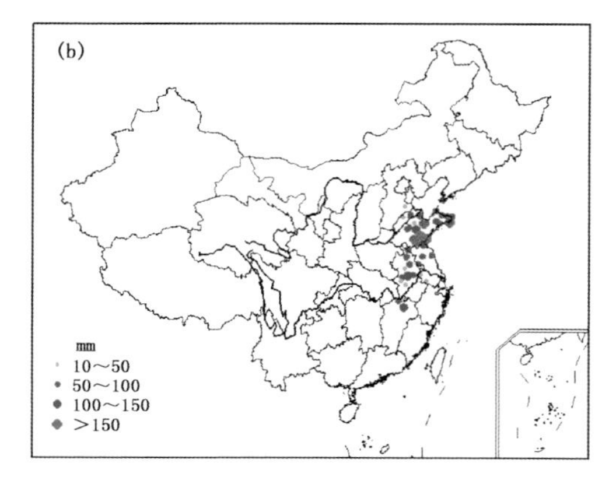

图 4.147 1974 年 8 月 11—14 日重度区域性强降水事件累积强度(a)和极端强度(b)分布(单位:mm)

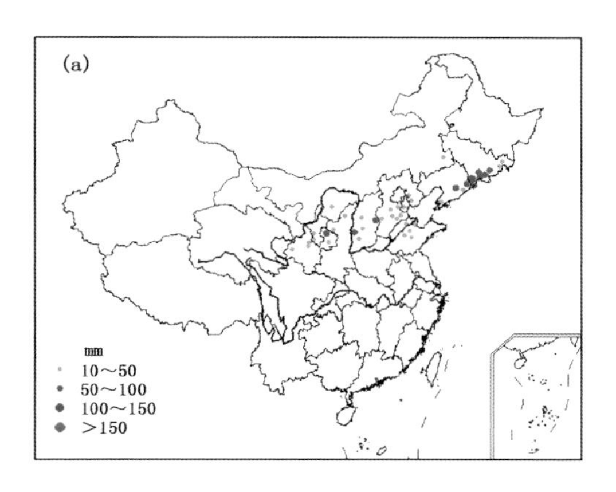

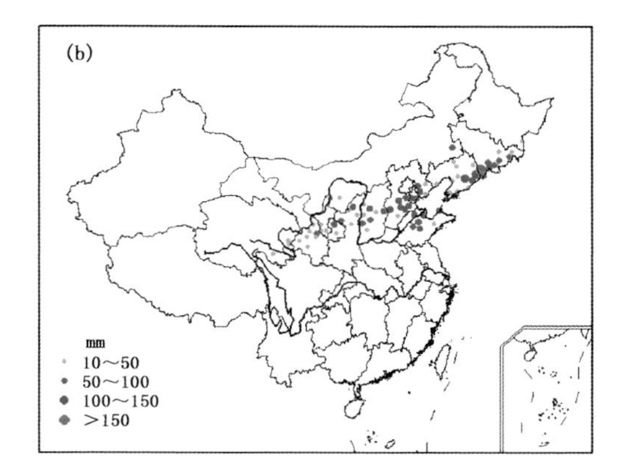

图4.148 1995年8月5—7日重度区域性强降水事件累积强度(a)和极端强度(b)分布(单位:mm)

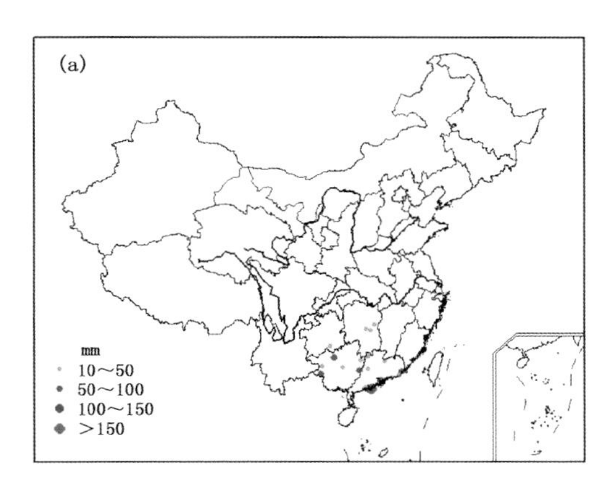

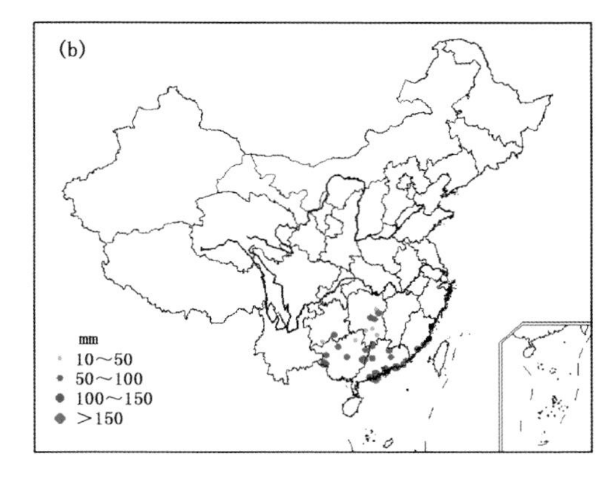

图4.149 2003年6月10—11日重度区域性强降水事件累积强度(a)和极端强度(b)分布(单位:mm)

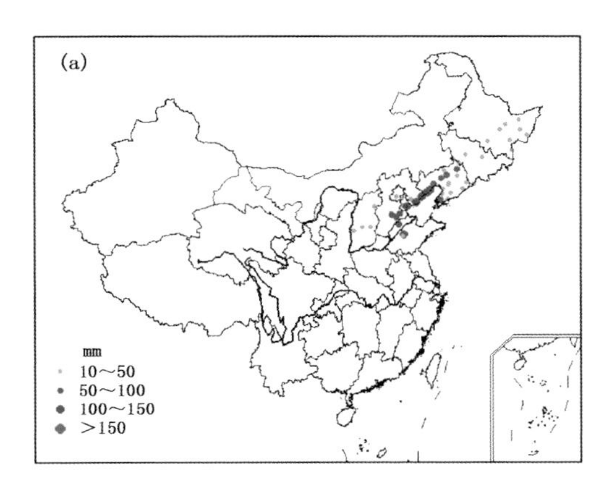

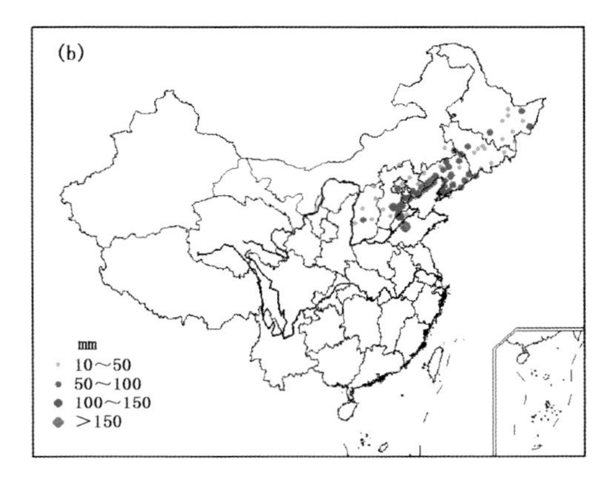

图4.150 1981年7月3—5日重度区域性强降水事件累积强度(a)和极端强度(b)分布(单位:mm)

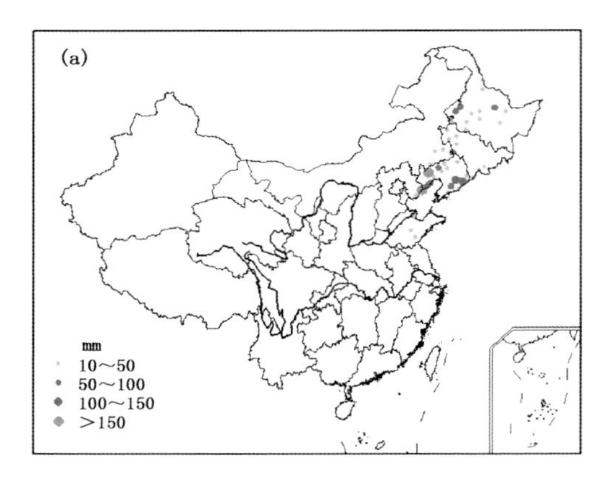

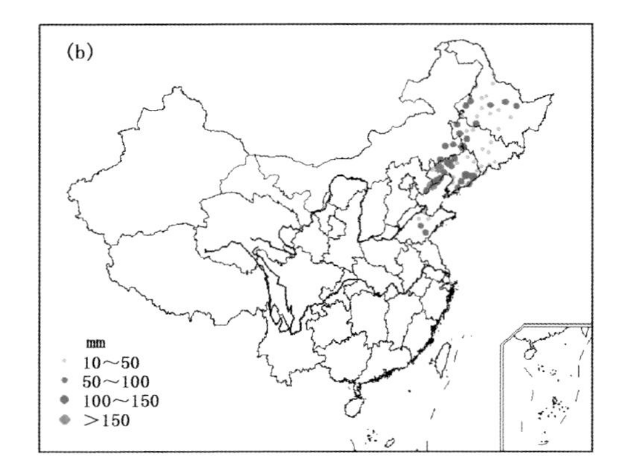

图 4.151　1963 年 7 月 19—21 日重度区域性强降水事件累积强度(a)和极端强度(b)分布(单位:mm)

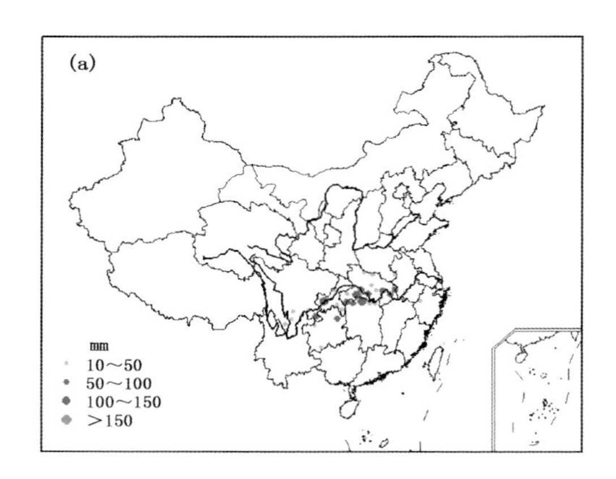

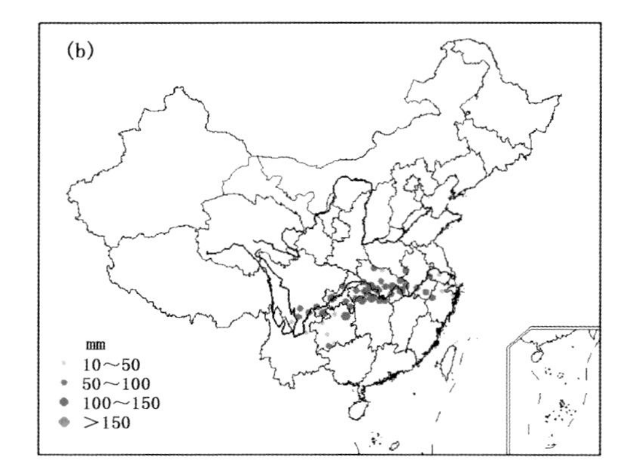

图 4.152　1980 年 7 月 30 日—8 月 2 日重度区域性强降水事件累积强度(a)和极端强度(b)分布(单位:mm)

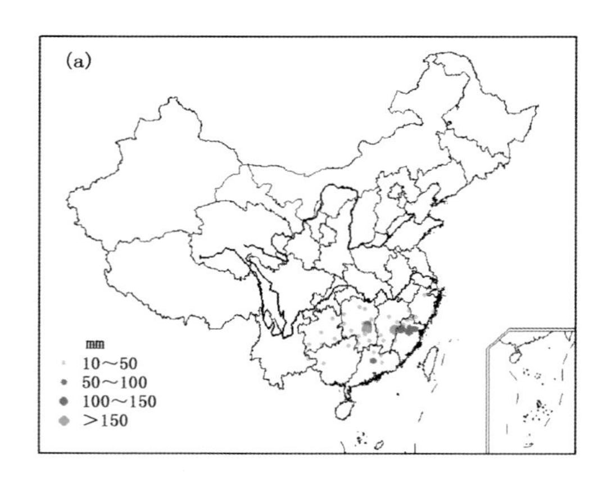

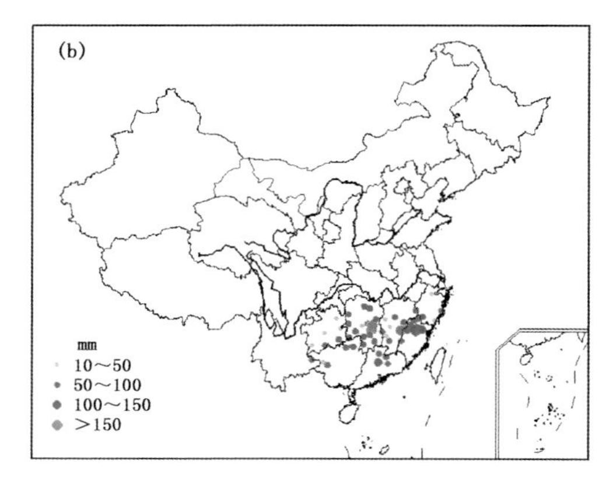

图 4.153　1984 年 5 月 30 日—6 月 1 日重度区域性强降水事件累积强度(a)和极端强度(b)分布(单位:mm)

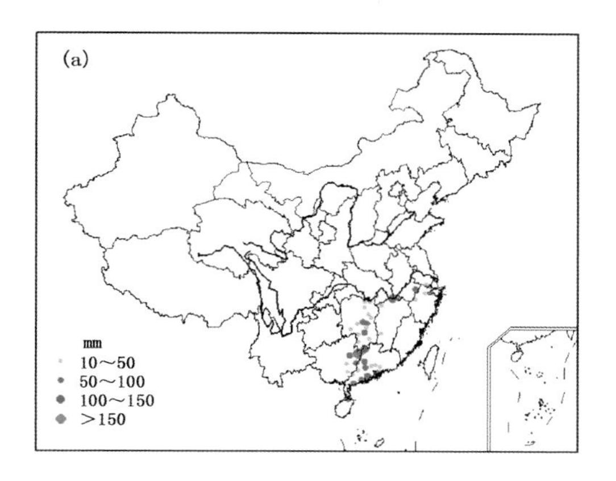

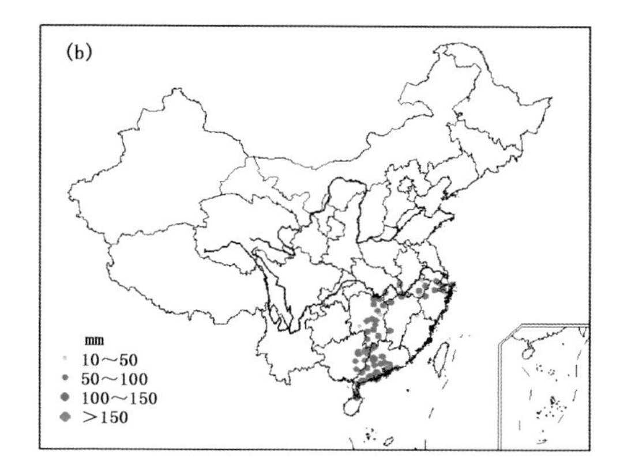

图 4.154　1995 年 10 月 3—5 日重度区域性强降水事件累积强度(a)和极端强度(b)分布(单位:mm)

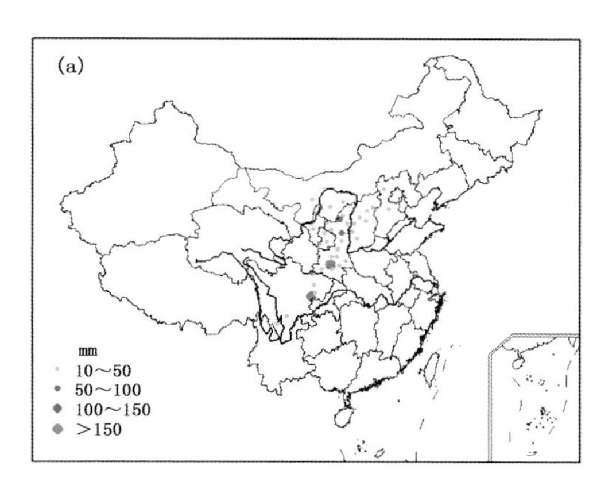

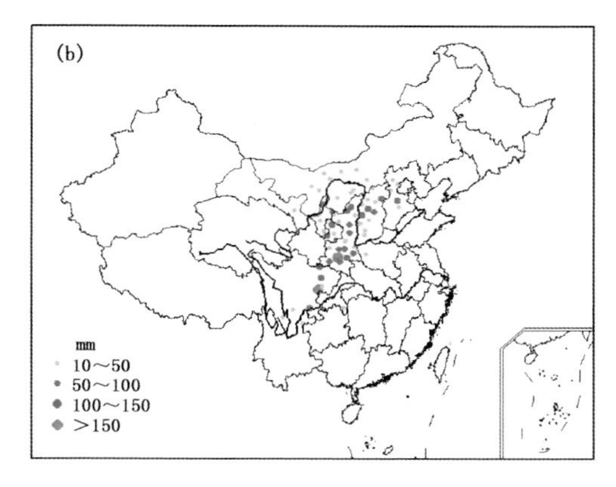

图 4.155　2002 年 6 月 8—9 日重度区域性强降水事件累积强度(a)和极端强度(b)分布(单位:mm)

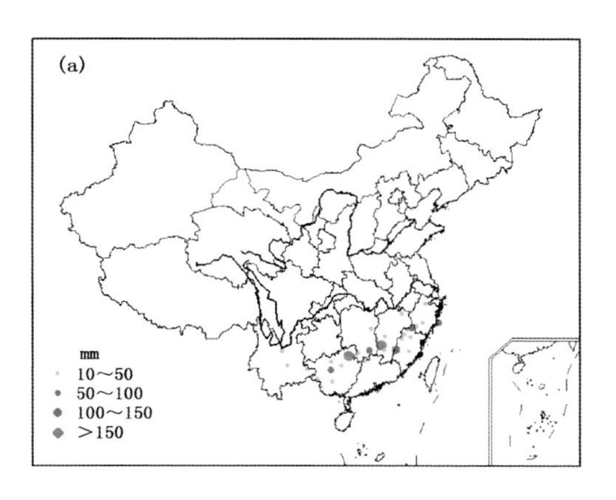

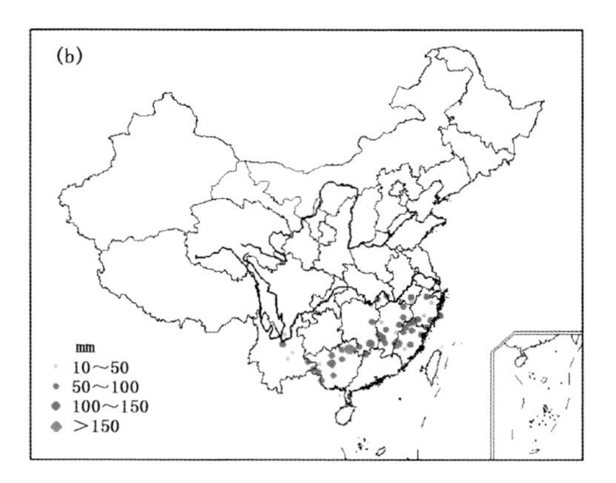

图 4.156　1992 年 6 月 15—17 日重度区域性强降水事件累积强度(a)和极端强度(b)分布(单位:mm)

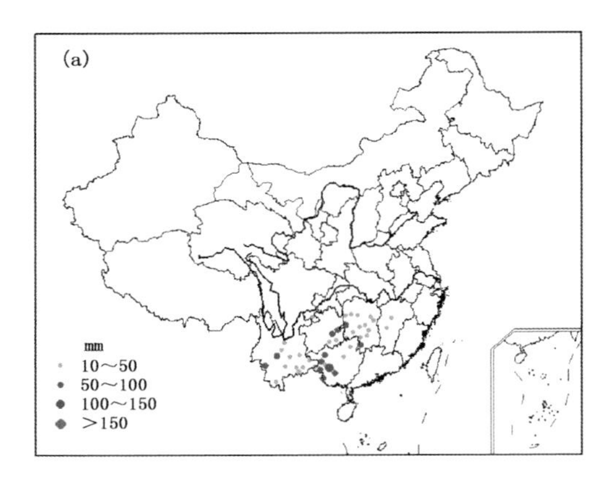

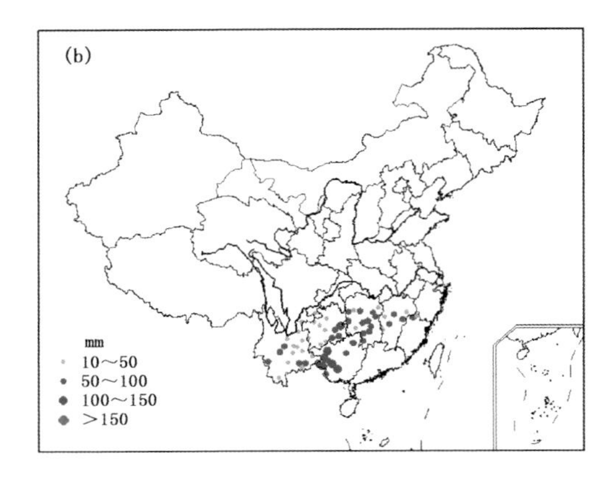

图 4.157 2008 年 10 月 31 日—11 月 2 日重度区域性强降水事件累积强度(a)和极端强度(b)分布(单位:mm)

4.5 小 结

通过与已有文献的比较,发现区域性极端事件客观识别法(OITREE)能识别出绝大多数的具有高影响的区域性强降水事件,识别效果良好(丁一汇,2008)。1961—2012 年,中国共有 373 次区域性强降水事件,其中有 37 个极端事件、75 个重度事件、149 个中度事件和 112 个轻度事件。

夏季为区域性强降水事件的频发季,夏季发生的区域性强降水事件总数占年总数的 79%,其中达到极端和重度的事件占年总数的 88%。

1961—2012 年,区域性强降水事件的综合指数和各单一指数均表现出升高趋势,但除了极端强度外,其余指数的升高趋势都没有通过 0.05 的显著性检验。长江中下游地区和华南北部地区是区域性强降水事件的频发地区,在 37 个极端区域性强降水事件中,有 30 个集中或包括长江中下游地区,占极端区域性强降水事件总数的 81%;有 17 个集中或包括华南地区,占极端区域性强降水事件总数的 46%。

参考文献

丁一汇. 2008. 中国气象灾害大典(综合卷). 北京:气象出版社.

钱维宏. 2011. 气候变化与中国极端气候事件图集. 北京:气象出版社.

Alexander L V, Zhang X, Peterson T C, *et al*. 2006. Global observed changes in daily climate extremes of temperature and precipitation. *J. Geophy. Res.* Atmos., 111: D05109, doi:10.1029/2005JD006290.

Chen Y, Zhai P. 2013. Persistent extreme precipitation events in China during 1951~2010. *Clim. Res.*, **57**: 143-155, doi: 10.3354/cr01171.

Easterling D R, Meehl G A, Parmesan C, *et al*. 2000. Climate extremes: Observations, modeling, and impacts. *Science*, **289**: 2068-2074.

Groisman P Y, Knight R W, Easterling D R, *et al*. 2005. Trends in precipitation intensity in the climate record. *J. Climate*, **18**: 1326-1350.

Karl T R, Knight R W. 1998. Secular trends of precipitation amount, frequency, and intensity in the USA. *Bull. Amer. Meteor.* Soc. , **79**, 231-241.

Plummer N, Salinger M J, Nicholls N. 1999. Changes in climate extremes over the Australian region and New Zealand during the twentieth century. *Climatic Change*, **42**:183-202.

Roy S S, Balling R C. 2004. Trends in extreme daily precipitation indices in India. *Int. J. Climatol.* **24**: 457-466.

Peterson T C, Manton M J. 2008. Monitoring changes in climate extremes: A tale of international collaboration, *Bull. Amer. Meteor. Soc.* , 89(9):1266-1271. doi:10. 1175/2008BAMS2501. 1

Ren F M, *et al*. 2012. An Objective Identification Technique for Regional Extreme Events. *J. Clim.* ,**25**(20): doi: 10. 1175/JCLI-D-11-00489. 1.

Suppiah R, Hennessy K. 1998. Trends in seasonal rainfall, heavy rain-days, and number of dry days in Australia 1910—1990. *Int. J. Climatol*, **10**: 1141-1164.

Trenberth K E, Jones P D, Ambenje P, *et al*. 2007. Observations: Surface and atmospheric climate change// Climate Change 2007: The Physical Science Basis. Contribution of Working Group I to the Fourth Assessment Report of the Intergovernmental Panel on Climate Change. Cambridge University Press, Cambridge, and New York, 235-336.

Zhai P M, Zhang X B, Wan H, *et al*. 2005. Trends in total precipitation and frequency of daily precipitation extremes over China. *J. Clim.* , **18**(7): 1096-1108.

Zhang X, Alexander L V, Hegerl G C, *et al*. 2011. Indices for monitoring changes in extremes based on daily temperature and precipitation data. Wiley Interdisciplinary Reviews Climate Change, WIREs Clim Change, **2**: 851-870, doi: 10. 1002/wcc. 147.

Zwiers F W, Alexander L V, Hegerl G C, *et al*. 2011. Community Paper on Climate Extremes. Challenges in Estimating and Understanding Recent Changes in the Frequency and Intensity of Extreme Climate and Weather Events, World Climate Research Programme Open Science Conference, 24-28 October 2011, Denver, CO, USA, 45 pp. Available at http://www. isse. ucar. edu/extremevalues/wcrpextr. pdf.

第5章　中国区域性高温事件

受全球气候变化和人类活动的影响，全球极端高温事件呈现出强度大、频次高、范围广等趋势。频发的高温事件对农业、交通运输、水库蓄水、水电力生产等各行各业及公共安全造成了极大的影响，加强对极端高温事件变化趋势和规律的研究，对于全面认识高温灾害并及时做好高温事件的防控工作具有十分重要的意义。

20世纪80年代以来，国内外学者对各地区极端高温（事件）变化特征和演变趋势等方面进行了广泛的研究（Karl *et al.*，1984，1991，1993；Horton，1995；Easterling *et al.*，1997；翟盘茂等，1997，1999；任福民等，1998；Plummer *et al.*，1999；严中伟等，2000；Kysely *et al.*，2000；Frich *et al.*，2002；唐红玉等，2003；Nasrallaha *et al.*，2004；Vincent *et al.*，2005；Sylvie *et al.*，2007；Brito-Castillo *et al.*，2009；Safar *et al.*，2011）。已有的研究成果为高温研究的理论和实践打下了坚实的基础，但也存在一定不足，主要表现在这些研究大多以分析单站极端高温变化趋势为主，从单站的角度分析研究高温（事件）的极端性和变化特征。事实上，高温（事件）的发生是一个区域持续性和动态变化的过程，而当前从区域持续性角度（如高温强度、持续时间和覆盖范围等方面）对高温事件发生、发展和消亡过程及其变化特征的研究还处于起步阶段（黄丹青等，2008；Ding *et al.*，2010，2011），由于各研究采用的方法和极端指标不同，加之部分研究方法具有一定的主观判别，致使研究结果存在一定的差异。为此，本章采用Ren等（2012）提出的区域性极端事件客观识别方法（Objective Identification Technique for Regional Extreme Events，OITREE），通过选取一套适合中国高温发生特点的参数，将其应用到中国区域性高温事件（Regional High Temperature Event，RHTE）的研究，借以揭示中国区域性高温事件的时空变化特征。

5.1　区域性高温事件客观识别方法参数确定

OITREE方法思路清晰：提出“糖葫芦串”模型，并借助该模型的思路，将逐日异常带合理地“串”成一串从而构成一个完整的区域性事件。该客观识别法包括五个技术步骤：（1）单点（站）日指数选定，（2）逐日自然异常带分离，（3）事件的时间连续性识别，（4）区域性事件指标体系和（5）区域性事件的极端性判别。其中，步骤（2）和（3）是该方法的两个关键技术。

针对中国区域性高温事件，OITREE方法的参数选取如表5.1。五个技术步骤为：单站日高温指数选定、逐日自然高温带分离、高温事件的时间连续性识别、区域性高温事件指标体系建立和区域性高温事件的极端性判别。各步骤参数选取详述如下：

表5.1　OITREE方法对中国区域性高温事件识别的参数表

参数名称	符号	含义	取值
单站日指数	T_m	针对所关注的区域性事件，选择合适的气候要素或单站指数	日最高温度 T_m
单站日异常高温阈值	T_t	当 T_m 超过 T_t 时，表明该站出现异常高温	T_m 的90%百分位高值
邻站定义之距离阈值	d_0	对于某一给定的站点，所有与之相距在 d_0 范围内的站点被定义为其邻站	250 km
高温带潜在中心之邻站异常率阈值	R_0	一个异常站点当且仅当其邻站异常率不小于 R_0 时，它可以被定义为最大潜在异常带中心	0.5
高温带站数之阈值	M_0	当一个自然高温带所包含的站数 $\geqslant M_0$ 时，它才可以被定义为正式的高温带	20
事件过程中允许出现中断期的最大长度	M_gap	当一个中断期长度小于或等于 M_gap 天时，才允许它在事件过程中出现	0
高温带的重合站数比率阈值	C	当高温带与前一日某一临时高温事件重合站数比率超过该阈值时，该高温带即为该临时高温事件的延续，否则两者无关	0.3
综合指数函数中的五个权重系数	e_1，e_2，e_3，e_4 和 e_5	事件综合指数公式 $Z=F(I_1,I_2,A_S,A_m,D)=e_1I_1+e_2I_2+e_3A_S+e_4A_m+e_5D$ 中之五个权重系数	0.08，0.25，0.24，0.17和0.26
定义为中国区域性高温事件的指数及相应之阈值	综合指数 Z 及其阈值 Z_0	当且仅当 $Z\geqslant Z_0$ 时，事件才被定义为中国区域性高温事件	−0.25
中国区域性高温事件分级之阈值	Z_1，Z_2 和 Z_3	此三个阈值满足将中国区域性高温事件由强至弱按比例分成4个等级：极端(10%，$Z\geqslant Z_1$)，重度(20%，$Z_1>Z\geqslant Z_2$)，中度(40%，$Z_2>Z\geqslant Z_3$)和轻度(30%，$Z_3>Z$)	2.0，0.75和−0.02

5.1.1　单站日高温指数选定

单站日指数采用中国气象局国家气象信息中心提供的1961—2012年全国723个台站逐日最高气温资料。

5.1.2　逐日自然高温带分离

这一阶段涉及五个参数。经过反复试验和比较，各参数确定如下：

单站日异常高温阈值：选取相对温度作为单站异常高温阈值以去除气温的区域性差异。具体选取方法是：针对某一台站，将1981—2010年所有6—8月逐日最高温度资料由大到小排序，选取90%百分位高值 T_t 作为该站判别异常高温的标准。当某日最高气温 $T_0\geqslant T_t$ 时，则认为该日该站出现了异常高温。

在每日高温带提取方面，通过对1961—2012年逐日区域性高温事件进行检测试验，确定符合中国高温发生实况的各参数取值分别为 $d_0=250$ km，$R_0=0.5$，$d_c=800$ km。此外，鉴于高温事件是大尺度过程，设定当连续台站数 $M_0\geqslant 20$ 时确定为一个带，当 $M_0<20$ 时认为是离散极端高温站点。

5.1.3 高温事件时间连续性识别

在独立高温事件时间连续性识别中主要设定异常带重合站数比率阈值 C 和事件过程中允许出现中断期的最大长度 M_gap 两个参数。通过与中国高温发生实况进行对比分析，确定当某一临时高温事件发生范围与当日高温带站点重合率 C 取0.3时，判别出区域性高温事件的连续性与中国高温发生实况符合较好。此外，M_gap 取值为0，即当高温持续期间有中断时，则判断高温事件结束。

5.1.4 区域性高温事件指标体系建立

5.1.4.1 单一指标

区域性高温事件的特征主要体现在高温强度、影响面积、持续时间、地理位置等方面，为了系统地分析中国高温事件的时空变化特征，定义了一级、二级和三级指标。一级指标为描述高温事件过程特征的量，主要包括过程极端高温值（I_1）、过程累积温度距平强度（I_2）、过程累积面积（A_s）、最大发生面积（A_m）、持续天数（D）和事件最大影响范围的几何中心和程度重心；二级指标为描述高温事件逐日变化量，主要包括逐日极端高温值（I_{1k}）、逐日累积温度距平强度（I_{2k}）、逐日高温发生面积（A_k）、逐日高温发生范围的几何中心和程度重心；三级指标为描述高温事件单站特征量，主要包括单站极端高温强度（$I_1|_j$）和单站累积温度强度（$I_2|_j$）。各指标的具体算法参见第2章。

5.1.4.2 综合强度指标

由于单一指标只能从某一方面反映区域性高温事件，无法全面体现高温事件的综合特征。因此，构建了综合考虑高温事件强度、影响面积和持续时间等要素的综合强度指标。主要选取极端温度强度（I_1）、累积温度距平强度（I_2）、过程累积发生面积（A_s）、过程最大发生面积（A_m）和持续日数（D）五种描述高温事件过程特征的指标作为因子，选取加权求和作为构建综合强度指标的方法（表5.1）。在确定各单一指标加权系数方面，考虑不同单一指标间量级差别很大，采用1981—2010年各指标的30 a平均值和标准差对各单一指数序列进行标准化处理；将各单一指数标准化序列按由大到小降序排序，求取前10%百分位的指数和占总指数和的比重；对这五个比重值求和，这五个比重值与总和之比即为五个系数，这五个系数（e_1，e_2，e_3，e_4 和 e_5）依次为0.08、0.25、0.24、0.17和0.26。该系数表示各单一指标极端性越强，则在综合强度中所占比重越大，即对极端事件综合强度影响越大。

5.1.5 区域性高温事件极端性判别

根据OITREE方法，确定持续时间不小于3 d的中国区域性高温事件507个，其综合指数（Z）的范围为 $-0.83\sim6.32$。分析高温事件综合强度-频次分布，发现综合指数 $Z<-0.25$ 的高温事件较多，但这些事件多为强度小、持续时间短、发生范围小、对人们的生产生活影响小的

弱事件。本节主要选择强度和影响较大的事件进行分析，因此将综合指数 $Z \geq -0.25$ 的事件定义为中国区域性高温事件，而将综合指数 $Z < -0.25$ 确定为弱事件而不做分析。按照该定义，1961—2012 年中国共发生了 229 个区域性高温事件。基于综合指数，进一步将 229 个中国区域性高温事件划分为极端(10%)、重度(20%)、中度(40%)和轻度(30%)4 个强度等级，分别对应高温事件综合强度指数 Z 的 4 个等级范围为：

1 极端高温事件——($Z \geq 2.0$)；

2 重度高温事件——($2.0 > Z \geq 0.75$)；

3 中度高温事件——($0.75 > Z \geq -0.02$)；

4 轻度高温事件——($-0.02 > Z \geq -0.25$)；

基于以上划分标准，确定 1961—2012 年中国共发生极端高温事件 20 次，重度高温事件 43 次，中度高温事件 95 次，轻度高温事件 71 次。

5.2　区域性高温事件变化特征

5.2.1　时间演变

图 5.1a 为 1961—2012 年中国区域性高温事件年频次历年变化。可以看出，近 52 年来中国 RHTE 年发生频次呈明显的增加趋势，增加率为 0.48 次/(10 a)；在年代际变化方面，20 世纪 60—80 年代中国 RHTE 发生频次相对较少，分别为 3.9 次/a、4.1 次/a 和 3.5 次/a；90 年代以后中国 RHTE 发生频次明显增大，特别是 2000 年以后增大更为显著，年发生频次分别为 4.8 次/a 和 5.2 次/a；在年际变化方面，年发生频次最多的前三位是 1972 年(11 次)、1997 年(9 次)和 2001 年(9 次)，年发生频次最少的年份为 1974、1984、1985、1996 和 2003 年，均为 1 次，而 1993 年则没发生区域性高温事件。

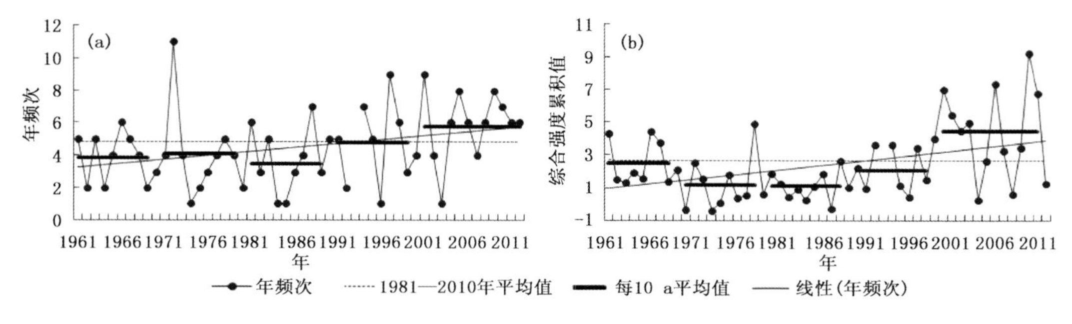

图 5.1　1961—2012 年中国区域性高温事件年累积频次和综合强度变化

图 5.1b 为 1961—2012 年中国 RHTE 年累积综合强度值变化情况。可以看出，近 52 年来中国 RHTE 年综合强度呈明显的增强趋势，其增强率为 0.54/(10 a)，说明在全球变暖背景下，中国 RHTE 强度呈明显增强趋势；在年代际变化方面，20 世纪 60 年代中国 RHTE 发生强度相对较高，年平均累积综合强度为 2.5/a，70—80 年代中国 RHTE 发生强度相对较低，年平均累积综合强度分别为 1.2/a 和 1.1/a；90 年代以后中国 RHTE 强度开始增强，特别是 2000 年以后增强更为显著，平均累积综合强度值分别为 2.1/a 和 4.4/a；在年际变化方面，年累积

综合强度最强的三位是 2010、2006 和 2000 年，而 1993 和 1973 年年累积综合强度值最小。年累积综合强度的大小不仅与频次有关，还与持续天数、累积温度强度、影响面积和持续日数有关。

图 5.2 为 1961—2012 年中国 RHTE 4 种单一指标（累积温度距平、累积发生面积、持续天数和极端温度）年累积值的历年变化情况。可以看出，近 52 年来中国 RHTE 年累积温度距平、年极端温度、年累积发生面积和年发生日数均呈明显的增大趋势，特别是 20 世纪 90 年代初以后，其增大趋势更为显著；在年代际变化方面，四种单一指标变化具有较好的一致性，即在 60 年代中国 RHTE 年累积温度距平和年发生面积较大，年发生日数较多，极端温度高，70—80 年代中国 RHTE 年累积温度距平和年发生面积均较小，年发生日数也相对减少，90 年代以后四种指标均明显增大，特别是 2000 年以后增大更为显著，可见，中国 RHTE 各特征年代际变化显著，且变化趋势和 RHTE 频次、综合强度变化基本一致。

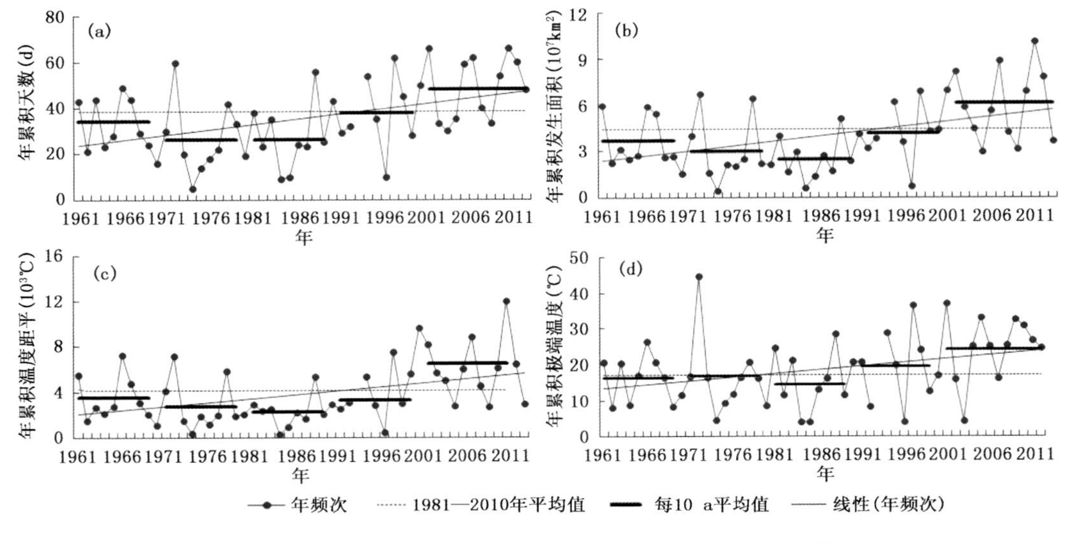

图 5.2　1961—2012 年中国区域性高温事件单一指标年累积值变化

5.2.2　季节变化

太阳辐射是地球-大气的最主要热量来源。中国地处北半球中低纬度地区，受地球绕日公转过程中太阳直射点南北移动影响，四季气温差异较大。夏季太阳直射点移至北回归线附近，中国大部分地区太阳高度角达到一年中的最大值，地表接受的太阳辐射最多，气温达到全年最高，从而极易诱发高温事件。

统计 1961—2012 年中国不同强度等级区域性高温事件开始时间和结束时间频次表明（图 5.3），中国区域性高温事件主要发生在每年的 5—9 月，6—8 月为高温事件的频发期。分析各等级高温事件发生月份频次发现，轻度和中度高温事件每年 5—9 月均有发生，其中 6—8 月为其频发期，而 7 月为轻度和中度高温事件发生高峰期；重度高温事件发生在每年的 6—9 月，其中 7—8 月为其频发期，而 8 月为重度高温事件发生高峰期；极端高温事件仅发生在每年的 6—8 月，其中 7—8 月为其频发期，而 7 月为极端高温事件发生高峰期。

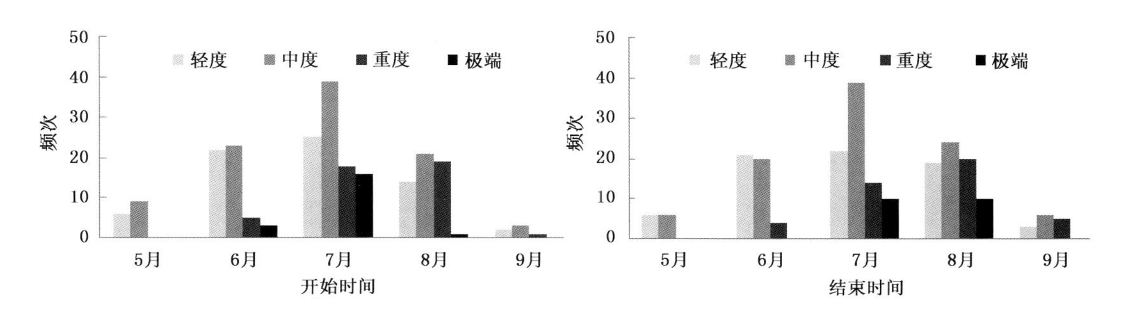

图 5.3 1961—2012 年中国不同强度等级区域性高温事件开始时间和结束时间频次统计

5.2.3 空间分布

图 5.4 给出了近 52 年来中国区域性高温事件年平均发生频次的空间分布。可以看出，90°E 以东地区除东北地区东部和北部外年均发生频次一般都超过 1.0 次，其中黄淮西部、江汉、江南西北部局部等地区年平均发生区域性高温事件在 2.0 次以上。

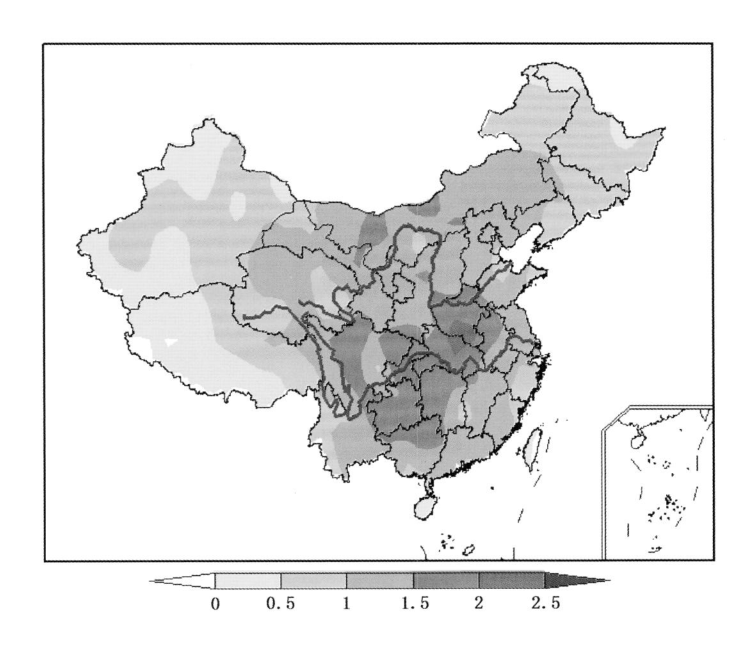

图 5.4 1961—2012 年平均中国区域性高温事件发生频次的空间分布(单位:次)

从中国区域性高温事件强度的空间分布来看，中国大部分地区均有极端高温发生。西北中东部、内蒙古中西部、华北、黄淮、江淮、江汉、长江流域及其以南大部分地区极端高温日数较多，各台站年平均发生极端高温日数为 4～8 d，其中江汉和江南局部地区在 8 d 以上，而西北西部部分地区、西南地区西部、东北北部等地发生极端高温日数较少(图 5.5)。图 5.6 为 1961—2012 年发生区域性高温事件各台站累积温度距平空间分布。可以看出，发生极端高温强度较重的地区和极端高温发生日数较多的区域一致，也主要分布在中国西北中东部、内蒙古中西部、华北、黄淮、江淮、江汉、江南和华南大部分地区、西南地区东部等地，其中黄淮、江淮、江汉以及西南地区东部等地区发生极端高温强度最重；而西北西部部分地区、西南地区西部等地发生极端高温强度相对较弱。

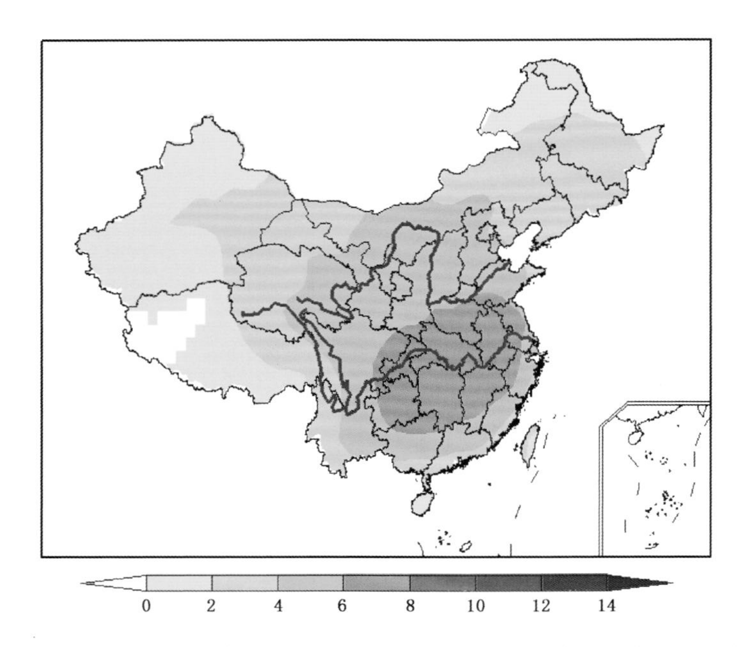

图 5.5　1961—2012 年区域性高温事件各台站年平均发生极端高温日数空间分布(单位:d)

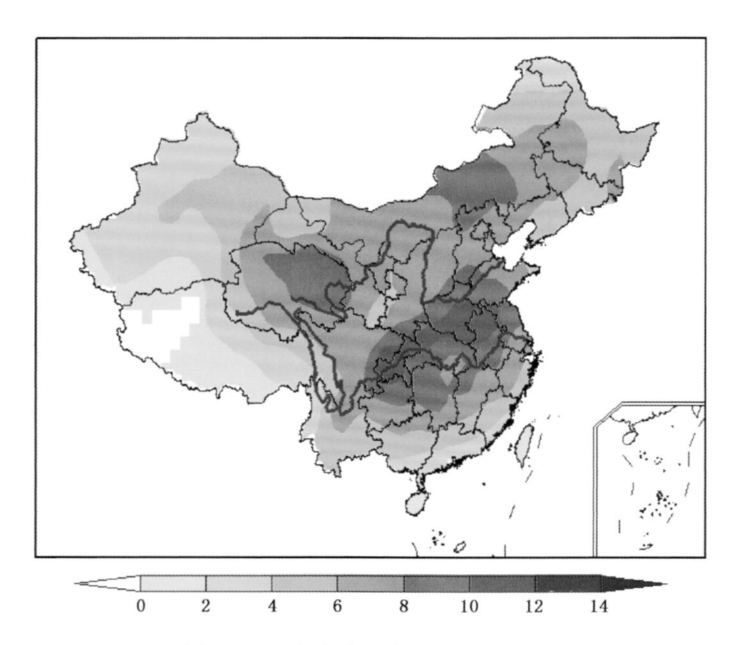

图 5.6　1961—2012 年区域性高温事件各台站年平均累积温度距平的空间分布(单位:℃)

5.3　极端区域性高温事件

由以上分析可知，229个中国区域性高温事件中有20次中国区域性极端高温事件。表5.2给出了这20次中国区域性极端高温事件的信息。根据综合指数的大小确定50多年来中国发生最强三例事件为：2000年6月30日—7月29日发生在中国北方大部分地区的极端高温事件（综合指数为6.32），2003年7月13—8月11日发生在中国南方大部分地区的极端高温事件（综合指数为4.93），2010年7月16—8月5日发生在中国大部分地区的极端高温事件（综合指数为4.81）。已有的研究和记载指出（边志强等，2000；马占山等，2004；丁华君等，2003；赵庆云等，2011），在上述三次RHTE相关时段和区域均发生了极端高温天气，并导致了严重的经济损失和一定人员伤亡。以下将详细介绍这20次区域性极端高温事件的发生特征。

表5.2　1961—2012年中国区域性极端高温事件表

排名	开始日期（年.月.日）	结束日期（年.月.日）	持续日数（d）	发生地域	综合强度
1	2000.6.30	2000.7.29	30	中国北方大部分地区	6.32
2	2003.7.13	2003.8.11	30	中国南方大部分地区	4.93
3	2010.7.16	2010.8.5	21	中国大部分地区	4.81
4	2006.7.30	2006.8.19	21	中国西北和西南地区	3.92
5	1966.7.28	1966.8.18	22	中国南方大部分地区	3.42
6	1999.7.23	1999.8.5	14	中国北方大部分地区	3.27
7	2001.7.10	2001.7.30	21	中国大部分地区	3.21
8	1992.7.21	1992.8.13	24	中国南方大部分地区	3.02
9	2011.8.4	2011.8.22	19	中国大部分地区	2.81
10	2002.7.8	2002.7.19	12	中国中东大部分地区	2.75
11	1978.7.1	1978.7.16	18	中国中东大部分地区	2.72
12	2007.7.20	2007.8.11	23	中国南方大部分地区	2.70
13	1961.7.12	1961.7.28	17	中国南方大部分地区	2.48
14	1971.7.13	1971.7.25	13	中国中东大部分地区	2.42
15	2011.7.23	2011.8.4	13	中国南方大部分地区	2.19
16	1988.7.4	1988.7.21	18	中国南方大部分地区	2.16
17	2006.7.13	2006.7.25	13	中国西南地区	2.12
18	1964.7.6	1964.7.23	18	中国南方大部分地区	2.10
19	1997.7.19	1997.8.1	14	中国北方大部分地区	2.08
20	1967.7.30	1967.8.13	14	中国中东大部分地区	2.00

事件1　2000年6月底至7月中国北方大部分地区极端高温事件

2000年6—7月，我国北方大部地区出现了极端高温天气，仅7月就有2－3次35～40℃的高温天气过程，甘肃、河北、吉林、辽宁和黑龙江等省多站气温突破历史极值。OITREE方法识别出该极端高温事件的发生时段为2000年6月30日至7月29日，持续了30 d，高温期间过程极端高温值为43.7℃，过程累积温度距平强度为7550.2℃，过程最大发生面积为637.6万km^2，事件综合强度值为6.32。

图5.7为该事件的过程累积温度强度和极端强度分布情况，可以看出该事件影响中国北方大部分地区，发生极端高温强度较大地区主要位于西北中东部、内蒙古、东北和华北北部等

地。图 5.8 为该次极端事件累积温度距平、影响面积、极端温度逐日演变情况，可以看出该次极端事件日极端温度在 7 月 14 日达到最高值 43.7℃，之后日极端温度呈逐渐减小趋势；而该事件日累积强度和发生面积在 7 月 15—26 日一直持续较大值，且在 7 月 25 日高温发生面积达该次事件的最大值，7 月 26 日累积强度达到事件最大值。

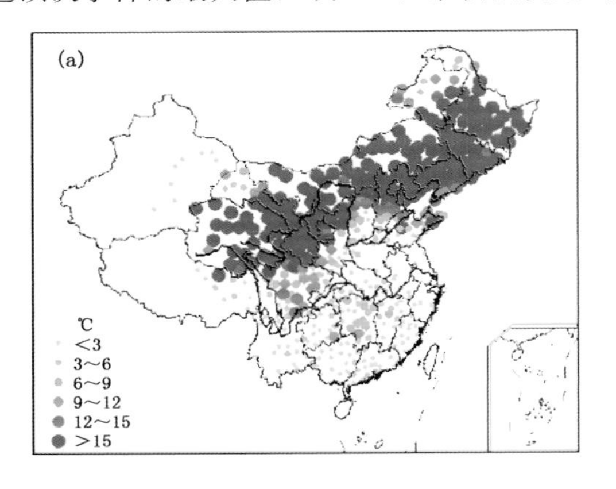

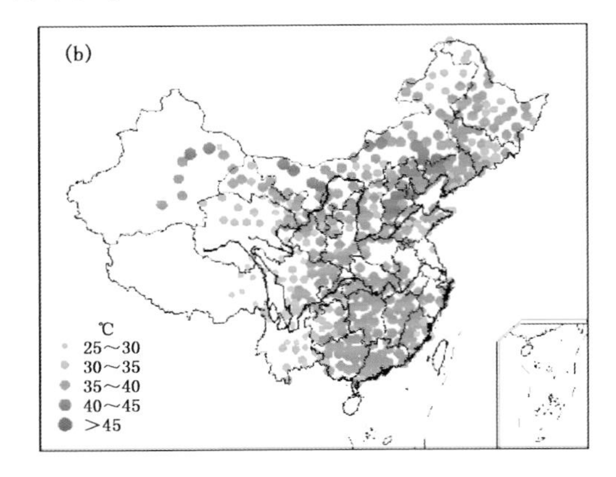

图 5.7 2000 年 6 月 30 日—7 月 29 日区域性极端高温事件过程累积强度(a)和极端强度(b)分布(单位：℃)

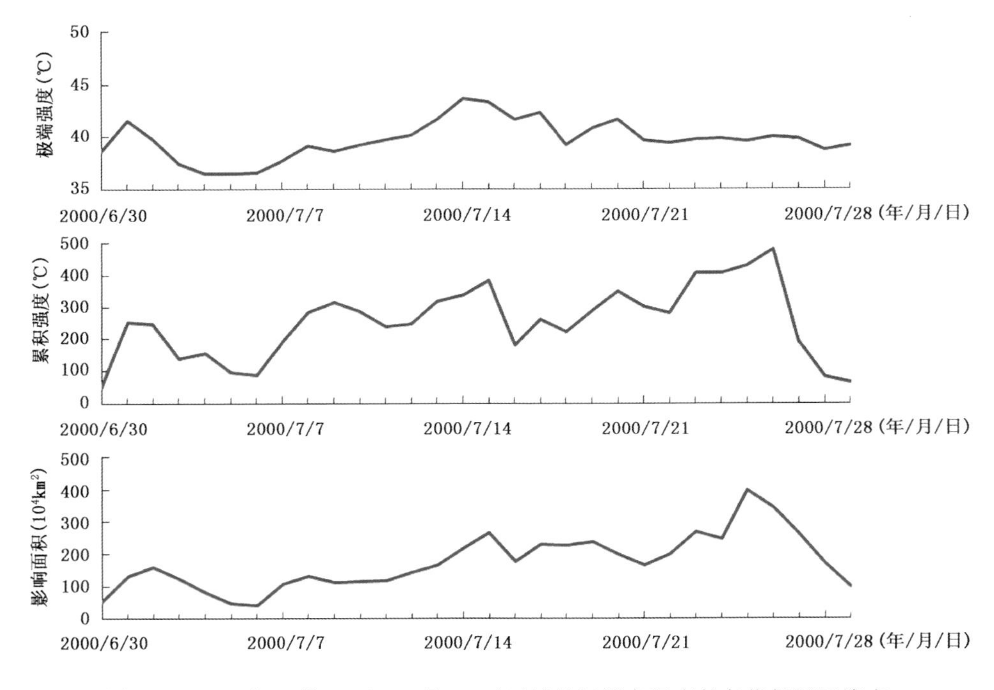

图 5.8 2000 年 6 月 30 日—7 月 29 日区域性极端高温事件各指标逐日演变

事件 2 2003 年 7 至 8 月中国南方大部分地区极端高温事件

2003 年 7 月中旬—8 月中旬中国长江中下游及其以南大部分地区、黄淮大部分地区出现了大范围异常高温天气，其高温强度、持续日数和波及范围均为历史罕见，其中福建、浙江、江西三省大部分地区，江苏、安徽两省南部等地区极端最高气温均超过历史同期最大值。OITREE 方法识别出该极端高温事件发生时段为 2003 年 7 月 13 日至 8 月 11 日，共持续了

30 d,高温期间过程极端高温值为43.2℃,过程累积温度距平强度为5058.7℃,过程最大发生面积为379.0万km^2,事件综合强度为4.93。

图5.9为该事件的过程累积温度强度和极端强度分布情况。可以看出,该事件影响中国南方大部分地区,发生极端高温强度较大地区主要位于长江中下游及其以南大部分地区。图5.10为该次极端事件三种单一指标的逐日演变情况。可以看出,该次极端事件经历了两次高温演变过程,一次过程开始于7月13日,之后高温开始发展加强,7月15—17日高温强度达该次过程的较大值,而发生面积于7月18日达到该次过程的最大值,7月19—21日该次过程开始减弱结束;7月22日第二次高温过程开始发展,过程极端温度于7月31日达到此次事件最高值43.2℃,而累积强度和影响面积均于8月1日达到此次极端事件的最大值,8月2—11日该次过程开始减弱并在波动中结束;可以看出,第二次高温过程温度强度、影响面积、极端温度和持续时间均较第一次过程大。

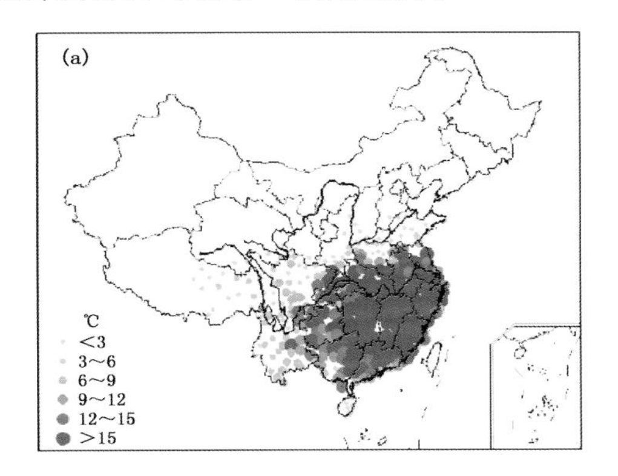

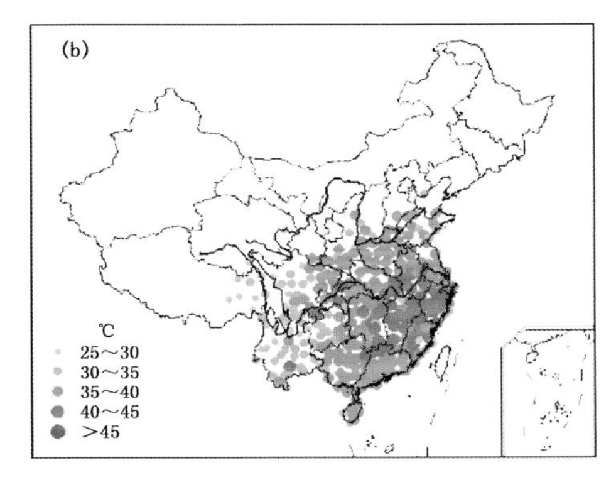

图5.9　2003年7月13日—8月11日区域性极端高温事件过程累积强度(a)和极端强度(b)分布(单位:℃)

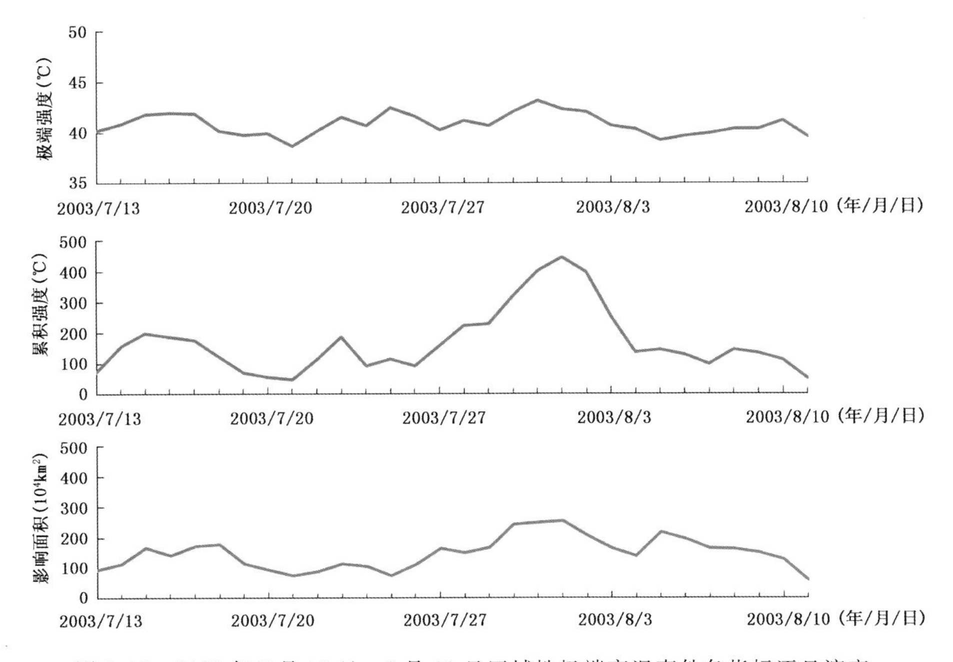

图5.10　2003年7月13日—8月11日区域性极端高温事件各指标逐日演变

事件 3　2010 年 7—8 月中国大部分地区极端高温事件

2010 年 7—8 月中国经历了一次较强的极端高温过程，中国西北大部分地区、内蒙古中西部及华北大部分地区等气温异常偏高，部分地区平均气温为 1961 年以来同期最高，OITREE 方法识别出该事件发生时段为 2010 年 7 月 16 日—8 月 5 日，过程极端值为 46.8℃，过程累积强度为 5596.5℃，过程最大发生面积为 639.6 万 km^2，持续天数为 21 d，事件综合强度为 4.81。

图 5.11 为该事件的过程累积温度强度和极端强度分布情况，可以看出该事件影响中国大部分地区，发生极端高温强度较大地区主要位于中国北方大部分地区以及长江中下游部分地区。图 5.12 为该次极端事件四种单一指数的逐日演变情况，可以看出该次极端事件日极端温度一直维持较高值，除 8 月 1—2 日极端温度低于 40℃外，其余时期日极端温度均高于 40℃，且在 7 月 18 日日最高温度达 46.8℃，而该事件影响面积和累积强度则分别于 7 月 29 和 30 日达事件最大值。

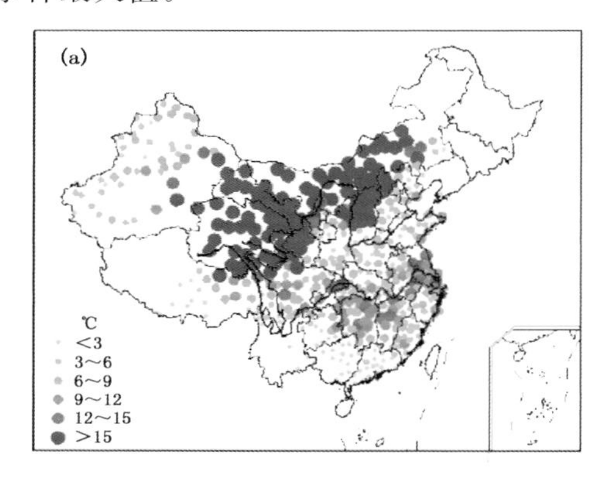

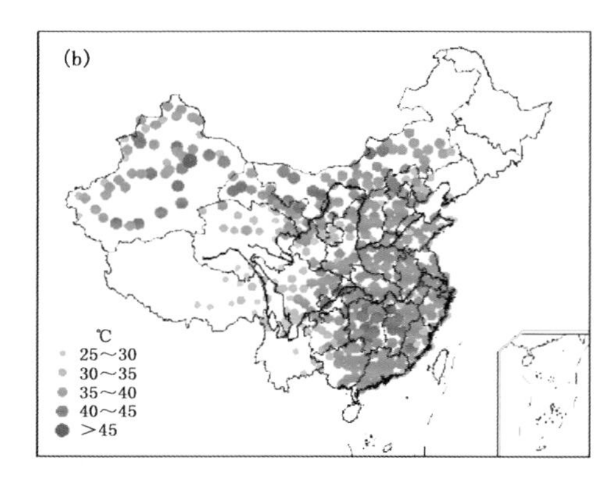

图 5.11　2010 年 7 月 16 日—8 月 5 日区域性极端高温事件过程累积强度(a)和极端强度(b)分布(单位：℃)

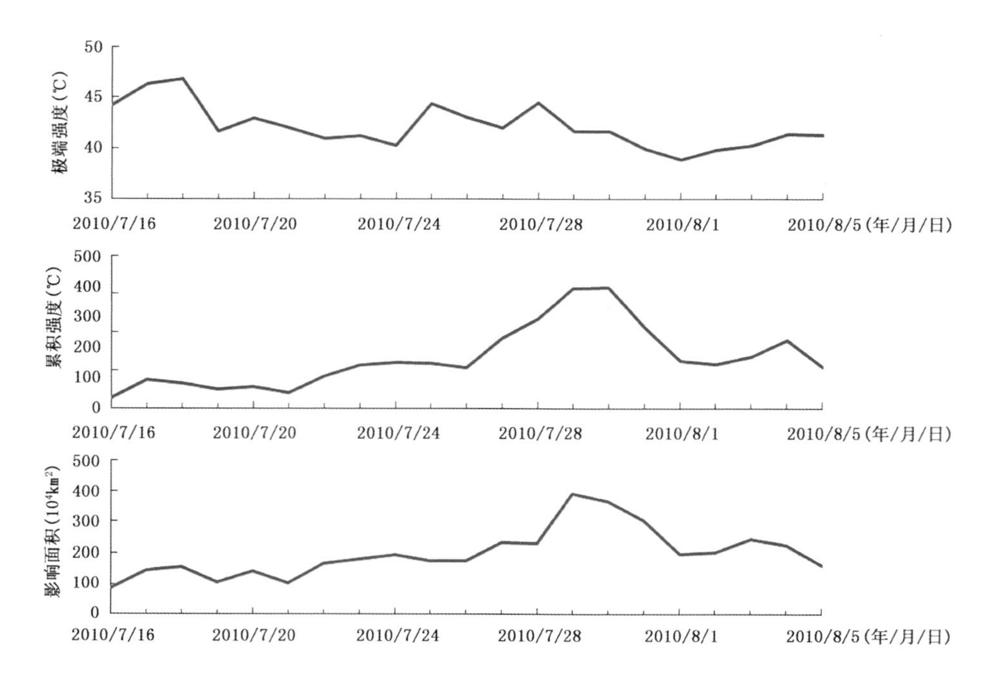

图 5.12　2010 年 7 月 16 日—8 月 5 日区域性极端高温事件各指标逐日演变

事件 4　2006 年 7—8 月中国西北和西南地区极端高温事件

2006 年 7 月底—8 月上中旬中国经历了一次较强的极端高温过程，中国西北大部分地区、西南地区东部和北部以及中国江南和华南等地气温异常偏高，特别是重庆和四川的高温天气持续时间长，强度大，部分站点创下了当地有气象记录以来历史同期最高纪录。OITREE 方法识别出该事件发生时段为 2006 年 7 月 30 日—8 月 19 日，过程极端值为 47.7℃，过程累积强度为 3559.5℃，过程最大发生面积为 568.4 万 km^2，持续天数为 21 d，事件综合强度为 3.92。

图 5.13 为该事件的过程累积温度强度和极端强度分布情况，可以看出该事件影响中国西北和西南大部分地区，且发生极端高温强度较大地区主要位于中国西北大部分地区、西南地区东部和北部地区，过程极端强度较大区域主要发生在新疆和重庆等地，极端温度均超过 40℃。图 5.14 为该次极端事件三种单一指数的逐日演变情况，可以看出该次极端事件日极端温度基本维持在 40℃以上，且在 8 月 1 日日极端温度达到最高值 47.7℃，而该事件影响面积和累积强度则在 8 月 15 日达到最大值。

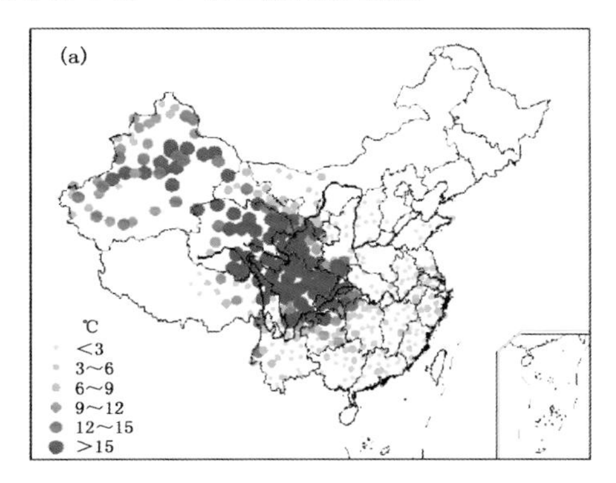

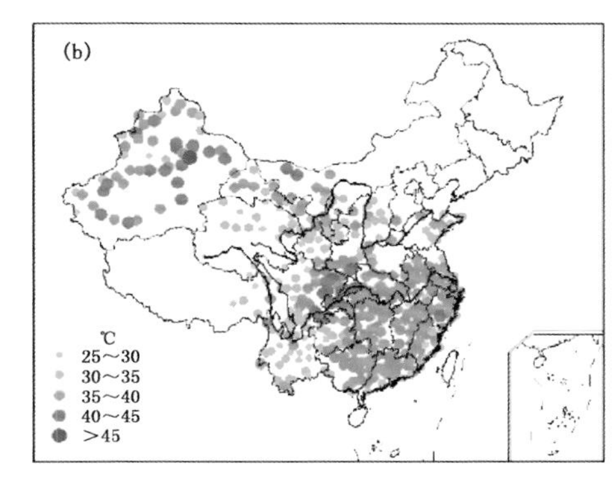

图 5.13　2006 年 7 月 30 日—8 月 19 日区域性极端高温事件过程累积强度(a)和极端强度(b)分布(单位：℃)

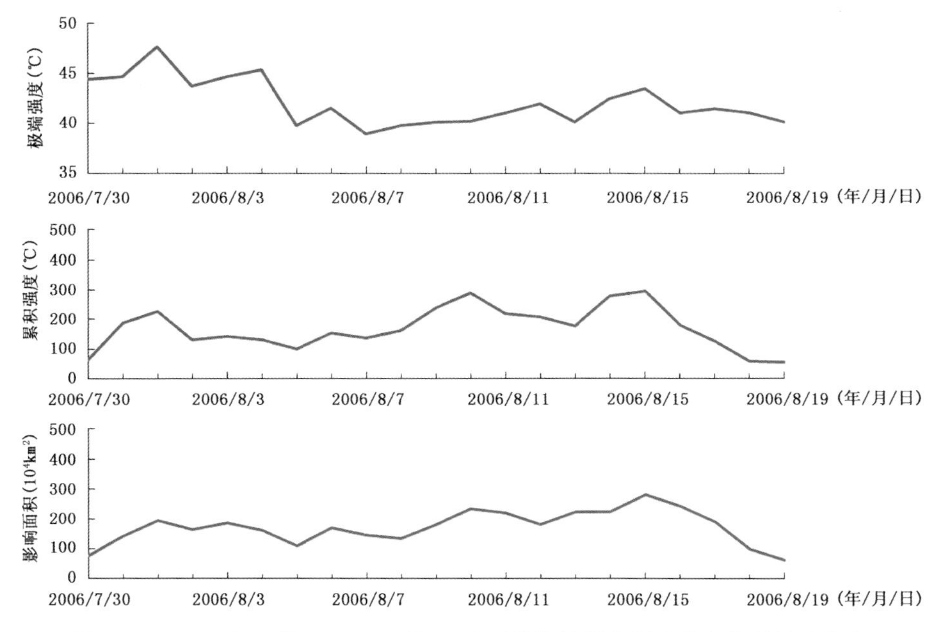

图 5.14　2006 年 7 月 30 日—8 月 19 日区域性极端高温事件各指标逐日演变

事件5　1966年7—8月中国南方大部分地区极端高温事件

1966年7月底—8月中旬中国南方大部分地区经历了一次区域性极端高温事件，黄河中下游以南大部分地区出现异常高温天气，日最高气温普遍在35～39℃，气温异常偏高，其中淮河流域至长江中下游的部分地区在39～40℃。OITREE方法识别出该事件发生时段为1966年7月28日—8月18日，过程极端值为43.3℃，过程累积强度为3661.9℃，过程最大发生面积为377.7万km^2，持续天数为22 d，事件综合强度为3.42。

图5.15为该事件的过程累积温度强度和极端强度分布情况，可以看出该事件主要影响中国南方大部分地区，且发生极端高温强度较大地区主要位于黄河中下游以南大部分地区，过程极端温度强度较大区域主要发生在长江中下游地区，部分站点极端温度均超过40℃。图5.16为该次极端事件三种单一指数的逐日演变情况，可以看出该次极端事件日极端温度和日累积强度在8月4—11日一直维持较大值，且在8月9日日极端温度到达峰值43.3℃，日累积强度和日影响面积则均在8月5日达到峰值。

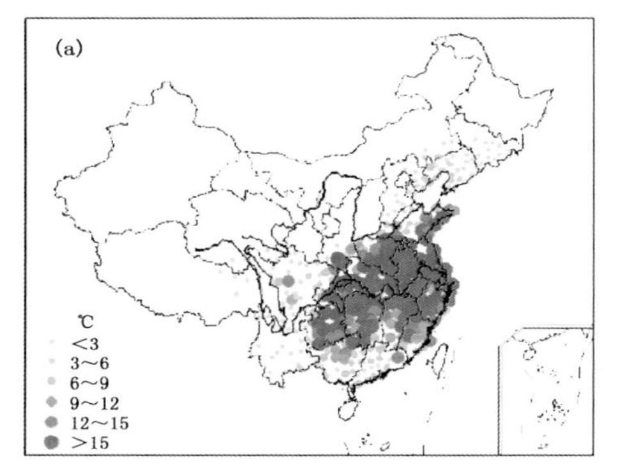

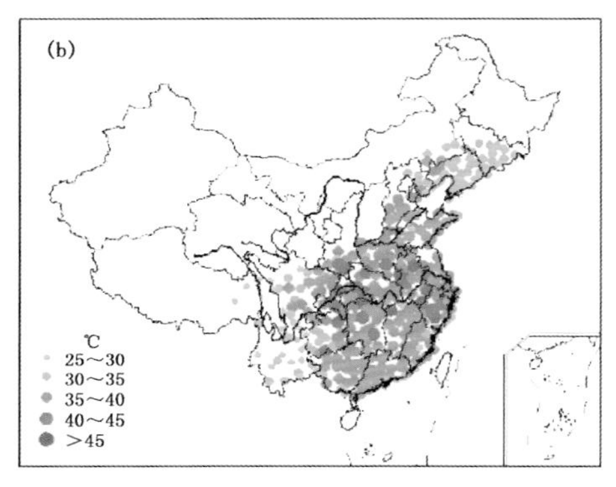

图5.15　1966年7月28日—8月18日区域性极端高温事件过程累积强度(a)和极端强度(b)分布(单位:℃)

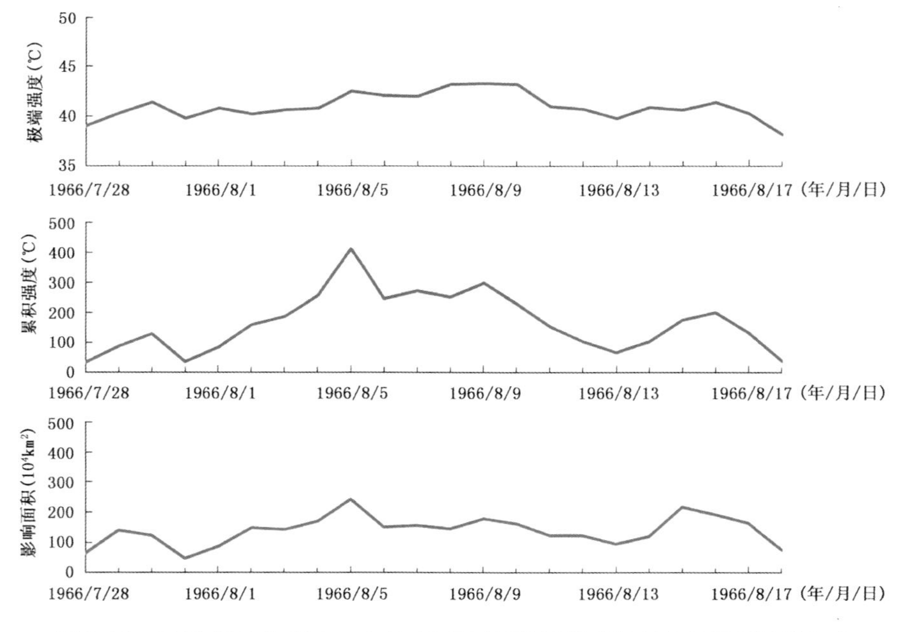

图5.16　1966年7月28日—8月18日区域性极端高温事件各指标逐日演变

事件6　1999年7—8月中国北方大部分地区极端高温事件

1999年7月底—8月上旬中国北方大部分地区经历了一次区域性极端高温事件，高温首先出现在中国华北和东北地区南部，之后向南和向北发展，波及西北大部分地区、黄淮北部和西部、汉水流域等地。OITREE方法识别出该事件发生时段为1999年7月23日—8月5日，过程极端值为46.2℃，过程累积强度为3867.7℃，过程最大发生面积为593.1万km^2，持续天数为14 d，事件综合强度为3.27。

图5.17为该事件的过程累积温度强度和极端强度分布情况，可以看出该事件影响了中国北方大部分地区，且发生极端高温强度较大地区也主要位于中国北方大部分地区，过程极端温度强度较大区域位于新疆、内蒙古中西部和华北的部分地区。图5.18为该次极端事件三种单一指数的逐日演变情况，可以看出该次事件日极端温度在7月29至8月2日一直维持较高值，且在8月1日达到峰值(46.2℃)；日累积强度则在7月26至8月2日持续维持较高值，并于7月29日达到峰值，而日影响面积则在7月31日达到最大值。

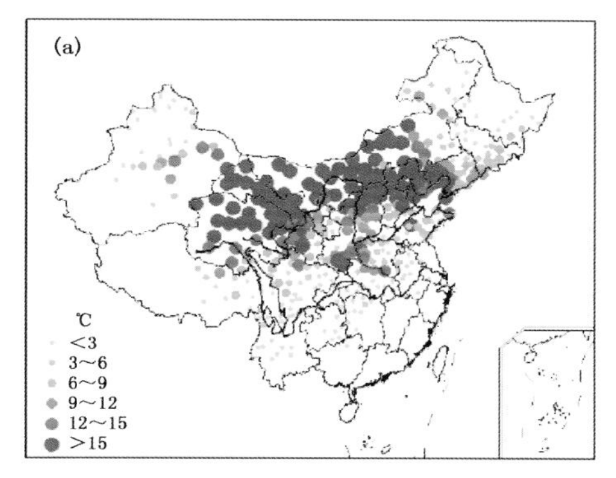

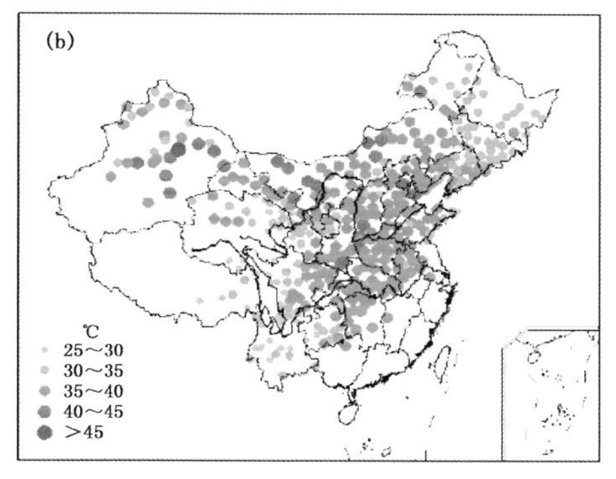

图5.17　1999年7月23日—8月5日区域性极端高温事件过程累积强度(a)和极端强度(b)分布(单位:℃)

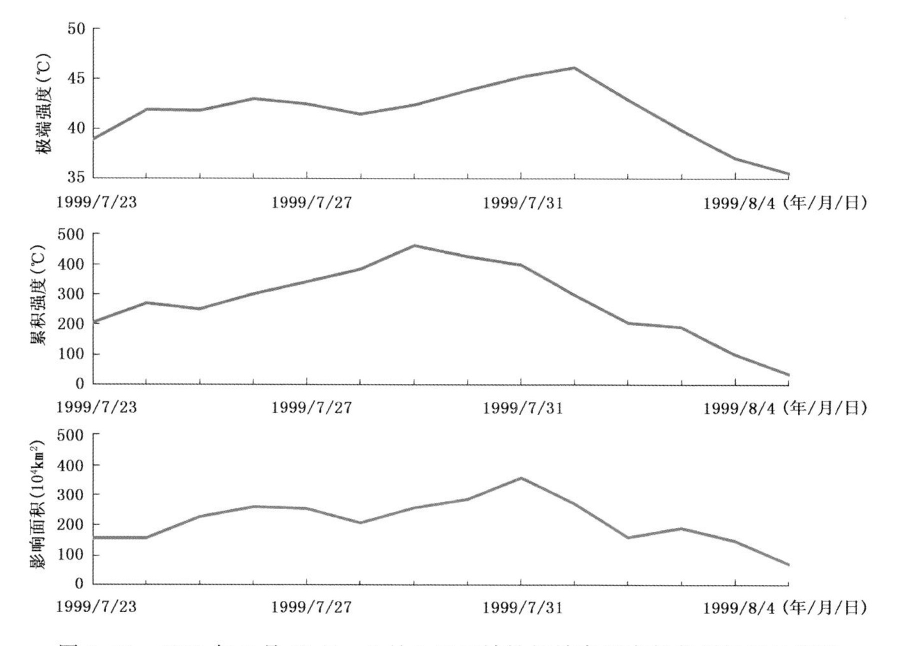

图5.18　1999年7月23日—8月5日区域性极端高温事件各指标逐日演变

事件 7　2001 年 7 月中下旬中国大部分地区极端高温事件

2001 年 7 月中下旬中国大部分地区经历了一次较强的区域性高温过程，中国长江中下游及其以北的大部分地区出现了持续性极端高温天气。OITREE 方法识别出该事件发生时段为 2001 年 7 月 10—30 日，过程极端值为 45.6℃，过程累积强度为 2353.7℃，过程最大发生面积为 626.3 万 km^2，持续天数为 21 d，事件综合强度为 3.21。

图 5.19 为该事件的过程累积温度强度和极端强度分布情况，可以看出该事件影响了中国大部分地区，且发生极端高温强度较大地区主要位于长江流域及其以北的中国北方大部分地区，过程极端温度强度较大区域主要位于新疆和内蒙古西部地区。图 5.20 为该次极端事件三种单一指数的逐日演变情况，可以看出该次事件主要在 7 月中旬强度较强，各单一指标均在 7 月 12 日达到峰值。

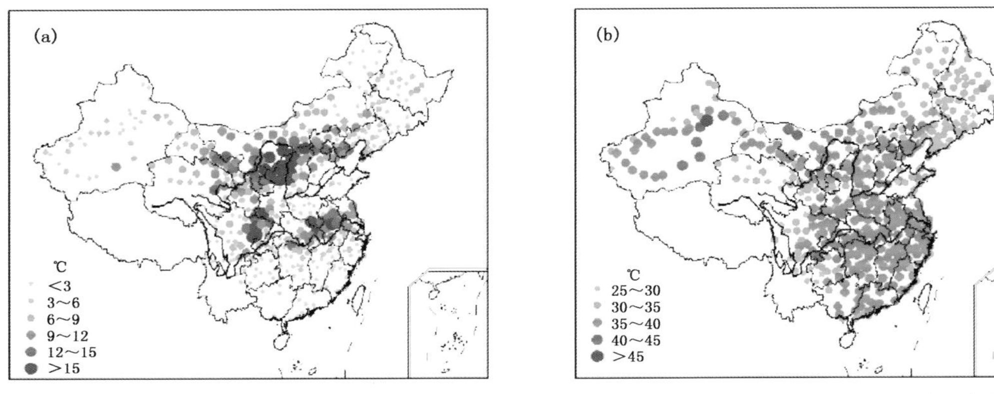

图 5.19　2001 年 7 月 10—30 日区域性极端高温事件过程累积强度(a)和极端强度(b)分布(单位：℃)

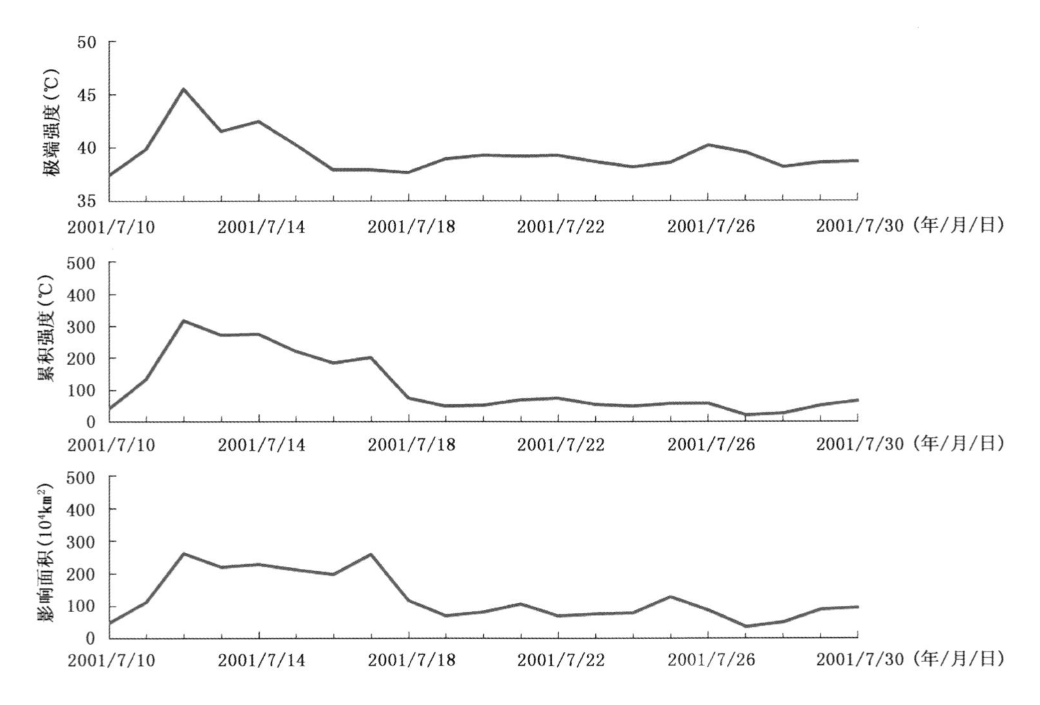

图 5.20　2001 年 7 月 10—30 日区域性极端高温事件各指标逐日演变

事件8 1992年7—8月中国南方地区极端高温事件

1992年7—8月中国南方大部分地区经历了一次区域性极端高温事件，高温首先出现在中国长江中下游地区，之后向南和向西发展，最终波及中国南方大部分地区。OITREE方法识别出该事件发生时段为1992年7月21日—8月13日，过程极端值为41.7℃，过程累积强度为2163.1℃，过程最大发生面积为370.7万km^2，持续天数为24 d，事件综合强度为3.02。

图5.21为该事件的过程累积温度强度和极端强度分布情况，可以看出该事件主要影响中国黄河中下游以南的大部地区，且发生极端高温强度较大地区主要位于长江中下游地区，过程极端温度强度较大区域也出现在长江中下游地区的部分站点。图5.22为该次极端事件三种单一指数的逐日演变情况，可以看出该次事件日极端温度在8月上中旬一直维持较高值，且在8月8和11日达到峰值41.7℃；日累积温度距平强度和日影响面积则在7月27日—8月5日持续维持较高值，日累积强度于7月30日达到峰值，日影响面积则在8月3日达到峰值。

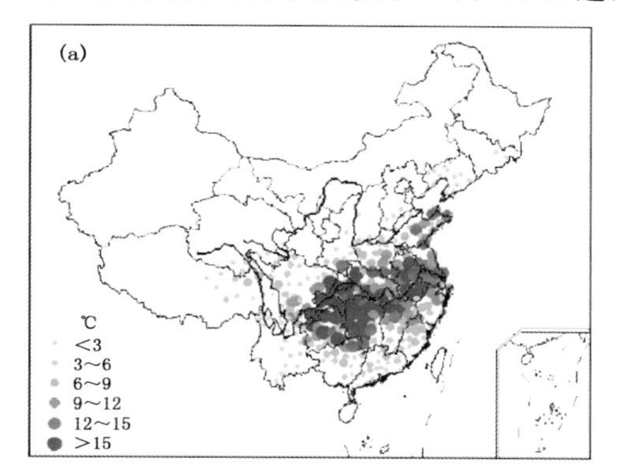

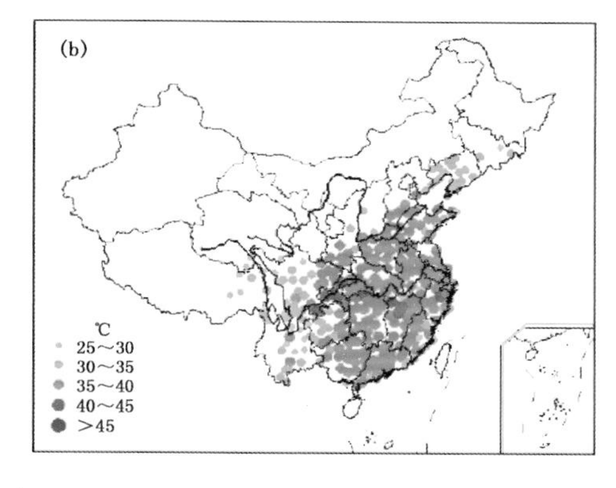

图5.21 1992年7月21日—8月13日区域性极端高温事件过程累积强度(a)和极端强度(b)分布(单位：℃)

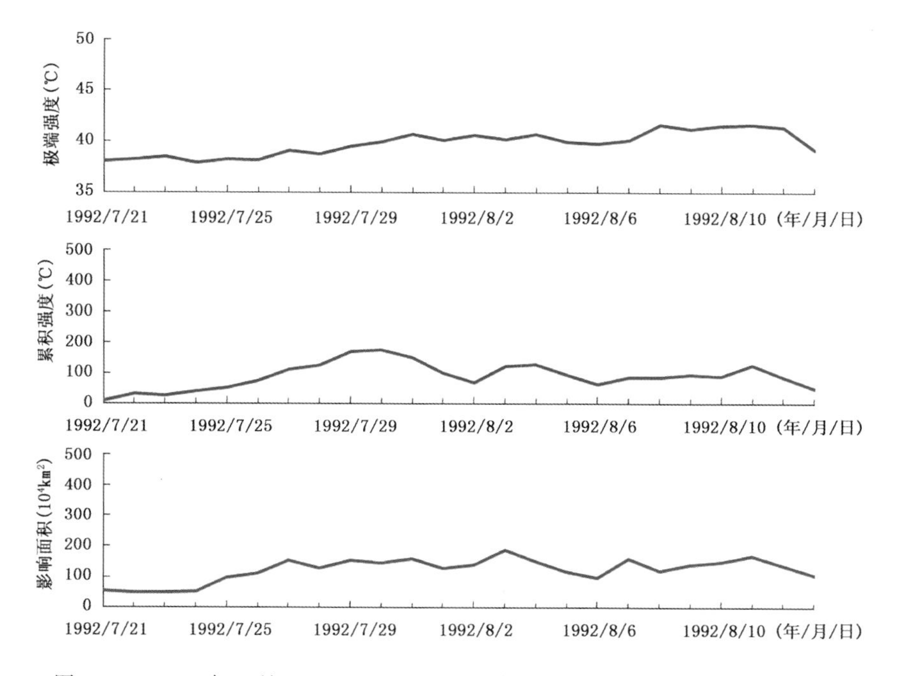

图5.22 1992年7月21日—8月13日区域性极端高温事件各指标逐日演变

事件 9　2011 年 8 月中国大部分地区极端高温事件

2011 年 8 月中国大部分地区经历了一次区域性极端高温事件，中国北方大部分地区、西南地区东北部以及南方大部分地区持续异常高温天气。OITREE 方法识别出该事件发生时段为 2011 年 8 月 4—22 日，过程极端值为 45.1℃，过程累积强度为 2338.3℃，过程最大影响面积为 571.2 万 km^2，持续天数为 19 d，事件综合强度为 2.81。

图 5.23 为该事件的过程累积温度强度和极端强度分布情况，可以看出该事件影响中国大部分地区，且发生极端高温强度较大地区主要位于新疆西部、内蒙古中西部、四川、重庆和贵州等地区。图 5.24 为该次极端事件三种单一指数的逐日演变情况，可以看出该次事件日极端温度在 8 月 6 日达到峰值(45.1℃)，日累积强度于 8 月 8 日达到峰值，日影响面积则在 8 月 11 日达到峰值。

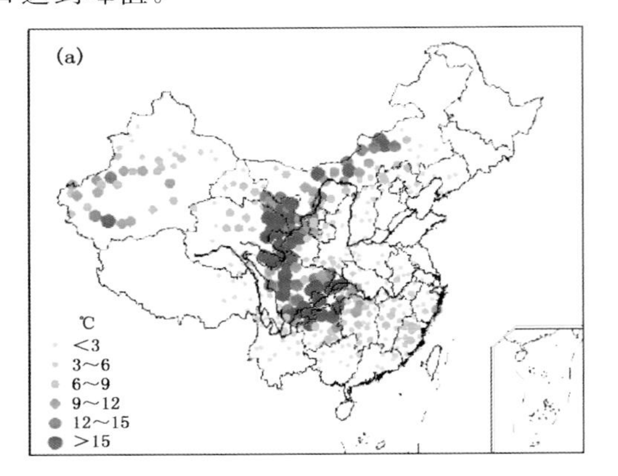

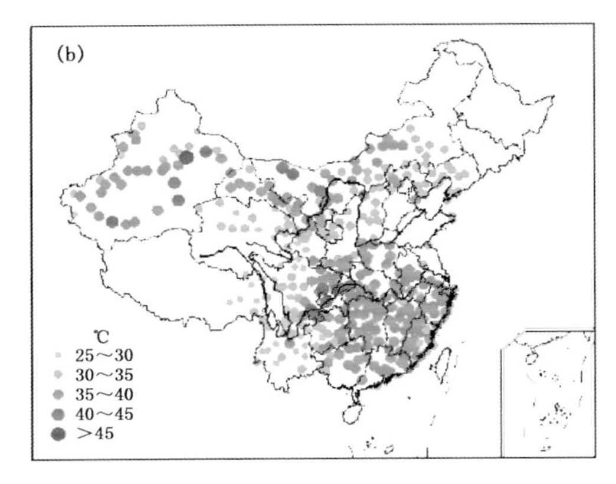

图 5.23　2011 年 8 月 4—22 日区域性极端高温事件过程累积强度(a)和极端强度(b)分布(单位:℃)

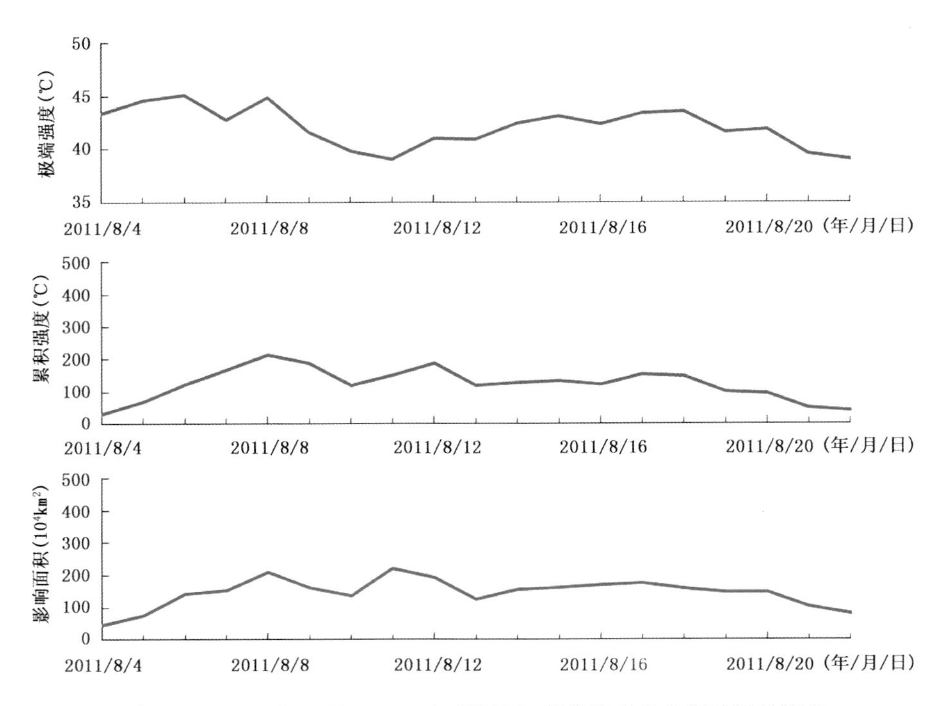

图 5.24　2011 年 8 月 4—22 日区域性极端高温事件各指标逐日演变

事件10 2002年7月上中旬中国中东大部分地区极端高温事件

2002年7月中国中东大部分地区经历了一次区域性极端高温事件，华北地区至长江中下游地区大部分地区出现异常高温天气。OITREE方法识别出该事件发生时段为2002年7月8—19日，过程极端值为42.9℃，过程累积强度为3308.4℃，过程最大发生面积为578.8万km^2，持续天数为12 d，事件综合强度为2.75。

图5.25为该事件的过程累积温度强度和极端强度分布情况，可以看出该事件主要影响中国中东部大部分地区，且发生极端高温强度较大地区主要位于华北、黄淮、江淮、江汉和西南东部和北部等地区。图5.26为该次极端事件三种单一指数的逐日演变情况，可以看出该次事件各单一指标在7月11—17日一直维持较大值，且各指标均在7月15日达到峰值。

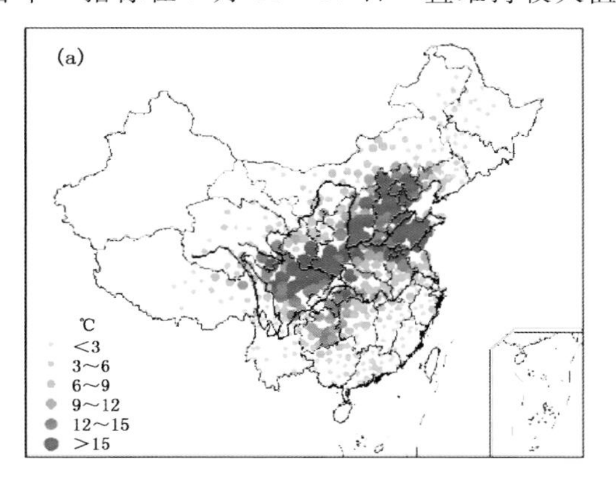

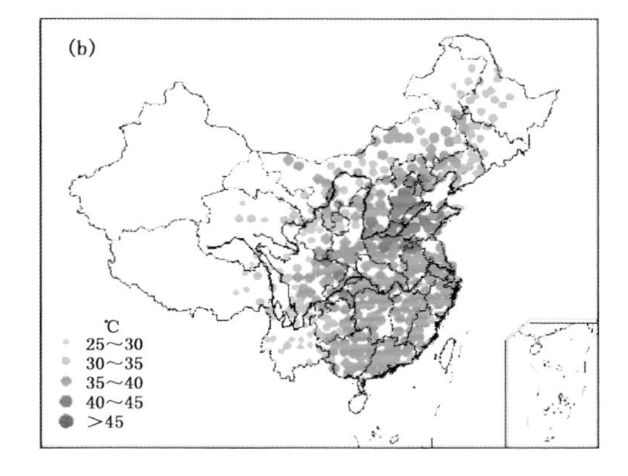

图5.25 2002年7月8—19日区域性极端高温事件过程累积强度(a)和极端强度(b)分布(单位:℃)

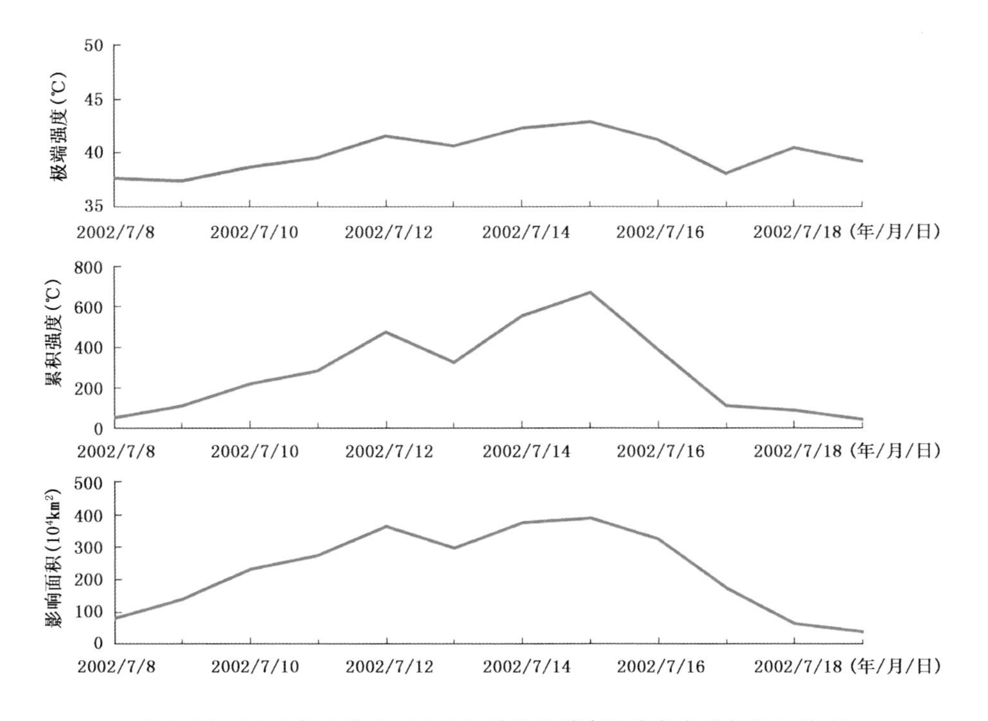

图5.26 2002年7月8—19日区域性极端高温事件各指标逐日演变

事件 11 1978 年 7 月上中旬中国中东大部分地区极端高温事件

1978 年 7 月中国中东大部分地区经历了一次区域性极端高温事件，西北地区中部和中国南方大部分地区出现异常高温天气。OITREE 方法识别出该事件发生时段为 1978 年 7 月 1—16 日，过程极端值为 41.4℃，过程累积强度为 2431.4℃，过程最大发生面积为 466.6 万 km^2，持续天数为 18 d，事件综合强度为 2.72。

图 5.27 为该事件的过程累积温度强度和极端强度分布情况，可以看出该事件主要影响中国黄河以南的大部分地区，且发生极端高温强度较大地区主要位于黄淮南部至江南大部分地区，上述地区过程极端温度均在 38℃以上，局部地区超过 40℃。图 5.28 为该次极端事件三种单一指数的逐日演变情况，可以看出该次事件各单一指标在 7 月 6—12 日一直维持较大值，其中日极端温度在 7 月 11 日达到峰值 41.4℃，日累积强度于 7 月 8 日达到峰值，日影响面积则在 7 月 10 日达到峰值。

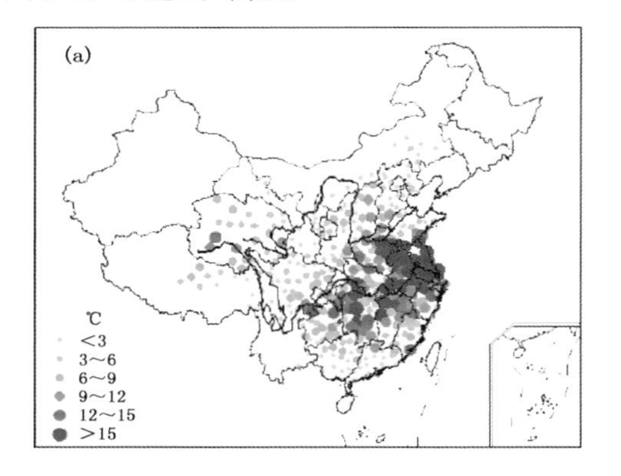

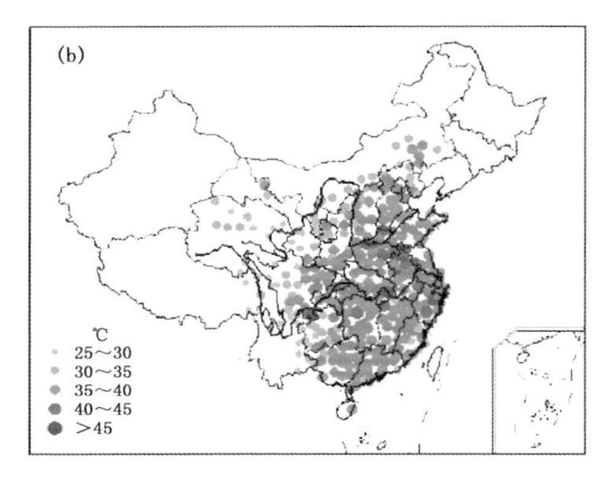

图 5.27 1978 年 7 月 1—16 日区域性极端高温事件过程累积强度(a)和极端强度(b)分布(单位：℃)

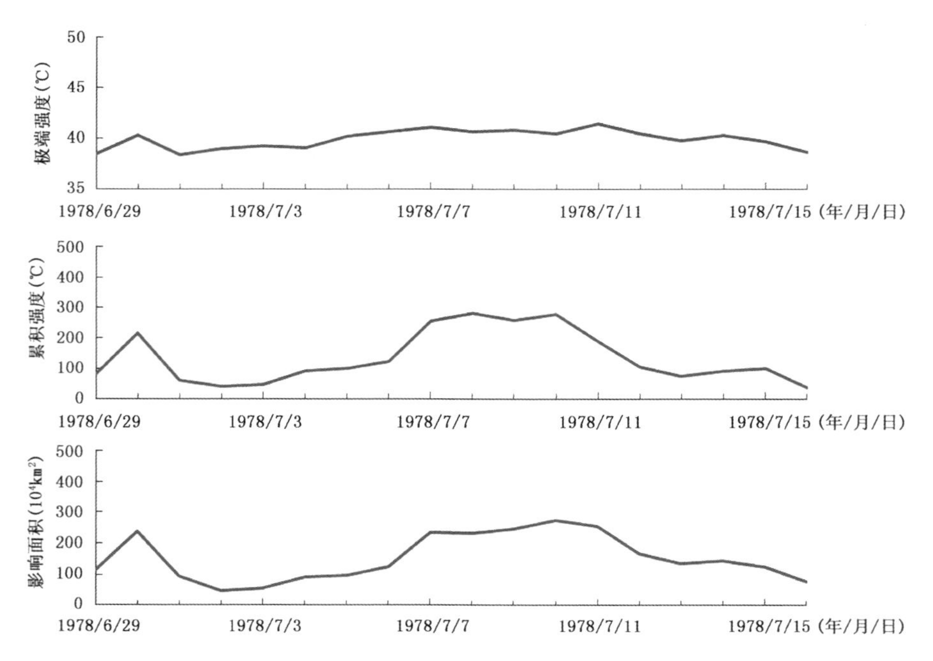

图 5.28 1978 年 7 月 1—16 日区域性极端高温事件各指标逐日演变

事件12　2007年7—8月中国南方大部分地区极端高温事件

2007年7—8月中国南方大部分地区经历了一次区域性极端高温事件，江南和华南等地区出现大范围持续高温天气，其中大部分地区高温日数较常年同期偏多10 d以上。OITREE方法识别出该事件发生时段为2007年7月20日—8月11日，过程极端值为41.4℃，过程累积强度为2121.2℃，过程最大发生面积为342.7万km^2，持续天数为23 d，事件综合强度为2.7。

图5.29为该事件的过程累积温度强度和极端强度分布情况，可以看出该事件主要影响中国南方大部分地区，且发生极端高温强度较大地区主要位于长江中下游地区、江南和华南等地区。中国南方大部分地区过程极端强度均较大，大部分地区极端温度在38℃以上，其中江南局部地区达到40℃以上。图5.30为该次极端事件三种单一指数的逐日演变情况，可以看出该次事件各单一指标呈现波动变化，各指标分别在7月28日至8月3日、8月7日至8月9日两个时段维持较大值，其中日极端温度在8月2日达到峰值41.4℃，日累积强度和日影响面积均于8月8日达到峰值。

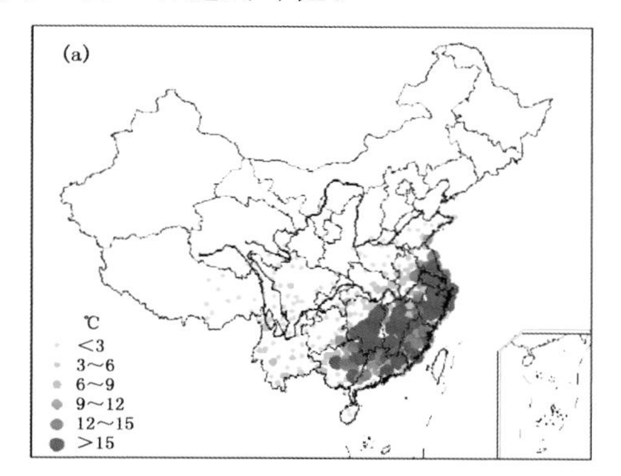

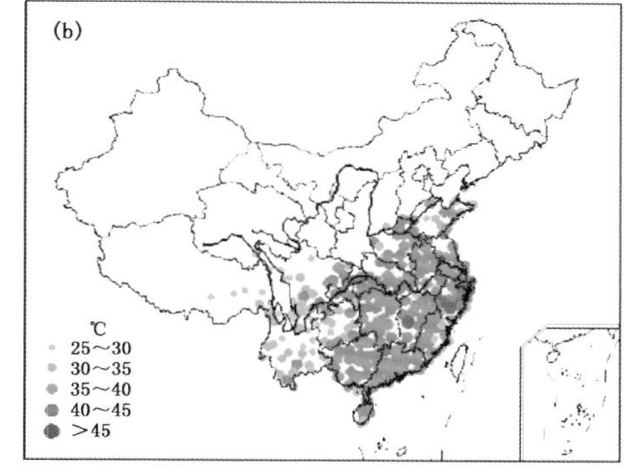

图5.29　2007年7月20日—8月11日区域性极端高温事件过程累积强度(a)和极端强度(b)分布(单位:℃)

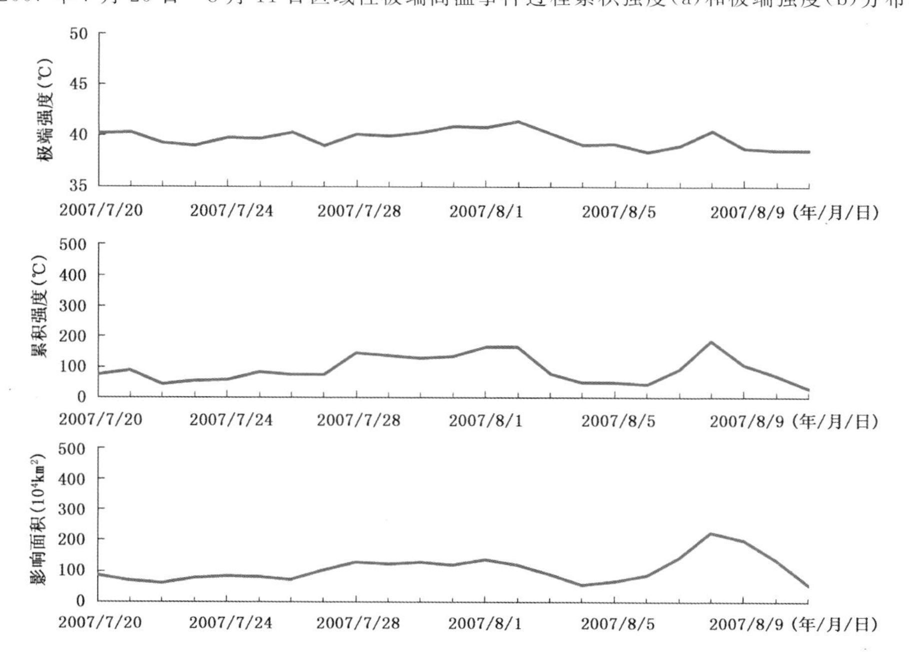

图5.30　2007年7月20日—8月11日区域性极端高温事件各指标逐日演变

事件 13 1961 年 7 月中下旬南方大部分地区极端高温事件

1961 年 7 月中国南方大部分地区经历了一次区域性极端高温事件，中国黄河中下游以南大部分地区出现大范围持续高温天气。OITREE 方法识别出该事件发生时段为 1961 年 7 月 12—28 日，过程极端值为 42.2℃，过程累积强度为 2329.8℃，过程最大发生面积为 450.7 万 km^2，持续天数为 17 d，事件综合强度为 2.48。

图 5.31 为该事件的过程累积温度强度和极端强度分布情况，可以看出该事件主要影响中国华北南部、黄淮、江淮、江汉、江南大部分地区，且发生极端高温强度较大地区主要位于黄淮至长江中下游地区，其中江南部分地区极端温度超过 40℃。图 5.32 为该次极端事件三种单一指数的逐日演变情况，可以看出该次事件日极端温度在 7 月 22—27 日维持较高值（基本都在 40℃以上），并于 7 月 28 日达到峰值 42.2℃；日累积强度和日影响面积则在 7 月 19—25 日持续维持较大值，并分别于 7 月 23 日和 7 月 24 日达到峰值。

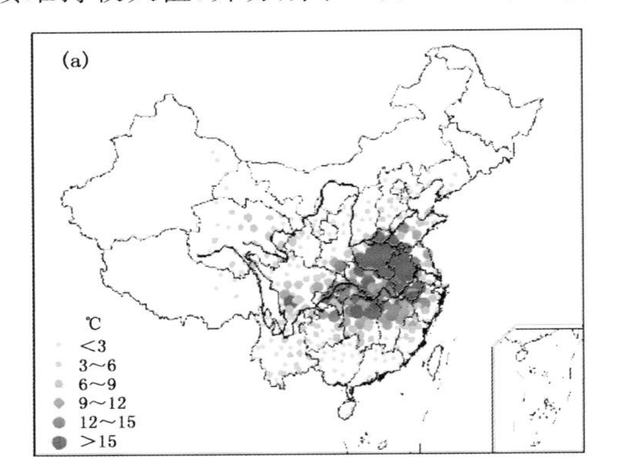

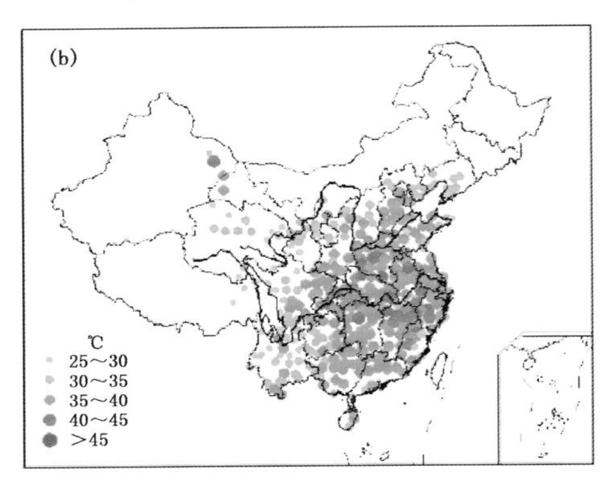

图 5.31 1961 年 7 月 12—28 日区域性极端高温事件过程累积强度(a)和极端强度(b)分布(单位：℃)

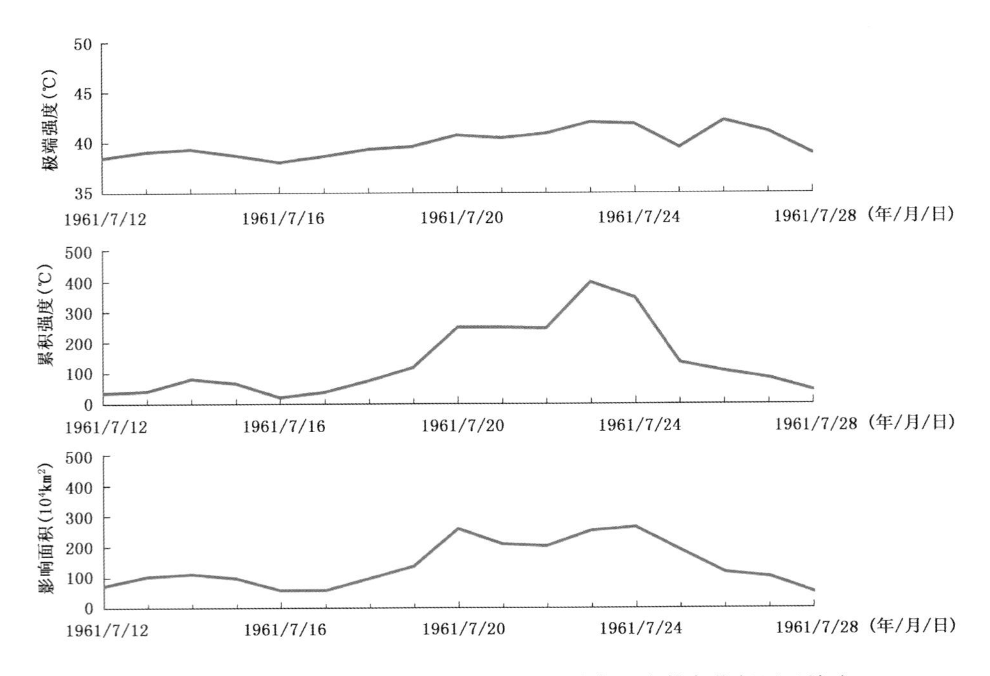

图 5.32 1961 年 7 月 12—28 日区域性极端高温事件各指标逐日演变

事件 14　1971 年 7 月中国中东大部分地区极端高温事件

1971 年 7 月中国中东大部分地区经历了一次区域性极端高温事件，中国黄河流域及其以南大部分地区出现大范围持续高温天气。OITREE 方法识别出该事件发生时段为 1971 年 7 月 13—25 日，过程极端值为 42.4℃，过程累积强度为 2618.2℃，过程最大发生面积为 503.4 万 km^2，持续天数为 13 d，事件综合强度为 2.42。

图 5.33 为该事件的过程累积温度强度和极端强度空间分布情况，可以看出该事件主要影响中国中东大部分地区，且发生极端高温强度较大地区主要位于西北中东部、内蒙古中西部、黄淮至长江中下游地区。图 5.34 为该次极端事件三种单一指数的逐日演变情况，可以看出该次事件各单一指标在 7 月 16—22 日均维持较大值，其中日极端温度在 7 月 22 日达到峰值 42.4℃，日累积强度在 7 月 21 日达到峰值，日影响面积则于 7 月 16 日达到峰值。

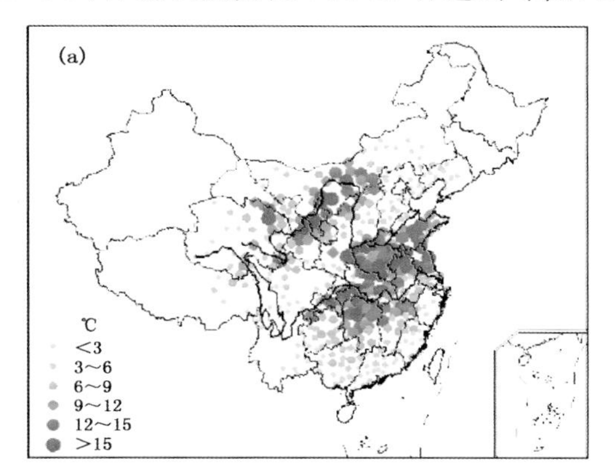

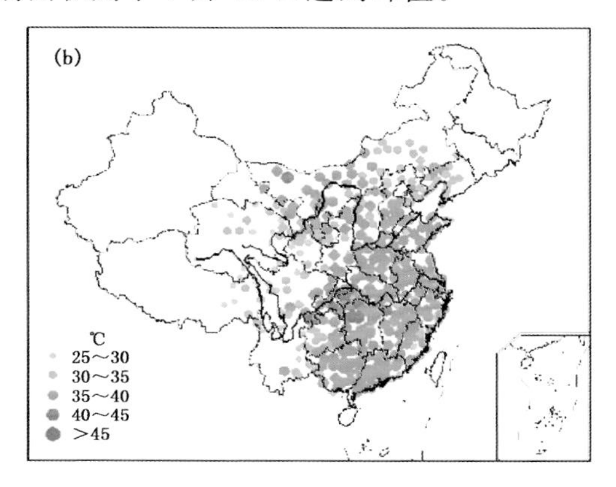

图 5.33　1971 年 7 月 13—25 日区域性极端高温事件过程累积强度(a)和极端强度(b)分布(单位：℃)

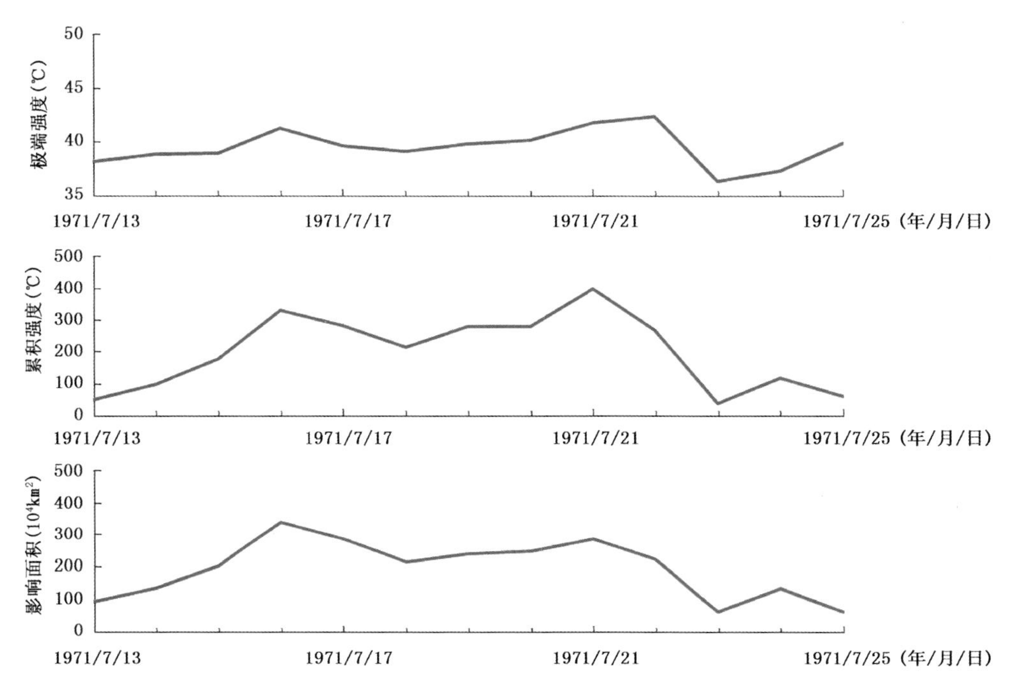

图 5.34　1971 年 7 月 13—25 日区域性极端高温事件各指标逐日演变

事件 15　2011 年 7—8 月中国南方大部分地区极端高温事件

2011 年 7—8 月中国南方大部分地区经历了一次区域性极端高温事件，中国黄河中下游以南大部分地区出现大范围持续高温天气。OITREE 方法识别出该事件发生时段为 2011 年 7 月 23 日—8 月 4 日，过程极端值为 46.0℃，过程累积强度为 1589.6℃，过程最大发生面积为 588.2 万 km^2，持续天数为 13 d，事件综合强度为 2.19。

图 5.35 为该事件的过程累积温度强度和极端强度分布情况，可以看出该事件主要影响中国黄河以南地区，且发生极端高温强度较大地区主要位于江南西部至西南东部以及华南北部等地区，其中江南大部分地区过程极端温度超过 38℃，局地超过 40℃。图 5.36 为该次极端事件三种单一指数的逐日演变情况，可以看出该次事件各单一指标均在 7 月 25 日出现峰值，之后该次事件各单一指标均开始减弱至结束。

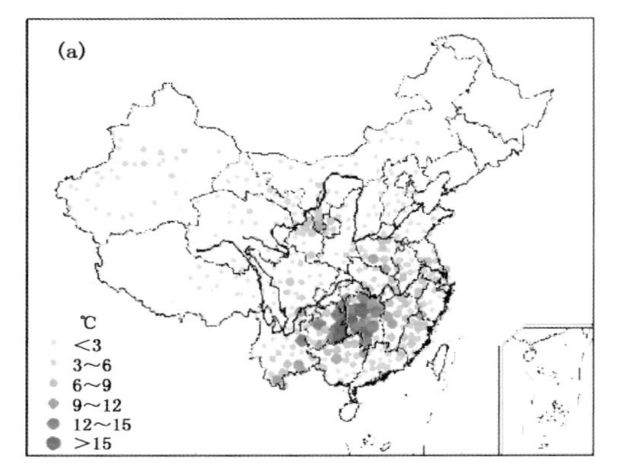

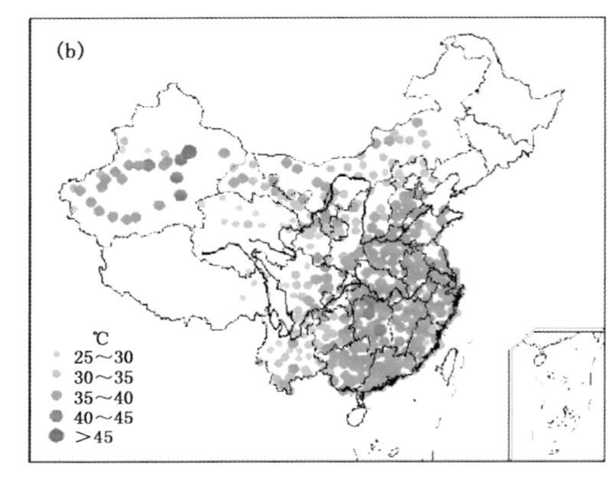

图 5.35　2011 年 7 月 23 日—8 月 4 日区域性极端高温事件过程累积强度(a)和极端强度(b)分布(单位：℃)

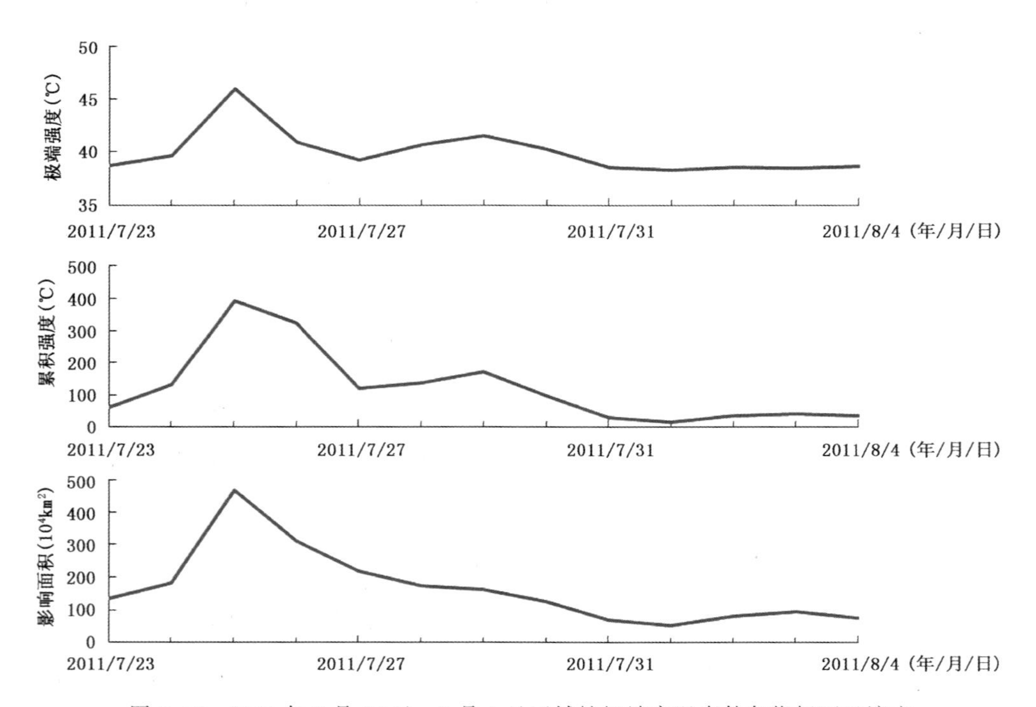

图 5.36　2011 年 7 月 23 日—8 月 4 日区域性极端高温事件各指标逐日演变

事件16　1988年7月上中旬中国南方大部分地区极端高温事件

1988年7月上中旬中国南方大部分地区经历了一次区域性极端高温事件，我国黄河中下游以南大部地区出现大范围持续高温天气。OITREE方法识别出该事件发生时段为1988年7月4—21日，过程极端值为41.4℃，过程累积强度为2345.6℃，过程最大发生面积为274.23万 km^2，持续天数为18 d，事件综合强度为2.16。

图5.37为该事件的过程累积温度强度和极端强度分布情况，可以看出该事件主要影响中国南方大部分地区，且发生极端高温强度较大地区主要位于黄淮、江淮、江汉、江南和华南等地区，其中黄淮、江淮和江南等地区局部地区过程极端温度超过40℃。图5.38为该次极端事件三种单一指数的逐日演变情况，可以看出该次事件出现两次波动，各单一指标分别在7月7—10日和7月17—20日两个时段出现较高值，各单一指标的峰值均出现在第二个时段，其中日极端温度和日累积强度均在7月19日出现峰值，而日累积影响面积则在7月18日出现峰值。

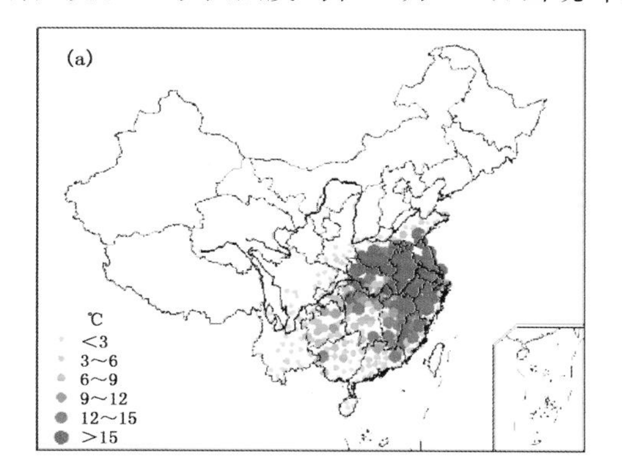

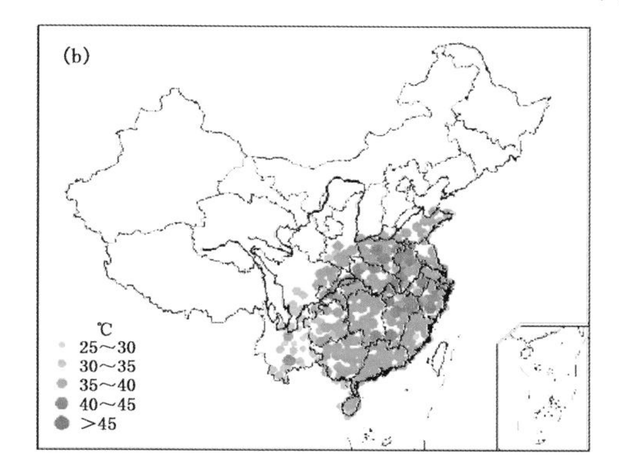

图5.37　1988年7月4—21日区域性极端高温事件过程累积强度(a)和极端强度(b)分布(单位:℃)

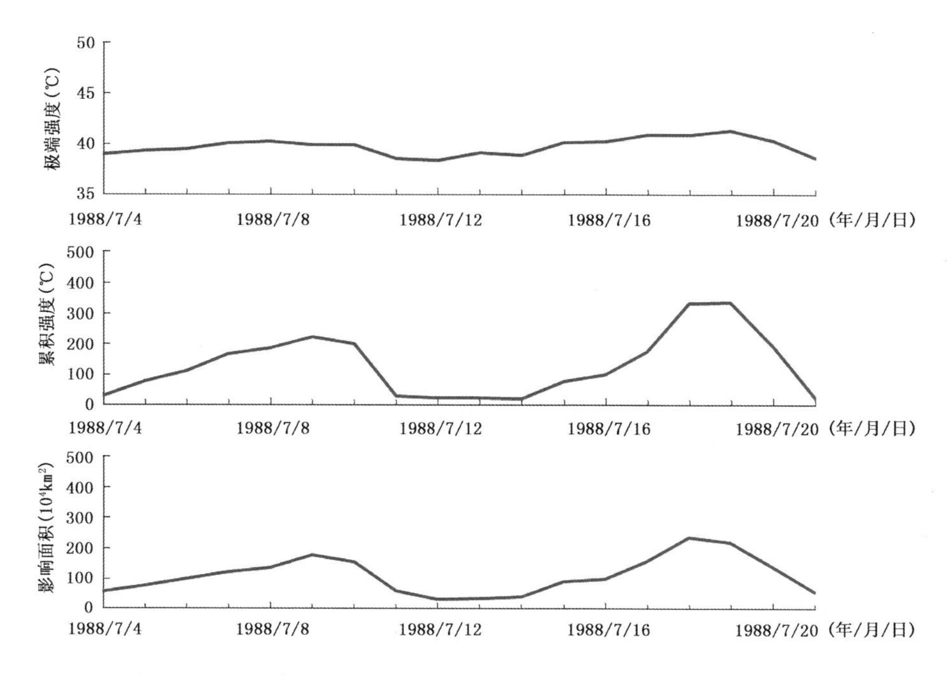

图5.38　1988年7月4—21日区域性极端高温事件各指标逐日演变

事件 17　2006 年 7 月中下旬中国西南地区极端高温事件

2006 年 7 月中下旬中国中东大部分地区经历了一次区域性极端高温事件，重庆、四川东部、湖北西部以及陕西南部等地区遭受罕见的持续高温热浪袭击，重庆和四川部分地区高温日数强度强，持续日数异常偏多。OITREE 方法识别出该事件发生时段为 2006 年 7 月 13—25 日，过程极端值为 41.8℃，过程累积强度为 2257.4℃，过程最大发生面积为 471.2 万 km^2，持续天数为 13 d，事件综合强度为 2.12。

图 5.39 为该事件的过程累积温度强度和极端强度分布情况，可以看出该事件主要影响中国西南地区，且发生极端高温强度较大地区主要位于西北中部、重庆、四川东部、湖北西部以及陕西南部等地区，其中重庆等地区过程极端温度超过 40℃。图 5.40 为该次极端事件三种单一指数的逐日演变情况，可以看出该次事件各单一指标均呈现波动变化，其中日极端温度在 7 月 15 日出现峰值(41.8℃)，日累积强度和日累积影响面积则分别在 7 月 16 和 21 日达到峰值。

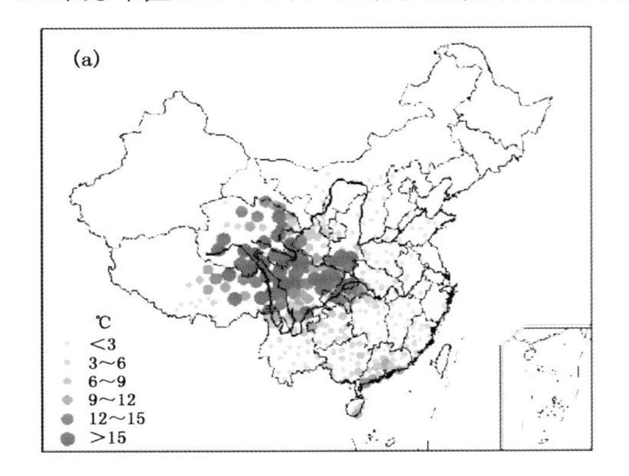

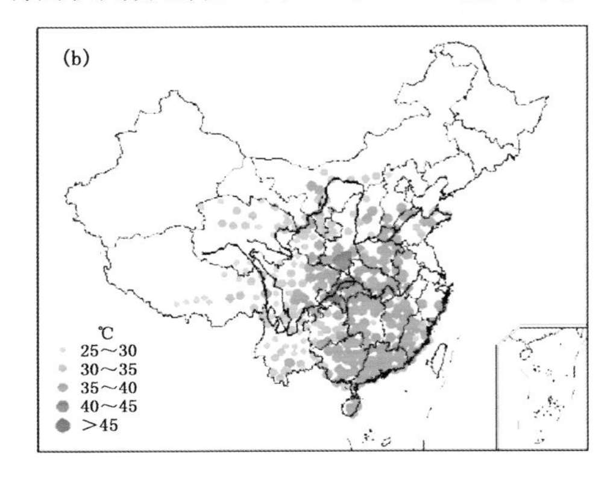

图 5.39　2006 年 7 月 13—25 日区域性极端高温事件过程累积强度(a)和极端强度(b)分布(单位：℃)

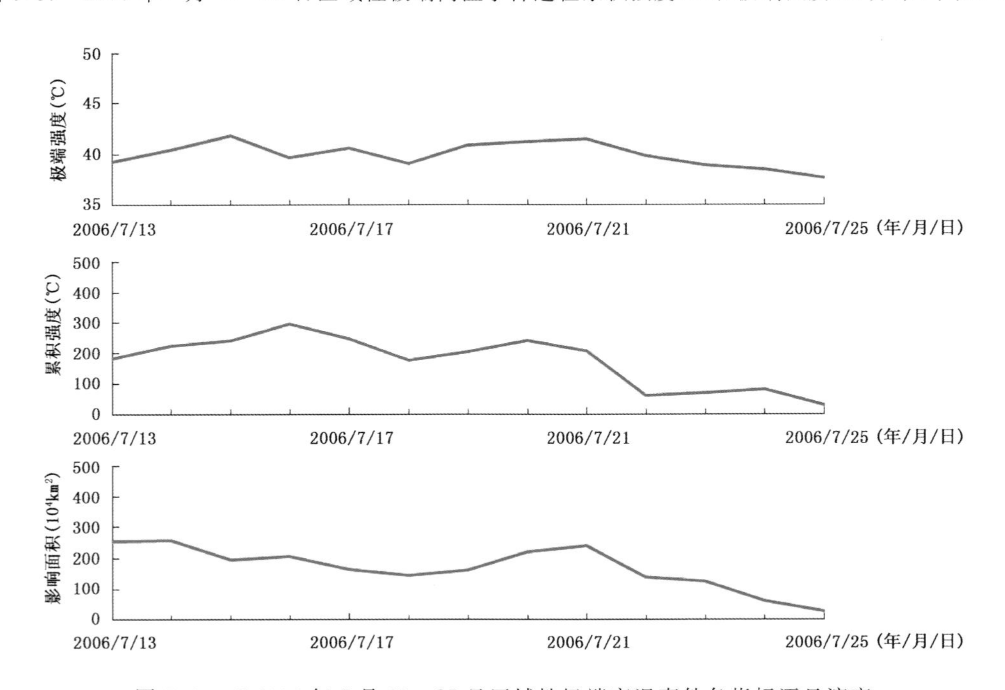

图 5.40　5 2006 年 7 月 13—25 日区域性极端高温事件各指标逐日演变

事件18 1964年7月中国南方大部分地区极端高温事件

1964年7月中国南方大部分地区经历了一次区域性极端高温事件，中国淮河以南大部分地区遭受持续高温热浪袭击。OITREE方法识别出该事件发生时段为1964年7月6—23日，过程极端值为41.3℃，过程累积强度为1926.8℃，过程最大发生面积为274.8万km^2，持续天数为18 d，事件综合强度为2.1。

图5.41为该事件的过程累积温度强度和极端强度分布情况，可以看出该事件主要影响中国南方大部分地区，且发生极端高温强度较大地区主要位于黄淮南部至江南地区，过程极端温度较大区域也位于上述地区，过程极端温度普遍超过38℃，局地超过40℃。图5.42为该次极端事件三种单一指数的逐日演变情况，可以看出该次事件各单一指标均呈波动变化，其中日极端温度在7月9和22日出现峰值41.3℃，日累积强度和日累积影响面积则分别在7月9和10日达到峰值。

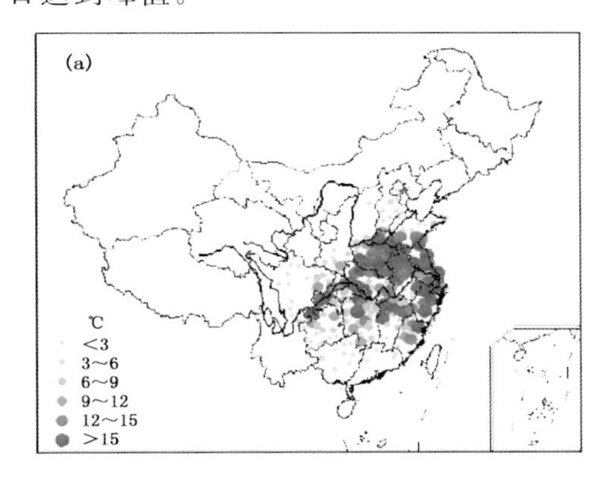

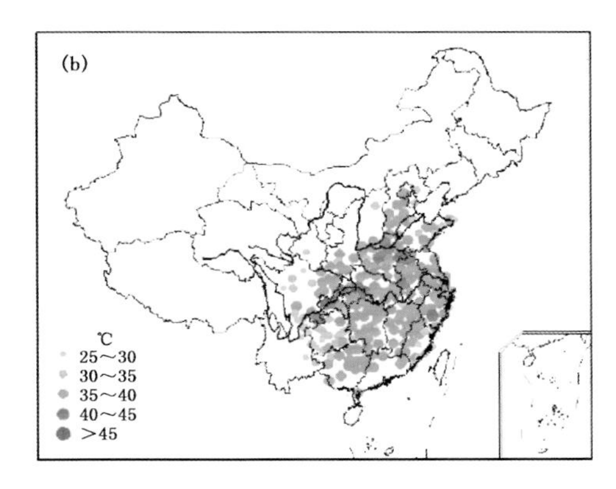

图5.41 1964年7月6—23日区域性极端高温事件过程累积强度(a)和极端强度(b)分布(单位:℃)

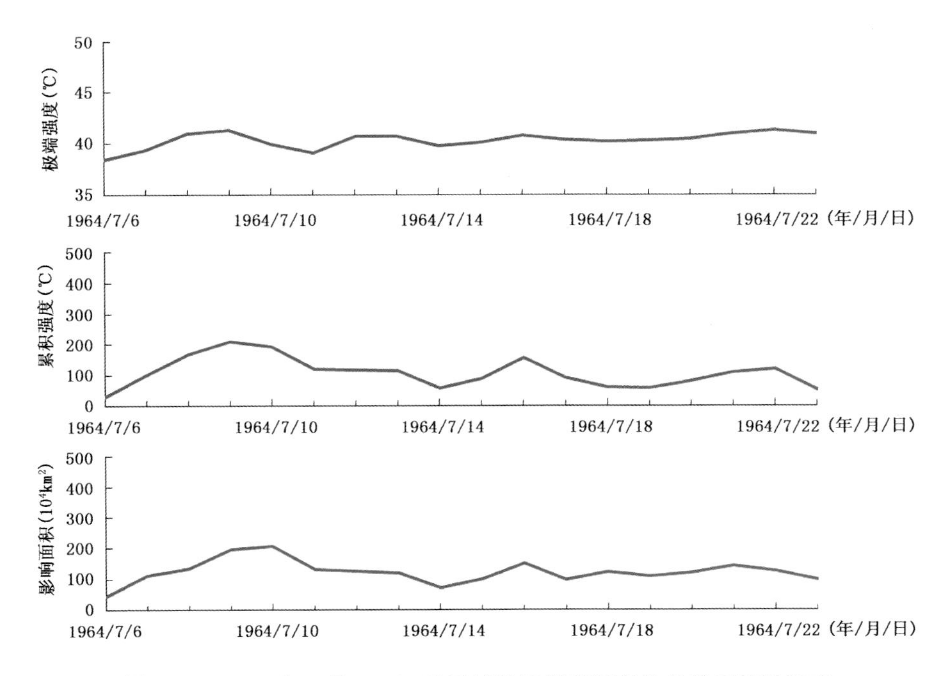

图5.42 1964年7月6—23日区域性极端高温事件各指标逐日演变

事件19　1997年7—8月中国北方大部分地区极端高温事件

1997年7—8月中国北方大部分地区经历了一次区域性极端高温事件，其中华北、东北、西北东部、黄淮等地持续晴热高温天气，极端日最高气温普遍达在35～38℃，部分地区超过40℃。OITREE方法识别出该事件发生时段为1997年7月19日—8月1日，过程极端值为41.9℃，过程累积强度为2311.9℃，过程最大发生面积为423.1万km^2，持续天数为14 d，事件综合强度为2.08。

图5.43为该事件的过程累积温度强度和极端强度分布情况，可以看出该事件主要影响中国北方大部分地区，且发生极端高温强度较大地区主要位于西北地区东部、华北、黄淮东部和东北地区，其中新疆中东部和内蒙古西部部分地区过程极端温度较高，超过40℃。图5.44为该次极端事件三种单一指数的逐日演变情况，可以看出该次事件各单一指标变化趋势较为一致，各指标均在7月21—23日维持较大值，并于7月22日达到峰值。

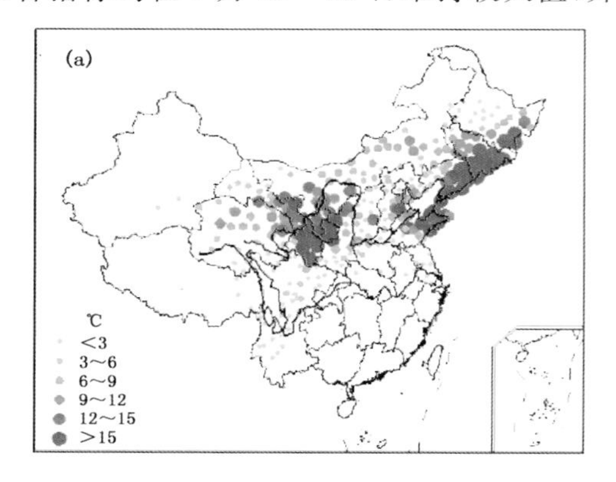

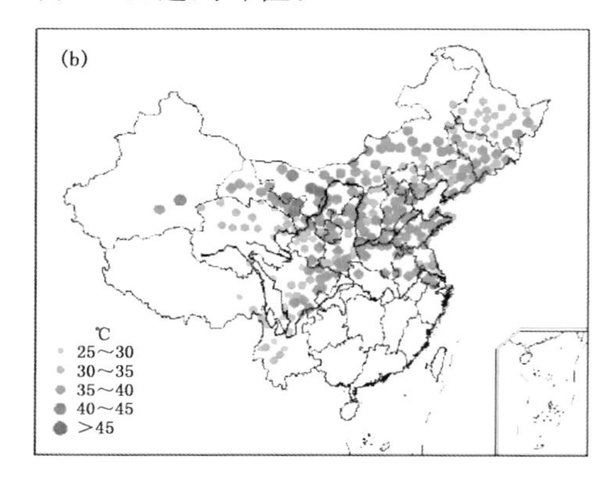

图5.43　1997年7月19日—8月1日区域性极端高温事件过程累积强度(a)和极端强度(b)分布(单位:℃)

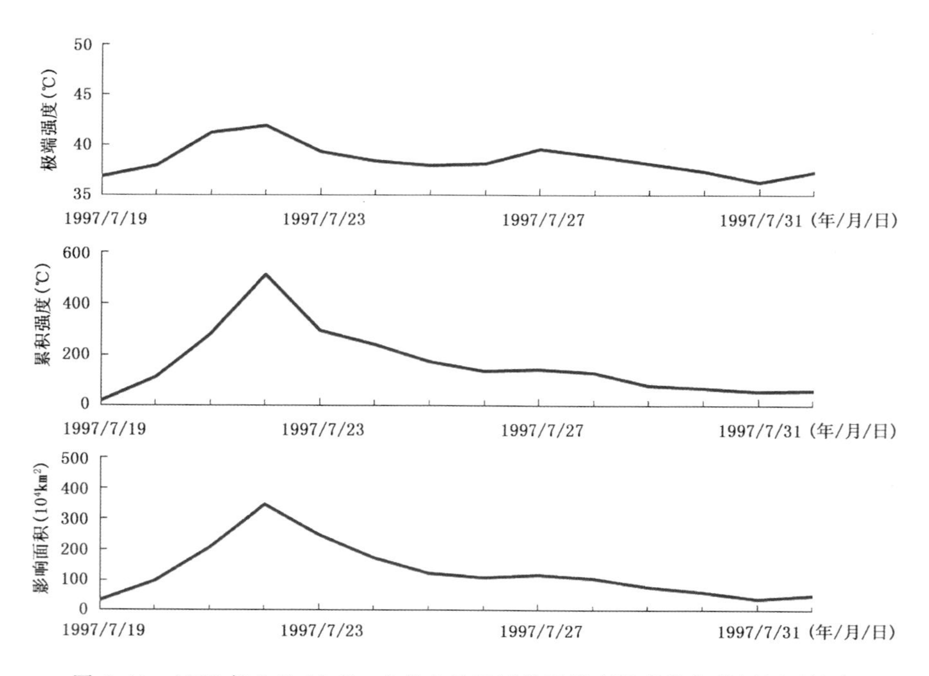

图5.44　1997年7月19日—8月1日区域性极端高温事件各指标逐日演变

事件20 1967年7—8月中国中东大部分地区极端高温事件

1967年7月底至8月中旬中国中东部地区经历了一次区域性极端高温事件，华北、东北、黄淮、江淮和江南遭受了持续高温天气。OITREE方法识别出该事件发生时段为1967年7月30日—8月13日，过程极端值为42.7℃，过程累积强度为1647.0℃，过程最大发生面积为408.1万km^2，持续天数为14 d，事件综合强度为2.0。

图5.45为该事件的过程累积温度强度和极端强度分布情况，可以看出该事件主要影响中国中东大部分地区，且发生极端高温强度较大地区主要位于黄淮至江南北部地区，且长流中下游局部地区过程极端温度超过40℃。图5.46为该次极端事件三种单一指数的逐日演变情况，可以看出该次事件各指标均呈现波动变化，其中日极端温度在8月11日达到峰值(42.7℃)，日累积强度在8月8日达到最大值，而逐日影响面积则在8月1日达到最大值。

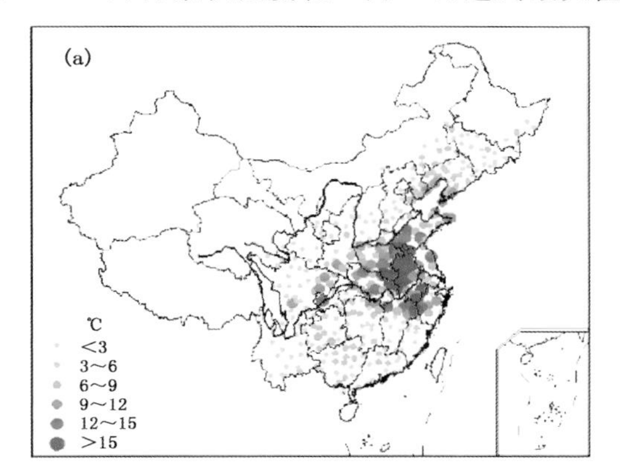

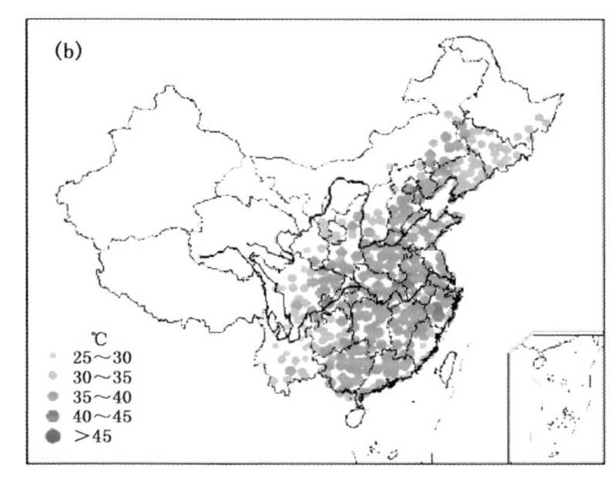

图5.45 1967年7月30日—8月13日区域性极端高温事件过程累积强度(a)和极端强度(b)分布(单位：℃)

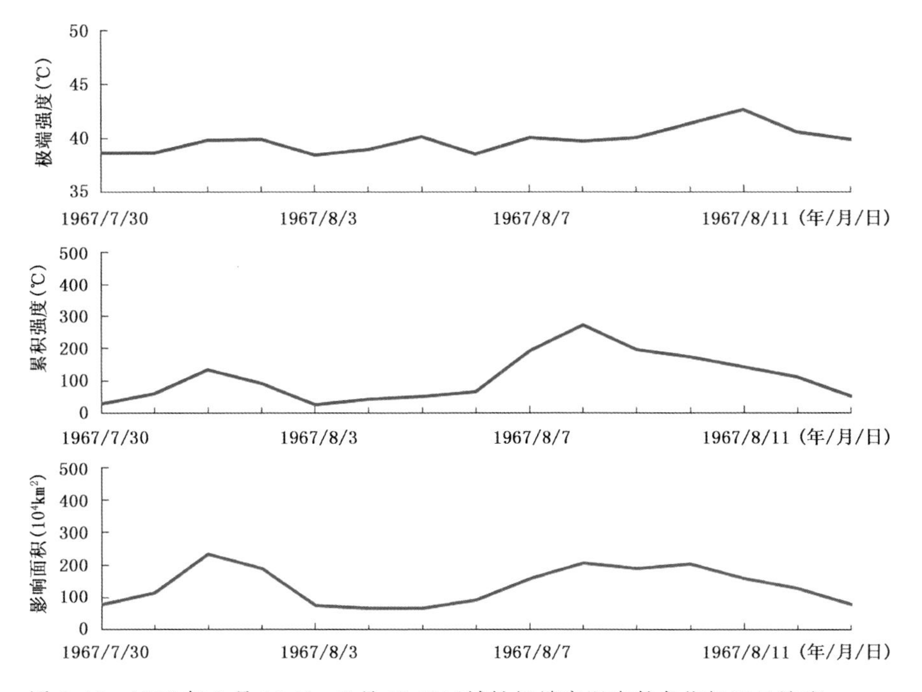

图5.46 1967年7月30日—8月13日区域性极端高温事件各指标逐日演变

5.4 重度区域性高温事件

5.3节详细分析了近50多年来20个中国区域性极端高温事件特征，下面给出1961—2012年发生的43次重度区域性高温事件特征信息（表5.3）以及各事件的累积强度和极端强度分布（图5.47—图5.89）。

表5.3 1961—2012年中国区域性重度高温事件

排名	开始日期（年.月.日）	结束日期（年.月.日）	持续日数（d）	发生地域	综合强度
1	1969.7.22	1969.8.4	14	中国中东大部分地区	1.93
2	1972.8.6	1972.8.16	11	中国大部分地区	1.93
3	2005.6.11	2005.6.24	14	中国中东大部分地区	1.80
4	2001.7.4	2001.7.12	9	中国大部分地区	1.77
5	1980.7.17	1980.7.28	12	中国大部分地区	1.63
6	1962.7.13	1962.7.27	15	中国南方大部分地区	1.57
7	1998.8.9	1998.8.26	18	中国南方大部分地区	1.50
8	1967.8.20	1967.9.1	13	中国南方大部分地区	1.43
9	1968.7.24	1968.8.5	13	中国东部地区	1.26
10	1989.7.13	1989.7.25	13	中国南方大部分地区	1.19
11	1963.8.24	1963.9.6	14	中国南方大部分地区	1.18
12	2009.7.16	2009.7.23	8	中国中东大部分地区	1.18
13	2011.7.12	2011.7.23	12	中国西北大部分地区	1.17
14	1978.8.1	1978.8.8	8	中国中东大部分地区	1.16
15	1985.8.1	1985.8.10	10	中国中南大部分地区	1.10
16	2006.8.27	2006.9.4	9	中国西南大部分地区	1.03
17	1990.8.1	1990.8.8	8	中国西北和西南地区	1.02
18	1965.7.22	1965.7.31	10	中国北方大部分地区	1.01
19	1986.8.6	1986.8.13	8	中国西北大部分地区	1.00
20	1990.8.13	1990.8.24	12	中国南方大部分地区	1.00
21	1961.6.9	1961.6.14	6	中国中北大部分地区	0.98
22	1975.7.11	1975.7.17	7	中国北方大部分地区	0.94
23	1994.8.1	1994.8.6	6	中国中东大部分地区	0.93
24	1995.9.1	1995.9.9	9	中国南方大部分地区	0.93
25	1966.6.19	1966.6.23	5	中国中北大部分地区	0.92
26	2012.7.21	2012.8.2	13	中国黄淮和江淮	0.91
27	1975.8.12	1975.8.18	7	中国中北大部分地区	0.90
28	1961.6.18	1961.6.28	11	中国南方大部分地区	0.85
29	2002.8.1	2002.8.6	6	中国中东大部分地区	0.84
30	2011.8.29	2011.9.6	9	中国西南大部分地区	0.83
31	1991.7.8	1991.7.17	10	中国西北部	0.82
32	1977.8.2	1977.8.10	9	中国南方大部分地区	0.81

续表

排名	开始日期（年.月.日）	结束日期（年.月.日）	持续日数（d）	发生地域	综合强度
33	1997.7.8	1997.7.16	9	中国东北部	0.81
34	1994.8.7	1994.8.17	11	中国西南部	0.80
35	1986.7.22	1986.7.28	7	中国中北部	0.78
36	1988.7.30	1988.8.12	14	中国东北部	0.76
37	2005.7.11	2005.7.18	8	中国北方大部	0.75
38	2008.8.3	2008.8.10	8	中国北方地区	0.75
39	2009.8.19	2009.8.29	11	中国南方地区	0.75
40	2009.9.4	2009.9.13	10	中国西南地区	0.74
41	1981.6.13	1981.6.22	10	中国中东部	0.71
42	1983.7.29	1983.8.7	10	中国东部	0.71
43	1982.6.29	1982.7.10	12	中国东北部	0.68

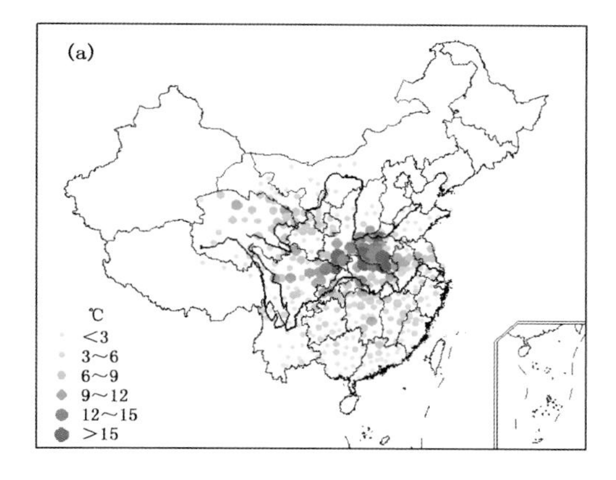

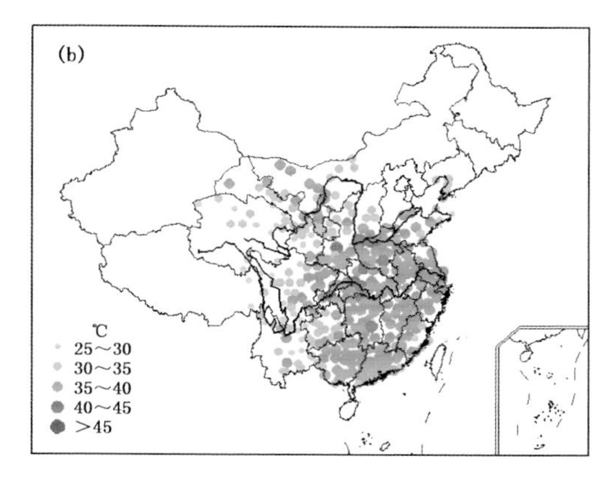

图5.47　1969年7月22日—8月4日中国中东大部分地区重度高温事件过程累积强度(a)和极端强度(b)分布(单位:℃)

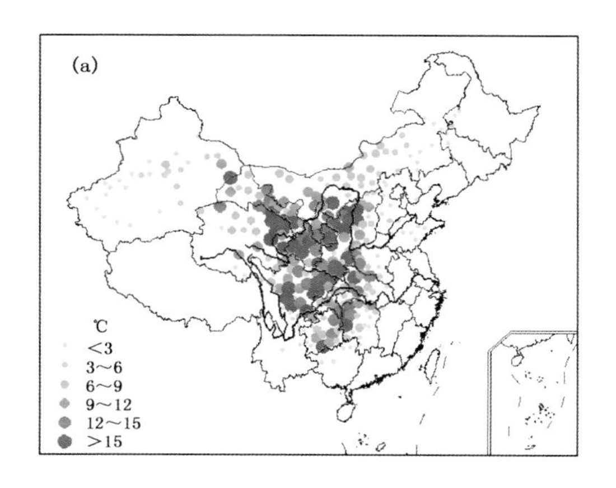

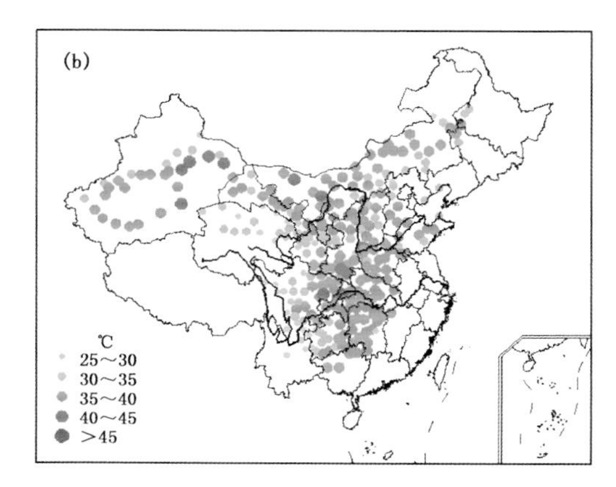

图5.48　1972年8月6—16日中国大部分地区重度高温事件过程累积强度(a)和极端强度(b)分布(单位:℃)

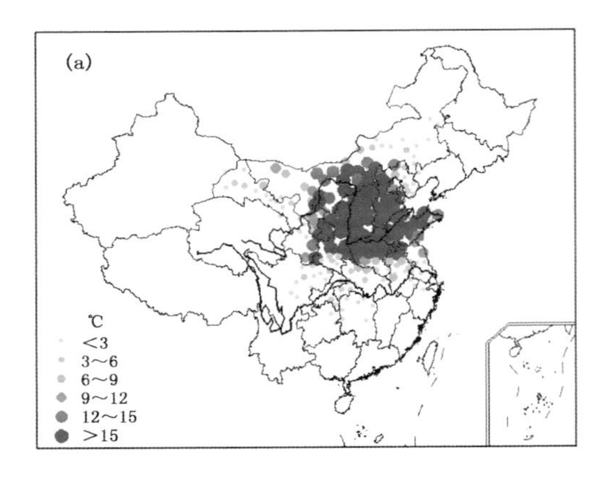

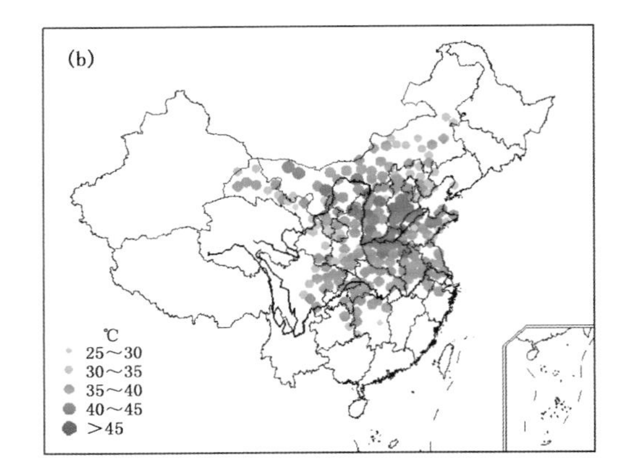

图 5.49　2005 年 6 月 11—24 日中国中东大部分地区重度高温事件过程累积强度(a)和极端强度(b)分布(单位:℃)

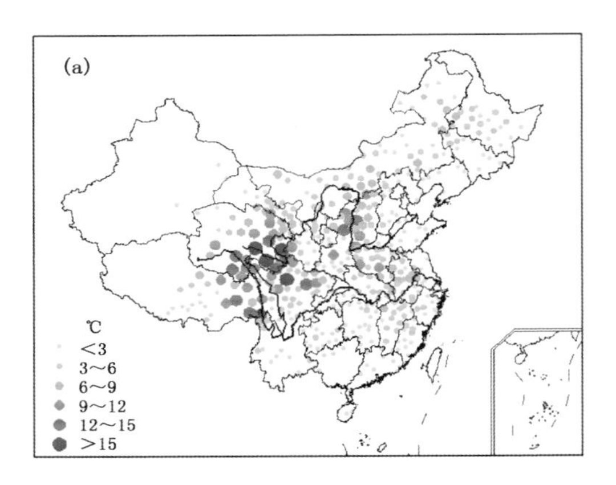

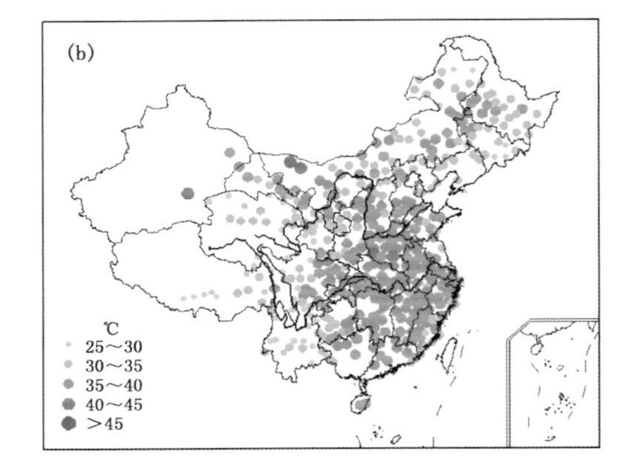

图 5.50　2001 年 7 月 4—12 日中国大部分地区重度高温事件过程累积强度(a)和极端强度(b)分布(单位:℃)

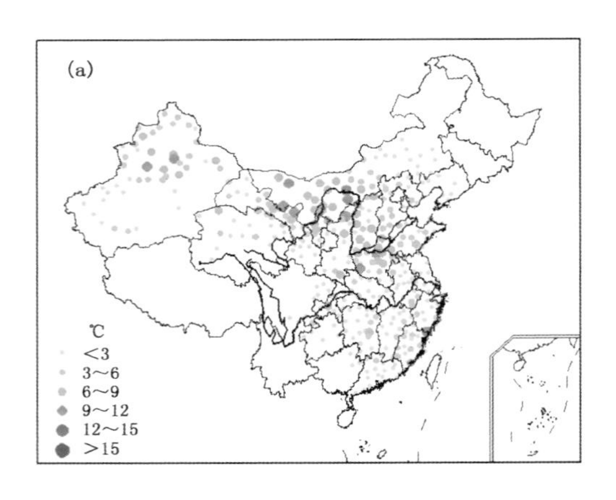

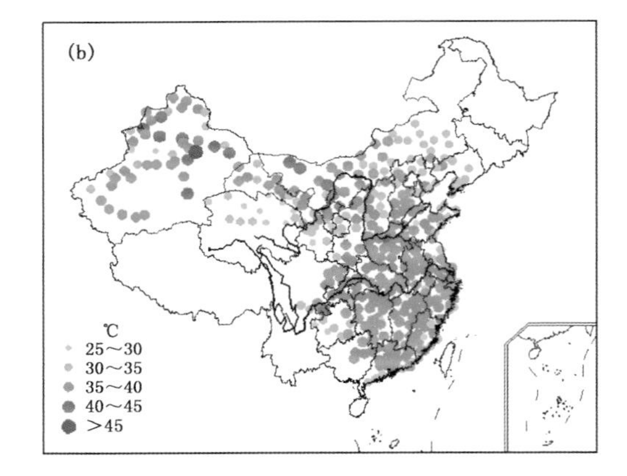

图 5.51　1980 年 7 月 17—28 日中国大部分地区重度高温事件过程累积强度(a)和极端强度(b)分布(单位:℃)

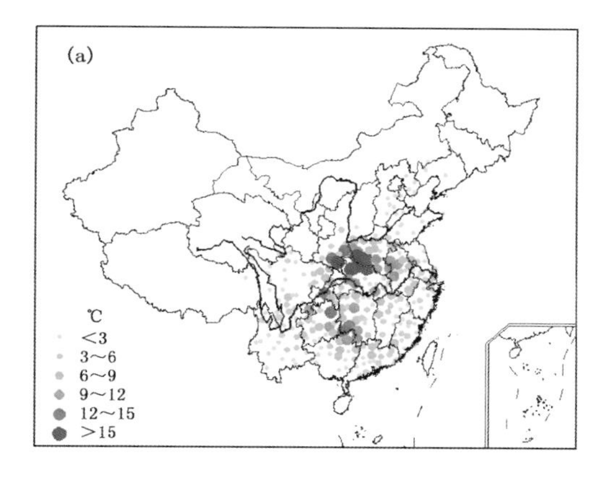

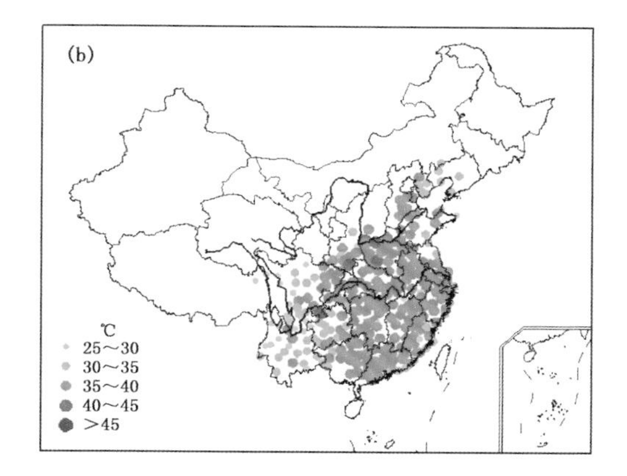

图5.52　1962年7月13—27日中国南方大部分地区重度高温事件过程累积强度(a)和极端强度(b)分布(单位:℃)

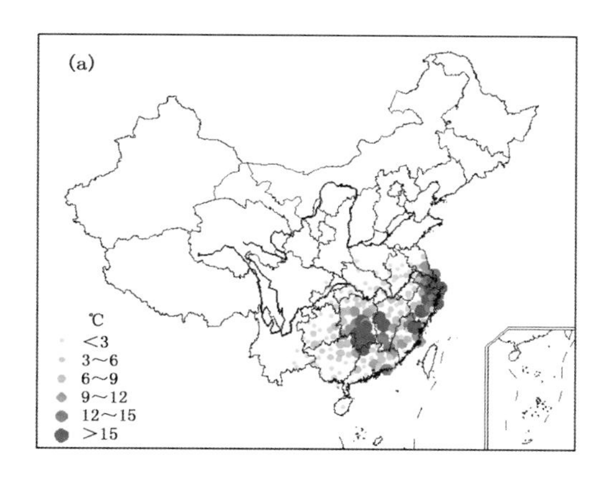

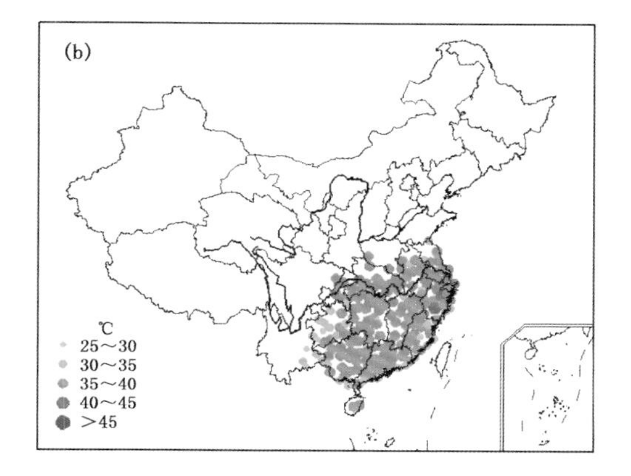

图5.53　1998年8月9—26日中国南方大部分地区重度高温事件过程累积强度(a)和极端强度(b)分布(单位:℃)

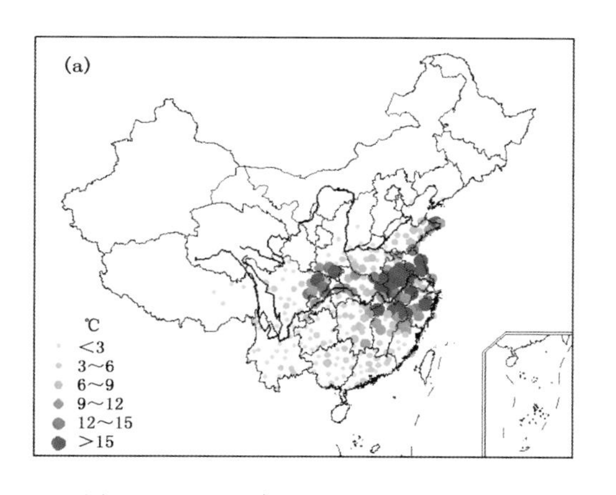

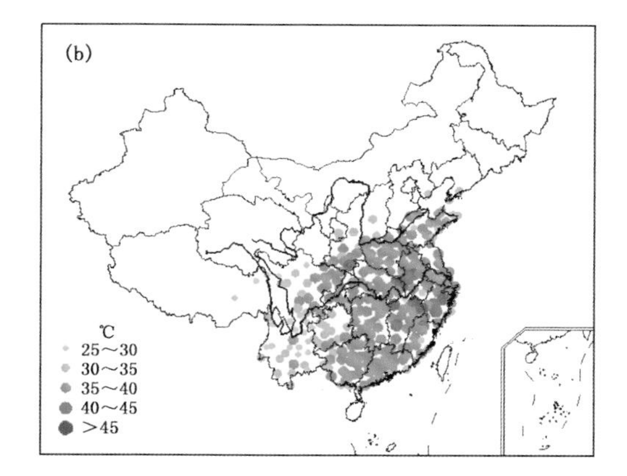

图5.54　1967年8月20日—9月1日中国南方大部分地区重度高温事件过程累积强度(a)和极端强度(b)分布(单位:℃)

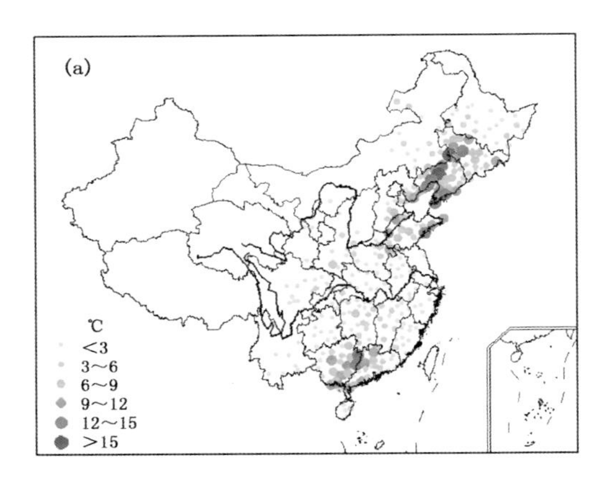

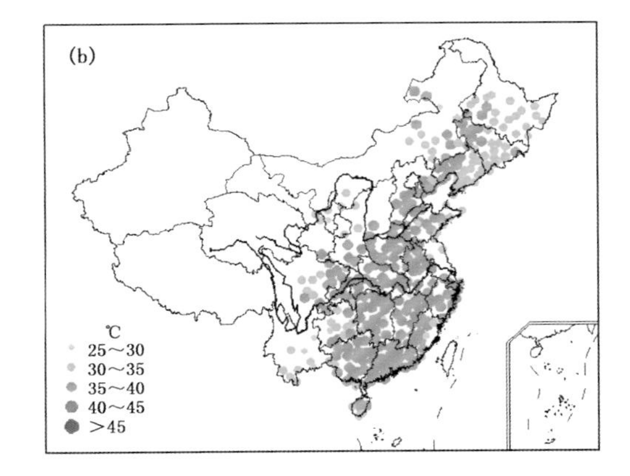

图 5.55　1968 年 7 月 24 日—8 月 5 日中国东部地区重度高温事件过程累积强度(a)和极端强度(b)分布(单位:℃)

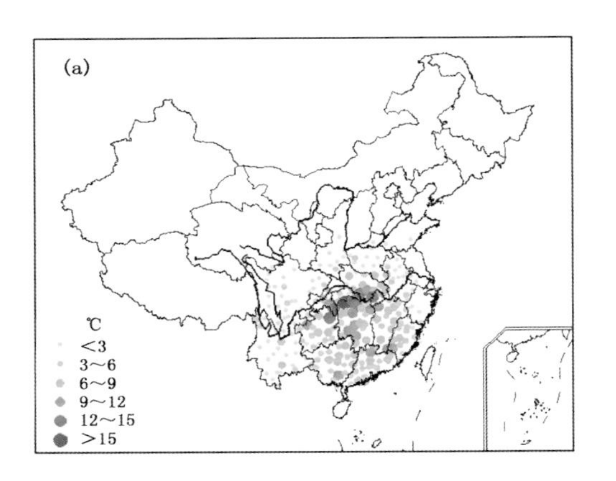

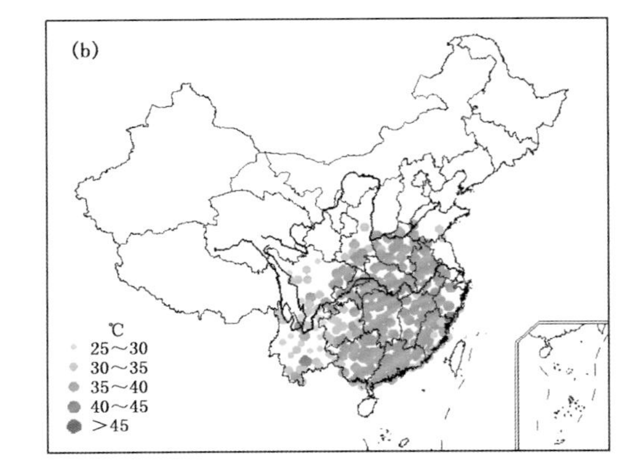

图 5.56　1989 年 7 月 13—25 日中国南方大部分地区重度高温事件过程累积强度(a)和极端强度(b)分布(单位:℃)

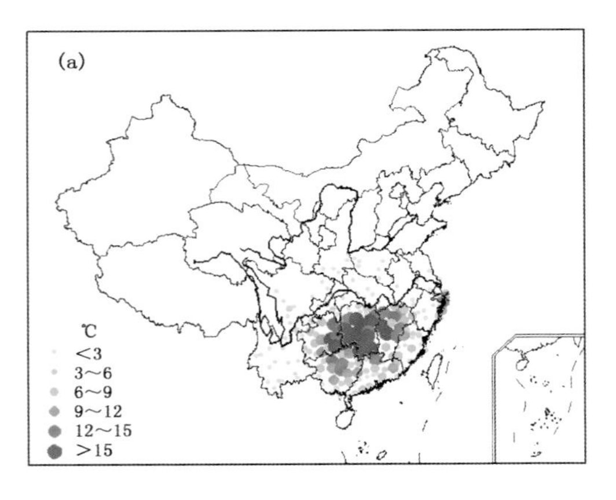

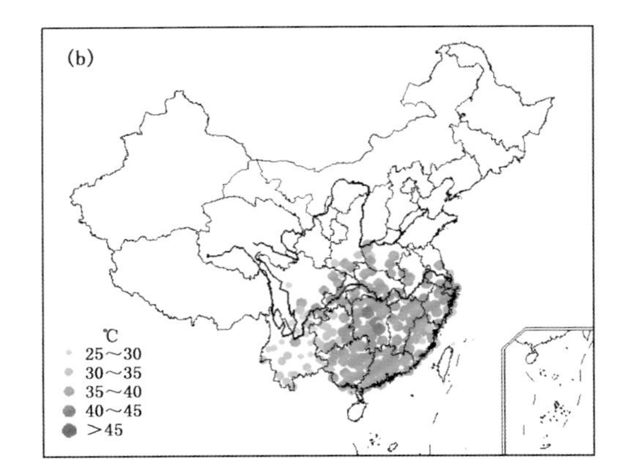

图 5.57　1963 年 8 月 24 日—9 月 6 日中国南方大部分地区重度高温事件过程累积强度(a)和极端强度(b)分布(单位:℃)

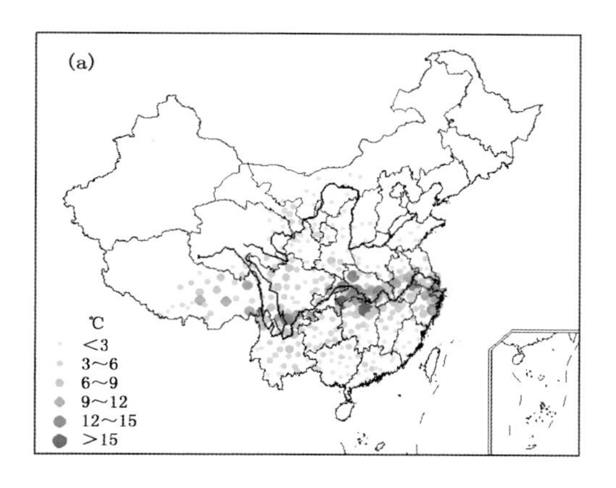

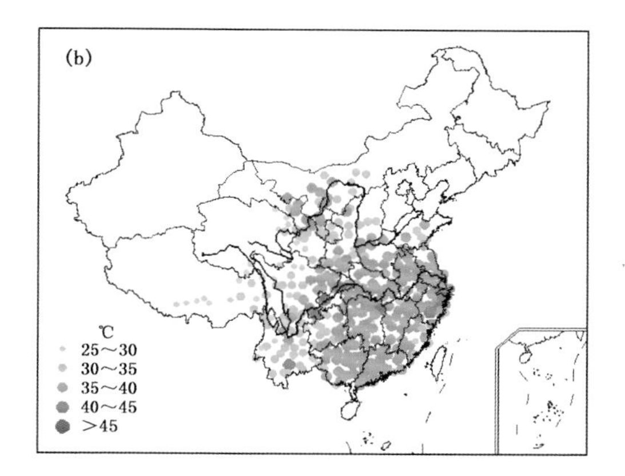

图5.58　2009年7月16—23日中国中东大部分地区重度高温事件过程累积强度(a)和极端强度(b)分布(单位:℃)

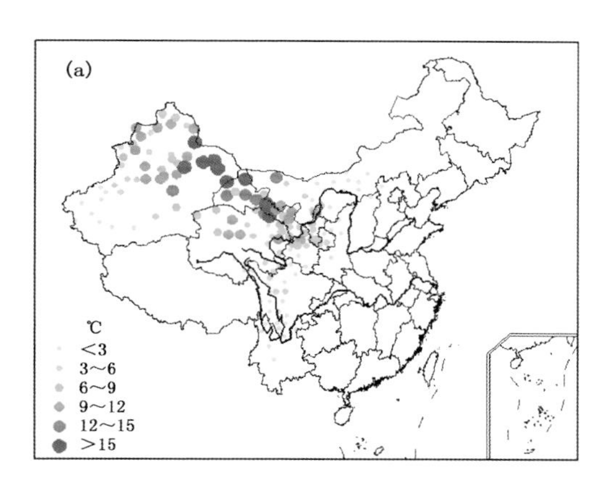

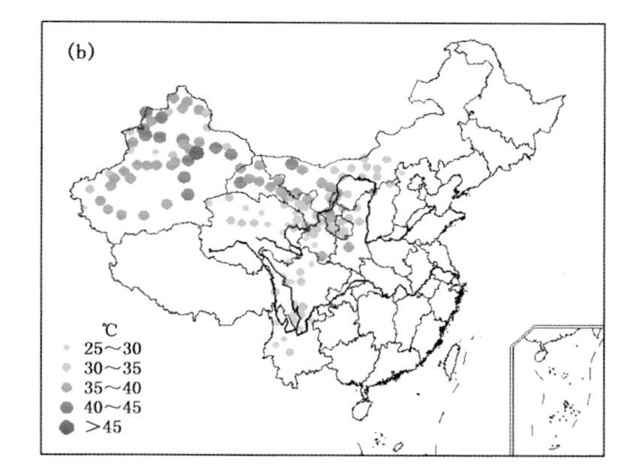

图5.59　2011年7月12—23日中国西北大部分地区重度高温事件过程累积强度(a)和极端强度(b)分布(单位:℃)

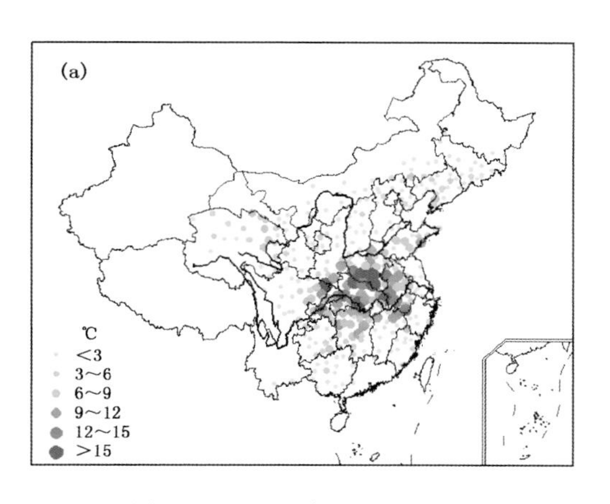

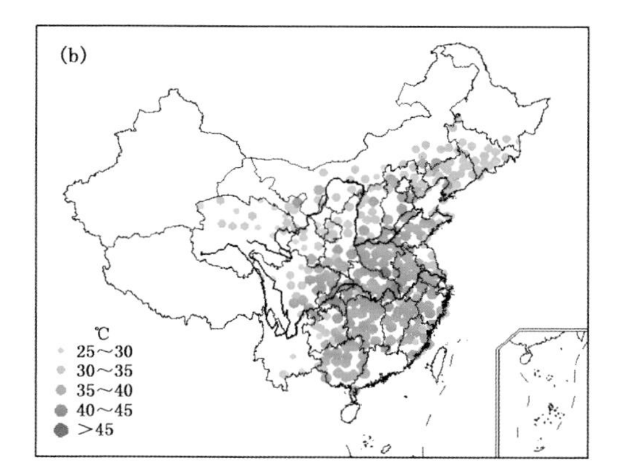

图5.60　1978年8月1—8日中国中东大部分地区重度高温事件过程累积强度(a)和极端强度(b)分布(单位:℃)

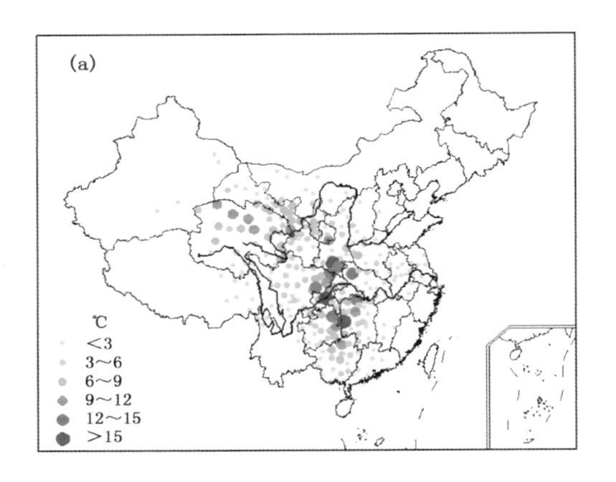

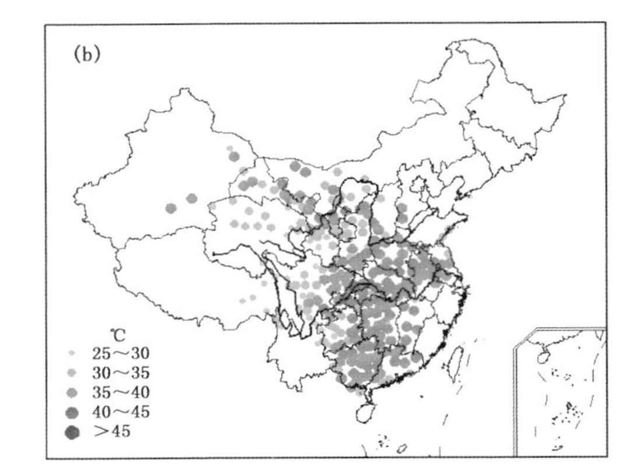

图 5.61　1985 年 8 月 1—10 日中国中南大部分地区重度高温事件过程累积强度(a)和极端强度(b)分布(单位:℃)

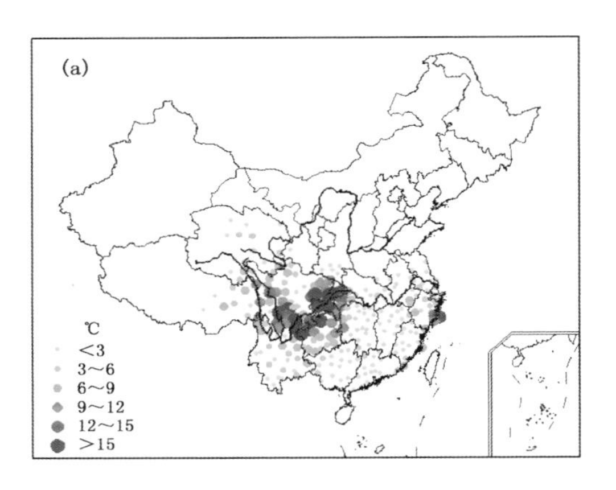

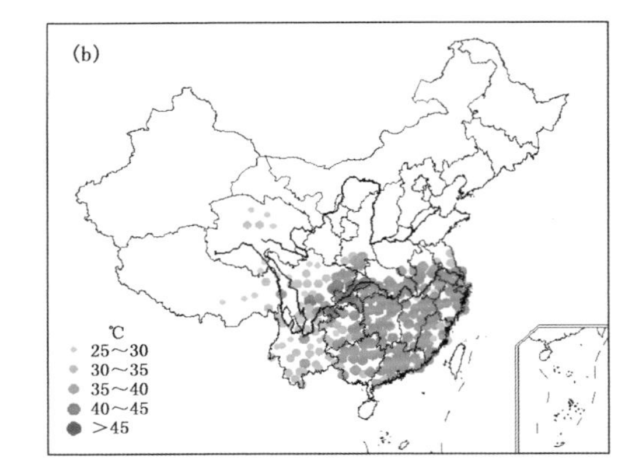

图 5.62　2006 年 8 月 27 日—9 月 4 日中国西南地区重度高温事件过程累积强度(a)和极端强度(b)分布(单位:℃)

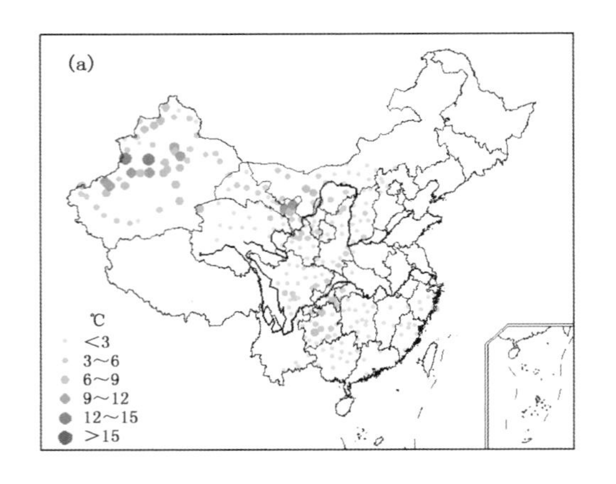

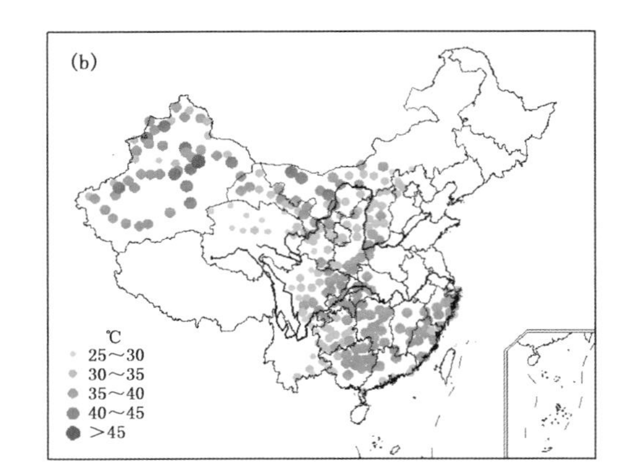

图 5.63　1990 年 8 月 1—8 日中国西北和西南地区重度高温事件过程累积强度(a)和极端强度(b)分布(单位:℃)

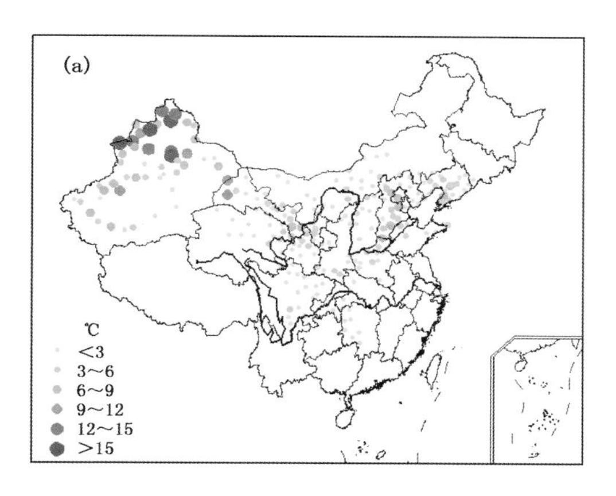

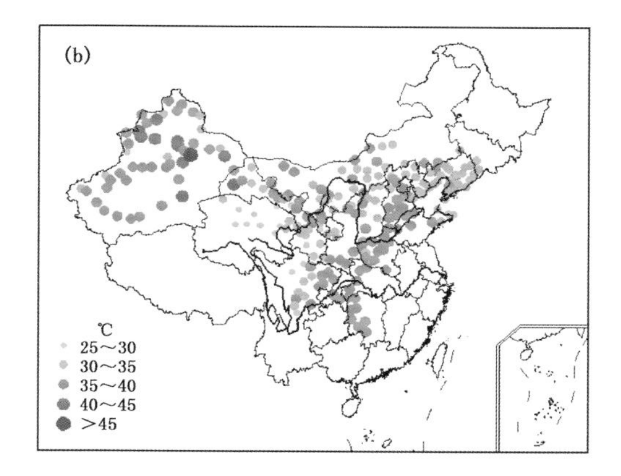

图5.64 1965年7月22—31日中国北方大部分地区重度高温事件过程累积强度(a)和极端强度(b)分布(单位:℃)

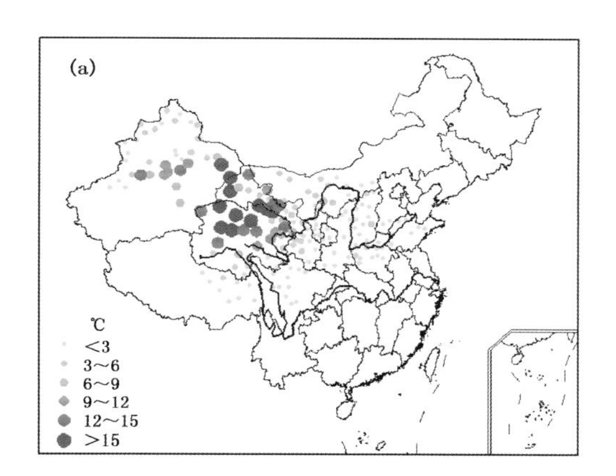

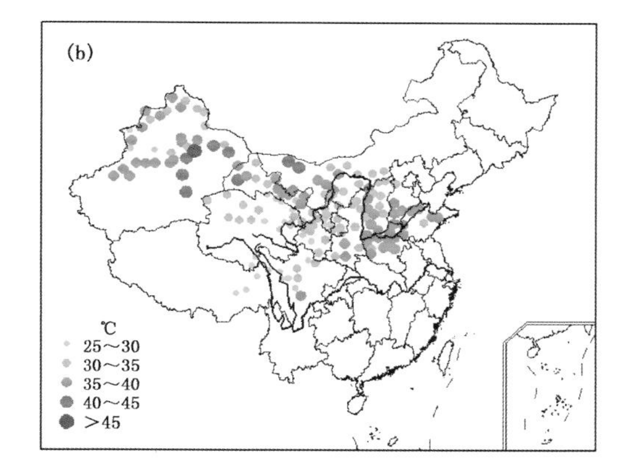

图5.65 1986年8月6—13日中国西北大部分地区重度高温事件过程累积强度(a)和极端强度(b)分布(单位:℃)

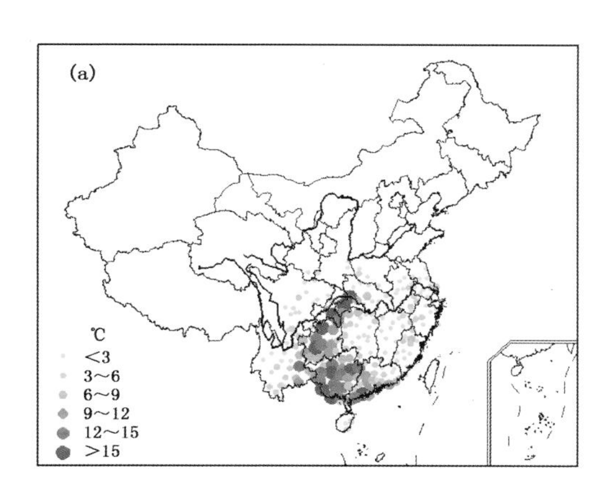

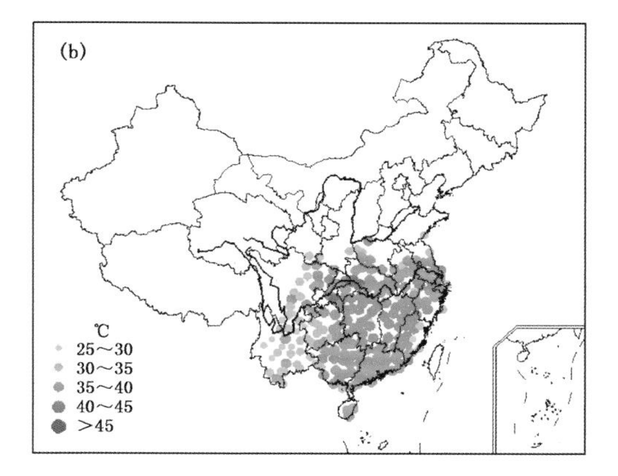

图5.66 1990年8月13—24日中国南方大部分地区重度高温事件过程累积强度(a)和极端强度(b)分布(单位:℃)

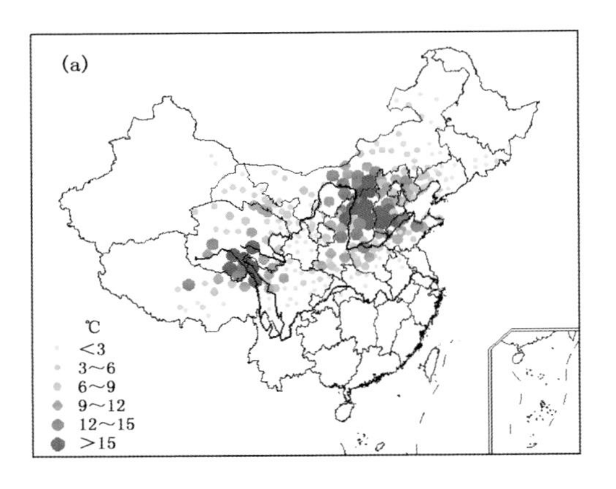

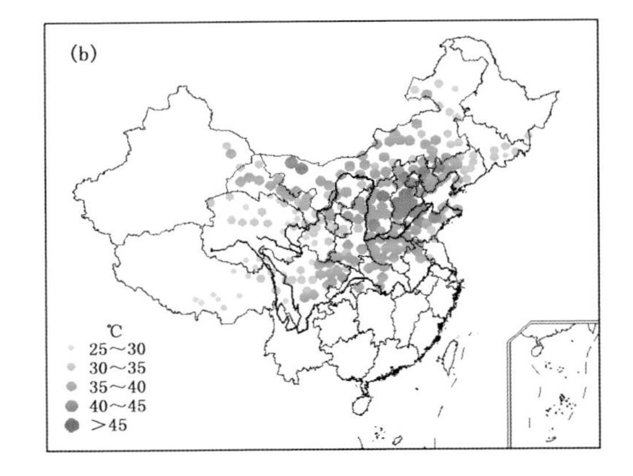

图 5.67 1961 年 6 月 9—14 日中国中北大部分地区重度高温事件过程累积强度(a)和极端强度(b)分布(单位:℃)

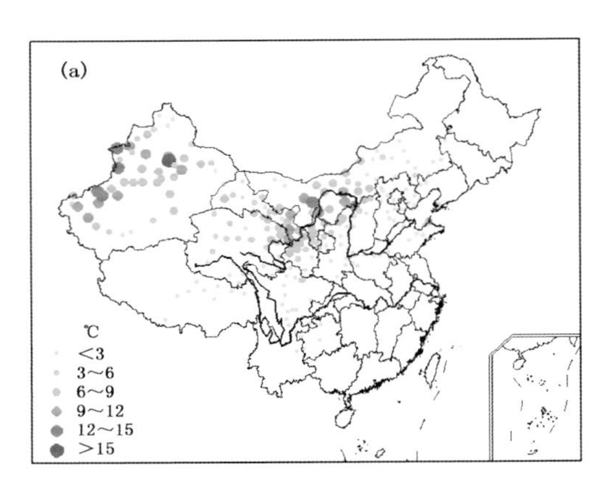

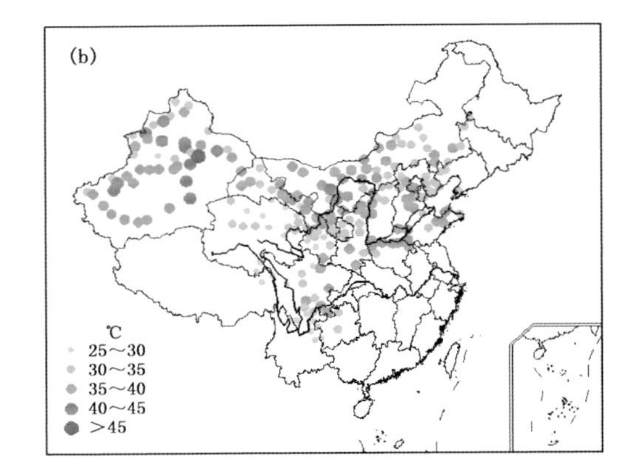

图 5.68 1975 年 7 月 11—17 日中国北方大部分地区重度高温事件过程累积强度(a)和极端强度(b)分布(单位:℃)

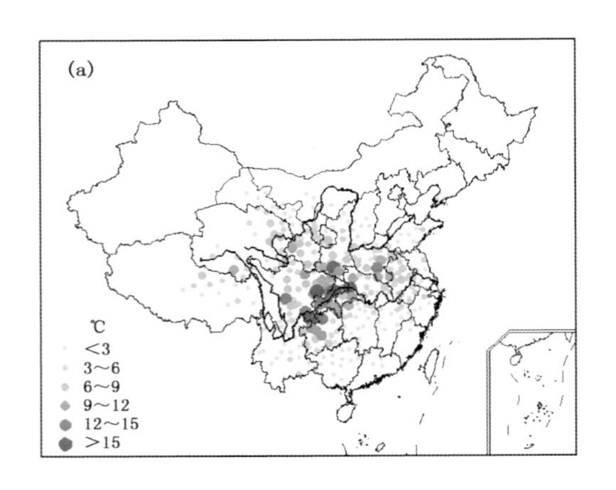

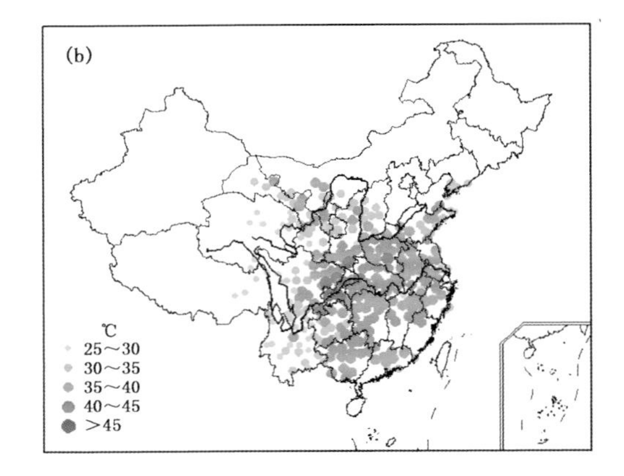

图 5.69 1994 年 8 月 1—6 日中国中东大部分地区重度高温事件过程累积强度(a)和极端强度(b)分布(单位:℃)

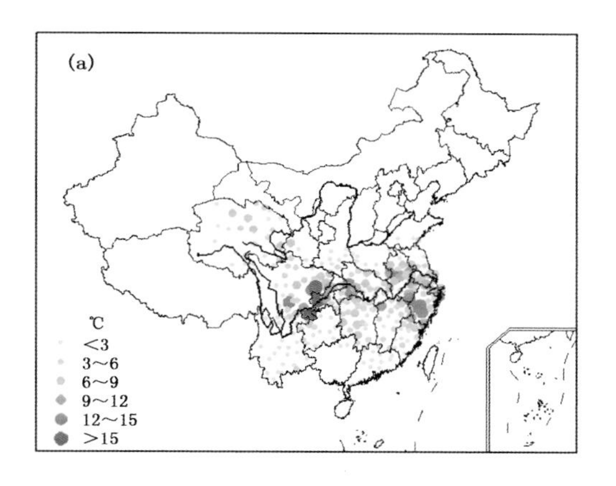

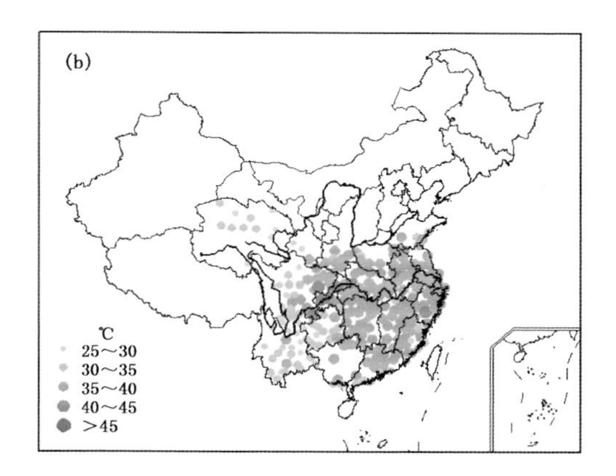

图 5.70　1995 年 9 月 1—9 日中国南方大部分地区重度高温事件过程累积强度(a)和极端强度(b)分布(单位:℃)

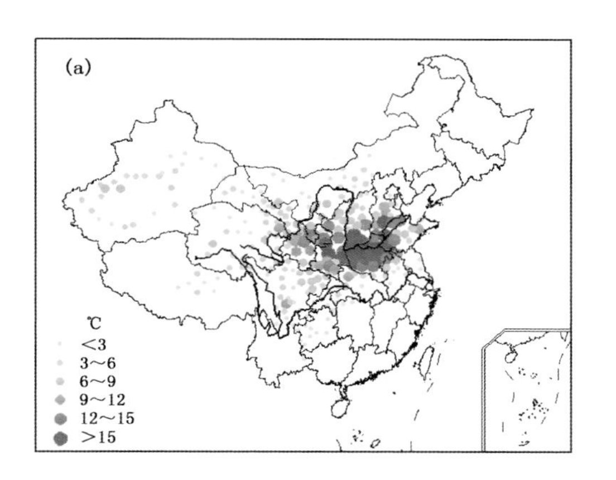

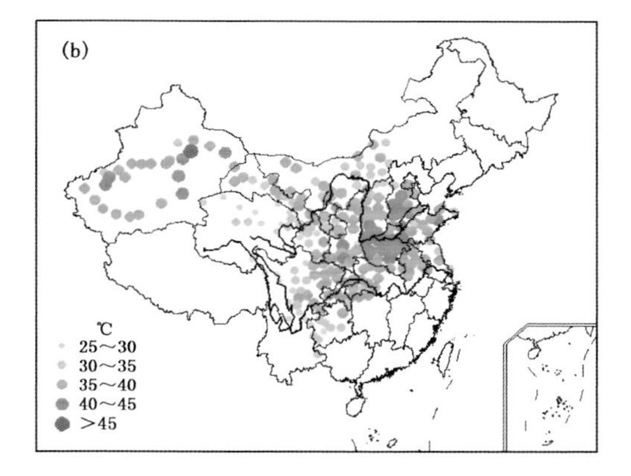

图 5.71　1966 年 6 月 19—23 日中国中北大部分地区重度高温事件过程累积强度(a)和极端强度(b)分布(单位:℃)

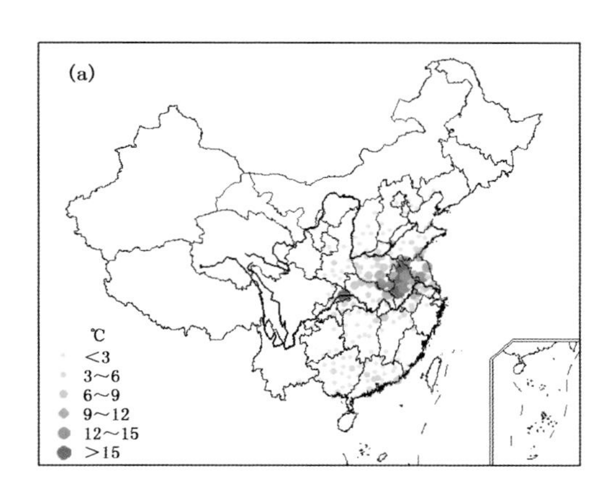

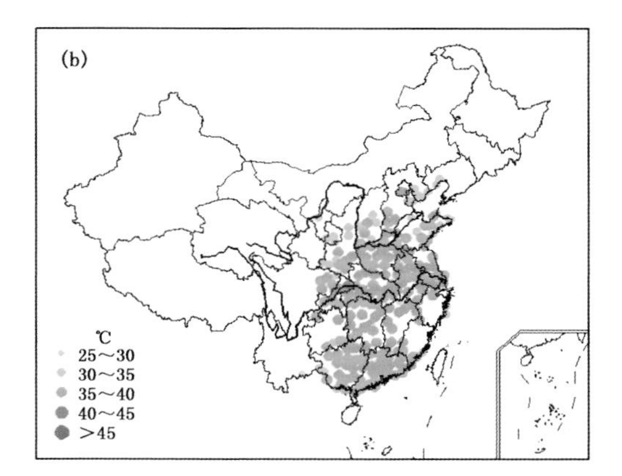

图 5.72　2012 年 7 月 21 日—8 月 2 日中国黄淮和江淮地区重度高温事件过程累积强度(a)和极端强度(b)分布(单位:℃)

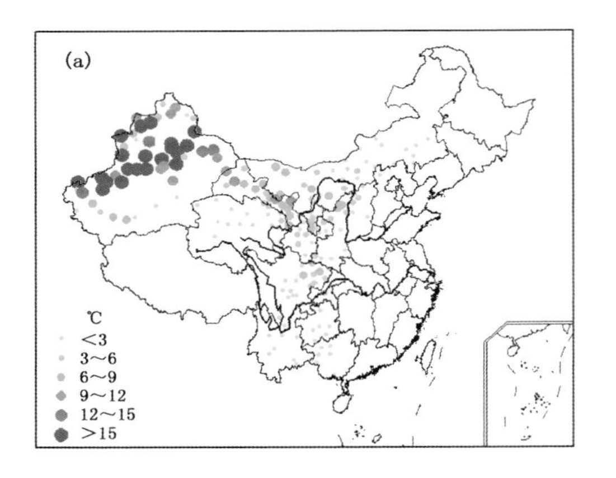

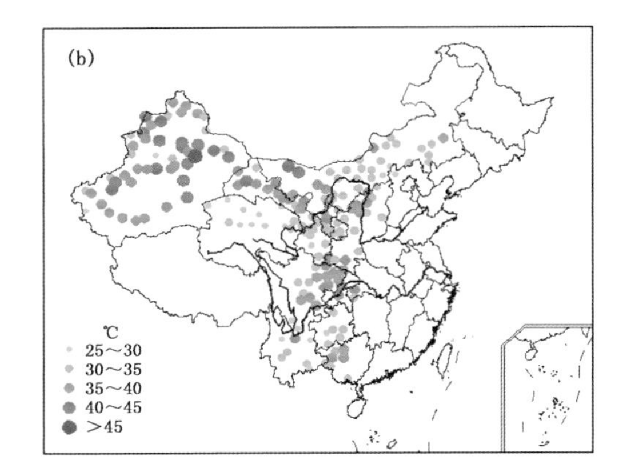

图 5.73　1975 年 8 月 12—18 日中国中北大部分地区重度高温事件过程累积强度(a)和极端强度(b)分布(单位:℃)

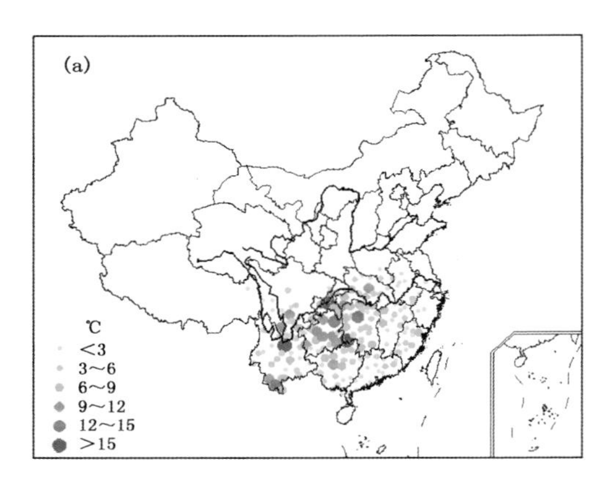

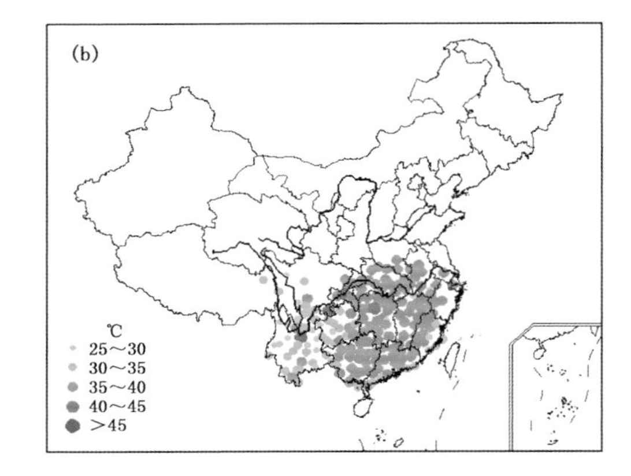

图 5.74　1961 年 6 月 18—28 日中国南方大部分地区重度高温事件过程累积强度(a)和极端强度(b)分布(单位:℃)

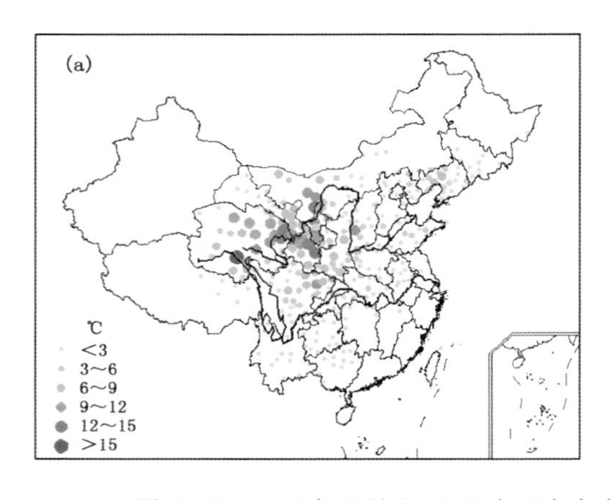

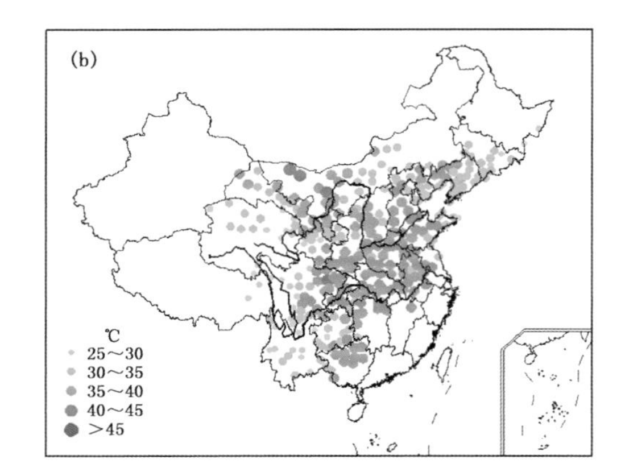

图 5.75　2002 年 8 月 1—6 日中国中东大部分地区重度高温事件过程累积强度(a)和极端强度(b)分布(单位:℃)

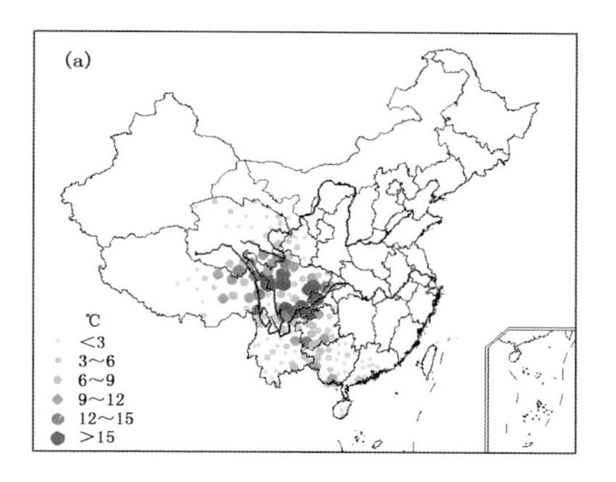

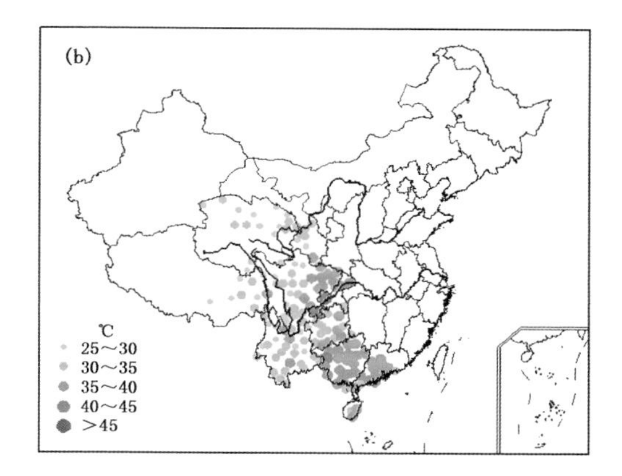

图5.76 2011年8月29日—9月6日中国西南大部分地区重度高温事件过程累积强度(a)和极端强度(b)分布(单位:℃)

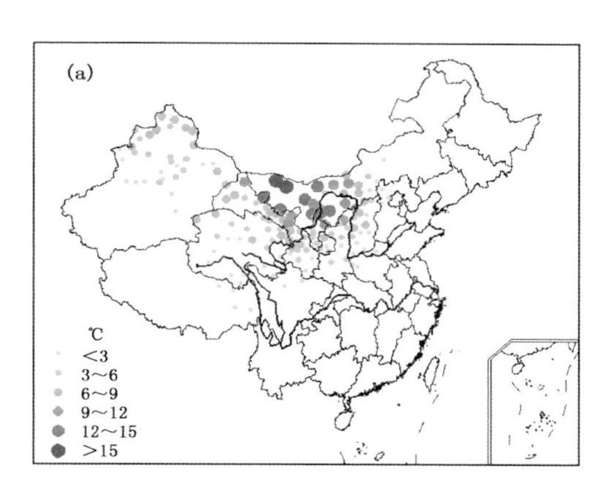

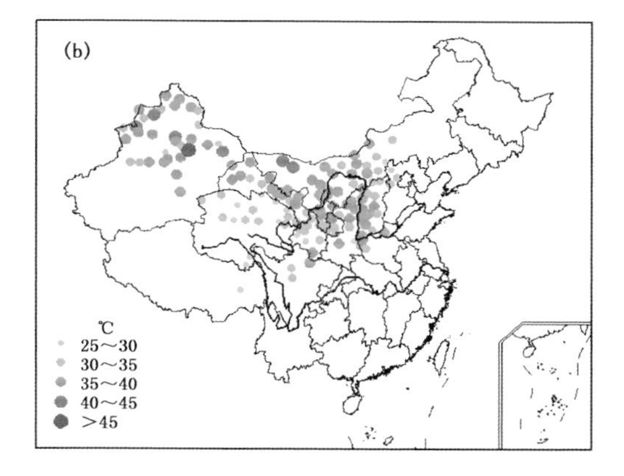

图5.77 1991年7月8—17日中国西北部地区重度高温事件过程累积强度(a)和极端强度(b)分布(单位:℃)

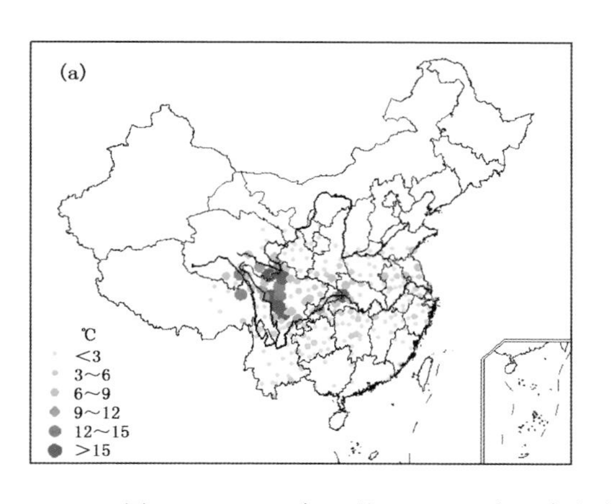

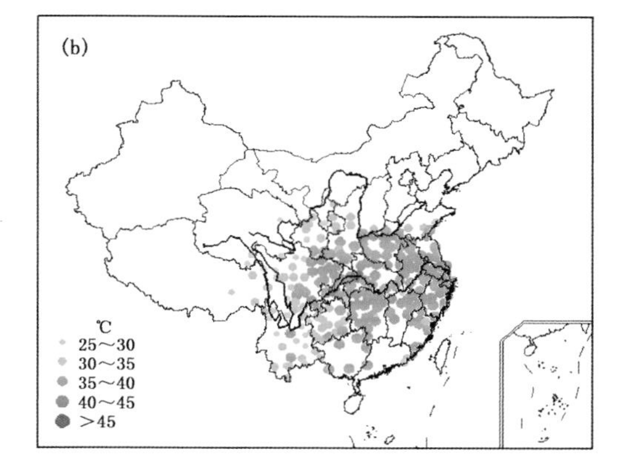

图5.78 1977年8月2—10日中国南方大部分地区重度高温事件过程累积强度(a)和极端强度(b)分布(单位:℃)

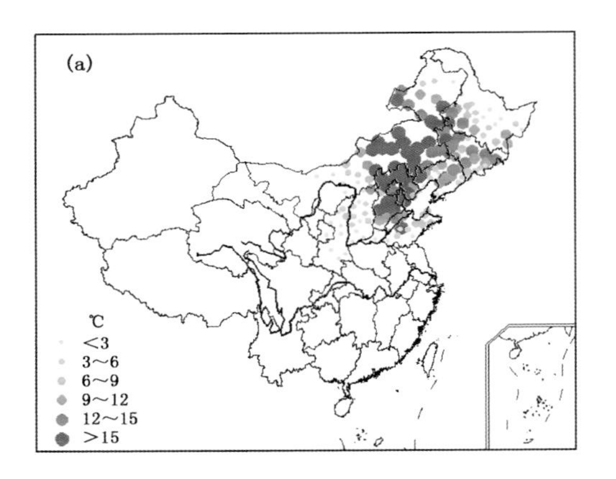

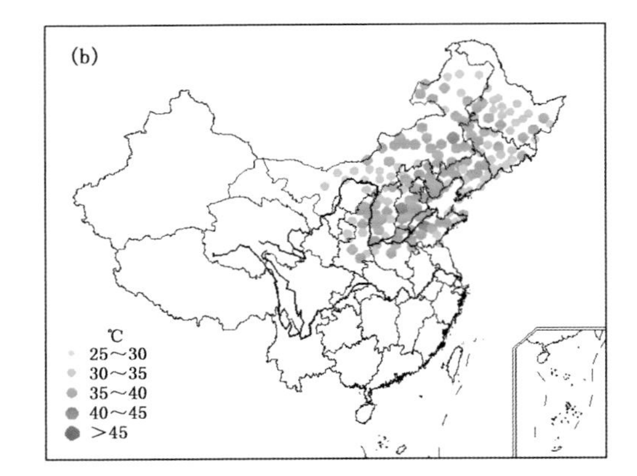

图 5.79 1997 年 7 月 8—16 日中国东北部地区重度高温事件过程累积强度(a)和极端强度(b)分布(单位:℃)

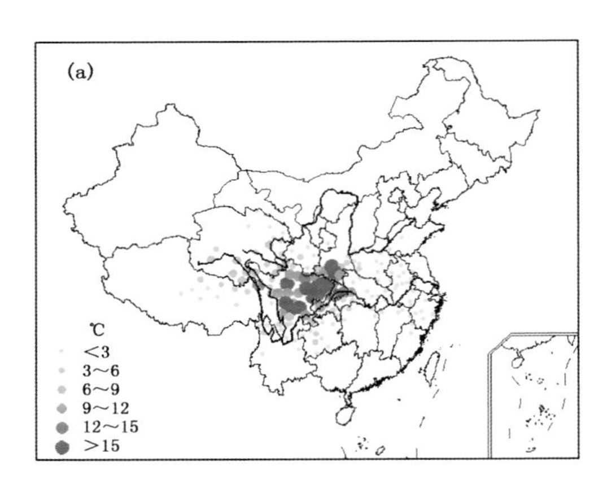

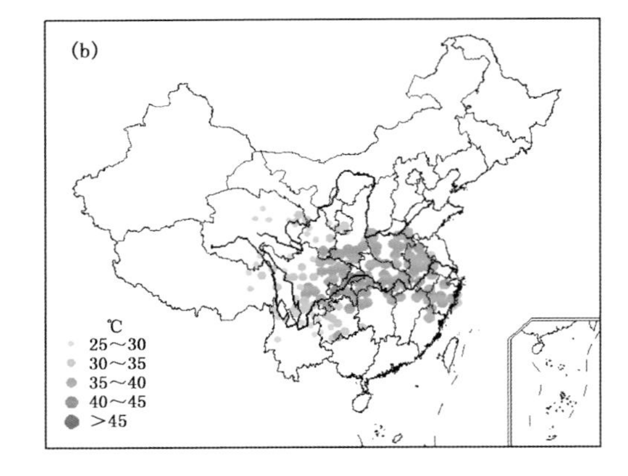

图 5.80 1994 年 8 月 7—17 日中国西南部地区重度高温事件过程累积强度(a)和极端强度(b)分布(单位:℃)

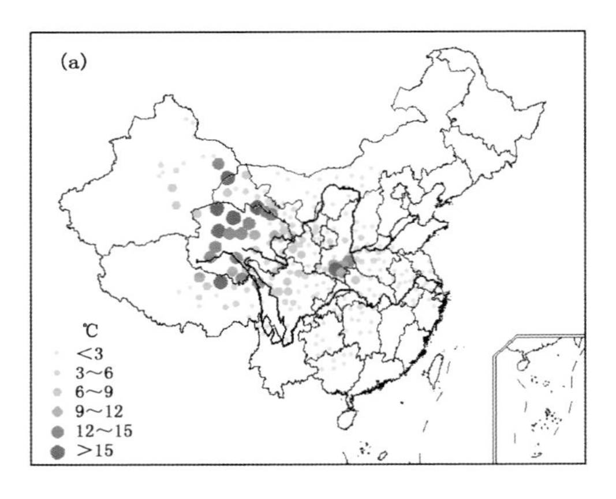

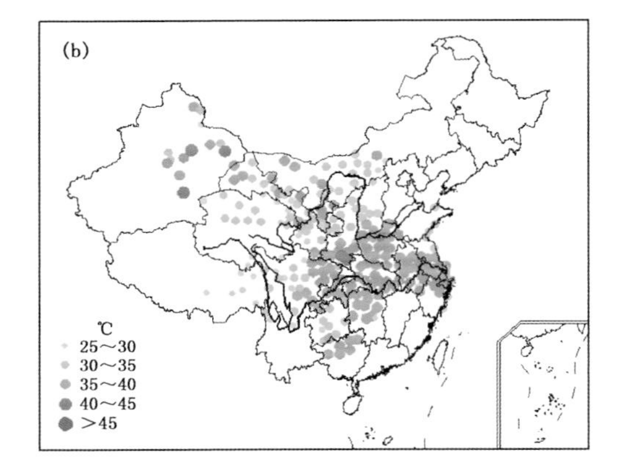

图 5.81 1986 年 7 月 22—28 日中国中北大部分地区重度高温事件过程累积强度(a)和极端强度(b)分布(单位:℃)

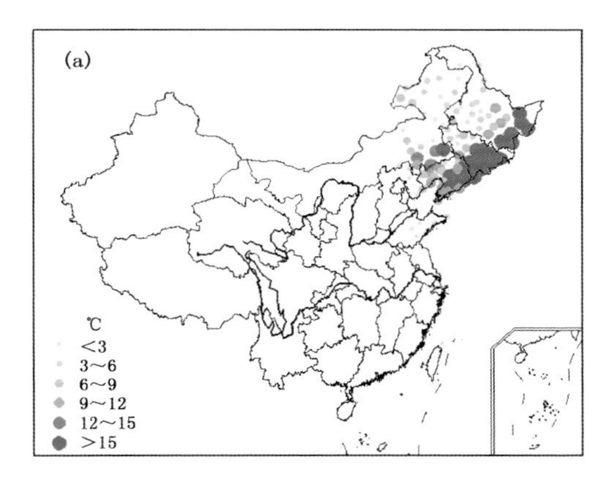

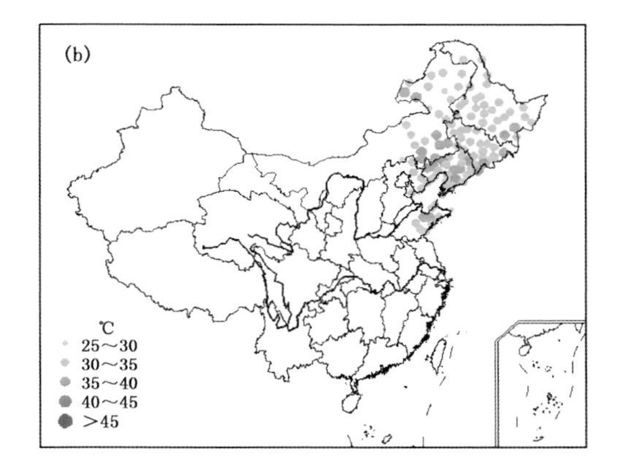

图5.82 1988年7月30日—8月12日中国东北部地区重度高温事件过程累积强度(a)和极端强度(b)分布(单位:℃)

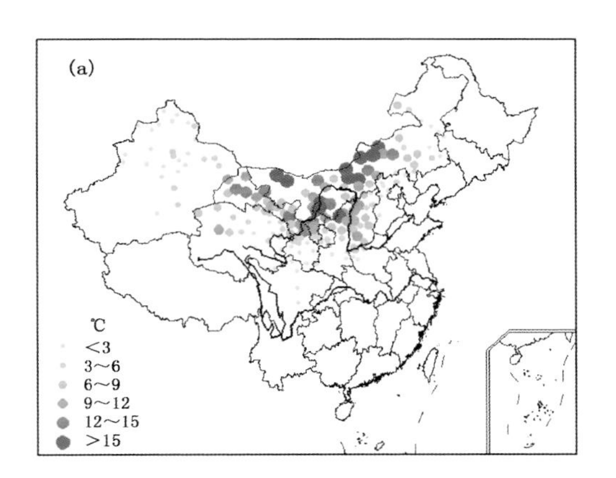

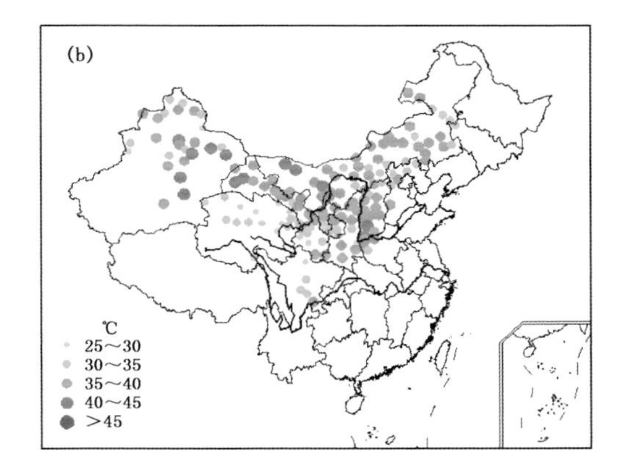

图5.83 2005年7月11—18日中国北方大部分地区重度高温事件过程累积强度(a)和极端强度(b)分布(单位:℃)

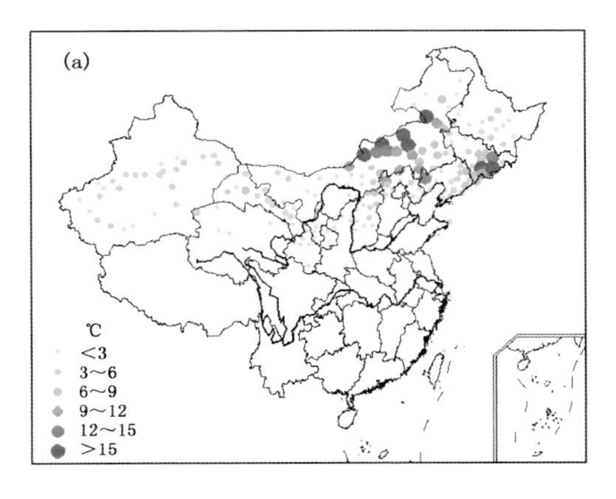

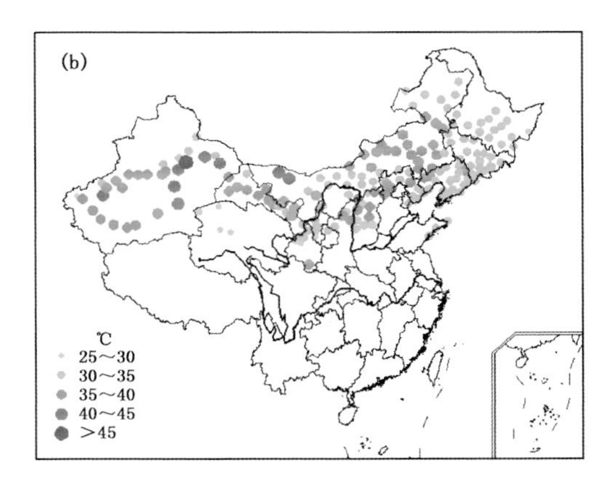

图5.84 2008年8月3—10日中国北方地区重度高温事件过程累积强度(a)和极端强度(b)分布(单位:℃)

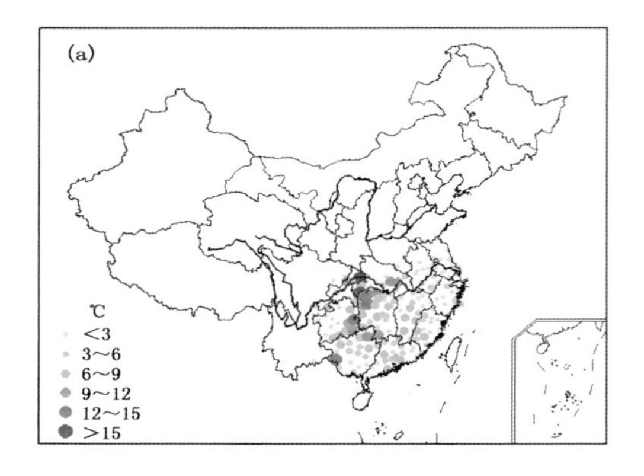

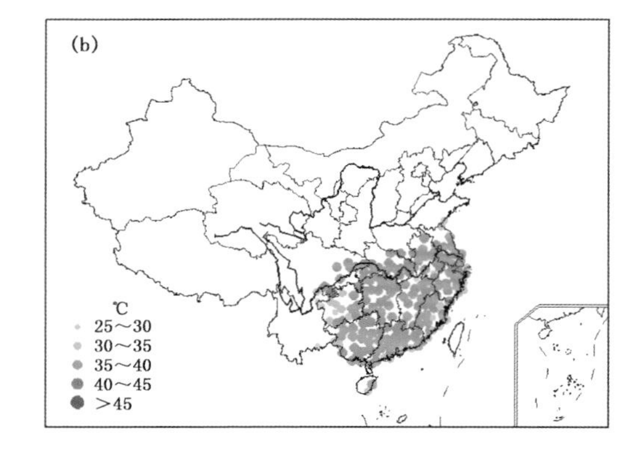

图 5.85　2009 年 8 月 19—29 日中国南方地区重度高温事件过程累积强度(a)和极端强度(b)分布(单位:℃)

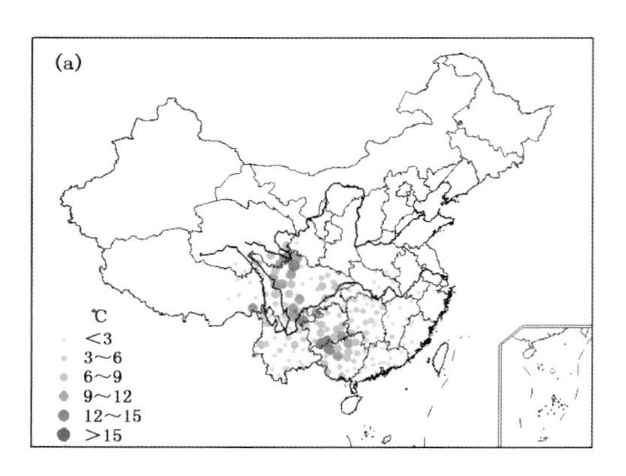

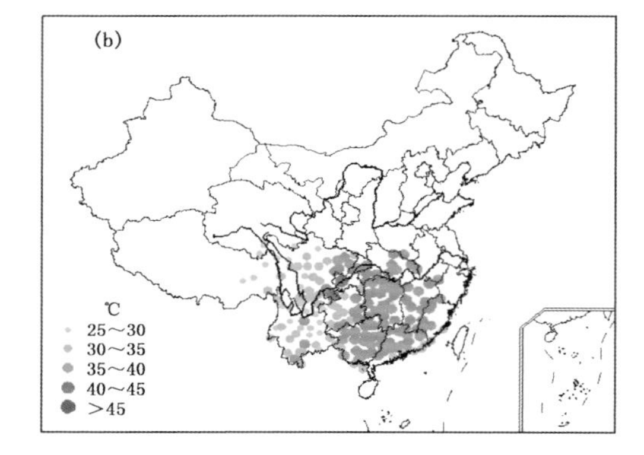

图 5.86　2009 年 9 月 4—13 日中国西南地区重度高温事件过程累积强度(a)和极端强度(b)分布(单位:℃)

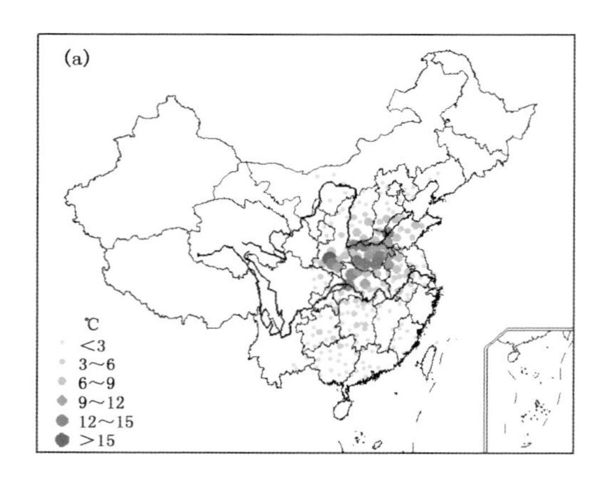

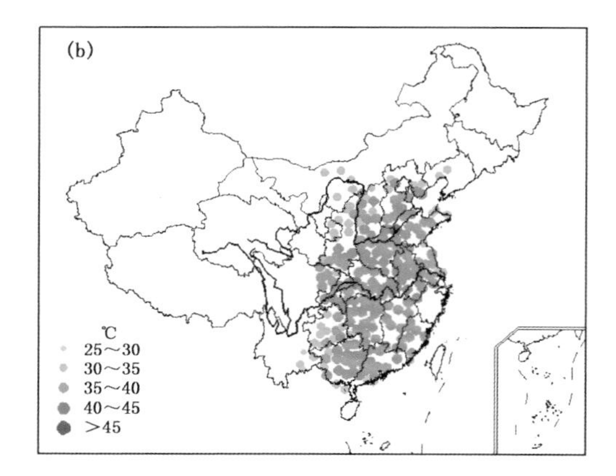

图 5.87　1981 年 6 月 13—22 日中国中东部地区重度高温事件过程累积强度(a)和极端强度(b)分布(单位:℃)

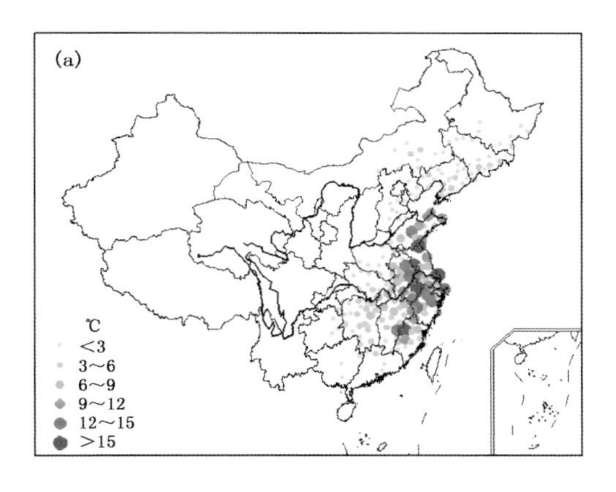

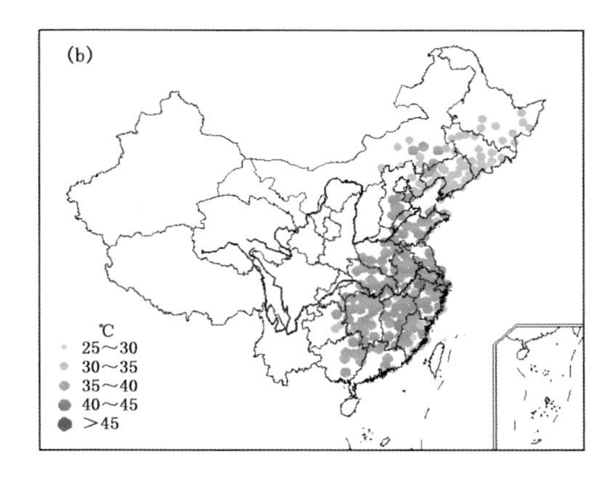

图5.88　1983年7月29日—8月7日中国东部地区重度高温事件过程累积强度(a)和极端强度(b)分布(单位:℃)

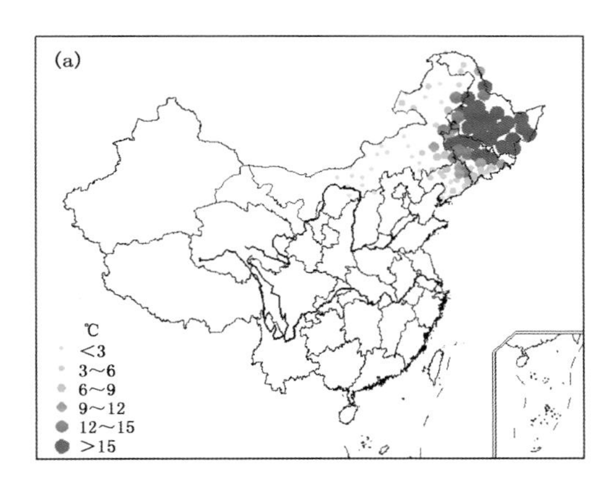

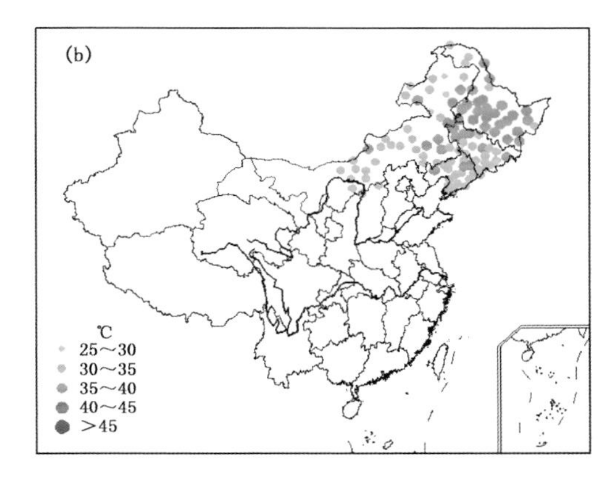

图5.89　1982年6月29日—7月10日中国东北部地区重度高温事件过程累积强度(a)和极端强度(b)分布(单位:℃)

5.5　小　结

以上通过对1961—2012年中国区域性高温事件的系统分析和研究,主要得出以下结论:

(1)结合中国高温事件发生特点,通过确定一组合适的参数,将区域性极端事件客观识别法应用于区域性高温事件研究,结果表明该方法对中国区域性高温事件的识别效果良好。

(2)中国区域性高温事件主要发生在每年的5—9月,6—8月为高温事件的频发期。分析各等级高温事件发生月频次表明,轻度和中度高温事件每年5—9月均有发生,其中6—8月为其频发期,而7月为轻度和中度高温事件发生高峰期;重度高温事件发生在每年的6—9月,其中7—8月为其频发期,而8月为重度高温事件发生高峰期;极端高温事件仅发生在每年的6—8月,其中7—8月为其频发期,而7月为极端高温事件发生高峰期。

(3)中国区域性高温事件发生具有明显的空间分布特征,且发生强度和频次的空间分布具有较好的一致性,发生强度和频次较多的地区主要位于中国西北中东部、内蒙古中西部、华北、黄淮、江淮、江汉、江南、华南大部分地区、西南地区东部，而中国西南地区西部、西北地区西部和东北部分地区等地发生区域性高温事件频次和强度较小。

（4）分析中国区域性高温事件特征的时间变化表明：近52年来中国RHTE的年发生频次、持续时间、影响面积和强度均呈明显增大趋势，特别是20世纪90年代以后，中国RHTE各指标增大趋势更为显著，即在全球变暖背景下，中国RHTE显著增多；从各年代变化来看，20世纪60年代中国高温事件发生强度和影响面积均较大，且发生极端高温日数多，70—80年代中国处于区域性高温事件少发期，而90年代以后中国区域性高温事件发生频次、强度和影响面积等均显著增大，特别是2000年以后中国进入区域性高温事件频发期。

在全球变暖的背景下，极端高温事件发生越发频繁，并受到人们的广泛关注。区域性高温事件客观识别方法不仅为我们提供了一个认识极端高温事件发生实况的有效手段，而且为极端高温事件监测、诊断和预测提供了客观技术和基础研究资料。

参考文献

丁华君，周玲丽，查贲等. 2007. 2003年夏季江南异常高温天气分析. 浙江大学学报（理学版），**34**（1）：100-105.

黄丹青，钱永甫. 2008. 我国极端温度事件的定义和趋势分析. 中山大学学报（自然科学版），**47**（3）：112-116.

黄丹青，钱永甫. 2009. 极端温度事件区域性的分析方法及其结果. 南京大学学报（自然科学版），**45**（6）：715-723.

马占山，张强，肖风劲等. 2004. 2003年我国的气象灾害特点及影响. 灾害学，**19**（增刊）：2-7.

任福民，翟盘茂. 1998. 1951—1990年中国极端气温变化分析. 大气科学，**22**（2）：217-227.

唐红玉，翟盘茂，王振宇. 2003. 1951—2002年中国平均最高、最低气温及日较差变化. 气候与环境研究，**10**（4）：731-735.

严中伟，杨赤登. 2000. 近几十年中国极端气候变化格局. 气候与环境研究，**5**（3）：267-272.

翟盘茂，任福民，张强. 1999. 中国降水极值变化趋势检测. 气象学报，**57**（2）：208-216.

翟盘茂，任福民. 1997. 中国近四十年最高最低温度变化. 气象学报，**55**（4）：418-429.

赵庆云，黄建平，吕萍等. 2011. 2010年夏季北半球气温异常偏高现象及其成因. 兰州大学学报（自然科学版），**47**（1）：52-56.

Brito-Castillo L, Castro S, Herrera R. 2009. Observed tendencies in maximum and minimum temperature in Zacatecas, Mexico and possible causes. *International J. Climatology*, **29**(2):211-221.

Ding T, Qian W H, *et al*. 2010. Changes in hot days and heat waves in China during 1961—2007. *Internal J. Climatology*, **30**(10):1452-1462.

Ding T, Qian W H. 2011. Geographical patterns and temporal variations of regional dry-wet heat wave events in China during 1960—2008. *Adv. Atmos. Sci.*, **28**(2):322-337.

Easterling D R, Horton B, Jones P D, *et al*. 1997. Maximum and minimum temperature trends for the globe. *Science*, **277**:364-367.

Frich P, Alexander L V, DellaMarta P. 2002. Observed coherent changes in climatic extremes during the second half of the twentieth century. *Climate Res.*, **19**: 193-212.

Horton B. 1995. Geographical distribution of changes in maximum and minimum temperatures. *Atmos. Res.*, **37**:101-117.

Karl T R, Kukla G, Gavin J. 1984. Decreasing diurnal temperature range in the United States and Canada from 1941-1980. *J. Climate App. Meteor.*, **23**:1489-1504.

Karl T R, Kukla G, Razuvayev V N. *et al*. 1991. Global warming: Evidence for asymmetric diurnal temperature change. *Geophy. Res. Lett.*, **18**: 2253-2256.

Karl T R, Jones P D, Knight R W. *et al*. 1993. A new perspective on recent global warming: asymmetric trends of daily maximum and minimum temperature. *Bull. Amer. Meteor. Soc.*, **74**(6): 1007-1023.

Kysely J, Kalvova J, Kveton V. 2000. Heat waves in the south Moravian region during the period 1961～1995. *Studia geophysica et geodetica*, **44**: 57-72.

Nasrallaha H A, Nieplovab E, Ramadan E. 2004. Warm season extreme temperature events in Kuwait. *J. Arid Environ.*, **56**:357-371.

Plummer N, Salinger M J, Nicholls N. 1999. Changes in climate extremes over the Australian region and New Zealand during the twentieth century. *Climatic Change*, **42**: 183-202.

Ren F,Cui D,Gong Z, *et al*. 2012. An objective Identification technique for regional extreme Events. *J. Climate*, **25**: 7015-7027.

Safar M, Mohammad M S, Kurosh M, *et al*. 2011. Investigation of meteorological extreme events over coastal regions of Iran. *Theoretical Appl. Climatology*, **103**:401-412.

Sylvie P, Farida M, Carine L. 2007. Trends and climate evolution: statistical approach for very high temperatures in France. *Climatic Change*, **81**:331-352.

Vincent L A, Peterson T C, Barros V R. *et al*. 2005. Observed trends in indices of daily temperature extremes in south America 1960—2000. *J. Cliamte*, **18**: 5011-5023.

第6章 中国区域性低温事件

近年来,随着极端气候事件研究的深入,由站点或格点的极值分析向时间和空间两个角度并重的方向发展,提出了时空群发性极端事件等新概念(Pei *et al.*, 2006; 杨萍等,2010;Ren *et al.*,2012)。对于极端低温事件而言,中国的气象工作者也开展了相关的研究,并取得了一些成果。如,在以往寒潮和冷空气等天气尺度冷事件研究的基础上,给出了空间范围更广,持续时间更长,影响更大的低频至季节内尺度的区域性低温事件(regional low temperature events, RLTE)。RLTE的频繁发生往往会造成巨大的灾难。这也对RLTE的检测、诊断分析及其预测等提出了新的挑战。目前,中国已经开展了一些相关研究,例如:Zhang和Qian(2011)、Peng和Hueh(2011)发展了针对RLTE的识别技术,初步分析了低温事件的时空特征。Ren等(2012)在客观天气图分析法的基础上,提出了一种区域性极端事件客观识别方法(OITREE),能够有效识别具有一定空间范围和持续时间的区域性极端事件。龚志强等(2012)应用该方法进行了中国RLTE的识别研究和相关的成因诊断分析(Gong *et al.*, 2013),本章主要是对检测分析研究的总结和扩充。

6.1 区域性低温事件客观识别方法参数确定

利用1961—2012年、全中国731个观测站点的逐日最低气温资料,通过百分位确定极端低温事件阈值来实现单日极端低温事件的空间区域识别,进而识别临时事件和低温带的重合信息。由于本章所用极端低温事件的阈值以11月至次年3月的最低气温为研究对象来确定,因此仅对冬半年的RLTE进行研究,故在分析中不再讨论事件的季节变化。

一次RLTE的综合强度和影响,不仅要考虑事件的空间特征,还要考虑其时间特征。描述事件过程的五个单一指数包括:过程极端值(Q)、过程累计强度(L)、累计影响范围面积(A)、最大影响范围面积(A_{max})和持续天数(N)。事件综合指数(Z)是为了更好地刻画事件的整体影响和强度,综合考虑了各个单一指标的影响而构建的,它能够综合刻画多项指标的特征。在各相关参数的选择上,按照尽可能识别出范围广、持续时间长、影响大的事件,选取事件数目争取做到既不遗漏强事件又不过于繁多导致不能凸出重点事件等原则来确立,最终通过试验(图6.1)确定了各参数如表6.1。

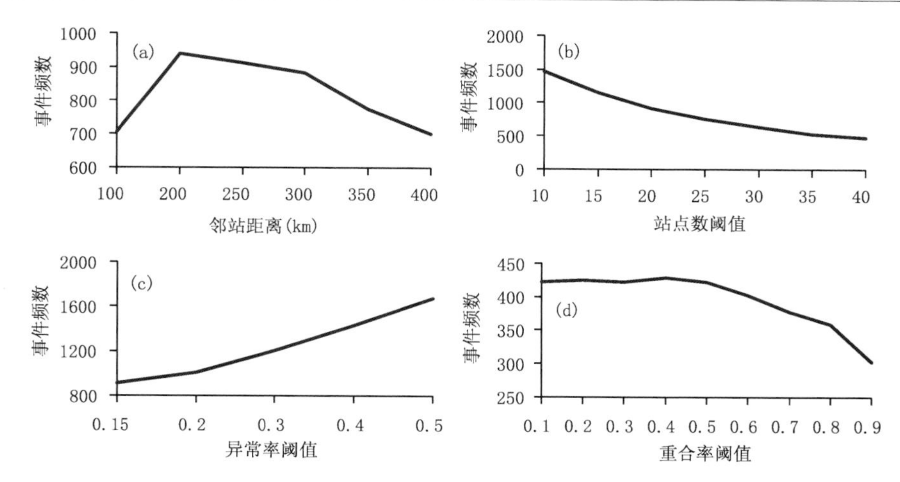

图6.1 不同参数选取范围RLTE频数变化

(a.邻站定义之距离阈值,b.异常带站点数之阈值,c.邻站异常率之阈值,d.异常带重合率之阈值)

表6.1 OITREE方法应用于识别中国RLTE的参数赋值表

参数名称	符号	含 义	取值
单站日指数	T	针对所关注的区域性事件,选择合适的气候要素或单站指数	日最低温度
单站异常性之阈值	T_0	表示出现了单站异常性	日最低温度第10百分位阈值
原始指数方向性指示码	Idirec	原始指数方向性指示码	−1
邻站距离	d_0	对于某一给定站点,所有与之相距在d_0范围内的站点被定义为其邻站	250 km
邻站异常站数比率阈值	R_0	一个异常性站点当且仅当其邻站异常率大于或等于时,它可以被定义为最大潜在异常带中心	0.5
异常带台站数阈值	M_0	当一个异常带所包含的站点数大于或等于时,才可以被定义为正式的异常带	20
事件间断日数阈值	M_gap	当一个中断期的长度小于或等于天时,才允许它在事件过程中出现	取值为0,即不允许间断
异常带的重合站数比率阈值	C_0	判断异常带与临时事件重合的控制参数	0.0
事件综合指数的5个系数	e_1,e_2,e_3,e_4和e_5	事件综合指数公式中的五个权重系数	−0.21,−0.18,0.15,0.22和0.24
事件定义之阈值	Z_0	一个事件可以被定义为区域性事件的阈值,综合指数	0.0
区域性事件之等级划分阈值	Z_1,Z_2,Z_3	将事件由强至弱按比例分成4个等级:极端(10%,$Z\geqslant Z_1$)、重度(20%,$Z_1\geqslant Z\geqslant Z_2$)、中度(40%,$Z_2\geqslant Z\geqslant Z_3$)和轻度(30%,$Z<Z_3$)	2.70,1.15和0.27

6.2 区域性低温事件变化特征

6.2.1 时间演变

采用基于OITREE的区域性低温事件客观识别技术，1961—2013年中国大陆范围共识别得到690次RLTE。RLTE的综合指数（Z）计算公式如下：

$$Z = e_1 Q + e_2 L + e_3 A + e_4 A_{max} + e_5 N \tag{6.1}$$

其中，e_1，e_2，e_3，e_4，e_5为权重系数，通过对单一指数进行标准化处理，并与低温灾害所造成的经济损失和受灾人口等相结合，通过反复计算和检验，确定权重系数（表6.1）。同时，对690次RLTE进行从大到小的排序，不考虑综合指数小于0的事件，得到199次中国区域性低温事件。将199次RLTE根据事先确定的综合指数阈值划分为四个等级：极端21次、重度40次、中度75次和轻度63次。图6.2给出了中国区域性低温事件（RLTE）年频次演变。1961年以来，20世纪60—70年代RLTE发生频次较高，1969年为发生频次最多年达26次，80年代后发生频次迅速下降，进入21世纪以来略有所增大，但2006和2013年为发生频次最少年，均为6次。近50年RLTE发生频次总体呈减少趋势，线性拟合的趋势系数为−0.11次/10 a，气候态（1981—2010年）平均的年均发生频次为11.8次。

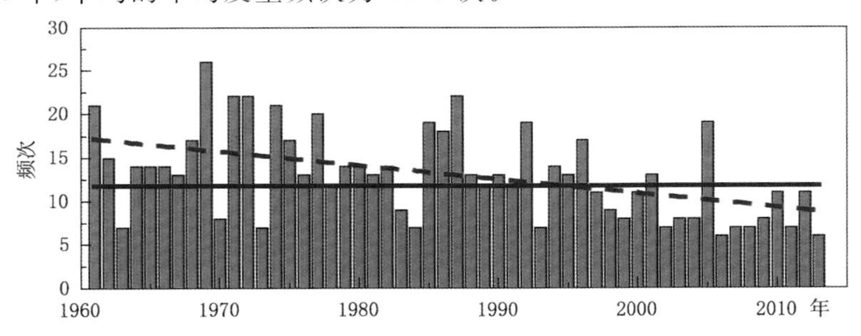

图6.2 中国区域性低温事件（RLTE）年频次演变

（实线为1981—2010年的平均，虚线为线性拟合曲线）

图6.3给出了五个单一指数的年际变化特征。可以看出，近50年来，各项指标的年际变化存在两大特征：(1)极端低温和累积低温的线性拟合趋势为负，表明极端低温在上升；最大覆盖面积、累积面积和持续天数指标的线性拟合为正，说明RLTE近50年总体趋于减弱，即全球变暖也伴随着RLTE的减弱响应。(2)各项指标在1985—1988年存在一次显著的转折点，1985年之前极端低温和累计强度主要以负距平为主，最大覆盖面积、累积面积和持续天数以正距平为主，1988年之后则表现为相反的趋势。这一转折年份略滞后于原有的低温突变和转折研究。如：龚志强等(2009)利用1948—2004年地面逐日气温的NCEP再分析资料检测发现，极端低温发生频率在20世纪70年代后期发生了显著的突变；周自江等(2000)指出1985年以后冬季变暖极为明显，冬季变暖是最低气温和最高气温共同作用的结果。此外，气温等级在1988年前后也发生了明显的位相转折。气温等级的两点特征与各种指标的年变化特征基本类似，进一步验证了各种指数刻画极端低温事件的可靠性。

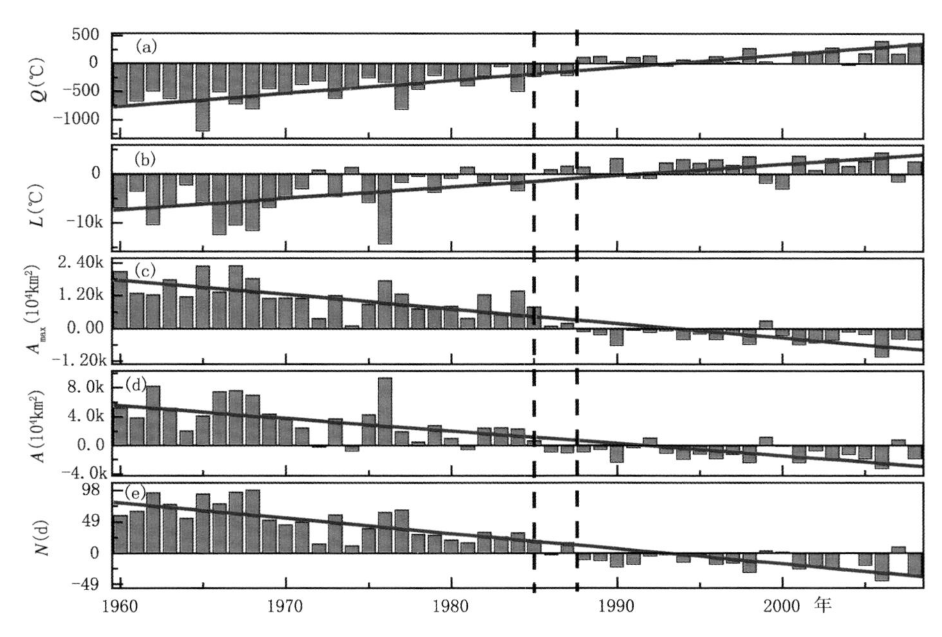

图 6.3　1960—2008 年 RLTE 五个单一指数逐年累计值距平的逐年变化
（a. 极端低温，b. 累计强度，c. 最大覆盖面积，d. 累计面积，e. 持续天数）

为了进一步研究各种指标年代际尺度的趋势变化特征，滑动窗口长度取 11 a，分别计算窗口内各种指标历年累积值的线性拟合趋势系数，该系数表征指标在某个 11 a 的变化趋势（系数为正值表示这 11 a 内有增大趋势，系数为负值则表示有减少趋势），以 1 a 为滑动步长，则可得逐 11 a 的趋势系数随时间的变化特征。以窗口中间年份作为横坐标，每个 11 a 指标的趋势系数为纵坐标，即可得到逐个 11 a 指标历年累积值的趋势系数随时间的变化曲线（图 6.4）。可以看出，20 世纪 90 年代以前线性趋势的波动特征尤其显著，之后则逐渐趋于平滑，尤其是 1995 年以来则相对更稳定。

为了进一步分析历年极端低温事件指标的线性变化趋势和位相转折特征是由何种程度的事件引起的，我们对每一种区域性低温指标分别以 0%－10%，21%－30%，…，91%－100%，百分比间隔进行划分，分别计算落在每个百分比间隔内的历年指标的累积值曲线，对曲线进行线性拟合以得到相应的线性趋势系数；在此基础上，计算不同阈值段指标对总体线性趋势的贡献率（表 6.2）。贡献率的具体算法如下：1）分别计算未分等级时事件各个指标历年的累积值的线性拟合趋势系数，记为 λ；2）对百分比划分后的各指标，计算落在不同范围内历年累积值的线性系数，分别记为 λ_1，λ_2，λ_3… λ_{10}；3）分别计算各种指标在不同阈值段的趋势系数值与该指标的总趋势系数的比值作为贡献率，比如 Q 指数在 0%－10% 的贡献率可表示为 $\frac{\lambda_{Q1}}{\lambda_Q}\times 100\%$。由表 6.2 可以看出，0%－10%阈值段极端事件的累积强度，90%－100%阈值段极端事件的累积覆盖面积、持续天数、最大覆盖面积的相对贡献率均大于 60%。由此可知，区域性低温事件的变化趋势和位相转折特征主要是由历年的重大事件造成的。

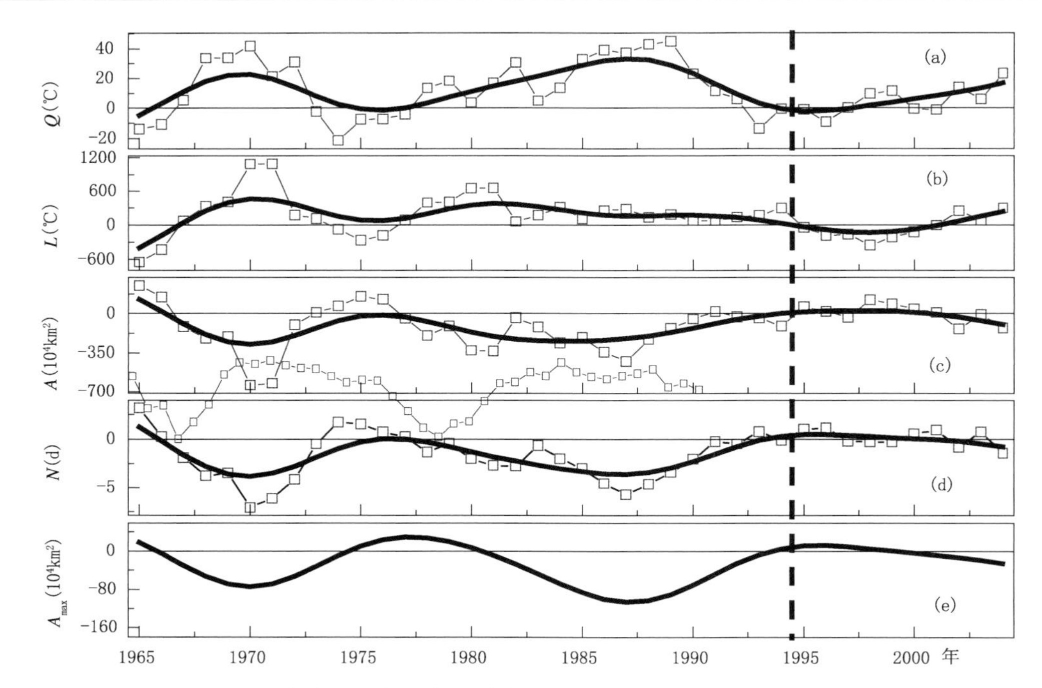

图 6.4 1960—2009 年各种指标历年累计值的 11 a 窗口线性拟合趋势系数随时间的变化

(滑动步长为 1 a,取 11 a 窗口的中间年份为横坐标;

a. 极端低温值 Q,b. 累积强度 L,c. 最大覆盖面积 A,d. 持续天数 N,e. 累积面积 A_{max};

其中粗黑线为 5 a 滑动滤波曲线)

表 6.2 不同百分位阈值段指标的贡献(单位:%)

阈值段	Q	L	A	N	A_{max}
0～10	22	88	00	15	1
11～20	24	7	01	15	2
21～30	13	2	00	15	2
31～40	14	1	01	15	3
41～50	9	1	00	15	3
51～60	13	0	02	22	2
61～70	6	1	01	7	7
71～80	4	0	03	18	8
81～90	0	0	06	28	7
91～100	0	0	86	6	66

6.2.2 区域变化

进入 21 世纪以来,冬季 RLTE 的发生频次有所增大,强度有所增强。从空间分布来看,RLTE 发生频次较高的区域主要位于东北－华北－华南北部的中国东部地区、青藏高原东部和西南南部等(图 6.5)。冬季影响中国的冷空气路径主要分西北路、中路和东路,三路冷空气共同影响的区域主要在华北、长江黄河间的广大区域、华南北部等。因此，形成了东北至华南北部的 RLTE 频发带。此外，在青藏高原东部和西南南部冬季容易形成低涡，也有利于出现范围相对小，持续时间相对短的 RLTE。图 6.6 中 RLTE 的几何中心存在两个显著的事件带：东北—华北—黄淮的事件带、新疆北部—西北中部—西北东部的事件带。此外，青藏高原东部和西南南部低温事件中心出现的次数也相对较多。

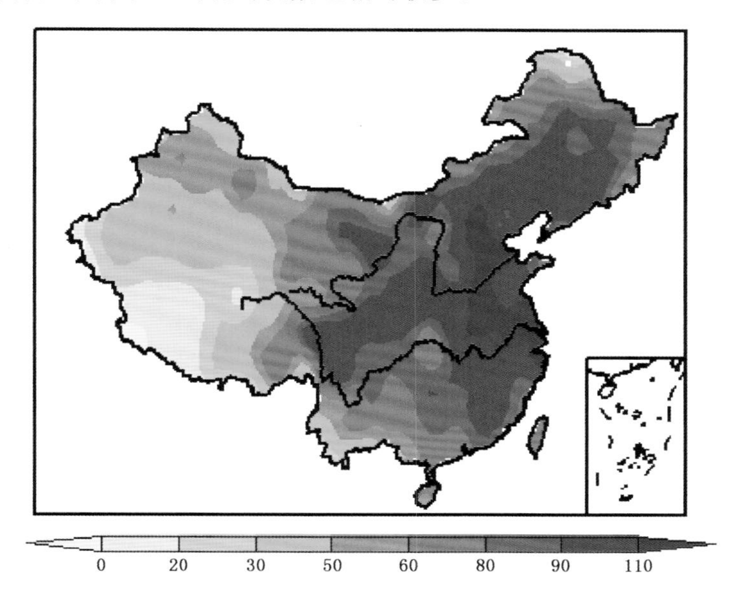

图 6.5　RLTE 发生频次的空间分布

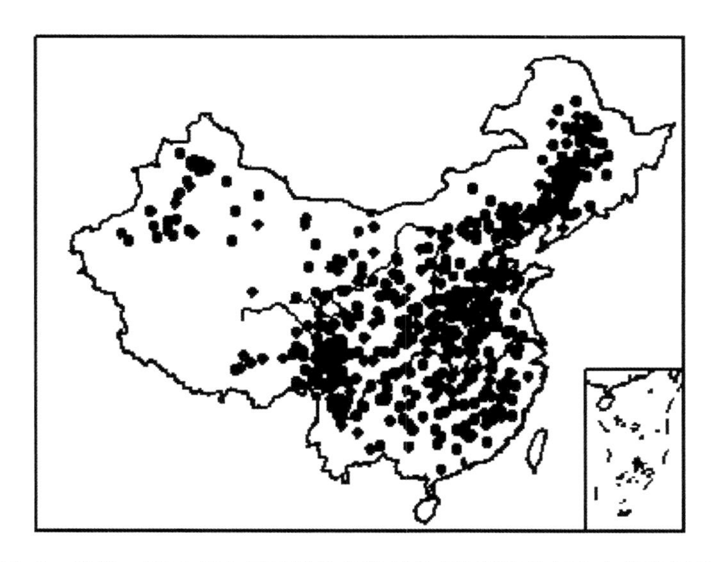

图 6.6　1961—2012 年中国区域性低温事件(RLTE)几何中心的空间分布
几何中心概念详见 Ren 等(2012)

针对综合指数值最大的前 60 次事件分析，得出这些事件的共同特点是：影响范围大、持续时间长、强度大，对社会和经济造成的影响大。进一步根据这 60 次 RLTE 最大的影响范围，大致可以将其分成6类(图6.7):分别是全国型、东部型、东北—华北型、华北—华南型、北方型、西北—华南型。其中,全国型共19次,东部型共15次,东北—华北型共5次,华北—华南型共7次,北方型共3次,西北—华南型共10次(王晓娟等,2013a)。

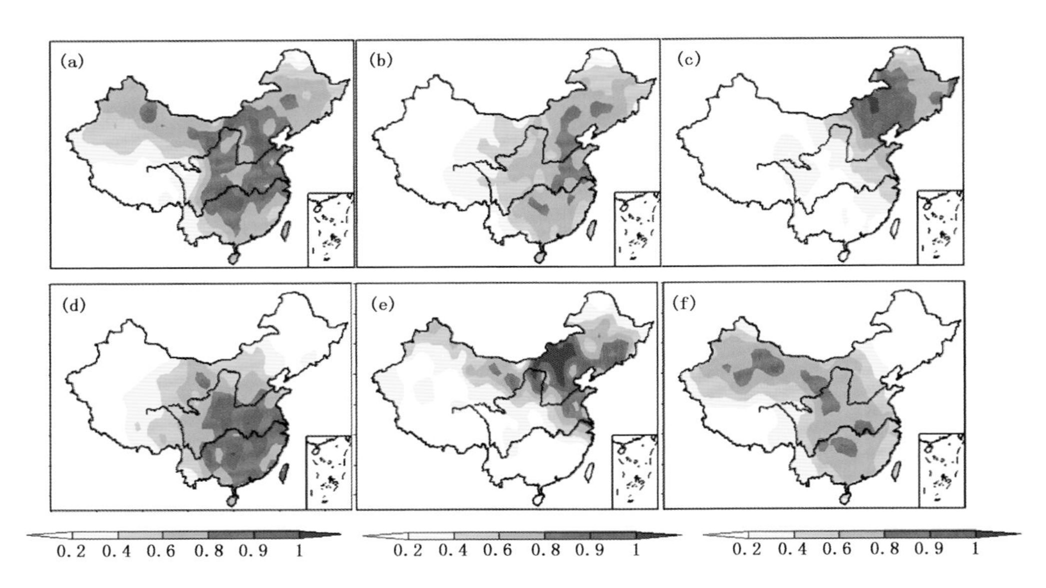

图6.7　综合指数值最大的60次RLTE的分类

(a—f)分别为全国型、东部型、东北—华北型、华北—华南型、北方型、西北—华南型;色阶表示的是站点发生RLTE的相对频次)

图6.8a和b分别给出了事件中心坐标纬度和经度出现频次随时间的变化。可以看出,20世纪80年代中期以前,事件大都分布于30°N和42°N附近,80年代中期以来则主要分布于30°N附近;经度上,80年代中期以前主要分布于100°E和120°E附近,80年代中期以来则主要分布于100°E附近(王晓娟等,2012,2013b;龚志强等,2013)。

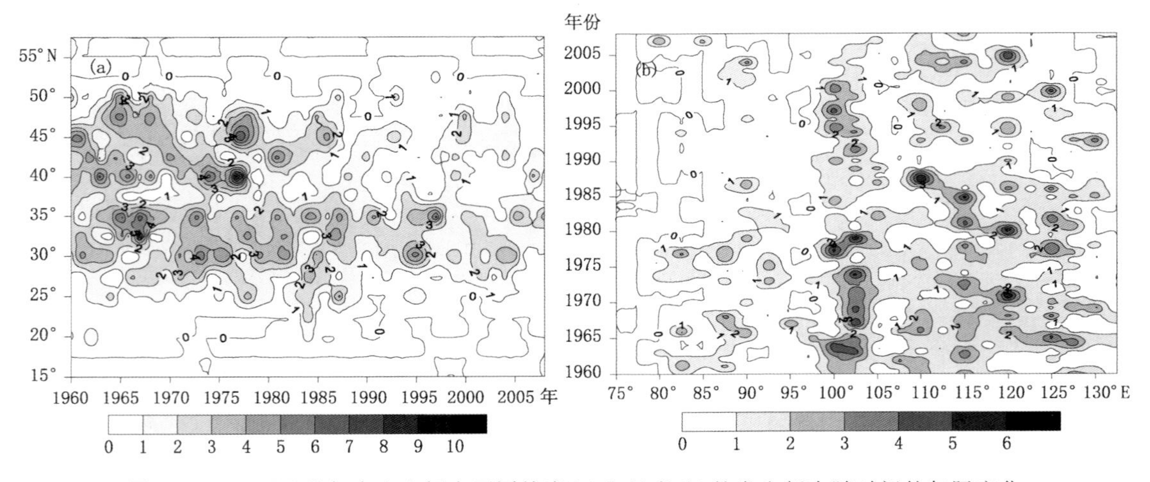

图6.8　RELTE几何中心坐标在不同纬度(a)和经度(b)的发生频次随时间的年际变化

6.2.3 其他特征

图6.9a和b分别给出了历年RLTE极端低温和中心坐标纬度的频次统计分布。可以看出，1960年以来的所有RLTE的极端温度和中心纬度分布均呈现双峰分布，我们采用高斯函数能够进行较好的双峰拟合。这种分布特征符合中国纬度跨度大和地形差异大的特征，也恰好说明中国RLTE存在两个密集发生的纬度带。从图6.9b可以看出这两个纬度带分别为：30°N和42°N附近。

随着持续天数的增多，RLTE发生次数满足指数衰减特征(图6.9c)。此外，随着最大覆盖面积的增大，RLTE发生次数也满足指数衰减特征(图6.9d)。各种事件根据其强度的强弱，出现的次数满足指数分布，这说明各种不同强度的RLTE的发生既带有一定的随机性(即何时发生何种强度的低温事件是不确定的)，但各种不同强度的事件出现的次数在一个较长的时段内是遵循一定规律的，并且时间越长，这种规律越明显。

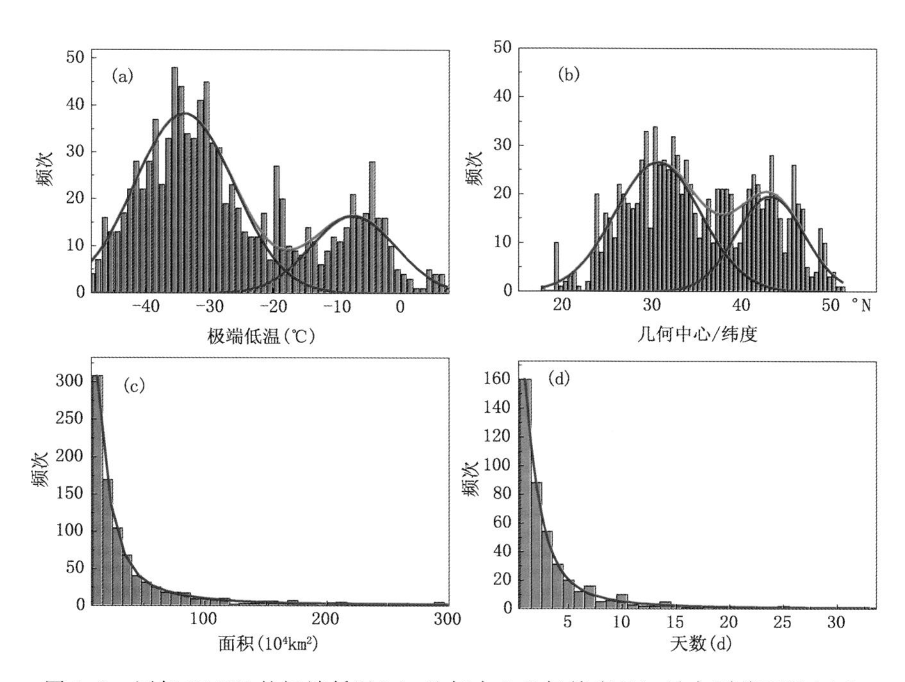

图6.9 历年RLTE的极端低温(a)，几何中心坐标纬度(b)，最大覆盖面积(c)和持续天数(d)-事件频次分布

6.3 极端区域性低温事件

199次中国区域性低温事件中达到极端等级的事件有21次(表6.3)，其中1962年12月26日—1963年2月6日持续天数为43 d，综合强度为7.23的全国型RLTE排名第一。

表 6.3 1961—2013 年中国极端等级的 RLTE

序号	起始日期	结束日期	持续日数(d)	发生地域	综合强度
1	1962 年 12 月 26 日	1963 年 2 月 6 日	43	全国型	7.23
2	1966 年 12 月 20 日	1967 年 1 月 21 日	33	全国型	6.34
3	1976 年 12 月 20 日	1977 年 1 月 24 日	36	全国型	6.03
4	1968 年 1 月 13 日	1968 年 2 月 15 日	34	全国型	5.15
5	2010 年 12 月 30 日	2011 年 2 月 2 日	35	全国型	5.06
6	1969 年 12 月 26 日	1970 年 1 月 21 日	27	全国型	4.65
7	2008 年 1 月 19 日	2008 年 2 月 16 日	29	西北一华南型	4.27
8	1975 年 12 月 9 日	1976 年 1 月 3 日	26	西北一华南型	4.11
9	1984 年 1 月 15 日	1984 年 2 月 9 日	26	全国型	4.03
10	1969 年 1 月 19 日	1969 年 2 月 9 日	22	全国型	3.95
11	1993 年 1 月 10 日	1993 年 2 月 2 日	24	全国型	3.67
12	1971 年 1 月 20 日	1971 年 2 月 10 日	22	全国型	3.43
13	1983 年 1 月 4 日	1983 年 1 月 26 日	23	全国型	3.24
14	1984 年 12 月 14 日	1984 年 12 月 31 日	18	全国型	3.17
15	2012 年 12 月 29 日	2013 年 1 月 18 日	21	全国型	3.16
16	1962 年 1 月 16 日	1962 年 2 月 4 日	20	西北一华南型	2.94
17	1973 年 12 月 21 日	1974 年 1 月 8 日	19	东部型	2.93
18	1961 年 1 月 9 日	1961 年 1 月 21 日	13	全国型	2.87
19	2002 年 12 月 23 日	2003 年 1 月 8 日	17	全国型	2.84
20	1980 年 1 月 29 日	1980 年 2 月 10 日	13	全国型	2.77
21	1967 年 12 月 18 日	1968 年 1 月 4 日	18	东部型	2.74

事件 1　1962 年 12 月 26 日—1963 年 2 月 6 日全国型极端低温事件

1962 年 12 月 26 日—1963 年 2 月 6 日出现覆盖范围除西藏西南部、云南南部和华南南部等地以外的 RLTE(图 6.10)。事件持续时间为 43 d,事件最大影响面积为 740×10^4 km^2,极端低温达到−45.3℃,综合指标为 7.23,为 4 级极端性 RLTE。图 6.11 给出了事件的逐日演化曲线。

事件 2　1966 年 12 月 20 日—1967 年 1 月 21 日全国型极端低温事件

1966 年 12 月 20 日—1967 年 1 月 21 日出现覆盖范围除西藏西南部、云南南部和华南南部等地以外的 RLTE(图 6.12)。事件持续时间为 33 d,最大覆盖面积为 771×10^4 km^2,极端低温达到−46.6℃,综合指标为 6.34,为 4 级极端性 RLTE。图 6.13 给出了事件的逐日演化曲线。

事件 3　1976 年 12 月 20 日—1977 年 1 月 24 日西北一华南型极端低温事件

1976 年 12 月 20 日—1977 年 1 月 24 日出现覆盖范围除西藏西南部、云南南部和华南南部等地以外的 RLTE(图 6.14)。事件持续时间为 36 d,最大覆盖面积为 733×10^4 km^2,极端低温达到−48.5℃,综合指标为 6.03,为 4 级极端性 RLTE。图 6.15 给出了事件的逐日演化曲线。

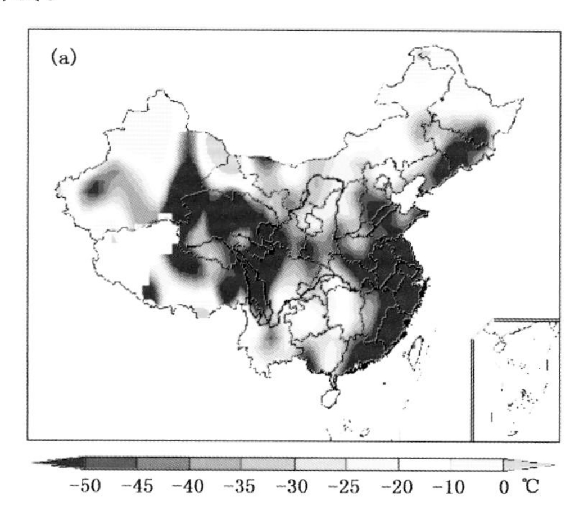

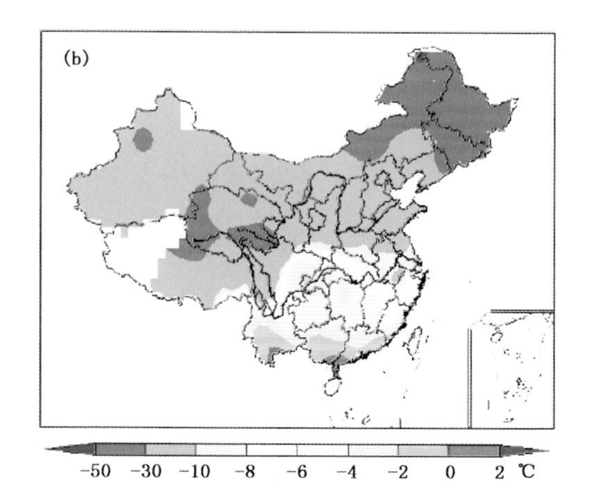

图 6.10　1962 年 12 月 26 日—1963 年 2 月 6 日 RLTE 空间分布
(a. 累积强度，b. 极端强度)

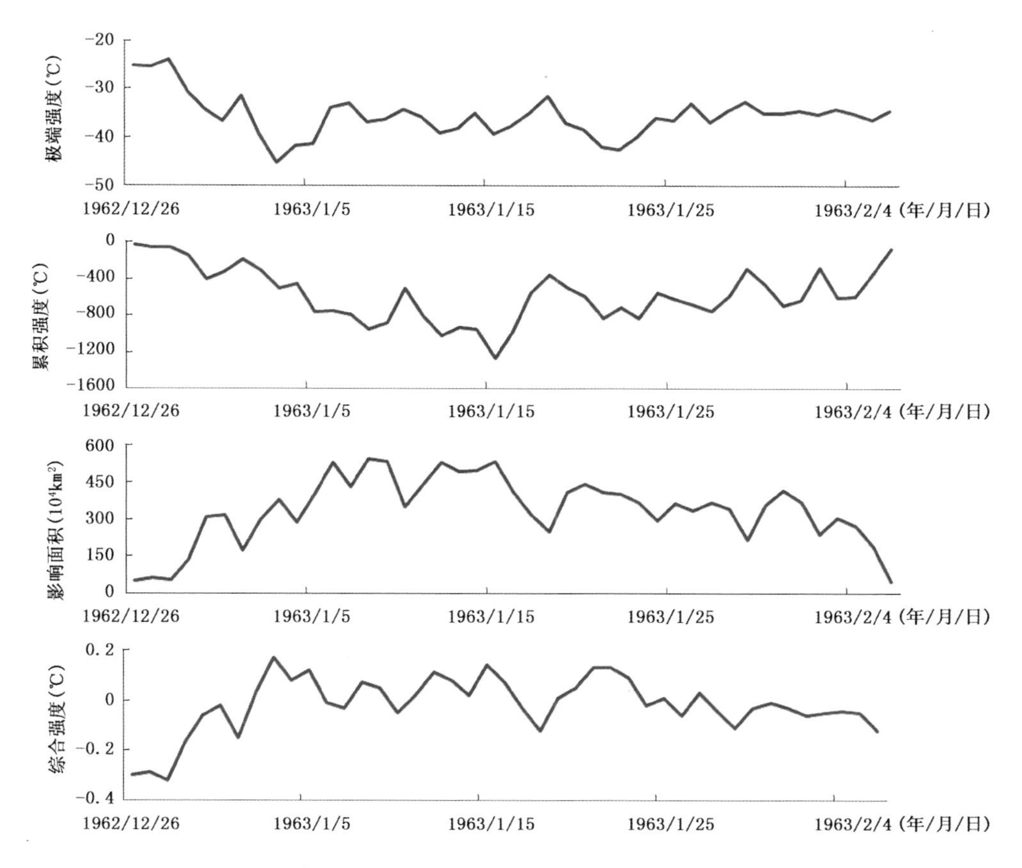

图 6.11　1962 年 12 月 26 日—1963 年 2 月 6 日 RLTE 各指数逐日变化

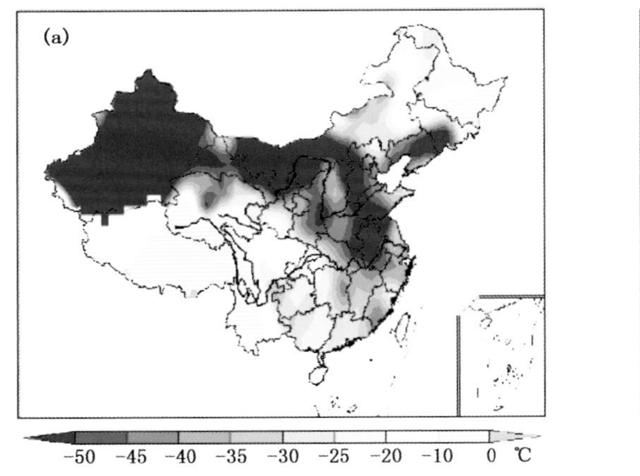

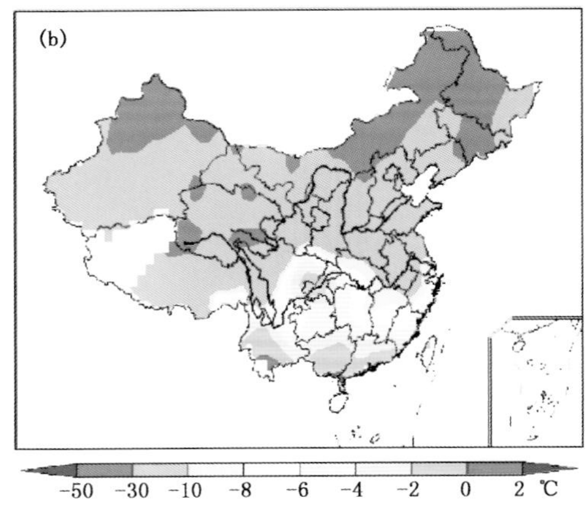

图 6.12 1966 年 12 月 20 日—1967 年 1 月 21 日 RLTE 的空间分布

（a. 累积强度，b. 极端强度）

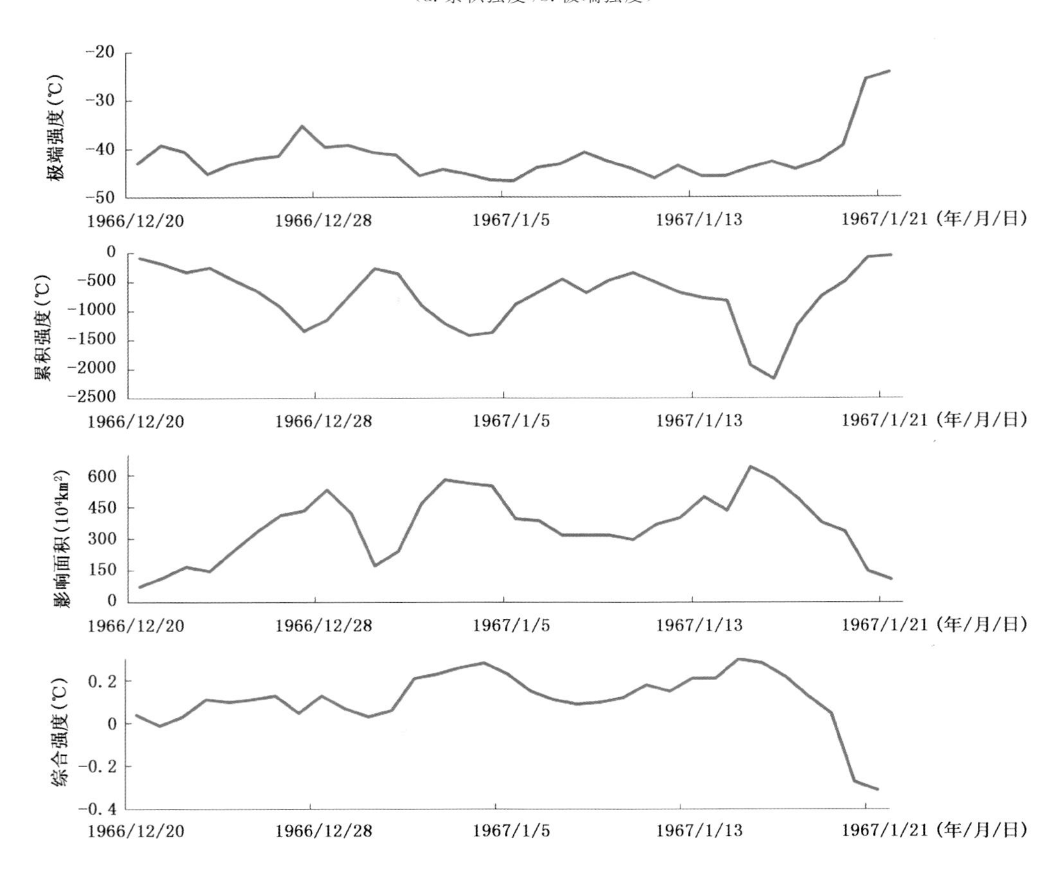

图 6.13 1966 年 12 月 20 日—1967 年 1 月 21 日 RLTE 各指数逐日变化

事件 4 1968 年 1 月 13 日—2 月 15 日全国型极端低温事件

1968 年 1 月 13 日—1968 年 2 月 15 日出现覆盖范围除西藏西南部、云南南部和华南南部等地以外的 RLTE(图 6.16)。事件持续时间为 34 d，最大覆盖面积为 740×10^4 km^2，极端低温值达到—44.4℃,综合指标为 45.15,为 4 级极端性 RLTE。图 6.17 给出了事件的逐日演化曲线。

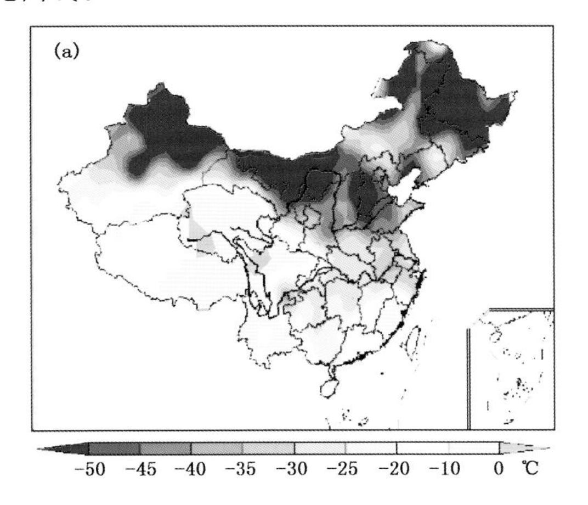

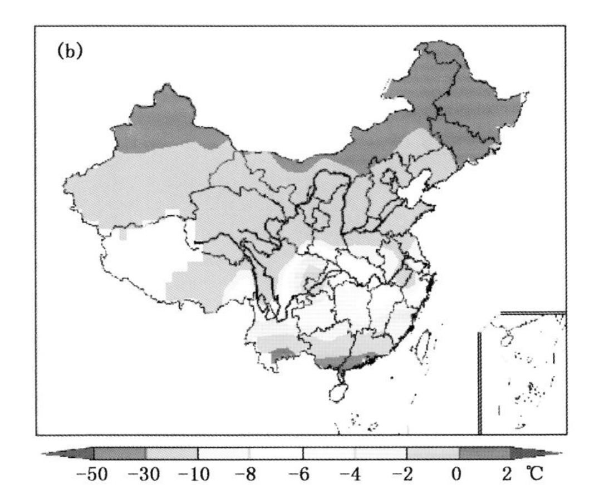

图 6.14　1976 年 12 月 20 日—1977 年 1 月 24 日 RLTE 空间分布

(a.累积强度,b.极端强度)

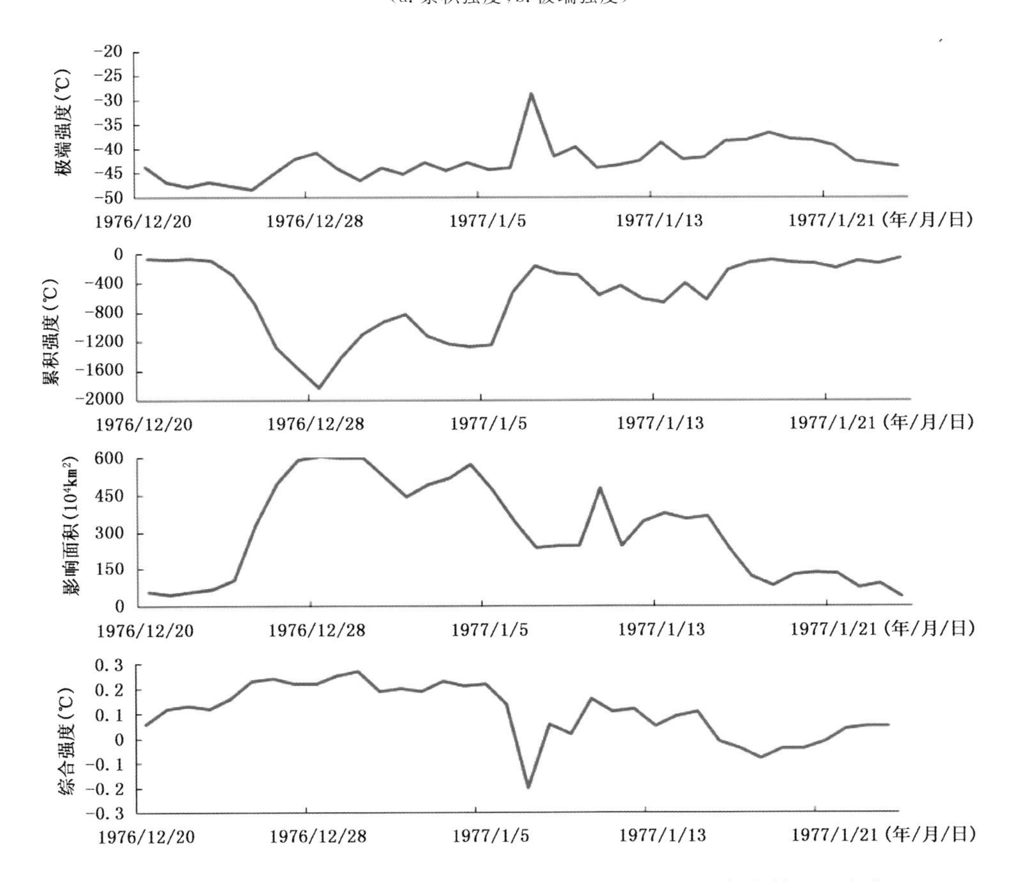

图 6.15　1976 年 12 月 20 日—1977 年 1 月 24 日 RLTE 各指数逐日变化

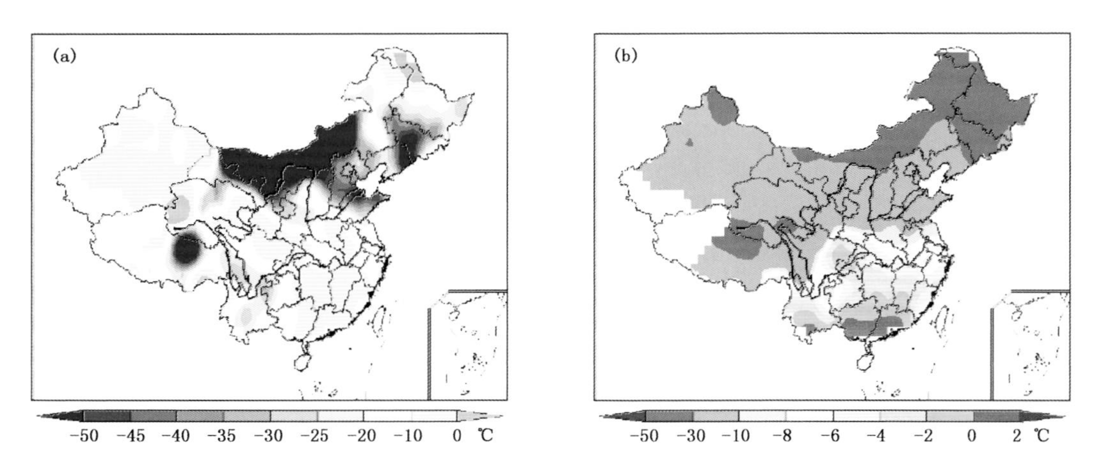

图 6.16　1968 年 1 月 13 日—2 月 15 日 RLTE 空间分布
(a. 累积强度，b. 极端强度)

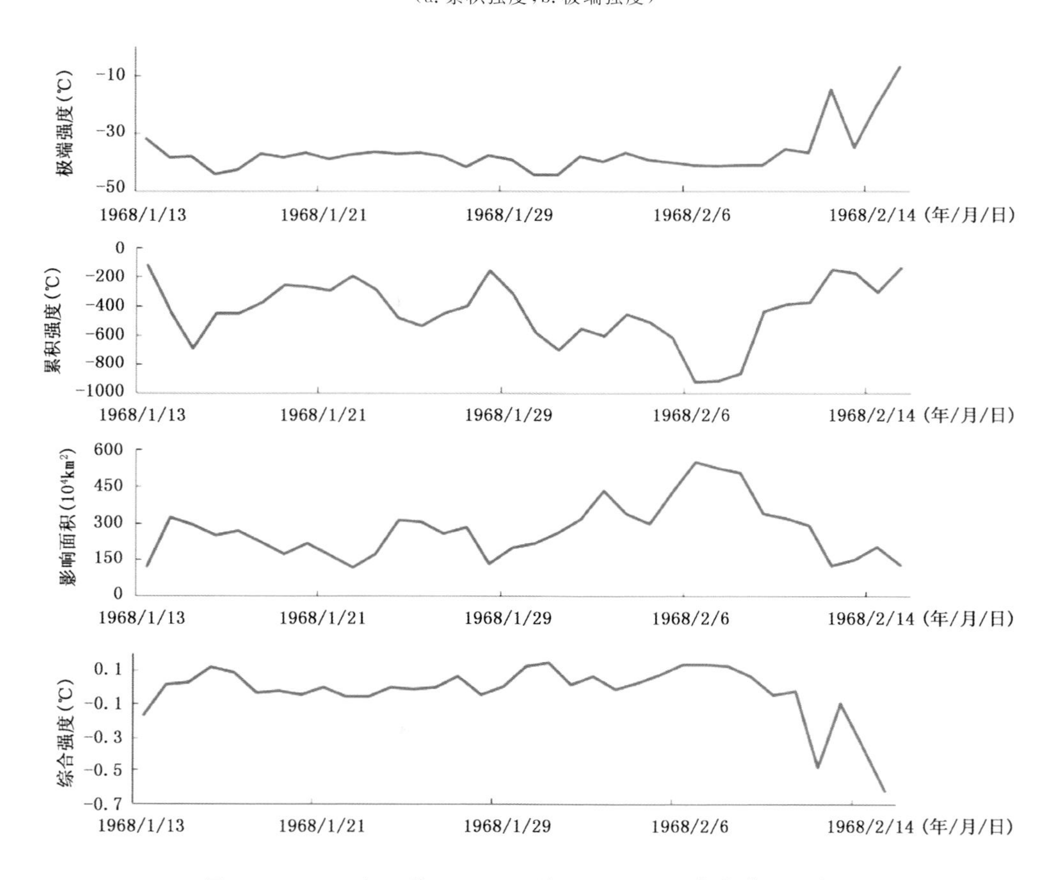

图 6.17　1968 年 1 月 13 日—2 月 15 日 RLTE 各指数逐日变化

事件 5　2010 年 12 月 30 日—2011 年 2 月 2 日全国型极端低温事件

2010 年 12 月 30 日—2011 年 2 月 2 日出现覆盖范围除西藏、云南南部和华南南部等地以外的 RLTE(图 6.18)。事件持续时间为 35 d，最大覆盖面积为 725×10^4 km^2，极端低温达到

−49.6℃，综合指标为 5.06，为 4 级极端性 RLTE。图 6.19 给出了事件的逐日演化曲线。

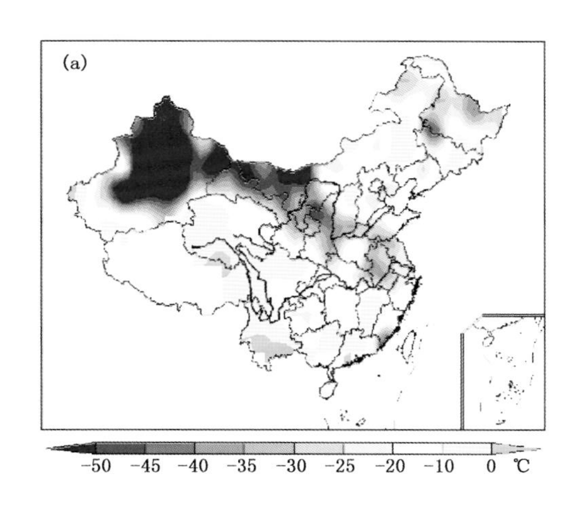

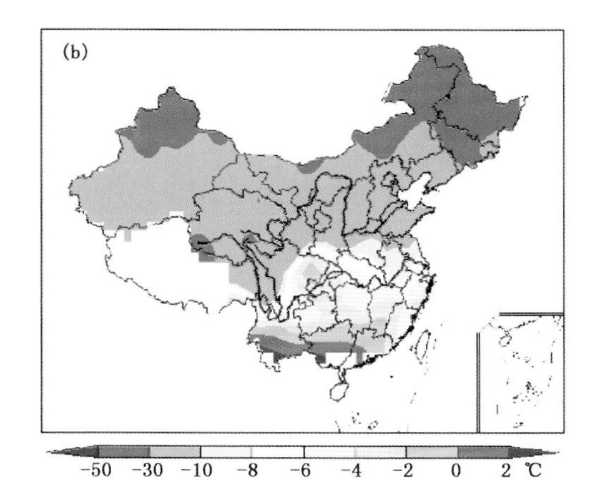

图 6.18　2010 年 12 月 30 日—2011 年 2 月 2 日 RLTE 空间分布

（a. 累积强度，b. 极端强度）

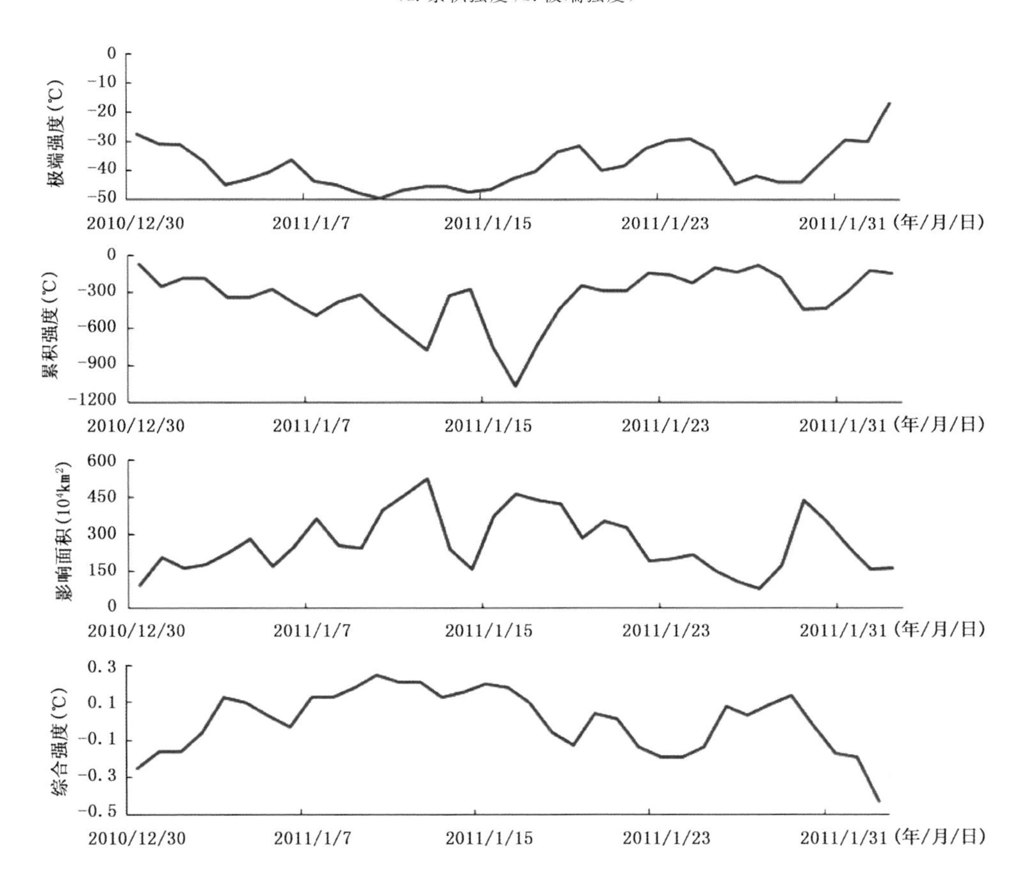

图 6.19　2010 年 12 月 30 日—2011 年 2 月 2 日 RLTE 各指数逐日变化

事件6　1969年12月26日—1970年1月21日全国型极端低温事件

1969年12月26日—1970年1月21日出现覆盖范围除云南南部和华南南部等地以外的RLTE(图6.20)。事件持续时间为27 d,最大覆盖面积为738×10^4 km^2,极端低温值达到−46.4℃,综合指标为4.65,为4级极端性RLTE。图6.21给出了事件的逐日演化曲线。

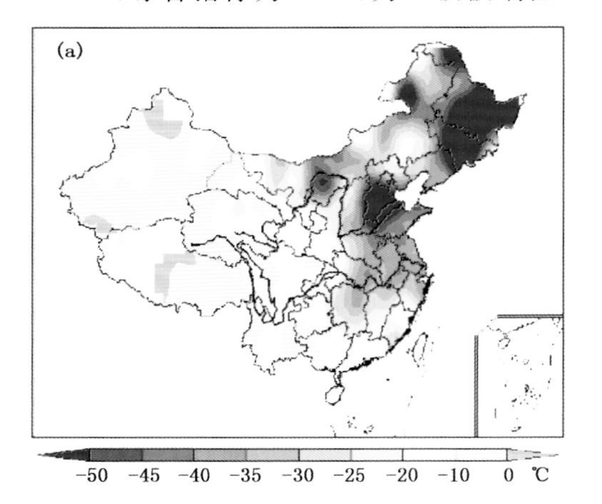

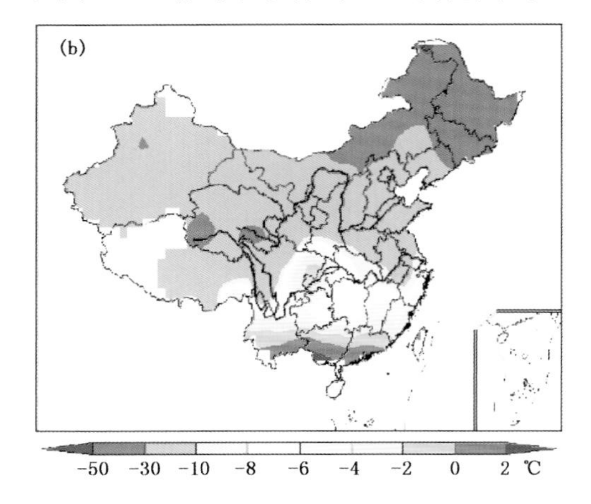

图6.20　1969年12月26日—1970年1月21日RLTE空间分布

(a.累积强度,b.极端强度)

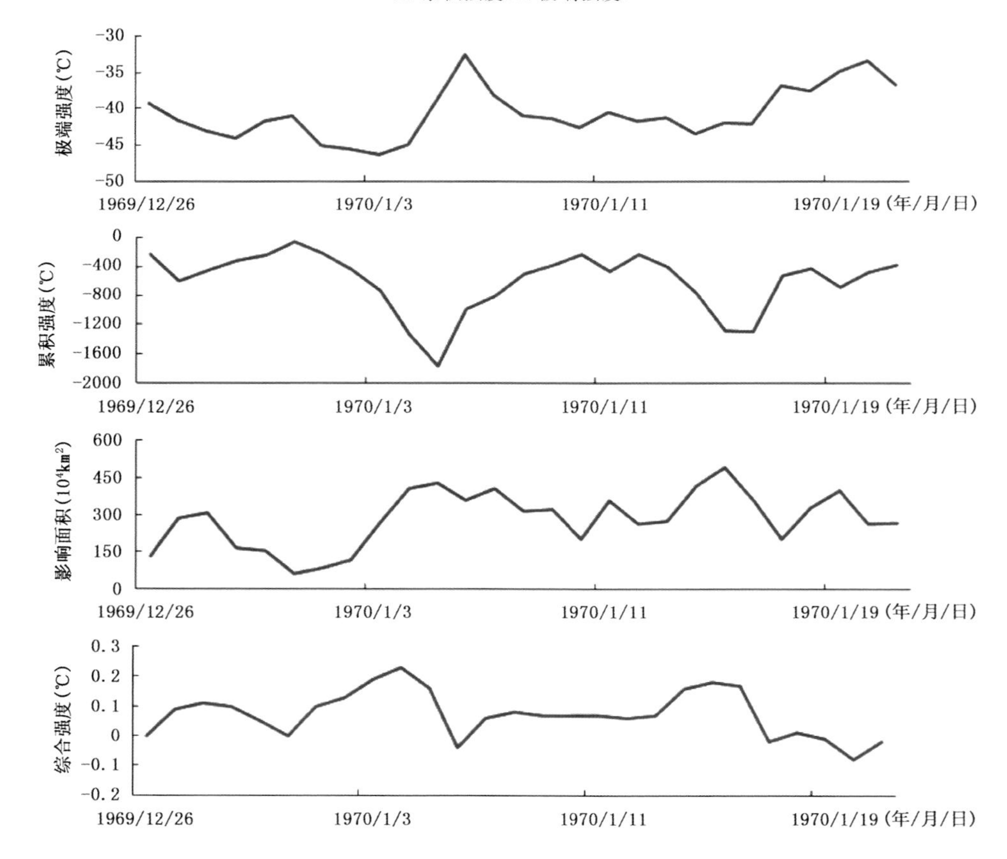

图6.21　1969年12月26日—1970年1月21日RLTE各指数逐日变化

事件7　2008年1月19日—2月16日除西北一华南型极端低温事件

2008年1月19日—2008年2月16日出现覆盖范围除东北、内蒙古东部、云南和西藏西南部等地以外的RLTE(图6.22)。事件持续时间为29 d,最大覆盖面积为641×10^4 km^2,极端低温值达到−39.1℃,综合指标为4.27,为4级极端性RLTE。图6.23给出了事件的逐日演化曲线。

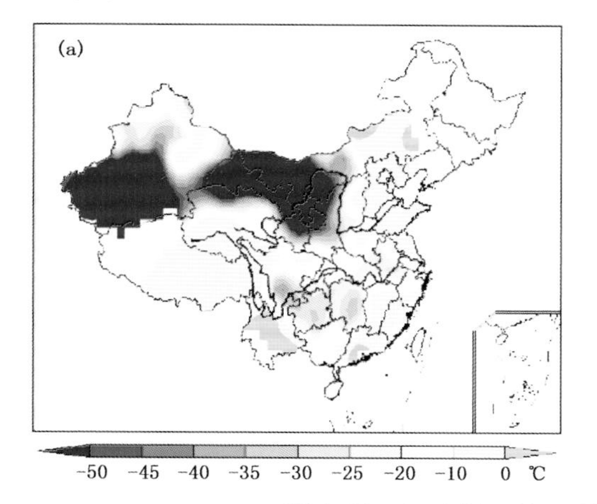

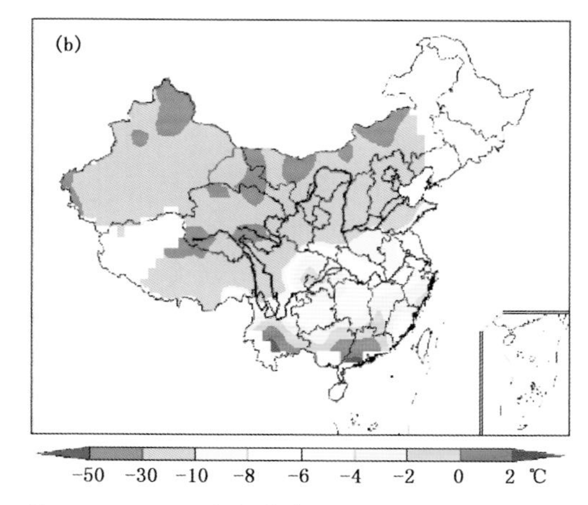

图6.22　2008年1月19日—2月16日RLTE空间分布

(a.累积强度,b.极端强度)

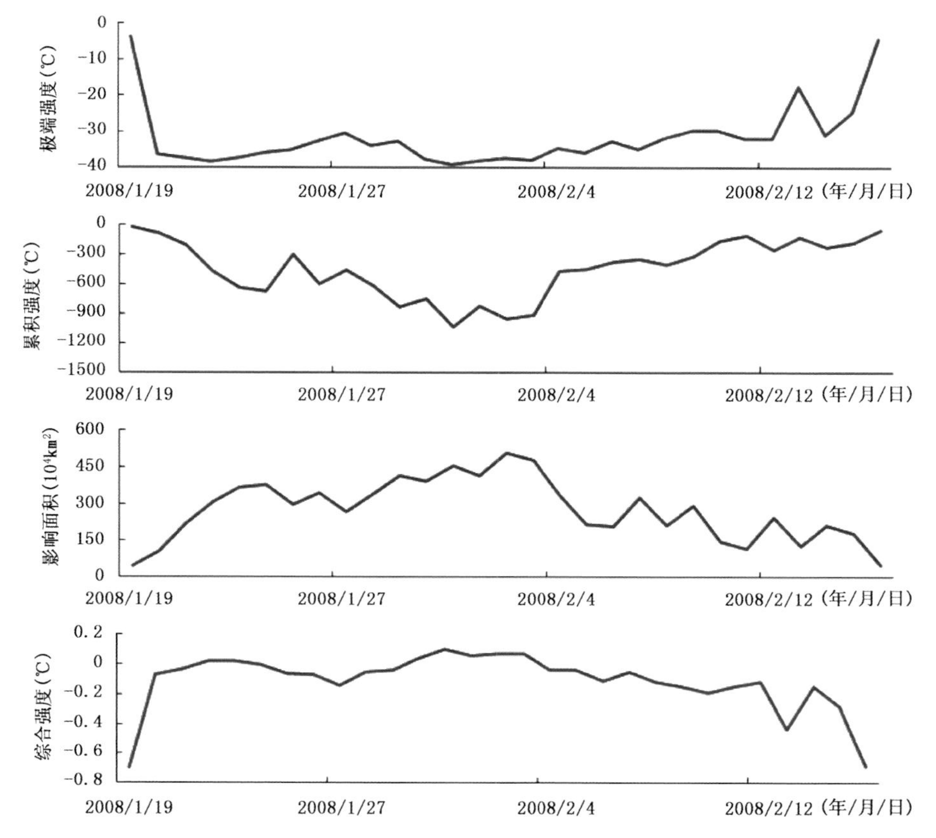

图6.23　2008年1月19日—2月16日RLTE各指数逐日变化

事件 8　1975 年 12 月 9 日—1976 年 1 月 3 日西北—华南型极端低温事件

1975 年 12 月 9 日—1976 年 1 月 3 日出现覆盖范围除东北、内蒙古东部、西藏西南部、云南南部和华南南部等地以外的 RLTE(图 6.24)。事件持续时间为 26 d,最大覆盖面积为 629 $\times 10^4$ km^2,极端低温值达到-39.0℃,综合指标为 4.11,为 4 级极端性 RLTE。图 6.25 给出了事件的逐日演化曲线。

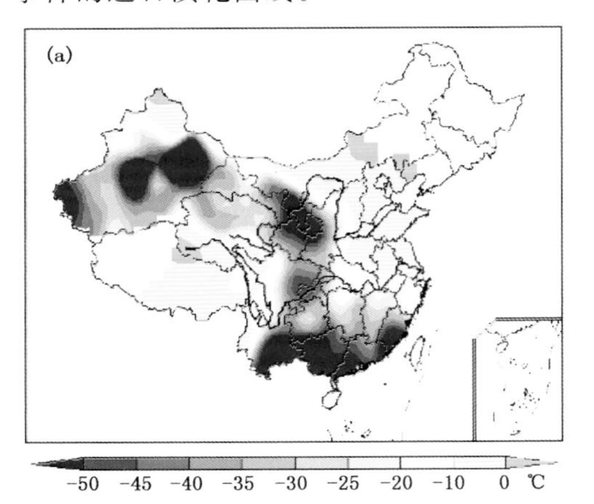

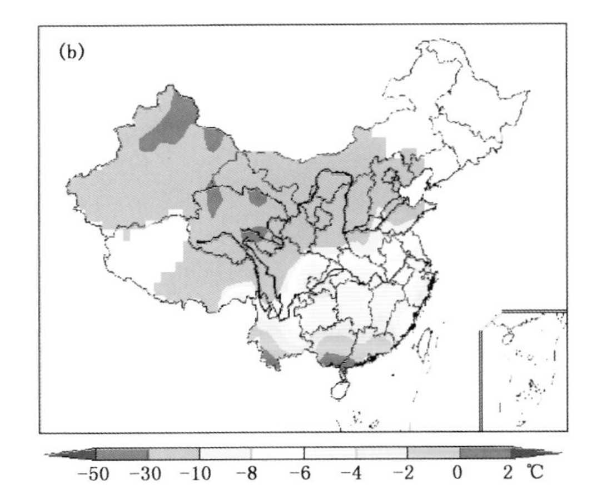

图 6.24　1975 年 12 月 9 日—1976 年 1 月 3 日 RLTE 空间分布

(a. 累积强度,b. 极端强度)

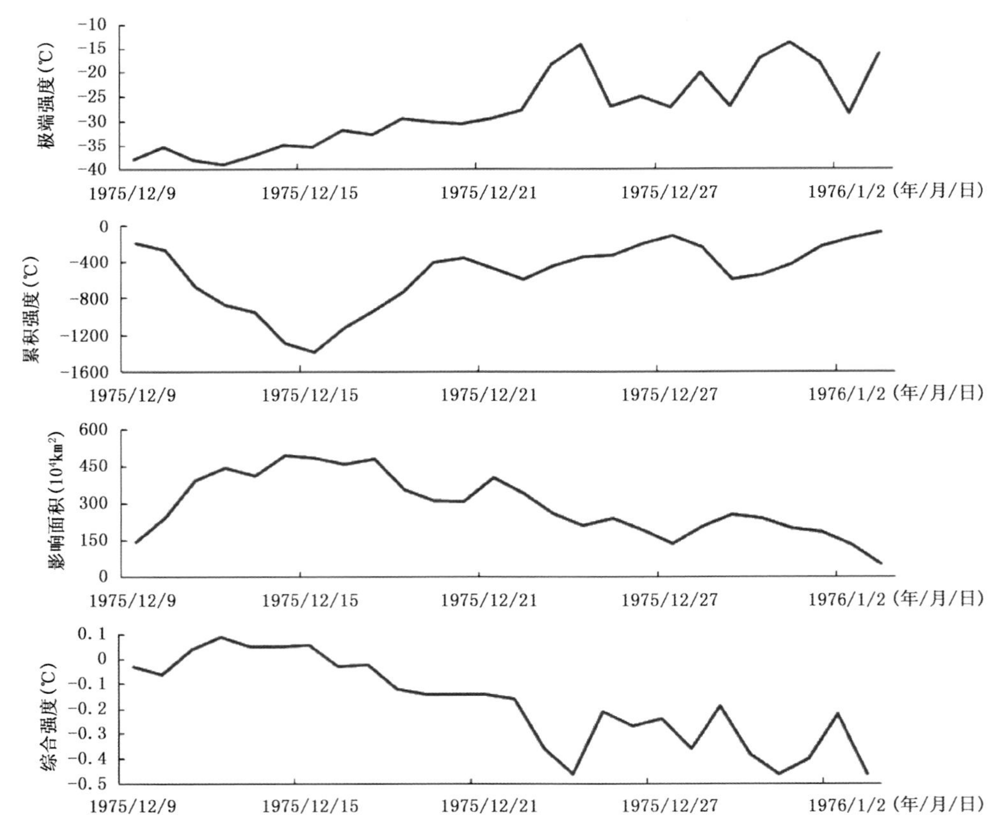

图 6.25　1975 年 12 月 9 日—1976 年 1 月 3 日 RLTE 各指数逐日变化

事件 9　1984 年 1 月 15 日—2 月 9 日全国型极端低温事件

1984 年 1 月 15 日—1984 年 2 月 9 日出现覆盖范围除云南南部、西藏西南部和华南南部等地以外的 RLTE(图 6.26)。事件持续时间为 26 d,最大覆盖面积为 737×10^4 km^2,极端低温值达到−46.3℃,综合指标为 4.03,为 4 级极端性 RLTE。图 6.27 给出了事件的逐日演化曲线。

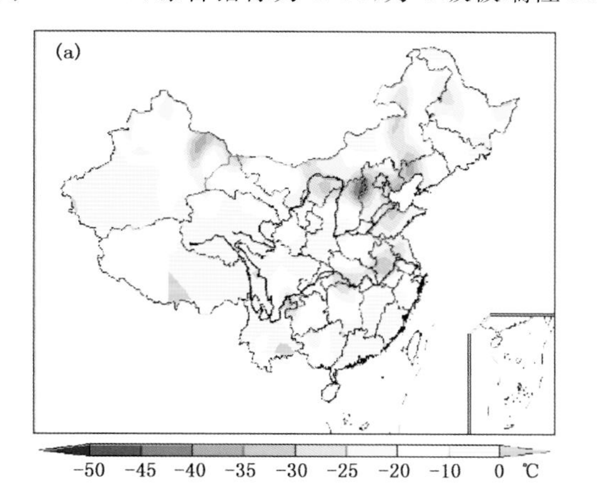

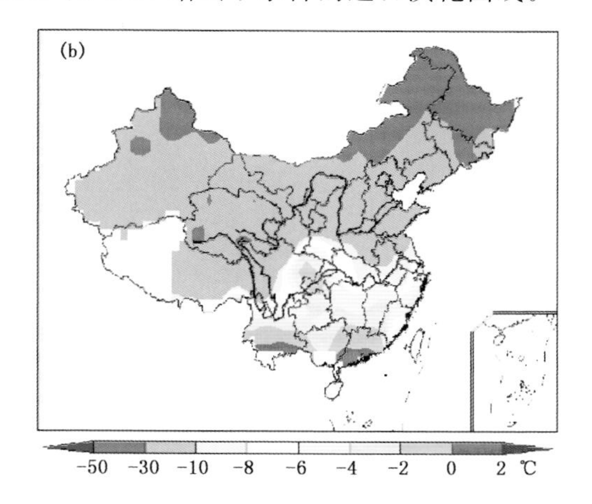

图 6.26　1984 年 1 月 15 日—2 月 9 日 RLTE 空间分布
(a.累积强度,b.极端强度)

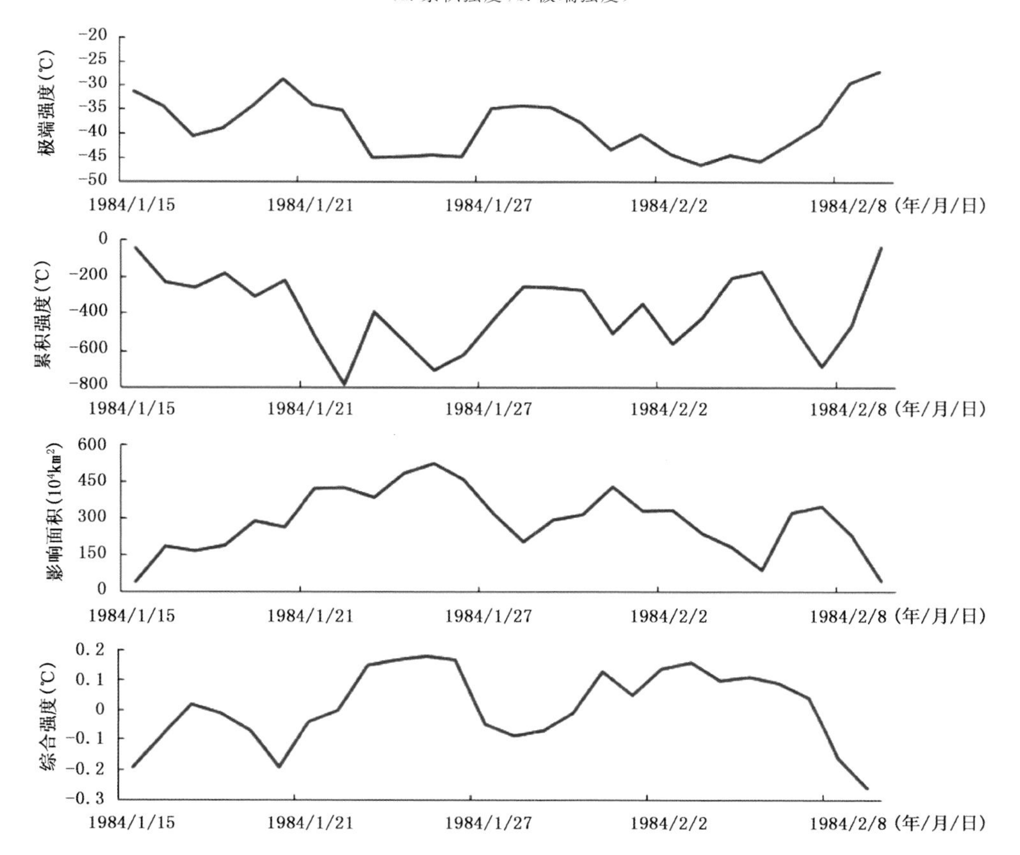

图 6.27　1984 年 1 月 15 日—2 月 9 日 RLTE 各指数逐日变化

事件 10　1969 年 1 月 19 日—2 月 9 日全国型极端低温事件

1969 年 1 月 19 日—1969 年 2 月 9 日出现覆盖范围除西藏、云南南部和华南南部等地以外的 RLTE(图 6.28)。事件持续时间为 22 d,最大覆盖面积为 680×10^4 km^2,极端低温值达到−49.8℃,综合指标为 3.95,为 4 级极端性 RLTE。图 6.29 给出了事件的逐日演化曲线。

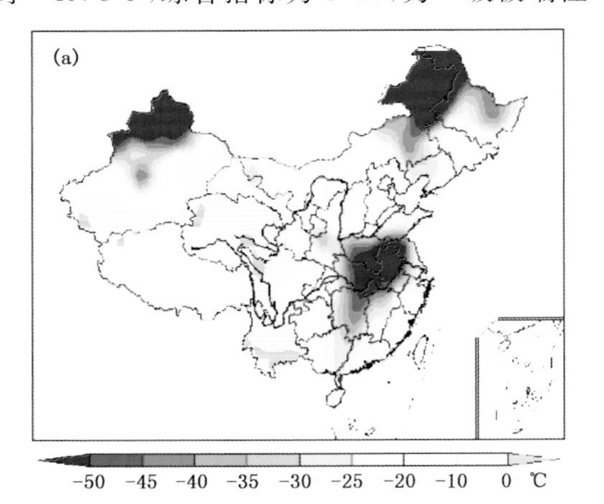

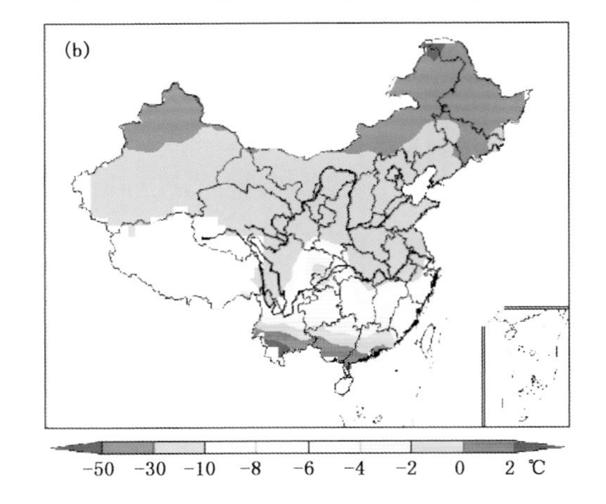

图 6.28　1969 年 1 月 19 日—2 月 9 日 RLTE 空间分布

(a. 累积强度,b. 极端强度)

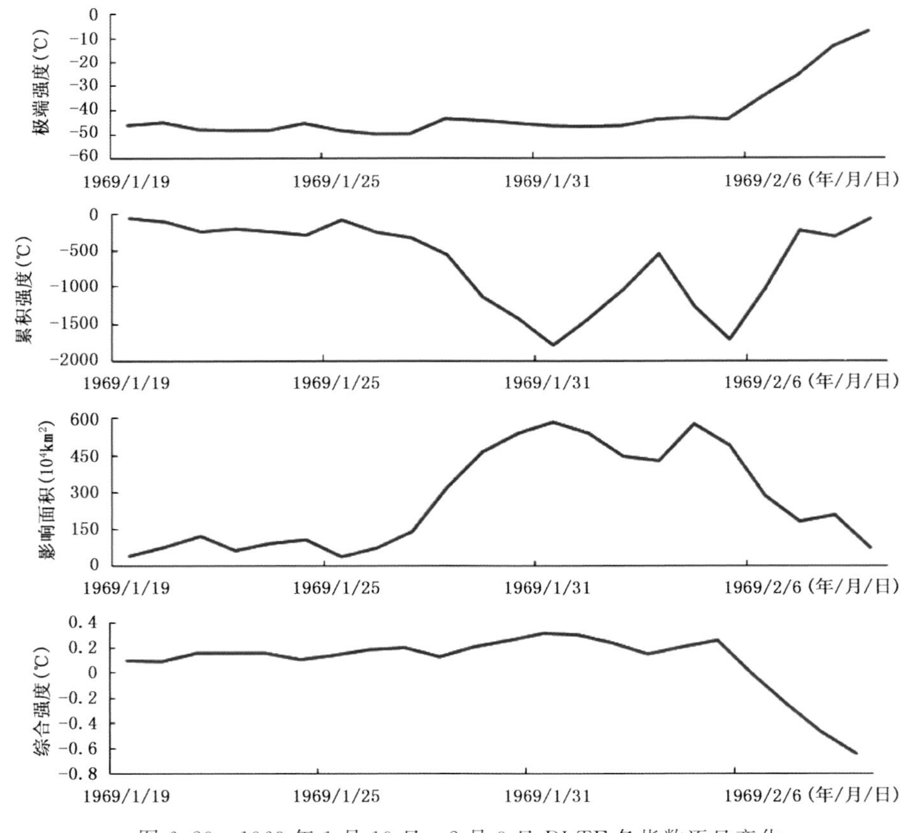

图 6.29　1969 年 1 月 19 日—2 月 9 日 RLTE 各指数逐日变化

事件11　1993年1月10日—2月2日全国型极端低温事件

1993年1月10日—1993年2月2日出现覆盖范围除东北北部、内蒙古东部、新疆、西藏西部、云南南部和华南南部等地以外的RLTE(图6.30)。事件持续时间为24 d,最大覆盖面积为664×10^4 km^2,极端低温值达到-40.9℃,综合指标为3.67,为4级极端性RLTE。图6.31给出了事件的逐日演化曲线。

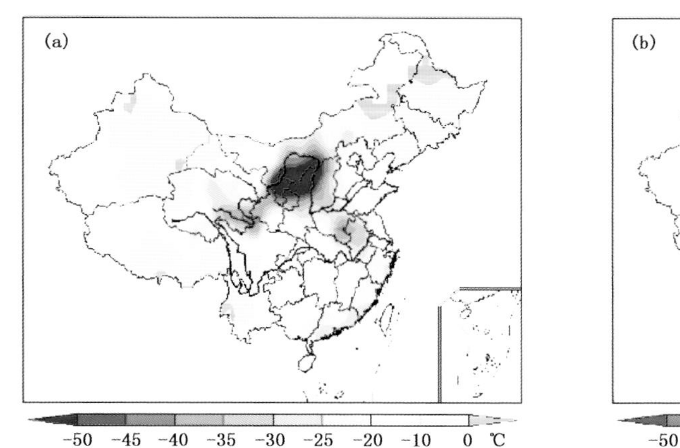

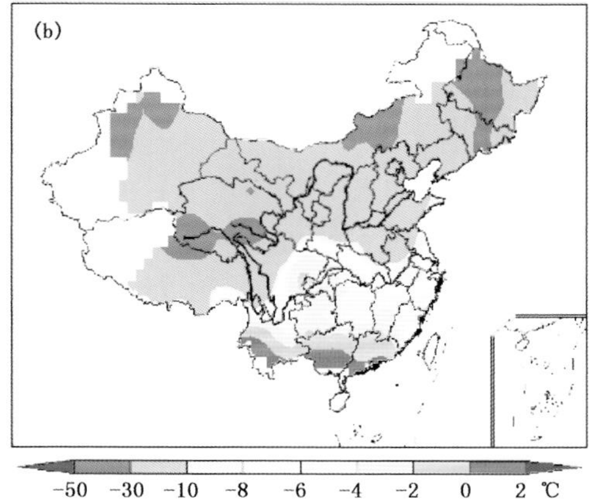

图6.30　1993年1月10日—2月2日RLTE空间分布

(a.累积强度,b.极端强度)

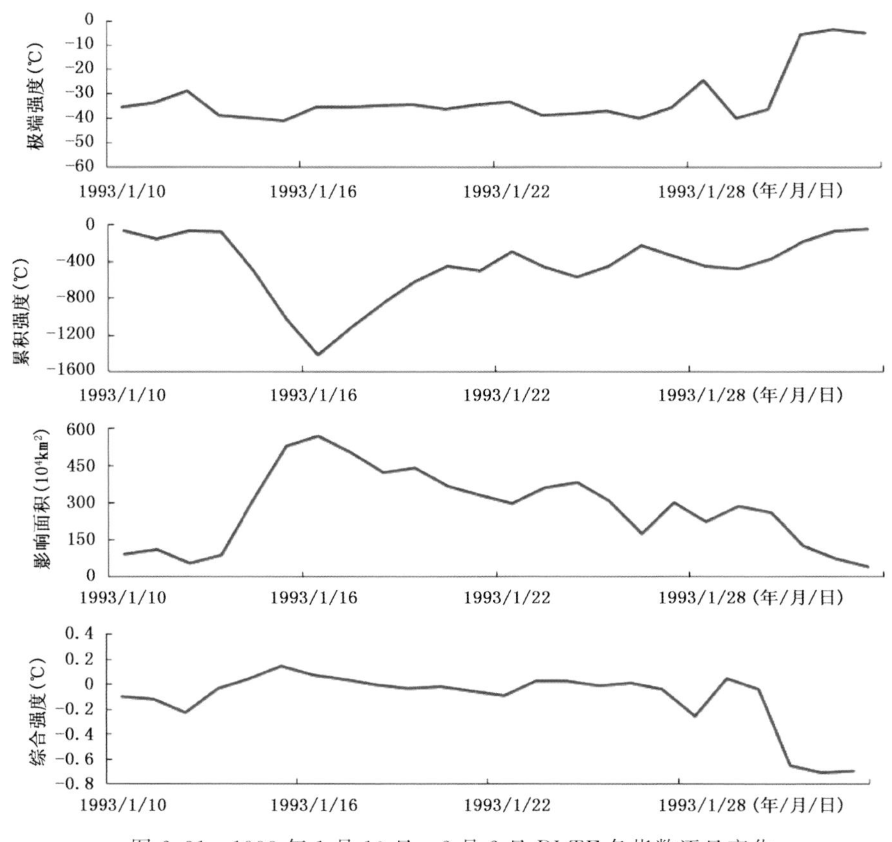

图6.31　1993年1月10日—2月2日RLTE各指数逐日变化

事件 12 1971 年 1 月 20 日—2 月 10 日东部型极端低温事件

1971 年 1 月 20 日—1971 年 2 月 10 日出现覆盖范围除新疆西部和北部、西藏西南部、云南和华南南部等地以外的 RLTE(图 6.32)。事件持续时间为 22 d,最大覆盖面积为 636×10⁴ km²,极端低温值达到−40.0℃,综合指标为 3.43,为 4 级极端性 RLTE。图 6.33 给出了事件的逐日演化曲线。

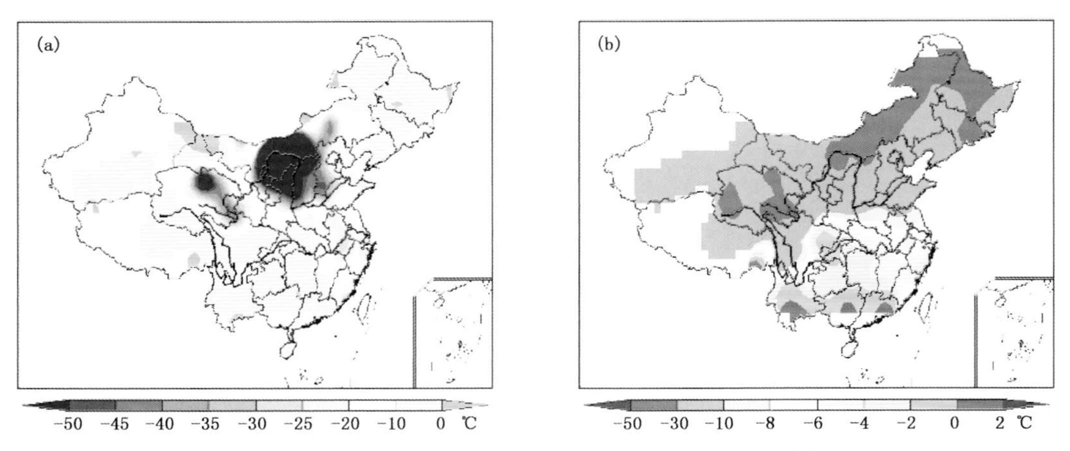

图 6.32 1971 年 1 月 20 日—2 月 10 日 RLTE 空间分布

(a. 累积强度,b. 极端强度)

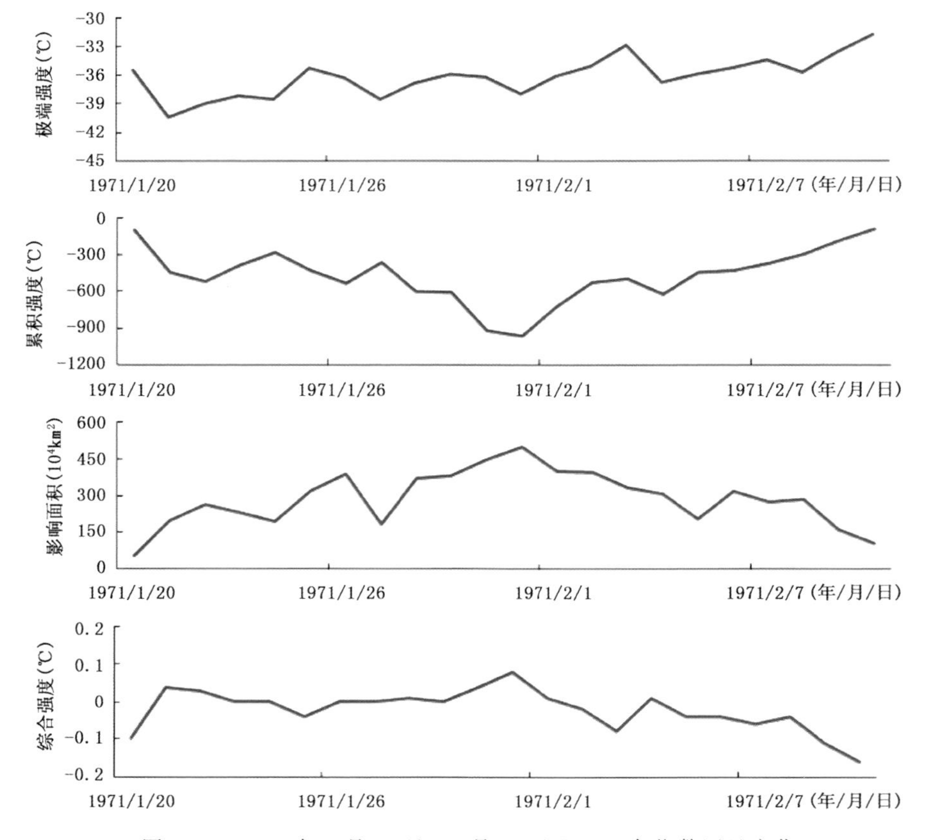

图 6.33 1971 年 1 月 20 日—2 月 10 日 RLTE 各指数逐日变化

事件13　1983年1月4日—1月26日全国型极端低温事件

1983年1月4日—1983年1月26日出现覆盖范围除新疆北部、西藏西部、云南南部和华南南部等地以外的RLTE(图6.34)。事件持续时间为23 d,最大覆盖面积为709×10⁴ km²,极端低温值达到−42.6℃,综合指标为3.24,为4级极端性RLTE。图6.35给出了事件的逐日演化曲线。

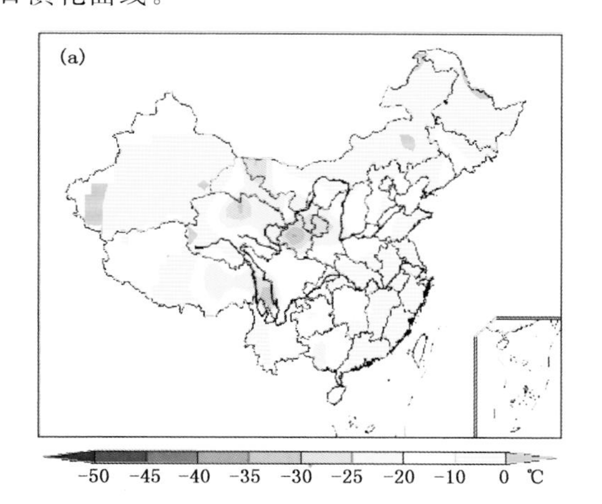

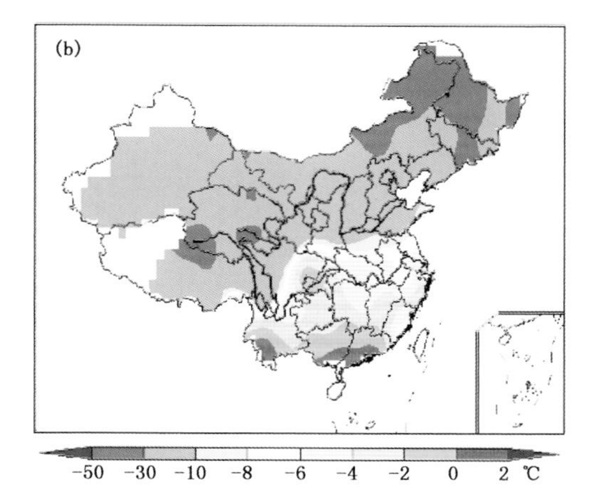

图6.34　1983年1月4—26日RLTE空间分布

(a.累积强度,b.极端强度)

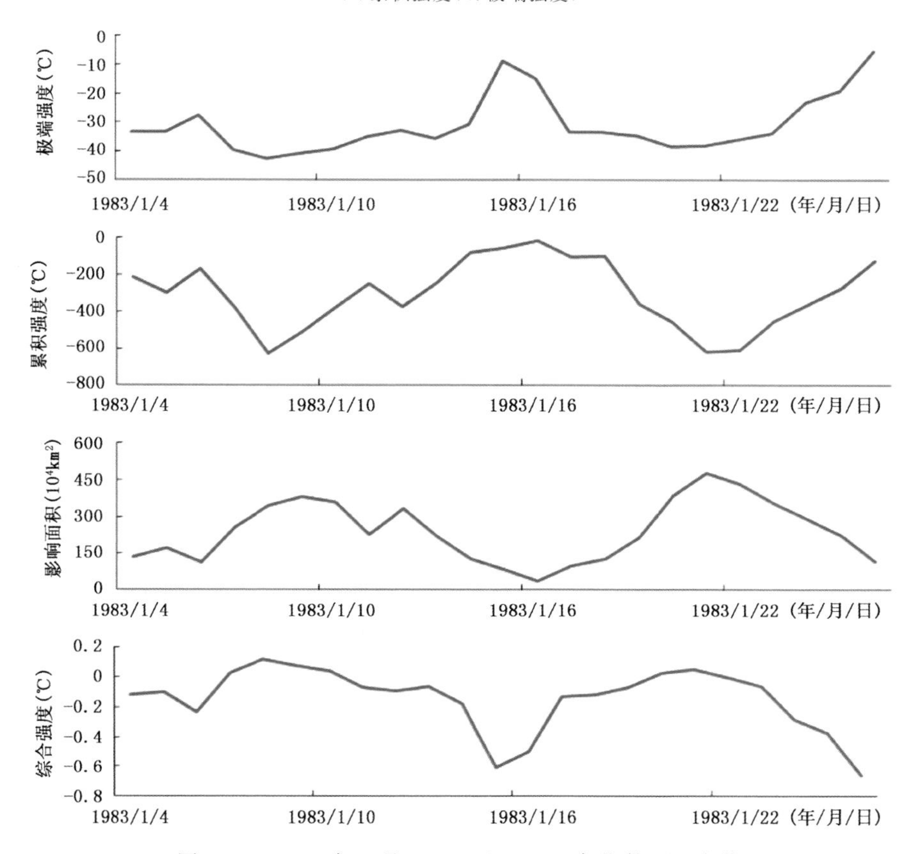

图6.35　1983年1月4—26日RLTE各指数逐日变化

事件 14　1984 年 12 月 14 日—12 月 31 日全国型极端低温事件

1984 年 12 月 14 日—1984 年 12 月 31 日出现覆盖范围除西藏、云南和华南南部等地以外的 RLTE(图 6.36)。事件持续时间为 18 d,最大覆盖面积为 642×10^4 km^2,极端低温值达到 −44.6℃,综合指标为 3.17,为 4 级极端性 RLTE。图 6.37 给出了事件的逐日演化曲线。

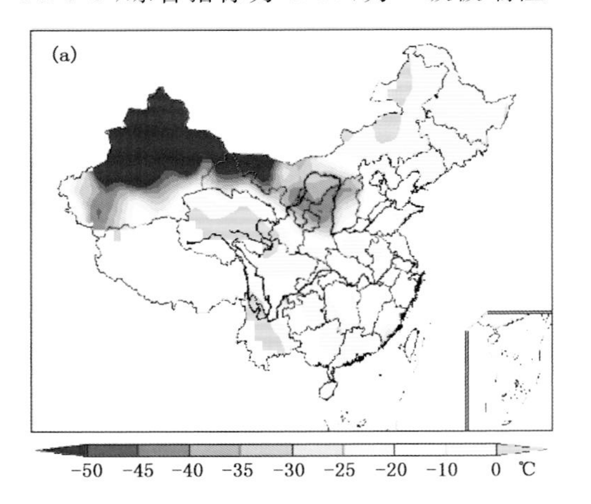

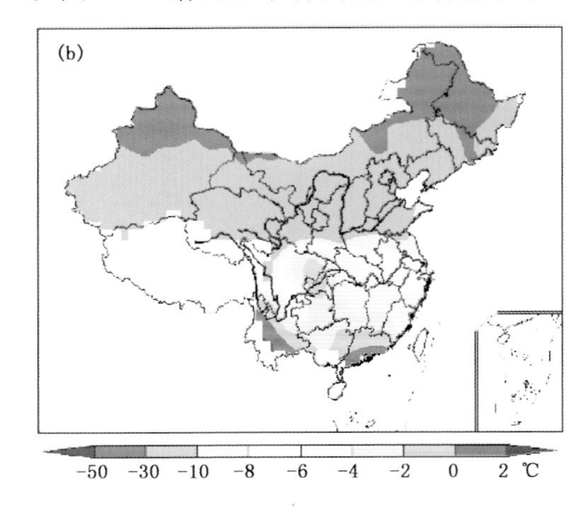

图 6.36　1984 年 12 月 14—31 日 RLTE 空间分布

(a. 累积强度,b. 极端强度)

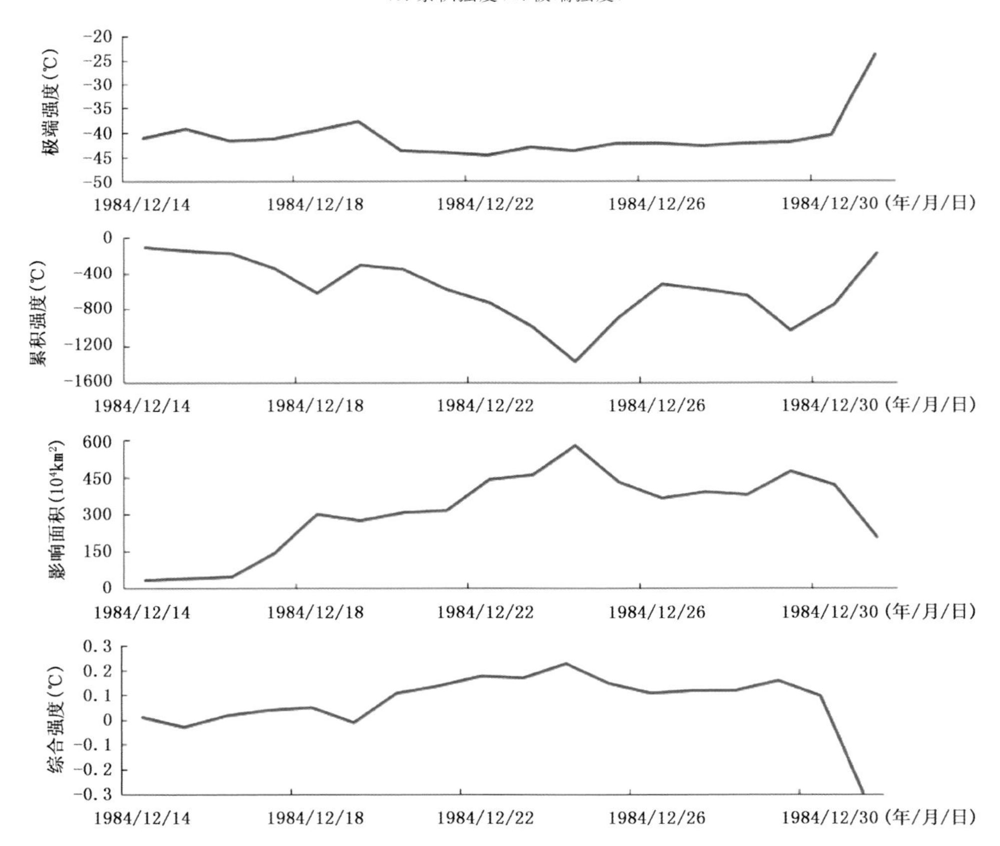

图 6.37　1984 年 12 月 14—31 日 RLTE 各指数逐日变化

事件15　2012年12月29日—2013年1月18日全国型极端低温事件

2012年12月29日—2013年1月18日出现覆盖范围除西藏、云南南部和华南南部等地以外的RLTE(图6.38)。事件持续时间为21 d,最大覆盖面积为713×10^4 km^2,极端低温值达到-46.1℃,综合指标为3.16,为4级极端性RLTE。图6.39给出了事件的逐日演化曲线。

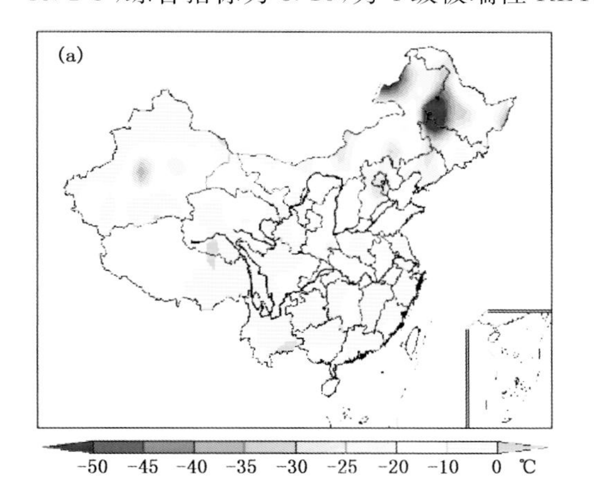

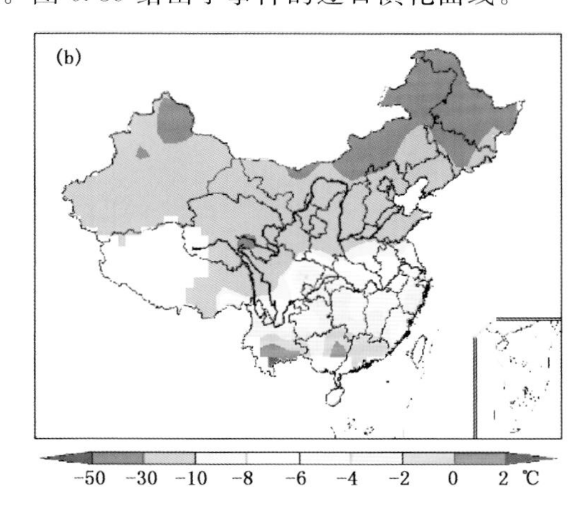

图6.38　2012年12月29日—2013年1月18日RLTE空间分布

(a.累积强度,b.极端强度)

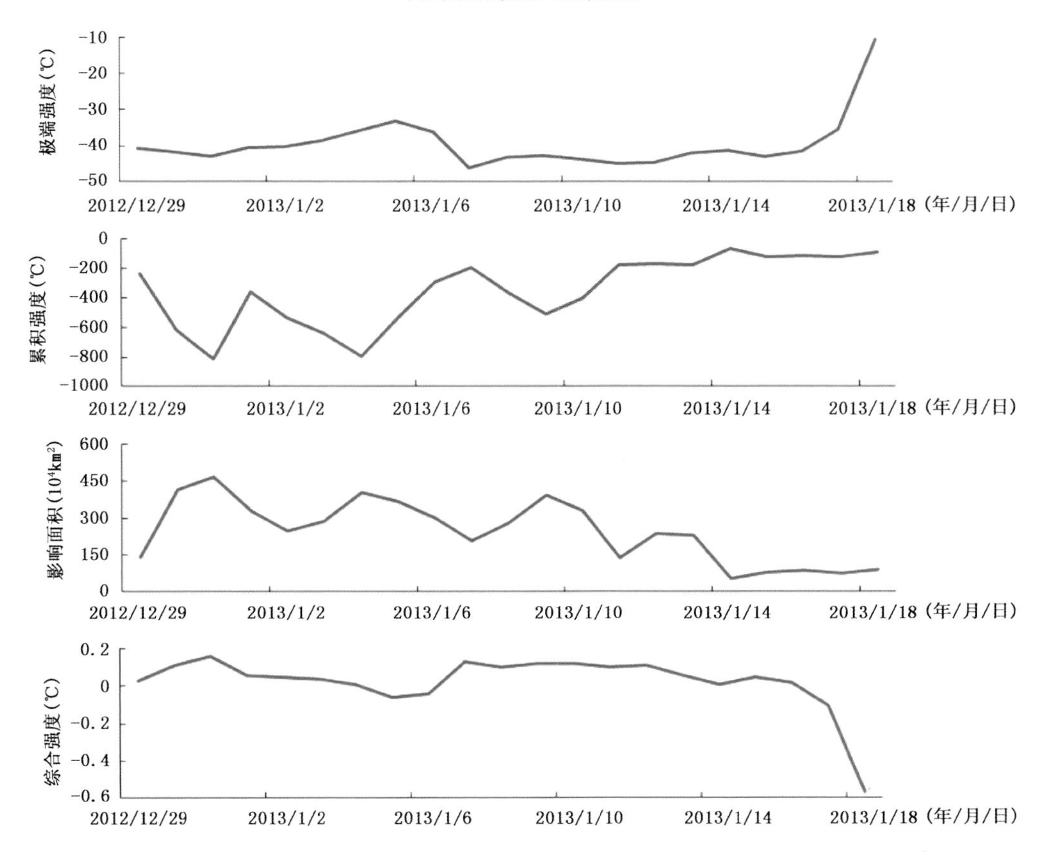

图6.39　2012年12月29日—2013年1月18日RLTE各指数逐日变化

事件 16　1962 年 1 月 16 日—2 月 4 日西北一华南型极端低温事件

1962 年 1 月 16 日—1962 年 2 月 4 日出现覆盖范围除内蒙古东部、东北北部、西藏西南部、云南西部和华南南部等地以外的 RLTE(图 6.40)。事件持续时间为 20 d,最大覆盖面积为 643×10^4 km^2,极端低温值达到－43.6℃,综合指标为 2.94,为 4 级极端性 RLTE。图 6.41 给出了事件的逐日演化曲线。

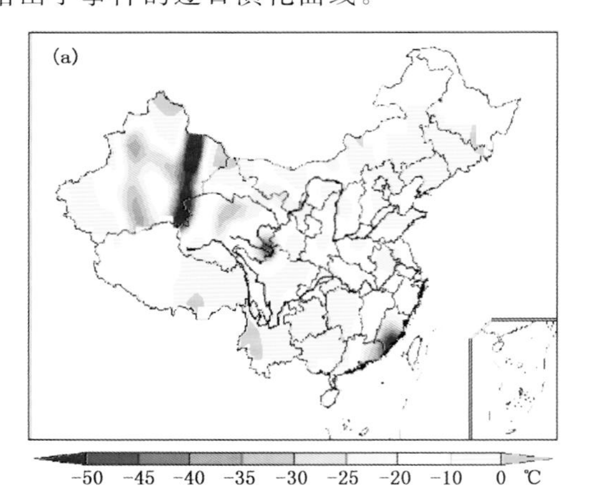

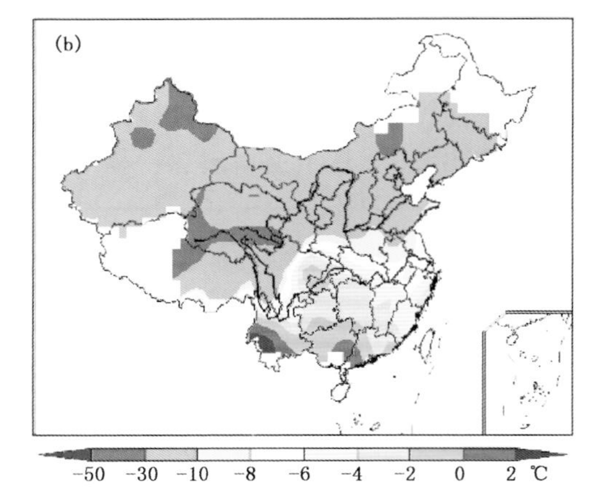

图 6.40　1962 年 1 月 16 日—2 月 4 日 RLTE 空间分布

(a. 累积强度,b. 极端强度)

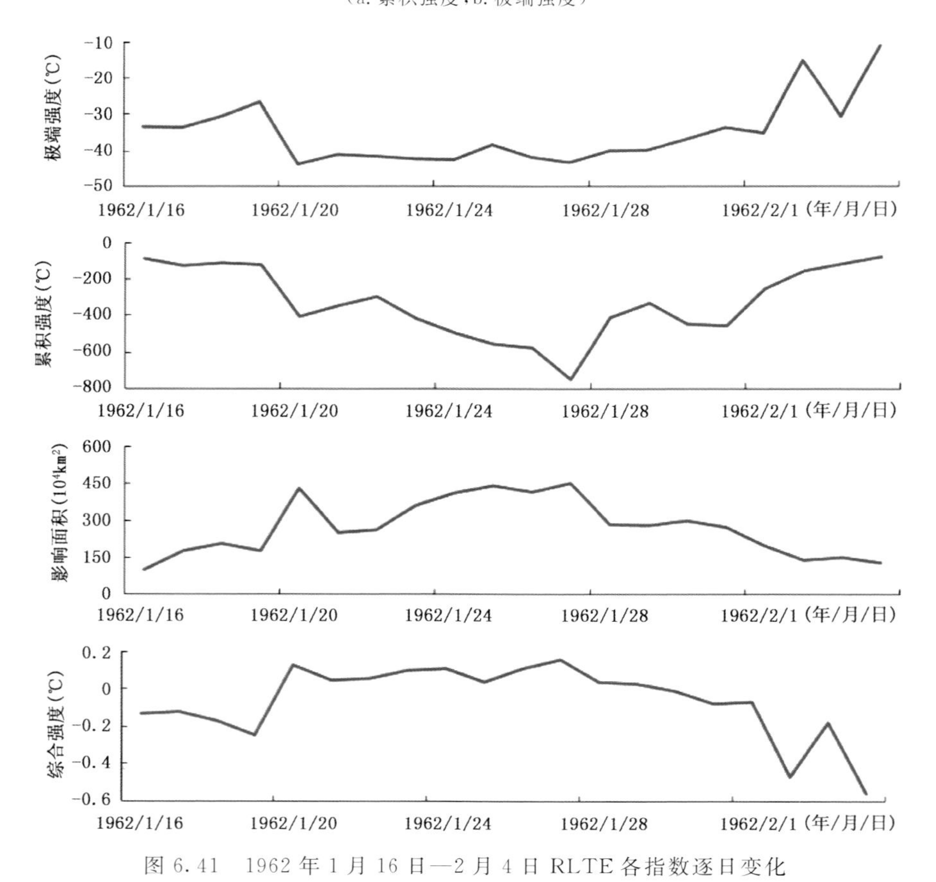

图 6.41　1962 年 1 月 16 日—2 月 4 日 RLTE 各指数逐日变化

事件17　1973年12月21日—1974年1月8日东部型极端低温事件

1973年12月21日—1974年1月8日出现覆盖范围除新疆北部和西部、西藏西南部等地以外的RLTE(图6.42)。事件持续时间为19 d,最大覆盖面积为652×10⁴ km²,极端低温值达到−43.9℃,综合指标为2.93,为4级极端性RLTE。图6.43给出了事件的逐日演化曲线。

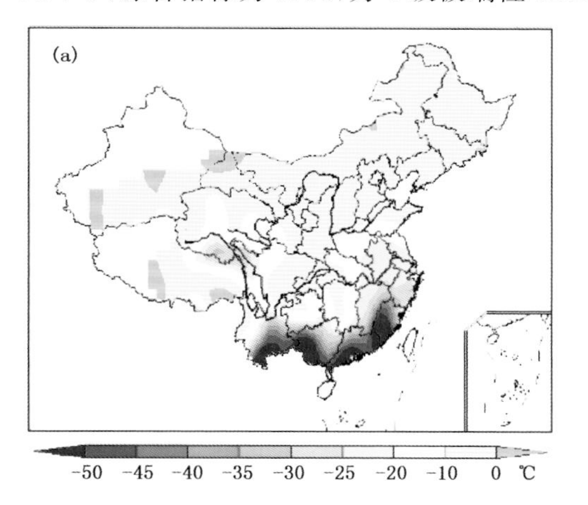

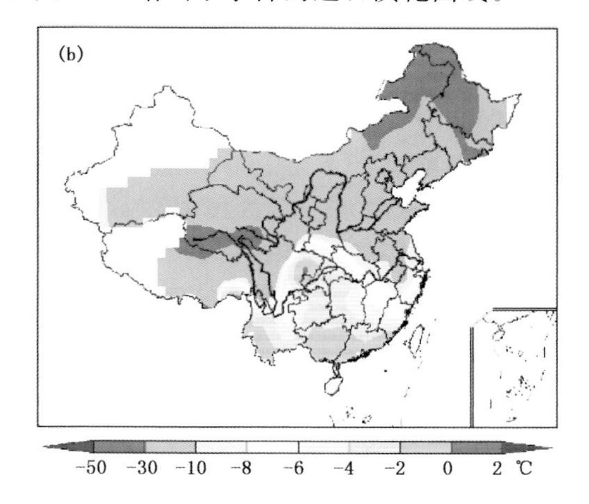

图6.42　1973年12月21日—1974年1月8日RLTE空间分布

(a.累积强度,b.极端强度)

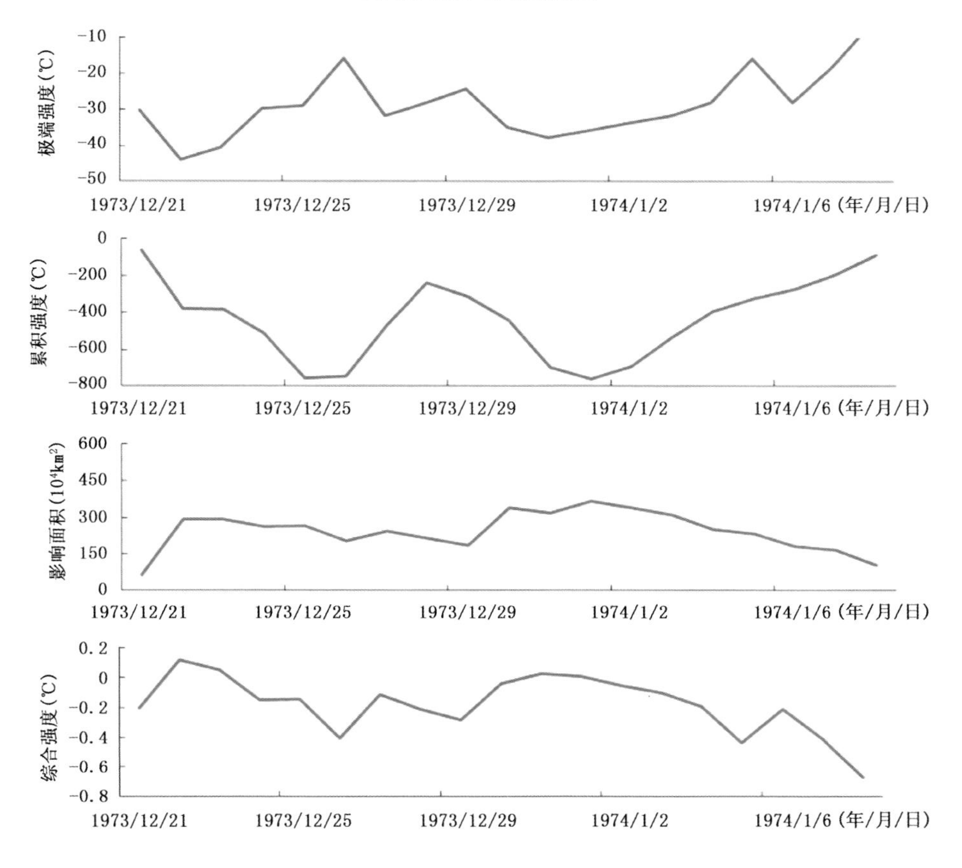

图6.43　1973年12月21日—1974年1月8日RLTE各指数逐日变化

事件 18　1961 年 1 月 9 日—1 月 21 日全国型极端低温事件

1961 年 1 月 9 日—1961 年 1 月 21 日出现覆盖范围除西藏西南部、云南西部等地以外的 RLTE(图 6.44)。事件持续时间为 13 d，最大覆盖面积为 745×10⁴ km²，极端低温值达到 −49.1℃，综合指标为 2.87，为 4 级极端性 RLTE。图 6.45 给出了事件的逐日演化曲线。

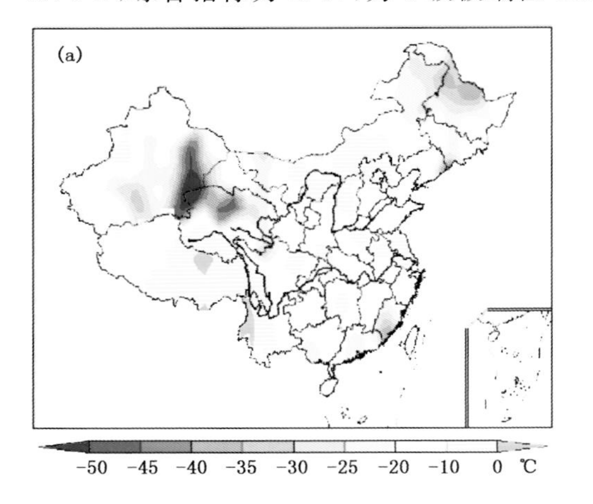

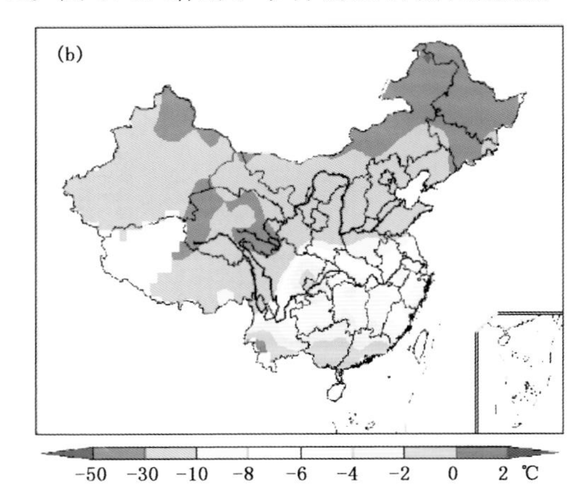

图 6.44　1961 年 1 月 9—21 日 RLTE 空间分布

(a. 累积强度，b. 极端强度)

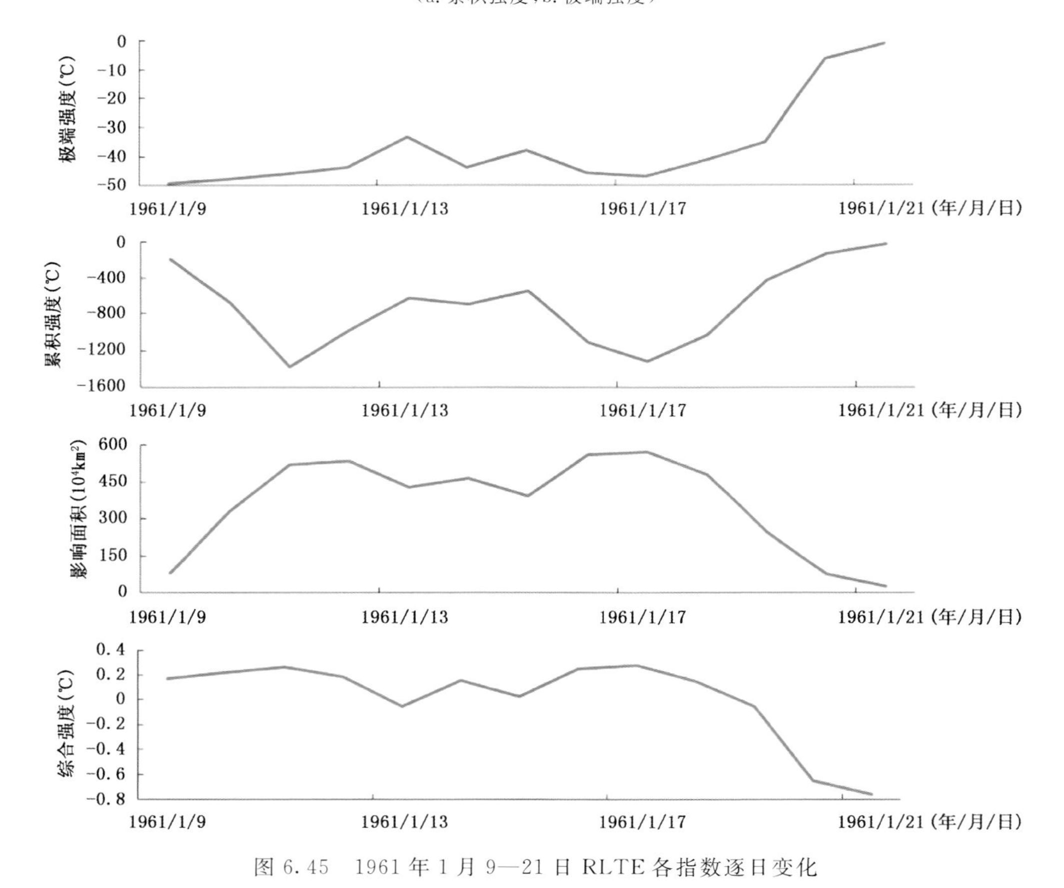

图 6.45　1961 年 1 月 9—21 日 RLTE 各指数逐日变化

事件 19　2002 年 12 月 23 日—2003 年 1 月 8 日全国型极端低温事件

2002 年 12 月 23 日—2003 年 1 月 8 日出现覆盖范围除西藏、青海西部、西南西部和华南南部等地以外的 RLTE(图 6.46)。事件持续时间为 17 d,最大覆盖面积为 660×10^4 km^2,极端低温值达到−42.4℃,综合指标为 2.84,为 4 级极端性 RLTE。图 6.47 给出了事件的逐日演化曲线。

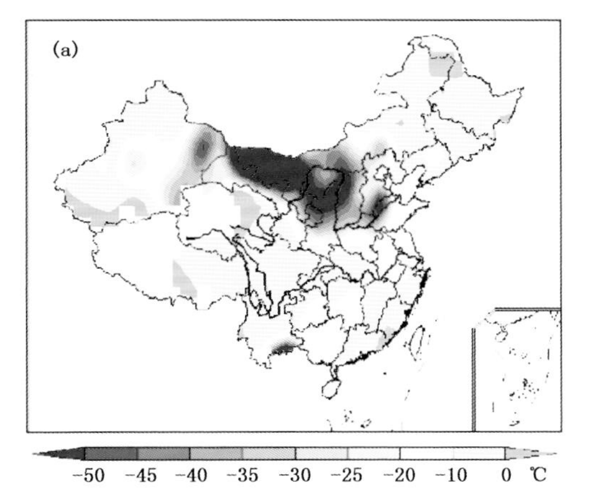

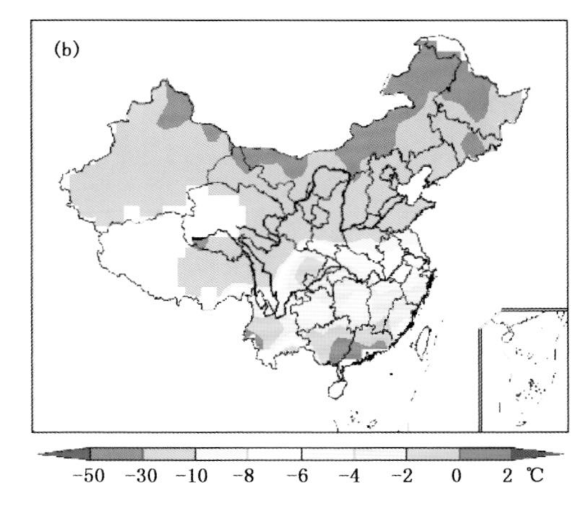

图 6.46　2002 年 12 月 23 日—2003 年 1 月 8 日 RLTE 空间分布

(a. 累积强度,b. 极端强度)

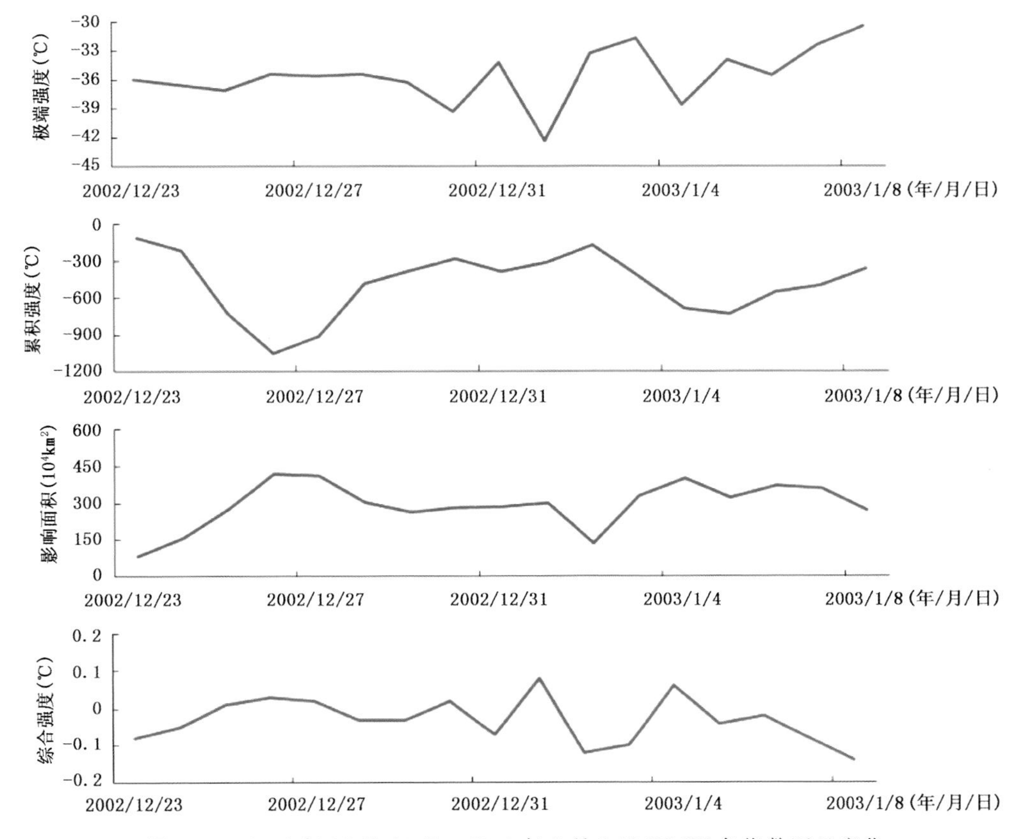

图 6.47　2002 年 12 月 23 日—2003 年 1 月 8 日 RLTE 各指数逐日变化

事件 20 1980 年 1 月 29 日—2 月 10 日全国型极端低温事件

1980 年 1 月 29 日—1980 年 2 月 10 日出现覆盖范围除新疆西南部、西藏西部、东北北部、云南南部和华南南部等地以外的 RLTE(图 6.48)。事件持续时间为 13 d,最大覆盖面积为 692×10^4 km^2,极端低温值达到-41.4℃,综合指标为 2.77,为 4 级极端性 RLTE。图 6.49 给出了事件的逐日演化曲线。

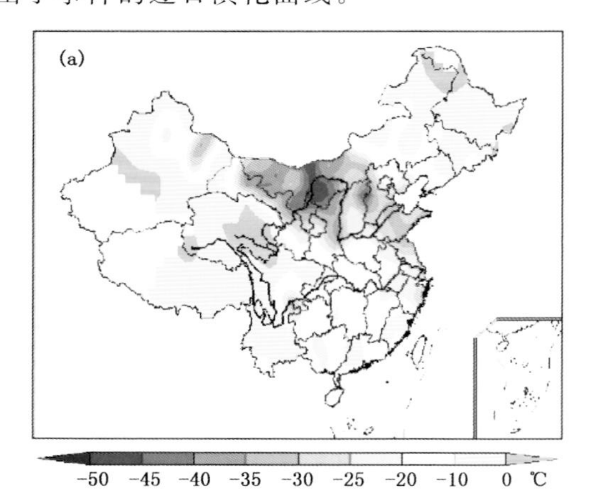

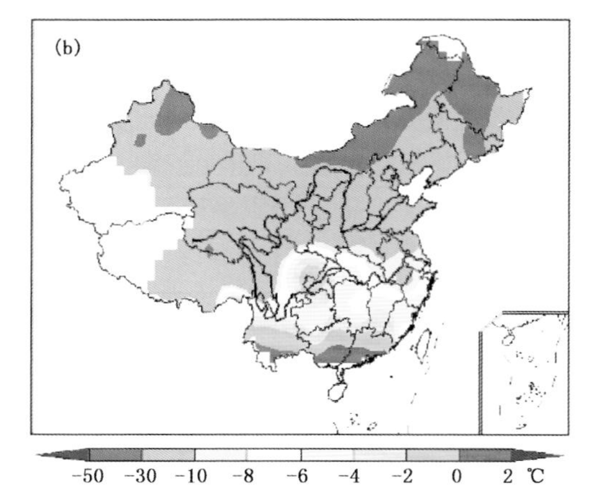

图 6.48 1980 年 1 月 29 日—2 月 10 日 RLTE 空间分布

(a. 累积强度,b. 极端强度)

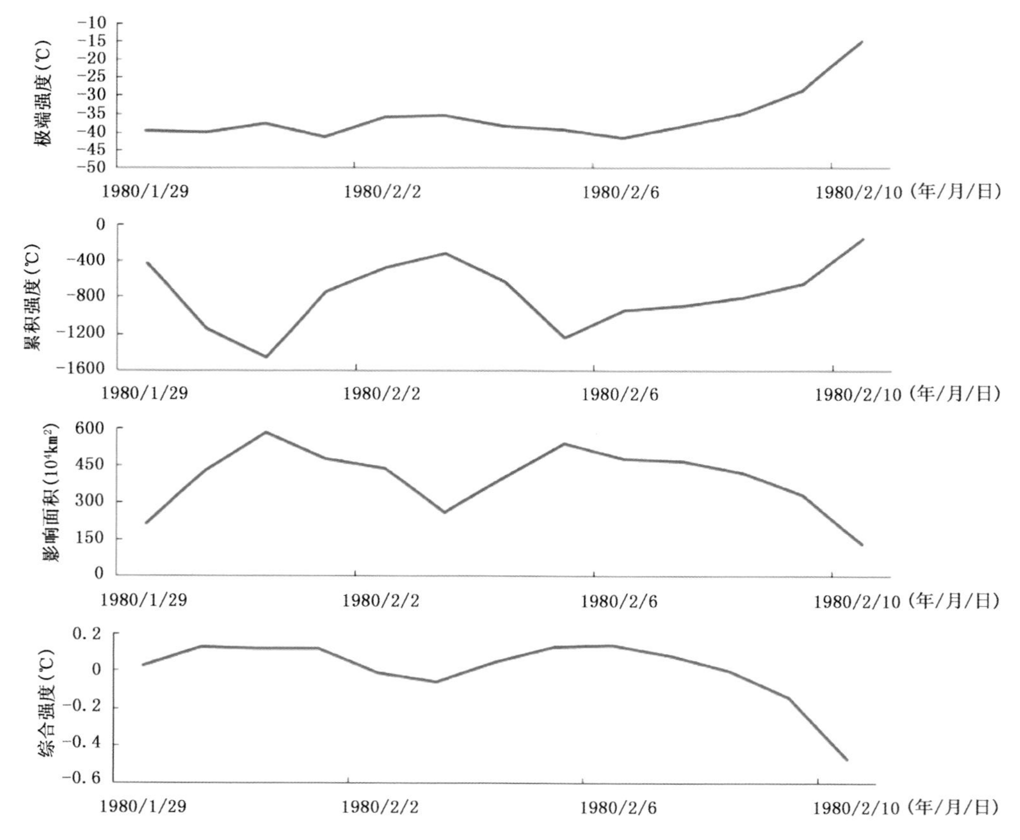

图 6.49 1980 年 1 月 29 日—2 月 10 日 RLTE 各指数逐日变化

事件21　1967年12月18日—1968年1月4日东部型极端低温事件

1967年12月18日—1968年1月4日出现覆盖范围除西藏和西北西部、云南和华南南部等地以外的RLTE(图6.50)。事件持续时间为13 d,最大覆盖面积为611×10^4 km^2,极端低温值达到−42.8℃,综合指标为2.74,为4级极端性RLTE。图6.51给出了事件的逐日演化曲线。

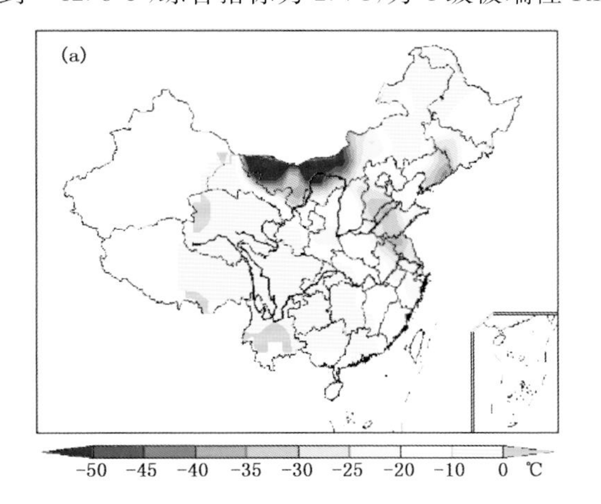

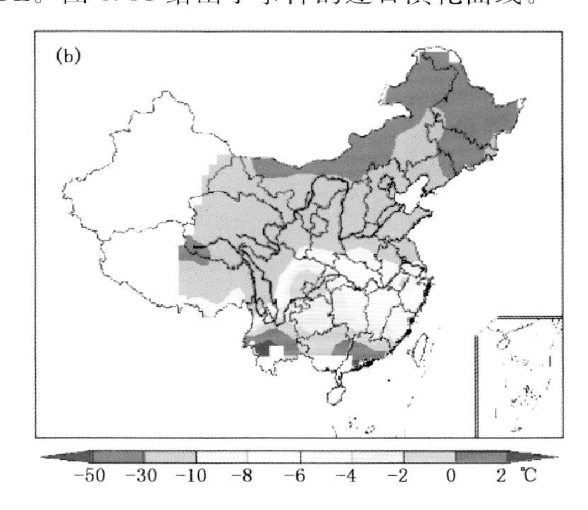

图6.50　1967年12月18日—1968年1月4日RLTE空间分布
(a.累积强度,b.极端强度)

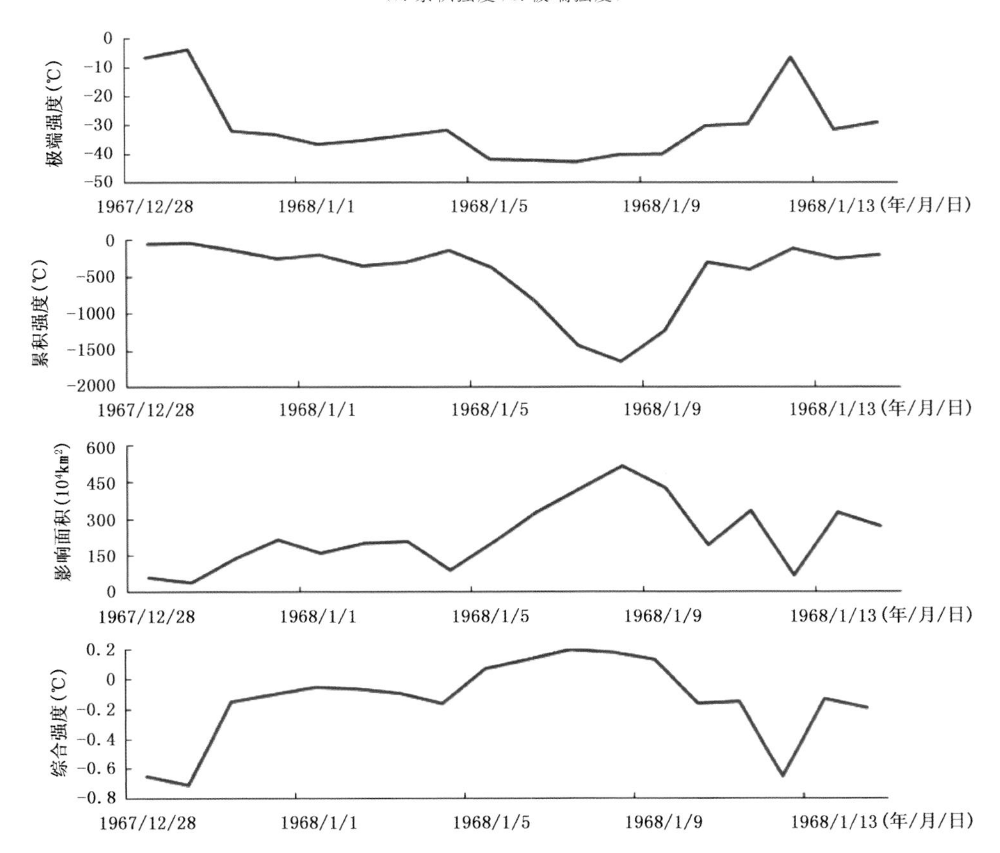

图6.51　1967年12月18日—1968年1月4日RLTE各指数逐日变化

6.4 重度区域性低温事件

199 次中国区域性低温事件中达到重度等级的事件有 40 次（表 6.4）。图 6.52—6.91 给出了这些事件的累积强度和极端强度分布。

表 6.4 1961—2013 年中国重度等级的 RLTE

序号	起始日期	结束日期	持续日数(d)	发生地域	综合强度
1	1977 年 1 月 26 日	1977 年 2 月 7 日	13	西北和西藏东部、中国东部等地	2.69
2	2009 年 12 月 27 日	2010 年 1 月 16 日	21	中国东部、西北东部等地	2.47
3	2012 年 1 月 20 日	2012 年 2 月 3 日	15	除西藏和云南等地的中国大部分地区	2.38
4	1967 年 11 月 28 日	1967 年 12 月 16 日	19	除新疆北部和西藏外的全国大部分地区	2.32
5	1990 年 1 月 19 日	1990 年 2 月 2 日	15	中国东部、西北东部	2.32
6	1961 年 12 月 21 日	1962 年 1 月 6 日	17	全国大部分地区	2.26
7	1998 年 1 月 12 日	1998 年 1 月 26 日	15	除西藏、云南和华南南部外的全国大部	2.23
8	1972 年 2 月 1 日	1972 年 2 月 11 日	11	西藏西部外的全国大部分地区	2.18
9	1966 年 1 月 17 日	1966 年 1 月 30 日	14	全国大部分地区	2.16
10	1991 年 12 月 26 日	1992 年 1 月 5 日	11	全国大部分地区	2.14
11	1983 年 12 月 27 日	1984 年 1 月 11 日	16	除西北西部、西藏西南部和东北北部外的全国大部分地区	2.13
12	1968 年 12 月 29 日	1969 年 1 月 8 日	11	除东北北部和西藏西南部的全国大部分地区	2.12
13	1965 年 1 月 3 日	1965 年 1 月 17 日	15	西北东部、西南大部分地区、中国东部	2.09
14	2000 年 1 月 23 日	2000 年 2 月 3 日	12	西北东部、西南大部分地区、中国东部	2.06
15	1964 年 2 月 14 日	1964 年 2 月 27 日	14	西北北部和东部、西南东部、除东北北部以外的中国东部	2.04
16	1964 年 1 月 24 日	1964 年 2 月 5 日	13	全国大部分地区	2.02
17	1980 年 1 月 4 日	1980 年 1 月 18 日	15	西北东部、西南大部分地区、中国东部	1.98
18	1999 年 12 月 18 日	2000 年 1 月 1 日	15	西北东部、西南大部分地区及除东北北部以外的中国东部	1.97
19	1965 年 12 月 22 日	1966 年 1 月 2 日	12	全国大部分地区	1.96
20	1971 年 1 月 1 日	1971 年 1 月 12 日	12	除西北西部、西藏西南部等地外的全国大部分地区	1.9
21	2001 年 1 月 9 日	2001 年 1 月 23 日	15	东北、华北、江淮、江南等地	1.89
22	1977 年 12 月 31 日	1978 年 1 月 13 日	14	西北、西藏、黄淮、江淮、江南和华南北部等地	1.86

续表

序号	起始日期	结束日期	持续日数（d）	发生地域	综合强度
23	1989 年 1 月 11 日	1989 年 1 月 23 日	13	除新疆北部和西部、西藏西南部、内蒙古东部等地外的全国大部分地区	1.85
24	1978 年 2 月 7 日	1978 年 2 月 18 日	12	西北、东北、华北、黄淮、江淮、江南、华南等地	1.71
25	1985 年 1 月 7 日	1985 年 1 月 17 日	11	西北东部、西南东部及除华南南部以外的中国东部	1.67
26	1969 年 1 月 10 日	1969 年 1 月 18 日	9	除西藏西南部、华南东部和东北东部以外的全国大部分地区	1.62
27	1978 年 1 月 16 日	1978 年 1 月 23 日	8	除内蒙古东部和东北、西藏西南部以外的全国大部分地区	1.58
28	1986 年 1 月 2 日	1986 年 1 月 11 日	10	西北中东部、西南东部及中国东部	1.57
29	1974 年 1 月 23 日	1974 年 2 月 3 日	12	西北中东部、西南东部、东北、华北、黄淮、江淮、江南和华南南部等地	1.51
30	1994 年 1 月 16 日	1994 年 1 月 25 日	10	除内蒙古东部和东北、西藏西南部以外的全国大部分地区	1.44
31	1972 年 12 月 28 日	1973 年 1 月 7 日	11	除西藏和新疆北部以外的全国大部分地区	1.41
32	1979 年 1 月 28 日	1979 年 2 月 2 日	6	西北大部分地区、东北、华北、黄淮、江淮、江南、华南和西南东部	1.37
33	1974 年 12 月 13 日	1974 年 12 月 26 日	14	西北、西南、黄淮和江淮等地	1.35
34	1981 年 1 月 23 日	1981 年 1 月 29 日	7	西北、华北、东北南部、黄淮、江淮、西南东部、江南、华南中部等地	1.3
35	1965 年 12 月 15 日	1965 年 12 月 20 日	6	除西藏西南部以外的全国大部	1.28
36	1969 年 2 月 18 日	1969 年 2 月 26 日	9	东北、华北、黄淮、江淮、江南、华南西部和西南东部等地	1.27
37	1974 年 2 月 5 日	1974 年 2 月 13 日	9	西北东部、西南东部，除东北东部以外的中国东部	1.21
38	2012 年 12 月 21 日	2012 年 12 月 28 日	8	除西藏、新疆西南部和青海南部以外的全国大部分地区	1.2
39	2004 年 12 月 28 日	2005 年 1 月 3 日	7	西北北部和东部、西南东部，除东北以外的中古东部等地	1.17
40	1964 年 2 月 6 日	1964 年 2 月 15 日	10	西北北部和东部，除华南南部以外的中古东部等地	1.15

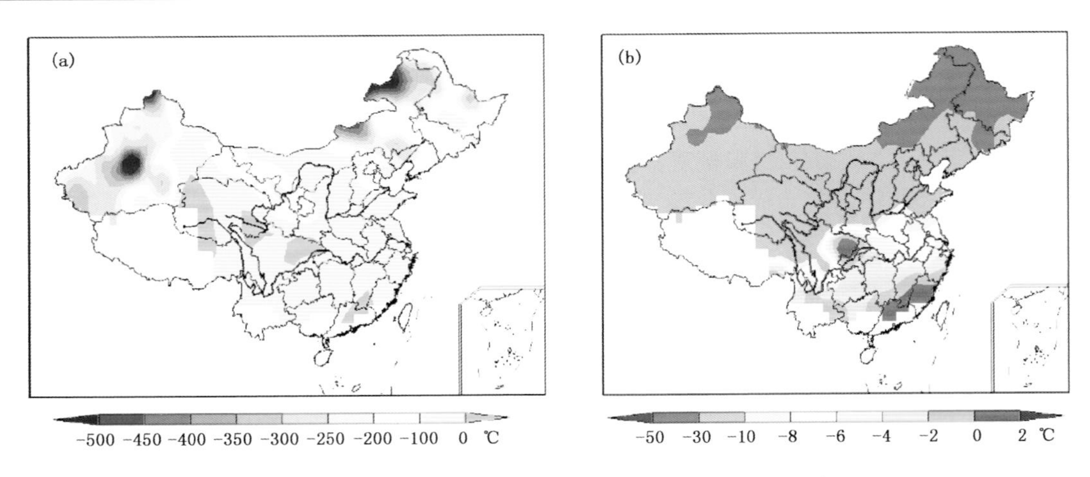

图 6.52　1977 年 1 月 26 日—2 月 7 日 RLTE 空间分布

（a. 累积强度，b. 极端强度）

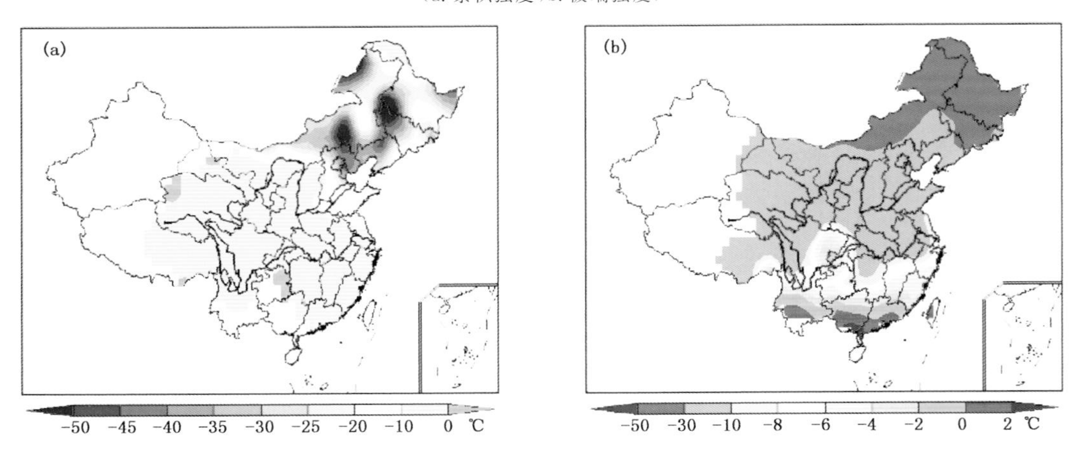

图 6.53　2009 年 12 月 27 日—2010 年 1 月 16 日 RLTE 空间分布

（a. 累积强度，b. 极端强度）

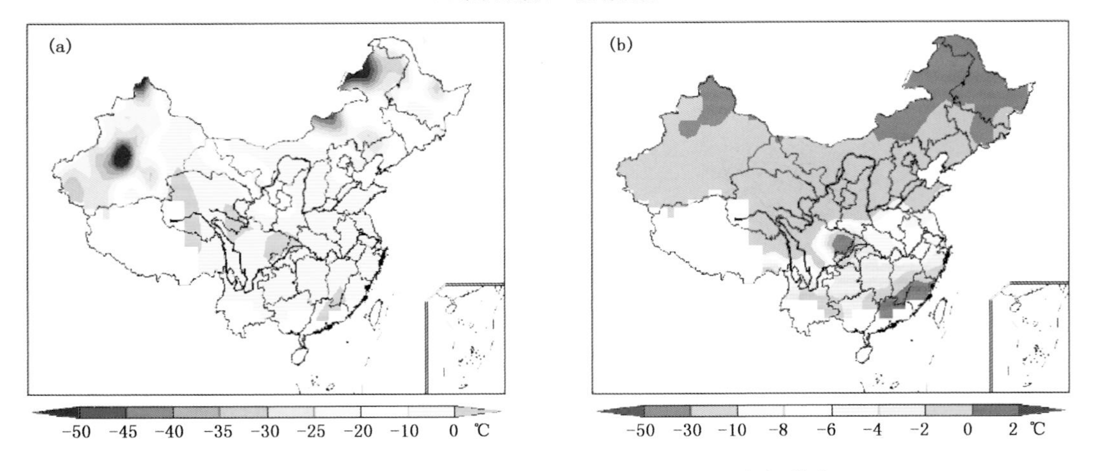

图 6.54　2012 年 1 月 20 日—2 月 3 日 RLTE 空间分布

（a. 累积强度，b. 极端强度）

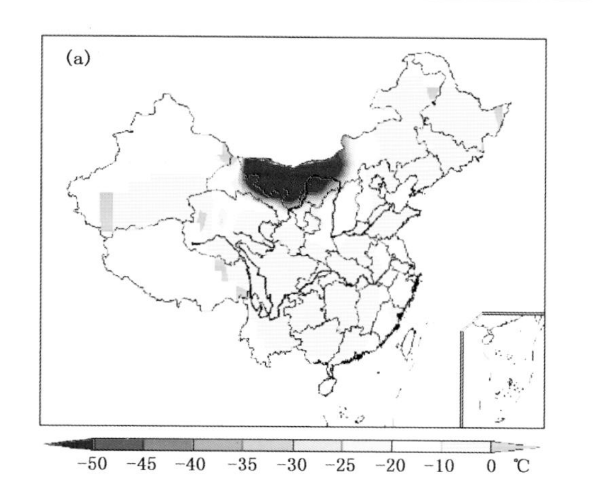

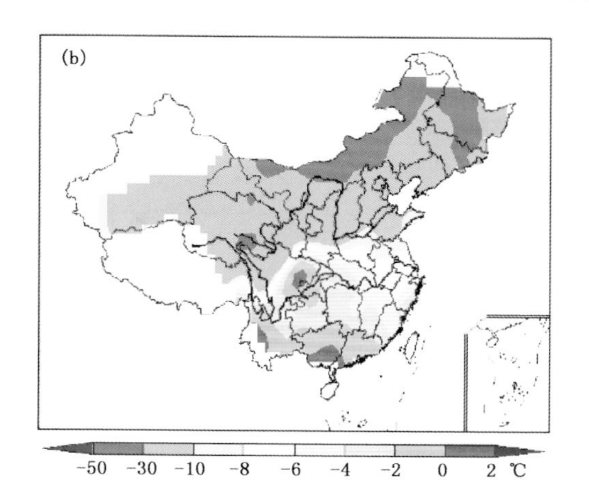

图 6.55　1967 年 11 月 28 日—12 月 16 日 RLTE 空间分布

（a. 累积强度，b. 极端强度）

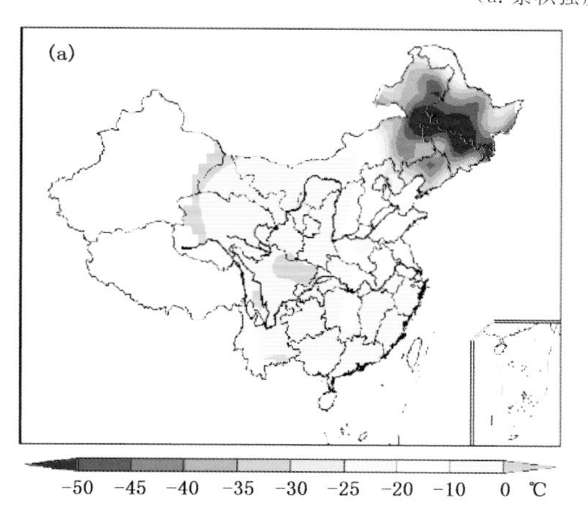

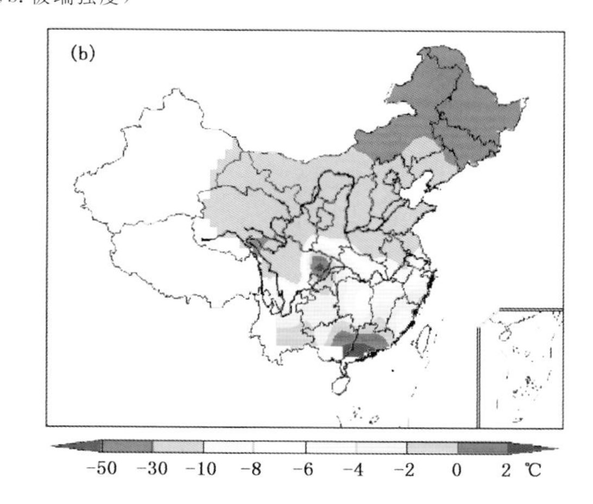

图 6.56　1990 年 1 月 19 日—2 月 2 日 RLTE 空间分布

（a. 累积强度，b. 极端强度）

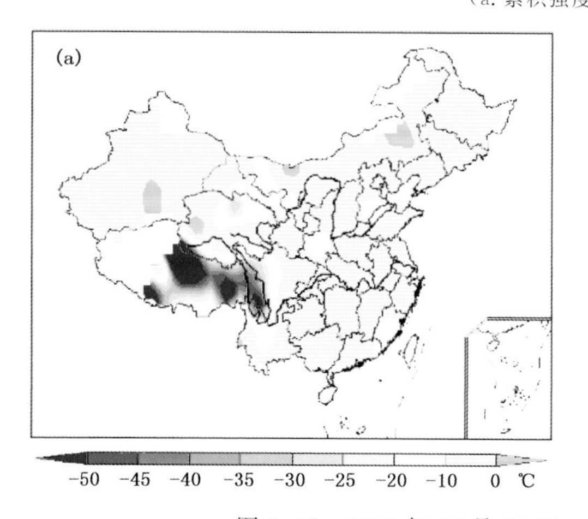

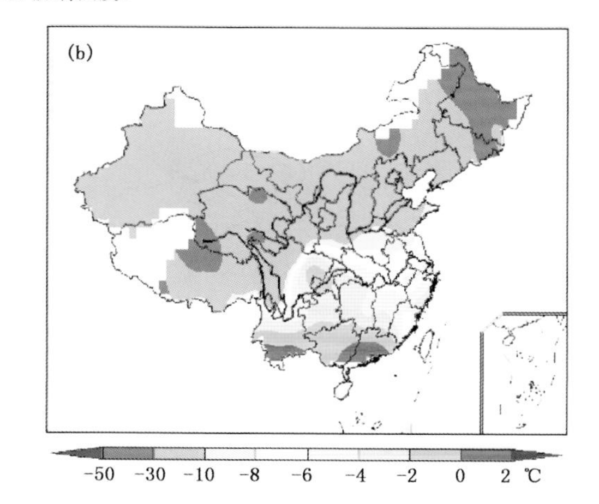

图 6.57　1961 年 12 月 21 日—1962 年 1 月 6 日 RLTE 空间分布

（a. 累积强度，b. 极端强度）

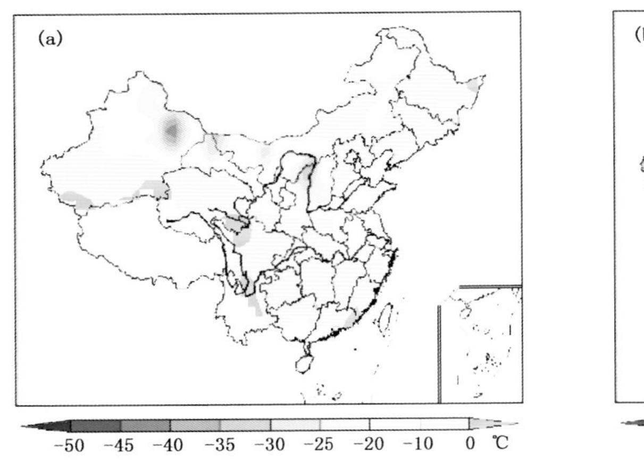

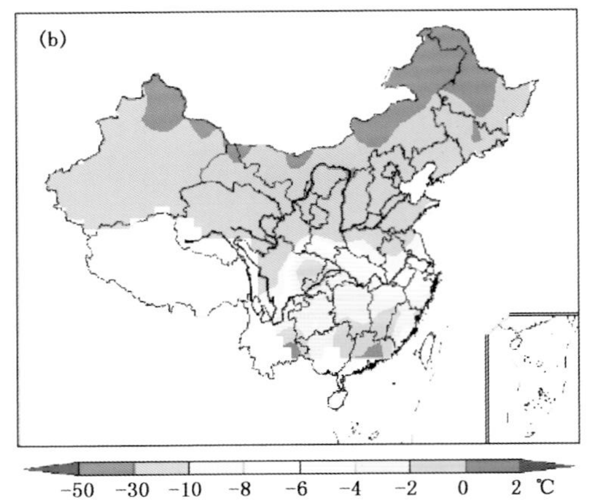

图 6.58 1998 年 1 月 12 日—1 月 26 日 RLTE 空间分布

（a. 累积强度，b. 极端强度）

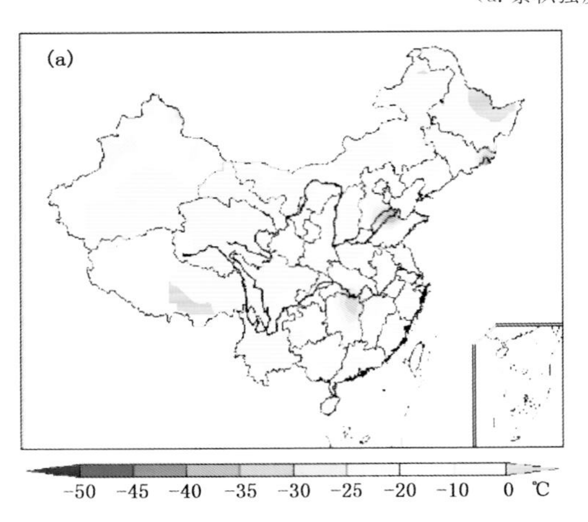

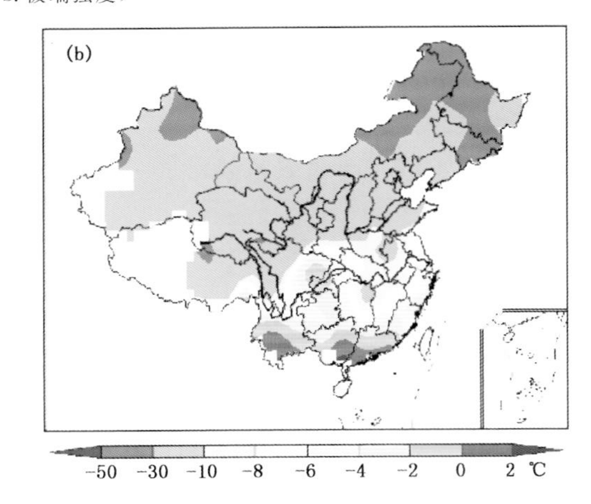

图 6.59 1972 年 2 月 1 日—2 月 11 日 RLTE 空间分布

（a. 累积强度，b. 极端强度）

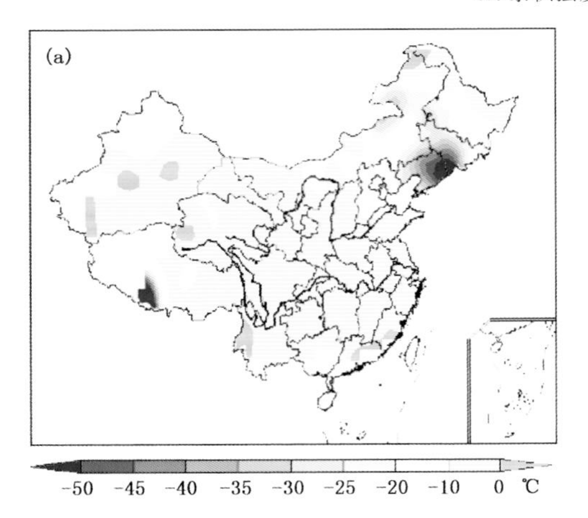

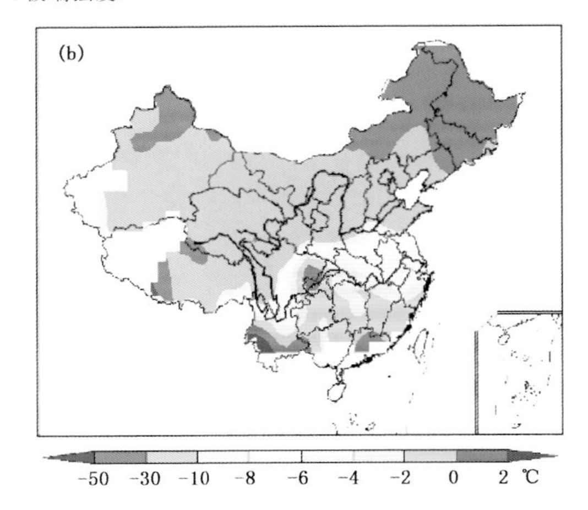

图 6.60 1966 年 1 月 17 日—1 月 30 日 RLTE 空间分布

（a. 累积强度，b. 极端强度）

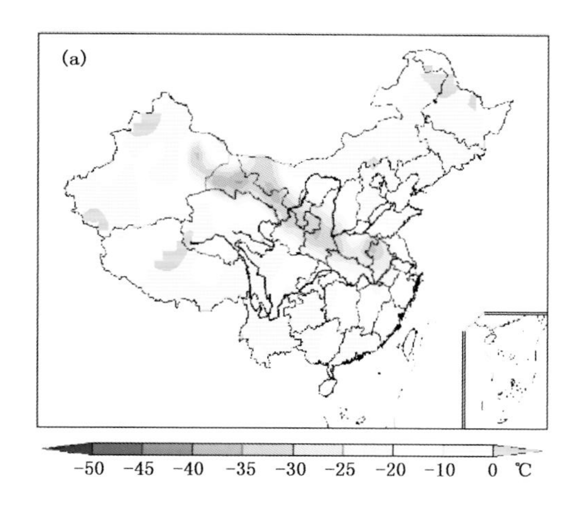

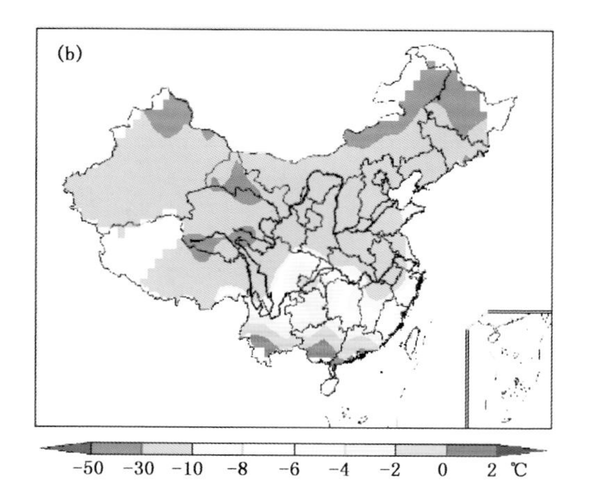

图 6.61　1991 年 12 月 26 日—1992 年 1 月 5 日 RLTE 空间分布

（a. 累积强度，b. 极端强度）

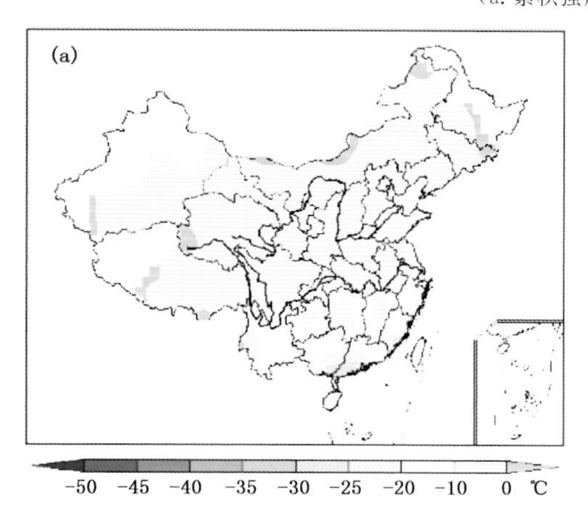

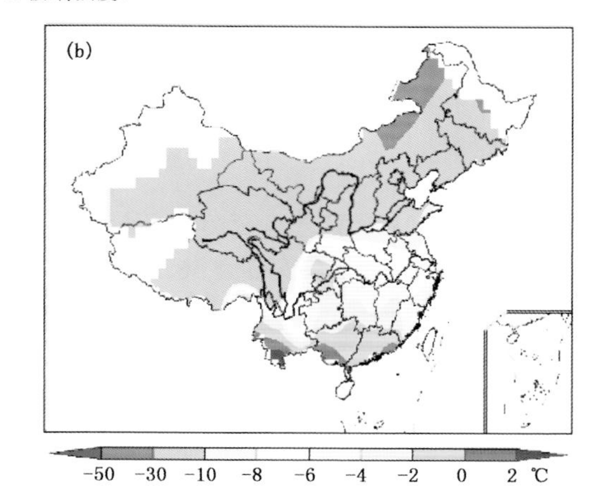

图 6.62　1983 年 12 月 27 日—1984 年 1 月 11 日区域性低温事件空间分布

（a. 累积强度，b. 极端强度）

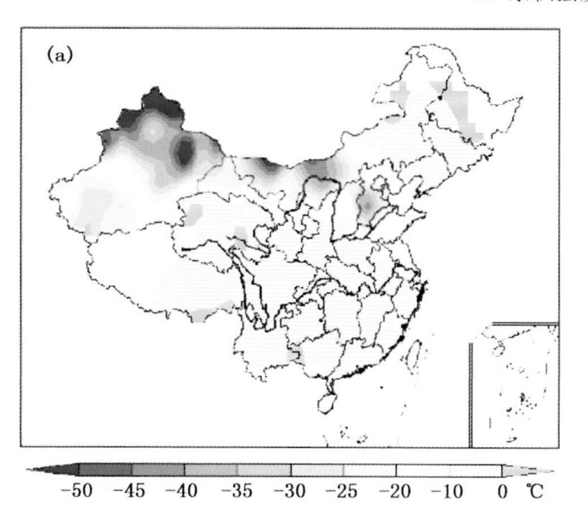

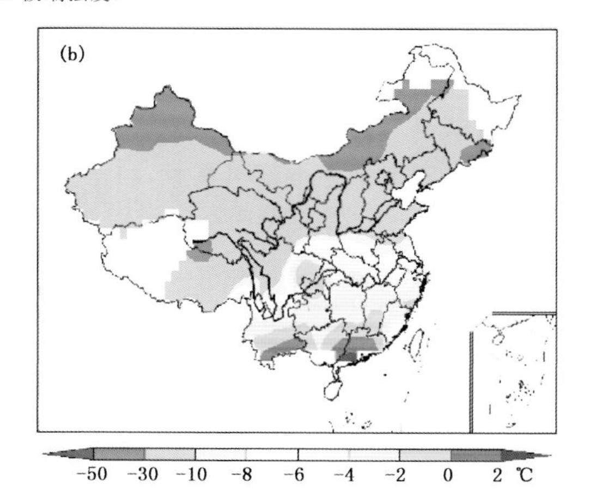

图 6.63　1968 年 12 月 29 日—1969 年 1 月 8 日 RLTE 空间分布

（a. 累积强度，b. 极端强度）

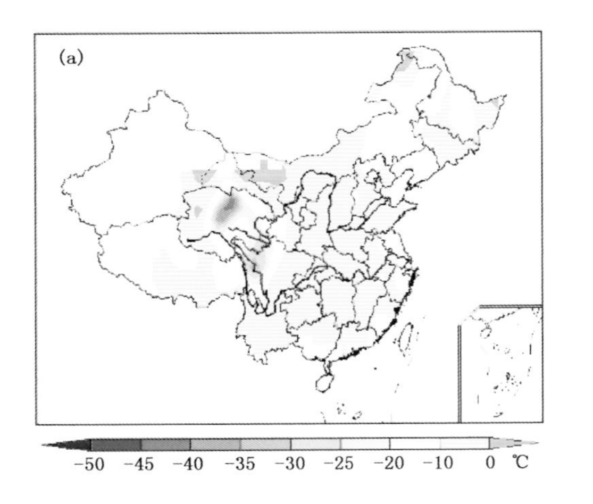

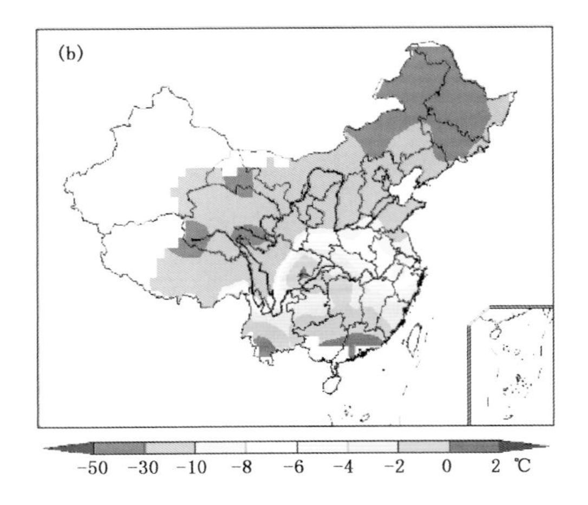

图 6.64　1965 年 1 月 3 日—1 月 17 日 RLTE 空间分布

(a. 累积强度，b. 极端强度)

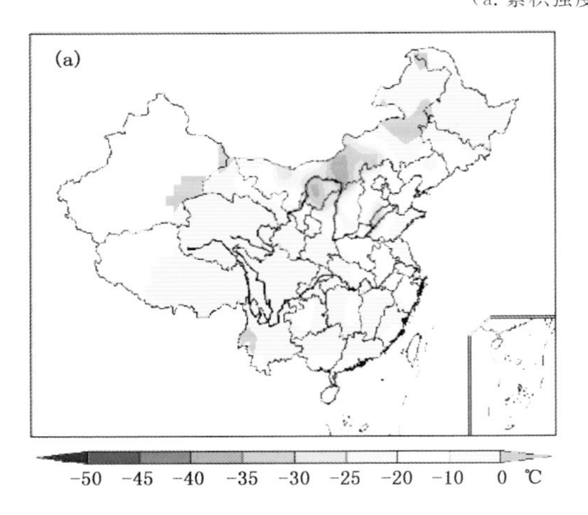

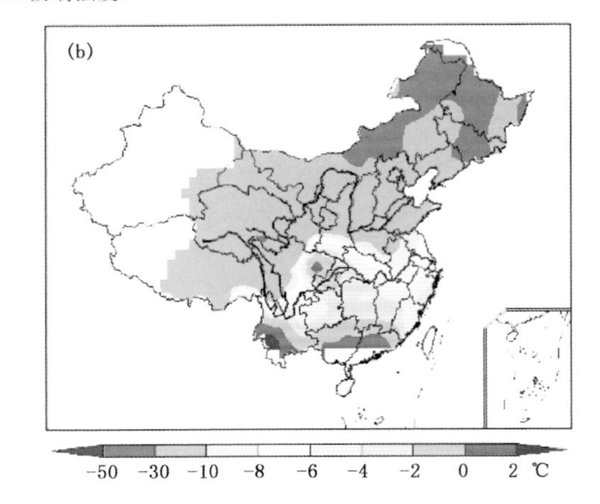

图 6.65　2000 年 1 月 23 日—2 月 3 日 RLTE 空间分布

(a. 累积强度，b. 极端强度)

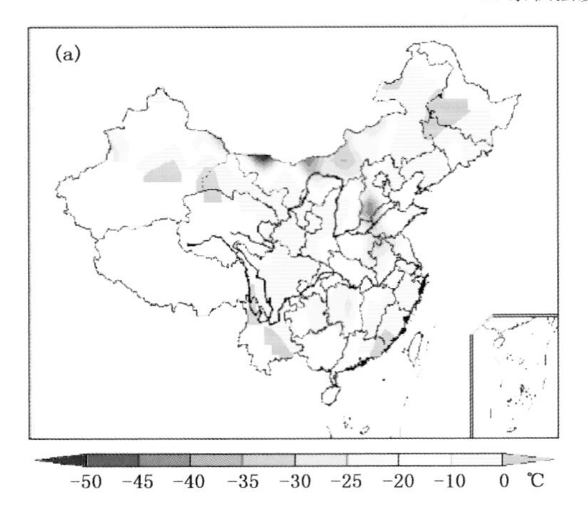

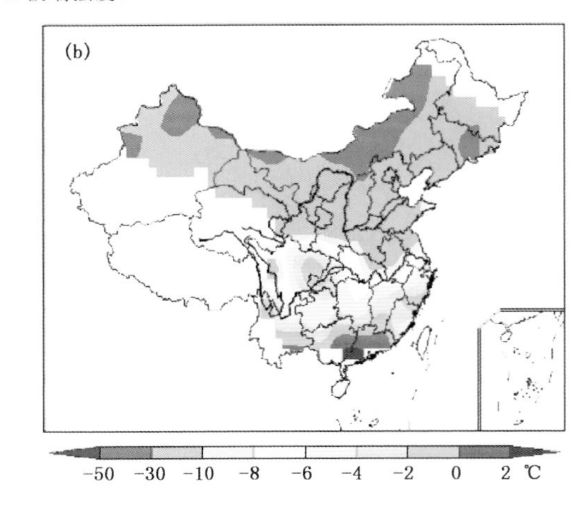

图 6.66　1964 年 2 月 14 日—2 月 27 日 RLTE 空间分布

(a. 累积强度，b. 极端强度)

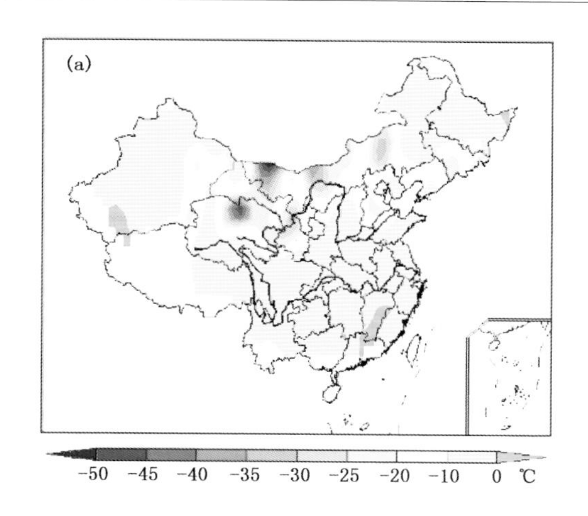

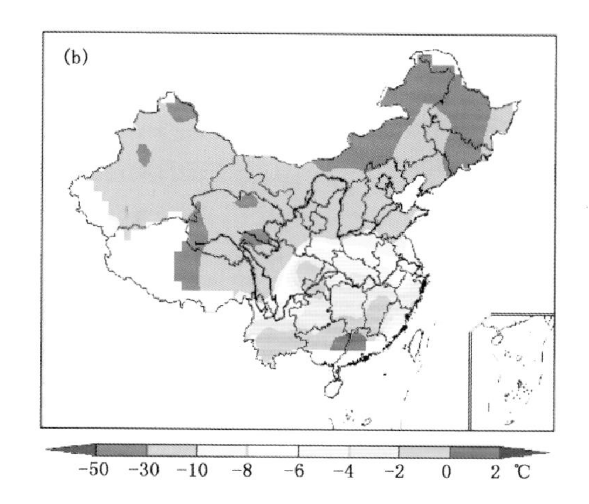

图 6.67　1964 年 1 月 24 日—2 月 5 日 RLTE 空间分布

（a. 累积强度，b. 极端强度）

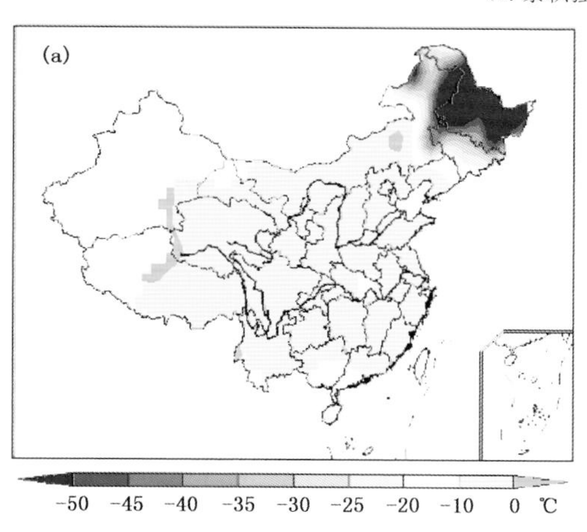

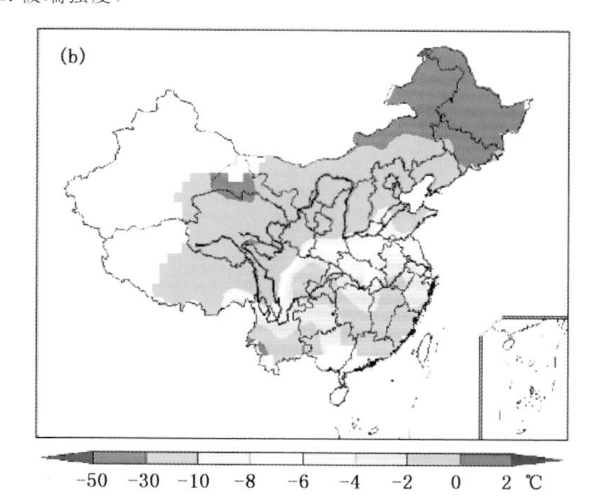

图 6.68　1980 年 1 月 4 日—1 月 18 日 RLTE 空间分布

（a. 累积强度，b. 极端强度）

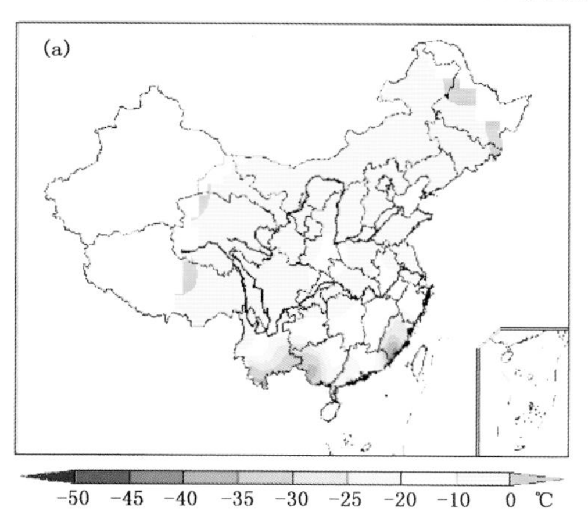

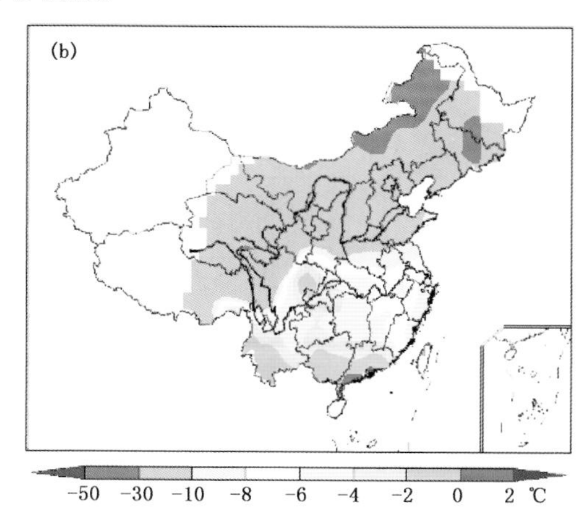

图 6.69　1999 年 12 月 18 日—2000 年 1 月 1 日 RLTE 空间分布

（a. 累积强度，b. 极端强度）

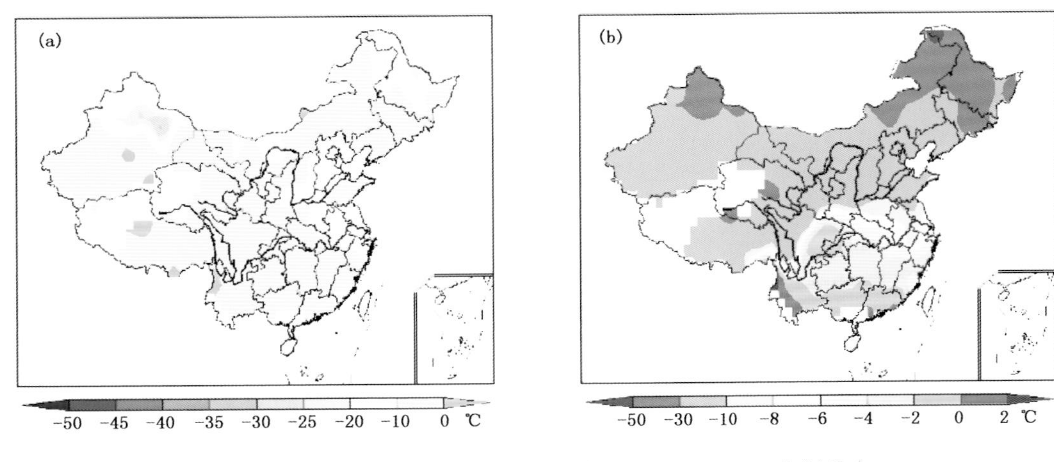

图 6.70　1965 年 12 月 22 日—1966 年 1 月 2 日 RLTE 空间分布

（a. 累积强度，b. 极端强度）

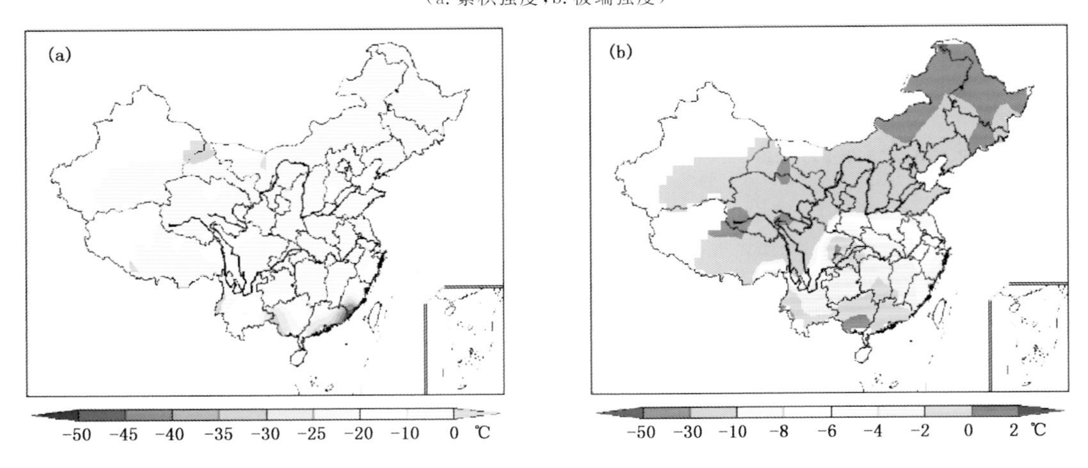

图 6.71　1971 年 1 月 1—12 日 RLTE 空间分布

（a. 累积强度，b. 极端强度）

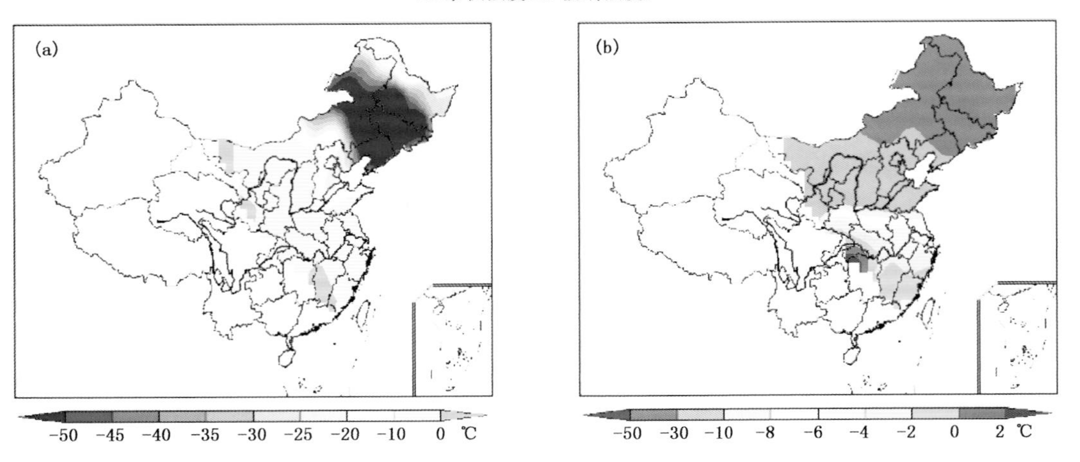

图 6.72　2001 年 1 月 9—23 日 RLTE 空间分布

（a. 累积强度，b. 极端强度）

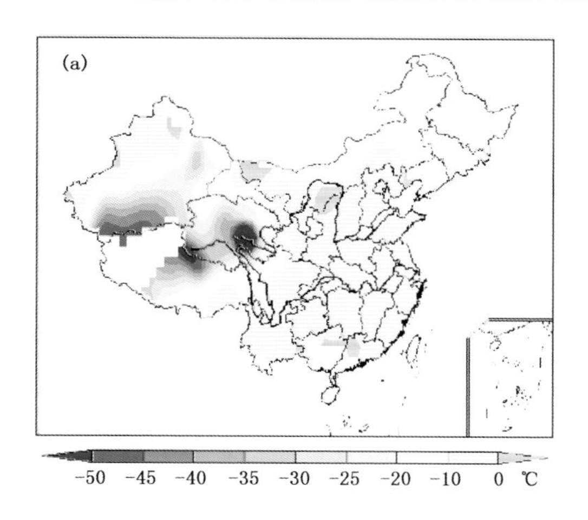

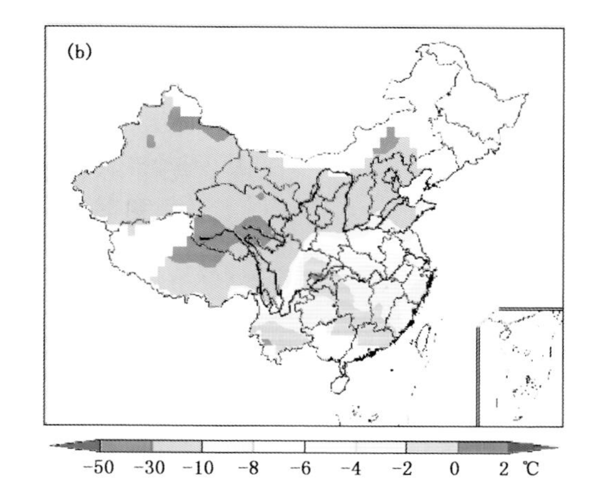

图6.73　1977年12月31日—1978年1月13日RLTE空间分布

（a.累积强度，b.极端强度）

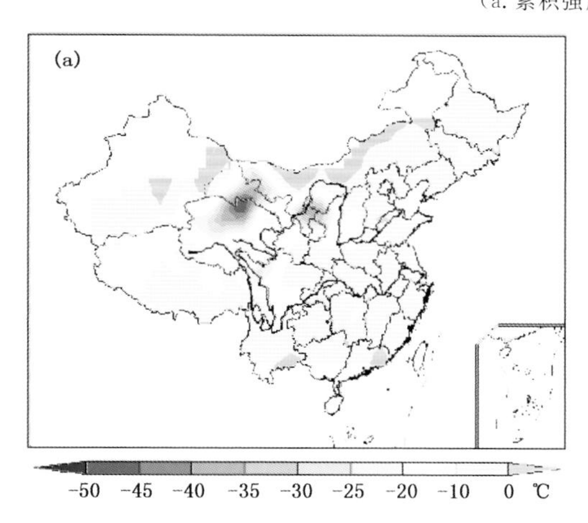

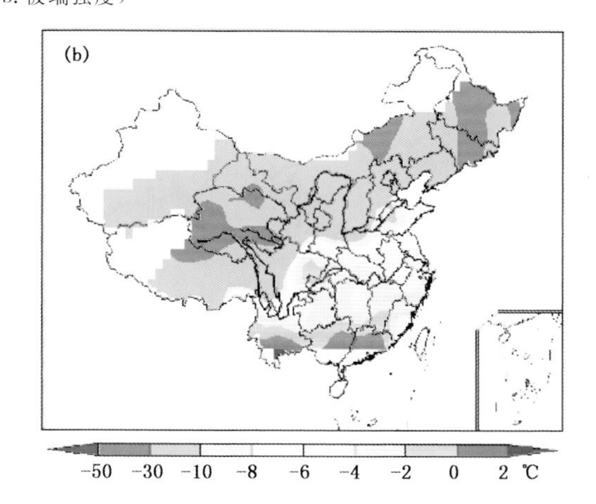

图6.74　1989年1月11—23日RLTE空间分布

（a.累积强度，b.极端强度）

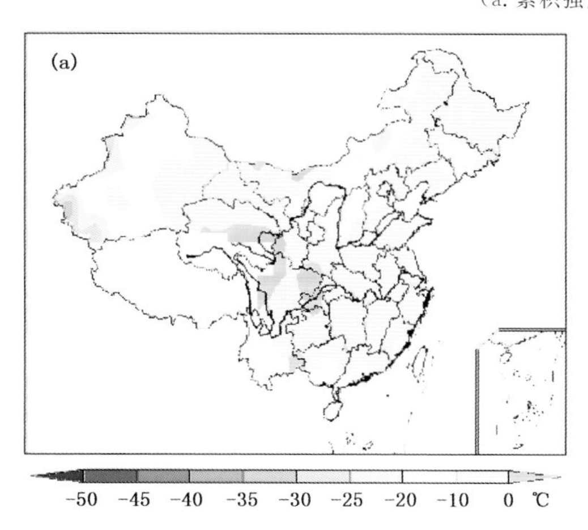

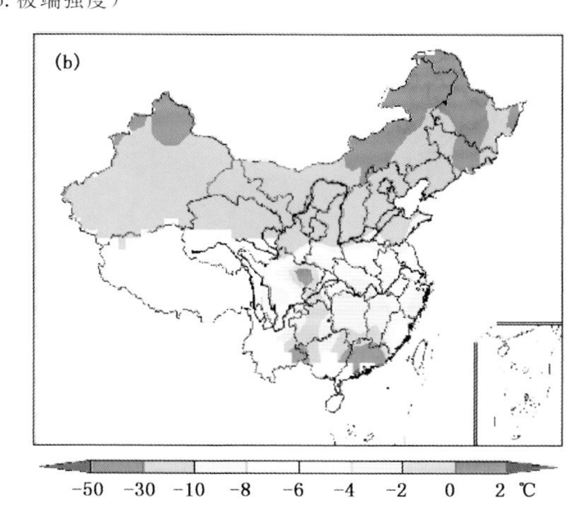

图6.75　1978年2月7—18日RLTE空间分布

（a.累积强度，b.极端强度）

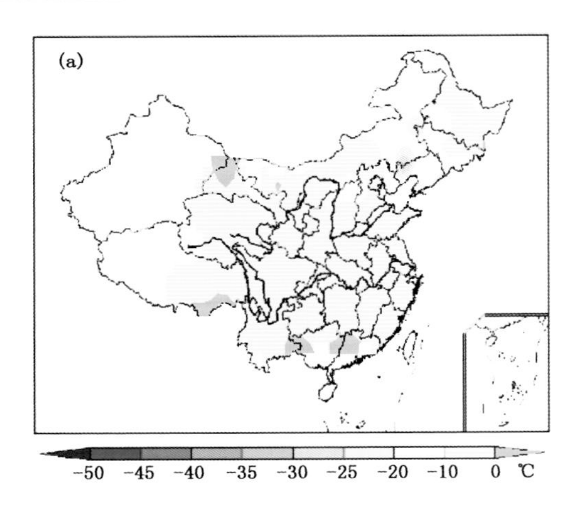

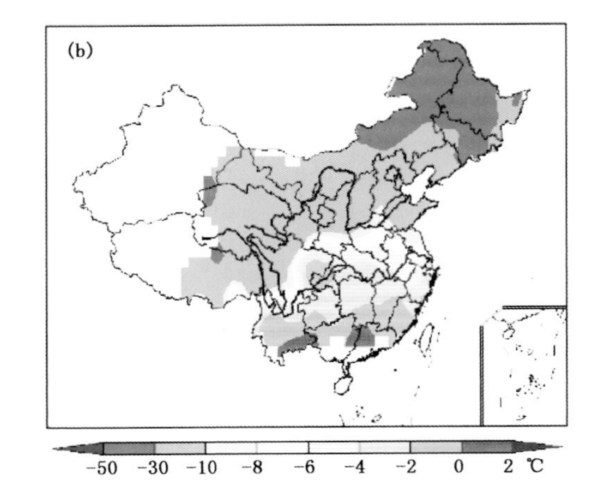

图 6.76　1985 年 1 月 7—17 日 RLTE 空间分布

（a. 累积强度，b. 极端强度）

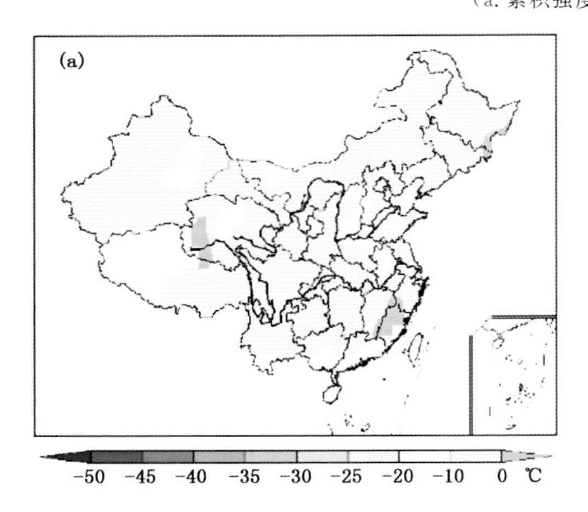

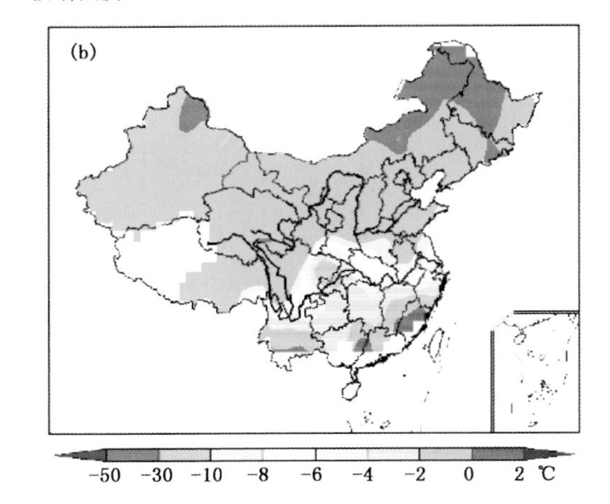

图 6.77　1969 年 1 月 10—19 日 RLTE 空间分布

（a. 累积强度，b. 极端强度）

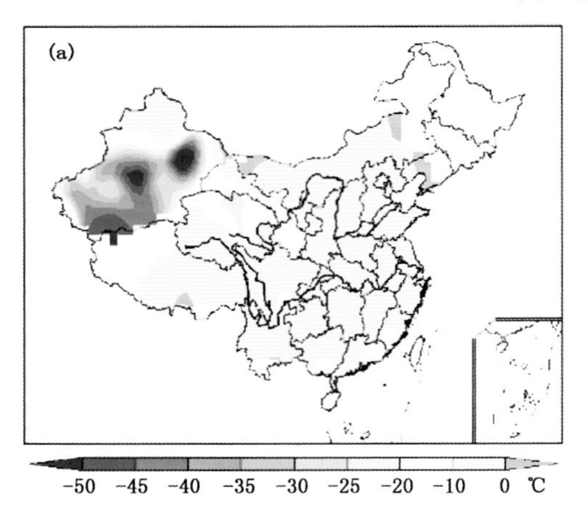

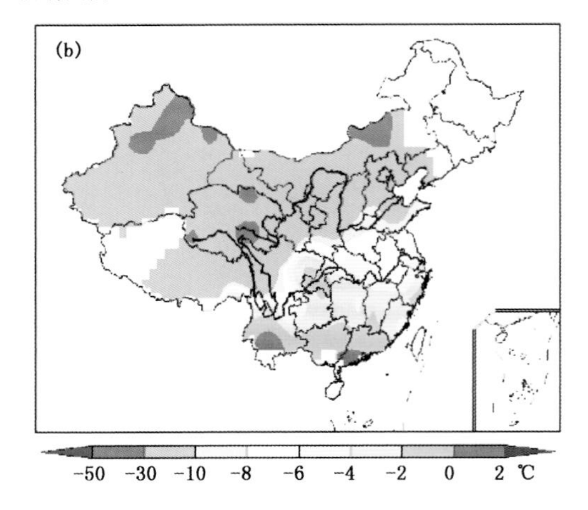

图 6.78　1978 年 2 月 7—18 日 RLTE 空间分布

（a. 累积强度，b. 极端强度）

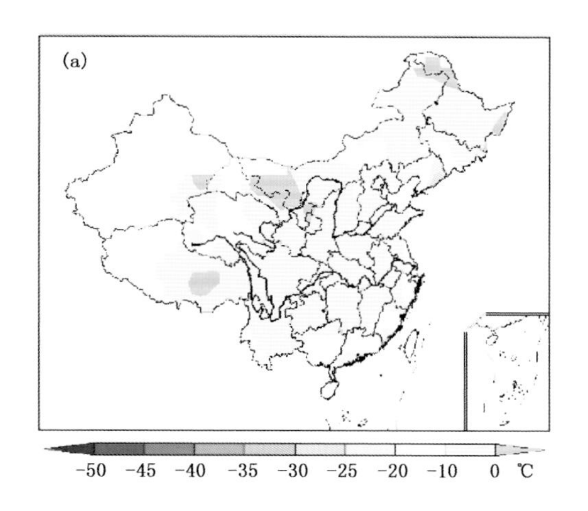

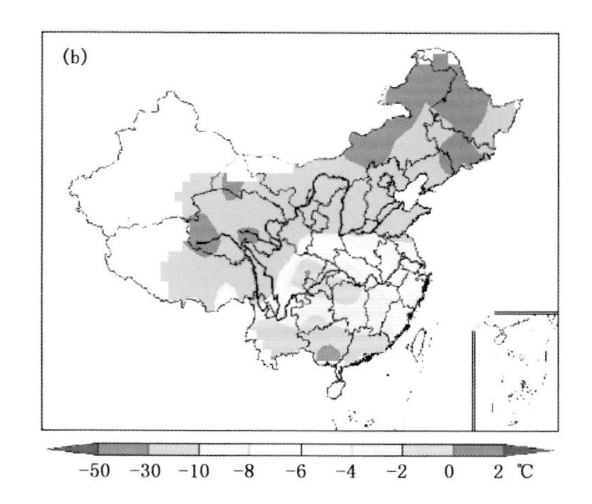

图 6.79　1986 年 1 月 2—11 日 RLTE 空间分布

（a. 累积强度，b. 极端强度）

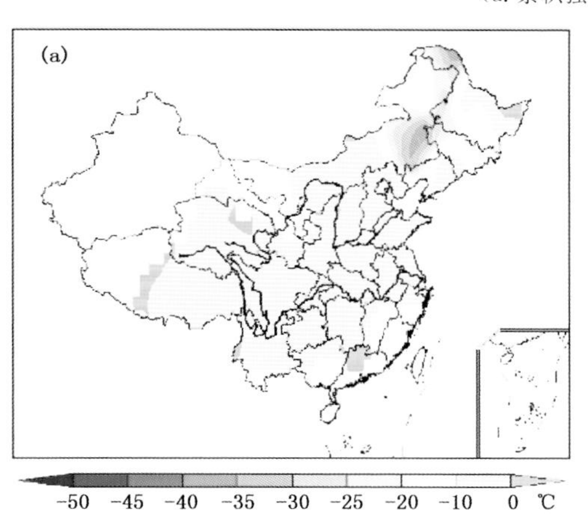

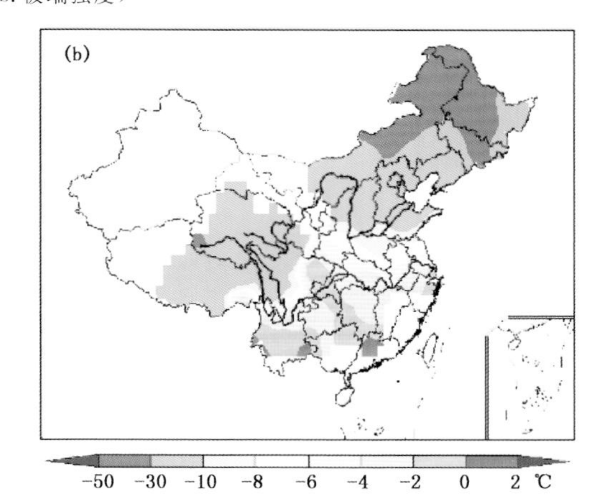

图 6.80　1974 年 1 月 23 日—2 月 3 日 RLTE 空间分布

（a. 累积强度，b. 极端强度）

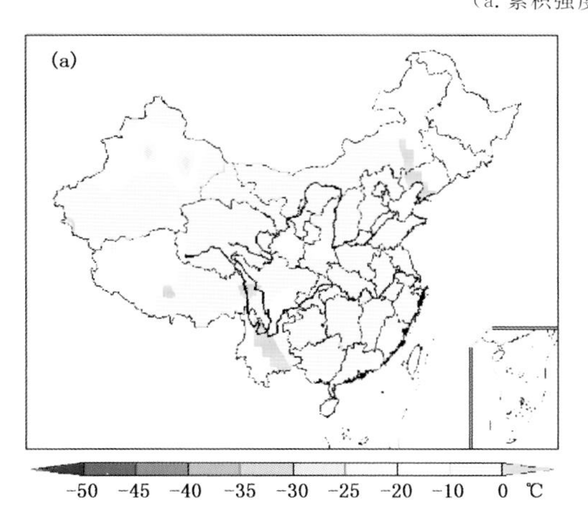

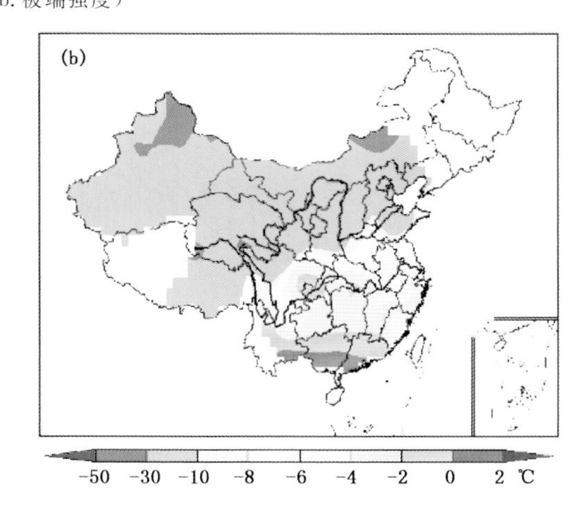

图 6.81　1994 年 1 月 16—25 日 RLTE 空间分布

（a. 累积强度，b. 极端强度）

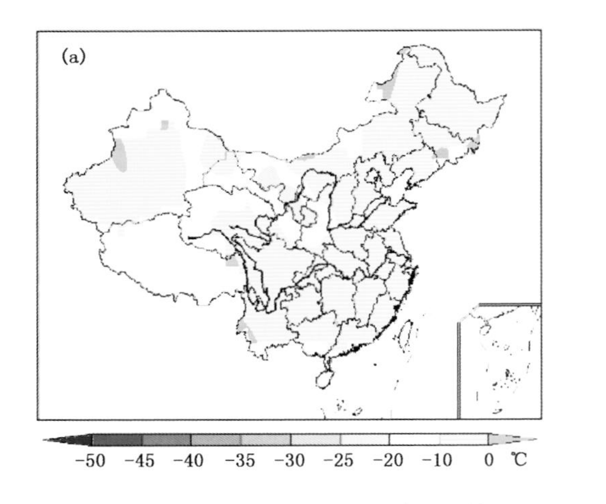

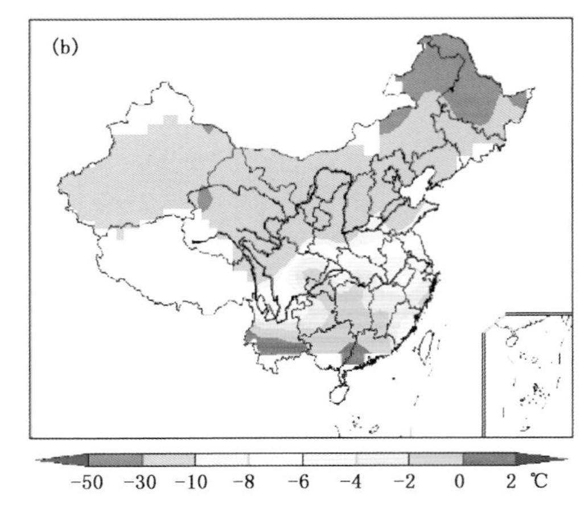

图 6.82 1972 年 12 月 28 日—1973 年 1 月 7 日 RLTE 空间分布

（a. 累积强度，b. 极端强度）

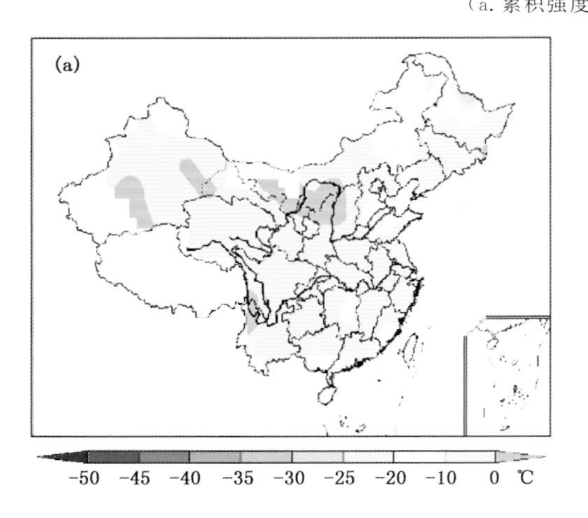

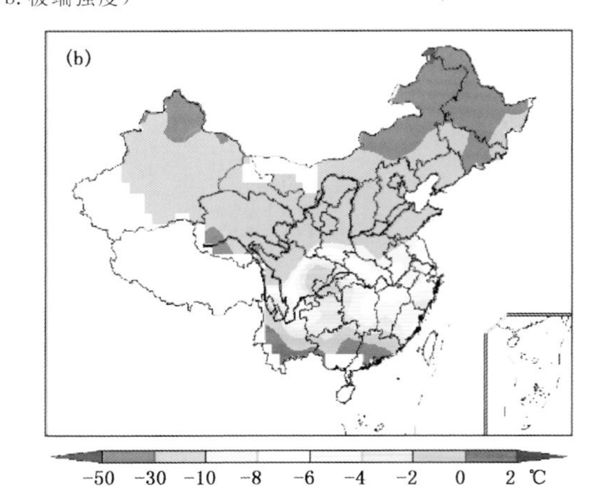

图 6.83 1979 年 1 月 28 日—2 月 2 日 RLTE 空间分布

（a. 累积强度，b. 极端强度）

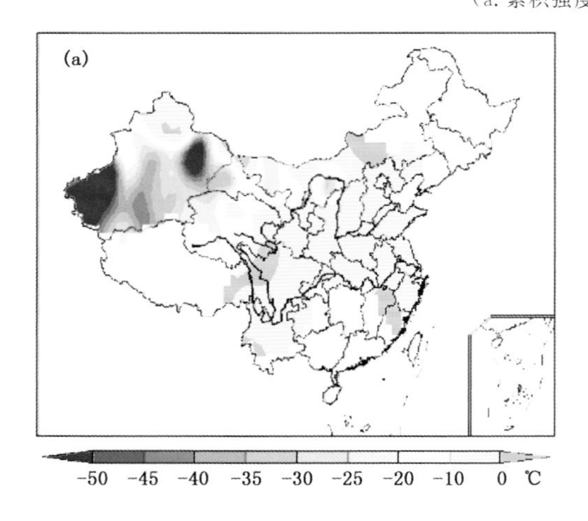

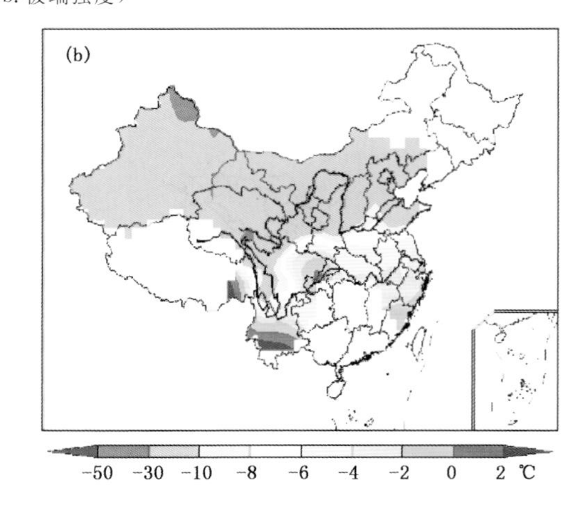

图 6.84 1974 年 12 月 13—26 日 RLTE 空间分布

（a. 累积强度，b. 极端强度）

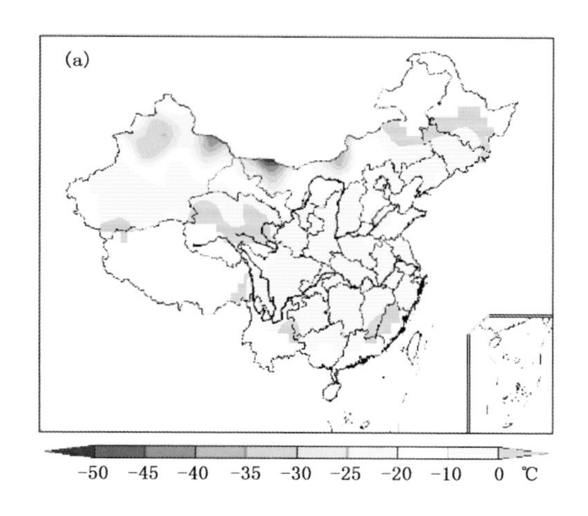

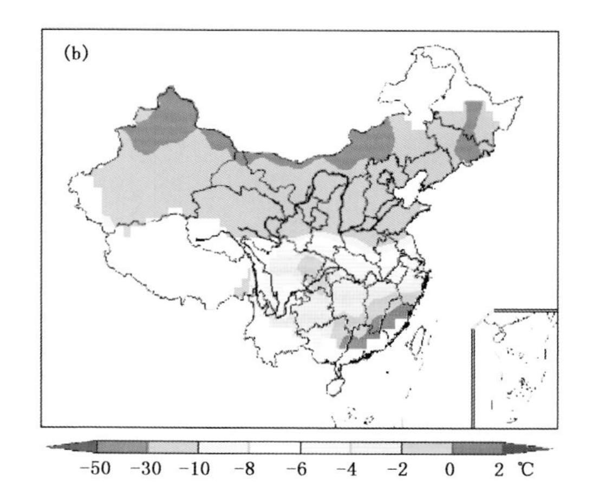

图 6.85　1981 年 1 月 23—29 日 RLTE 空间分布

(a. 累积强度，b. 极端强度)

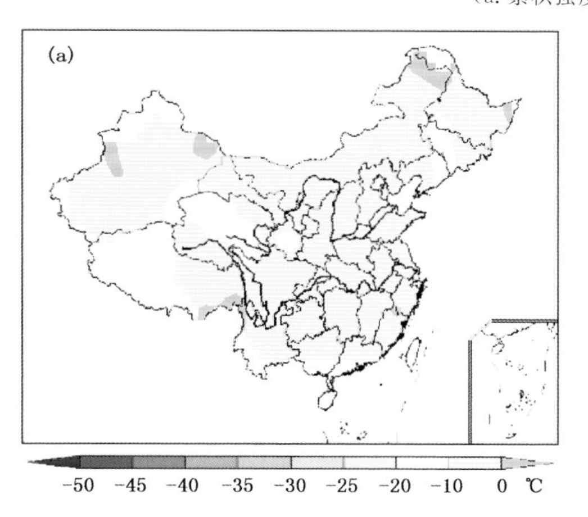

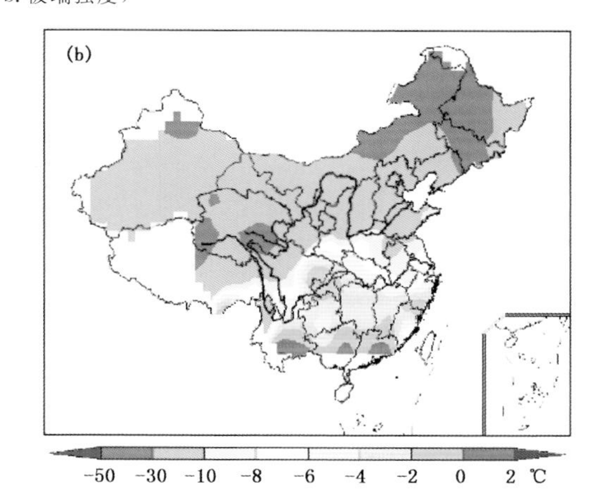

图 6.86　1965 年 12 月 15—20 日 RLTE 空间分布

(a. 累积强度，b. 极端强度)

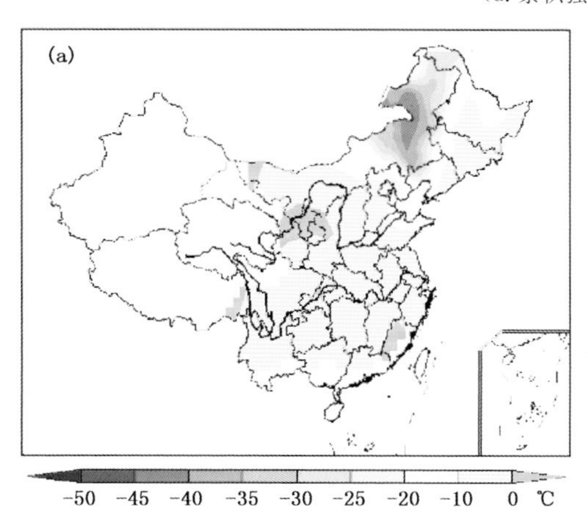

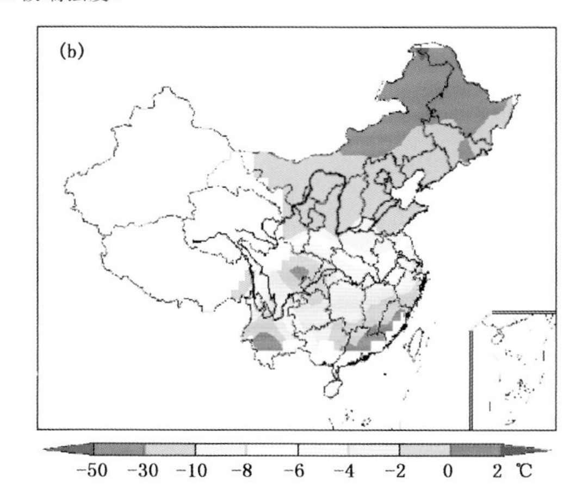

图 6.87　1969 年 2 月 18—26 日 RLTE 空间分布

(a. 累积强度，b. 极端强度)

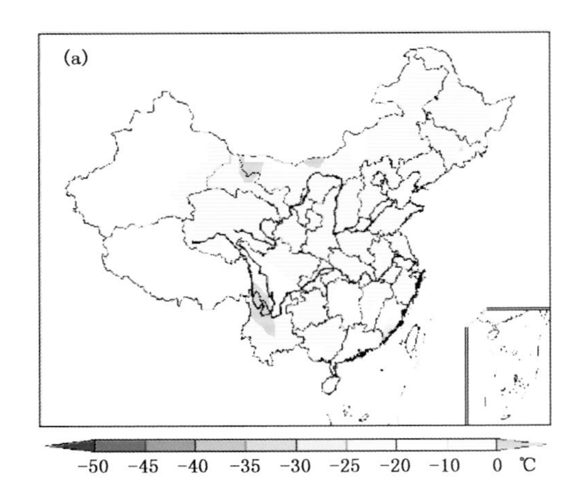

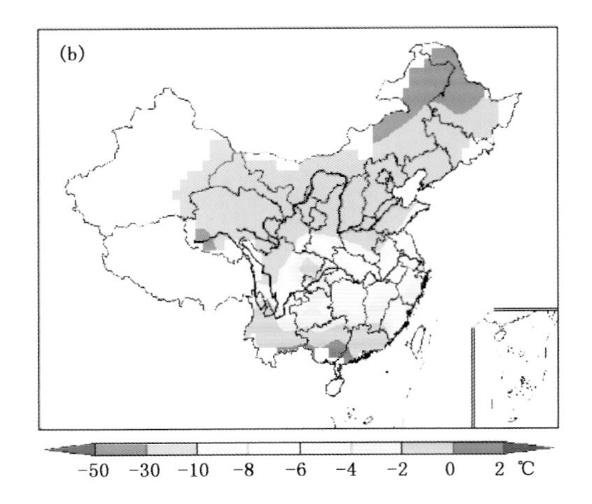

图 6.88 1974 年 2 月 5—13 日 RLTE 空间分布

（a. 累积强度，b. 极端强度）

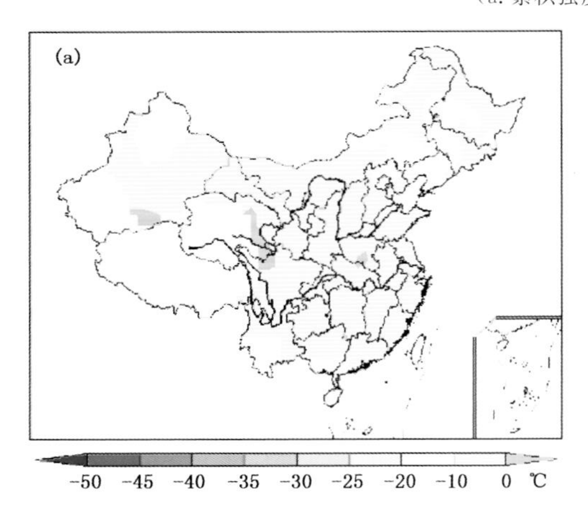

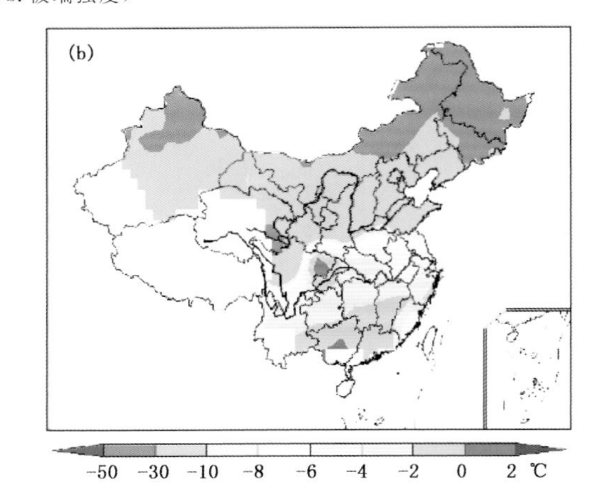

图 6.89 2012 年 12 月 21—28 日 RLTE 空间分布

（a. 累积强度，b. 极端强度）

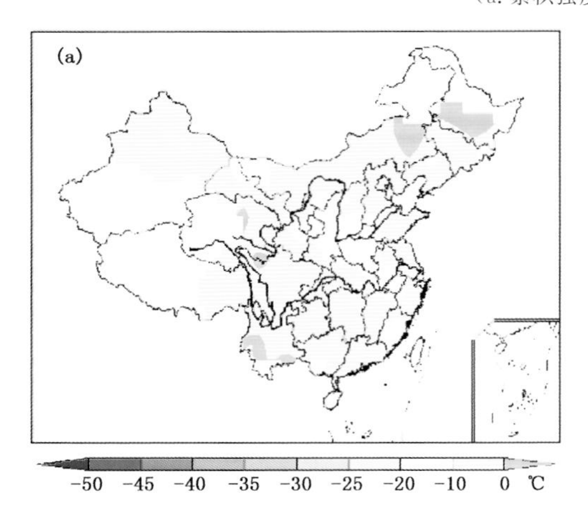

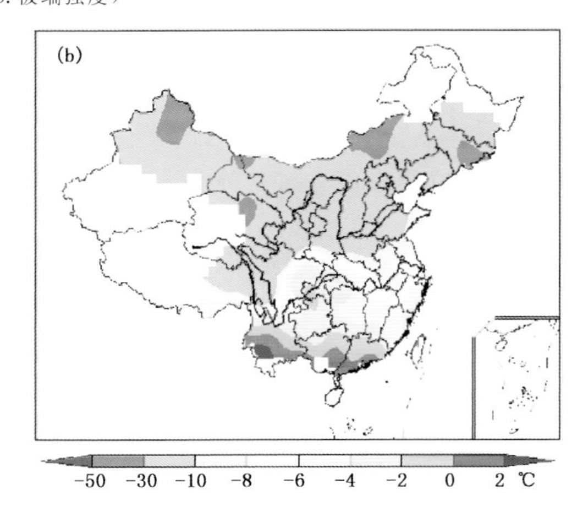

图 6.90 2004 年 12 月 28 日—2005 年 1 月 3 日 RLTE 空间分布

（a. 累积强度，b. 极端强度）

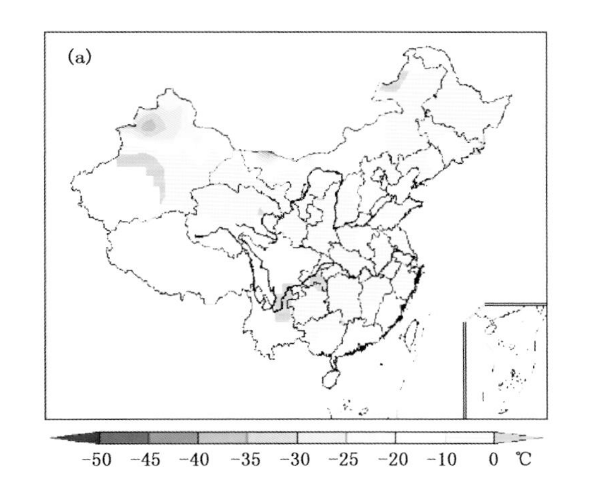

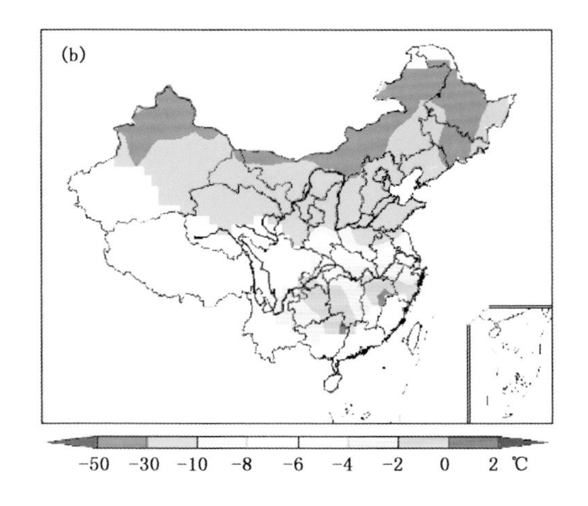

图 6.91　1964 年 2 月 6—15 日 RLTE 空间分布
（a. 累积强度，b. 极端强度）

6.5 小　结

在区域性事件客观识别方法的基础上，通过方法改进和数值试验等，确定了 RLTE 客观识别方法的相关参数。结合 1960 年—2013 年 11 月至次年 3 月的最低气温资料，检测得到 690 次 RLTE，不考虑综合指数小于 0 的事件，得到 199 次中国区域性低温事件。将 199 次 RLTE 根据事先确定的综合指数阈值划分为四个等级：极端 21 次、重度 40 次、中度 75 次和轻度 63 次。1961 年以来，20 世纪 60—70 年代 RLTE 发生频次较高，1969 年为发生频次最多年，达 26 次，80 年代后发生频次迅速下降，2000 年以后略有所增大，但 2006 和 2013 年为发生频次最少年，均为 6 次。近 60 年 RLTE 发生频次总体呈减少趋势，线性拟合的趋势系数为 －0.11 次/10 a，气候态（1981—2010 年）平均的年均发生频次为 11.8 次。

从空间分布和时间变化趋势等角度研究 RLTE 变化特征发现：(1)RLTE 最低气温和中心纬度的频次分布均为双峰特征，即 RLTE 的发生的中心主要位于 32°N 和 42°N 附近；从时间演变来看，RLTE 的发生频次和强度及最大覆盖面积等存在总体减弱的趋势，在 20 世纪 80 年代后期存在显著的转折特征，90 年代以后变化逐渐趋于平缓。(2)就空间分布而言，将综合指数前 60 位的事件大致划分为全国型、东部型、东北－华北型、华北－华南型、北方型和西北－华南型六类。最后给出了 1961—2013 年的 21 次极端等级的 RLTE 的描述、空间分布和时间逐日演化；并给出了 40 次达到重度 RLTE 的极端强度和累积强度两个指标的空间分布。

参考文献

龚志强，任福民，封国林等. 2012. 区域性极端低温事件的识别及其时空变化特征研究. 应用气象学报. **23**(2)：195-204.

龚志强，王晓娟，封国林等. 2009. 中国近 58 年温度极端事件的区域特征及其与气候突变的联系. 物理学报，**58**(6)：741-752.

龚志强，王晓娟，封国林等. 2013. 欧亚阻高区域高度场异常配置对中国冬季区域性极端低温事件的影响. 大气科学，**37**(6)：1274-1286.

王晓娟，龚志强，任福明等. 2012. 1960—2009 年中国冬季区域性极端低温事件的时空特征. 气候变化研究进展，**8** (1)：8-15.

王晓娟，龚志强，支蓉等. 2013a. 中国冬季区域性极端低温事件的分类及与气候指数极端性的联系研究. 物理学报，**62**(6)：229201.

王晓娟，龚志强，支蓉等. 2013b. 近 50 年中国区域性极端低温事件频发期的气候特征对比分析研究. 气象学报. **71**(6)：1061-1073.

杨萍，侯威，封国林. 2010. 中国极端气候事件的群发性规律研究. 气候与环境研究，**15**(4)：365-370.

周自江，王颖. 2000. 中国近 46 年冬季气温序列变化的研究. 南京气象学院学报，**23**(1)：106-112.

Gong Z Q, Wang X J, Feng G L, *et al*. 2013. A regional extreme low temperature event and its main atmospheric contributing factors. *Theor. Appl. Climatol.*, **117**(1-2)：195-206.

Pei T, Zhu A X, Zhou C H, *et al*. 2006. A new approach to the nearest-neighbour metnod to discover cluster features in overlaid spatial point process. *Int. J. Geo. Infor. Sci.*, **19**：153-168.

Peng J B, Bueh C. 2011. The definition and classification of extensive and persistent extreme cold events in China. *Atmos. Oceanic Sci. Lett.*, **4**：281-286.

Ren F M, Cui D L, Gong Z Q, *et al*. 2012. An objective identification technique for regional extreme events. *J. Climate*, **25**(20)：7015-7027.

Zhang Z J, Qian W H. 2011. Databases on regional extreme low temperature events in China. *Adv. n Atmos. Sci.*, **28**(2)：338-351.

第 7 章　中国区域性极端事件的模拟和预估

针对中国区域性气象干旱事件、中国区域性强降水事件、中国区域性高温事件和中国区域性低温事件四类极端事件，开展了历史事件的模拟和未来变化的预估探索研究。

7.1　资料和方法

7.1.1　主要资料

台站观测资料

包含国家基本气象站的 743 站逐日降水，最高、最低气温，以及基于逐日降水资料计算得到的有效降水干旱指数(IWAP)(赵一磊等，2013)，分别用于四类中国区域性极端事件的模拟和预估。

CMIP5 模式资料

世界气候研究计划(WCRP)的 JSC/CLIVAR 耦合模式工作组在 1995 年确立了耦合模式比较计划(CMIP)。2008 年启动了专门针对 IPCC AR5 的第五阶段试验计划(CMIP5)，新增了一些模式试验，目的是解决 IPCC 第四次评估报告(AR4)后涌现出的科学问题，以丰富充实现有气候变化理论，提高对未来气候变化的预估能力。

上述四类中国区域性极端事件的模拟和预估研究工作使用了近 20 个 CMIP5 模式的历史模拟和未来预估数据，涉及的典型路径浓度特征如表 7.1。

表 7.1　典型路径浓度

名称	路径方式	辐射强迫	相当浓度
RCP8.5	持续上涨	2100 年的 8.5W/m^2	≈1370×10^{-6}V/V CO_2 当量
RCP6.0	没有超过目标水平达到稳定	2100 年后稳定在 6W/m^2	≈860×10^{-6}V/V CO_2 当量
RCP4.5	没有超过目标水平达到稳定	2100 年后稳定在 4.5W/m^2	≈650×10^{-6}V/V CO_2 当量

7.1.2　方　法

除了区域性极端事件客观识别法(OITREE)，本研究还涉及资料降尺度和干旱指数研究问题。

首先，针对日降水资料的降尺度问题，研究了基于 Tweedie 分布的广义线性回归的统计降尺度模型(GLM)，用于长时间序列以及不同区域(如高原与平原)的逐日降水模拟(曹经福等，2013)，由此确立了 GLM 模型的相关参数。基于此，实现了将 CMIP5 模拟数据经过降尺度从而得到模拟和预估的逐日台站降水。

其次，针对日最高、最低气温资料的降尺度问题，发展了优选格点回归(OPR)降尺度方法(徐振亚等，2012)。基于此，实现了将CMIP5模拟数据经过降尺度从而得到模拟和预估的逐日台站日最高、最低气温。

另外，针对模式输出要素的有限性，使得对于只包含降水单要素的气象干旱指数的需求更高的特点，研究发展了一个改进的有效降水干旱指数(IWAP)(赵一磊等，2013)，适合于在干旱相关研究中应用。

7.2 区域性气象干旱事件

7.2.1 模 拟

图7.1给出1961—2005年中国区域性气象干旱事件年频次的变化。可以发现，这期间区域性气象干旱事件实况为786次，模拟结果为722次；实况呈微弱上升趋势(0.2次/(10 a))，而模拟呈微弱下降趋势(−0.2次/(10 a))。

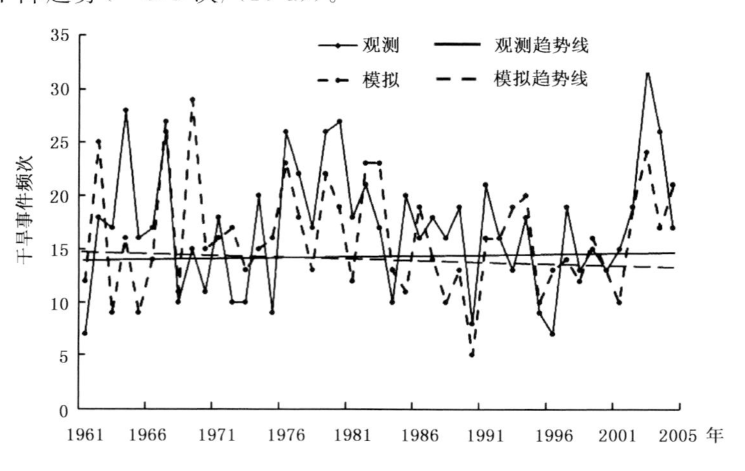

图7.1 1961—2005年中国区域性气象干旱事件年频次演变

图7.2是区域性气象干旱事件累积发生频次空间分布。实况显示(图7.2a)，事件最多发生区为华北地区到淮河流域，高值中心位于山东半岛西部，超过65次；次高值中心位于东南沿海地区和云南地区，分别在45次和25次以上；青藏高原东部到西南地区和长江中下游地区为低值区。模拟(图7.2b)与实况分布有较高一致性，两者相关系数高达0.97；与观测相比，华北及周边地区、东南沿海地区区域性气象干旱事件模拟频次偏多，而青藏高原东部到西南地区模拟频次偏少。

7.2.2 预 估

图7.3为RCP6.0典型浓度路径下，中国区域性气象干旱事件发生频次的预估变化。未来100年，区域性气象干旱事件年频次有明显的减少趋势(−0.42次/(10 a))，2006—2020年

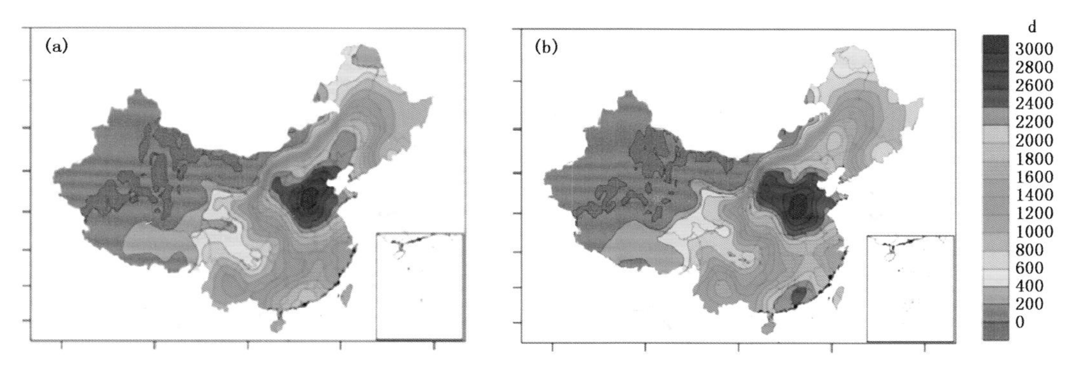

图 7.2　1961—2005 年中国区域性气象干旱事件累积发生日数空间分布(单位:d)
(a. 实况,b. CanESM2 模式模拟结果)

区域性气象干旱事件相对较少,2020—2030 年增多,达到峰值。2040 年前后出现未来近 100 年区域性气象干旱事件发生频次最高值,达到 25 次/a。2040—2050 年区域性气象干旱事件年频次减少,到 2050—2070 年又增多,达到第 2 次峰值。2070—2099 年基本处于低值状态,年频次小于 15 次。

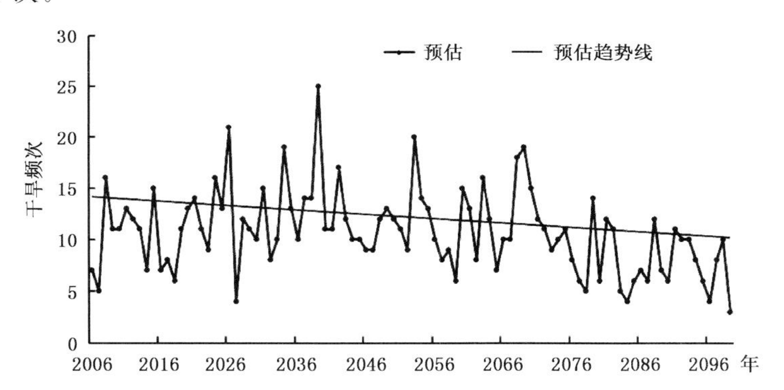

图 7.3　RCP6.0 典型浓度路径下 CanESM2 模式预估 2006—2099 年
中国区域性气象干旱事件年频次变化

7.3　区域性强降水事件

7.3.1　模　拟

分析显示,1961—2005 年观测资料识别得到 332 次中国区域性强降水事件,CanESM2 模拟出 365 次中国区域性强降水事件。

图 7.4 分别对比了观测和 CanESM2 模拟的 1961—2005 年中国区域性强降水事件的年频次、综合强度指数年累积值和累计影响面积年累积值演变。可见,无论是观测还是模拟,上述特征均呈上升趋势,但 CanESM2 模拟的上升趋势明显强于观测。另外,CanESM2 模拟的综合强度指数年累积值和累计影响面积年累积值均大于观测。

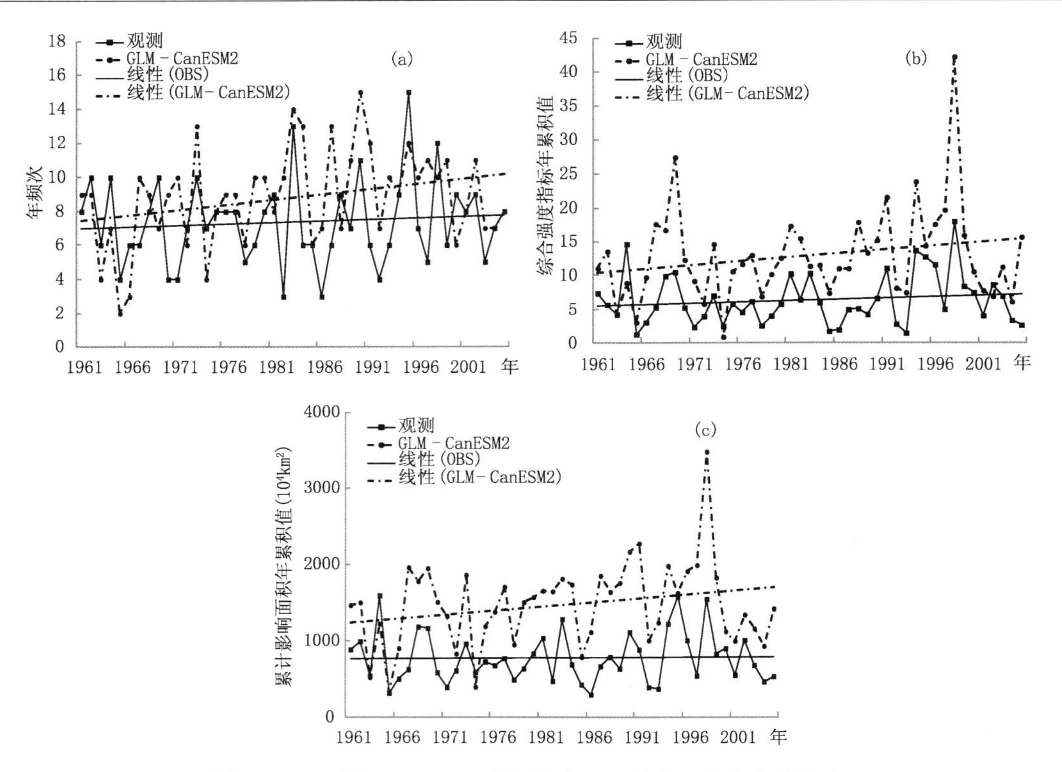

图 7.4 观测和 CanESM2 模拟的中国区域性强降水事件演变

(a. 年频次，b. 综合强度指数年累积值，c. 累计影响面积年累积值)

图 7.5 是中国区域性强降水事件累积强度重心的分布，分析发现，无论是观测结果还是CanESM2 模拟结果，都表现为全国大部分地区有强降水事件发生，主要包括华北中部、南部，西北东部，西南，华南大部分地区和长江中下游地区，可见，CanESM2 模拟结果与观测结果有很强的一致性。

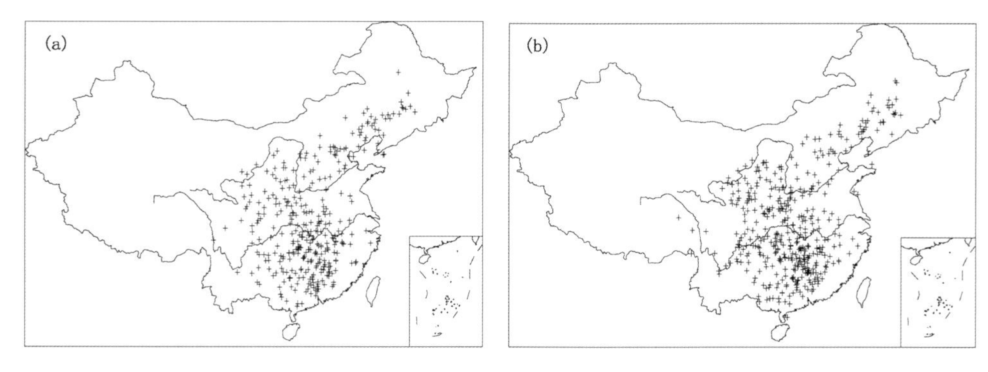

图 7.5 1961—2005 年中国区域性强降水事件累积强度重心分布

(a. 观测，b. CanESM2 模拟)

7.3.2 预 估

图 7.6 是 2006—2099 年中国区域性强降水事件年频次、综合强度指数年累积值和累计影

响面积年累积值的演变。可见综合强度指数年累积值和累计影响面积的年累积值均呈上升趋势，其中，综合强度指数年累积值的上升速率是 0.17/(10 a)，累计影响面积年累积值上升速率是 6.63×10^4 km^2/(10 a)，尤其是 21 世纪 90 年代，存在明显增多的趋势，而频次的年累积值呈下降趋势。那么，未来 94 年中国区域性强降水事件的发生频次相对于过去 45 年(1961—2005 年)是减少的，意味着中国区域性强降水事件的发生强度是增强的，表明未来强降水事件是越来越强的。

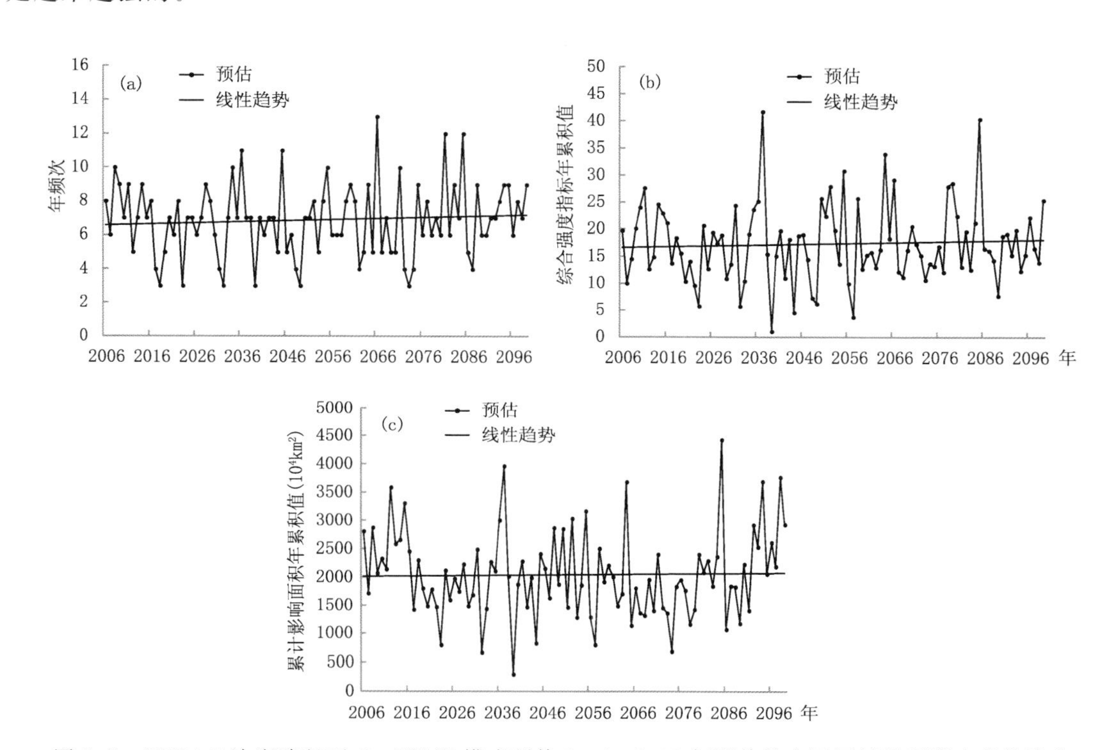

图 7.6　RCP4.5 浓度路径下 CanESM2 模式预估 2006—2099 年预估的中国区域性强降水事件演变

(a. 年频次，b. 综合强度指数年累积值，c. 累计影响面积年累积值)

7.4　区域性高温事件

7.4.1　模　拟

图 7.7 给出了 1961—2005 年中国区域性高温事件的模拟和观测频次演变。总体上看，模式对于区域性高温事件的趋势变化模拟效果较好，但是对于高频发期的模拟较观测有明显差别。

模拟和观测事件的发生频次都成上升趋势，但是模拟事件的上升趋势都略强于观测事件，观测事件的增长趋势约 0.33 次/(10 a)，集合模拟事件的增长趋势约 0.42 次/(10 a)。

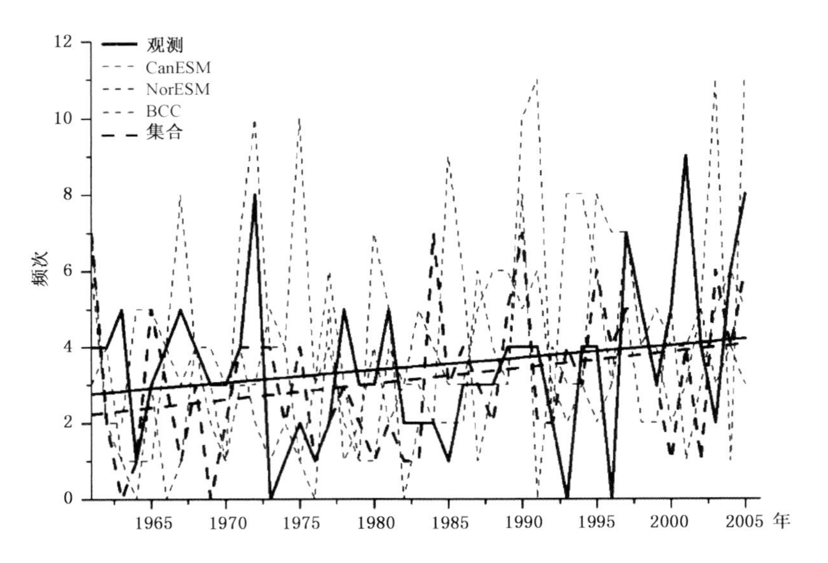

图 7.7 1961—2005 年中国区域性高温事件的模拟和观测频次演变

7.4.2 预 估

图 7.8 给出了 RCP4.5 典型浓度路径下预估的 2006—2099 年中国区域性高温事件频次变化。总体上看，各模式预估的中国区域性极端高温事件的发生频次都成波动上升趋势。分析其线性趋势发现，模式集合预估事件的增长趋势约 0.44 次/(10 a)，在 2044 年前后，高温事件发生频次达到第一个峰值(6 次/a)，2045—2055 年发生频次处于低值区，不超过 4 次/a，随后发生频次又缓慢增加，在 2085 年前后达到第二个峰值(9 次/a)。

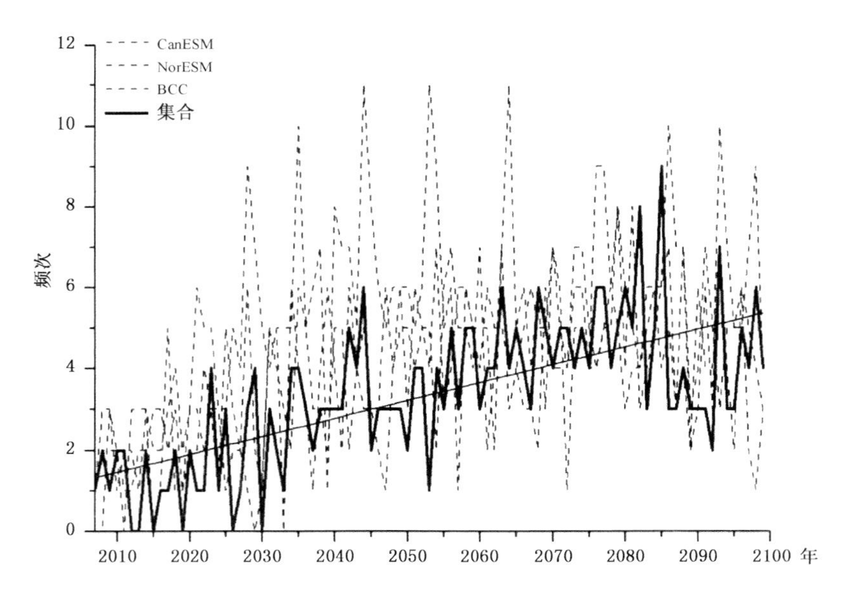

图 7.8 RCP4.5 典型浓度路径下 2006—2099 年预估的中国区域性高温事件频次演变

7.5 区域性低温事件

7.5.1 模 拟

表7.2给出了观测(OBS)、14个模式及集合(ENSEMBLE)对1961—2005年中国区域性低温事件模拟的线性变化趋势。从区域性低温事件发生频次的线性趋势来看,14个模式中有12个模式是减少的趋势,与观测结果成一致的减少趋势,只有CSIRO-MK3.6和HADGEM2-ES模式是上升的趋势,但是其数据较小。通过多模式集合,发生频次的线性趋势是−0.02次/a,与观测数据的−0.04次/a的数值基本接近,量级也一致。极端强度和最大累积面积的线性趋势只有MIROC-ESM-CHEM模式与其他13个模式不一致,通过模式集合以后,数值大小与观测结果的趋势基本一致。14个模式的累积影响面积、持续天数和综合强度都和观测数据结果一样成一致的减少趋势,从数值的大小来看,各个模式与模式集合的线性趋势大小相差很小,但是与观测资料相比却偏小,说明模式及模式集合对中国区域性低温事件的强度减少的线性趋势是明显的弱于观测的。

表7.2 观测、14个模式及模式集合模拟的1961—2005年中国区域性低温事件的线性变化趋势

资料	频次(次/a)	极端强度(℃/a)	最大影响面积(10^4 km^2/a)	累积影响面积(10^4 km^2/a)	持续时间(d/a)	综合强度(a^{-1})
观测	−0.04	0.12	−4.15	−335.43	−0.98	−0.11
BCC-CSM	−0.03	0.02	−2.59	−208.3	−0.63	−0.06
BNU-ESM	−0.03	0.10	−1.44	−232.1	−0.68	−0.08
CanESM2	−0.02	0.07	−1.44	−229.3	−0.57	−0.07
CSIRO-MK3.6	0.01	0.03	−1.47	−171.3	−0.43	−0.04
GFDL-ESM2G	−0.04	0.09	−1.17	−211.3	−0.64	−0.07
GFDL-ESM2M	−0.01	0.10	−3.37	−106.9	−0.35	−0.05
HADGEM2-ES	0.003	0.06	−2.76	−312.9	−0.46	−0.04
IPSL-CM5A-LR	−0.02	0.13	−2.01	−163.4	−0.67	−0.05
IPSL-CM5A-MR	−0.03	0.02	−1.25	−201.3	−0.60	−0.06
MIROC5	−0.02	0.04	−1.03	−203.2	−0.61	−0.04
MIROC-ESM	−0.02	−0.02	0.89	−85.6	−0.38	−0.03
MIROC-ESM-CHEM	−0.01	0.11	−0.98	−122.9	−0.39	−0.05
MPI-ESM-LR	−0.01	0.01	−0.53	−20.0	−0.16	−0.02
NorESM1-M	−0.03	0.07	−1.68	−209.3	−0.63	−0.06
集合	−0.02	0.06	−1.49	−177.2	−0.52	−0.05

图7.9给出了观测、14个模式及模式集合模拟的1961—2005年所有中国区域性低温事件的累积强度空间分布。可以看出,模式集合以后,累积强度的空间分布与观测较为一致,但

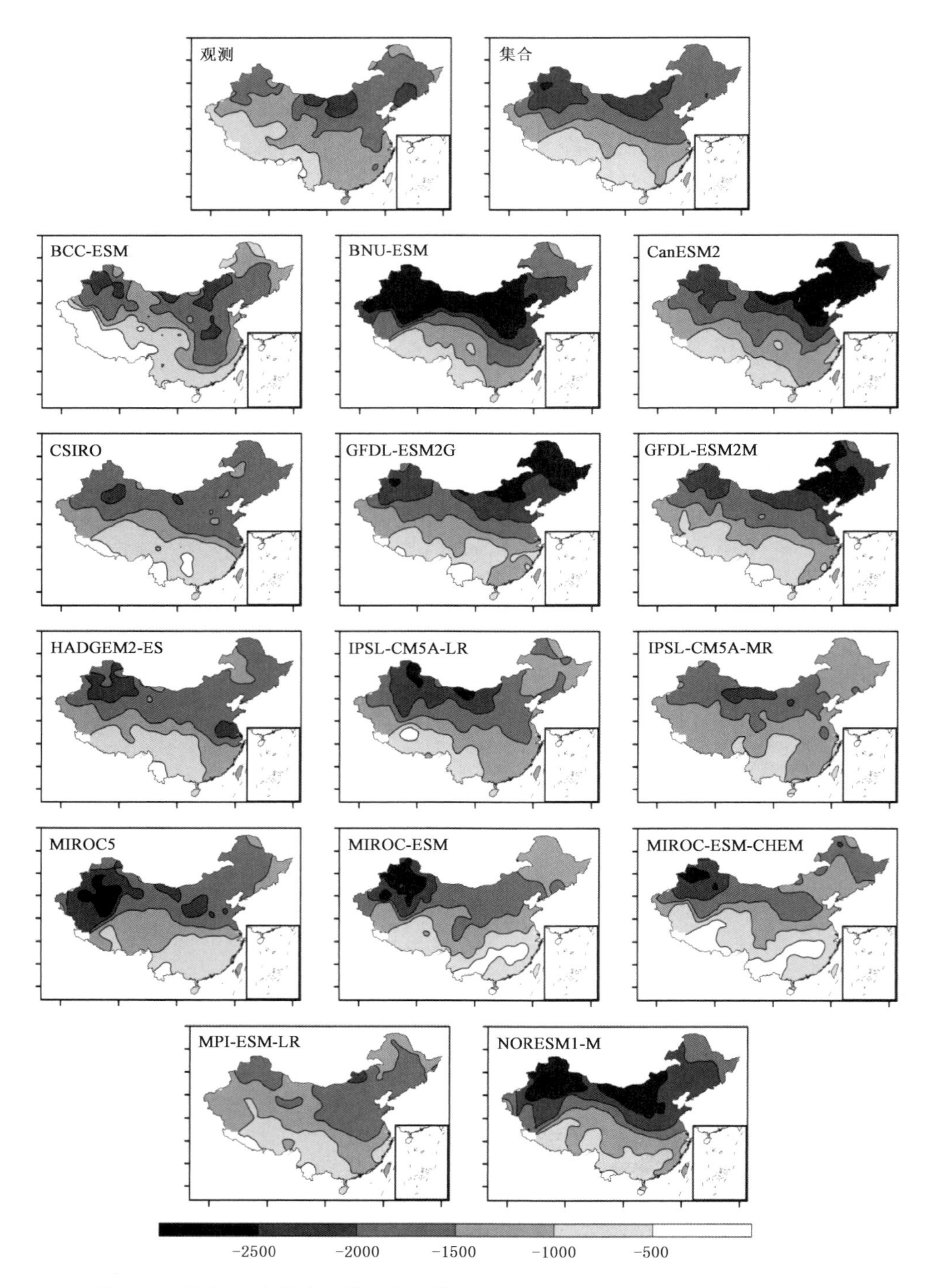

图 7.9　观测、14 个模式及模式集合模拟的 1961—2005 年中国区域性低温事件累积强度空间分布(单位:℃)

是仍然存在一定的差异,对新疆北部地区的累积强度模拟的偏强,而对东北地区南部模拟的偏弱。从图中可以看出在本模式范围内比较,新疆北部地区模拟偏强的模式达到了 8 个,对东北南部地区大值区能准确模拟的模式只有5个，其余模式均模拟的偏弱，这是造成模式集合以后累积强度在新疆北部地区模拟的偏强，东北地区南部模拟的偏弱的原因。

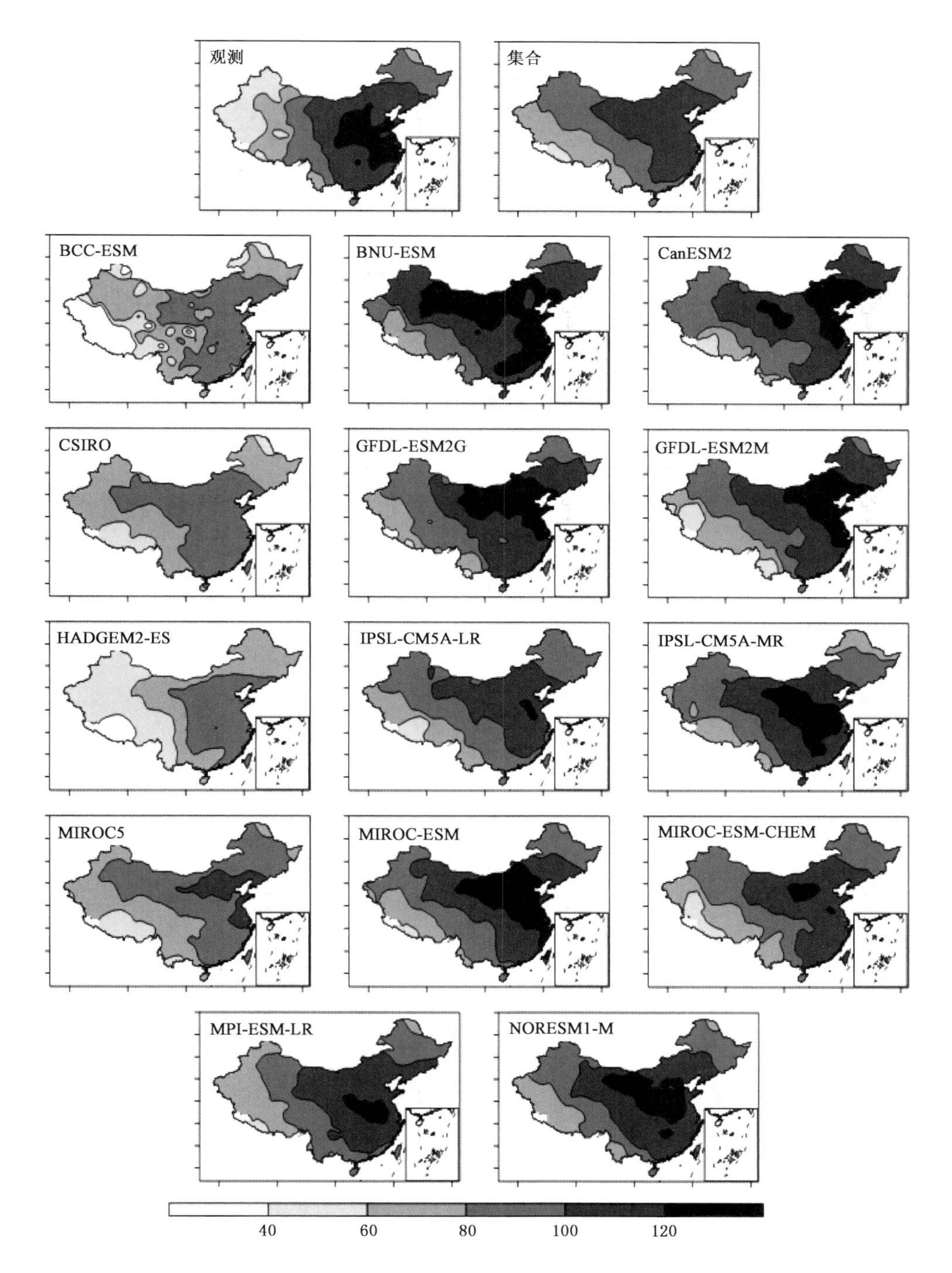

图7.10　观测、14个模式及模式集合模拟的1961—2005年中国区域性低温事件频次空间分布(单位:次)

从表 7.3 各模式与观测数据的累积强度的空间相关系数可以看出，相关性最强的是 CanESM2 模式，相关系数达到了 0.744，IPSL-CM5A-LR、IPSL-CM5A-MR 和 MPI-ESM-LR 模式的相关系数也都超过了 0.700 以上；最差的是 MIROC-ESM，相关系数只有 0.437。模式集合后的累积强度与观测的相关系数达到了 0.721，虽然比个别模式的相关系数略小，但是模式集合以后累积强度的数值大小与观测结果的数值更为接近。从频次的空间相关系数可以看出，相关性最强的是 IPSL-CM5A-LR，相关系数达到了 0.856，MPI-ESM-LR 的相关系数也达到了 0.850；相关最差的是 BCC-CSM 模式，相关系数只有 0.553。模式集合以后相关系数也高达 0.808，比 IPSL-CM5A-LR 和 MPI-ESM-LR 模式的略低。

图 7.10 给出了观测、14 个模式及模式集合模拟的 1961—2005 年所有中国区域性低温事件频次的空间分布。模式集合以后，事件发生频次的空间分布与观测的较为一致，较好地模拟出了发生频次呈以中东部为高值中心并且自东向西逐渐减少的特征，但在中国西北部地区模拟的略偏多，而西南地区略偏少。此外还可以看出，在本模拟范围内比较，有 7 个模式对西南地区的模拟偏小。

表 7.3 14 个模式及模式集合模拟的低温事件指数与观测的空间相关系数

模式	累积强度	发生频次
BCC-CSM1.1	0.572	0.553
BNU-ESM	0.604	0.619
CanESM2	0.744	0.596
CSIRO-MK3.6	0.651	0.757
GFDL-ESM2G	0.739	0.729
GFDL-ESM2M	0.743	0.673
HADGEM2-ES	0.635	0.856
IPSL-CM5A-LR	0.605	0.690
IPSL-CM5A-MR	0.585	0.781
MIROC5	0.517	0.612
MIROC-ESM	0.437	0.690
MIROC-ESM-CHEM	0.540	0.747
MPI-ESM-LR	0.715	0.850
NorESM1-M	0.666	0.791
集合	0.721	0.808

7.5.2 预 估

图 7.11 给出了不同排放情景下多模式集合预估 2006—2099 年中国区域性低温事件各指数的年际变化，从图中可以看出，在 3 种不同的排放情景下，中国区域性低温事件的各项指数在 21 世纪前半叶的下降趋势都较为明显，而在 21 世纪后半叶，不同排放情景下的差别开始显现出来，并且差别逐渐增大，RCP2.6 情景下，低温事件的强度有一定程度的增强，RCP4.5 情景下，低温事件各指数减弱趋势较为显著，而在 RCP8.5 情景下，低温事件的强度比 RCP4.5 下的减弱趋势更为明显。为了定量比较这种下降趋势的差别，给出了不同情景下模式集合预估的 2006—2099 年中国区域性低温事件各指标的线性趋势，如表 7.4 所示。

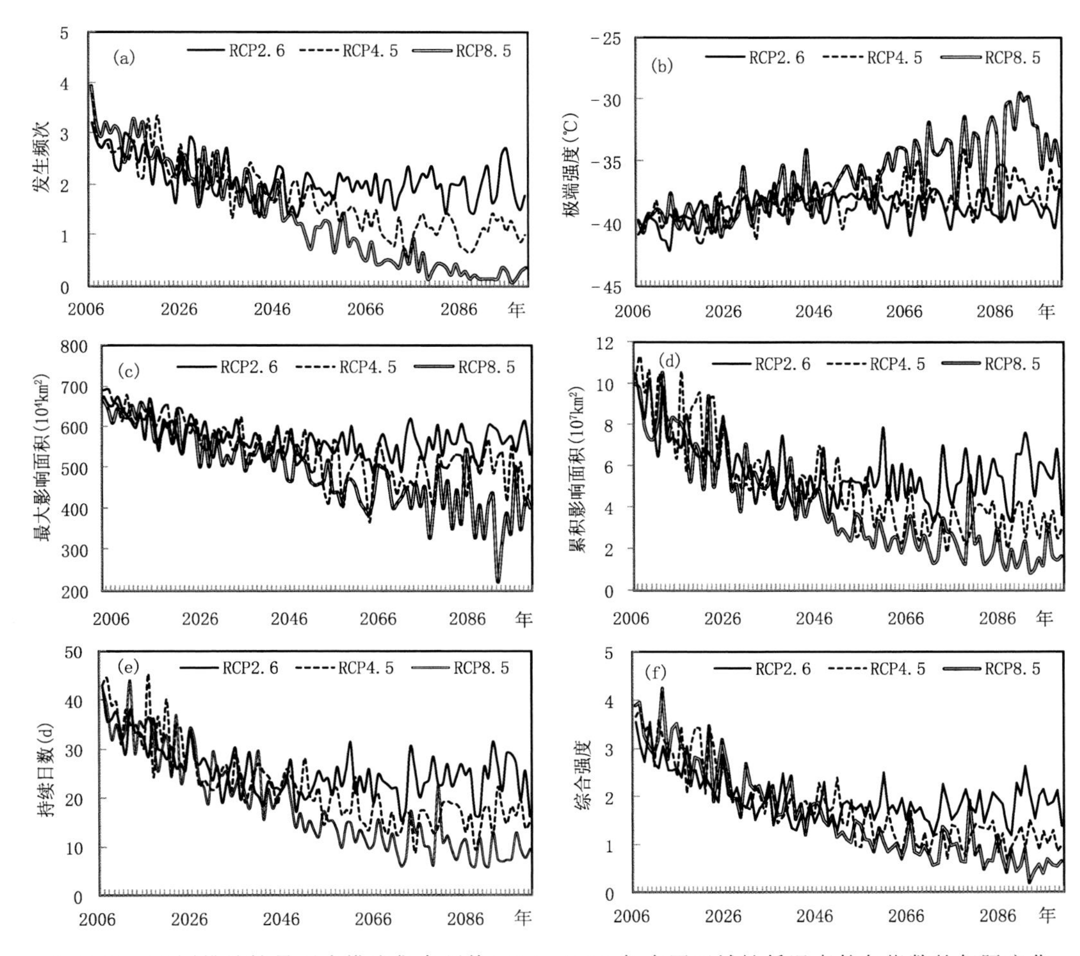

图 7.11 不同排放情景下多模式集合预估 2006—2099 年中国区域性低温事件各指数的年际变化
(a. 发生频次,b. 极端强度,c. 最大影响面积,d. 累积影响面积,e. 持续日数,f. 综合强度)

表 7.4 不同排放情景下模式集合预估 2006—2099 年中国区域性低温事件各指标的线性趋势

排放情景	频次 (次/(10 a))	极端强度 (℃/a)	最大影响面积 (10^4 km²/a)	累积影响面积 (10^4 km²/a)	持续时间 (d/a)	综合强度 (10/a^{-1})
RCP2.6	−0.07	0.01	−0.66	−26.0	−0.10	−0.09
RCP4.5	−0.23	0.03	−1.91	−69.7	−0.25	−0.24
RCP8.5	−0.36	0.09	−2.96	−78.8	−0.32	−0.32

从表 7.4 可以看出,2006—2099 年中国区域性低温事件的极端强度的线性趋势虽然是正值,但极端强度是负值,表现了极端强度的减弱趋势,而发生频次、最大影响面积、累积影响面积、持续时间和综合强度的线性趋势都是负值,这六个指数一致地揭示了 2006—2099 年中国区域性低温事件减弱的趋势。但是在三种不同的排放情景下来比较,六个指数的线性趋势大小是有差别的,即在 RCP2.6 的排放情景下,区域性低温事件减弱的趋势较为缓和,RCP4.5 情景下,减弱趋势增强,在 RCP8.5 的排放情景下,减弱趋势是最强的。说明了温室气体排放

的增加对中国区域性低温事件的影响是显著的，温室气体的排放越多，中国区域性低温事件的减弱趋势越强。RCP2.6 排放情景下，各指数的线性变化趋势数值较小。

参考文献

曹经福，江志红，任福民等. 2013. 日降水量统计降尺度方法的比较研究. 气象学报，**71**(1)：167-175.

曹经福. 2012. 中国区域性强降水事件的模拟和预估. 南京信息工程大学硕士学位论文.

胡浩林，任福民，王澄海等. 2013. 1961—2005 年中国区域性低温事件的观测、再分析与模拟的比较研究. 气候变化研究进展，**9**(1)：21-28.

胡浩林. 2013. CMIP5 模式集合对中国区域性低温事件的模拟及预估. 兰州大学硕士学位论文.

赵一磊，任福民，李栋梁等. 2013. 一个基于有效降水干旱指数的改进研究. 气象，**39**(5)：600-607.

赵一磊. 2013. 中国区域性气象干旱事件的模拟和预估. 南京信息工程大学硕士学位论文.

徐振亚，任福民，杨修群等. 2012. 日最高温度统计降尺度方法的比较研究. 气象科学，**32**(4)：395-402.

徐振亚. 2012. 中国区域性极端高温事件的模拟和预估. 南京大学硕士学位论文.